增强型 80C51 单片机初学之路——动手系列

# C51 单片机 C 程序模板与应用工程实践

刘同法　肖志刚　彭继卫　编著

北京航空航天大学出版社

## 内 容 简 介

本书可帮助读者快速学习和应用C51单片机，对C51单片机的内部资源和常用的外围接口器件实施程序模板化，使读者在这一基础上编写自己的功能程序代码，不再重复编写基础代码。本书的最大特点即将程序模块贯穿于工程应用的始末。

全书分为4部分。第一部分为单片机基础简述，主要是为计算机程序人员转而学习单片机程序设计而设；第二部分为单片机程序模板编写与应用；第三部分为单片机外围接口电路，重点是单片机组网芯片的应用；第四部分为单片机应用工程实例。

本书不仅适用于中专、高职高专、技工技师培训及本科院校等作为单片机实训教材，还可供从事自动控制、智能仪器仪表、电力电子、机电一体化以及各类单片机应用的工程技术人员与单片机爱好者学习参考。

**图书在版编目(CIP)数据**

C51单片机C程序模板与应用工程实践/刘同法，肖志刚，彭继卫编著.--北京：北京航空航天大学出版社，2010.8

ISBN 978-7-5124-0153-2

Ⅰ.①C… Ⅱ.①刘… ②肖… ③彭… Ⅲ.①单片微型计算机—C语言—程序设计 Ⅳ.①TP368.1 ②TP312

中国版本图书馆CIP数据核字(2010)第135845号



**C51单片机C程序模板与应用工程实践**

刘同法 肖志刚 彭继卫 编著

责任编辑 杨 波 史海文 李保国

*

北京航空航天大学出版社出版发行

北京市海淀区学院路37号(邮编100191) http://www.buaapress.com.cn

发行部电话：(010)82317024 传真：(010)82328026

读者信箱：emsbook@gmail.com 邮购电话：(010)82316936

北京时代华都印刷有限公司印装 各地书店经销

*

开本：787×1092 1/16 印张：37.5 字数：960千字

2010年8月第1版 2010年8月第1次印刷 印数：4 000册

ISBN 978-7-5124-0153-2 定价：69.00元

# 前 言

流水在前进着，时光在前进着，人也在前进着。

写完了《单片机上位PC机编程应用》一书，又想起没能完成的心愿，即编写《单片机C语言的应用编程》。

时过境迁，前一年写的《单片机C语言编程基础与实践》现已出版，但对于单片机外围接口电路的编程不能没有C语言的参与。去年，在南华大学进行单片机培训时受到启发，之后设计出这本适合大学毕业生需要的单片机快速上手的图书。当时的实情是我确实也没能想出更好的办法来解决平时并不好好读书的学生的问题。现在他们要毕业了，却又想起要好好读读书了，理念就是俗话所说的"临时磨刀不利也光"。按照我个人的教学理念，学习单片机想要有扎实的基础，则必须要静下心来进行1～3个月的课题学习与实践训练。可是这些同学哪有这么多的时间和这样好的心态呢！他们每天都在忙于找工作，忙于应酬。面临这种情况，我想了许久，终于想起利用我当初学习过的C++编程模板概念——程序模板。将这一概念引入单片机，即将单片机常用的内部资源和外部常用器件全部用C语言编写好，并编译通过，形成程序模板格式。为解决当初同学们的问题，我采取的方法是，边写边让同学们试用，几个月之后便达到了理想的效果。这本书就是整理当日在南华大学培训时用过的程序模板和资料，分享给全国各地的大学毕业生们；同时，在岗的工程师们也可以使用。这是因为组装程序模板是一件非常容易的事情，这对于从事自动化工作的读者，不仅可以节约大量的时间，而且还可以集中精力编写更重要的功能代码。

C++程序模板是Windows应用程序编写中的资源宝库，借用这样的编程思路，一方面是为单片机系统程序设计员在编写工程程序时节省大量的时间；另一方面是使单片机系统程序设计员集中精力编写好重要的驱动程序模块；再就是减少单片机系统程序员的编程劳动强度。这体现在减少代码的编写量，减少程序的调试过程。只有站在巨人的肩上才能比巨人更高。计算机应用程序的编写一直是这样进行着。这本书就这样构成了。

全书可以分为4部分。

第一部分为单片机基础简述，包括第1章"80C51硬件结构简介"和第2章"P89V51Rx2单片机引脚功能和数据存储器RAM的C语言定义与应用"。这部分主要是针对计算机专业方面的编程人员转而学习单片机程序设计的读者而设。这是因为程序模板的出现减少了程序设计员对单片机内部资源的依赖，从而使学习计算机专业的编程人员很容易进入这个世界。这对于学习过大型程序编写的人员来说，更是如鱼得水。

第二部分为单片机程序模板编写与应用，包括第3章"程序模板的编写与使用方法"和第4章"程序模板应用编程"。第3章主要讲述单片机程序模板的编写过程、模板程序的组装以及用户程序代码的插入方法；第4章讲述的是运用程序模板编写简易的小型工程程序示范。

第三部分为单片机外围接口电路，包括第5章内容。主要讲述的内容是《单片机外围接口电路与工程实践》一书计划但没有讲完的芯片。涉及的内容有单片机与单片机联手组网、大型电子点阵屏启蒙、中短距离的无线通信与组网以及电力线通信与组网应用等。

第四部分为单片机应用工程实例，包括第6章内容。展示的例程有："中小学生专用闹钟"，特点是针对学生被普通闹钟闹醒后又将其关掉并继续睡觉的一个自动控制闹钟，并将妈妈的声音录入其中，即使妈妈不在家时也能叫小朋友起床；"智能搬运小车"，是肖志刚同学参加2007年国防科大组织的第四届军地院校大学生电子设计制作邀请赛的赛题；"电动车跷跷板"，是肖志刚同学参加2007年"索尼杯"全国大学生电子设计竞赛的参赛工程。

本书是本人写的单片机系列丛书中的一本(全套共4本)，前面3本书分别是《单片机基础与最小系统实践》、《单片机外围接口电路与工程实践》、《单片机C语言编程基础与实践》。本书介绍的是单片机工程程序应用。4本书的知识点逐渐升级。本书是这个系列丛书的最后一部分内容。为使读者对单片机的学习与练习有一个整体的认识，特编写此书献给喜欢我编写的图书的朋友们。

"莫道今年春已尽，明年春色倍还人。"
愿美丽的春天指引着我们前进的方向。
让脚下每寸光阴都放射出灿烂的光芒。

感谢周立功先生对本人的大力支持，感谢周立功单片机发展有限公司各位老师们及时解答本人提出的技术问题；感谢博圆周立功单片机 & 嵌入式系统培训部全体人员对本人的大力支持和帮助；感谢深圳市有方科技公司嵌入式开发工程师汤柯夫、深圳智敏科技有限公司嵌入式开发工程师刘聪、深圳市海洋王照明科技股份有限公司嵌入式开发工程师樊亮等工程师们在技术上给予的支持与帮助；感谢南华大学张翼、李孟雄，湖北工程学院江山等同学对本书进行的尝试性学习体验；感谢衡阳技师学院电气技师班李纳、王军林、李奔、周明正、蒋育满、伍要明、李杨勇、许乐平、高凯龙、胡中勇等同学对本书进行的大胆的测试性学习体验；感谢衡阳技师学院电气技师726班陈胜、蒋锦江、彭剑鹰、旷佳、邹顺云等同学参与本书的校对。

作者水平有限，书中不妥之处恳请读者批评指正，E-mail:bymcupx@126.com。

刘同法
2010年2月12日

# 目　录

# 第 1 章

# 80C51 硬件结构简介

我不打算用太多的笔墨来介绍 80C51 的工作原理，这是因为市面上有很多这方面的书籍，有兴趣的读者可以到书市找到我编写的《单片机基础与最小系统实践》书一读。为达到快速学习和快速运用的目的，本书只对 80C51 硬件结构作一个简单的介绍。

## 1.1 80C51 内部结构

学习单片机多年，应用单片机开发多年，对于我来说，单片机只是一个小小的系统。相对于计算机而言，那只是小巫见大巫。图 1－1 就是 80C51 的内部结构组成。

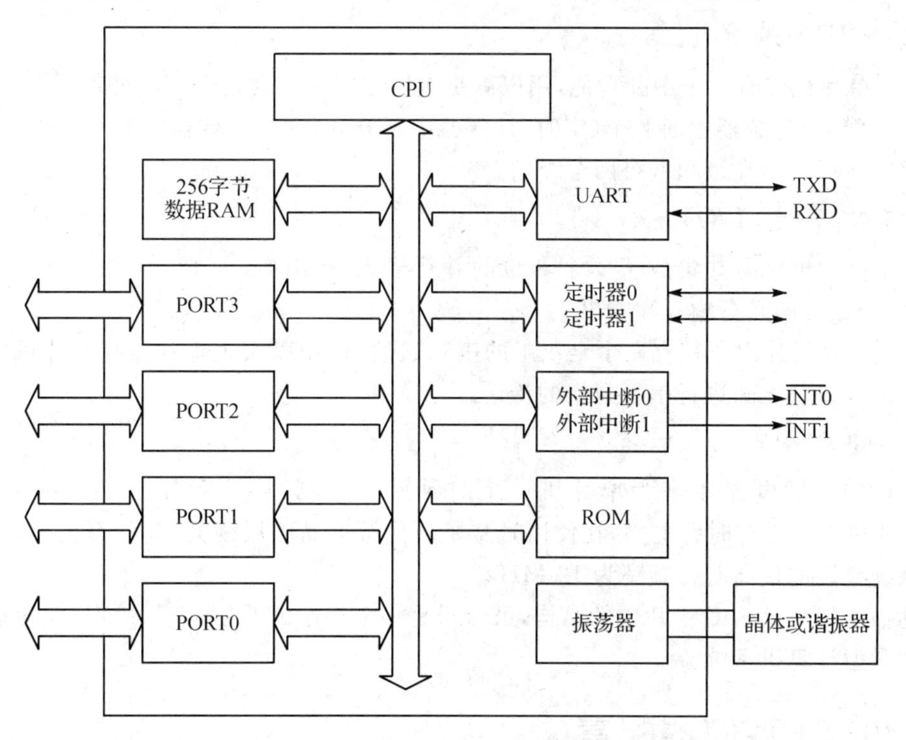


**图 1－1 80C51 内部结构图**

### 1. CPU

CPU 即中央处理器，是单片机的内核，用于完成运算和控制任务。CPU 由运算器和控制器组成。

运算器包括算术逻辑单元 ALU、位处理器、累加器 ACC、寄存器 B、暂存器以及程序状态字 PSW 寄存器等。该模块的功能是用于实现数据的算术运算、逻辑运算、位处理和数据传送等操作功能。

控制器包括定时控制逻辑、指令寄存器、译码器以及信息传送控制部件等，用以实现控制功能。

80C51 单片机的 CPU 能处理 8 位二进制数和代码，即 1 字节(Byte，书中单位也用 B)。

**2. 内部数据存储器(RAM)**

80C51 单片机片内带 256 B 可读/写的数据存储器(RAM)用以存放随机数据；其中，高 128 B 用于特殊寄存器，用户不可以使用，低 128B 属于用户使用区，俗称 RAM，相当于计算机的内存条，即随机存储器。

**3. 内部指令存储器(ROM)**

80C51 单片机带有 4 KB 的程序存储器，用于存放程序和不改写的数据，俗称 ROM，即只读存储器(内部数据不可改写)。

**4. 内部定时器**

80C51 单片机片内集成了 2 个 16 位的定时/计数器，用于实现定时或计数功能，完成实际应用中需要定时读取、写入、定时扫描或计数引脚脉冲等工作。

**5. 片内中断系统**

80C51 单片机带有 5 个中断功能，用以满足应用控制的需要，分别是：外部中断 2 个($\overline{INT0}$ 和 $\overline{INT1}$)，定时/计数器中断 2 个(定时/计数器中断 0 和定时/计数器中断 1)，串行口中断 1 个。全部中断可分为高级和低级两个级别。

**6. 输入/输出(I/O)**

80C51 单片机片内共集成了 4 个 8 位的并行输入/输出口，即 P0 口、P1 口、P2 口和 P3 口，用于实现数据的并行输入和输出。

80C51 单片机片内还带有一个全双工的串行通信口，用以实现单片机与单片机之间以及单片机与外部设备之间进行串行数据的传送。

**7. 时钟电路**

单片机的时钟电路用来为单片机产生时钟脉冲序列，协调和控制单片机进行工作。80C51 单片机内部带有时钟电路，在使用时需要外接石英晶体振荡器(简称石英晶振)和微调电容。系统允许的最高时钟频率为 12 MHz。

上述描述的就是 80C51 片内的结构，虽然只是一个小小的系统，但五脏俱全，应该说是一个简单的微型计算机系统。

## 1.2 80C51 存储器配置

80C51 在片内集成了一定容量的程序存储器和数据存储器，并设计为需要时对外实施存储器扩展。80C51 存储器系统的配置分程序存储器、内部数据存储器和外部数据存储器 3 大块。其中，程序存储器又分为片内 4 KB、片外 4 KB 和片外 60 KB。片内 4 KB 和片外 4 KB 是通过 $\overline{EA}$ 引脚进行选择的，当 $\overline{EA}=1$ 时选择片内 4 KB，当 $\overline{EA}=0$ 时选择片外 4 KB。内部数据存储器为 256 B。外部数据存储器为 64 KB。具体配置格式如图 1-2 所示。

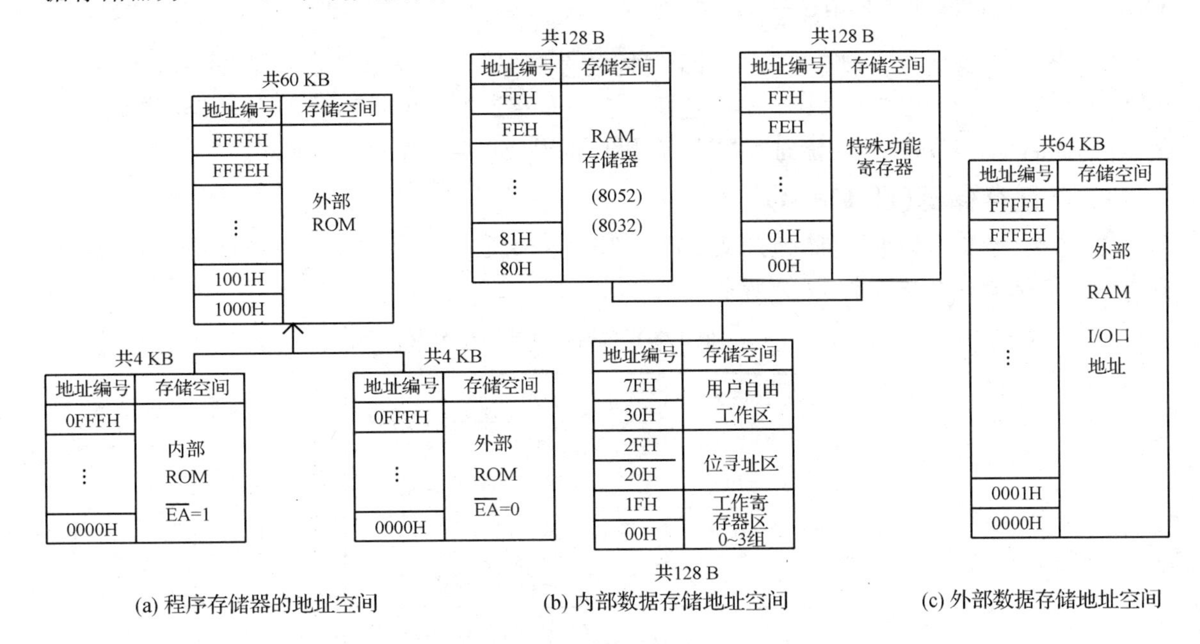


图 1-2 80C51 存储器配置示意图

## 1.2.1 程序存储器

程序存储器用于存放编译好的程序。80C51 带有 4 KB 的程序存储器，分内外两块，由$\overline{EA}$引脚控制。将$\overline{EA}$引脚置于高电平，程序就从内部 ROM 开始运行；将$\overline{EA}$引脚置于低电平，程序则从外部 ROM 开始运行。

另一方面程序存储器还有一些用于单片机特殊功能的关键单元。比如 0000H 为程序执行的启始地址，这时程序计数器 PC 的值为 0000H，系统必须从 0000H 单元开始执行程序，此处一般放一条跳转指令用于避开中断入口地址区。

5 个中断的中断入口地址如表 1-1 所列。

表 1-1 各种中断服务程序的入口地址

| 中断源 | 入口地址 |
| --- | --- |
| 外部中断 0 | 0003H |
| 定时器 0 | 000BH |
| 外部中断 1 | 0013H |
| 定时器 1 | 001BH |
| 串行口 | 0023H |

从表 1-1 中可知，两个入口地址间仅有 8 个存储单元，如用于存放中断服务程序显然是不够的，所以在入口地址处通常都存放一条跳转指令，跳转后的地址即为存放中断服务程序的实际入口地址。

## 1.2.2 内部数据存储器

内部数据存储器在物理上已分为两个不同的存储空间，即数据存储空间(低 128 B)和特殊功能寄存器存储器空间(高 128 B)。这两个空间是相连的。但只有低 128 B 才是用户使用的空间，而高 128 B 被特殊功能寄存器占有，用户不得使用其中空闲的空间。

### 1. 数据存储器(低 128 B)

低 128 B 数据存储器空间，地址从 00H～7FH 分为通用寄存器区、位寻址区和用户数据缓存区。具体空间分配如表 1-2 所示。

**表 1-2 低 128 B 数据存储器空间分配**

| 地址区域 | 存储区域 |
|---|---|
| 30H～7FH | 用户 RAM 区<br>(堆栈/数据缓冲区) |
| 20H～2FH | 位寻址区(位址 00H～7FH) |
| 18H～1FH | 第 4 组通用寄存器区 |
| 10H～17H | 第 2 组通用寄存器区 |
| 08H～0FH | 第 1 组通用寄存器区 |
| 00H～07H | 第 0 组通用寄存器区 |

#### (1) 通用寄存器区

通用寄存器区又分 4 个寄存器工作组，地址从 00H 到 1FH 共 32 个存储单元，每个组又分 8 个寄存器，并用 R0～R7 进行标识。其中 R0～R7 可以在 32 个存储单元中按每组 8 个寄存器进行移动。这是因为 CPU 在任何时刻都只能使用其中的一组寄存器，正在使用的寄存器组就叫做当前寄存器组。如何选择当前工作寄存器组，可以通过专用寄存器 PSW(程序状态字)中的 RS1 和 RS0 位的状态来设定。具体设置如表 1-3 所列。

因为这些寄存器组常用于存放操作数和用操作数进行运算后的结果，它们的功能及其使用不作预先规定，这样就称它们为通用寄存器，有时也叫做工作寄存器。另外，使用通用寄存器进行编程可以提高程序编制的灵活性，因此在进行单片机应用程序编写时应充分利用这些寄存器，以简化程序设计，提高程序运行速度。

**表 1-3 RS1、RS0 与寄存器组的关系**

| RS1 | RS0 | 寄存器组号 | R0～R7 地址 |
|---|---|---|---|
| 0 | 0 | 0 | 00H～07H |
| 0 | 1 | 1 | 08H～0FH |
| 1 | 0 | 2 | 10H～17H |
| 1 | 1 | 3 | 18H～1FH |

**(2) 位寻址区**

位寻址区在 RAM 中分配的地址从 20H 到 2FH 共 16 个存储单元。它们也可作为一般 RAM 存储单元进行字节寻址之用。当作位寻址时将 16 个 RAM 存储单元分为 128 位，其位编址从 00H 到 7FH，具体分配如表 1-4 所列。

80C51 单片机具有位处理机制（又称布尔处理机制），位处理的存储空间就包括这些位寻址区。

**表 1-4 位寻址区的位地址**

| 单元地址 | MSB← | | | 位寻址 | | | | →LSB |
|---|---|---|---|---|---|---|---|---|
| 2FH | 7F | 7E | 7D | 7C | 7B | 7A | 79 | 78 |
| 2EH | 77 | 76 | 75 | 74 | 73 | 72 | 71 | 70 |
| 2DH | 6F | 6E | 6D | 6C | 6B | 6A | 69 | 68 |
| 2CH | 67 | 66 | 65 | 64 | 63 | 62 | 61 | 60 |
| 2BH | 5F | 5E | 5D | 5C | 5B | 5A | 59 | 58 |
| 2AH | 57 | 56 | 55 | 54 | 53 | 52 | 51 | 50 |
| 29H | 4F | 4E | 4D | 4C | 4B | 4A | 49 | 48 |
| 28H | 47 | 46 | 45 | 44 | 43 | 42 | 41 | 40 |
| 27H | 3F | 3E | 3D | 3C | 3B | 3A | 39 | 38 |
| 26H | 37 | 36 | 35 | 34 | 33 | 32 | 31 | 30 |
| 25H | 2F | 2E | 2D | 2C | 2B | 2A | 29 | 28 |
| 24H | 27 | 26 | 25 | 24 | 23 | 22 | 21 | 20 |
| 23H | 1F | 1E | 1D | 1C | 1B | 1A | 19 | 18 |
| 22H | 17 | 16 | 15 | 14 | 13 | 12 | 11 | 10 |
| 21H | 0F | 0E | 0D | 0C | 0B | 0A | 09 | 08 |
| 20H | 07 | 06 | 05 | 04 | 03 | 02 | 01 | 00 |

**(3) 用户 RAM 区**

在内部 RAM 的低 128 B 存储单元中，通用寄存器组占去 32 个存储单元，位寻址区占去 16 个存储单元，剩下的 80 个存储单元就是用户使用的区域了，地址编号从 30H 到 7FH。对这部分存储单元的使用不作任何规定和限制，但需要说明的是，堆栈也可以开辟在此区域。

### 2. 特殊功能寄存器 SFR(高 128 B)

内部 RAM 的高 128 B 存储单元是专给特殊寄存器设计的，因此称之为专用寄存器区，其单元地址分配为 80H～FFH 共 128 B。其中现有特殊功能寄存器住户 21 个，虽然还有很多的空间没有被使用，但没有对用户开放（也就是用户没有使用的权力）。现将 21 个特殊功能寄存器按符号、名称和地址等列于表 1-5 以作解释。

表 1-5　特殊功能寄存器一览表

| 寄存器符号 | MSB← | | | 位地址/位定义 | | | →LSB | 字节地址 |
| --- | --- | --- | --- | --- | --- | --- | --- | --- |
| B | F7 | F6 | F5 | F4 | F3 | F2 | F1 | F0 | F0H |
| | | | | | | | | | |
| ACC | E7 | E6 | E5 | E4 | E3 | E2 | E1 | E0 | E0H |
| | | | | | | | | | |
| PSW | D7 | D6 | D5 | D4 | D3 | D2 | D1 | 0 | D0H |
| | CY | AC | F0 | RS1 | RS0 | OV | — | P | |
| IP | BF | BE | BD | BC | BB | BA | B9 | B8 | B8H |
| | — | — | — | PS | PT1 | PX1 | PT0 | PX0 | |
| P3 | B7 | B6 | B5 | B4 | B3 | B2 | B1 | B0 | B0H |
| | P3.7 | P3.6 | P3.5 | P3.4 | P3.3 | P3.2 | P3.1 | P3.0 | |
| IE | AF | AE | AD | AC | AB | AA | A9 | A8 | A8H |
| | EA | — | ET2 | ES | ET1 | EX1 | ET0 | EX0 | |
| P2 | A7 | A6 | A5 | A4 | A3 | A2 | A1 | A0 | A0H |
| | P2.7 | P2.6 | P2.5 | P2.4 | P2.3 | P2.2 | P2.1 | P2.0 | |
| SBUF | — | — | — | — | — | — | — | — | (99H) |
| SCON | 9F | 9E | 9D | 9C | 9B | 9A | 99 | 98 | 98H |
| | SM0 | SM1 | SM2 | REN | TB8 | RB8 | TI | RI | |
| P1 | 97 | 96 | 95 | 94 | 93 | 92 | 91 | 90 | 90H |
| | P1.7 | P1.6 | P1.5 | P1.4 | P1.3 | P1.2 | P1.1 | P1.0 | |
| TH1 | — | — | — | — | — | — | — | — | (8DH) |
| TH0 | — | — | — | — | — | — | — | — | (8CH) |
| TL1 | — | — | — | — | — | — | — | — | (8BH) |
| TL0 | — | — | — | — | — | — | — | — | (8AH) |
| TMOD | CATE | C/T | M1 | M0 | GATE | C/T | M1 | M0 | (89H) |
| TCON | 8F | 8E | 8D | 8C | 8B | 8A | 89 | 88 | 88H |
| | TF1 | TR1 | TF0 | TR0 | IE1 | IT1 | IE0 | IT0 | |
| PCON | SMOD | — | — | — | GF1 | GF0 | PD | IDL | (87H) |
| DPH | — | — | — | — | — | — | — | — | (83H) |
| DPL | — | — | — | — | — | — | — | — | (82H) |
| SP | — | — | — | — | — | — | — | — | (80H) |
| P0 | 87 | 86 | 85 | 84 | 83 | 82 | 81 | 80 | 80H |
| | P0.7 | P0.6 | P0.5 | P0.4 | P0.3 | P0.2 | P0.1 | P0.0 | |

从表 1-5 中可知：

● 21 个特殊功能寄存器是不连续地分散在内部 RAM 的高 128 B 存储单元之中，并留有许多的空闲地址供日后发展之用。

● 程序计数器 PC 独立于 SFR 之外，是一个唯一不可寻址的专用寄存器。PC 计数器不占 RAM 存储单元，在物理上独立存在。也不属于 21 个特殊功能寄存器中的一员。

● 在 21 个特殊功能寄存器中，有 11 个寄存器不仅可以进行字节寻址，而且还可以进行位寻址。所有能进行位寻址的 SFR，其特点是字节地址能被 8 整除(字节地址的末位是 0 或 8)。

● IP 中有 3 位、IE 中有 2 位、PSW 中有 1 位对用户无实际意义，所以直接寻址位为 82 位；再加上数据存储器中的 128 位，80C51 共计有 210 位可寻址位。

下面具体介绍程序计数器 PC 和部分 SFR 寄存器。

**(1) 程序计数器 PC**

程序计数器 PC 是一个 16 位地址计数器。主要用于对指令地址进行计数，寻址范围达 64 KB。PC 有自动加 1 功能，从而实现程序的顺序执行。PC 没有地址，在物理上是独立存在的。所以用户不能对它进行读/写，但可以通过转移、调用、返回等指令改变其内容，以实现程序的转移。

**(2) 累加器 A**

累加器 A 为 8 位寄存器，是最常用的专用寄存器，功能较多，既可用于存放操作数，也可用来存放中间结果。在 80C51 单片机中有许多指令是针对 A 寄存器而设立的。所以 A 寄存器是一个比较忙碌的寄存器，使用时要特别小心，因其用户太多而常常引起数据丢失。解决问题的办法是，在使用之前最好将 A 寄存器中的数据进行压栈，或将存入 A 寄存器的内容及时读走。

**(3) B 寄存器**

B 寄存器是一个 8 位寄存器，主要用于乘除运算，在进行乘法运算时，B 寄存器中存放的数据是乘数；执行乘法操作后，乘积的高 8 位存于 B 寄存器中，在进行除法运算时，B 寄存器中存放的数据是除数；执行除法操作后，其余数存在于 B 寄存器中，此处，B 寄存器也可作为一般数据寄存器使用。

**(4) 程序状态字 PSW 寄存器**

程序状态字 PSW(Program Status Word)寄存器，也是一个 8 位寄存器，主要用于存放程序运行的状态信息。其中，有些位的状态位是程序执行的结果，是由硬件自动控制的；而有些位的状态则采用软件的方法来设定。PSW 的位状态可以用专门指令进行测试，也可以用指令读出。一些条件转移指令会根据 PSW 有关位的状态进行程序转移。

PSW 的各位配置如表 1-6 所列。其中 PSW.1 为保留位，未用。

**表 1-6 PSW 各位配置**

| 位 序 | PSW.7 | PSW.6 | PSW.5 | PSW.4 | PSW.3 | PSW.2 | PSW.1 | PSW.0 |
|---|---|---|---|---|---|---|---|---|
| 位含义 | CY | AC | F0 | RS1 | RS0 | OV | — | P |

位的解释如表 1-7 所列。

**表 1-7　程序状态字 PSW 寄存器各位描述表**

| 位标识符 | 作　用 | 功能说明 |
|---|---|---|
| CY | 进位标志位 | CY 是 PSW 中最常用的标志，其功能是：一是存放算术运算的进位标志；二是在位操作中作累加位使用。位传送、位“与”、位“或”操作，操作数之一为进位标志位 |
| AC | 辅助进位位 | 当进行加法或减法操作而产生由低 4 位向高 4 位的进位或借位时，由硬件将 AC 置 1；否则，就被清除。AC 还用于十进制调整，同 DA、A 指令结合起来使用 |
| F0 | 用户标志位 | 供用户使用，可用软件来使它置位或清 0，也可用软件测试 F0 以控制程序的流向 |
| RS1、RS0 | 当前寄存器组选择位 | 通过软件来设定当前使用哪组工作寄存器。设定方法见表 1-8 |
| OV | 溢出标志位 | 在带符号数运算中，OV=1，表示加减运算结果超出累加器 A 所能表示的符号数的有效范围(−128～+127)，产生溢出，其运算结果为错误的运算结果；OV=0，运算结果为正确。溢出标志 OV 在硬件上是通过一个“异或”门来实现的，即：<br>$OV=C6 \oplus C7$<br>其中，C6 为 D6 位向 D7 位的进位或借位，C7 为 D7 向 C 的进位或借位。<br>在乘法运行中，OV=1，表示乘积超过 255，即乘积分别放在 B(高 8 位)与 A(低 8 位)中；OV=0，表示乘积只放在 A 中，B=0。<br>在除法运行中，OV=1，表示除数为 0，除法不能进行；OV=0，除数不为 0，除法可正常运算 |
| P | 奇偶位 | 每个指令周期都由硬件来置位或清除，以表示累加器 A 中 1 的个数的奇偶性。若 P=1，则累加器 A 中 1 的个数为奇数；若 P=0，则累加器 A 中 1 的个数为偶数 |

**表 1-8　RS1、RS0 与当前寄存器组的关系**

| RS1 | RS0 | 当前组号 | R0～R7 地址 | 说　明 |
|---|---|---|---|---|
| 0 | 0 | 0 | 00H～07H | 第 0 组 |
| 0 | 1 | 1 | 08H～0FH | 第 1 组 |
| 1 | 0 | 2 | 10H～17H | 第 2 组 |
| 1 | 1 | 3 | 18H～1FH | 第 3 组 |

### (5) 堆栈指针 SP

堆栈指针 SP 是一个 8 位专用寄存器。它指示出堆栈顶部所在的内部数据存储器中的位置。系统复位后 SP 初始化值为 07H，使得堆栈向上由 08H 单元开始。考虑到 08H～1FH 单元属于工作寄存器区，若程序设计中要用到这些区，最好把 SP 的值置为 1FH 或更大一些的地址，一般将堆栈开辟在 30H～7FH 区域中。SP 的值越小，堆栈深度就越深，但最大只能为 128 B。

**(6) 数据指针 DPTR**

数据指针 DPTR 是 80C51 单片机唯一的 16 位专用寄存器，它是由两个 8 位寄存器组成，分别是 DPH 和 DPL，其中 DPH 为 DPTR 的高 8 位，DPL 为 DPTR 的低 8 位。它既可以作为一个 16 位寄存器来使用，也可以作为两个独立的 8 位寄存器(DPH 和 DPL)来使用。

DPTR 通常用来存放 16 位地址。既可访问外部 RAM，也可访问内部 ROM。

**(7) 并行端口 P0～P3**

专用寄存器 P0、P1、P2 和 P3 分别对应 I/O 口 P0～P3 的锁存器。

在 80C51 中，I/O 和 RAM 统一编址，既可以字节寻址，也可以位寻址，使用起来很方便。

**(8) 串行数据缓冲器 SBUF**

串行数据缓冲器 SBUF 主要用于存放发送或接收的数据。它在物理上是由两个独立的寄存器组成，一个是数据发送缓存器，另一个是数据接收缓存器。当需要发送数据时，就将数据写入发送缓存器 SBUF；当需要取出接收数据时就从接收缓存器中读出接收到的数据。

**(9) 定时/计数器用存储器**

80C51 单片机有两个 16 位定时/计数器存储器 T0 和 T1。它们分别由两个独立的 8 位寄存器组成，共用 4 个独立的存储器，即 TH0、TL0、TH1 和 TL1。用户可对这 4 个存储器进行直接寻址，但不能把 T0 和 T1 当成 16 位寄存器来访问。

**(10) 其他控制寄存器**

IP、IE、TMOD、TCON、SCON 和 PCON 寄存器分别包含中断系统、定时/计数器、串行口和供电方式的控制和状态设置。

### 1.2.3 外部数据存储器

当单片机需要处理较大量数据，而其内部 RAM 不能满足时，就必须要外扩数据存储器(RAM)和外扩输入/输出口。

① 单片机可以访问的外部数据存储器 RAM 的地址空间为 0～64 KB，直接使用 16 位地址寻址；

② 外部数据存储器 RAM 与外部 I/O 口统一编址，即 CPU 对 RAM 和 I/O 口不加区分；

③ 对外部数据存储器 RAM 只能采用间接寻址方式，其指令为 MOVX。

R0、R1 和 DPTR 都可作为间接寻址寄存器使用，前者寻址范围仅为 256 B，后者为 64 KB。

## 1.3 80C51 输入/输出接口电路

80C51 单片机内部带有输入/输出接口电路，共有 4 个 8 位的并行 I/O 口，分别设为 P0 口、P1 口、P2 口和 P3 口，并列于专用寄存器，既具有字节寻址功能，又具有位寻址功能。

**解惑**：“口”是一个综合性的概念。在单片机中，口是一个集数据输入缓冲、数据输出驱动及锁存等多项功能为一体的输入/输出电路。口有时也称作端口。

### 1.3.1 P0 口

P0 口是 80C51 最早期的一个输入/输出口，它不带上拉电路，主要用作数据和地址的输入/输出。直到现在也没多大改变。

在读取引脚数据时有一个要求，则首先要向 P0 口的锁存器写入 FFH 值，操作方式如下：

```
⋮
MOV   P0,    #0FFH       ;向 P0 口锁存器写入高电位
MOV   A,     P0          ;读出 P0 口引脚上的数据
⋮
```

上述程序看上去有问题，但实际是对两个寄存器进行操作。

### 1.3.2 P1 口

P1 口是一个普通的输入/输出口，其内部带有上拉电阻，也就是说不需要外接上拉。在对其进行数据读/写操作时方法同 P0 口。后续的发展已为这个口增加了许多新功能。

### 1.3.3 P2 口

P2 口与 P1 口功能相同，在使用时除像 P1 口作驱动口外还与 P0 口构成地址的高 8 位，与 P0 口形成 16 地址的输入/输出数据操作。对外部数据存储器进行并行操作时，常常是 P2 输出高 8 位地址，P0 口输出低 8 位地址。

### 1.3.4 P3 口

P3 口通常工作在第二功能的状态下。

P3 口的第二功能有：串行通信口 P3.0(RXD)、P3.1(TXD)，外部中断入口 P3.2(INT0)、P3.3(INT1)，定时计数输入口 P3.4(T0)、P3.5(T1)，外扩数据存储器读/写控制位 P3.6(WR)和 P3.7(RD)。

当用作普通输入/输出口使用时同 P1、P2 口。

## 1.4 80C51 中断系统

### 1.4.1 什么是中断

什么是中断？中断就是对紧急事物的处理机制。比方说，当你正在浴室冲凉时，突然来一个电话，这时你停止冲凉去卧室接电话，电话接完后又回到浴室冲凉。这一过程就是一个中断过程。我们可以用图来表示，请看图 1-3。

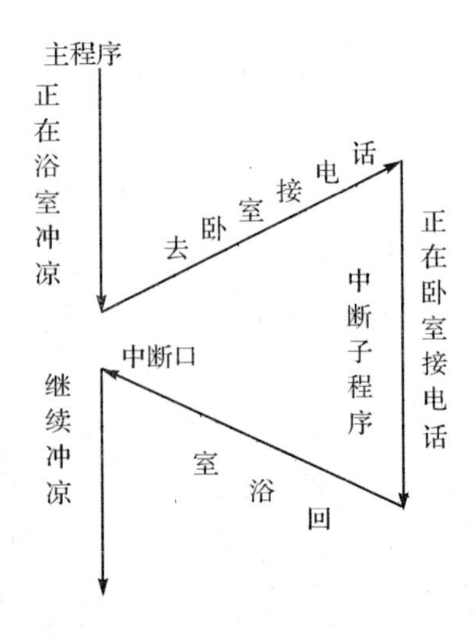


图 1-3　中断过程示意图

### 1.4.2 80C51 的中断源

实际上在 80C51 的内部只有 3 类可用的中断源，这就是外部中断类、定时中断类和串行中断类。

**(1) 外部中断类**

外部中断是由外部原因引起的中断事件，共有两个中断源，即外部中断 INT0 和外部中断 INT1。其中断请求信号分

别由引脚 P3.2(INT0)和 P3.3(INT1)引入。

外部中断请求信号有两种方式，分别是电平和脉冲。

● 电平方式指的就是低电平有效方式。只要单片机在中断请求引入端(INT0 或 INT1)，则引脚上采样到有效的低电平，就可以激活外部中断执行机制。

● 脉冲方式指的就是由高电平向低电平过渡产生的下降沿脉冲有效方式。这种方式是在相邻的两个周期内，单片机对中断请求引入端进行采样，如前次采样到高电平、后一次采样到低电平，则获得了有效的中断请求信号。在这种中断请求信号方式下，中断请求信号的高电平状态和低电平的状态应至少保持一个机器周期，以确保电平变化能被单片机采样到。

**(2) 定时中断类**

定时中断是为满足定时或计数的需要而设置的中断方式。80C51 的内部带有两个 16 位的定时/计数器。通过其内部的计数器对计数结构进行计数的方法来实现定时或计数功能。当计数结构发生溢出时，则表明定时器或计数器已满，这时就可以以计数溢出信号作为中断请求信号去置位一个溢出标志位，作为单片机接受中断请求的标志信号。这种中断请求是在单片机内部发生，无须在片外设置引入端。

**(3) 串行中断类**

串行中断是为串行数据传送的需要设置的中断方式。工作中，当串行口接收到或发送完一组串行有效数据，就会产生一次中断请求。串行中断请求也是在单片机内部自动产生。

### 1.4.3 中断方式

计算机响应中断的方式有向量式和固定入口式。但是单片机响应中断的方式只有一种，这就是固定入口式，即一响应中断就直接转入固定入口地址执行中断服务子程序。这是一种简单的中断方式，这是根椐单片机控制的需要而设立的。具体的中断入口地址见表 1-9。

**表 1-9 80C51 中断入口地址**

| 中断源 | 入口地址 | 中断源 | 入口地址 |
|---|---|---|---|
| 外部中断 0 | 0003H | 定时器 1 | 001BH |
| 定时器 0 | 000BH | 串行口 | 0023H |
| 外部中断 1 | 0013H | 定时器 2 | 002BH |

### 1.4.4 中断控制寄存器

中断控制是指单片机提供给用户使用的中断控制手段。对用户而言，只有通过对中断控制寄存器进行操作(由指令实现)才能有效地管理中断系统。80C51 设置的控制寄存器有：中断允许控制寄存器 IE，定时器控制寄存器 TCON、串行口控制寄存器 SCON、中断优先级控制寄存器 IP。它涉及 3 个范畴：中断请求标志的寄存、中断允许的管理和中断优先级的设定。

**1. 中断允许控制寄存器 IE**

寄存器地址为 A8H，位地址为 AFH～A8H。

中断允许控制寄存器 IE 各位配置如表 1-10 所列。

**表 1-10 寄存器 IE 各位配置**

| 位编号 | 7 | 6 | 5 | 4 | 3 | 2 | 1 | 0 |
|---|---|---|---|---|---|---|---|---|
| 位地址 | AF | AE | AD | AC | AB | AA | A9 | A8 |
| 位名称 | EA | — | — | ES | ET1 | EX1 | ET0 | EX0 |

中断允许控制寄存器 IE 各位功能描述如表 1-11 所列。

**表 1-11 寄存器 IE 各位功能描述**

| 位标识符 | 作　用 | 功能说明 |
|---|---|---|
| EA | 全局中断控制位 | EA=0 时关闭总中断并关闭其他所有中断，由软件进行设置；<br>EA=1 时开启总中断并允许其他中断开启 |
| ES | 串行中断控制位 | ES=0 时禁止串行中断；<br>ES=1 时允许串行中断 |
| ET1 | 定时/计数器 1 中断控制位 | ET1=0 时禁止定时/计数器 1 中断；<br>ET1=1 时允许定时/计数器 1 中断 |
| EX1 | 外部中断控制位 | EX1=0 时禁止外部中断 INT1；<br>EX1=1 时允许外部中断 INT1 |
| ET0 | 定时/计数器 0 中断控制位 | ET0=0 时禁止定时/计数器 0 中断；<br>ET0=1 时允许定时/计数器 0 中断 |
| EX0 | 外部中断控制位 | EX0=0 时禁止外部中断 INT0；<br>EX0=1 时允许外部中断 INT0 |

在编写程序时，将表 1-10 中的各个位按要求设置好便可启动相应的中断。

### 2. 定时器控制寄存器 TCON

该寄存器既有定时/计数器的控制功能又有中断控制功能。其中中断控制位为 6 位。寄存器地址为 88H，位地址为 8FH～88H。

定时器控制寄存器 TCON 各位配置如表 1-12 所列。

**表 1-12 寄存器 TCON 各位配置**

| 位编号 | 7 | 6 | 5 | 4 | 3 | 2 | 1 | 0 |
|---|---|---|---|---|---|---|---|---|
| 位地址 | 8F | 8E | 8D | 8C | 8B | 8A | 89 | 88 |
| 位名称 | TF1 | TR1 | TF0 | TR0 | IE1 | IT1 | IE0 | IT0 |

定时器控制寄存器 TCON 各位功能描述见表 1-13。

表 1－13　寄存器 TCON 各位功能描述

| 位标识符 | 作　用 | 功能说明 |
| --- | --- | --- |
| TF1 | 定时器 1 内部计数溢出标志位 | 当定时器内部计数器产生计数溢出时，此位由硬件置 1，即 TF1＝1。当转向中断服务子程序时，又由硬件自动清 0，这是采用的中断方式。当采用查寻方式时，必须由手工清 0，也就是用软件清 0，即使 TF1＝0 |
| TR1 | 定时/计数器 1 的启动/停止控制 | TR1＝0 时停止工作；TR1＝1 时启动定时/计数器 1 工作 |
| TF0 | 定时器 0 内部计数溢出标志位 | 当定时器内部计数器产生计数溢出时，此位由硬件置 1，即 TF0＝1。当转向中断服务子程序时，又由硬件自动清 0，这是采用的中断方式。当采用查寻方式时，必须由手工清 0，也就是用软件清 0，即使 TF0＝0 |
| TR0 | 定时/计数器 0 的启动/停止控制 | TR0＝0 时停止工作；TR0＝1 时启动定时/计数器 0 工作 |
| IE1 | 外部中断 INT1 请求标志位 | 当 CPU 采样到 INT1(P3.3)引脚上有有效中断请求信号时，此位由硬件置 1；在执行中断服务子程序时，由硬件自动清 0 |
| IT1 | 外部中断请求信号方式控制位 | IT1＝1 时为下降沿触发方式(或脉冲方式)；IT1＝0 时为电平触发方式(低电平有效)，不影响 IE1 的状态。此位由软件置位和清 0 |
| IE0 | 外部中断 INT0 请求标志位 | 当 CPU 采样到 INT0(P3.2)引脚上有有效中断请求信号时，此位由硬件置 1；在执行中断服务子程序时，由硬件自动清 0 |
| IT0 | 外部中断请求信号方式控制位 | IT0＝1 时为下降沿触发方式(或脉冲方式)；IT0＝0 时为电平触发方式(低电平有效)，不影响 IE0 的状态。此位由软件置位和清 0 |

### 3. 串行口控制寄存器 SCON

串行口控制寄存器 SCON 与中断有关的控制位只有 TI、RI 两个位。

寄存器地址 98H，位地址 9FH～98H。

串行口控制寄存器 SCON 各位配置如表 1－14 所列。

表 1－14　寄存器 SCON 各位配置

| 位编号 | 7 | 6 | 5 | 4 | 3 | 2 | 1 | 0 |
| --- | --- | --- | --- | --- | --- | --- | --- | --- |
| 位地址 | 9F | 9E | 9D | 9C | 9B | 9A | 99 | 98 |
| 位名称 | SM0 | SM1 | SM2 | REN | TB8 | RB8 | TI | RI |

串行口控制寄存器 SCON 与中断有关的两个位功能描述见表 1－15。

表 1-15 寄存器 SCON 与中断有关的位功能描述

| 位标识符 | 作 用 | 功能说明 |
| --- | --- | --- |
| TI | 串行数据发送中断请求标志位 | 当发送完一帧串行数据后，由硬件置 1；在转向中断服务子程序后，用软件清 0 |
| RI | 串行数据接收中断请求标志位 | 当接收完一帧串行数据后，由硬件置 1；在转向中断服务子程序后，用软件清 0 |

串行中断请求由 TI 和 RI 的“逻辑或”得到。就是说，无论是发送标志还是接收标志，都产生串行中断请求。

## 4. 中断优先级控制寄存器 IP

80C51 的中断优先级控制比较简单，只有高低两个优先级。各中断源的优先级由优先级控制寄存器 IP 进行设定(软件设置)。

IP 寄存器地址 B8H，位地址 BFH～B8H。

中断优先级控制寄存器 IP 各位配置如表 1-16 所列。

表 1-16 寄存器 IP 各位配置

| 位编号 | 7 | 6 | 5 | 4 | 3 | 2 | 1 | 0 |
| --- | --- | --- | --- | --- | --- | --- | --- | --- |
| 位地址 | BF | BE | BD | BC | BB | BA | B9 | B8 |
| 位名称 | — | — | — | PS | PT1 | PX1 | PT0 | PX0 |

中断优先级控制寄存器 IP 各位功能描述见表 1-17。

表 1-17 寄存器 IP 各位功能描述

| 位标识符 | 作 用 | 功能说明 |
| --- | --- | --- |
| PS | 串行中断优先级设定位 | PS=0 时为低优先级<br>PS=1 时为高优先级 |
| PT1 | 定时中断 1 优先级设定位 | PT1=0 时为低优先级<br>PT1=1 时为高优先级 |
| PX1 | 外部中断 1 优先级设定位 | PX1=0 时为低优先级<br>PX1=1 时为高优先级 |
| PT0 | 定时中断 0 优先级设定位 | PT0=0 时为低优先级<br>PT0=1 时为高优先级 |
| PX0 | 外部中断 0 优先级设定位 | PX0=0 时为低优先级<br>PX0=1 时为高优先级 |

中断优先级应用于中断嵌套，80C51 中断优先级的控制原则是：

- 低优先级中断请求不能打断高优先级的中断，高优先级的中断则可以打断低优先级的中断，从而实现中断嵌套；
- 如果一个中断请求已被响应，则同级的其他中断响应被禁止；

● 如果同级的多个中断请求同时出现，则按 CPU 查询次序确定哪个中断请求被响应。顺序是从高到低，依次为外部中断 0→定时中断 0→外部中断 1→定时中断 1→串行中断。

## 1.5 80C51 定时器

人存活于这个世间，时钟一直在人的心中，人是可以定时起床的，鸡也是可以定时打鸣的，自然界存在生物钟现象，学生是可以按时间进教室上课的，所以计算机生下来就设计有定时功能。

80C51 单片机有 2 个 16 位的定时/计数器，即定时/计数器 0 和定时/计数器 1，并使用专用寄存器 TMOD 中的 C/T 位来设定定时与计数功能。

### 1.5.1 定时/计数功能

**1. 定时功能**

清 0 专用寄存器 TMOD 中的 C/T 位就选择了定时/计数器中的定时功能，这时计数输入信号也选择了内部时钟脉冲，则每个机器周期使其定时内部计数寄存器值增 1，采用的计数频率是晶振频率的 1/12。如果采用的晶振是 12 MHz，那么计数脉冲频率为 1 MHz。

**2. 计数功能**

置位专用寄存器 TMOD 中的 C/T 位就选择计数功能，这时计数脉冲来自相应的外部输入引脚，计数器 0(T0)对应引脚为 P3.4，计数器 1(T1)对应引脚为 P3.5。当计数器引脚发生输入信号由“1”到“0”的跳变时，定时器内部计数寄存器(TH0、TL0、TH1、TL1)的值增 1。

实际上，定时功能和计数功能的机理都是一样的，可以说都是计数操作，只不过是计数脉冲的来源不同罢了。

除了可以选择定时和计数功能，每个定时/计数器 T0 和 T1 还有 4 种操作方式，其操作由 TMOD 模式寄存器设定。

### 1.5.2 定时/计数器控制寄存器

用于对定时/计数器进行直接控制的寄存器有两个，一个是 TCON 控制寄存器，一个是模式设定寄存器 TMOD。

**1. 定时器控制寄存器 TCON**

TCON 的各位配置和功能分别见表 1-12 和表 1-13。

在 TCON 控制寄存器中，既有中断控制位，又有定时/计数器控制位。中断控制位已在 1.4.4 小节中谈到，在此不多述，下面主要介绍定时/计数器控制位。

● 位 7(TCON.7)和位 5(TCON.5)分别为 TF1 位和 TF0 位，属于定时器内部计数器计数溢出标志位。当定时器内部计数器计数溢出(计满)时，该位由硬件置 1。使用查询方式，可以查得此位的状态，但需注意的是，查询该位有效后应及时通过软件方式清 0；使用中断方式时，该位由硬件自动清 0。

● 位 6(TCON.6)和位 4(TCON.4)分别为 TR1 位和 TR0 位，属于定时/计数器运行控制位。

TR0(TR1)=0,为停止定时/计数器工作;

TR0(TR1)=1,为启动定时/计数器工作。

该位需要用软件置 1 或清 0。

## 2. 定时器模式设定寄存器 TMOD

TMOD 寄存器是一个定时/计数器 0(1)用的专用寄存器,主要用于对定时/计数器 0(1)工作模式进行设定。但 TMOD 寄存器要求不能直接进行位寻址,只能通过字节传送指令设定其中的内容。TMOD 各位配置如表 1-18 所列。

**表 1-18 寄存器 TMOD 各位配置**

| 内 容 | 定时/计数器 1 | | | | 定时/计数器 0 | | | |
|---|---|---|---|---|---|---|---|---|
| 位 序 | D7 | D6 | D5 | D4 | D3 | D2 | D1 | D0 |
| 位名称 | GATE | C/T | M1 | M0 | GATE | C/T | M1 | M0 |

寄存器 TMOD 各位功能描述见表 1-19。

**表 1-19 寄存器 TMOD 各位功能描述**

| 位标识符 | 作 用 | 功能说明 |
|---|---|---|
| GATE(D7:D3) | 门控位 | 用于定时/计数器 1(0),该位置位只有在 INT1(0)脚置高及 TR1(0)控制置位时才可以打开定时/计数器 1(0)。清零时,置位 TR1(0)即可打开定时/计数器 1(0)。即 GATE=0 置位 TR0(TR1)启动定时器 1(0),GATE=1 用于外部中断请求信号(INT0 或 INT1)启动定时器 |
| C/T(D6:D2) | 定时/计数方式选择位 | 用于控制定时器 1(0),清零(C/T=0)该位则用作定时器(从内部系统时钟输入信号),置位(C/T=1)该位用作计数器从 T1(0)引脚输入信号,T1(0)为单片机的 T0 和 T1 脚 |
| M1、M0(D5:D4 D1,D0) | 定时器模式选择位 | 具体组合见表 1-20 |

**表 1-20 定时器模式(M1 和 M0)设置表**

| M1 | M0 | 说 明 |
|---|---|---|
| 0 | 0 | 为工作方式 0<br>在 8048 单片机中定时器寄存器 TL1(0)用作 5 位预分频器 |
| 0 | 1 | 为工作方式 1。即 TH1(0)与 TL1(0)两寄存器连接为 16 位的定时器的内部计数器,无预分频器 |
| 1 | 0 | 为工作方式 2。8 位自装载定时器,即 TH1(0)与 TL1(0)两寄存器分开为两个独立的 8 位寄存器,并协调工作。也就是定时计数溢出时将 TH1(0)存放的值又重新装入 TL1(0)中。TH1(0)寄存器中的值一直保持不变 |
| 1 | 1 | 为工作方式 3。定时器 0 此时作为双 8 位定时/计数器,TL0 作为一个定时/计数器,通过标准定时器 0 控制位控制。TH0 仅作一个 8 位定时器,由定时器 1 控制位控制,在这种模式下定时/计数器 1 关闭 |

此外，中断允许控制寄存器 IE 中的 ETX 位和中断优先级控制寄存器 IP 中的 PTX 位，分别用来禁止/开启定时器的中断和进行优先级设定。

### 1.5.3 定时/计数器的工作方式

80C51 的定时/计数器共有 4 种工作方式，前 3 种方式对两个定时/计数器一样，工作方式 3 有所不同。

#### 1. 工作方式 0

当通过将定时器的模式寄存器 TMOD 设为工作方式 0 时，TH1(0)和 TL1(0)两寄存器实际组成了一个 13 位的定时器内部计数器。

- 计数器由 TH1(0)的全部 8 位和 TL1(0)的低 5 位构成。TL1(0)的高 3 位弃之不用。
- 当 C/T=0 时，多路开关接通振荡脉冲的 12 分频输出，13 位计数器以此脉冲进行计数，这就是定时方式；C/T=1 时，多路开关接通计数引脚 P3.4、P3.5[T0(1)的外部脉冲输入端]，当计数脉冲发生跳变时，计数器加 1，这就是计数方式。
- 不管设定在定时还是计数方式，TL1(0)的低 5 位计数溢出时，便向 TH1(0)进位；当全部的 13 位计数溢出时，则向计数溢出标志位 TF1(0)置位。

#### 2. 工作方式 1

工作方式 1 和工作方式 0 几乎完全相同，唯一差别是，工作方式 1 中定时器的内部寄存器 TH1(0)和 TL1(0)以全部的 16 位参与操作。

#### 3. 工作方式 2

工作方式 0 和工作方式 1 的最大特点是计数溢出后内部计数器为全 0。为了达到正常工作就必须不停地赋初值。工作方式 2 就是针对这种现象设计的，具有自动重新装入初值的功能。

这种方式是把 16 位内部寄存器分为 TH 和 TL 两部分，TL 用作计数器，TH 用作预装初值寄存器。初始化时将 TH1(0)和 TL1(0)同时装入初值，计数中 TH1(0)一直保持初值不变，TL1(0)递减数到 0。当 TL1(0)值为 0 时，又从 TH1(0)寄存器中复制一份，以此重复不断进行。

#### 4. 工作方式 3

在工作方式 3 下，定时器具有特殊性，只有定时器 0 能设置为工作方式 3，它将定时器的内部计数器 TH0 和 TL0 分成两个独立的 8 位寄存器，而定时器 1 只能工作在工作方式 0、工作方式 1 和工作方式 2 下。

## 1.6 80C51 串行通信

在 80C51 单片机的内部除设有 4 个并行 I/O 接口外，还带有 1 个串行通信接口。此串行接口是专用于单片机与计算机，单片机与单片机进行串行数据通信。比方说，向单片机下载程序，利用单片机实施硬件仿真，单片机向计算机发送数据等，到目前为止大多都是通过这个接口来完成的。串行通信是一个用途非常广泛的接口，特别是在工业上。它的最大优点是通信距离远，用线少。

## 1.6.1 串行通信的概念

串行通信通常是以字节(或字符)为单位组成字符帧按位进行传送的。数据在发送时,用户是按字符帧从发送端一帧一帧地发送,通过传输线对方机也是一帧一帧地接收。发送端和接收端可以有各自的时钟来控制数据的发送和接收,这两个时钟源彼此独立互不同步,但通信中波特率必须一致,也就是发送端的位速度和接收端的位速度要保持一致。

在串行通信中,字符帧格式和波特率两个概念非常重要。

### 1. 字符帧

字符帧(character frame)也叫数据帧,由起始位、数据位、奇偶校验位和停止位4部分组成,具体格式如图1-4所示。

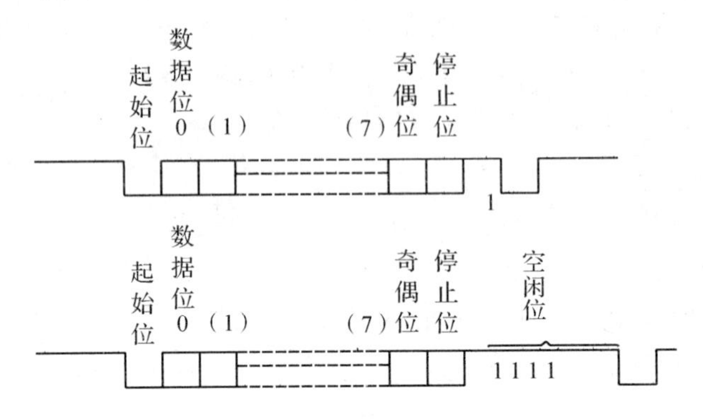


图1-4 串行通信的字符帧格式

各位功能如下:

● 起始位:位于字符帧开始处,只占一位,其值为逻辑"0"即低电平,用于通知接收端即将发送一帧数据。

● 数据位:紧跟随在起始位之后,由用户按情况取5位、6位、7位和8位,低位在前。

● 奇偶校验位:位于数据位之后,只占一位,用于通信双方在通信时约定采用奇校验还是采用偶校验,此位由用户根据需要决定。

● 停止位:位于字符帧末尾,为逻辑"1"高电平,通常可取1位、1.5位或2位,用于向接收端表示一帧数据已发送完毕,也为发送下一帧数据作好准备。

在串行通信中,发送端一帧一帧地发送数据,接收端一帧一帧地接收数据。两相邻帧之间可以无空闲位,也可以有若干空闲位,这由用户根据需要来决定。

### 2. 波特率

波特率(baud rate),即每秒传送二制码的位数,单位是baud。波特率是串行通信中的重要指标,用于表示数据传输的速度。波特率越高,数据传输速度越快,但和字符的实际传输速率不同。字符的实际传输速率是指每秒钟内所传送字符帧的帧数,如,在异步串行通信中传送字符帧,每字符帧按12位计算(则起始位1位,数据位8位,奇偶校验位1位,停止位2位),其传输速率是1 200 bit/s,则每秒所能传送的字符帧是1 200/(1+8+1+2)=100帧/秒。

串行通信的优点是通信距离远,所需设备简单,缺点是传送速度比较慢。

## 1.6.2 串行口的工作方式

### 1. 与串行口有关的寄存器

#### (1) 串行口缓冲寄存器 SBUF

SBUF 是一个可直接寻址的特殊寄存器，地址为 99H。在物理上是两个寄存器，一个是用于存放发送数据的缓存器，一个是用于存放接收数据的缓存器。CPU 写 SBUF(MOV SBUF, R3)时，就是向发送缓存器写入新的内容；读 SBUF(MOV R3 ,SBUF)时，就是读取接收缓存器的内容。

#### (2) 串行口控制寄存器 PCON

PCON 是一个电源控制寄存器，但其中的 D7 位 SMOD1 是一个用于设定串行口波特率系数控制的位，当 SMOD1＝1 时，波特率加倍。寄存器 PCON 各位配置如表 1－21 所列。

表 1－21　寄存器 PCON 各位配置

| 位编号 | 7 | 6 | 5 | 4 | 3 | 2 | 1 | 0 |
|---|---|---|---|---|---|---|---|---|
| 位名称 | SMOD1 | SMOD0 | — | POF | GF1 | GF0 | PD | IDL |

寄存器 PCON 各位功能描述见表 1－22。

表 1－22　寄存器 PCON 各位功能描述

| 位标识符 | 作　用 | 功能说明 |
|---|---|---|
| SMOD1 | 波特率系数控制 | 模式 2 的波特率选择位。SMOD1＝1，波特率为 MCU 时钟/32，SMOD1＝0[复位值]，则波特率为 MCU 时钟/64 |
| SMOD0 | SCON 位 7 选择位 | 供 SCON. 7 位[FE/SM0]选择之用，当 SMOD0＝1 时，SCON. 7 位选择 FE 功能；当 SMOD0＝0 时，SCON. 7 位选择 SM0 功能。作 FE 时只能由软件清零 |

#### (3) 串行口控制寄存器 SCON

串行口控制寄存器 SCON 主要用于设置串行口的工作方式、接收发送控制等。

寄存器地址为 98H，可位寻址，其位寻址地址为 9FH～98H。

串行口控制寄存器 SCON 各位分配如表 1－23 所列。

表 1－23　寄存器 SCON 各位配置

| 位编号 | 7 | 6 | 5 | 4 | 3 | 2 | 1 | 0 |
|---|---|---|---|---|---|---|---|---|
| 位地址 | 9F | 9E | 9D | 9C | 9B | 9A | 99 | 98 |
| 位名称 | SM0/FE | SM1 | SM2 | REN | TB8 | RB8 | TI | RI |

串行口控制寄存器 SCON 各位功能描述见表 1－24。

表 1-24　寄存器 SCON 中断控制位功能描述

| 位 | 符　号 | 功　能 |
|---|---|---|
| SCON.7 | FE | 帧错误位。当检测到一个无效停止位时，通过串行口接收器设置该位，但它必须由软件清零。要使能该位，寄存器 PCON 中的 SMOD0 位必须置 1 |
| SCON.7 | SM0 | 与 SM1 一起定义串口操作模式。要使该位有效，寄存器 PCON 中的 SMOD0 必须置 0 |
| SCON.6 | SM1 | 与 SM0 一起定义串口操作模式（见表 1-25） |
| SCON.5 | SM2 | 在模式 2 和 3 中多处理机通信使能位，在模式 2 和 3 中，若 SM2=1，且接收到的第 9 位数据（RB8）是 0，则 RI（接收中断标志）不会被激活。在模式 0 中，SM2 必须是 0 |
| SCON.4 | REN | 串行数据允许接收位。由软件置位或清除。REN=1 时，允许接收；REN=0 时，禁止接收 |
| SCON.3 | TB8 | 模式 2 和 3 中发送的第 9 位数据，可以按需要由软件置位或清除 |
| SCON.2 | RB8 | 模式 2 和 3 中已接收到的第 9 位数据，在模式 1 中，若 SM2=0，RB8 是已接收到的停止位。在模式 0 中，RB8 没用 |
| SCON.1 | TI | 串行通信中断标志位，详细说明见表 1-14 |
| SCON.0 | RI | |

表 1-25　SM1 和 SM0 一起定义串口操作模式

| SM0 | SM1 | 串行口模式 | 波特率 |
|---|---|---|---|
| 0 | 0 | 0：同步移位寄存器 | $f_{osc}/12$ 或 $f_{osc}/6$（取决于时钟模式） |
| 0 | 1 | 1：8 位串行口 | 可变 |
| 1 | 0 | 2：9 位串行口 | $f_{osc}/64$ 或 $f_{osc}/32$ |
| 1 | 1 | 3：9 位串行口 | 可变 |

## 2. 串行口的工作方式

### （1）工作方式 0

在工作方式 0 状态下，串行口为同步移位寄存器方式；其波特率固定为 $f_{osc}/12$，数据由 RXD(P3.0)脚发送或接收，同步移位脉冲由 TXD(P3.1)脚输出。发送、接收是 8 位数据，低位在前。

发送：执行任何一条写入 SBUF 缓冲寄存器数据的指令时，数据将开始从 RXD 脚发送串行数据，其波特率为晶振频率的 1/12。一帧（8 位）数据发送完毕后，各控制端均恢复原始状态，只有 TI 中断控制位保持高电平，呈中断申请状态。要再次发送数据时，必须用软件清零。

接收：设置 REN=1、RI=0，将启动一次接收数据的过程。这时 RXD 为串行输入脚，TXD 为同步脉冲输出脚。同样，当接收完一帧（8 位）数据后控制信号复位，只有 RI 中断控制位保持高电平，呈中断请求状态。再次接收时，必须用软件清零。

### （2）工作方式 1

在工作方式 1 状态下，串行口为 8 位异步通信接口，一帧数据为 10 位，即 1 位起始位（0），8 位数据位（低位在前）和 1 位停止位（1）。TXD 为发送脚，RXD 为接收脚。波特率可变，它取决于定时器的溢出速率。

发送:用串行口以工作方式 1 发送数据时,数据由 TXD 脚输出,CPU 执行一条写入 SBUF 缓存器数据的指令后,便启动串行口通信,发送完一帧数据后,发送中断标志 TI 置位(TI=1)。

接收:用串行口以工作方式 1 接收数据时,数据从 RXD 脚输入。以工作方式 1 接收时,必须同时满足以下两个条件,接收数据才能生效。

- RI=0,即上一帧数据接收完成时,发出的中断请求信号已被响应,SBUF 中的一帧数据此时已被取走;
- SM2=0 或接收到停止位为 1。

上述两个条件中任何一个不能满足,所接收的数据帧将丢失。在满足上述接收条件后,将停止位送入 RB8,8 位数据存入接收缓冲器 SBUF,并置位中断标志 RI=1。这时,接收控制器将重新采样 RXD 引脚的负跳变,以便接收下一帧数据。在下一次接收数据前 RI 位必须用软件清零。

**(3) 工作方式 2 和工作方式 3**

当串行口设为工作方式 2 和 3 时,则为 9 位异步通信口,发送、接收一帧数据由 11 位组成,则 1 位起始位(0),8 位数据位(低位在前),1 位可编程位(第 9 位数据位)和 1 位停止位(1)。

工作方式 2 和 3 的区别在于:工作方式 2 的波特率为 $f_{osc}/32$ 或 $f_{osc}/64$,而工作方式 3 的波特率可以变化。

发送:工作方式 2 和 3 发送数据时,数据由 TXD 脚输出,附加的第 9 位数据为 SCON 中的 TB8(由软件设置)。CPU 执行了一条写入 SBUF 缓存器数据的指令后,便立即启动数据发送,数据发送完一帧后,置位 TI 中断标志(TI=1)。

接收:工作时与工作方式 1 类似,设 REN=1 时,CPU 开始不断地对 RXD 引脚进行采样,采样速率为波特率的 16 倍;当检测到负跳变后启动接收器,位检测器对每位使用采集 3 个值,用采 3 取 2 表决法决定每位状态。当采到最后一位时,须满足以下两个条件:

① RI=0;

② SM2=0 或接收到第 9 数据位是 1。

只有两条都满足时,方可将 8 位数据装入 SBUF 中,第 9 位数据装入 RB8,并置位 RI。在下一次接收数据帧前,RI 要求用户用软件清零。同样,在方式 2 和 3 接收时,上述任一条件不满足时,所接收到的数据帧将丢失,RI 仍为 0。

在这里只是对 80C51 的结构和工作原理作了简单的介绍,有兴趣的读者可以找到《单片机基础与最小系统实践》详细了解。

# 第 2 章

# P89V51Rx2 单片机引脚功能和数据存储器 RAM 的 C 语言定义与应用

随着科学时代的发展，80C51 微控制器也产生了许多流派，其中纵向发展的芯片有 87C51、89C51、89V51 等；横向扩展的有 AT 系列、PIC 系列、P 系列等。本章主要介绍 P 系列的 P89V51Rx2 系列芯片的使用。

## 2.1 P89V51Rx2 单片机简介与引脚功能

### 2.1.1 P89V51Rx2 单片机简介

P89V51RB2/RC2/RD2 是 NXP 公司 2007 年推出的一款新的内置 80C51 微控制器芯片。芯片内部还集成有 16/32/64 KB 的 Flash 程序存储器和 1 024 B 的数据 RAM 存储器。它集诸多的优点于一身，其中的典型特性是它的"×2"方式选项。利用该特性，工程师们可使应用程序比传统的 80C51 时钟频率提高一倍，也就是可以使常用的 11.059 2 MHz 晶振频率乘上 2（即 11.059 2×2），这就是"×2"方式。也就是 80C51 在"×2"方式下的工作速度要快一倍，相当于 80C51 使用了 22 MHz 的晶振。

另外，Flash 程序存储器支持并行和串行在系统编程（ISP），并行编程方式提供了高速的分组编程（页编程）方式，可节省编程成本和上市时间。ISP 允许在软件控制下对成品中的器件进行重复下载。

还有，P89V51RB2/RC2/RD2 还可采用在应用中编程（IAP），允许随时对 Flash 程序存储器重新编程，即使是应用程序正在运行也不例外。

### 2.1.2 P89V51Rx2 单片机引脚功能

P89V51Rx2 单片机引脚如图 2-1 所示。

P89V51Rx2 单片机引脚功能描述如表 2-1 所列。

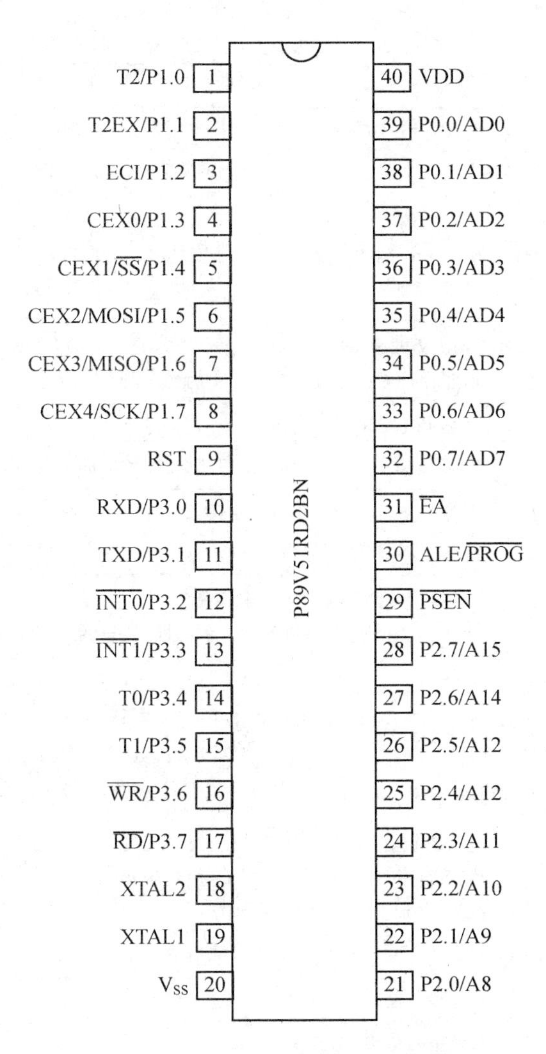


图 2-1 P89V51Rx2 单片机引脚图

表 2-1 P89V51Rx2 单片机引脚功能描述

| 引脚符号 | 功能描述 |
|---|---|
| P0.0～P0.7 | 为 P0 口，本口是一个开漏双向 I/O 口。当向其写入 1 时引脚处于悬浮状态，可用作高阻态输入。当用作访问外部程序和数据存储器时，本口复用为低位地址和数据总线(也就是不用向其写入 1 时)。应用中本口利用强内部上拉来发送电平 1。本口可在外部主机模式编程过程中接收代码字节和在外部主机模式校验过程中发送代码字节。本口用作程序校验或通用 I/O 口时均需连接一个外部上拉电阻 |
| P1.0～P1.7 | 为 P1 口，本口是一个内带上拉电阻的 8 位双向 I/O 口。向其写入 1 时，本口被内部上拉拉高，可用作输入。当用作输入时，由于内部上拉的存在，该口充许外部器件拉低并吸收电流($I_{IL}$)。另外，P1.5、P1.6 和 P1.7 有 16 mA 的高电流驱动能力。在外部主机模式编程和校验中，该口也可接收低位地址字节 |
| P1.0 | T2 为引脚的第二功能定时/计数器 2 的外部计数输入或时钟输出 |

续表 2-1

| 引脚符号 | 功能描述 |
| --- | --- |
| P1.1 | T2EX 为引脚的第二功能定时/计数器 2 捕获/重装触发和方向控制 |
| P1.2 | ECI 为引脚的第二功能外部时钟输入。PCA 计数阵列的外部时钟输入 |
| P1.3 | CEX0 为引脚的第二功能 PCA 计数阵列模块 0 的捕获/比较外部 I/O 口<br>每个捕获/比较模块连接一个 P1 口引脚,用作外部 I/O 口。该口线不被 PCA 占用时,仍可用作标准 I/O口 |
| P1.4 | $\overline{\text{SS}}$为引脚的第二功能 SPI 从机选择输入<br>CEX1 为引脚的第三功能,即 PCA 计数阵列模块 1 的捕获/比较外部 I/O 口 |
| P1.5 | MOSI 为引脚的第二功能 SPI 主机输出从机输入端<br>CEX2 为引脚的第三功能 PCA 计数阵列模块 2 的捕获/比较外部 I/O 口 |
| P1.6 | MISO 为引脚的第二功能 SPI 主机输入从机输出端<br>CEX3 为引脚的第三功能 PCA 计数阵列模块 3 的捕获/比较外部 I/O 口 |
| P1.7 | SCK 为引脚的第二功能的 SPI 主机输出从机输入端<br>CEX4 为引脚的第三功能的 PCA 计数阵列模块 4 的捕获/比较的外部 I/O 口 |
| P2.0~P2.7 | 为 P2 口,本口是一个内带上拉电阻的 8 位双向 I/O 口。当向其写入 1 时,该口被内部上拉拉高,这时可用作高阻输入。当用作高阻输入时,由于内部上拉的存在,该口被外部器件拉低并吸收电流($I_{IL}$)。在读取外部程序存储器或访问 16 位地址(MOVX @DPTR)的外部数据存储器时,该口发送高位地址。应用中该口利用强内部上拉来发送 1。在外部主机模式编程和校验中,该口可接收一些控制信号和部分高地址位 |
| P3.0~P3.7 | 为 P3 口,本口是一个内带上拉电阻的 8 位双向 I/O 口。当向其写入 1 时,该口被内部上拉拉高,可用作高阻输入。用作高阻输入时,由于内部上拉的存在,该口被外部器件拉低并吸收电流($I_{IL}$)。在外部主机模式编程和校验中,该口可接收一些控制信号和部分高地址位 |
| P3.0 | RXD 为引脚的第二功能串行输入 |
| P3.1 | TXD 为引脚的第二功能串行输出 |
| P3.2 | $\overline{\text{INT0}}$为引脚的第二功能外部中断 0 输入 |
| P3.3 | $\overline{\text{INT1}}$为引脚的第二功能外部中断 1 输入 |
| P3.4 | T0 为引脚的第二功能定时/计数器 0 的外部计数输入 |
| P3.5 | T1 为引脚的第二功能定时/计数器 1 的外部计数输入 |
| P3.6 | $\overline{\text{WR}}$为引脚的第二功能外部数据存储器写选通信号 |
| P3.7 | $\overline{\text{RD}}$为引脚的第二功能外部数据存储器读选通信号 |

其他位同 80C51 单片机,在此不再赘述。

有关 P89V51Rx2 更详尽的资料见“网上资料\器件资料库\ P89V51RD2-01_cn_汉_数据手册”。

# 2.2 P89V51Rx2 单片机数据存储器 RAM 的 C 语言专用数据存储类型定义

## 2.2.1 P89V51Rx2 单片机的内部结构

P89V51Rx2 单片机是从 80C51 的基础上发展起来的，单片机自引进我国至今已有 20 年了。20 年的发展历程，使各生产厂家在其内部增加了许多外扩功能，这为单片机开发人员提供了极大的方便。现在就将 P89V51Rx2 单片机的内部结构展现给各位读者，详细请看图 2-2。

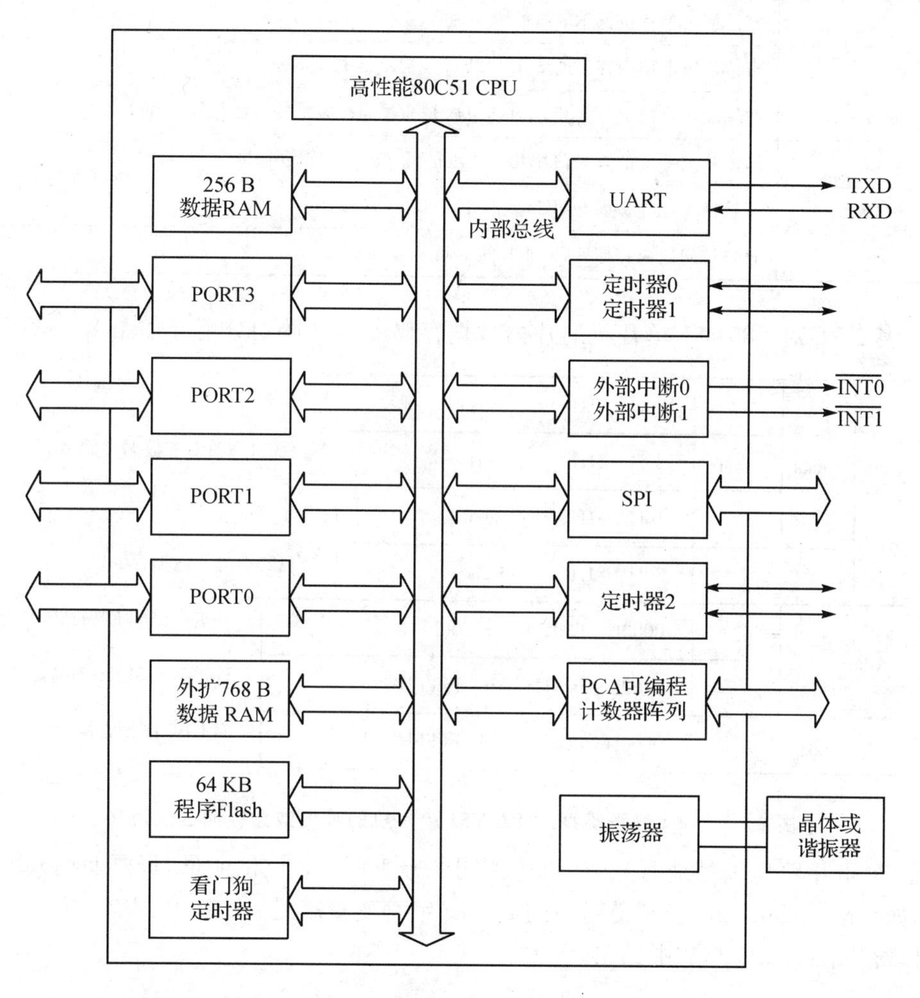


**图 2-2 P89V51Rx2 单片机的内部结构**

从图 2-2 中可以看出在其内部比当年的 80C51 多了很多模块，如电可改写的 64 KB Flash 程序存储器、外扩 768 B 数据存储器 RAM、SPI 同步串行通信模块以及 PCA 可编程计数器阵列，还有一块在图中没有体现出来，即 8 KB 的厂家自带程序存储器。

有关 P89V51 单片机的内部结构就谈到这里，更详尽的资料见“网上资料\器件资料库\P89V51RD2－01_cn_汉_数据手册”。

## 2.2.2 C 语言对单片机数据存储器的专用定义

单片机 C 语言与计算机 C 语言是有区别的，这是因为单片机的数据存储器的存储类型比较具体，如单片机的位存储区、字节数据存储区、还有外扩数据存储区和程序代码存储区。下面用表 2－2 对其进行具体的说明。

表 2－2 C51 存储类型定义与 80C51 存储空间的对应关系表

| 类型定义符 | 80C51 内存空间区 |
|---|---|
| data | 直接使用单片机低 128 B 的常用内存区 |
| bdata | 直接使用常用内存区的 20H～2FH 位寻址区共 128 位 |
| idata | 间接使用片内 RAM 256 B 区，也就是通过间接寻址的方法使用内存储区 |
| pdata | 采用分页寻址的方法使用片外扩展的低 256 B 数据存储区 |
| xdata | 直接使用片外扩展 64 KB 数据存储区 |
| code | 直接访问代码存储区(64 KB 的空间) |

根据表 2－2 对 P89V51 单片机的片内数据存储器的区域划分情况如图 2－3 所示。

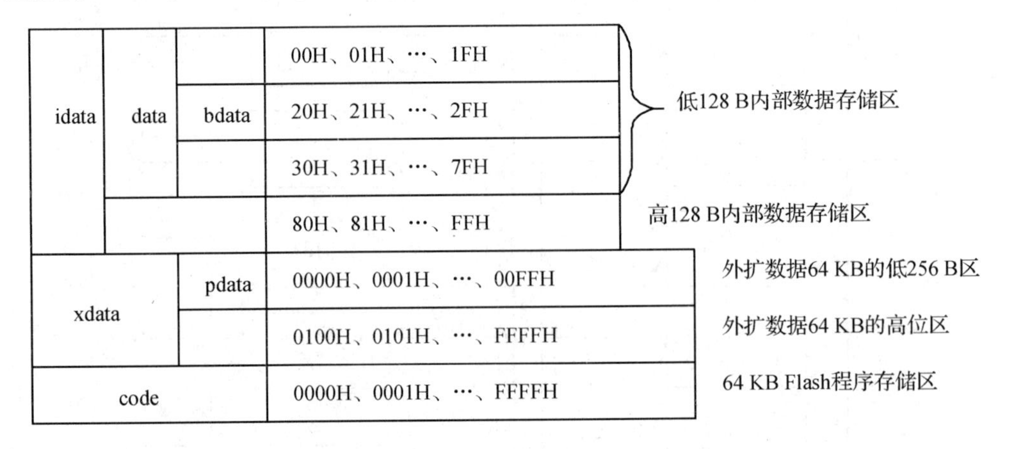


图 2－3 C51 数据类型对 P89V51 单片机的片内数据存储区的定义

从图 2－3 中可以清楚地看到，如果想说明一个 1 B 的 8 位位变量，只要使用 bdata 位定义符即可，如“char bdata cbAcc;”说明中的 cbAcc 字符变量就是一个 1 B 的有 8 位的位变量。具体解说在 2.2.3 小节中给出。

## 2.2.3 C51 单片机专用数据存储器定义类型符的应用

### 1. data

data 定义的地址区域为 00H～7FH。

定义格式：

数据类型　C51 存储类型　变量名；

或者　C51 存储类型　数据类型　变量名；

或者　数据类型　变量名；　　//系统默认为这种形式

范例：

```
① unsigend char data ucChar;            //在 0x00～0x7F 区定义一个无符号字符变量
② data unsigend char ucChar;            //在 0x00～0x7F 区定义一个无符号字符变量
③ unsigend char ucChar;                 //在 0x00～0x7F 区定义一个无符号字符变量
```

需要说明的是，在单片机的 C 语言编程中，说明变量时如果不带 C51 存储类型符，那么所有说明的变量都在这个区域，即 0x00～0x7F 区，就像范例③一样。为了提高 C51 单片机的内部数据存储区的利用率，请不要采用计算机 C 语言说明变量的方式随意说明一个变量，请考虑好要用哪一块内存区，准确地使用 C51 存储类型符定义变量，这是对单片机 C 程序设计员的基础要求。

### 2. bdata

bdata 定义的地址区域为 20H～2FH，此区域为位寻址区，所说明的变量可以再次按位进行重定义。

定义格式：

数据类型　C51 存储类型　变量名；

或者　C51 存储类型　数据类型　变量名；

范例：

```
① unsigend char bdata bChar;           //在 0x20～0x2F 区定义一个无符号可位寻址的字符变量
② bdata unsigend char bAcc;            //在 0x20～0x2F 区定义一个无符号位寻址字符变量
```

下面是将位字节变量重新定义为单位变量。

```
sbit bAcc7 = bAcc^7;                    //将位字节变量的高 7 位说明为 bAcc7 位变量
sbit bAcc6 = bAcc^6;                    //将位字节变量的高 6 位说明为 bAcc6 位变量
⋮
sbit bAcc0 = bAcc^0;                    //将位字节变量的低 0 位说明为 bAcc0 位变量
```

用以上方法定义好各位以后，就可以在程序中直接使用。如：

```
bAcc0 = 0;                              //清 0 bAcc0 位
bAcc0 = 1;                              //置位 bAcc0 位
```

当然要根据需要来处理，还可以进行位判断。如：

```
if( 0 == bAcc0)
⋮
else
⋮
```

**注：** sbit 位定义符的说明将在 2.3 节给出。

位字节变量在串行数据的传输中将得到广泛的应用。在单片机 C 语言中将有效地代替汇编指令中 ACC 寄存器的功能。

**3. idata**

idata 定义的地址区域为 00H～FFH，此类型符为间接寻址符。

定义格式：

数据类型　C51 存储类型　变量名；

或者　C51 存储类型　数据类型　变量名；

范例：

```
① unsigned float idata fFloatPoint = 0.0;     //在常用内存区用间接寻址的方法说明了
                                               //一个无符号浮点变量
② idata float fFloatPoint = 5.60;             //在常用内存区用间接寻址的方法说明了一
                                               //个变量，但是不能这样：idata unsigned
                                               //float fFdian = 0.0；这样编译时系统会报出错误
```

**4. pdata**

pdata 定义的地址区域为 0000H～00FFH，此类型符为页地址定义符，定义的区域属于外扩数据 64 KB 存储器的低 256 B 区。

定义格式：

数据类型　C51 存储类型　变量名；

或者　C51 存储类型　数据类型　变量名；

范例：

```
unsigned int pdata nTudi;                      //说明了一个使用分页存储器的整型变量
```

**5. xdata**

xdata 定义的地址区域为 0000H～FFFFH，此类型符为外扩数据 64 KB 存储区定义符。

定义格式：

数据类型　C51 存储类型　变量名；

或者　C51 存储类型　数据类型　变量名；

范例：

```
unsigned char xdata  * p;                      //在外扩的 64 KB 数据存储区说明一个指针变量
    p = 0x0000;                                //给指针变量赋地址初值
```

**解说：** 在 P89V51 中有外扩数据存储芯片 768 B，LPC932 有外扩数据存储芯片 512 B。所以，在编写大型程序时一定好好地使用这一块存储器。

**6. code**

code 为代码存储区定义符。也就是说用于某些常用的带初始值的数组和变量，特别适应程序在运行时不需要进行改写的变量和数组，如数码管字模、LCD 显示屏用图片、点阵字库等，像这样的大型数组变量都可以通过 code 类型符直接说明到程序代码存储区。

定义格式：

数据类型　C51 存储类型　变量名；

或者　C51 存储类型　数据类型　变量名；

范例：

```
① unsigned char code uchTypeh[11] = {0xC0,0xF9,0xA4,0xB0,0x99,0x92, \
0x82,0xF8,0x80,0x90};
//以上在程序存储区说明了一个数码管字模数组
//下面是在程序存储区说明的一个电脑桌面图
② unsigned char code uchTuDat1[] = {
0xFF,0xFF,0xFF,0xFF,0xFF,0xFF,0xFF,0xFF,0xFF,0xFF,0xFF,0xFF,0xFF,0xFF,0xFF,0xFF,
0x80,0x00,0x00,0x00,0x00,0x00,0x00,0x00,0x00,0x00,0x00,0x00,0x00,0x00,0x00,0x01,
⋮
0xFF,0xFF,0xFF,0xFF,0xFF,0xFF,0xFF,0xFF,0xFF,0xFF,0xFF,0xFF,0xFF,0xFF,0xFF,0xFF,};
```

像这样的大型数组对于单片机的数据存储区来说是一大挑战，所以将其说明到程序存储区是最理想的场所。通过上例可知 code 存储类型定义符的用处和用法。

以上是对存储类型定义符的回顾，没有学过单片机 C 语言编程的读者，请遵守这一规则。下面是对 C 语言定义单片机特殊寄存器的回顾。

## 2.3　C 语言对 P89V51Rx2 单片机特殊寄存器的定义方法

### 2.3.1　sfr 特殊寄存器说明符的应用

对于特殊寄存器的定义，可以打开 reg51.h 头文件或 reg52.h 头文件，在这些头文件中大多的 C51 单片机和 C52 单片机的内部特殊寄存器都得到了定义。下面是一段在 reg51.h 文件中定义好的代码。

```
//**********************************************************************
//reg51.h 文件
#ifndef __REG51_H__
#define __REG51_H__

/*   BYTE Register(寄存器类型定义)   */
sfr P0    = 0x80;
sfr P1    = 0x90;
sfr P2    = 0xA0;
sfr P3    = 0xB0;
sfr PSW   = 0xD0;
sfr ACC   = 0xE0;
sfr B     = 0xF0;
sfr SP    = 0x81;
sfr DPL   = 0x82;
sfr DPH   = 0x83;
```

```
sfr PCON  = 0x87;
sfr TCON  = 0x88;
sfr TMOD  = 0x89;
sfr TL0   = 0x8A;
sfr TL1   = 0x8B;
sfr TH0   = 0x8C;
sfr TH1   = 0x8D;
sfr IE    = 0xA8;
  ⋮
//*************************************************************
```

在特殊寄存器 0x80～0xFF 区可以找到这些寄存器定义的地址，有兴趣的读者可以对照表 1-4。

“sfr”就是特殊寄存器的英文字头。可以通过一字头组合来说明将要用到的特殊寄存器。其格式是：

sfr 特殊寄存器名 = 特殊寄存器地址；

比方说，在 reg51.h 的文件中就没有定义定时器 2 的功能寄存器代码，但是在我们用的 P89V51 单片机中就带有定时器 2 的功能，在定时器 2 的功能中就带有自动波特率发生器，我们想启用定时器 2 来做串行通信中的波特率发生器，空出定时器 1 来做别的工作，这时就需要定义定时器 2 的功能寄存器。

格式如下：

```
//*************************************************************
//定义定时器 2 的功能寄存器
sfr T2CON   = 0xC8;          //定义定时器 2 的控制寄存器
sfr RCAP2L  = 0xCA;          //定义定时器 2 内部波特率计数器寄存器低 8 位
sfr RCAP2H  = 0xCB;          //定义定时器 2 内部波特率计数器寄存器高 8 位
sfr TL2     = 0xCC;          //定时器 2 的计数器
sfr TH2     = 0xCD;
sfr T2MOD   = 0xC9;          //定义定时器 2 的模式寄存器
  ⋮
//*************************************************************
```

通过以上这样一个定义，就可以使定时器 2 的各功能寄存器安下家来。当然还有各控制寄存器中的各位需要再次定义，这些将在 2.3.2 小节中给出。

对于特殊功能寄存器的定义，作为一个单片机中上水平的开发人员来说是常要用到的，这是因为在开发中经常性地要选择新的功能或更强大的单片机来开发新产品。

## 2.3.2 sbit 位说明符的应用

sbit 位说明符在单片机 C 语言中是用来对有些功能寄存器和用 bdata 存储类型说明符说明的变量进行再次定义为位变量的说明符。

比如：ACC 累加寄存器，P0 口、P1 口、P3 口、P4 口特殊功能寄存器等；另外，在 80C51 的低 128 B 数据存储器中，有一块 16 B 的位寻址区，即 0x20～0x2F，共 128 位，其中的每一个存储器通过 bdata 存储类型说明符说明后，可以再次说明为 8 位。

### 1. sbit 位说明符的使用格式

格式如下：

sbit 位名=寄存器名^i ；　　　//i 为位序号，其含义是 0～7 的数字

其中“^”代表在汇编中“.”点的作用，如汇编中的 P0.0 在 C 语言中要写成 P0^0。

### 2. 功能寄存器的位再次定义

范例：

```
① sbit  ACC7 = ACC^7;            //说明了一个累加器的高 7 位
  sbit  ACC0 = ACC^0;            //说明了一个累加器的低 0 位
```

这时，如果在程序中直接操作位变量，就可以改变累加器 ACC 中相对应位的值。如：

```
ACC = 0xAA;                      //先给累加器 ACC 赋一个初值，为 0xAA(10101010)
ACC7 = 0;                        //等于单独给累加器 ACC 的位 7 赋了一个新值
```

通过以上两行代码，累加器中的值已经是 00101010，即 0x2A。这就是位操作的好处。

```
② sbit P00 = P0^0;              //将 P0 口的低 0 位说明成位变量
          ⋮
  sbit P07 = P0^7;              //将 P0 口的高 7 位说明成位变量
```

对于 I/O 口进行位操作是常有的事，在汇编中常用 SETB、CPL、CLR 指令对 I/O 口各位进行操作，在单片机 C 语言中也不例外，也要对 I/O 口各位进行直的操作，所以通过这样的位定义后，为在程序中对位进行直的操作提供了方便。使用时如：

```
P00  =  1;                      //为置位 P0.0 引脚
P00  =  0;                      //为清 0 P0.0 引脚
P00  =  ～P00;                  //为取反 P0.0 引脚
```

有关特殊寄存器的位定义就介绍到这里，使用时可以参考本书的第 4 章具体应用。

### 3. 位寻址区的变量再次定义

范例：

```
unsigned char bdata uchAcc;          //在位寻址区说明一个无符号变量
sbit uchAcc7 =   uchAcc^7;           //将位寻址区的字节变量的高 7 位再次说明为位变量
sbit uchAcc0 =   uchAcc^0;           //将位寻址区的字节变量的低 0 位再次说明为位变量
```

下面是应用实例。

任务：使 P0 口上的 8 只指示灯每隔一只亮一只，而后使亮灯向一个方向流动起来。

编程：

```
  unsigned char bdata uchAcc;
  sbit uchAcc7 =   uchAcc^7;
  uchAcc = 0xAA;                     //给位字节变量赋初值，即 10101010
  uchAcc7 = 1;                       //将 7 位赋初值 1，即置位字节变量的高 7 位
Aing:
```

```
    P0 = uchAcc;                     //位字节变量中的内容传给 P0 口,使引脚上的指示灯按题目
                                     //要求点亮
    uchAcc = uchAcc≫1;               //将位字节变量的内容右移 1 位
    uchAcc7 = ~ uchAcc7;             //给位字节变量的高 7 位置入新值(取反)
    goto Aing;
```

上述代码所产生的效果是 P0 口上的 8 只灯向右流动。有兴趣的读者可以烧入单片机一试。

有关 80C51 单片机的 C 语言编程基础的回顾就到这里,有兴趣的读者可以找到《单片机 C 语言编程基础与实践》一书进行详细的了解。

# 第3章

# 程序模板的编写与使用方法

程序模板这一概念沿用于 Windows 的 C++编程，人们在计算机应用程序的开发过程中常常要用到重复的代码，为降低劳动强度，提高应用程序的开发速度和效率，基础软件工程师们将常用的 Windows 应用程序的基础代码编成程序框架。如 Windows 的窗口程序，就包含最小化、最大化、菜单栏等常用工具，将这些常用的工具全部编入到一个工程程序中，就形成了框架程序模板。程序员就在这个基础上找到规定的程序接口，将自己的功能程序代码加入其中，这样就很快地开发出了 Windows 应用程序。学过 VC++编程的读者一定还清楚地记得，在开发程序的第一步就是创建程序框架。到了 VB、Borand C++ Builder、Delphi 等编译软件，其窗口程序模板和控件包程序模板做得更加完善，程序员只要将这些程序模板组装起来，就诞生一个完好的应用程序（不管何种硬件，只要是计算机上装有 Windows 操作系统就行），编程工作就变得如此简单。

我一直在想，单片机的程序编写是不是可以借鉴 Windows 的程序编写模式呢？我看是可以的！那为什么前人没有摸仿 Windows 的程序编写模式呢？我想主要是由于单片机内腔太小，程序太简单，如果采用程序模板好象没有多大意义。但是今天我觉得有这个必要，至少就我个人而言有这个必要，因为我在做工程程序时常常要将前面写好的工程程序代码复制到新的工程中，然后删除不要的程序代码，加入新的功能代码，就这样节约了大量的时间，从而在做新工程时就不需要每次另起炉灶。如果引进程序模板，就可以连删除程序代码这一工作都可以省略。在一个全新的单片机程序框架上编程，只需要在框架程序中加入工程需要的功能代码即可。这样对于一个单片机程序设计员来说，不需要了解太多的单片机内部功能，只要调用功能模块函数就可以实现其功能。

以上就是我想要创建的程序模板的理由。通过学习和创建这种模板，可以为我们日常编程节约大量的时间来学习新的东西。

下面将一步一步地介绍我所创建的单片机程序模板和应用。

在 80C51 单片机中只有几个屈指可数的内部资源：定时器、外部中断、串行通信等，现在就来创建单片机程序模板。

## 3.1 定时/计数器 0 程序模板的编写与使用

定时器程序编写由两部分组成，第一部分为对定时器进行初始设置，如确定定时器的工作模式、给定时器内部计数器赋初值、启用定时器中断等；第二部分为编写定时器中断执行程序。

定时函数的设计思路是原用 VC++编程对定时器函数的应用。VC++定时器启用其第一个函数 SetTimer()，就是用来设置定时器的编号和定时的时间长度的，第二个函数就是用来执行定时器定时溢出时处理定时工作的执行函数，这就像我们编写的中断执行子程序一样。

① VC＋＋中的定时器设置函数原型：

```
UINT_PTR SetTimer(UINT_PTR nIDEvent, UINT uElapse, TIMERPROC lpTimerFunc ) ;
```

参数说明：

nIDEvent 为定时器编号，设为 1，则启用一个定时器；设为 2，则启用两个定时器。

uElapse 用于设定定时时间长度，以 ms 为单位。

lpTimerFunc 为定时器的结构变量，一般设为 NULL(空)即可。

应用范例：

```
SetTimer(1,500,NULL);              //启用 1 号定时器，执行时间为 500ms，起用执行函数一次
```

② VC＋＋中的定时器执行函数体：

```
void CTime_COMDll_ExeDlg::OnTimer(UINT nIDEvent)
{
    // TODO: Add your message handler code here and/or call default
    CStatic * pStatic = (CStatic * )GetDlgItem(IDC_STATIC_D);
    //请在下面加入用户执行代码

    CDialog::OnTimer(nIDEvent);
}
```

在 VC＋＋中通过上述函数就可以应用定时器的定时功能了(我们在应用这个定时器的过程中，没有发现有任何与硬件有关联的地方)，这一方法将在我的单片机程序模板中得到体现。

**注**：上述函数不必弄懂。

### 3.1.1 定时/计数器 0 程序模板库

定时/计数器 0 程序模板编写如下：

```
//*************************************************************************
//文件功能:定时/计数器 0 程序模板库
//文件名:time0_temp.h
//*************************************************************************
//# include <reg51.h>

unsigned char chTH0,chTL0;
unsigned int  nT0Jsq = 0,nT0msCount = 0;
unsigned int  nT0_C = 0;     //定时与计数选择。nT_C = 0 为定时,nT_C = 1 为计数

void T0_Time0();               //回调函数(定时器 0 定时执行函数体),请在主文件中加入函数的实体
void T0_Time0_Count();         //计数回调函数(定时器 0 计数执行函数体),请在主文件中加入
                               //函数的实体
```

```
//------------------------------------------------------------------
//下面是定时器0中断函数实体
//------------------------------------------------------------------
void T0_Dtime(void) interrupt 1 using 0    //定时器0的编号为1,使用第0组通用寄存器组
{
   if(nT0_C == 0)
   {
     TH0 = chTH0;
     TL0 = chTL0;
     if(nT0Jsq>nT0msCount)
     { nT0Jsq = 0;
       //下面加入回调函数
       T0_Time0();                         //定时器0定时执行函数体
     }
     else nT0Jsq++;
   }
   else
   { //计数代码
     T0_Time0_Count();                     //定时器0计数执行函数体
   }
}
//------------------------------------------------------------------
//函数名称:InitTime1Length()
//函数功能:初始化和启动定时器0
//入口参数:nExtal(为晶振大小,如11.0592 MHz,12.00 MHz)
//          nMsel(为定时时间长度,单位为ms)
//出口参数:无
//------------------------------------------------------------------
void InitTime0Length(float fExtal,float nMsel)
{
   unsigned int nM,nInt;
   unsigned char chTh,chTl;
   float fF2;
   nT0Jsq = 0;
   nT0_C = 0;                              //定时/计数
   nT0msCount = nMsel;

   fF2 = ((float)1/1000) * (fExtal * 1000000)/12;
   nInt = fF2;
   nM = 65536 - nInt;

   chTl = nM;
   nM   = nM >> 8;
   chTh = nM;
```

```
    TH0  =  chTh;
    chTH0 = chTh;
    TL0  =  chTl;
    chTL0 = chTl;

    TMOD |=  0x01;
    IE   |=  0x82;
    TCON |=  0x10;
}
//-----------------------------------------------------------------
//函数名称:InitTime0Count()
//函数功能:初始化定时器 0 为计数状态
//入口参数:无
//出口参数:无
//-----------------------------------------------------------------
void InitTime0Count()
{
    nT0_C = 1;                                  //定时/计数

    TMOD |=  0x06;
    IE   |=  0x82;
    TCON |=  0x11;
    TH0  =  0xFE;
    TL0  =  0xFE;
}
//-----------------------------------------------------------------
//下面的函数可以剪切到主程序文件中,或直接在函数体中加入执行代码
//-----------------------------------------------------------------
//函数名称:T0_Time0()
//函数功能:定时器 0 的定时中断执行函数
//入口参数:无
//出口参数:无
//-----------------------------------------------------------------
void T0_Time0()
{   //请在下面加入用户代码
    //P10 = ~P10;                               //程序运行指示灯

}
//-----------------------------------------------------------------
//函数名称:T0_Time0_Count()
//函数功能:定时器 0 的计数中断执行函数
//入口参数:无
//出口参数:无
//-----------------------------------------------------------------
```

```
void T0_Time0_Count()
{//请在下面加入用户代码
  //P10 = ~P10;

}
//********************************************************************
```

## 3.1.2 函数原型与说明

### 1. 启用定时器0工作于定时状态初始化函数

函数原型:void InitTime0Length(float fExtal,float nMsel);

参数说明:fExtal 为晶振频率。所用单片机的晶振值如常用的11.059 2 MHz 晶振。

nMsel 为定时时间长度,以 ms(毫秒)为单位,如1 000 ms,即1 s。

返回值:空。

应用说明:在主函数的主循环体前面调用本函数。

调用格式:

```
InitTime0Length(11.0592,1000);          //晶振使用 11.059 2 MHz,定时时间为 1 s
```

### 2. 启用定时器0工作于定时状态时中断执行函数的编写

函数原型:void T0_Time0();

参数说明:无。

返回值:空。

应用说明:应用时请编写这个函数的函数实体。实体可以放在主程序文件的末尾处或放在原头文件的原位置,具体由用户决定,最好放在主程序文件的末尾处。

调用格式:

```
void T0_Time0()
{ //请在下一行加入执行代码

  }
```

### 3. 启用定时器0工作于计数状态初始化函数

函数原型:void InitTime0Count();

参数说明:无。

返回值:空。

应用说明:在主函数的主循环体前调用本函数。

调用格式:

```
InitTime0Count();              //初始化定时器 0 为计数状态
```

### 4. 启用定时器0工作于计数状态时中断执行函数的编写

函数原型:void T0_Time0_Count();

参数说明:没有参数。

返回值：空。

应用说明：应用时请编写这个函数的函数实体。实体可以放在主程序文件的末尾处或放在原头文件的原位置，具体由用户决定，最好放在主程序文件的末尾处。

调用格式：

```
void T0_Time0_Count ()
{ //请在下一行加入执行代码

  }
```

以上 4 个函数 InitTime0Length()，T0_Time0()，InitTime0Count()，T0_Time0_Count() 在调用时，请在主程序文件的开始处包含定时器 0 程序模板的头文件名〈time0_temp.h〉，具体应用见 3.1.3 小节。

## 3.1.3 函数应用范例

### 1. 程序空模板展示

```
//*****************************************************************
//定时器 0 程序模板
//此为空模板,使用时请复制一份
//-----------------------------------------------------------------
#include <reg51.h>
#include <time0_temp.h>

sbit P00 = P0^0;
sbit P10 = P1^0;
void Dey_Ysh(unsigned int nN);                    //延时程序
//-----------------------------------------------------------------
//主程序
//-----------------------------------------------------------------
void main()
{
    P10 = 0;

    //初始化定时器 0 为 500 ms,使用 11.059 2 MHz 晶振
    InitTime0Length(11.059 2,500);
    //初始化定时器 0 用于计数
    //InitTime0Count();

    while(1)
    {//请在下面加入用户代码

     P00 = ~P00;                                  //程序运行指示灯
     Dey_Ysh(10);                                 //延时
    }
```

```
}
//-----------------------------------------------------------------
//功能:定时器 0 的定时中断执行函数
//-----------------------------------------------------------------
void T0_Time0()
{  //请在下面加入用户代码
 // P10 = ~P10;                        //程序运行指示灯

}
//-----------------------------------------------------------------
//功能:定时器 0 的计数中断执行函数
//-----------------------------------------------------------------
/*使用时将注释符删除即可
void T0_Time0_Count()
{//请在下面加入用户代码
//P10 = ~P10;

}
*/
//-----------------------------------------------------------------
//功能:延时函数
//-----------------------------------------------------------------
void Dey_Ysh(unsigned int nN)
{
    unsigned int a,b,c;
    for(a = 0;a<nN;a++)
      for(b = 0;b<50;b++)
        for(c = 0;c<50;c++);

}
//*****************************************************************
```

以上就是定时/计数器 0 的空程序模板,只要加入功能代码就可以正常工作。

源程序代码见"网上资料\参考程序\程序模板\Time0_Temp[空模板]"。详情可以查看附录 B。

### 2. 定时范例

【实例 3-1】

任务:启用定时器 0 实现流水灯。

程序范例:

```
//*****************************************************************
//定时器 0 程序模板应用范例:流水灯
//硬件操作说明:程序烧入单片机后,请在 P0 口上挂接 8 位共阳指示灯模块
//*****************************************************************
#include <reg51.h>
```

```
#include <time0_temp.h>

sbit P00 = P0^0;
sbit P10 = P1^0;
void Dey_Ysh(unsigned int nN);              //延时程序

unsigned char bdata uchAcc;                 //说明一个位字节变量
sbit uchAcc7 = uchAcc^7;
bit bBat;                                   //说明一个位变量用于传递位值
unsigned char chJsq = 0;                    //计数器
//------------------------------------------------------------------
//主程序
//------------------------------------------------------------------
void main()
{
    P10 = 0;
    uchAcc = 0x77;                          //给位字节变量赋初值,即 01110111
    bBat = 0;                               //初始化
    chJsq = 0;

    //初始化定时器 0 为 500 ms,使用 11.059 2 MHz 晶振
    InitTime0Length(11.059 2,100);

    while(1)
    {//请在下面加入用户代码

     P10 = ~P10;                            //程序运行指示灯
     Dey_Ysh(8);                            //延时
    }

}
//------------------------------------------------------------------
//功能:定时器 0 的定时中断执行函数
//说明:在函数中添加了流水灯的执行代码
//------------------------------------------------------------------
void T0_Time0()
{  //请在下面加入用户代码
   //下面是控制流水灯的方向
    if(chJsq<3)
    { bBat = 1;
      chJsq++;}
     else if(chJsq==3)
     { bBat = 0;
       chJsq = 0;}
       else ;
```

```
    P0 = uchAcc;                //位字节变量中的内容传给 P0 口,使引脚上的指示灯点亮
                                //进行状态处理
    uchAcc = uchAcc>>1;         //将位字节变量的内容右移 1 位
    uchAcc7 =  bBat;            //给位字节变量的高 7 位置入新值

}
//--------------------------------------------------------------------
//功能:延时函数
//--------------------------------------------------------------------
void Dey_Ysh(unsigned int nN)
{
    unsigned int a,b,c;
    for(a = 0;a<nN;a++)
      for(b = 0;b<50;b++)
        for(c = 0;c<50;c++);
}
//********************************************************************
```

### 3. 计数范例

【实例 3-2】

任务:启用定时器 0 工作于计数状态,捕获 P1.0 引脚上产生的脉冲,用 P0.0 引脚上的指示表示。

程序编写说明:为减少工程程序中带有臃肿的代码文件,操作时请将“网上资料\参考程序\程序模板\Time0_Temp[空模板]\全空程序模板”文件夹中的两个文件复制到新建工程内,然后将复制来的 C 文件加载到新建工程中。待主文件 time0app_main.c 加入工程后,双击该文件,删除定时函数,激活计数函数。

程序范例:

```
//********************************************************************
//定时器 0 程序模板
//此为空模板,使用时请复制一份
//硬件操作说明:程序烧入单片机后,用杜邦线将 P1.0 和 P3.4 引脚连接起来
//--------------------------------------------------------------------
#include <reg51.h>
#include <time0_temp.h>

sbit P00 = P0^0;
sbit P10 = P1^0;
void Dey_Ysh(unsigned int nN);                //延时程序
//--------------------------------------------------------------------
//主程序
//--------------------------------------------------------------------
void main()
{
    P10 = 0;
```

```
    //初始化定时器 0 用于计数
    InitTime0Count();                          //启用计数设置

    while(1)
    {//请在下面加入用户代码

     P10 = ~P10;                               //启用 P1.0 引脚产生脉冲(用杜邦线连到 P3.4 引脚)
     Dey_Ysh(3);                               //延时
    }

}
//-----------------------------------------------------------------
//功能:定时器 0 的计数中断执行函数
//-----------------------------------------------------------------
void T0_Time0_Count()
{//请在下面加入用户代码

  P00 = ~P00;                                  //用于指示捕获的脉冲

}
//-----------------------------------------------------------------
//功能:延时函数
//-----------------------------------------------------------------
void Dey_Ysh(unsigned int nN)
{
    unsigned int a,b,c;
    for(a = 0;a<nN;a++)
      for(b = 0;b<50;b++)
        for(c = 0;c<50;c++);
}
//***************************************************************
```

程序在运行时我们会发现:用来表示捕获脉冲的 P0.0 引脚上的指示灯闪烁的速度要比 P1.0 产生脉冲引脚上的指示灯慢一个节拍,这是因为计数器在捕获脉冲信号时用的是下降沿信号,即从高电平向低电平转变,而从低电平向高电平转换的信号丢失,这样就出现了两个脉冲信号变为一个表示信号的现象。

## 3.2 定时/计数器 1 程序模板的编写与使用

### 3.2.1 定时/计数器 1 程序模板库

定时/计数器 1 程序模板编写如下:

```
//***************************************************************
//文件功能:定时/计数器 0 程序模板库
```

```
//文件名:time0_temp.h
//---------------------------------------------------------------------------
unsigned char chTH1,chTL1;
unsigned int  nT1Jsq = 0,nT1msCount = 0;
unsigned int  nT1_C = 0;                    //定时与计数选择。nT_C = 0 为定时,nT_C = 1 为计数
void T1_Time1();                            //定时回调函数,请在主文件中加入函数的实体
void T1_Time1_Count();                      //计数回调函数,请在主文件中加入函数的实体
//---------------------------------------------------------------------------
//下面是定时器 0 中断函数实体
//---------------------------------------------------------------------------
void T1_Dtime(void) interrupt 3 using 0
{
  if(nT1_C == 0)
  {
   TH1 = chTH1;
   TL1 = chTL1;
   if(nT1Jsq>nT1msCount)
   { nT1Jsq = 0;
     //下面加入回调函数
     T1_Time1();

    }
    else nT1Jsq++;
  }
   else
   { //计数代码
     T1_Time1_Count();
   }
}
//---------------------------------------------------------------------------
//函数名称:InitTime1Length()
//函数功能:初始化和启动定时器 1
//入口参数:nExtal(为晶振大小,如 11.059 2 MHz,12.00 MHz),
//          nMsel(定时时间长度,单位为 ms)
//出口参数:无
//---------------------------------------------------------------------------
void InitTime1Length(float fExtal,float nMsel)
{
  unsigned int nM,nInt;
  unsigned char chTh,chTl;
  float fF2;
  nT1Jsq = 0;
  nT1_C = 0;                                //定时/计数
  nT1msCount = nMsel;
```

```
  fF2 = ((float)1/1000) * (fExtal * 1000000)/12;
  nInt = fF2;
  nM = 65536 - nInt;

  chTl = nM;
  nM   = nM >> 8;
  chTh = nM;

  TH1 = chTh;
  chTH1 = chTh;
  TL1 = chTl;
  chTL1 = chTl;

  TMOD |= 0x10;
  IE   |= 0x88;
  TCON |= 0x40;

}
//------------------------------------------------------------------
//函数名称:InitTime1Count()
//函数功能:初始化定时器 1 为计数状态
//入口参数:无
//出口参数:无
//------------------------------------------------------------------
void InitTime1Count()
{
  nT1_C = 1;                                    //定时/计数

  TMOD |= 0x60;
  IE   |= 0x88;
  TCON |= 0x44;
  TH1 = 0xFE;
  TL1 = 0xFE;
}
//------------------------------------------------------------------
//下面的函数可以剪切到主程序文件中,或直接在函数体中加入执行代码
//------------------------------------------------------------------
//函数名称:T1_Time1()
//函数功能:定时器 1 的定时中断执行函数
//入口参数:无
//出口参数:无
//------------------------------------------------------------------
void T1_Time1()
{  //请在下面加入用户代码
   P10 = ~P10;                                  //程序运行指示灯
```

```
}
//----------------------------------------------------------------------
//函数名称:T1_Time1_Count()
//函数功能:定时器 1 的计数中断执行函数
//入口参数:无
//出口参数:无
//----------------------------------------------------------------------
void T1_Time1_Count()
{//请在下面加入用户代码
  P10 = ~P10;

}
//****************************************************************************
```

## 3.2.2 函数原型与说明

### 1. 启用定时器 1 工作于定时状态初始化函数

函数原型:void InitTime1Length(float fExtal,float nMsel);

参数说明:fExtal 为晶振频率。所用单片机的晶振值如常用的 11.059 2 MHz 晶振。

nMsel 为定时时间长度,以 ms(毫秒)为单位,如 1 000 ms,即 1 s。

返回值:空。

应用说明:在主函数的主循环体前调用本函数。

调用格式:

```
InitTime1Length(11.0592,1000);        //晶振使用 11.059 2 MHz,定时时间为 1 s
```

### 2. 启用定时器 1 工作于定时状态时中断执行函数

函数原型:void T1_Time1();

参数说明:无。

返回值:空。

应用说明:应用时请编写这个函数的函数实体。实体可以放在主程序文件的末尾处或放在原头文件的原位置,具体由用户决定,最好放在主程序文件的末尾处。

调用格式:

```
void T1_Time1()
{ //请在下一行加入执行代码

  }
```

### 3. 启用定时器 1 工作于计数状态初始化函数

函数原型:void InitTime1Count();

参数说明:无。

返回值:空。

应用说明:在主函数的主循环体前调用本函数。

调用格式：

```
InitTime1Count();
```

### 4. 启用定时器 1 工作于计数状态时中断执行函数

函数原型：void T1_Time1_Count()；

参数说明：无

返回值：空。

应用说明：应用时请编写这个函数的函数实体。实体可以放在主程序文件的末尾处或放在原头文件的原位置，具体由用户决定，最好放在主程序文件的末尾处。

调用格式：

```
void T1_Time1_Count ()
{ //请在下一行加入执行代码

  }
```

以上 4 个函数 InitTime1Length()、T1_Time1()、InitTime1 Count()、T1_Time1_Count()在调用时，请在主程序文件的开始处包含定时器 1 程序模板的头文件名〈 time1_temp. h 〉，具体应用见 3.2.3 小节。

## 3.2.3 函数应用范例

### 1. 程序空模板展示

```
//*****************************************************************
//定时器 1 程序模板
//此为空模板，使用时请复制一份
//-----------------------------------------------------------------
#include <reg51.h>
//#include <time1_temp.h>

sbit P00 = P0^0;
sbit P10 = P1^0;
void Dey_Ysh(unsigned int nN);                //延时程序
//-----------------------------------------------------------------
//主程序
//-----------------------------------------------------------------
void main()
{
    P10 = 0;

    //初始化定时器 1 为 500 ms，使用 11.059 2 MHz 晶振
    //InitTime1Length(11.0592,500);
    //初始化定时器 1 用于计数
    //InitTime1Count();
```

```
    while(1)
    {//请在下面加入用户代码

      P00 = ~P00;                                    //程序运行指示灯
      Dey_Ysh(10);                                   //延时
    }

}
//----------------------------------------------------------------
//功能:定时器 1 的定时中断执行函数
//----------------------------------------------------------------
/* 使用时将注释符删除即可
void T1_Time1()
{   //请在下面加入用户代码
    P10 = ~P10;                                      //程序运行指示灯

}
*/
//----------------------------------------------------------------
//功能:定时器 1 的计数中断执行函数
//----------------------------------------------------------------
/* 使用时将注释符删除即可
void T1_Time1_Count()
{//请在下面加入用户代码
   P10 = ~P10;

}
*/
//----------------------------------------------------------------
//功能:延时函数
//----------------------------------------------------------------
void Dey_Ysh(unsigned int nN)
{
    unsigned int a,b,c;
    for(a = 0;a<nN;a++)
      for(b = 0;b<50;b++)
        for(c = 0;c<50;c++);
}
//****************************************************************
```

以上就是定时/计数器 1 的空程序模板，只要加入功能代码就可以正常工作。

源程序代码见“网上资料\参考程序\程序模板\Time1_Temp[空模板]”。

## 2. 定时范例

【实例 3-3】

任务：启用定时器 1 实现定时读取 8 位按键值。注：这个练习还可以读取 4×4 键盘。

程序范例：

```
//*****************************************************************
//定时器 1 程序模板应用范例,扫描 8 位按键
//-----------------------------------------------------------------
#include <reg51.h>
#include <time1_temp.h>
//用以作按键指示
sbit P00 = P0^0;
sbit P01 = P0^1;
sbit P02 = P0^2;
sbit P03 = P0^3;
sbit P04 = P0^4;
sbit P05 = P0^5;
sbit P06 = P0^6;
sbit P07 = P0^7;
sbit P10 = P1^0;
void Dey_Ysh(unsigned int nN);                  //延时程序
void Read_Key();                                //读取键值函数
void Key1();                                    //按键执行函数第 1 键
void Key2();                                    //按键执行函数第 2 键
void Key3();                                    //按键执行函数第 3 键
void Key4();                                    //按键执行函数第 4 键
void Key5();                                    //按键执行函数第 5 键
void Key6();                                    //按键执行函数第 6 键
void Key7();                                    //按键执行函数第 7 键
void Key8();                                    //按键执行函数第 8 键
//-----------------------------------------------------------------
//主程序
//-----------------------------------------------------------------
void main()
{
    P10 = 0;
    //初始化定时器 1 为 350 ms 的速度用以扫描键盘,使用 11.059 2 MHz 晶振
    InitTime1Length(11.0592,350);
    while(1)
    {//请在下面加入用户代码
     P10 = ~P10;                                //程序运行指示灯
     Dey_Ysh(6);                                //延时
    }
}
//-----------------------------------------------------------------
//功能:定时器 1 的定时中断执行函数
//-----------------------------------------------------------------
```

```
void T1_Time1()
{  //请在下面加入用户代码
   //P10 = ~P10;                                  //程序运行指示灯
   Read_Key();                                    //读取键盘函数
}
//----------------------------------------------------------------
//函数名称:Read_Key()
//函数功能:用于读取 P1 口上按键的值
//入口参数:无
//出口参数:无
//----------------------------------------------------------------
void Read_Key()
{
     unsigned char uchKey;
     P1 = 0xFF;
     Dey_Ysh(1);
     uchKey = P1;                                 //读取键值
     switch(uchKey)
     {case 0xFE:Key1();break;
      case 0xFD:Key2();break;
      case 0xFB:Key3();break;
      case 0xF7:Key4();break;
      case 0xEF:Key5();break;
      case 0xDF:Key6();break;
      case 0xBF:Key7();break;
      case 0x7F:Key8();break;
     }
}
//----------------------------------------------------------------
//以下是 8 个按键函数
//----------------------------------------------------------------
//第 1 键
void Key1()
{
     P00 = ~P00;                                  //相对应的指示灯亮
}
//----------------------------------------------------------------
//第 2 键
void Key2()
{
     P01 = ~P01;
}
//----------------------------------------------------------------
//第 3 键
void Key3()
```

```
{
    P02 = ~P02;
}
//-------------------------------------------------------------------------
//第 4 键
void Key4()
{
    P03 = ~P03;
}
//-------------------------------------------------------------------------
//第 5 键
void Key5()
{
    P04 = ~P04;
}
//-------------------------------------------------------------------------
//第 6 键
void Key6()
{
    P05 = ~P05;
}
//-------------------------------------------------------------------------
//第 7 键
void Key7()
{
    P06 = ~P06;
}
//-------------------------------------------------------------------------
//第 8 键
void Key8()
{
    P07 = ~P07;
}
//-------------------------------------------------------------------------
//功能:延时函数
//-------------------------------------------------------------------------
void Dey_Ysh(unsigned int nN)
{
    unsigned int a,b,c;
    for(a = 0;a<nN;a++)
      for(b = 0;b<50;b++)
        for(c = 0;c<50;c++);

}
//*************************************************************************
```

### 3. 计数范例

【实例 3-4】

任务：启用定时器 1 工作于计数状态，实现脉冲计数器。

脉冲计数是充分利用定时器的计数功能在单位时间内获取相对应引脚上产生的脉冲个数。其计数的工作原理是，当置位定时器的专用寄存器 TMOD 中的 C/T 位时，就选择了定时器的计数功能，这时计数脉冲来自相对应的外部输入引脚，计数器 0(T0)对应引脚为 P3.4，计数器 1(T1)对应引脚为 P3.5。当计数器所对应的引脚发生输入信号由 1 到 0 的跳变时，定时器内部计数寄存器(TH0、TL0、TH1、TL1)的值就增 1。

根据上述原理，我们在程序的编写上可以启动定时器 1 工作在计数状态，这时在外部 P3.5 引脚上发生的脉冲跳变信号的个数就存在于 TH1 和 TL1 两计数寄存器中。明白了这个道理后，我们就可以启动定时器 0 定时读出 TH1 和 TL1 两计数寄存器中的值，并化作每秒钟获取值的个数，这时的值就是脉冲数。如每 100 ms 读一次 TH1 和 TL1 两计数寄存器中的值，那么将每 100 ms 获取的值乘上 10，就得出了每秒钟读取的脉冲数。具体编程见下面的程序范例。

操作时将 time0_temp.h、time1_temp.h 和 time0app_main.c 三程序模板文件复制到新建的 Time1_Temp[实例 3-4]文件夹中，打开 TKStudio 编译器，创建一个新的工程，并取名为 freq_count.mpj。保存后向新建工程中加入 time0app_main.c 模板文件，删除不用的函数后，向 time1_temp.h 文件中加入脉冲计数器的初始化函数，代码如下：

```
//*****************************************************************
//函数名称:InitTime1Count()
//函数功能:初始化定时器 1 为脉冲计数状态
//入口参数:无
//出口参数:无
//-----------------------------------------------------------------
void InitTime1FrequencyCount()
{
  nT1_C = 1;                                          //计数

  TMOD |= 0x50;
  IE |= 0x88;
  TCON |= 0x44;
  IP |= 0x08;                                         //设中断优先级最高

}
//*****************************************************************
```

向 time1_temp.h 文件中加入脉冲计数器的脉冲读取和换算函数，代码如下：

```
//-----------------------------------------------------------------
//函数名称:GetFrequencyCount()
//函数功能:获取定时器 1 中的脉冲数
//入口参数:TimeOnMsel 为定时器 0 的定时时间长度，即 ms 数
```

```
//出口参数:返回获取的每秒脉冲数(长整型)
//----------------------------------------------------------------------
unsigned long GetFrequencyCount(int TimeOnMsel)
{
     unsigned long nlFreqCou;
     unsigned int  nFr_v;
     nFr_v = TH1;
     nFr_v = nFr_v<<8;                                  //将数据移到高 8 位
     nFr_v |= TL1;                                      //加入数据的低 8 位
     if(TimeOnMsel>0)
        nlFreqCou = nFr_v * (1000/TimeOnMsel);          //换算为每秒数
     TH1 = 0;
     TL1 = 0;

return nlFreqCou;                                       //返回获取的脉冲数
}
//**********************************************************************
```

加上这两个函数,就可以取得脉冲值了。

程序范例:

```
//**********************************************************************
//定时器 1 程序模板应用:任务为读取脉冲数
//说明:程序烧入单片机后请用杜邦线将 P1.0 和 P3.5 引脚连起来
//----------------------------------------------------------------------
#include <reg51.h>
#include <time0_temp.h>
#include <time1_temp.h>

sbit P00 = P0^0;
sbit P10 = P1^0;
void Dey_Ysh(unsigned int nN);                          //延时程序
unsigned long nlFreqCount;                              //用于存放获取的脉冲数据
//----------------------------------------------------------------------
//主程序
//----------------------------------------------------------------------
void main()
{
    P10 = 0;

    //初始化定时器 0 为 100 ms,使用 11.059 2 MHz 晶振
    InitTime0Length(11.0592,100);
    //初始化定时器 1 用于脉冲计数
    InitTime1FrequencyCount();
```

```
    while(1)
    {//请在下面加入用户代码

     P10 = ~P10;                                    //程序运行指示灯
     Dey_Ysh(2);                                    //延时
    }

}
//-----------------------------------------------------------------------
//功能:定时器 0 的定时中断执行函数
//-----------------------------------------------------------------------
void T0_Time0()
{  //请在下面加入用户代码
   unsigned char chFreq;
   //P10 = ~P10;                                    //程序运行指示灯
   //读取脉冲数据
   nlFreqCount = GetFrequencyCount(100);            //100 ms 读取一次数据
   //请在下面加入脉冲数处理代码
   chFreq = nlFreqCount;
   P0 = chFreq;
   //说明:如果用于数字显示,则还需要加以处理。详情参考课题 1
}
//-----------------------------------------------------------------------
//功能:延时函数
//-----------------------------------------------------------------------
void Dey_Ysh(unsigned int nN)
{
    unsigned int a,b,c;
    for(a = 0;a<nN;a++)
      for(b = 0;b<50;b++)
        for(c = 0;c<50;c++);

}
//***********************************************************************
```

本程序的运行实例将在课题 1 中给出。

## 3.3 外部中断 INT0 程序模板的编写与使用

### 3.3.1 外部中断 INT0 程序模板库

外部中断 INT0 程序模板编写展示如下：

```
//***********************************************************************
//文件功能:外部中断(INT0)程序模板库
```

```
//文件名:int0_temp.h
//------------------------------------------------------------------------
//外部中断 0 回调函数(执行函数)
void INT0_Function();
//------------------------------------------------------------------------
//下面是外部中断 INT0 函数实体
//------------------------------------------------------------------------
void INT0_Jshujia(void) interrupt 0 using 1
{
  //请在下面加入代码
  INT0_Function();
}
//------------------------------------------------------------------------
//函数名称:InitInt0()
//函数功能:初始化和启动外部中断 INT0
//入口参数:无
//出口参数:无
//------------------------------------------------------------------------
void InitInt0()
{
   IE | = 0x81;
   TCON | = 0x01;

}
//------------------------------------------------------------------------
//函数名称:INT0_Function()
//函数功能:外部中断 INT0 执行函数
//入口参数:无
//出口参数:无
//说明:在使用本函数时可以将此函数复制到主程序文件中
//------------------------------------------------------------------------
void INT0_Function()
{//请在下面加入用户代码

}
//**********************************************************************
```

## 3.3.2 函数原型与说明

### 1. 外部中断 0 的初始化函数

函数原型:void InitInt0();

参数说明:无。

返回值:空。

### 2. 外部中断 0 的中断执行函数

函数原型：void INT0_Function()；

参数说明：无。

返回值：空。

以上 2 个函数 InitInt0()、INT0_Function()在调用时，请在主程序文件的开始处包含外部中断 INT0 程序模板的头文件名〈 int0_temp. h 〉，具体应用见 3.3.3 小节。

## 3.3.3 函数应用范例

### 1. 程序空模板展示

```
//*****************************************************************
//操作说明:操作时请在 P3.2 引脚上加入脉冲信号
//-----------------------------------------------------------------
#include <reg51.h>
#include <int0_temp.h>

sbit P00 = P0^0;
sbit P10 = P1^0;

void Dey_Ysh(unsigned int nN);                 //延时函数
//-----------------------------------------------------------------
//主程序
//-----------------------------------------------------------------
void main()
{
    P10 = 0;
    P00 = 1;
    //启用外部中断 0
    InitInt0();

   while(1)
   {//请在下面加入用户代码

     P00 = ~P00;
     Dey_Ysh(10);                              //延时
   }

}
//-----------------------------------------------------------------
//功能:外部中断 INT0 执行函数
//-----------------------------------------------------------------
void INT0_Function()
{  //请在下面加入用户代码
```

```
    P10 = ~P10;

}
//------------------------------------------------------------------------
//功能:延时函数
//------------------------------------------------------------------------
void Dey_Ysh(unsigned int nN)
{
    unsigned int a,b,c;
    for(a = 0;a<nN;a++)
      for(b = 0;b<50;b++)
        for(c = 0;c<50;c++);
}
//************************************************************************
```

程序运行时如果在 P3.2 引脚上加入脉冲,可以看到 P1.0 引脚上的指示灯闪烁。实际操作时请用一根杜邦线将 P0.0 与 P3.2 引脚连起来。

## 2. 应用范例

【实例 3-5】

任务:启用外部中断 INT0 捕获 P3.2 引脚上的脉冲实现 P0 口上的指示灯流水现象。

程序范例:

```
//************************************************************************
//操作说明:操作时请在 P3.2 引脚上加入脉冲信号
//本例说明:请用一根杜邦线将 P1.0 和 P3.2 连接起来,因为这时 P1.0 引脚上有脉冲发出
//************************************************************************
#include <reg51.h>
#include <int0_temp.h>

sbit P00 = P0^0;
sbit P10 = P1^0;

void Dey_Ysh(unsigned int nN);           //延时函数
unsigned char bdata uchbAcc;             //说明一个位字节变量
sbit uchbAcc7  =  uchbAcc^7;             //再定义位 7 为单位,用于进行位控制
bit bBool;                               //说明一个独立的位,用于位控
unsigned char uchJsq  =  0;              //用于控制灯的移动位数
//------------------------------------------------------------------------
//主程序
//------------------------------------------------------------------------
void main()
{
    P10 = 0;
    P00 = 1;
    //启用外部中断 0
```

```
    InitInt0();
    uchbAcc = 0xFF;                    //用于使 P0 上的指示灯全熄
    uchbAcc7 = 1;                      //用于使高位灯亮
    uchJsq = 0;
    bBool  = 1;

   while(1)
   {//请在下面加入用户代码

     P10 = ~P10;
     Dey_Ysh(5);                       //延时
   }

}
//---------------------------------------------------------------
//功能:外部中断 INT0 执行函数
//---------------------------------------------------------------
void INT0_Function()
{  //请在下面加入用户代码
    bBool = ~bBool;
    uchbAcc7 = bBool;                  //因为 uchbAcc7 这个位经过移位后已经为 0,取反后又是 1
    P0 = uchbAcc;
    uchbAcc = uchbAcc>>1;
    uchJsq++;
    if(uchJsq>7)
    {uchJsq = 0;
     uchbAcc = 0xFF;
    }
}
//---------------------------------------------------------------
//功能:延时函数
//---------------------------------------------------------------
void Dey_Ysh(unsigned int nN)
{
    unsigned int a,b,c;
    for(a = 0;a<nN;a++)
      for(b = 0;b<50;b++)
        for(c = 0;c<50;c++);
}
//*************************************************************
```

外部中断还是比较简单的,只要将中断执行函数复制到主程序文件中,并加入功能代码,在外部引脚上的脉冲信号驱使下,中断执行函数中的代码就可以得到执行。

# 3.4 外部中断 INT1 程序模板的编写与使用

## 3.4.1 外部中断 INT1 程序模板库

外部中断 INT1 程序模板编写展示如下：

```
//*****************************************************************
//文件功能:外部中断(INT1)程序模板库
//文件名:int1_temp.h
//-----------------------------------------------------------------

//外部中断 1 回调函数(执行函数)
void INT1_Function();
//-----------------------------------------------------------------
//下面是外部中断 INT1 函数实体
//-----------------------------------------------------------------
void INT1_Jshujia(void) interrupt 2 using 1
{
  //请在下面加入代码
  INT1_Function();
}
//-----------------------------------------------------------------
//函数名称:InitInt1()
//函数功能:初始化和启动定时器 1
//入口参数:无
//出口参数:无
//-----------------------------------------------------------------
void InitInt1()
{
   IE |= 0x84;
   TCON |= 0x04;
}
//-----------------------------------------------------------------
//函数名称:INT1_Function()
//函数功能:外部中断 INT1 执行函数
//入口参数:无
//出口参数:无
//说明:在使用本函数时可以将此函数复制到主程序文件中
//-----------------------------------------------------------------
/*使用时请将注释符删除
void INT1_Function()
{//请在下面加入用户代码

}*/
//*****************************************************************
```

### 3.4.2 函数原型与说明

#### 1. 外部中断 1 的初始化函数

函数原型:void InitInt1();

参数说明:无。

返回值:空。

#### 2. 外部中断 1 的中断执行函数

函数原型:void INT1_Function();

参数说明:无。

返回值:空。

以上 2 个函数 InitInt1()、INT1_Function()在调用时,请在主程序文件的开始处包含外部中断 INT1 程序模板的头文件名〈 int1_temp. h 〉,具体应用见 3.4.3 小节。

### 3.4.3 函数应用范例

#### 1. 程序空模板展示

```
//*****************************************************************
//操作说明:操作时请在 P3.3 引脚上加入脉冲信号,本程序运行时
//          请将 P0.0 与 P3.3 用杜邦线连起来,才可以看到 P1.0 引脚上指示灯闪烁
//-----------------------------------------------------------------
#include <reg51.h>
#include <int1_temp.h>

sbit P00 = P0^0;
sbit P10 = P1^0;

void Dey_Ysh(unsigned int nN);                  //延时函数
//-----------------------------------------------------------------
//主程序
//-----------------------------------------------------------------
void main()
{
    P10 = 0;
    P00 = 1;
    //启用外部中断 1
    InitInt1();

   while(1)
   {//请在下面加入用户代码

     P00 = ~P00;
     Dey_Ysh(10);                               //延时
```

```
    }
}
//---------------------------------------------------------------------
//功能:外部中断 INT1 执行函数
//---------------------------------------------------------------------
void INT1_Function()
{   //请在下面加入用户代码
    P10 = ~P10;

}
//---------------------------------------------------------------------
//功能:延时函数
//---------------------------------------------------------------------
void Dey_Ysh(unsigned int nN)
{
    unsigned int a,b,c;
    for(a = 0;a<nN;a ++ )
      for(b = 0;b<50;b ++ )
        for(c = 0;c<50;c ++ );
}
//*********************************************************************
```

**2. 应用范例**

应用范例同外部中断 INT0 实例 3-5。

# 3.5 串行通信程序模板的编写与使用

## 3.5.1 UART 串行通信程序模板库

UART 串行通信程序模板编写展示如下:

```
//*********************************************************************
//串行发送与接收[与 PC 机通信]
//用定时器 2 产生波特率
//文件名:uart_com_temp.h
//---------------------------------------------------------------------
//因定时器 2 在 reg51.h 文件中没有定义,所以在此重新定义
/*   T2 Extensions[外扩]   */
sfr T2CON   = 0xC8;
sfr RCAP2L  = 0xCA;
sfr RCAP2H  = 0xCB;
sfr TL2  = 0xCC;
sfr TH2  = 0xCD;
/*   T2CON   */
```

```
sbit TF2 = T2CON^7;
sbit EXF2 = T2CON^6;
sbit RCLK = T2CON^5;
sbit TCLK = T2CON^4;
sbit EXEN2 = T2CON^3;
sbit TR2 = T2CON^2;
sbit C_T2 = T2CON^1;
sbit CP_RL2 = T2CON^0;

unsigned char chComDat = 0x41;                              //A
//--------------------------------------------------------------
//函数名称:InitUartComm()
//函数功能:初始并启动串行口
//入口参数:fExtal(为晶振大小,如 11.059 2 MHz,12.00 MHz),lBaudRate(为波特率)
//出口参数:无
//--------------------------------------------------------------
void InitUartComm(float fExtal,long lBaudRate)
{
    unsigned long nM,nInt;
    unsigned char cT2H1,cT2L1;
    float fF1;

    fF1 = (fExtal * 1000000)/(32 * lBaudRate);
    nInt =  fF1 ;
    nM = 65536 - nInt;

    cT2L1  =  nM;
    nM   =  nM>>8;
    cT2H1  =  nM;

    T2CON = 0x34;                                           //设置控制方式
    RCAP2H = cT2H1;                                         //给内部波特率计数器赋初值
    RCAP2L = cT2L1;
    TCLK = 1;                                               //启动定时器 2 作波特率发生器
    TR2 = 1;                                                //启动定时器 2
    SCON = 0x50;                                            //设置串口位启用方式 1 工作
    PCON = 0x00;                                            //电源用默认值
}
//--------------------------------------------------------------
//函数名称:Send_Comm()
//函数功能:串行数据发送子程序
//入口参数:chComDat[传送要发送的串行数据]
//出口参数:无
//--------------------------------------------------------------
void Send_Comm(unsigned char chComDat)
```

```
{
    SBUF = chComDat;
    TI = 0;                                   //清除标志位
}
//---------------------------------------------------------------
//函数名称:Rcv_Comm()
//函数功能:串行数据接收子程序
//入口参数:无
//出口参数:chComDat[传送接收到的串行数据]
//---------------------------------------------------------------
unsigned char Rcv_Comm()
{
    //unsigned char chComDat = 0x41;          //A
    if(RI)                                    //当 RI 为真时,表示上位机有数据发过来
    {
      chComDat = SBUF;
      RI = 0;                                 //手工清除标志位
    }
    return  chComDat;
}
//***************************************************************
```

## 3.5.2 函数原型与说明

### 1. 串行通信的初始化函数

函数原型:void InitUartComm(float fExtal,long lBaudRate);

参数说明:fExtal 为晶振频率。所用单片机的晶振值如常用的 11.059 2 MHz 晶振。

lBaudRate 为波特率值,常用波特率值为 9 600。

返回值:空。

调用格式:

```
InitUartComm(11.0592,9600);           //使用的晶振是 11.059 2 MHz,设置的波特率为 9 600
```

### 2. 串行通信执行函数

#### (1) 发送数据函数

函数原型:void Send_Comm(unsigned char chComDat);

参数说明:chComDat 为待发送的数据。

返回值:空。

调用格式:

```
Send_Comm('W');                       //发送字符 W
```

注意事项:在使用本函数连续发送数据时,请一定加上延时函数,否则接下来的数据不能发出。发送时至少应保持 5～10 ms 的时间间隔。

**(2) 接收数据函数**

函数原型：unsigned char Rcv_Comm()；

参数说明：无。

返回值：返回接收到的数据。

操作说明：调用时请说明一个无符号字符变量，用于接收上位机发来的数据。

以上 3 个函数 InitUartComm()、Send_Comm()、Rcv_Comm()在调用时，请在主程序文件的开始处包含串行通信程序模板的头文件名〈 uart_com_temp.h 〉，具体应用见 3.5.3 小节。

## 3.5.3 函数应用范例

### 1. 程序空模板展示

```
//*******************************************************************
//串行通信程序模板
//此为空模板,使用时请复制一份
//-------------------------------------------------------------------
#include <reg51.h>
#include <uart_com_temp.h>

sbit P00 = P0^0;
sbit P10 = P1^0;
void Dey_Ysh(unsigned int nN);                    //延时程序
//-------------------------------------------------------------------
//主程序
//-------------------------------------------------------------------
void main()
{
    unsigned char chRcv;
    P10 = 0;

    //启动串行通信,硬件使用的晶振是 11.059 2 MHz,设波特率为 9 600
    InitUartComm(11.0592,9600);

    while(1)
    {//请在下面加入用户代码
     chRcv = Rcv_Comm();                          //接收串行数据
     Send_Comm(chRcv);                            //将收到的数据再发送出去

     P00 = ~P00;                                  //程序运行指示灯
     Dey_Ysh(5);                                  //延时
    }
}
//-------------------------------------------------------------------
//功能:延时函数
```

```
//--------------------------------------------------------------------
void Dey_Ysh(unsigned int nN)
{
    unsigned int a,b,c;
    for(a = 0;a<nN;a ++ )
      for(b = 0;b<50;b ++ )
        for(c = 0;c<50;c ++ );
}
//*******************************************************************
```

程序编译并烧入单片机后，将 PC 机中的串行助手打开，设波特率为 9 600，串行接口选择 COM1，其他项用默认值，复位单片机，这时可以在串行助手的接收窗口中发现有字符出现。再找到串行助手窗口中的发送窗口，输入“P”，按下发送按钮后，可以看到刚发出去的字符又被发送回来。

**2. 应用范例**

本例应用范例同本小节的“1. 程序空模板展示”。

## 3.6 运用 IAP 指令向 Flash 程序存储器写入数据程序模板的编写与使用

在 P89V51Rx2 系列单片机中，可以调用单片机内部指令向其程序存储器内空闲区域写入临时数据，从而减少了外扩存储芯片的麻烦并降低了产品的生产成本。对于 P89V51RB2 来说，有 16 KB 的 Flash 程序存储器；而 P89V51RC2 有 32 KB 的 Flash 程序存储器；P89V51RD2 有 64 KB 的 Flash 程序存储器。所以向这样的 Flash 程序存储器中存入一点数据是轻而易举的事。利用这一功能，工程设计人员就可以得到很多实惠。

### 3.6.1 IAP 指令向 Flash 程序存储器写入数据程序模板库

作用：使用 IAP 指令向 Flash 程序存储器存入临时数据。

现将程序模板的编写展示如下：

```
;*******************************************************************
;程序功能：调用 P89v51 单片机内部 IAP 指令，向 Flash 程序存储器写入数据
;文件名：r_wiap.asm
;操作说明：① 调用前请将此文件〈r_wiap.asm〉加入到工程程序中（格式如图 3 - 1 所示），并
;          与工程程序中的 C 文件放在一起。
;        ② 在工程中将 _P89V51RD2_Write_IAPP(0x2000)、_P89V51RD2_Read_IAPP(0x2100)
;          两函数加入到工程的“配置目标工程
;          〈IapSDapp〉”对话框的连接器定位卡的 Code：行中操作格式如图 3 - 2 所示
;-------------------------------------------------------------------
;函数名称：P89V51RD2_Write_IAP()
;函数功能：调用 IAP 命令向 Flash 程序存储器写入数据
;入口参数：R6 为地址的高 8 位，R7 为地址的低 8 位，R5 为要存入的数据
;出口参数：R7 为返回存入数据是否成功，0 为存入数据成功，1 为存入数据失败
```

```
;-------------------------------------------------------------------------------
PUBLIC                  _P89V51RD2_Write_IAP  ;IAP 字节写子函数
_P89V51RD2_Write_IAPP      SEGMENT     CODE
RSEG                    _P89V51RD2_Write_IAPP
_P89V51RD2_Write_IAP:      NOP
P89V51RD2_Write_IAP:
         PUSH    ACC
         PUSH    DPH
         PUSH    DPL
         MOV     R1,#02H                          ;调用字节写命令
         ANL     0B1H,#0FCH                       ;清零 BSEL 位
         MOV     DPH,R6
         MOV     DPL,R7
         MOV     A,R5
         LCALL   1FF0H
         MOV     R7,A                             ;由 R7 返回是否成功写入的消息
         ORL     0B1H,#01H                        ;返回用户程序
         POP     DPL
         POP     DPH
         POP     ACC
                 RET
;-------------------------------------------------------------------------------
;函数名称:P89V51RD2_Read_IAP()
;函数功能:调用 IAP 命令,从 Flash 程序存储器中读出数据
;入口参数:R6 为地址的高 8 位,R7 为地址的低 8 位
;出口参数:R7 为返回读出的数据
;-------------------------------------------------------------------------------
PUBLIC                 _P89V51RD2_Read_IAP          ;IAP 字节读函数
_P89V51RD2_Read_IAPP    SEGMENT     CODE
RSEG                   _P89V51RD2_Read_IAPP
_P89V51RD2_Read_IAP:    NOP
P89V51RD2_Read_IAP:
         PUSH    ACC
         PUSH    DPH
         PUSH    DPL
         MOV     R1,#03H                          ;调用字节读命令
         ANL     0B1H,#0FCH                       ;清零 BSEL 位
         MOV     DPH,R6
         MOV     DPL,R7
         LCALL   1FF0H
         MOV     R7,A                             ;将读出的数据放到返回值 R7 中
         ORL     0B1H,#01H                        ;返回用户程序
         POP     DPL
         POP     DPH
         POP     ACC
```

```
            RET
            END
;*********************************************************************
```

上述两子程序是用汇编指令写成的。我们永远要明白一个道理，那就是汇编程序永远比 C 语言低一个层次。在 C 程序编写的高级应用中往往要得到汇编程序的帮助。所以一开始学习单片机就应该从汇编指令入手，这样一层层上升，从而为一个高级嵌入式程序设计人员奠定了基础。

## 3.6.2 向工程中加入 IAP 读/写函数的说明

### 1. 将 IAP 读/写函数加入工程

IAP 读/写函数的加入方法是：从“网上资料\参考程序\程序模板\IapSD_Flash_Temp[空模板]\全空程序模板”的文件夹中将〈r_wIAP. SRC〉和〈r_wiap. asm〉两文件复制到新建的工程文件夹中，然后在 TKStudio 的编辑窗口中的左侧工程文件列表窗口中，选择 File Group 项右击，在弹出的下拉菜单中，选择“追加文件到文件组(A)…”，在弹出的对话框中选择〈r_wiap. asm〉文件加入到工程。加入文件成功的格式如图 3-1 所示。

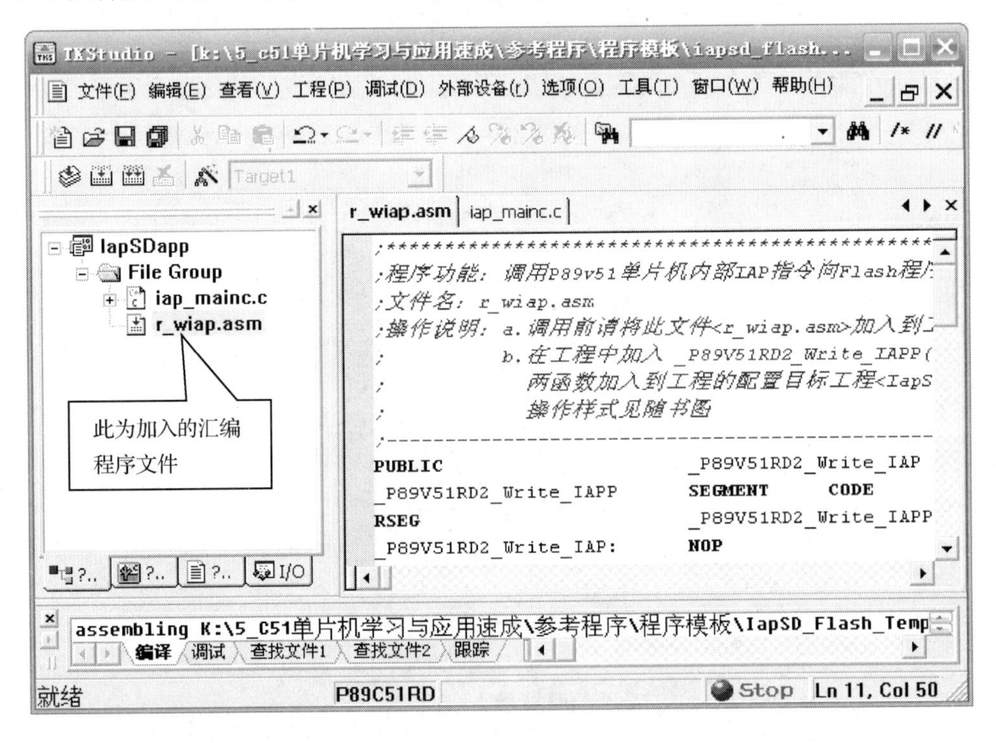


图 3-1　向工程中加入 r_wiap. asm 文件格式

〈r_wIAP. SRC〉文件是将汇编子程序与 C 语言的 P89V51RD2_Write_IAP( )和 P89V51RD2_Read_IAP()函数连接起来的重要的文件，实际上是我们在〈r_wIAP. SRC〉文件中定义了两个 C 语言的哑函数。函数格式如下：

```
unsigned char P89V51RD2_Read_IAP(unsigned int Flash_Address)
{
```

```
}
unsigned char P89V51RD2_Write_IAP(unsigned int Flash_Address,unsigned char Value)
{
}
```

即两个空函数。然后在C程序的主程序文件中再次进行定义,这样就将汇编子程序与C语言的函数连接起来了。当然实际操作并不那么简单,但在这个程序模板中,只要将〈r_wIAP.SRC〉和〈r_wiap.asm〉两文件复制到新建的工程文件夹中,并将〈r_wiap.asm〉文件加入到工程中就可以了。这样做就不需要关心细节上的事情。

### 2. 确定IAP读/写函数存放的地址

IAP读/写函数不可以随意地存储,按P89V51xxx器件手册要求必须存放到程序存储器的0x2000以后地址上,否则就有可能破坏程序存储器中的程序代码。切记切记!!

操作方法:在TKStudio的编辑窗口中的左侧工程文件列表窗口中,选择IapSDapp项右击,在弹出的下拉菜单中,选择"配置目标工程〈IapSDapp〉"项,格式如图3-2所示。

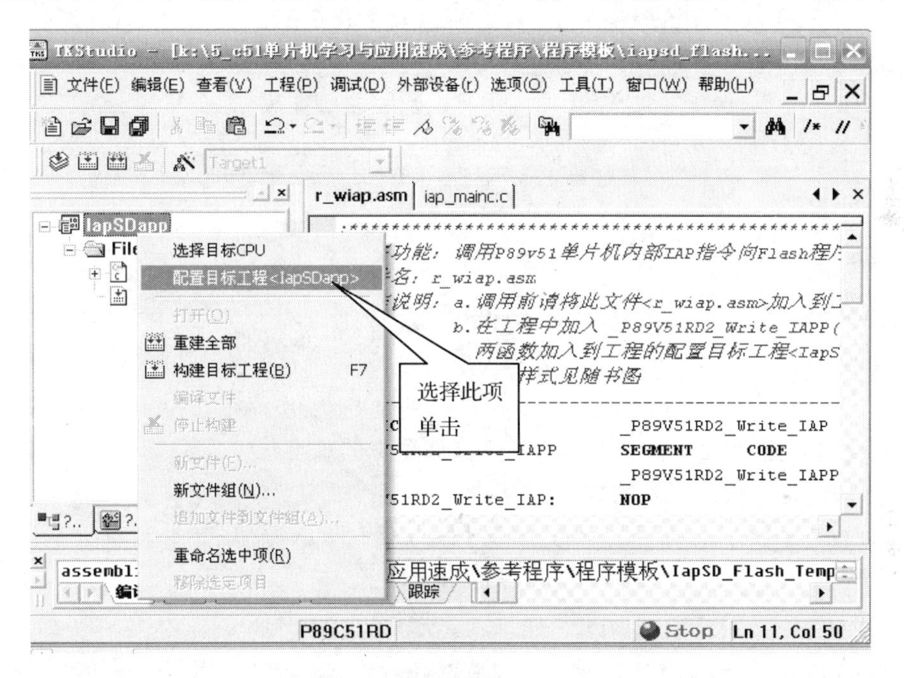


**图3-2 选择"配置目标工程〈IapSDapp〉"项操作**

在图3-2单击后,弹出的对话框中选择"连接器定位卡",并找到Code:行将_P89V51RD2_Write_IAPP(0x2000),_P89V51RD2_Read_IAPP(0x2100)两函数加入到窗口中,详细式如图3-3所示。

特别提示,千万不要将_P89V51RD2_Write_IAPP(0x2000),_P89V51RD2_Read_IAPP(0x2100)两个函数看成是_P89V51RD2_Write_IAP(0x2000),_P89V51RD2_Read_IAP(0x2100)两个函数,否则系统在编译时会出现错误。如果在调试程序时找不到以上两个函数,原因就是这种情况。

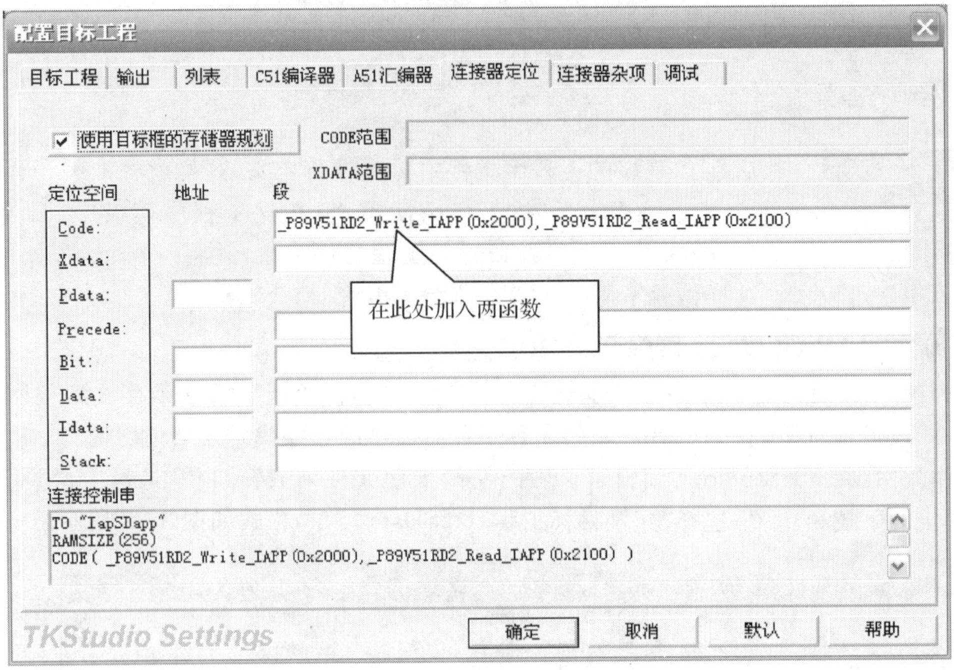

配置目标工程

目标工程 | 输出 | 列表 | C51编译器 | A51汇编器 | 连接器定位 | 连接器杂项 | 调试

☑ 使用目标框的存储器规划　CODE范围　XDATA范围

定位空间　地址　段

Code: _P89V51RD2_Write_IAPP(0x2000),_P89V51RD2_Read_IAPP(0x2100)

Xdata:

Pdata:

Precede:

Bit:

Data:

Idata:

Stack:

在此处加入两函数

连接控制串

TO "IapSDapp"
RAMSIZE(256)
CODE( _P89V51RD2_Write_IAPP(0x2000),_P89V51RD2_Read_IAPP(0x2100) )

TKStudio Settings　确定　取消　默认　帮助

图 3-3　确定 IAP 读/写函数的存储地址在 0x2000 以后

## 3.6.3　函数原型与说明

### 1. 向 Flash 程序存储器中写入数据函数

函数原型：

uchar P89V51RD2_Write_IAP(unsigned int Flash_Address,unsigned char Value)；

参数说明：Flash_Address 为 Flash 程序存储器中的地址。

　　　　　Value 为待写入的数据。

函数返回：返回一个无符号的字符量。内容为是否写入成功，等于 0 为写入数据成功，等于 1 为写入数据出错。

应用示例：

```
P89V51RD2_Write_IAP(0x4000,0xd7); //将数据 0xd7 存入 Flash 程序存储器的 0x4000 地址处
```

### 2. 从 Flash 程序存储器中读出数据函数

函数原型：unsigned char P89V51RD2_Read_IAP(unsigned int Flash_Address)；

参数说明：Flash_Address 为 Flash 程序存储器中的地址(上次数据存放的地址)。

函数返回：返回读取的数据。请申请一个无符号字符变量，接收读取的数据。

应用示例：

```
unsigned char uchRcv;                        //用于接收从 Flash 程序存储器中读取的数据
uchRcv = P89V51RD2_Read_IAP(0x4000);         //从 Flash 程序存储器的 0x4000 处读取数据
```

## 3.6.4 函数应用范例

### 1. 程序空模板展示

```
//*********************************************************************
//IAP指令应用程序模板
//此为空模板,使用时请复制一份
//---------------------------------------------------------------------

//#include <reg51.h>
#include <commSR.h>
#define  uchar unsigned char
#define  uint  unsigned int

sfr   FCF = 0xB1;
sbit  P10 = P1^0;
sbit  P00 = P0^0;

//  IAP字节写函数
uchar P89V51RD2_Write_IAP(unsigned int Flash_Address,unsigned char Value);
//  IAP字节读函数
uchar P89V51RD2_Read_IAP(unsigned int Flash_Address);
//-------------------------------
//主函数
//-------------------------------
void main()
{
    uchar temp;

    P00 = 0;
    Init_Comm();                //启用串行通信

  do
  {
    temp = Rcv_Comm();          //串行接收
    Send_Comm(temp);            //串行发送

    P00 = ~P00;
    P10 = ~P10;
    Dey_Ysh(3);

  }while(1);
}
//*********************************************************************
```

**2. 应用范例**

【实例 3-6】

任务：启用 PC 机的串行助手向 P89V51RB2 单片机发送数据，P89V51RD2 单片机接收到数据后存入 Flash 程序存储器，并可以通过 PC 机串行助手向 P89V51RD2 单片机发送命令读出存入的数据。提示：操作时启动 PC 机上的串行助手，从发送窗口中向 P89V51RD2 单片机发送数据，单片机接收到数据后，存入内存的同时向 PC 机发回接收到的数据。

程序范例：

PC 机与单片机进行串行通信的控制命令解说如下：

0xAA　为 PC 机请求发送数据。

0x98　为单片机应答信号，即接收数据工作准备就绪，请发送数据。

0xDD　为 PC 机结束数据发送信号，即数据发送完毕请求退出数据接收状态，单片机收到此信号后，结束对 PC 机发来的数据的接收并将接收到的数据存入 Flash 程序存储器。

0xBB　为 PC 机请求读出数据。

操作时在 PC 机的串行助手的发送窗口中选择用十六进制输入 AA 命令并按下发送按钮，单片机收到 AA 命令后回答 98，这时在串行助手的发送窗口中按顺序依次输入要发送的数据并按下发送按钮(输入一个发送一个，不要连发)。数据发送完后在发送窗口中输入 DD 命令结束本次数据的发送。如果需要读出刚发送的数据，在串行助手的发送窗口中输入 BB 命令并发送就可以收到刚才发送出去的数据。

```
//*******************************************************************
//IAP 指令应用程序模板
//程序功能:接收 PC 机发来的串行数据并存入 Flash 程序存储器
//-------------------------------------------------------------------
//#include <reg51.h>
#include <commSR.h>
#define  uchar unsigned char
#define  uint  unsigned int

sfr   FCF  =  0xB1;
sbit  P10  =  P1^0;
sbit  P00  =  P0^0;

//  IAP 字节写函数
uchar P89V51RD2_Write_IAP(unsigned int Flash_Address,unsigned char Value);
//  IAP 字节读函数
uchar P89V51RD2_Read_IAP(unsigned int Flash_Address);
//-------------------------------------------------------------------

void P89V51RD2_Write_Flash();            //获取 PC 机发来的数据
void P89V51RD2_Read_Flash();             //读取存在 Flash 程序存储器中的数据
```

```
//--------------------------------------------------------------------
void main()
{
    uchar temp;
    P00 = 0;
    Init_Comm();                    //启用串行通信

   do
   {
        temp = Rcv_Comm();
        Send_Comm(temp);

        if(temp == 0xAA)
        {temp = 0x00;
           P89V51RD2_Write_Flash();}
           else if(temp == 0xBB)
            {temp = 0x00;
             P89V51RD2_Read_Flash(); }
             else ;

             P00 = ~P00;
             P10 = ~P10;
             Dey_Ysh(3);

    }while(1);

}
//--------------------------------------------------------------------
//函数名称:P89V51RD2_Write_Flash()
//函数功能:接收上位机发来的数据并存入 Flash 程序存储器
//入口参数:无
//出口参数:无
//--------------------------------------------------------------------
void P89V51RD2_Write_Flash()
{
       uchar JSQM = 0,i = 0;
       uint nAddr = 0x3000;
       uint xdata * ucR0;             //在外扩 768 B 的空间上存入数据,声明时一定要使用整型
       ucR0 = 0x0000;                 //对数据指针进行初始化
       Send_Comm(0x98);               //发送一个应答

   Bing:
       while(!RI);                    //等待上位机发来数据
       RI = 0;
       ucR0[JSQM] = SBUF;
```

```
        Send_Comm(ucR0[JSQM]);
        if(ucR0[JSQM] == 0xDD)goto Aing;
        JSQM++;
        if(ucR0[JSQM]! = 0xFF)goto Bing;

    Aing:

        P89V51RD2_Write_IAP(0x2FFF,JSQM);               //保存总字节数
        Send_Comm(JSQM);
        for(i = 0;i<JSQM;i++)
        P89V51RD2_Write_IAP(nAddr + i,ucR0[i]);         //调用 IAP 写命令存储数据

}
//-------------------------------------------------------------------
//函数名称:P89V51RD2_Read_Flash()
//函数功能:从 Flash 程序存储器中读出数据并发回到上位机
//入口参数:无
//出口参数:无
//-------------------------------------------------------------------
void P89V51RD2_Read_Flash()
{
        uchar JSQM = 0,i = 0;
        uint nAddr = 0x3000;
        uint xdata * ucR0;                              //在外扩 768 B 的空间上存入数据,声明
                                                        //时一定要使用整型
        ucR0 = 0x0000;                                  //对数据指针进行初始化

        JSQM = P89V51RD2_Read_IAP(0x2FFF);              //读出存放的数据总数
        Send_Comm(JSQM);                                //发送一个应答
        Dey_Ysh(1);

        for(i = 0;i<JSQM;i++)
          ucR0[i] = P89V51RD2_Read_IAP(nAddr + i);      //调用 IAP 读命令读出数据

        //发送数据
        for(i = 0;i<JSQM;i++)
        { Send_Comm(ucR0[i]);
          Dey_Ysh(1);}

}
//*******************************************************************
```

IAP 命令是 P89V51xxx 系列单片机内部带的出厂命令，调用它向程序存储器中写入数据可以节约外存储器的挂接。对于存储少量的临时数据非常方便。需要注意的是，在创建工程程序时请切记将_P89V51RD2_Write_IAPP(0x2000)，_P89V51RD2_Read_IAPP(0x2100)两

个函数加入到工程的配置目标工程〈IapSDapp〉对话框的连接器定位卡的“Code:”行中。

建议读者复制“网上资料\参考程序\程序模板\IapSD_Flash_Temp[空模板]\全空工程模板”的整个文件夹。

# 3.7 P89V51Rx2计数阵列中的PWM程序模板的编写与使用

作用：PWM脉宽调制主要用来输出不同的脉冲宽度的脉冲值。

## 3.7.1 P89V51Rx2计数阵列中的PWM程序模板库

P89V51Rx2计数阵列中的PWM程序模板编写展示如下：

```
//**************************************************************************
//文件名:P89v51rd2_pca.h
//功能:定义 P89V51 内部 PCA 计数阵列资源寄存器和启用计数阵列中的 PWM 脉宽调制功能
//      PCA 计数阵列一共 5 个模块,模块 0 输出引脚为 P1.3,模块 1 输出引脚为 P1.4,
//      模块 2 输出引脚为 P1.5,模块 3 输出引脚为 P1.6,模块 4 输出引脚为 P1.7
//--------------------------------------------------------------------------
sfr CMOD = 0xD9;
sfr CCON = 0xD8;
sfr CCAPM0   = 0xDA;                        //模块 0
sfr CCAPM1   = 0xDB;                        //模块 1
sfr CCAPM2   = 0xDC;                        //模块 2
sfr CCAPM3   = 0xDD;                        //模块 3
sfr CCAPM4   = 0xDE;                        //模块 4
sfr CL        = 0xE9;
sfr CCAP0L   = 0xEA;                        //模块 0
sfr CCAP1L   = 0xEB;                        //模块 1
sfr CCAP2L   = 0xEC;                        //模块 2
sfr CCAP3L   = 0xED;                        //模块 3
sfr CCAP4L   = 0xEE;                        //模块 4
sfr CH        = 0xF9;
sfr CCAP0H   = 0xFA;                        //模块 0
sfr CCAP1H   = 0xFB;                        //模块 1
sfr CCAP2H   = 0xFC;                        //模块 2
sfr CCAP3H   = 0xFD;                        //模块 3
sfr CCAP4H   = 0xFE;                        //模块 4
//下面是 CCON 寄存器的各位定义
sbit CF        = CCON^7;                    //0DFH
sbit CR        = CCON^6;                    //0DEH
sbit CCF4      = CCON^4;                    //0DCH ,模块 4 标志位
sbit CCF3      = CCON^3;                    //0DBH ,模块 3 标志位
sbit CCF2      = CCON^2;                    //0DAH ,模块 2 标志位
sbit CCF1      = CCON^1;                    //0D9H ,模块 1 标志位
sbit CCF0      = CCON^0;                    //0D8H ,模块 0 标志位
```

```
//------------------------------------------------------------------------
//函数名称:V51_INIT_PCA_PWM()
//功能:初始化并启动 PWM[使用定时器 0[T0]作计数源]
//入口参数:uchModuleNumber 为计数阵列模块选择,取值范围为 0x00～0x04,分别表示模块 0～模块 4
//出口参数:无
//------------------------------------------------------------------------
void V51_INIT_PCA_PWM(unsigned char uchModuleNumber)
{
        CMOD = 0x04;                    //设 PCA 阵列计数模式为定时器 0 溢出
        TMOD = 0x02;                    //设定时器 0 为方式 2 工作
        TH0  = 0xFF;                    //装入定时初值
        TL0  = 0xFF;
        CH   = 0x00;                    //装入 PCA 计数阵列初值[高]
        CL   = 0x00;                    //装入 PCA 计数阵列初值[低]即从 00H 跑到 FFH
                                        //模块选择
        switch(uchModuleNumber)
        { case 0x00:
                CCAP0H = 0x6F;          //给 PCA 计数阵列比较器模块 0 赋初值[高]
                CCAP0L = 0x6F;          //给 PCA 计数阵列比较器模块 0 赋初值[低],
                                        //取值范围为 00H～FFH
                CCAPM0 = 0x42;          //启动模块 0 的计数比较器和 PWM 脉宽调制器
                break;
          case 0x01:
                CCAP1H = 0x6F;          //给 PCA 计数阵列比较器模块 1 赋初值[高]
                CCAP1L = 0x6F;          //给 PCA 计数阵列比较器模块 1 赋初值[低],
                                        //取值范围为 00H～FFH
                CCAPM1 = 0x42;          //启动模块 1 的计数比较器和 PWM 脉宽调制器
                break;
          case 0x02:
                CCAP2H = 0x6F;          //给 PCA 计数阵列比较器模块 2 赋初值[高]
                CCAP2L = 0x6F;          //给 PCA 计数阵列比较器模块 2 赋初值[低],
                                        //取值范围为 00H～FFH
                CCAPM2 = 0x42;          //启动模块 2 的计数比较器和 PWM 脉宽调制器
                break;
          case 0x03:
                CCAP3H = 0x6F;          //给 PCA 计数阵列比较器模块 3 赋初值[高]
                CCAP3L = 0x6F;          //给 PCA 计数阵列比较器模块 3 赋初值[低],
                                        //取值范围为 00H～FFH
                CCAPM3 = 0x42;          //启动模块 3 的计数比较器和 PWM 脉宽调制器
                break;
          case 0x04:
                CCAP4H = 0x6F;          //给 PCA 计数阵列比较器模块 4 赋初值[高]
                CCAP4L = 0x6F;          //给 PCA 计数阵列比较器模块 4 赋初值[低],
                                        //取值范围为 00H～FFH
                CCAPM4 = 0x42;          //启动模块 4 的计数比较器和 PWM 脉宽调制器
```

```
            break;
        }

        TR0 = 1;                                //启动定时器 0
        CR = 1;                                 //启动 PCA 计数阵列计数

}
//-----------------------------------------------------------------------------
//函数名称:SetV51PcaPwmCriticalValue()
//函数功能:设置 P89V51 计数阵列中的 PWM 脉宽调制的临界值
//入口参数:uchModuleNumber 为计数阵列模块选择,取值范围为 0x00～0x04,分别表
//          示模块 0～模块 4
//          ucCCAPxL 为 PWM 脉宽调制的临界值,范围为 0x00～0xFE
//出口参数:无
//说明:CCAPxL 为在一个计数周期内(0x00～0xFF)高低电平转换的界线值,
//      如设 CCAPxL = 0x5F,即计数器小于 0x5F 时相应引脚为低电平输出,否则为高电平输出
//-----------------------------------------------------------------------------
void SetV51PcaPwmCriticalValue(unsigned char uchModuleNumber,unsigned char ucCCAPxL)
{
        TR0 = 0;
        CR  = 0;
        //模块选择
        switch(uchModuleNumber)
        { case 0x00:                            //选择模块 0
                CCAP0H = ucCCAPxL;
                CCAP0L = ucCCAPxL;
                CCAPM0 = 0x42;
                break;
          case 0x01:                            //选择模块 1
                CCAP1H = ucCCAPxL;
                CCAP1L = ucCCAPxL;
                CCAPM1 = 0x42;
                break;
          case 0x02:                            //选择模块 2
                CCAP2H = ucCCAPxL;
                CCAP2L = ucCCAPxL;
                CCAPM2 = 0x42;
                break;
          case 0x03:                            //选择模块 3
                CCAP3H = ucCCAPxL;
                CCAP3L = ucCCAPxL;
                CCAPM3 = 0x42;
                break;
          case 0x04:                            //选择模块 4
                CCAP4H = ucCCAPxL;
```

```
            CCAP4L  = ucCCAPxL;
            CCAPM4  = 0x42;
            break;
        }

    TR0 = 1;
    CR  = 1;
}
//***************************************************************
```

## 3.7.2 函数原型与说明

其外用函数解说如下：

### 1. V51_INIT_PCA_PWM()函数

函数原型：void V51_INIT_PCA_PWM(unsigned char uchModuleNumber)

参数说明：uchModuleNumber 为 PCA 计数阵列中 PWM 模块编号，取值范围为 0x00～0x04。

函数功能：初始化并启用 PCA 计数阵列中 PWM 模块。

返回值：无。

调用格式：

```
V51_INIT_PCA_PWM(0x02);     //启用 PWM 模块 2
```

### 2. SetV51PcaPwmCriticalValue()函数

函数原型：void SetV51PcaPwmCriticalValue(unsigned char uchModuleNumber,
unsigned char ucCCAPxL)

参数说明：uchModuleNumber 为 PCA 计数阵列中 PWM 模块编号，范围为 0x00～0x04；
ucCCAPxL 为 PWM 脉宽调制的临界值，范围为 0x00～0xFE。

函数功能：设置 P89V51 计数阵列中的 PWM 脉宽调制的临界值。

返回值：无。

调用格式：

```
SetV51PcaPwmCriticalValue(0x02,0x4F); //设置 PWM 模块 2 的临界值为 0x4F
```

## 3.7.3 函数应用范例

### 1. 程序空模板展示

```
//***************************************************************
//PWM 脉宽调制程序模板
//此为空模板，使用时请复制一份
//操作说明：操作时在 PWM 模块相对应的模块引脚上接上指示灯，本例使用的是模块 1，
//          请在 P1.4 引脚接上指示灯
//---------------------------------------------------------------
```

```
#include <reg51.h>
#include <P89v51rd2_pca.h>

sbit P00 = P0^0;
sbit P01 = P0^1;
sbit P10 = P1^0;
bit  bCtrl;
void Dey_Ysh(unsigned int nN);                                  //延时
//----------------------------------------------------------------
//主函数
//----------------------------------------------------------------
void main()
{
    unsigned char uchJsq = 0x00;
    V51_INIT_PCA_PWM(0x01);                                     //初始化 PCA-PWM 使用 PCA 模块 1
    P00 = 0;
    bCtrl = 1;

    while(1)
    {
      SetV51PcaPwmCriticalValue(0x01,uchJsq);                   //模块编号为 1,临界值为随机
      if(bCtrl == 1)
         uchJsq++;
        else uchJsq--;

      if(uchJsq>=0xFE)bCtrl = 0;
       else if(uchJsq <= 0x01)bCtrl = 1;
        else ;

      P00 = ~P00;
    //  P10 = ~P10;
      Dey_Ysh(5);
    }
}
//--------------------------------
//延时子程序
//--------------------------------
void Dey_Ysh(unsigned int nN)
{
    unsigned int a,b,c;
    for(a=0;a<nN;a++)
      for(b=0;b<50;b++)
        for(c=0;c<50;c++);
}
//****************************************************************
```

模板所在路径为“网上资料\参考程序\程序模板\ P89V51_PWM[空模板]\全空工程模板”的整个文件夹。

**2. 应用范例**

【实例 3-7】

任务:运用 PCA 计数阵列中的 PWM 模块对直流电机实施调速。要求用按键变换速度。

程序范例:

```
//****************************************************************
//PWM 脉宽调制程序模板
//硬件接口说明:P1.3 引脚输出脉宽调制信号,P1.2 为正/反控制,P2.0 为增速键,
//              P2.1 为减速键,P2.2 为正/反转控制键,P2.3 为启动停止键
//              硬件连接如图 3-4 所示
//----------------------------------------------------------------
#include <reg51.h>
#include <P89v51rd2_pca.h>

sbit P00 = P0^0;
sbit P01 = P0^1;
sbit P10 = P1^0;
sbit P12 = P1^2;
//用于接入键盘
sbit P20 = P2^0;                    //K0
sbit P21 = P2^1;                    //K1
sbit P22 = P2^2;                    //K2
sbit P23 = P2^3;                    //K3

bit  bCtrl,bOn_Off;
void Dey_Ysh(unsigned int nN);      //延时
void K0();                          //增速
void K1();                          //减速
void K2();                          //方向控制
void K3();                          //启机/停机

void Run_Key();                     //按键执行函数
unsigned char uchJsq = 0x00;        //为速度变化量,变换范围为 0x00～0xFF
//--------------------------------
//主函数
//--------------------------------
void main()
{
    P00 = 0;
    bCtrl = 1;                      //用于正/反转切换
    bOn_Off = 0;                    //用于开机/关机切换
    uchJsq = 0x00;
```

```
    while(1)
    {

      Run_Key();                              //处理按键
      P00 = ~P00;
     // P10 = ~P10;
      Dey_Ysh(6);
    }
}
//---------------------------------------------------------------------
//实现增速
void K0()
{
   if(bOn_Off == 0)return;
   uchJsq++;
   if(uchJsq >= 0xFE)return;
    //模块编号为1,临界值为随机
   SetV51PcaPwmCriticalValue2(uchJsq);
}
//---------------------------------------------------------------------
//实现减速
void K1()
{
   if(bOn_Off == 0)return;
   uchJsq--;
   if(uchJsq <= 0x01)return;
    //模块编号为0,临界值为随机
   SetV51PcaPwmCriticalValue2(uchJsq);
}
//---------------------------------------------------------------------
//实现方向控制
void K2()
{
   if(bOn_Off == 0)return;
   P12 = ~P12;
}
//---------------------------------------------------------------------
//实现开机/停机
void K3()
{
   if(bOn_Off == 0)
   { V51_INIT_PCA_PWM(0x00);              //开机正转(使用模块0)
     bOn_Off = 1;}
    else
    { Off_P89v51_PWM_Temp();              //关机
```

```
        bOn_Off = 0;}
}
//---------------------------------------------
//按键执行函数
//---------------------------------------------
void Run_Key()
{
    if(0 == P20)K0();
    if(0 == P21)K1();
    if(0 == P22)K2();
    if(0 == P23)K3();
}
//---------------------------------------------
//延时子程序
//---------------------------------------------
void Dey_Ysh(unsigned int nN)
{
    unsigned int a,b,c;
    for(a = 0;a<nN;a++)
      for(b = 0;b<50;b++)
        for(c = 0;c<50;c++);
}
//*****************************************************************
```

范例程序所在路径为“网上资料\参考程序\程序模板\P89V51_PWM[实例 3-7]2”。

### 3. 硬件连接图

【实例 3-7】使用硬件连接图如图 3-4 所示。

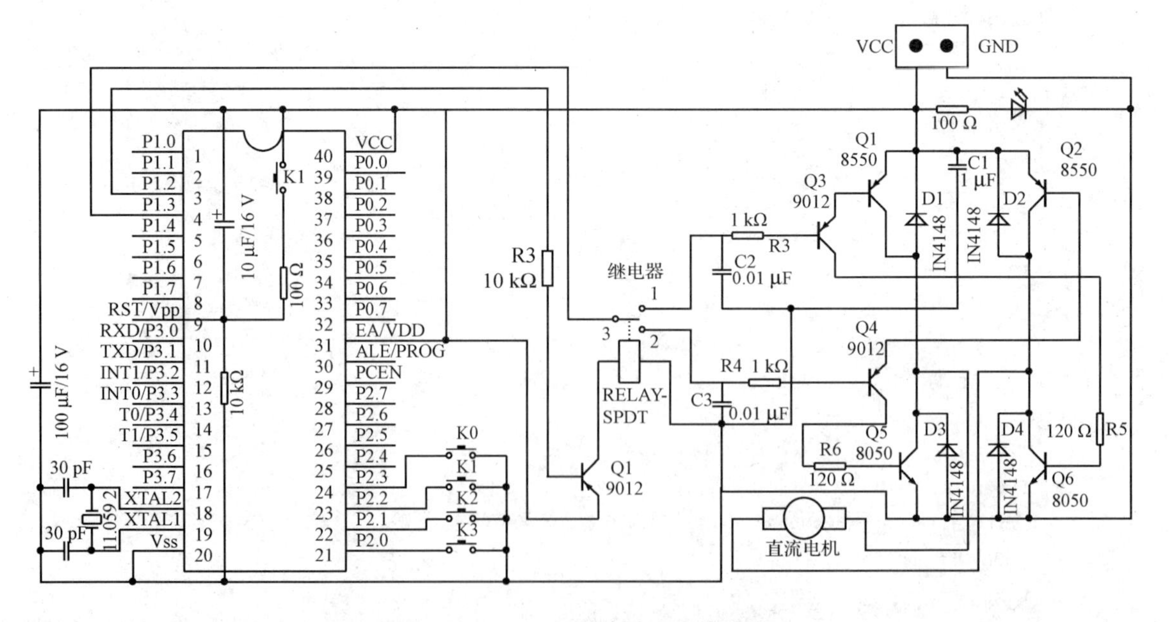


图 3-4　PWM 驱动直流电机电路图

## 3.8 P89V51Rx2 看门狗 WDT 程序模板的编写与使用

看门狗其意就是守门的狗，可是有人要问，这单片机要一只狗干什么用?? 做过工程的人就很清楚，因为单片机也像人一样，有时也会打瞌睡，瞌睡了怎么办? 又没有人看管它。要知道它瞌睡了是什么事也不会做的哦! 所以这时就要一只狗来提醒它。因为计算机天生就有死机这个嗜好，而单片机也是计算机的一种，它也是常常要死机的。要知道它还常常工作在前沿阵地，无人知晓它在干什么。譬如煤气发生炉这样的前沿阵地，只要它一瞌睡就有可能引发煤气炉爆炸这样重大的事故。所以，人们为了防止单片机的这一缺陷，就给它引来了看门狗帮助它提高精神。过去在 AT89C2051 时代，我们在做工程时，总是要给 AT89C2051 外加 555 做看门狗，不但硬件庞大了许多，还要浪费 AT89C2051 的 I/O 口，真是不合算啊。现在好了，我们所用的 P89V51Rx2 其内部就带有软件看门狗，这样为我们做出的工程提供了极大的方便。现在我们就来为 P89V51Rx2 编写看门狗 WDT 程序模板。

### 3.8.1 P89V51Rx2 看门狗 WDT 程序模板库

P89V51Rx2 看门狗 WDT 程序模板编写展示如下：

```
//********************************************************************
//文件名:P89v51_Wdt_Temp.h
//功能:P89V51RD2 看门狗汇编初化和喂狗子程序
//看门狗溢出时间长度说明:0xFF 值为 31.11 ms,0xDD 值为 1.0 s,0xBD 值为 2.0 s,
// 0x9D 值为 3.0 s,0x7D 值为 4.0 s,0x5D 值为 5.0 s,0x3D 值为 6.0 s,0x1D 值为 7.0 s,
// 0x01 值为 7.90 s
//--------------------------------------------------------------------
 sfr WDTC = 0xC0;                          //定义 WDTC 看门狗定时器控制寄存器的地址
 sfr WDTD = 0x85;                          //定义 WDTD 看门狗定时器数据/重装寄存器地址
 unsigned char uchOverTime2;
//--------------------------------------------------------------------
//程序名称:Init_P89v51_Wdt()
//程序功能:看门狗初化函数(用于启动看门狗)
//入口参数:uchOverTime 为设定看门狗溢出时间,即看门狗启动时间长度
//           默认值为 0xBD = 2.0 s,详细参数见文件开头的看门狗溢出时间长度说明
//出口参数:无
//--------------------------------------------------------------------
void Init_P89v51_Wdt(unsigned char uchOverTime)
{
    //使 WDRE = 1(看门狗复位定时器使能)
    //使 SWDT = 1(启动看门狗定时器)
    WDTC = 0x09;                           //0000 1001 即启动看门狗定时器
    //给看门狗定时设定初值
    WDTD = uchOverTime;                    //看门狗溢出时间设为 0xBD = 2.0 s
    //WDT = 1(刷新看门狗定时器)
    WDTC |= 0x02;                          //执行定时器刷新
```

```
    uchOverTime2 = uchOverTime;          //用于喂狗
}
//-------------------------------------------------------------------------
//程序名称:FeedingDog_Wdt()
//程序功能:看门狗喂狗函数
//入口参数:无
//出口参数:无
//-------------------------------------------------------------------------
void FeedingDog_Wdt()
{
     //给看门狗定时设定初值
    WDTD = uchOverTime2;                 //看门狗溢出时间设为 2.0 s
    //WDT = 1[刷新看门狗定时器]
    WDTC | = 0x02;                       //执行定时器刷新

}
//*************************************************************************
```

## 3.8.2 函数原型与说明

### 1. 初始化函数

函数原型:void Init_P89v51_Wdt(unsigned char uchOverTime);

参数说明:uchOverTime 为设定看门狗的启动时间长度。

返回值:无。

调用格式:

```
Init_P89v51_Wdt(0x5D);                   //设看门狗死机后 5.0 s 启动
```

### 2. 执行函数

函数原型:void FeedingDog_Wdt();

参数说明:无。

返回值:无。

调用格式:

```
FeedingDog_Wdt();                        //给看门狗喂食
```

**注:**喂食一定要在初始设置时间内,否则看门狗会经常启动。

## 3.8.3 函数应用范例

### 1. 程序空模板展示

```
//*************************************************************************
//看门狗 WDT 程序模板
//说明:为了防止看门狗不在正常程序运行中启动,必须做到在设定的看门狗溢出时间
//       内及时喂狗,本程序设定的溢出时间是 0xBD 即 2.0 s 内必须要喂一次狗,否则
//       看门狗复位就会启动。也就是所用的循环程序不能超出 2 s
```

```
//----------------------------------------------------------------------------
#include <reg51.h>
#include <P89v51_Wdt_Temp.h>

sbit P00 = P0^0;
sbit P10 = P1^0;
sbit P17 = P1^7;
void Dey_Ysh(unsigned int nN);                    //延时
//----------------------------------------------------------------------------
//主程序
//----------------------------------------------------------------------------
void main()
{
   P00 = 0;
   Init_P89v51_Wdt(0xBD);                          //初始化和启用看门狗
   while(1)
   {
     if(P17 == 0)
       while(1);                                   //如果按下 P1.7 引脚上的按键程序,就进入死循环
     P00 = ~P00;
     P10 = ~P10;
     FeedingDog_Wdt();                             //喂狗
     Dey_Ysh(3);
   }
}
//------------------------------------------------
//延时子程序
//------------------------------------------------
void Dey_Ysh(unsigned int nN)
{
    unsigned int a,b,c;
    for(a=0;a<nN;a++)
      for(b=0;b<100;b++)
        for(c=0;c<50;c++);
}
//****************************************************************************
```

程序模板所在路径见“网上资料\参考程序\程序模板\ WDT_Temp[空模板]”。

**2. 应用范例**

看门狗模板是一个比较简单的程序模板，做到在设定的启动时间内及时喂狗，特别是多重循环程序中一定要加入喂狗。此例就不列举实例了。

# 3.9　8 位按键程序模板的编写与使用

按键是常用的输入设备，对于计算机来说，无论大小都需要接入键盘，8 位键盘也是单片机常用的键，为了编程的方便现给出 8 位按键程序的编写过程。

## 3.9.1　8 位按键程序模板库

8 位按键程序模板编写展示如下：

```
//*******************************************************************
//文件功能:8 位按键程序模板库
//文件名:key_8bkey.h
//操作说明:使用时直接在各按键的函数中加入功能代码即可
//-------------------------------------------------------------------
void Key1();                              //按键执行函数第 1 键
void Key2();                              //按键执行函数第 2 键
void Key3();                              //按键执行函数第 3 键
void Key4();                              //按键执行函数第 4 键
void Key5();                              //按键执行函数第 5 键
void Key6();                              //按键执行函数第 6 键
void Key7();                              //按键执行函数第 7 键
void Key8();                              //按键执行函数第 8 键
//-------------------------------------------------------------------
//函数名称:Read_Key()
//函数功能:用于读取 P1 口上按键的值
//入口参数:ucPx 取值范围 0x00～0x03,用于表示 P0～P3,即 0x00 表示 P0,0x01 表示 P1,
//         0x02 表示 P2,0x03 表示 P3
//出口参数:无
//-------------------------------------------------------------------
void Read_Key(unsigned char ucPx)
{
    unsigned char uchKey;
    if(ucPx == 0x00)
    {P0 = 0xFF;
     uchKey = P0; }                       //读取键值
     else if(ucPx == 0x01)
      {P1 = 0xFF;
       uchKey = P1; }                     //读取键值
      else if(ucPx == 0x02)
       {P2 = 0xFF;
        uchKey = P2; }                    //读取键值
       else if(ucPx == 0x03)
       {P3 = 0xFF;
        uchKey = P3; }                    //读取键值
```

```
        else ;
    switch(uchKey)
    {case 0xFE:Key1();break;
     case 0xFD:Key2();break;
     case 0xFB:Key3();break;
     case 0xF7:Key4();break;
     case 0xEF:Key5();break;
     case 0xDF:Key6();break;
     case 0xBF:Key7();break;
     case 0x7F:Key8();break;
    }
}
//-----------------------------------
//以下是 8 个按键函数
//-----------------------------------
//第 1 键
void Key1()
{ //请在此处加入执行代码

}
//-----------------------------------
//第 2 键
void Key2()
{//请在此处加入执行代码

}
//-----------------------------------
//第 3 键
void Key3()
{//请在此处加入执行代码

}
//-----------------------------------
//第 4 键
void Key4()
{//请在此处加入执行代码

}
//-----------------------------------
//第 5 键
void Key5()
{//请在此处加入执行代码

}
```

```
//-----------------------------------
//第 6 键
void Key6()
{//请在此处加入执行代码

}
//-----------------------------------
//第 7 键
void Key7()
{//请在此处加入执行代码

}
//-----------------------------------
//第 8 键
void Key8()
{//请在此处加入执行代码

}
//*************************************************************
```

## 3.9.2 函数原型与说明

本模板只有一个可调用函数，其 8 个按键的功能执行函数，只要在函数体内加入执行代码即可。

函数原型：void Read_Key(unsigned char ucPx)；

参数说明：ucPx 为 80C51 P 口选择值，即 ucPx＝0x00 为 8 位键盘挂在 P0 口上、ucPx＝0x01 为 8 位键盘挂在 P1 口上、ucPx＝0x02 为 8 位键盘挂在 P2 口上、ucPx＝0x03 为 8 位键盘挂在 P3 口。

返回值：无。

调用格式：

```
Read_Key(0x01);                  //8 位键盘挂在 P1 口上，启用定时器获取按键信号
```

## 3.9.3 函数应用范例

### 1. 程序空模板展示

```
//*************************************************************
//定时器 0 程序模板
//说明：启用定时器 0 定时扫描 8 位键盘，操作时将按键要实现的功能直接写入
//      key_8bkey.h 文件中的各按键函数中
//-------------------------------------------------------------
#include <reg51.h>
#include <time0_temp.h>
#include <key_8bkey.h>
```

```
sbit P00 = P0^0;
sbit P10 = P1^0;
void Dey_Ysh(unsigned int nN);                          //延时程序
//----------------------------------------------
//主程序
//----------------------------------------------
void main()
{
    P10 = 0;
    //初始化定时器 0 为 300 ms,使用 11.059 2 MHz 晶振
    InitTime0Length(11.0592,300);                       //用定时器 0,300 ms 扫描一次并读出键值

    while(1)
    {//请在下面加入用户代码

     P10 = ~P10;                                        //程序运行指示灯
     Dey_Ysh(10);                                       //延时
    }

}
//----------------------------------------------
//功能:定时器 0 的定时中断执行函数
//----------------------------------------------
void T0_Time0()
{  //请在下面加入用户代码
   //定时 300 ms 扫描一次键盘
     Read_Key(0x02);                                    //8 位按键挂在 P2 上
}
//----------------------------------------------
//功能:延时函数
//----------------------------------------------
void Dey_Ysh(unsigned int nN)
{
    unsigned int a,b,c;
    for(a = 0;a<nN;a++)
      for(b = 0;b<50;b++)
        for(c = 0;c<50;c++);
}
//*************************************************************
```

程序模板所在路径见“网上资料\参考程序\程序模板\ Key_8 位按键[空模板]”。

## 2. 应用范例

应用范例请参考[实例 3-3]。

# 3.10 4×4 按键程序模板的编写与使用

## 3.10.1 4×4 按键程序模板库

4×4 按键程序模板编写展示如下：

```
//**************************************************************
//文件功能:4×4 按键程序模板库
//文件名:key_4×4keytemp.h
//操作说明:使用时直接在各按键的执行函数中加入功能代码即可
//**************************************************************
#include <intrins.h>                    //左右移位函数在这个文件中包含
#define uchar unsigned char             //映射 uchar 为无符号字符
#define uint  unsigned int              //映射 uint 为无符号整数

void Key1();                            //按键执行函数第 1 键
void Key2();                            //按键执行函数第 2 键
  //省略部分见"网上资料\参考程序\程序模板\ Key_4x4 键盘[空模板]\
⋮
  //key_4×4keytemp.h"文件
void Key16();                           //按键执行函数第 16 键
void Key4x4Input(uchar chKey);          //键值处理函数

sbit ACC4 = ACC^4;
uchar cKey = 0xFE;
uchar bdata bKey;                       //申请一个位变量,用于按位处理
sbit bKey3 = bKey^3;                    //定义高位第 7 位作位判断之用
//--------------------------------------------------------------
//名称:Key_4x4KeySearch()
//功能:用于搜索按键或用于发现按键
//入口参数:ucPx 取值范围 0x00～0x03,用于表示 P0～P3,即 0x00 表示 P0,0x01 表示 P1,
//          0x02 表示 P2,0x03 表示 P3 4×4 键盘所在的位置
//出口参数:无
//--------------------------------------------------------------
void Key_4x4KeySearch(unsigned char ucPx)
{
        uchar chkey;
        uint nJk = 0,nJk2 = 5;

        if(ucPx == 0x00)
        { P0 = cKey;                    //4×4 键盘发送探测码如 11111110
          while(nJk2--);                //延时 10 μs
          ACC = P0;
          chkey = P0;}
         else if(ucPx == 0x01)
```

```
        { P1 = cKey;                    //4×4 键盘发送探测码如 11111110
          while(nJk2 -- );              //延时 10 μs
          ACC = P1;
          chkey = P1;}
        else if(ucPx == 0x02)
        { P2 = cKey;                    //4×4 键盘发送探测码如 11111110
          while(nJk2 -- );              //延时 10 μs
          ACC = P2;
          chkey = P2;}
        else if(ucPx == 0x03)
        { P3 = cKey;                    //4×4 键盘发送探测码如 11111110
          while(nJk2 -- );              //延时 10 μs
          ACC = P3;
          chkey = P3;}

      for(nJk = 0;nJk<4;nJk ++ )
      {
         if(ACC4 == 0)                  //循环判断是否有键按下,如有键按下,Px.4、Px.5、Px.6、Px.7
                                        //必有一个引脚为 0,x 为 0~3
         { //chkey = P1;
           Key4x4Input(chkey);
           break;                       //发现按键,就跳出内循环
         }
          else
           ACC = _cror_(ACC,1);
      }

      bKey = cKey;                      //读出探测码,用于判断
      if(! bKey)cKey = 0xFE;            //判断探测码是否到了低 3 位,即 11110111
       else cKey = _crol_(cKey,1);      //否则左移一位,要移动的值有 11111110,11111101,
                                        // 11111011,11110111
}
//------------------------------------------
//名称:Key4x4Input()
//功能:键值处理函数
//入口参数:chKey(用于传送键值)
//出口参数:无
//------------------------------------------
void Key4x4Input(uchar chKey)
{
    switch(chKey)
    {
        case 0xEE:Key1();break;
        case 0xDE:Key2();break;
        case 0xBE:Key3();break;
```

```
        case 0x7E:Key4();break;

        case 0xED:Key5();break;
        case 0xDD:Key6();break;
        case 0xBD:Key7();break;
        case 0x7D:Key8();break;

        case 0xEB:Key9();break;
        case 0xDB:Key10();break;
        case 0xBB:Key11();break;
        case 0x7B:Key12();break;

        case 0xE7:Key13();break;
        case 0xD7:Key14();break;
        case 0xB7:Key15();break;
        case 0x77:Key16();break;
    }
}
//-----------------------------------------------
//以下是 16 个按键执行函数
//-----------------------------------------------
//第 1 键
void Key1()
{ //请在此处加入执行代码
   P0 = 0x00;
}
//-----------------------------------------------
//第 2 键
void Key2()
{//请在此处加入执行代码
   P0 = 0x01;
}
//-----------------------------------------------
⋮   //省略部分见"网上资料\参考程序\程序模板\ Key_4x4 键盘[空模板]\
⋮   //key_4×4keytemp.h"文件
⋮
⋮
//-----------------------------------------------
//第 16 键
void Key16()
{//请在此处加入执行代码

}
//****************************************************************
```

## 3.10.2 函数原型与说明

本模板只有一个可调用函数，其 16 个按键的功能执行函数，只要在函数体内加入执行代码即可。

函数原型：void Key_4x4KeySearch(unsigned char ucPx)；

参数说明：ucPx 为 80C51 P 口选择值，即 ucPx＝0x00 为 8 位键盘挂在 P0 口上、ucPx＝0x01 为 8 位键盘挂在 P1 口上、ucPx＝0x02 为 8 位键盘挂在 P2 口上、ucPx＝0x03 为 8 位键盘挂在 P3 口。

返回值：无。

调用格式：

```
Key_4x4KeySearch(0x01);          //4×4 键盘挂在 P1 口上,启用定时器获取按键信号
```

## 3.10.3 函数应用范例

### 1. 程序空模板展示

```
//****************************************************************
//定时器 1 程序模板
//此为空模板,使用时请复制一份
//----------------------------------------------------------------
#include <reg51.h>
#include <time1_temp.h>
#include <key_4×4keytemp.h>

sbit P00 = P0^0;
sbit P10 = P1^0;
void Dey_Ysh(unsigned int nN);                      //延时程序
//-----------------------------------------------
//主程序
//-----------------------------------------------
void main()
{
    P10 = 0;

    //初始化定时器 1 为 300 ms,使用 11.059 2 MHz 晶振
    InitTime1Length(11.0592,200);

    while(1)
    {//请在下面加入用户代码

     P00 = ~P00;                                    //程序运行指示灯
     Dey_Ysh(10);                                   //延时
```

```
    }
}
//---------------------------------------------
//功能:定时器 1 的定时中断执行函数
//---------------------------------------------
void T1_Time1()
{  //请在下面加入用户代码

    P10 = ~P10;                        //程序运行指示灯
    //扫描键盘
    Key_4x4KeySearch(0x01);            //4×4 键盘挂在 P1 口上

}
//---------------------------------------------
//功能:延时函数
//---------------------------------------------
void Dey_Ysh(unsigned int nN)
{
    unsigned int a,b,c;
    for(a = 0;a<nN;a++)
      for(b = 0;b<50;b++)
        for(c = 0;c<50;c++);

}
//*****************************************************************
```

程序模板所在路径见“网上资料\参考程序\程序模板\ Key_4x4 键盘[空模板]”。

### 2. 应用范例

应用范例请参考课题 2 练习。

## 3.11 8 位数码管程序模板的编写与使用

### 3.11.1 8 位数码管程序模板库

8 位数码管程序模板编写展示如下:

```
//*****************************************************************
//文件功能:用于实现 8 位数码管显示
//文件名:Nixietube_Temp8b.h
//说明:8 位数码管硬件连接,数据 a~dp 口接在 P0 口,8 位控制口接在 P2 口上
//*****************************************************************
unsigned char bdata bAcc;                       //用于位控制
sbit bAcc0  =  bAcc^0;
void Timelag(unsigned char nN);
```

```
void DataTreat(unsigned int unTime[8]);                 //用于将整数化为字模
//用 code 存储符将字模存入程序存储器
//数字字模共阳                  1      2     3     4     5     6     7     8     9     -
unsigned char code chZhimo[11] = {0xC0,0xF9,0xA4,0xB0,
                                 0x99,0x92,0x82,0xF8,0x80,0x90,0xBF};
//数字字模共阴
unsigned char code chZhimo2[11] = {0x3F,0x06,0x5B,0x4F,0x66,
                                  0x6D,0x7D,0x07,0x7F,0x6F,0x40};
unsigned char uchMould[8];                              //用于传递字模
//----------------------------------------------------------------------
//名称:Timelag()
//功能:延时,时间长度为 nN * 200 * 2,最后一个 2 为每指令执行时间,为 2 μs,指令执行时间大约为 2 μs
//入口参数:nN(传递延时间长度)
//----------------------------------------------------------------------
void Timelag(unsigned char nN)
{
   unsigned char a,b;
   //嵌套循环解决延时问题
   for(a = 0;a<nN;a ++ )
    for(b = 0;b<200;b ++ );
}
//----------------------------------------------------------------------
//函数名称:Nixietube_8bDisp()
//函数功能:用于扫描并显示 8 位数字
//入口参数:chDigit 为要显示的位数,取值范围为 0x01~0x08
//出口参数:无
//----------------------------------------------------------------------
void Nixietube_8bDisp(unsigned char chDigit)
{
    unsigned char i = 0;
    bAcc  =  0xFE;

    for(i = 0;i<chDigit;i ++ )
    {
        P0  =  uchMould[i];
        P2  =   bAcc;                                   //显示一位数据
        bAcc <<= 1;
        bAcc0  =  1;
        Timelag(3);
    }
}
//----------------------------------------------------------------------
//函数名称:DataTreat()
//函数功能:用于将整数转换为字模
//入口参数: unTime 用于传送[2]时、[1]分、[0]秒或年、月、日
```

```
//出口参数:返回获取的字模共 8 个
//-----------------------------------------------------------------
void DataTreat(unsigned int unTime[4])
{
    unsigned int nTimeB[8],i = 0;
    //unsigned char uchMould[8];

    nTimeB[0]  =  unTime[0] % 10;                    //取个位
    nTimeB[1]  =  unTime[0]/10;                      //取十位
    nTimeB[2]  =  10;
    nTimeB[3]  =  unTime[1] % 10;                    //取个位
    nTimeB[4]  =  unTime[1]/10;                      //取十位
    nTimeB[5]  =  10;
    nTimeB[6]  =  unTime[2] % 10;                    //取个位
    nTimeB[7]  =  unTime[2]/10;                      //取十位

    for(i = 0;i<8;i++)
     uchMould[i]  =  chZhimo[nTimeB[i]];

}
//*****************************************************************
```

## 3.11.2 函数原型与说明

### 1. 字模处理函数

函数原型:void DataTreat(unsigned int unTime[4]);

参数说明:unTime 为 4 个元素的整型数组,用于传送时、分、秒数据

返回值:无。

调用格式:见 3.11.3 小节函数应用范例。

### 2. 8 位数码管显示函数

函数原型:void Nixietube_8bDisp(unsigned char chDigit);

参数说明:chDigit 为要显示的数码管位数,取值范围为 0x01～0x08。

返回值:无。

调用格式:

```
Nixietube_8bDisp(0x04);                          //点亮低 4 位
```

## 3.11.3 函数应用范例

### 1. 程序空模板展示

```
//*****************************************************************
//定时器 0 程序模板
//说明:启用定时器 0 模板用于走时,并启用主循环体扫描数码管
```

```
//**************************************************************************
#include <reg51.h>
#include <time0_temp.h>
#include <Nixietube_Temp8b.h>

sbit P00 = P0^0;
sbit P10 = P1^0;
void Dey_Ysh(unsigned int nN);                          //延时程序
unsigned int nTime[4];                                  //时[2]分[1]秒[0]
//--------------------------------------------------
//主程序
//--------------------------------------------------
void main()
{
    P10 = 0;

    //初始化定时器 0 为 1 000 ms,使用 11.059 2 MHz 晶振
    InitTime0Length(11.0592,1000);                      //1 s
    nTime[0] = 0;                                       //秒
    nTime[1] = 0;                                       //分
    nTime[2] = 0;                                       //时

    while(1)
    {//请在下面加入用户代码

     Nixietube_8bDisp(0x08);                            //8 位数据显示

     P00 = ~P00;                                        //程序运行指示灯
     //Dey_Ysh(10);                                     //延时
    }

}
//--------------------------------------------------
//功能:定时器 0 的定时中断执行函数
//--------------------------------------------------
void T0_Time0()
{  //请在下面加入用户代码
   P10 = ~P10;                                          //程序运行指示灯

   DataTreat(nTime);                                    //对时钟进行处理

   nTime[0]++;
   if(nTime[0]>59)
   {nTime[0] = 0;
    nTime[1]++;
```

```
        if(nTime[1]>59)
        {nTime[1] = 0;
         nTime[2]++;
         if(nTime[2]>23)
         {nTime[2] = 0;}
         }
        }
}
//-----------------------------------------------
//功能:延时函数
//-----------------------------------------------
void Dey_Ysh(unsigned int nN)
{
    unsigned int a,b,c;
    for(a=0;a<nN;a++)
      for(b=0;b<50;b++)
        for(c=0;c<50;c++);
}
//*********************************************************************
```

程序模板所在路径见“网上资料\参考程序\程序模板\ 8 位数码管[空模板]”。

## 2. 显示整型数范例

【实例 3-8】

任务:利用 8 位数码管显示长整数。

程序范例:

```
//*********************************************************************
//8 位整数的显示程序模板
//---------------------------------------------------------------------
#include <reg51.h>
#include <Nixietube_Temp8b.h>

sbit P00 = P0^0;
sbit P10 = P1^0;
void Dey_Ysh(unsigned int nN);                  //延时程序
unsigned long nlIntege;                         //申请一个长整型数,用于计数
//-------------------------------------------
//主程序
//-------------------------------------------
void main()
{
    P10 = 0;
    nlIntege = 0;

    while(1)
```

```
    {//请在下面加入用户代码

     Nixietube_8bDisp(0x08);                    //8位数据显示
     Nixietube_Disp_Integer(nlIntege);          //对计数器的计数进行处理
     nlIntege++;
     if(nlIntege>99999999)nlIntege = 0;
     P00 = ~P00;                                //程序运行指示灯
     //Dey_Ysh(10);                             //延时
    }

}
//-------------------------------------------------------
//功能:延时函数
//-------------------------------------------------------
void Dey_Ysh(unsigned int nN)
{
    unsigned int a,b,c;
    for(a = 0;a<nN;a++)
      for(b = 0;b<50;b++)
        for(c = 0;c<50;c++);
}
//*****************************************************************
```

说明:请在 Nixietube_Temp8b.h 文件中加入整数处理函数实体。

函数实体如下:

```
//*****************************************************************
//函数名称:Nixietube_Disp_Integer()
//函数功能:用于将整数显示到数码管上
//入口参数: nlInteger,传送要显示的长整型数据
//出口参数:无
//-------------------------------------------------------------
void Nixietube_Disp_Integer(unsigned long nlInteger)
{
    unsigned int xdata nInt[8],i = 0;
    unsigned long nlInt;

    nlInt     = nlInteger/10;
    nInt[0]   = nlInteger % 10;
    nInt[1]   = nlInt % 10;
    nlInt     = nlInt/10;
    nInt[2]   = nlInt % 10;
    nlInt     = nlInt/10;
    nInt[3]   = nlInt % 10;
    nlInt     = nlInt/10;
    nInt[4]   = nlInt % 10;
```

```
    nlInt     = nlInt/10;
    nInt[5]  = nlInt % 10;
    nlInt     = nlInt/10;
    nInt[6]  = nlInt % 10;
    nlInt     = nlInt/10;
    nInt[7]  = nlInt % 10;
   // nlInt   = nlInt/10;

    for(i = 0;i<8;i++)
      uchMould[i] = chZhimo[nInt[i]];
}
//*********************************************************************
```

实例程序所在路径见“网上资料\参考程序\程序模板\ 8 位数码管[实例 3 - 8]”。

### 3. 显示浮点数范例

【实例 3 - 9】

任务：利用 8 位数码管显示浮点数。

程序范例：

```
//*********************************************************************
//用数码管显示浮点数程序模板
//说明：启用主循环体扫描数码管和变换数据
//---------------------------------------------------------------------
#include <reg51.h>
#include <Nixietube_Temp8b.h>

sbit P00 = P0^0;
sbit P10 = P1^0;
void Dey_Ysh(unsigned int nN);                              //延时程序
unsigned int nIntege;
float fFloat;
//------------------------------------------------
//主程序
//------------------------------------------------
void main()
{
     P10 = 0;
     fFloat  =  0;
     nIntege    =  0;
     //Nixietube_Disp_float(45.6589,4);

     while(1)
     {//请在下面加入用户代码

      Nixietube_8bDisp(0x08);                               //8 位数据显示
```

```
        fFloat = nIntege * 0.42;
        Nixietube_Disp_float(fFloat,3);                    //进行浮点数的处理
        nIntege ++ ;
        if(nIntege>9999)fFloat = 0.0;

        P00 = ~P00;                                        //程序运行指示灯
        //Dey_Ysh(10);                                     //延时
      }

    }
    //-------------------------------------------------
    //功能:延时函数
    //-------------------------------------------------
    void Dey_Ysh(unsigned int nN)
  {
      unsigned int a,b,c;
      for(a = 0;a<nN;a ++ )
        for(b = 0;b<50;b ++ )
          for(c = 0;c<50;c ++ );
  }
  //**************************************************************
```

说明:请在 Nixietube_Temp8b.h 文件中加入浮点数处理函数实体。

函数实体如下:

```
//**************************************************************
//函数名称:Nixietube_Disp_float()
//函数功能:用于将浮点数显示到数码管上
//入口参数: fFloatingNum 浮点数,nDigit 为小数点后面保留的位数,取值范围为 1~4
//出口参数:无
//--------------------------------------------------------------
void Nixietube_Disp_float(float fFloatingNum,unsigned int nDigit)
{
    unsigned int xdata nInt[8],i = 0;
    unsigned long nlInt;

    if(nDigit > 4) return;                        //如果大于 4,就返回

    if(nDigit == 1)
       nlInt = fFloatingNum * 10;
     else if(nDigit == 2)
        nlInt = fFloatingNum * 100;
      else if(nDigit == 3)
         nlInt = fFloatingNum * 1000;
       else if(nDigit == 4)
```

```
        nlInt = fFloatingNum * 10000;

    nInt[0] = nlInt % 10;
    nlInt    = nlInt/10;
    nInt[1]  = nlInt % 10;
    nlInt    = nlInt/10;
    nInt[2]  = nlInt % 10;
    nlInt    = nlInt/10;
    nInt[3]  = nlInt % 10;
    nlInt    = nlInt/10;
    nInt[4]  = nlInt % 10;
    nlInt    = nlInt/10;
    nInt[5]  = nlInt % 10;
    nlInt    = nlInt/10;
    nInt[6]  = nlInt % 10;
    nlInt    = nlInt/10;
    nInt[7]  = nlInt % 10;
    //nlInt  = nlInt/10;


    for(i = 0;i<8;i ++ )
      uchMould[i] = chZhimo[nInt[i]];


   uchMould[nDigit] &= 0x7F;
}
//**********************************************************************
```

实例程序所在路径见"网上资料\参考程序\程序模板\ 8 位数码管[实例 3-9]"。

## 4. 硬件连接图

程序空模板使用硬件连接图如图 3-5 所示。

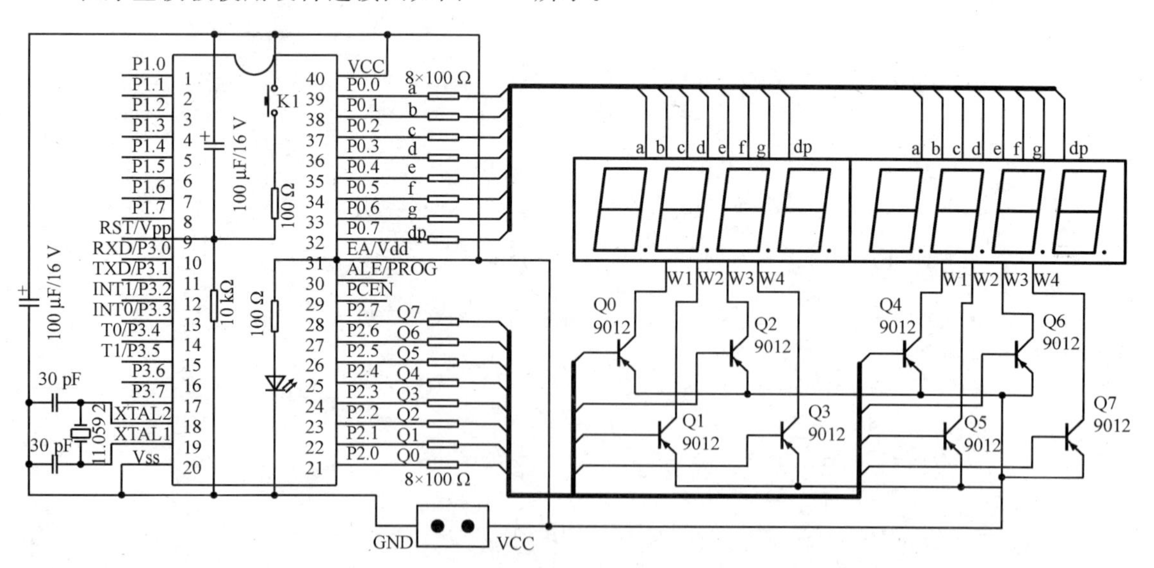


图 3-5　8 位数码管空模板使用硬件图

# 3.12 按键发音程序模板的编写与使用

## 3.12.1 按键发音程序模板库

按键发音程序模板编写展示如下：

```
//***************************************************************
//文件功能:操纵蜂鸣器发出声音
//文件:beep_temp.h
//说明:应用时请将蜂鸣器控制引脚接到 P3.7 引脚上
//---------------------------------------------------------------
sbit P37 = P3^7;                        //蜂鸣器控制引脚
//sbit P36 = P3^6;
//---------------------------------------------------------------
//函数名称:BeepApp()
//函数功能:用于使蜂鸣器发出洪亮的声音
//入口参数:chFrequency 为声音变换值,取值范围为 0x00～0xFF
//出口参数:无
//---------------------------------------------------------------
void BeepApp(unsigned char chFrequency)
{
      unsigned char chFrequency2,jsq = 0x0F;
      chFrequency2 = 0xFF - chFrequency;

      P37 = 0;
      while(chFrequency2 -- )
         while(jsq -- );
      P37 = 1;
      while(chFrequency -- );

}
//---------------------------------------------------------------
//函数名称:BeepApp2()
//函数功能:用于使蜂鸣器发出啄木鸟的啄木声音
//入口参数:chFrequency 为声音变换值,取值范围为 0x00～0xFF
//出口参数:无
//---------------------------------------------------------------
void BeepApp2(unsigned char chFrequency)
{
      unsigned char chFrequency2,jsq = 0x1F,jsq2 = 0x3F;
      chFrequency2 = 0xFF - chFrequency;

      P37 = 0;
      while(chFrequency -- );
```

```
        while(jsq2 -- );
    P37 = 1;
    while(chFrequency2 -- );
        while(jsq -- );
}
//*******************************************************************
```

有兴趣的读者可以对以上两个函数进行再次调整发出别的声音。

## 3.12.2 函数原型与说明

### 1. 发出洪亮声音函数

函数原型:void BeepApp(unsigned char chFrequency);

参数说明:chFrequency 为声音变换值。

返回值:无。

调用格式:

```
BeepApp(0xE0);            //发出短的声音
```

### 2. 发出啄木声音函数

函数原型:void BeepApp2(unsigned char chFrequency);

参数说明:chFrequency 为声音变换值。

返回值:无。

调用格式:

```
BeepApp2(0x60);           //发出短的声音
```

## 3.12.3 函数应用范例

程序空模板展示

```
//*******************************************************************
//蜂鸣器程序模板
//此为空模板,使用时请复制一份
//-------------------------------------------------------------------
#include <reg51.h>
#include <beep_temp.h>
sbit P00 = P0^0;
sbit P10 = P1^0;
sbit P20 = P2^0;
sbit P21 = P2^1;
sbit P22 = P2^2;
sbit P23 = P2^3;
sbit P24 = P2^4;
sbit P25 = P2^5;
```

```
void Key1();
void Key2();
void Key3();
void Key4();
void Key5();
void Key6();
void Dey_Ysh(unsigned int nN);                            //延时程序
//-----------------------------------------------------
//主程序
//-----------------------------------------------------
void main()
{
    P10 = 0;
    while(1)
    {//请在下面加入用户代码
     //扫描按键
     if(P20 == 0)Key1();
     if(P21 == 0)Key2();
     if(P22 == 0)Key3();
     if(P23 == 0)Key4();
     if(P24 == 0)Key5();
     if(P25 == 0)Key6();

     P00 = ~P00;                                          //程序运行指示灯
     Dey_Ysh(10);                                         //延时
    }
}
//-----------------------------------------------------
void Key1()
{
    BeepApp2(0x80);
}
//-----------------------------------------------------
void Key2()
{
    BeepApp2(0xE0);
}
//-----------------------------------------------------
void Key3()
{
    BeepApp(0x80);
}
//-----------------------------------------------------
void Key4()
```

```
{
    BeepApp(0xA0);
}
//---------------------------------------------
void Key5()
{
    BeepApp(0xC0);
}
//---------------------------------------------
void Key6()
{
    BeepApp(0xF0);
}
//---------------------------------------------
//功能:延时函数
//---------------------------------------------
void Dey_Ysh(unsigned int nN)
{
    unsigned int a,b,c;
    for(a = 0;a<nN;a++)
      for(b = 0;b<50;b++)
        for(c = 0;c<50;c++);
}
//****************************************************************
```

程序模板所在路径见“网上资料\参考程序\程序模板\ Beep_Temp[空模板]”。

程序空模板使用硬件连接图如图 3-6 所示。

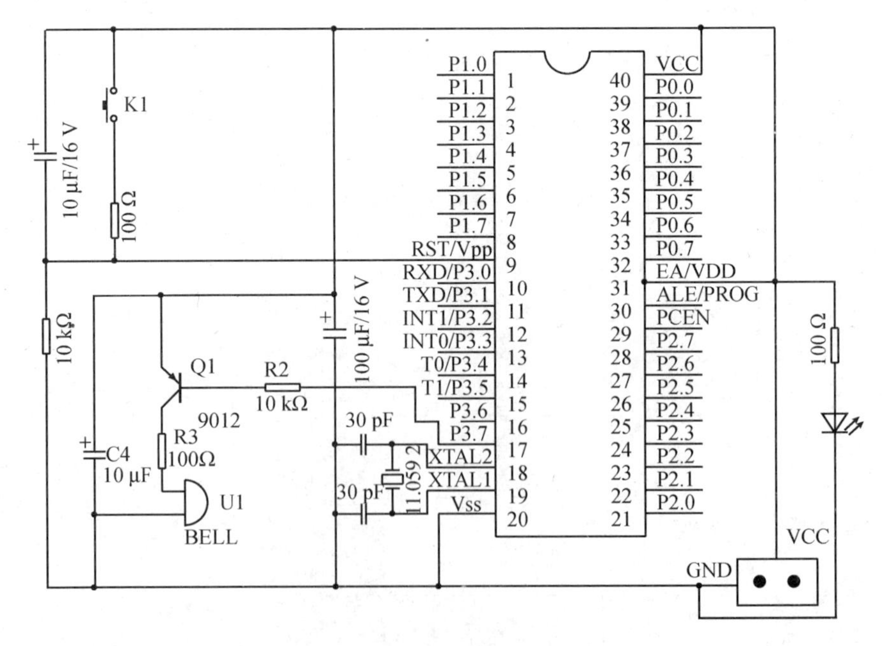


图 3-6　蜂鸣器硬件连接图

# 3.13 液晶 TC1602 程序模板的编写与使用

TC1602 液晶显示屏是一个两行 16 列的显示屏，在工业上用得非常广泛。为了方便读者的学习和应用，在此处也给出程序模板。

## 3.13.1 液晶 TC1602 程序模板库

液晶 TC1602 程序模板编写展示如下：

```
//**************************************************************************
//文件名：TC1602_lcd.h
//功能：TC1602 液晶驱动程序
//说明：硬件连接，RS 接 P3.7，R/W 接 P3.6，E 接 P3.5，数据接 P1 口，
//在 80C51 系统中使用 11.059 2 MHz 晶振，C 语言的 for 循环实际测得每循环一圈大约
//10 μs(说明计数器为整型，如：unsigned int I;)
//--------------------------------------------------------------------------
#include <reg51.h>
#define uchar unsigned char      //映射 uchar 为无符号字符
#define uint  unsigned int       //映射 uint  为无符号整数

sbit RS = P3^7;
sbit RW = P3^6;
sbit E  = P3^5;
bit bCtrlCursor = 0;
//--------------------------------------------------------------------------
//下面是 TC1602_lcd.h 文件的内用函数，请用户不要随意调用
//--------------------------------------------------------------------------
//函数名称：Write_Command()
//函数功能：向 TC1602 写入命令(将 ACC 寄存器命令内容发送到 P1 口)
//入口参数：chComm(传送要发送的命令)
//出口参数：无
//--------------------------------------------------------------------------
void Write_Command(uchar chComm)
{
    uint a = 0,b = 0;            //申请两个整型变量，用于延时
    RS = 0;                      //命令与数据选择脚 RS = 0 选择发送命令，RS = 1 选择发送数据
    RW = 0;                      //读/写数据选择脚 RW = 0 选择命令或数据写，RW = 1 选择命令
                                 //或数据读
    E = 1;                       //开启数据锁存脚(数据锁存允许)
    P1 = chComm;                 //发送数据
    E = 0;                       //关闭数据锁存脚并向对方锁存数据(告诉对方数据已发送，请接收)

    //  C 语言在 11.059 2 MHz 晶振下实测 for 循环。每循环一圈，大约 10 μs
     for(b = 0;b<100;b++);   //延时 1 ms(100 * 10 = 1 000 μs = 1 ms)
```

```
}
//----------------------------------------------------------------------
//函数名称:Write_Data()
//函数功能:向 TC1602 写入数据(将 ACC 寄存器数据内容发送到 P1 口)
//入口参数:chData(传递要发送的数据)
//出口参数:无
//----------------------------------------------------------------------
void Write_Data(uchar chData)
{
    uint a = 0;               //申请 1 个整型变量,用于延时

    RS = 1;                   //命令与数据选择脚 RS = 0 选择发送命令,RS = 1 选择发送数据
    RW = 0;                   //读/写数据选择脚 RW = 0 选择命令或数据写,RW = 1 选择命令或数据读
    E = 1;                    //开启数据锁存脚(数据锁存允许)
    P1 = chData;              //发送数据
    E = 0;                    //关闭数据锁存脚并向对方锁存数据(告诉对方数据已发送,请接收)

    for(a = 0;a<50;a++);      //延时 0.5 ms(50 * 10 = 500 μs = 0.5 ms)
}
//----------------------------------------------------------------------
//函数名称:Busy_tc1602()
//函数功能:判忙子程序(用于判断 LCD 是否在忙于写入,如 LCD 在忙于别的事情,
//          就等 LCD 忙完后才操作)
//入出参数:无
//----------------------------------------------------------------------
void Busy_tc1602()
{
    RS = 0;                   //CLR RS
    RW = 1;                   //SETB RW   设为从 TC1602 中读取数据

    do
    {
      E = 1;
      ACC = P1;               //读取 P1 口数据
      E = 0;                  //锁存数据
      ACC = ACC&0x80;         //处理忙位

    }while(ACC);
}
//----------------------------------------------------------------------
//函数名称:Delay_1602()
//函数功能:用于毫秒级延时
//入口参数:nDTime(用于传递延时间,单位为 ms,如果 nDTime = 1 即为 1 ms)
//出口参数:无
//说明:经测试而得在 11.059 2 MHz 晶振的情况下 nDTime = 1 000,为 1 s
```

```
//-------------------------------------------------------------------
void Delay_1602(uint nDTime)
{
   uint a,c;
   for(a = 0;a<nDTime;a + μs + )
    for(c = 0;c<110;c + μs + );            //取每循环一次为 10 μs(实测),比汇编指令要慢很多
}
//-------------------------------------------------------------------
//*******************************************************************
//下面是外用函数,请用户按函数的功能调用
//-------------------------------------------------------------------
//函数名称:Init_TC1602()
//函数功能:初始化 TC1602 液晶显示屏(TC1602 必须要初始化才能使用)
//入口参数:无
//出口参数:无
//函数性质:外用(用户调用函数)
//应用说明:使用时一定要先用此函数,液晶屏才能进入正常的工作
//-------------------------------------------------------------------
void Init_TC1602()
{
      //共延时 15 ms
      Delay_1602(15);
      //发送命令
      Write_Command(0x38);
      Delay_1602(5);            //延时 5 ms
      //重发一次
      Write_Command(0x38);
      Delay_1602(5);            //延时 5 ms
      //判忙(判断 TC1602 内部是否还在忙着)
      Busy_tc1602();            //判忙

      Write_Command(0x38);      //设置为 8 总线 16 * 2 5 * 7 点阵
      Write_Command(0x01);      //发送清屏命令
      Write_Command(0x06);      //设读/写字符时地址加 1,且整屏显示不移动
      Write_Command(0x0F);      //开显示,开光标显示,光标和光标所在的字符闪烁
      Delay_1602(5);            //延时 5 ms

}
//-------------------------------------------------------------------
//函数名称:Cls()
//函数功能:用于清屏
//入出参数:无
//函数性质:外用(用户调用函数)
//-------------------------------------------------------------------
```

```
void Cls()
{
  Write_Command(0x01);        //发送清屏命令
}
//--------------------------------------------------------------
//下面是用户实用函数部分
//--------------------------------------------------------------
//函数名称:Send_String_1602()
//函数功能:用于向 TC1602 发送字符串
//入口参数:chCom(传送命令行列),lpDat(传送字符串不能超过 16 个),
//          nCount(传送发送字符串的个数)
//出口参数:无
//函数性质:外用(用户调用函数)
//--------------------------------------------------------------
void Send_String_1602(uchar chCom,uchar * lpDat,uint nCount)
{
   uint i = 0;

   Write_Command(chCom);      //发送起始行列号

   for(i = 0;i<nCount;i++)
   {
     Write_Data( * lpDat);    //发送数据
     lpDat++;                 //让指针向前进 1,读取下一个字符
   }

}
//--------------------------------------------------------------
//函数名称:Send_Data_1602()
//函数功能:用于向 TC1602 发送整型数
//入口参数:chCom(传送命令行列),nDat(传送整型数据),nCount(传送发送数据的个数)
//出口参数:无
//函数性质:外用(用户调用函数)
//--------------------------------------------------------------
void Send_Data_1602(uchar chCom,uint nData,uint nCount)
{
   uint nInt,nInt1,nInt2;     //用来存放数据
   uchar chC[5];
   if(nCount>4)return;        //判断是否大于 4 个,如果大于 4 个就反回
                              //控制 5 个数据不允许显示
   if(nCount == 1)
   { chC[0] = nData % 10;
     chC[0]| = 0x30;          //使用逻辑“或”加入显示字符,因为 TC1602 使用的是 ASCII 码作显示
     Write_Command(chCom);    //发送起始行列号
     Write_Data(chC[0]);      //发送数据
```

```
}
else if(nCount == 2)
{
    nInt = nData % 100;
    chC[0] = nInt/10;
    chC[0]| = 0x30;            //使用逻辑或加入显示字符,因为 TC1602 使用的是 ASCII 码作显示
    chC[1] = nInt % 10;
    chC[1]| = 0x30;            //同 chC[1] = chC[1]|0x30;  逻辑"或"运算,但是千万不能用加
                               //法运算,否则得出来的数是乱码
    Write_Command(chCom);  //发送起始行列号
    Write_Data(chC[0]);        //发送数据
    Write_Data(chC[1]);        //发送数据
  }
  else if(nCount == 3)
  {
    nInt = nData % 1000;
    chC[0] = nInt/100;
    chC[0]| = 0x30;            //逻辑"或"运算变为 ASCII 美国国家标准信息码,用于显示
    nInt = nInt % 100;
    chC[1] = nInt/10;
    chC[1]| = 0x30;
    chC[2] = nInt % 10;
    chC[2]| = 0x30;
    Write_Command(chCom);  //发送起始行列号
    Write_Data(chC[0]);        //发送数据
    Write_Data(chC[1]);        //发送数据
    Write_Data(chC[2]);        //发送数据
   }
   else if(nCount == 4)
   {
    nInt = nData % 10000;
    nInt1 = nInt/100;          //取商
    nInt2 = nInt % 100;        //取余
    chC[0] = nInt1/10;
    chC[0]| = 0x30;
    chC[1] = nInt1 % 10;
    chC[1]| = 0x30;
    chC[2] = nInt2/10;
    chC[2]| = 0x30;
    chC[3] = nInt2 % 10;
    chC[3]| = 0x30;
    Write_Command(chCom);  //发送起始行列号
    Write_Data(chC[0]);        //发送数据
    Write_Data(chC[1]);        //发送数据
    Write_Data(chC[2]);        //发送数据
```

```
            Write_Data(chC[3]);             //发送数据
        }else;
    return ;
}
//--------------------------------------------------------------------------
//函数名称:Nixietube_Disp_float()
//函数功能:用于将浮点数显示到数码管上
//入口参数:ucCommand 为待显示的行列数
//          fFloatingNum 为浮点数,nDigit 为小点后面保留的位数,取值范围为 1～4
//出口参数:无
//--------------------------------------------------------------------------
void Nixietube_Disp_float(uchar ucCommand,float fFloatingNum,unsigned int nDigit)
{
    unsigned int xdata nInt[8],i = 0;
    unsigned long nlInt;
    unsigned int xdata uchInt[8];

    if(nDigit > 4) return;                  //如果大于 4,就返回

    if(nDigit == 1)
        nlInt = fFloatingNum * 10;
     else if(nDigit == 2)
         nlInt = fFloatingNum * 100;
       else if(nDigit == 3)
           nlInt = fFloatingNum * 1000;
         else if(nDigit == 4)
             nlInt = fFloatingNum * 10000;

    nInt[0] = nlInt % 10;
    nlInt    = nlInt/10;
    nInt[1] = nlInt % 10;
    nlInt    = nlInt/10;
    nInt[2] = nlInt % 10;
    nlInt    = nlInt/10;
    nInt[3] = nlInt % 10;
    nlInt    = nlInt/10;
    nInt[4] = nlInt % 10;
    nlInt    = nlInt/10;
    nInt[5] = nlInt % 10;
    nlInt    = nlInt/10;
    nInt[6] = nlInt % 10;
    nlInt    = nlInt/10;
    nInt[7] = nlInt % 10;
    //nlInt    = nlInt/10;
    for(i = 0;i<8;i++)
```

```
    {  nInt[i] | = 0x30;
       uchInt[i] = nInt[i];}

   void Send_String_1602(ucCommand,uchInt,8);

}
//--------------------------------------------------
//函数名称:MoveCursor()
//函数功能:用于移动光标
//入口参数:ucCommand为待显示光标的行列数
//出口参数:无
//--------------------------------------------------
void MoveCursor(uchar ucCommand)
{
   if(bCtrlCursor == 1)return;
   Write_Command(ucCommand);                              //发送起始行列号
}
//--------------------------------------------------
//函数名称:On_OffCursor()
//函数功能:用于开起和关闭光标
//入口参数:无
//出口参数:无
//--------------------------------------------------
void On_OffCursor()
{
     if(bCtrlCursor == 0)
     {Write_Command(0x0C);                                //开显示,关光标显示
      bCtrlCursor = 1;}
      else
       {Write_Command(0x0F);                              //开显示,关光标显示
        bCtrlCursor = 0;}
}
//--------------------------------------------------
//为自编写字模
//通过Write_WRCGRAM函数写入TC1602 LCD液晶显示器CGRAM存储器
uchar code ZhiMou[] = {0x08,0x0F,0x12,0x0F,0x0A,0x1F,0x02,0x02,     //年
                      0x0F,0x09,0x0F,0x09,0x0F,0x09,0x11,0x00,     //月
                      0x0F,0x09,0x09,0x0F,0x09,0x09,0x0F,0x00};    //日

uchar code chTB1[6] = {0x42,0x59,0x50,0x58,0x42};                  //BYPXB
uchar code chTB2[14] =
{0x6C,0x74,0x66,0x32,0x30,0x30,0x35,0x00,0x31,0x30,0x01,0x31,0x02};
              //  l t f 2 0 0 5 年 1 0 月 1 日
uchar code chTB4[8] = {0x62,0x79,0x6D,0x63,0x75,0x70,0x78};         //bymcupx
uchar code chTB5[8] = {0x32,0x30,0x30,0x35,0x31,0x30,0x39};         //2005109
```

```
uchar code chTB6[10] = {'L','i','u','T','o','n','g','F','a'};
//------------------------------------------------------------
//写入用户汉字字模数据子程序
//------------------------------------------------------------
//函数名称:Write_WRCGRAM()
//功能:(创建用户字模地址 00～07 共 8 个,且只能创建 8 个)把要建立的汉字字模数据
//        写入用户字模存储器[CGRAM]
//入出参数:无
//------------------------------------------------------------
void Write_WRCGRAM()
{
     uint i = 0;
     Write_Command(0x40);            //发送命令从 00H 地址开始存放字模
     for(i = 0;i<24;i++)             //8 * 8 * 8 = 24
       Write_Data(ZhiMou[i]);        //发送字模数据
}
//--------------------------------------------------------------------------
//**************************************************************************
```

## 3.13.2 函数原型与说明

这里主要介绍用户可调用函数。

### 1. 初始化函数

函数原型:void Init_TC1602();

参数说明:无。

返回值:无。

调用格式:

```
Init_TC1602();                           //在主程序的前面调用即可
```

### 2. 清屏函数

函数原型:void Cls();

参数说明:无。

返回值:无。

调用格式:

```
Cls();                                   //用于清除 TC1602 显示屏上的字符
```

### 3. 写入字符串函数

函数原型:void Send_String_1602(uchar chCom,uchar *lpDat,uint nCount);

参数说明:chCom 为命令,主要决定字符写入的行列数;

lpDat 为要写入的字符串;

nCount 为要写入的字符串的个数。

返回值：无。

调用格式：

```
Send_String_1602(0xC3,"ABCDEF",6);      //在第二行的第 4 列处显示 ABCDEF
```

### 4. 写入整型数函数

函数原型：void Send_Data_1602(uchar chCom,uint nData,uint nCount);

参数说明：chCom 为命令，主要决定字符写入的行列数；

nData 为要写入的整型数据；

nCount 为要写入的整型数据的个数。

返回值：无。

调用格式：

```
void Send_Data_1602(0x82,3567,4);      //在第一行的第 3 列处显示 3567 整型数
```

### 5. 汉字字模加载函数

函数原型：void Write_WRCGRAM();

参数说明：无。

返回值：无。

调用格式：

```
Write_WRCGRAM();                        //将汉字字模写入 TC1602 显示屏的内部
```

说明：如果想加载别的汉字字模，请修改 ZhiMou 数组的内部即可。

### 6. 浮点数显示函数

函数原型：void Nixietube_Disp_float(uchar ucCommand,float fFloatingNum,
unsigned int nDigit);

参数说明：ucCommand 为传送命令，即行列数；

fFloatingNum 为获取的浮点数；

nDigit 为保留小数点后的位数。

返回值：无。

调用格式：

```
Nixietube_Disp_float(0x82,482.256,3);  //在第一行的第三列显示，小数点后要保留 3 位
```

### 7. 移动光标函数

函数原型：void MoveCursor(uchar ucCommand);

参数说明：ucCommand 为命令，用于指定光标所在的行列数。

返回值：无。

调用格式：

```
MoveCursor(0xC4);                       //将光标移到 0xC4 处
```

### 8. 开起和关闭光标函数

函数原型:void On_OffCursor();

参数说明:无。

返回值:无。

调用格式:

```
On_OffCursor();            //开关光标
```

## 3.13.3 函数应用范例

### 1. 程序空模板展示

```
//*****************************************************************
//TC1602 程序模板
//此为空模板,使用时请复制一份
//-----------------------------------------------------------------
#include <reg51.h>
#include "tc1602_lcd.h"

sbit P00 = P0^0;
sbit P06 = P0^6;

void main()
{
    int nJsq = 0;

    P00 = 0;                                    //初始化两指示灯
    P06 = 1;
    Init_TC1602();                              //初始化 TC1602
    Write_WRCGRAM();                            //加入用户字模
    //向 TC1602 发送一串英文字母
    Send_String_1602(0x84,"Liu Tong Fa",11);
    Send_String_1602(0xC1,chTB2,13);
    Send_String_1602(0xCF,"Q",1);               //发送一个字符

    while(1)
    {
        P00 = ~P00;
        P06 = ~P06;
        Send_Data_1602(0x80,nJsq,2);
        if(nJsq> = 99)nJsq = 0;
        nJsq++;
        Delay_1602(1000);                       //设为 1 s 延时
    }
}
//-----------------------------------------------------------------
```

程序模板所在路径见“网上资料\参考程序\程序模板\ TC1602_Temp[空模板]”。

**2. 应用范例**

应用程序请参考课题 2。

**3. 硬件连接图**

TC1602 硬件连接如图 3－7 所示。

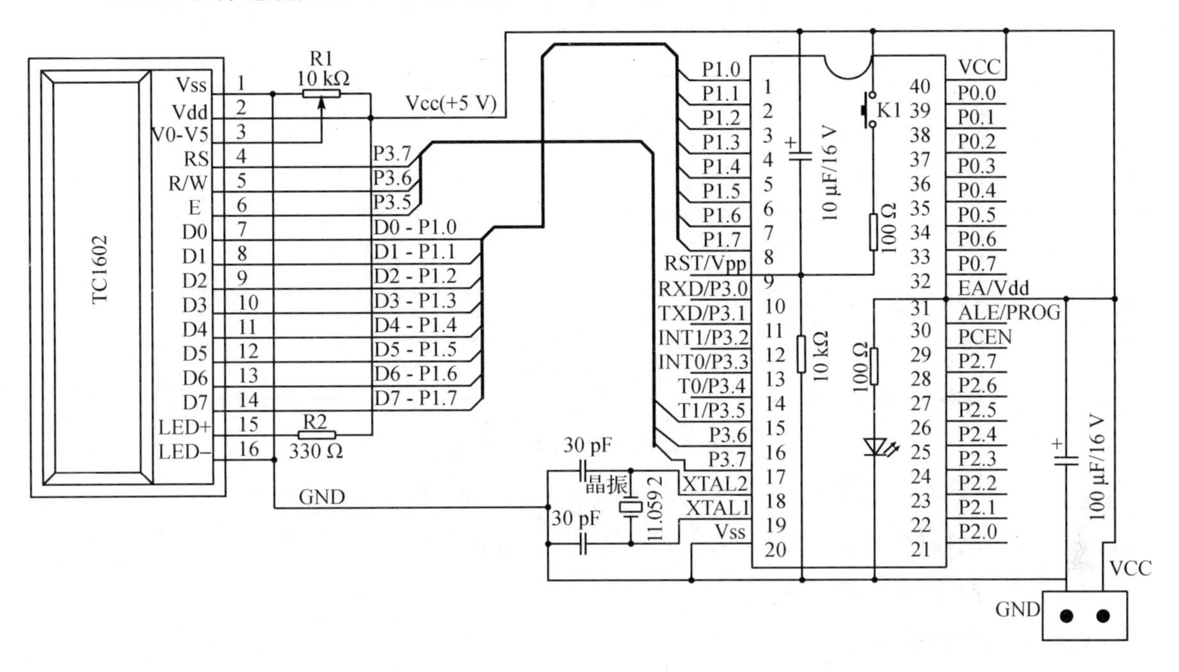


图 3－7 TC1602 硬件连接图

# 3.14 模板综合应用范例——简易定时开/关的制作

前面已经做了 13 个程序模板，现在是应用它们的时候了。本节就来学习应用这些程序模板。

## 3.14.1 任 务

制作一个简易定时开/关。

## 3.14.2 硬件设计

**1. 工程硬件设计构想**

硬件构思图如图 3－8 所示。

**2. 简易定时开/关硬件构思的设想**

本工程任务的重心是定时输出电源，那么时间的产生和时间的显示不能缺少，本例因为是一个简易例程，用以玩一玩而以，所以不打算动用真格的时间发生器，而是采用单片机内部定时器 0 来产生时间。虽然有些不准，但还是可以应用。为了显示时间，必须加入 8 位数码管，其实用 LCD 来做显示也是可行的，本例用 8 位数码管显示时间。为了对时间进行调整，加入

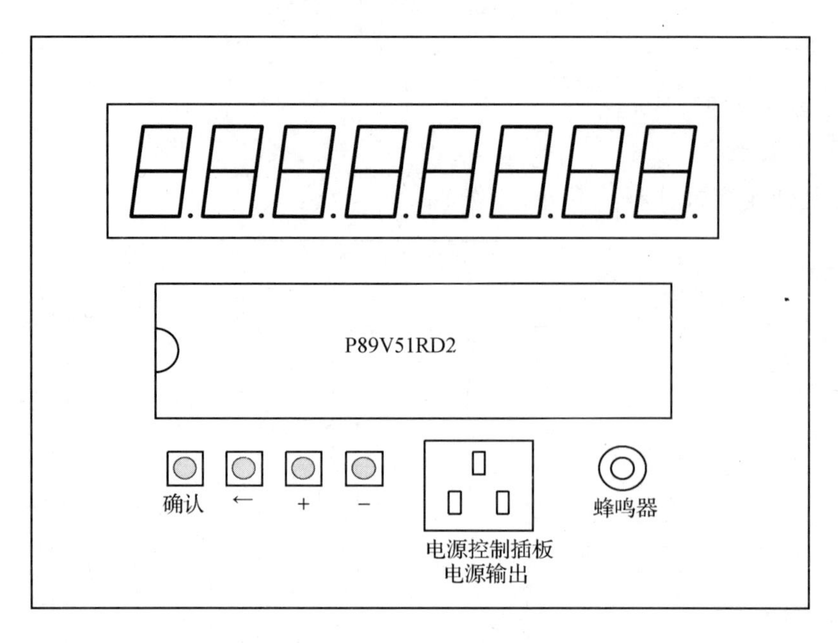


图 3-8　简易定时开/关硬件构思图

4 个按键，并加入蜂鸣器用于在按键时发出声音。剩下的就是输出定时控制的电源，所以在此处加入电源控制插板。整个硬件构思就形成了图 3-8 的式样。

### 3. 硬件施工电路图

硬件施工电路图如图 3-9 所示。

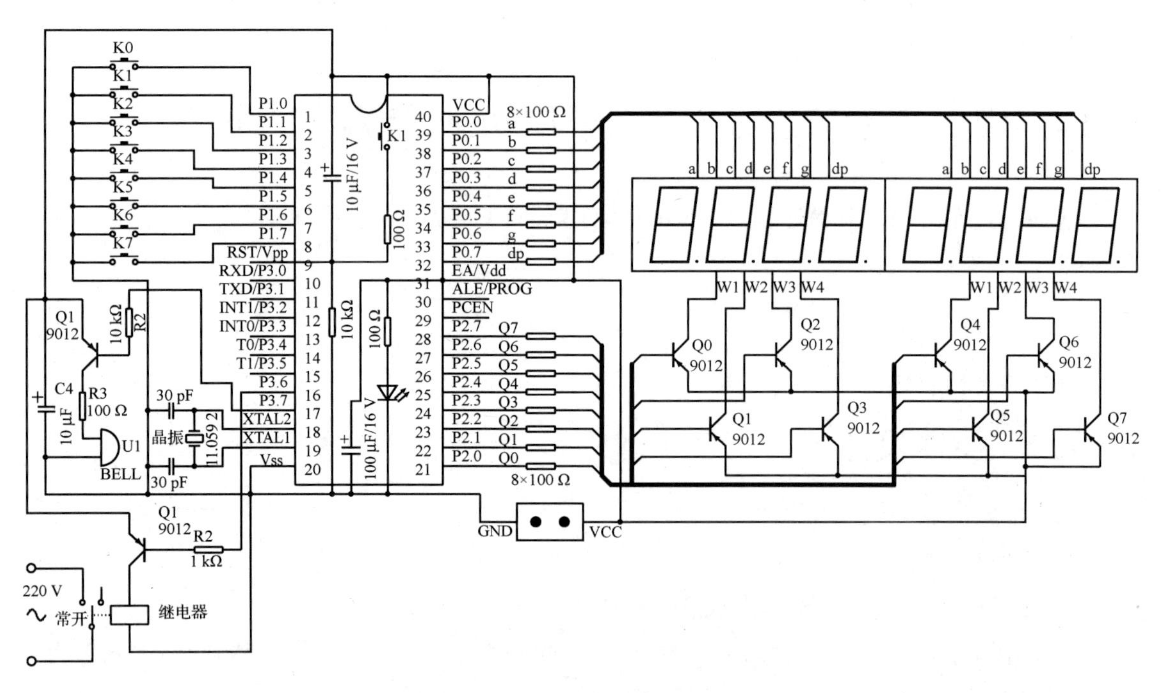


图 3-9　范例程序硬件施工电路

## 3.14.3 软件设计

### 1. 工程程序编写的设想

① 启用定时器 0 产生秒、分、时，使用定时器 0 的程序模板。

② 应用 8 位数码管显示时钟，使用 8 位数码管模块程序。

③ 启用 8 位按键调时，使用 8 位按键模块程序和启用定时器 1 程序模板用于读取键值。

④ 使按键发声，使用蜂鸣器模块程序。

⑤ 利用 PC 机设定定时并存入 Flash 存储器，利用串行通信模块程序和 IAP 写入 Flash 程序存储器程序模板。

⑥ 为了防止单片机死机，使用 WDT 看门狗程序模板。

从以上 6 点可以看出，无论工程的大小，这些基础模板都需要用到。就这样使用这些模板，为我们减少了对低层代码的编写工作，节约了编程时间，降低了劳动强度。

### 2. 程序模板的组装与代码添加

#### (1) 工程程序组装

第一步，创建新工程文件夹，取名为“模板综合应用范例”。

第二步，将“网上资料\参考程序\程序模板\ IapSD_Flash_Temp[空模板]”文件夹中的内容全部复制到“模板综合应用范例”文件夹中。这是因为将要用到运用 IAP 指令向 Flash 程序存储器写入数据，为免去对 IAP 指令的设置麻烦，所以将整过的“IapSD_Flash_Temp[空模板]”工程模板复制到新的工程。

第三步，在“模板综合应用范例”文件夹中创建一个存放程序模板的文件夹，取名为 temp。

第四步，将需要的程序模板复制到 temp 文件夹中。需要的程序模板文件如下：

commSR.h

time0_temp.h

Nixietube_Temp8b.h

time1_temp.h

key_8bkey.h

p89v51_wdt_temp.h

beep_temp.h

程序模板复制好后，接下来向工程程序中加入功能代码。

#### (2) 调时的控制协议

程序在编写时对各硬件的控制是常有的事，所以学习协调控制是编程中必不可少的编程技巧。本例就涉及到按键控制与 8 位数码管显示协调问题。按我个人习惯，在用数码管显示时钟时，我喜欢用 dp 点的亮灭来标识 8 位数码管显示是否是进入调时状态。常用的操作是，当调时确认键按下时，用 8 位数码管的低 0 位数码管的 dp 和高 7 位数码管的 dp 点亮，并同时标识其他按键全部进入工作状态，这时秒钟可以进行加减，方向键可以进入移动。对于方向键的移动标识是，时、分、秒所在的个位数码管 dp 点点亮，表示可以进行加减，即 8 位数码管显示时分钟的个位数码管 dp 点亮了，这时按加减键进行的操作就是对分钟进行加减。其他同理。那么方向键移动的就是时、分、秒钟个位的 dp 点。确认键的再次按下时就是关闭各 dp 点和其他按键，并保存好调整的时间。

本例数码管 dp 点的控制变量是 cbCtrl[8]，在 Nixietube_Temp8b.h 文件中说明。其各位分工为 cbCtrl[0]～cbCtrl[7]对应数码管的低 0 位到高 7 位。程序编写时在 DataTreat()函数尾部加入如下代码：

```
//-----------------------------------------------------------------------
void DataTreat(unsigned int unTime[4])
{
  ⋮
  //用于控制 dp 点点亮和关闭
   for(i = 0;i<8;i ++ )
   {
     if(cbCtrl[i] == 0x01)
        uchMould[i] &= 0x7F;
       else uchMould[i] &= 0xFF;
   }
}
//-----------------------------------------------------------------------
```

在按键的操作代码中，只要直接对 cbCtrl[]控制数组进行操作即可，协议为 cbCtrl[]=0x01 时为点亮相对应的 dp 点，cbCtrl[]=0x00 时为关闭点亮的对应的 dp 点。

**(3) 按键控制的代码的编写**

**1）确认键**

在 key_8bkey.h 文件中选择按键 8 作为确认键代码输入点。按键函数代码编写如下：

```
//-----------------------------------------------------------------------
//第 8 键(此键用作确认键)
void Key8()
{//请在此处加入执行代码
  if(bCtrlKeyOk == 0)
  {
    bCtrlKeyOk = 1;                //开启各键进入工作状态
    Off_Time0();                   //关闭定时器
    cbCtrl[7] = 0x01;              //让高 7 位数码管 dp 点亮
    cbCtrl[0] = 0x01;              //让低 0 位数码管 dp 点亮
    DataTreat(nTime);              //刷新显示
    ucJsqKey = 0x00;               //初始化方向键按键次数计数
  }
  else
   {bCtrlKeyOk = 0;                //关闭各键
    On_Time0();                    //开启定时器 0
    Init_Nixietube_Ctrlb();        //关闭各 dp 点
    //保存时钟代码编写处
   }
}
//-----------------------------------------------------------------------
```

函数中用 if 条件语句进行判定，当键按下时启动各工作键进入工作状态，并关闭定时器和标识 8 位数码管已进入调时状态。当按键再次按下时，启动定时器进行走时，并关闭各标识用的 dp 点。

**2）方向键**

用来定位时钟各项的选择。如选择秒钟位，这时进行的加减操作就是对秒钟进行加减；如选择分钟位，这时进行的加减操作就是对分钟进行加减。通过 ucJsqKey 变量进行计数来决定各位。代码编写如下：

```
//--------------------------------------------------------------------
//第 7 键(设为方向键)
void Key7()
{//请在此处加入执行代码
  if(bCtrlKeyOk == 0) return;                    //如果确认键没有按下，则返回

  if(ucJsqKey == 0x00)
  {
    Init_Nixietube_Ctrlb();                      //关闭各 dp 点
    cbCtrl[7] = 0x01;                            //让高 7 位数码管 dp 点亮
    cbCtrl[3] = 0x01;                            //让低 3 位数码管 dp 点亮
    DataTreat(nTime);                            //刷新显示
    ucJsqKey = 0x01;                             //
  }
   else if(ucJsqKey == 0x01)
   {
    Init_Nixietube_Ctrlb();                      //关闭各 dp 点
    cbCtrl[7] = 0x01;                            //让高 7 位数码管 dp 点亮
    cbCtrl[6] = 0x01;                            //让高 6 位数码管 dp 点亮
    DataTreat(nTime);                            //刷新显示
    ucJsqKey = 0x02;                             //
    }
    else if(ucJsqKey == 0x02)
    {
     Init_Nixietube_Ctrlb();                     //关闭各 dp 点
     cbCtrl[7] = 0x01;                           //让高 7 位数码管 dp 点亮
     cbCtrl[0] = 0x01;                           //让低 0 位数码管 dp 点亮
     DataTreat(nTime);                           //刷新显示
     ucJsqKey = 0x00;                            //
     }
}
//--------------------------------------------------------------------
```

在移动 dp 点时一定要将前面点亮的 dp 点熄灭，确定好下一个点亮的 dp 点时必须要给予刷新。还有 ucJsqKey 变量在此函数中传递的并不是连续的计数，而是一个设定值，并且是一个可确定的设定值。这叫做有规律地连续判断。有兴趣的读者可以好好地琢磨一下。

**3）加 1 键**

用方向键确定好对象后，接下来的工作就是对确定好的对象进行加 1 或减 1。此处为加 1，其代码编写如下：

```
//----------------------------------------------------------------
//第 6 键(设为加 1 键)
void Key6()
{//请在此处加入执行代码
  if(bCtrlKeyOk == 0) return;                    //如果确认键没有按下,就返回

  if(ucJsqKey == 0x00)
  { //秒钟加 1 处理
    nTime[0]++;
    if(nTime[0] > 59)nTime[0] = 0;
    DataTreat(nTime);                            //刷新显示
  }
   else  if(ucJsqKey == 0x01)
   { //分钟加 1 处理
    nTime[1]++;
    if(nTime[1] > 59)nTime[1] = 0;
    DataTreat(nTime);                            //刷新显示
    }
    else  if(ucJsqKey == 0x02)
    { //时钟加 1 处理
      nTime[2]++;
      if(nTime[2] > 59)nTime[2] = 0;
      DataTreat(nTime);                          //刷新显示
    }else ;
}
//----------------------------------------------------------------
```

此函数中用的也是阶梯判断，进入的条件是根据方向键来确定的。

**4）减 1 键**

减 1 键是用来将数据退后。代码编写如下：

```
//----------------------------------------------------------------
//第 5 键(设为减 1 键)
void Key5()
{//请在此处加入执行代码
  if(bCtrlKeyOk == 0) return;                //如果确认键没有按下,就返回
  if(ucJsqKey == 0x00)
  { //秒钟减 1 处理
    nTime[0]--;
    if(nTime[0] == 0xFFFF)nTime[0] = 59;
    DataTreat(nTime);                        //刷新显示
  }
```

```
else  if(ucJsqKey == 0x01)
{ //分钟减 1 处理
 nTime[1]--;
 if(nTime[1] == 0xFFFF)nTime[1] = 59;
 DataTreat(nTime);                    //刷新显示
 }
 else  if(ucJsqKey == 0x02)
 { //时钟减 1 处理
   nTime[2]--;
   if(nTime[2] == 0xFFFF)nTime[2] = 23;
   DataTreat(nTime);                  //刷新显示
 }
   else ;
}
//----------------------------------------------------------
```

第(2)和第(3)两部分是加入的程序模板没有的代码。注意弄清代码添加的位置。

**(4) 接收 PC 机传送数据的协议**

因为本例程用的是数码管做显示,对于按键设定定时不是很方便。所以本例程选择用串行通信传送定时时间。

**1) PC 机与 MCU 通信协议**

PC 机串行通信协议如表 3-1 所列。

**表 3-1 PC 机串行通信协议表**

| 命 令 | 功能说明 | 命 令 | 功能说明 |
|---|---|---|---|
| 0x BB | 为请求发送数据命令 | 0xEE | 读出 30H～37H 空间的内容 |
| 0xDD | 数据发送结束命令 | 0x88 | 读出数据应答 |
| 0xAA | 为请求读回数据命令 | 0x99 | 为读出数据结束命令 |
| 0xCC | 发送系统日期与时间命令 | | |

**2) PC 机与 MCU 的通信程序**

PC 通信程序界面如图 3-10 所示。

**3) MCU 接收数据代码的编写**

在主函数中加入的串行收发代码如下:

```
//----------------------------------------
//主函数
//----------------------------------------
void main()
{
     uchar temp;
     ⋮
do
{
```

```
        temp = Rcv_Comm();
        //Send_Comm(temp);
        McuToPcSendDateTime();                    //向 PC 机发送日期和时间
        //下面是协议通信代码
        if(temp == 0xBB)                          //协议为请求发送数据
        {temp = 0x00;
        P89V51RD2_Write_Flash();}
        else if(temp == 0xAA)                     //协议为请求读出数据
         {temp = 0x00;
          P89V51RD2_Read_Flash(); }
         else ;

      ⋮
    }while(1);
}
//---------------------------------------------------------------
```

图 3-10　PC 机与 MCU 通信程序界面

向 PC 机发送日期和时间

McuToPcSendDateTime()函数的函数实体如下:

```
//---------------------------------------------------------------
//函数名称:McuToPcSendDateTime()
//函数功能:用于向 PC 机发送时间和日期
//入口参数:无
//出口参数:无
//---------------------------------------------------------------
```

```
void McuToPcSendDateTime()
{
    Send_Comm(0x09);                              //年
    Dey_Ysh(1);
    Send_Comm(0x04);                              //月
    Dey_Ysh(1);
    Send_Comm(0x28);                              //日
    Dey_Ysh(1);
    Send_Comm(0x04);                              //星期
    Dey_Ysh(1);
    Send_Comm(nTime[2]);                          //时
    Dey_Ysh(1);
    Send_Comm(nTime[1]);                          //分
    Dey_Ysh(1);
    Send_Comm(nTime[0]);                          //秒
    Dey_Ysh(1);
}
//----------------------------------------------------------------------
```

请注意在向 PC 机发送串行数据时，一定要做一点点的延时，否则发出的数据 PC 不能收到。切记!!

**4) PC 机发来的数据格式**

PC 机发来的定时时间数据格式是:定时的第一组起始时、分,结束时、分;第二组起始时、分,结束时、分,第三组……

**(5) 定时比较函数**

**1) 读出定时**

```
//----------------------------------------------------------------------
//函数名称:P89V51RD2_Read_Timing()
//函数功能:从 Flash 程序存储器中读出定时值
//入口参数:无
//出口参数:无
//----------------------------------------------------------------------
void P89V51RD2_Read_Timing()
{
        uchar JSQM = 0,i = 0;
        uint nAddr = 0x3000;
        ucTiming = 0x0000;                      //对数据指针进行初始化

        JSQM = P89V51RD2_Read_IAP(0x2FFF);      //读出存放的数据总数
        ucTiming[0] = JSQM;                     //为总字节个数
        if(JSQM == 0xFF)return;                 //没有定时数据存在,则返回
        Dey_Ysh(1);

        //  调用 IAP 读命令读出数据
```

```
        for(i = 0;i<JSQM;i ++ )
        ucTiming[i] = P89V51RD2_Read_IAP(nAddr + i);
        //数据格式为时、分,时、分,时、分……
        //说明:定时时间从 ucTiming[1]开始
}
//------------------------------------------------------------------
```

此函数调用的地方为主程序在初始化系统处和定时时间写入存储器之后。主要用于初始化定时比较数组 ucTiming。

**2）比较两个时间对输出进行控制**

```
//------------------------------------------------------------------
//函数名称:CompareTimeing()
//函数功能:比较定时时间与当前实时时间,并启动定时电源输出,使用 P3.6 引脚输出
//          信号低电平有效
//入口参数:无
//出口参数:无
//说明:当前时间在 nTime[4]数组中,格式为[0]秒 [1]分 [2]时
//      定时时间在 ucTiming 指针数组中,数据从第二个元素起,格式为时、分,时、分
//      ucTiming[0]为数据的总数,输出控制使用 P3.6 引脚
//      用定时器 0 按每秒比较一次
//------------------------------------------------------------------
void CompareTimeing()
{
    uint i = 0;
    uchar chCount = ucTiming[0];
    if(chCount == 0xFF)return;              //没有定时时间数据存在,则返回

  //判断开启电源时间
    for(i = 0;i<chCount;i + = 4)
    {
      if(ucTiming[i + 1] == nTime[2])       //比较当前时钟
      {
        if(ucTiming[i + 2] == nTime[1])     //比较当前分钟
          if(10 == nTime[0])                //比较当前秒钟
           P36 = 0;                         //输出电源
      }
     }
    //判断关断供电时间
    for(i = 2;i<chCount;i + = 4)
    {
      if(ucTiming[i + 1] == nTime[2])       //比较当前时钟
      {
        if(ucTiming[i + 2] == nTime[1])     //比较当前分钟
          if(10 == nTime[0])                //比较当前秒钟
           P36 = 1;                         //关闭电源输出
```

```
        }
      }
}
//-----------------------------------------------------------------------
```

此函数主要用于对定时时间与当前时间进行比较，并作出开启电源和关闭电源的决定。

**(6) 加入按键发声程序模板**

加入 beep_temp.h 头文件时，要排在 key_8bkey.h 文件的前面。格式如下：

```
⋮
#include <temp\commSR.h>
#include <temp\time0_temp.h>
#include <temp\beep_temp.h>        //在 key_8bkey.h 文件的前面加入
#include <temp\Nixietube_Temp8b.h>
#include <temp\time1_temp.h>
#include <temp\key_8bkey.h>
⋮
```

这是因为需要利用数码管扫描的空闲时间来调用 beep_temp.h 文件中的发声函数。如果采用按键来调用发声函数，就会使数码管在扫描时产生大的抖动，因为发声函数使主程序离开了对数码管进行的扫描。如果这一例采用 LCD 显示，就不会存在这样的问题。下面是发声函数加入的实际位置。

```
//-----------------------------------------------------------------------
void Nixietube_8bDisp(unsigned char chDigit)
{
    unsigned char i = 0;
    bAcc  =  0xFE;

    for(i = 0;i<chDigit;i++)
    {
        P0  =  uchMould[i];
        P2  =   bAcc;               //显示一位数据
        bAcc <<= 1;
        bAcc0  =  1;
        if(bSoundCtrl  ==  1)       //这是发声音控制开关
        {bSoundCtrl  =  0;          //关闭发声
         BeepApp(0xF0);}            //发声

        Timelag(3);
    }
}
//-----------------------------------------------------------------------
```

此处调用发声函数的发声原理是，利用控制开关 bSoundCtr 对发声函数进行控制，即按键需要发声时，打开控制开关（使 bSoundCtr＝1），让主程序在扫描数码管时，顺路调用发声函数发出声音。这样做的目的就是不至于切断主程序对数码管进行的扫描，解决了按键后使数码管产生大的抖动问题。

按键中的发声控制代码编写如下：

```
//-------------------------------------------------------------------
//第 8 键(此键用作确认键)
void Key8()
{//请在此处加入执行代码
  if(bCtrlKeyOk == 0)
  {
    bCtrlKeyOk = 1;              //开启各键进入工作状态
    ⋮
    bSoundCtrl = 1;              //启用发声
  }
   else
   {bCtrlKeyOk = 0;              //关闭各键
    ⋮
    bSoundCtrl = 1;              //启用发声
   }
}
//-------------------------------------------------------------------
//第 7 键(设为方向键)
void Key7()
{//请在此处加入执行代码
  if(bCtrlKeyOk == 0) return;   //如果确认键没有按下,就返回

  if(ucJsqKey == 0x00)
  {
    ⋮
    bSoundCtrl = 1;              //启用发声
  }
   else if(ucJsqKey == 0x01)
   {
    ⋮
    bSoundCtrl = 1;              //启用发声
    }
    else if(ucJsqKey == 0x02)
    {
     ⋮
     bSoundCtrl = 1;             //启用发声
     }
      else ;
}
//-------------------------------------------------------------------
```

加/减按键子程序的发声代码加入同方向键。

**(7) 加入串行向 PC 机发送时钟函数**

这个发送对数码管扫描有些影响，这是因为发送数据时中断了对数码管进行的扫描。到目前为止，还没有好的解决问题方法，暂时只有互相兼顾一下。

发送数据程序编写如下：

```
//------------------------------------------------------------------
//函数名称:McuToPcSendDateTime()
//函数功能:用于向 PC 机发送时间和日期
//入口参数:无
//出口参数:无
//------------------------------------------------------------------
void McuToPcSendDateTime()
{
    uchar ucC = 0x00,ucC2;
    Send_Comm(0x09);                    //年
    Dey_Ysh(1);
    Send_Comm(0x04);                    //月
    Dey_Ysh(1);
    Send_Comm(0x28);                    //日
    Dey_Ysh(1);
    Send_Comm(0x04);                    //星期
    Dey_Ysh(1);
    Send_Comm(nTime[2]);                //时
    Dey_Ysh(1);
    Send_Comm(nTime[1]);                //分
    Dey_Ysh(1);
    Send_Comm(nTime[0]);                //秒
    Dey_Ysh(1);
}
//------------------------------------------------------------------
```

**(8) 加入看门狗程序模板**

在一个编译成功的工程程序中，而且特别是准备投入运行的工程程序，必须要加入 WDT 看门狗，用于防止单片机死机。操作方法如下：

```
//******************************************************************
 ⋮
#include <temp\key_8bkey.h>
#include <temp\P89v51_Wdt_Temp.h>      //在此加入看门狗程序模板库

 ⋮
//----------------------------------------
//主函数
//----------------------------------------
void main()
{
```

```
    ⋮
    //读取定时时间到 768 B 存储空间中
    P89V51RD2_Read_Timing();
    //初始化看门狗为死机后 2.0 s 重启单片机
    Init_P89v51_Wdt(0xBD);                          //加入看门狗初始化函数

    do
    {
        ⋮
        Nixietube_8bDisp(0x08);
        FeedingDog_Wdt();                           //喂狗(加入)

        ⋮
     }while(1);

}
//--------------------------------------------------
//功能:定时器 0 的定时中断执行函数(请将此函数复制到主程序文件中)
//--------------------------------------------------
void T0_Time0()
{  //请在下面加入用户代码
   P10 = ～P10;                                     //程序运行指示灯
   FeedingDog_Wdt();                                //喂狗(加入)
   ⋮
}
//--------------------------------------------------
//函数名称:T1_Time1()
//函数功能:定时器 1 的定时中断执行函数
//入口参数:无
//出口参数:无
//--------------------------------------------------
void T1_Time1()
{  //请在下面加入用户代码
   FeedingDog_Wdt();                                //喂狗(加入)
   Read_Key(0x01);                                  //8 位按键挂在 P1 口上
}
//--------------------------------------------------
//函数名称:P89V51RD2_Write_Flash()
//函数功能:接收上位机发来的数据并存入 Flash 程序存储器
//入口参数:无
//出口参数:无
//--------------------------------------------------
void P89V51RD2_Write_Flash()
{
    ⋮
```

```
Bing:
        ⋮
        FeedingDog_Wdt();                                //喂狗(加入)
        Send_Comm(ucR0[JSQM]);
        if(ucR0[JSQM] == 0xDD)goto Aing;
        JSQM++;
        if(ucR0[JSQM]! = 0xFF)goto Bing;

  Aing:
        ⋮
        P89V51RD2_Write_IAP(nAddr + i,ucR0[i]);          //调用 IAP 写命令
        FeedingDog_Wdt();                                //喂狗
        Dey_Ysh(1);                                      //延时
        ⋮
}
//-----------------------------------------------------------------
```

看门狗喂狗的原则是，当编写的执行程序有可能超出看门狗定时时间长度时，一定要喂一次狗，否则看门狗就有可能复位。

### 3. 程序模板的加入顺序与程序调试

#### (1) 程序模板的加入顺序

程序模板的加入顺序为定时器 0(1)程序模板→外部中断程序模板→PWM 程序模板→数码管显示或 LCD 显示程序模板→按键程序模板→声音控制程序模板→WDT 看门狗程序模板。原则是先内后外，即先内部资源程序模板后外围接口器件程序模板。这个顺序有利于后序程序代码的加入。需要重点说明的是，如果要向工程中加入运用 IAP 指令向 Flash 程序存储器写入数据程序模板，最好的方法是将整个的"IapSD_Flash_Temp[空模板]"文件夹中的内容复制过来作为新的工程程序文件。这样做的目的就是减少对 IAP 指令运用的设置，因为 IAP 指令在运用时要将其存入 Flash 程序存储器的 0x2000 地址以后，才能正常工作，否则会将源程序代码破坏掉。如果使用的是运用 IAP 指令向 Flash 程序存储器写入数据程序模板的程序文件，读/写函数的地址设置请参照 3.6 节。

"IapSD_Flash_Temp[空模板]"文件夹所在的路径是：网上资料\参考程序\程序模板\IapSD_Flash_Temp[空模板]。

#### (2) 程序的调试方法

调试程序是一项编程的基础工作，编好的程序不能调试通过就等于白忙。过去微软公司就有过这样的教训，损失上亿。虽然我们不会造成那样大的损失，但是每天的劳动成果还是值得珍惜的。做一段程序调试通过一段是我编程的一贯风格。不要期盼一口气将工程编完并能调试通过。一气呵成只能是写文章的事，而不是我们写程序的事。分段调试的好处是，写一段代码，调试通过一段实现功能一项。体现在本工程的特点是，加入一段工程程序模板调试一段。比如加入 8 位数码管程序模板，为知晓数码管是否正常工作，就在定时器 0 的执行函数中加入时钟产生代码并与数码管程序模板连接起来进行编译，编译通过后下载到单片机测试一下是否可以工作。如果不能工作，则查出不能工作的问题所在，是软件问题修改软件，是硬件

问题处理硬件。这样一步一步地进行，一步一步地走向成功。所以小模块制作的好处就是制作一块就可以调试成功一块。程序在编写时也可以这样，编写一段功能程序就调试通过一段，并下载到硬件中测试通过一段。这样做虽然慢了一点，但得到了可靠的程序代码和可用的硬件(程序调试通过，硬件也同时测试通过)。

### 4. 完整的范例程序

下面展出的是主程序代码(代码总行数为 1 050 行)。

```
//**************************************************************
//综合程序模板范例
//--------------------------------------------------------------
//#include <reg51.h>
#include <temp\commSR.h>
#include <temp\time0_temp.h>
#include <temp\beep_temp.h>
#include <temp\Nixietube_Temp8b.h>
#include <temp\time1_temp.h>
#include <temp\key_8bkey.h>
#include <temp\P89v51_Wdt_Temp.h>

#define  uchar unsigned char
#define  uint  unsigned int

sfr   FCF = 0xB1;
sbit  P10 = P1^0;
sbit  P00 = P0^0;
sbit P36  = P3^6;
uint xdata *ucTiming;
//  IAP 字节写函数
uchar P89V51RD2_Write_IAP(unsigned int Flash_Address,unsigned char Value);
//  IAP 字节读函数
uchar P89V51RD2_Read_IAP(unsigned int Flash_Address);

void P89V51RD2_Write_Flash();                  //获取 PC 机发来的数据
void P89V51RD2_Read_Flash();                   //读取存在 Flash 程序存储器中的数据
void McuToPcSendDateTime();                    //用于向 PC 机发送日期和时间
void P89V51RD2_Read_Timing();                  //用于从 Flash 存储器中读出定时时间
void CompareTimeing();                         //判断定时时间决定定时电源的输出
//-------------------------------------------
//主函数
//-------------------------------------------
void main()
{
      uchar temp;
      unsigned char a = 0;
```

```
    for(a = 0;a<8;a++)                          //初始时钟数组
      nTime[a]  = 0;

    P00 = 0;
    Init_Comm();                                //启用串行通信
    //初始化定时器 0 为 1 000 ms,使用 11.059 2 MHz 晶振
    InitTime0Length(11.0592,1000);
    //初始化定时器 1 为 300 ms,使用 11.059 2 MHz 晶振
    InitTime1Length(11.0592,300);               //用于扫描键盘
    //初始化 8 位数码管控制位
    Init_Nixietube_Ctrlb();
    //初始化按键控制变量
    Init_8BKey();
    //读取定时时间到 768 B 存储空间中
    P89V51RD2_Read_Timing();
    //初始化看门狗为死机后 2.0 s 重启单片机
    Init_P89v51_Wdt(0xBD);

do
{
        temp = Rcv_Comm();
        //Send_Comm(temp);

        if(temp == 0xBB)
           {temp = 0x00;
             Off_Time0();                       //关闭定时器
             P89V51RD2_Write_Flash();
             On_Time0();                        //关闭定时器
            }
             else if(temp == 0xAA)
             {temp = 0x00;
              Off_Time0();                      //关闭定时器
              P89V51RD2_Read_Flash();
              On_Time0();                       //关闭定时器
             }
             else ;

        Nixietube_8bDisp(0x08);
        FeedingDog_Wdt();                       //喂狗

       P00 = ~P00;
       // P10 = ~P10;
       // Dey_Ysh(3);
    }while(1);
}
```

```
//-----------------------------------------------------------------
//功能:定时器 0 的定时中断执行函数(请将此函数考入主程序文件中)
//-----------------------------------------------------------------
void T0_Time0()
{   //请在下面加入用户代码
    P10 = ~P10;                          //程序运行指示灯
    FeedingDog_Wdt();                    //喂狗

    DataTreat(nTime);                    //对时钟进行处理
    CompareTimeing();                    //用于处理电源的开启和关闭
    McuToPcSendDateTime();               //向 PC 机发送日期和时间

    nTime[0]++;                          //秒钟加 1
    if(nTime[0]>59)
    {nTime[0] = 0;
     nTime[1]++;                         //分钟加 1
     if(nTime[1]>59)
     {nTime[1] = 0;
      nTime[2]++;                        //时钟加 1
      if(nTime[2]>23)
      {nTime[2] = 0;}
     }
    }
}
//---------------------------------------------
//函数名称:T1_Time1()
//函数功能:定时器 1 的定时中断执行函数
//入口参数:无
//出口参数:无
//---------------------------------------------
void T1_Time1()
{   //请在下面加入用户代码
    FeedingDog_Wdt();                    //喂狗
    Read_Key(0x01);                      //8 位按键挂在 P1 口上
}
//---------------------------------------------
//函数名称:P89V51RD2_Write_Flash()
//函数功能:接收上位机发来的数据并存入 Flash 程序存储器
//入口参数:无
//出口参数:无
//---------------------------------------------
void P89V51RD2_Write_Flash()
{
          uchar JSQM = 0,i = 0;
          uint nAddr = 0x3A00;
```

```
        uchar xdata * ucR0;              //在外扩 768 B 的空间上存入数据,声明时一定要使用整型
        ucR0 = 0x0000;                   //对数据指针进行初始化
        Send_Comm(0x98);                 //发送一个应答
    Bing:
      while(! RI);                       //等待上位机发来数据
      RI = 0;
      ucR0[JSQM] = SBUF;
      FeedingDog_Wdt();                  //喂狗
      Send_Comm(ucR0[JSQM]);
      if(ucR0[JSQM] == 0xDD)goto Aing;
      JSQM ++ ;
      if(ucR0[JSQM]! = 0xFF)goto Bing;

    Aing:
     P89V51RD2_Write_IAP(0x39FF,JSQM);   //保存总字节数
     Send_Comm(JSQM);
     for(i = 0;i<JSQM;i ++ )
      P89V51RD2_Write_IAP(nAddr + i,ucR0[i]);   //调用 IAP 写命令
      FeedingDog_Wdt();                  //喂狗
      Dey_Ysh(1);                        //延时
      //读取新的定时时间到 768 B 存储空间中
     P89V51RD2_Read_Timing();
}
//-----------------------------------------------
//函数名称:P89V51RD2_Read_Flash()
//函数功能:从 Flash 程序存储器中读出数据并发回到上位机
//入口参数:无
//出口参数:无
//-----------------------------------------------
void P89V51RD2_Read_Flash()
{
      uchar JSQM = 0,i = 0;
      uint nAddr = 0x3A00;
      uchar xdata * ucR0;                //在外扩 768 B 的空间上存入数据,声明时一定要使用整型
      ucR0 = 0x0000;                     //对数据指针进行初始化

      JSQM = P89V51RD2_Read_IAP(0x39FF);  //读出存放的数据总数
      Send_Comm(JSQM);                   //发送一个应答
      Dey_Ysh(1);

      for(i = 0;i<JSQM;i ++ )
        ucR0[i] = P89V51RD2_Read_IAP(nAddr + i);   //调用 IAP 读命令读出数据

      //发送数据
      for(i = 0;i<JSQM;i ++ )
```

```
    { Send_Comm(ucR0[i]);
      Dey_Ysh(1);}
}
//--------------------------------------------------
//函数名称:P89V51RD2_Read_Timing()
//函数功能:从 Flash 程序存储器中读出定时值
//入口参数:无
//出口参数:无
//--------------------------------------------------
void P89V51RD2_Read_Timing()
{
        uchar JSQM = 0,i = 0;
        uint nAddr = 0x3A00;
        ucTiming = 0x0000;                          //对数据指针进行初始化

        JSQM = P89V51RD2_Read_IAP(0x39FF);          //读出存放的数据总数
        ucTiming[0] = JSQM ;                        //为总字节个数
        if(JSQM == 0xFF)return;                     //没有定时数据存在就返回
        Dey_Ysh(1);
        //调用 IAP 读命令读出数据
        for(i = 0;i<JSQM;i ++ )
          ucTiming[i + 1] = P89V51RD2_Read_IAP(nAddr + i);
       //数据格式为时、分,时、分,时、分……

       //说明:定时时间从 ucTiming[1]开始
}
//----------------------------------------------------------------------
//函数名称:CompareTimeing()
//函数功能:比较定时时间与当前实时时间,并启动定时电源输出,使用 P3.6 引脚输出
//            信号低电平有效
//入口参数:无
//出口参数:无
//说明:当前时间在 nTime[4]数组中,格式为[0]秒 [1]分 [2]时
//        定时时间在 ucTiming 指针数组中,数据从第二个元素起,格式为时、分,时、分
//        ucTiming[0]为数据的总数输出控制,使用 P3.6 引脚
//        用定时器 0 按每秒比较一次
//----------------------------------------------------------------------
void CompareTimeing()
{
     uint i = 0;
     uchar chCount = ucTiming[0];
     if(chCount == 0xFF)return;                         //没有定时时间数据存在就返回

    //判断开启电源时间
     for(i = 0;i<chCount;i + = 4)
```

```
    {
      if(ucTiming[i+1] == nTime[2])                           //比较当前时钟
      {
        if(ucTiming[i+2] == nTime[1])                         //比较当前分钟
          if(10 == nTime[0])                                  //比较当前秒钟
           P36 = 0;                                           //输出电源
      }
    }
    //判断关断供电时间
    for(i=2;i<chCount;i+=4)
    {
      if(ucTiming[i+1] == nTime[2])                           //比较当前时钟
      {
        if(ucTiming[i+2] == nTime[1])                         //比较当前分钟
          if(10 == nTime[0])                                  //比较当前秒钟
           P36 = 1;                                           //关闭电源输出
      }
    }
}
//-----------------------------------------------------------------------
//函数名称:McuToPcSendDateTime()
//函数功能:用于向 PC 机发送时间和日期
//入口参数:无
//出口参数:无
//-----------------------------------------------------------------------
void McuToPcSendDateTime()
{
    uchar ucC = 0x00,ucC2;
    Send_Comm(0x09);                                          //年
    Dey_Ysh(1);
    Send_Comm(0x04);                                          //月
    Dey_Ysh(1);
    Send_Comm(0x28);                                          //日
    Dey_Ysh(1);
    Send_Comm(0x04);                                          //星期
    Dey_Ysh(1);
    Send_Comm(nTime[2]);                                      //时
    Dey_Ysh(1);
    Send_Comm(nTime[1]);                                      //分
    Dey_Ysh(1);
    Send_Comm(nTime[0]);                                      //秒
    Dey_Ysh(1);
}
//***********************************************************************
```

详细程序见“网上资料\参考程序\程序模板\模板综合应用范例”。

### 3.14.4 综合程序模板的编程结束语

本程序是一个简易的定时电源开关控制程序，整个涉及的内部资源模板有定时器 0(1)，IAP 指令，串行通信模块，看门狗功能；外部资源模板有数码管模块，按键模块，电源开关驱动模块。使用代码行数 1 050 行，编程与调试耗时 1 天半（按正常编程与调试至少 5～6 天的时间）。

本范例程序是一个学习用工程程序，如果有读者需要做成实际用工程，建议另加外扩存储器、实时时钟和 LCD 显示器。

## 3.15 程序模板汇总库说明

程序模板汇总库各模板程序文件说明列于表 3－2，库名为 Temp。

表 3－2 程序模板文件说明

| 模板文件名 | 说　明 |
|---|---|
| beep_temp. h | 蜂鸣器声音控制程序模板文件 |
| beepapp_main. c | 蜂鸣器声音控制程序模板示例文件 |
| uart_com_temp. h | UART 串行通信程序模板文件 |
| commapp_main. c | UART 串行通信程序模板示例文件 |
| int0_temp. h | 外部中断 INT0 程序模板文件 |
| int0app_main. c | 外部中断 INT0 程序模板示例文件 |
| int1_temp. h | 外部中断 INT1 程序模板文件 |
| int1app_main. c | 外部中断 INT1 程序模板示例文件 |
| key_4×4keytemp. h | 4×4 键盘程序模板文件 |
| key_4×4keyApp. c | 4×4 键盘程序模板示例文件 |
| key_8bkey. h | 8 位键盘程序模板文件 |
| key_8keyApp. c | 8 位键盘程序模板示例文件 |
| key_4bkey. h | 8 位键盘程序模板文件 |
| nixietube_temp8b. h | 8 位数码管显示程序模板文件 |
| nixietube_8b_main. c | 8 位数码管显示程序模板示例文件 |
| p89v51rd2_pcaPwm. h | P89V51RDxxx 单片机 PWM 程序模板文件 |
| p89v51_pwm. c | P89V51RDxxx 单片机 PWM 程序模板示例文件 |
| p89v51_wdt_temp. h | P89V51RDxxx 单片机看门狗程序模板文件 |
| wdtapp_main. c | P89V51RDxxx 单片机看门狗程序模板示例文件 |
| tc1602_lcd. h | TC1602 液晶显示屏程序模板文件 |
| tc1602_add | TC1602 液晶显示屏程序模板示例文件 |
| time0_temp. h | 定时/计数器 0 程序模板文件 |
| time0app. c | 定时/计数器 0 程序模板示例文件 |
| time1_temp. h | 定时/计数器 1 程序模板文件 |
| time1app_main. c | 定时/计数器 1 程序模板示例文件 |

**说明：**正确地使用程序模板可以节约程序员宝贵的时间。

使用时将整个 Temp 文件夹复制到新建工程文件夹中。加载头文件的格式如下：

```
#include <temp\xxxxxx.h>
```

如包函 time1_temp. h 头文件，格式如下：

```
#include <temp\time1_temp.h>
```

# 第 4 章

# 程序模板应用编程

## 课题 1　P89V51Rx2 单片机最小系统与数码管的应用(脉冲计数器的实现)

### 实验目的

了解和掌握脉冲计数器的原理与捕捉脉冲的方法,学习程序模板的组装与运用。

### 实验设备

① 30 W 烙铁 1 把,数字万用表 1 个;
② PC 机 1 台;
③ 开发软件 TKStudio 集成开发平台(周立功公司开发)和 Keil C51(Keil 公司开发)1 套;
④ 烧录软件 Flash Magic 下载线(NXP 公司开发)1 套,9 芯串行通信线 1 条。

### 实验器件

P89V51Rxx_CPU 模块所需器件如表 K1－1 所列,串行通信模块(程序下载模块)所需器件见表 K1－2;8 位数码管显示模块所需器件见表 K1－3;按键模块所需器件见表 K1－4;蜂鸣器模块所需器件见表 K1－5。

表 K1－1　P89V51Rxx_CPU 模块器件列表

| 器件名称 | 数　量 |
|---|---|
| P89V51RD2 | 1 |
| 40 脚 IC 座 | 1 |
| 11.059 2 MHz 晶振 | 1 |
| 30 pF | 2 |
| 10 kΩ 电阻 | 1 |
| 轻触 | 1 |
| 10 μF 电容 | 1 |
| 100 μF 电容 | 1 |
| LED | 3 |
| 100 Ω 电阻 | 5 |
| 接插器(公) | 1 |
| 74×94 万用板(中号) | 1 |

表 K1－2　串行通信模块器件列表

| 器件名称 | 数　量 |
|---|---|
| Max232 | 1 |
| 9 针串行接头(母) | 1 |
| 16 脚 IC 座 | 1 |
| 0.1 μF 电容 | 4 |
| LED | 1 |
| 100 Ω 电阻 | 1 |
| 50×40 板(小号) | 1 |

表 K1-3　8 位数码管显示模块器件列表

| 器件名称 | 数　量 |
| --- | --- |
| 4 位一体数码管(共阳) | 2 |
| 9012 三极管 | 8 |
| 100 Ω 电阻 | 16 |
| 148×94 万能板 | 1 |
| 接插器(公) | 1 |

表 K1-4　按键模块器件列表

| 器件名称 | 数　量 |
| --- | --- |
| 轻触 | 8 |
| 50×40 板 | 1 |
| 接插器(公) | 1 |

表 K1-5　蜂鸣器模块器件列表

| 器件名称 | 数　量 | 器件名称 | 数　量 |
| --- | --- | --- | --- |
| 蜂鸣器 | 1 | 10 kΩ 电阻 | 1 |
| 9012 三极管 | 1 | 10 μF/16 V 电容 | 1 |
| 100 Ω 电阻 | 1 | 50×40 板 | 1 |

**说明:**所有模块可以用一块大的万能板焊在一起。

## 工程任务

利用 P89V51Rx2 单片机内部计数器实现脉冲计数器功能。

## 工程任务的理解

脉冲计数我们曾在第 3 章的【实例 3-4】作过详尽的介绍,其原理是利用定时器的计数功能捕获相对应的引脚上的脉冲。本课题的重要任务就是将【实例 3-4】所获取的脉冲个数用 8 位数码管显示出来。为实现脉冲个数较宽的捕捉范围,可以采用万用表的拨档测量法,将测量的脉冲分段。如每秒钟内捕捉 1～65 536 个脉冲数为第 1 档、每秒钟内捕捉 2～131 072 个脉冲数为第 2 档、每秒钟内捕捉 1 000～65 536 000 个脉冲数为第 3 档等。具体划分根据实情而定。本例将分 3 档(即在 1 s 内获取脉冲的个数最大为 65 536 个,最小 1 个;用 500 ms 的速度扫描一次并乘上 2 变为 1 s,这样最小可以获取 2 个脉冲,最大能获取 131 072 个脉冲;用 1 ms 的速度扫描一次并乘上 1 000 变为 1 (也就是在 1 s 内读取定时器内部计数值 1 000 次),那么最小能获取 1 000 个脉冲数,最大能获取 65 536 000 个脉冲数)进行设计,第 1 档用 1 s 速度读取脉冲数一次,第 2 档用 500 ms 的速度读取脉冲数一次,第 3 档用 1 ms 的速度读取脉冲数一次。

**说明:**本脉冲计数器是以秒钟为单位计算。

## 工程设计构想

### 1. 硬件设计方框图

硬件样式设计图如图 K1-1 所示。

### 2. 软件设计方框图

工程程序构思与协调控制任务分工如图 K1-2 所示。

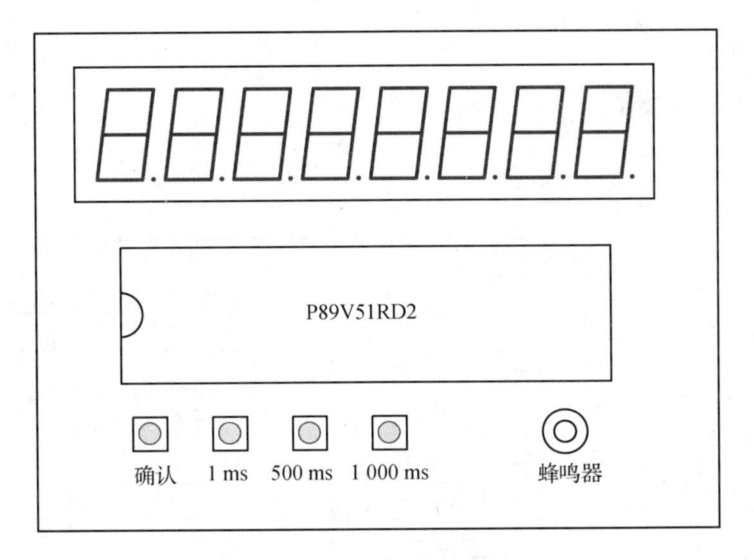


**图 K1－1　脉冲计数器硬件制作样式图**

| | |
|---|---|
| 启用定时器0<br>用于定时读取脉冲值和按键信号。定时器1捕获脉冲个数 | 主循环体工作<br>主循环体用于扫描和处理8位数码管的显示 |
| 按键分工<br>K1 键为确认键，任务为控制按键的开启与关闭。控制量为bKeyCtrl，即bKeyCtrl=0为关闭键盘，bKeyCtrl=1为开启按键。<br>K2键为1 ms档位键，按下时为选择每秒1 000~65 536 000个脉冲档 | K3键为500 ms档位键，按下时为选择每秒2~131 072个脉冲档。<br>K4键为1 s档位键，按下时为选择每秒1~65 536个脉冲档。<br>说明：实际TH1和TL1两寄存器只能容纳65 536个脉冲值，设计时是根据这个值而定的 |

**图 K1－2　软件设计思路图**

## 工程所需程序模板

从图 K1－2 中可以看出各程序的分工状况。需要程序模板文件如下：

- 使用定时器 1 捕捉脉冲个数，启用模板文件〈time1_temp. h〉；
- 使用定时器 0 定时读取脉冲个数，启用模板文件〈time0_temp. h〉；
- 使用 8 位数码管显示脉冲个数，启用模板文件〈Nixietube_Temp8b. h〉；
- 使用 8 位按键选择档位，启用模板文件〈key_8bkey. h〉；
- 使按键发出声音，启用模板文件〈beep_temp. h〉。

**说明：**如果制作的是实际工程，请加上看门狗模板文件〈P89v51_Wdt_Temp. h〉。

## 工程施工用图

本课题工程需要工程电路图如图 K1－3 所示。

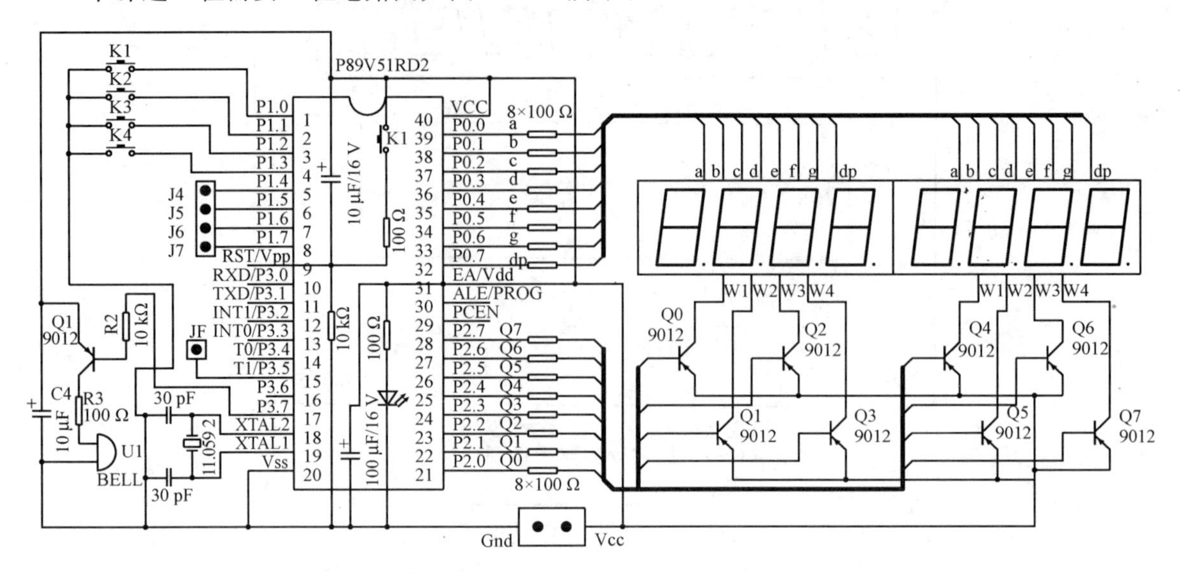


图 K1－3　课题工程施工用电路图

图 K1－3 中的 JF 点用于脉冲的输入，J4～J7 用于输出脉冲值。如果用于测量外部的脉冲值，请将地线相连。

## 制作工程用电路板

没有硬件电路的读者请按图 K1－3 电路制作。可以将各模块用一块大的万能板做到一块板上。

# 本课题工程软件设计

## 创建任务用软件工程文件与组装工程程序

### 1. 创建工程用文件夹与工程

第 1 步：创建工程用文件夹取名为“课题 1 脉冲计数器”。

第 2 步：打开 TKStudio 编译器，新建工程取名为 FrequencyCount 并保存到课题 1 脉冲计数器文件夹中。

### 2. 组装工程程序

第 1 步：将“网上资料\参考程序\程序模块\模板程序汇总库下的 Temp”文件夹复制到课题 1 脉冲计数器文件夹中。

第 2 步：创建 C 文件取名为 FrequencyCount.c。

第 3 步：在工程中打开当前文件夹下\Temp\nixietube_8b_main.c 文件，将文件中的内容全部复制到 FrequencyCount.c 文件中。

**说明**：在 nixietube_8b_main.c 文件中会发现文件中带有两个模板程序，一个是〈time0_temp.h〉文件，一个是〈Nixietube_Temp8b.h〉文件，这是经过 8 位数码管模板工程调试过的文件程序，现在用它来测试我们组装的工程是否可以运行。

第 4 步：将 FrequencyCount.c 文件中的〈time0_temp.h〉〈Nixietube_Temp8b.h〉修改为

```
#include <temp\time0_temp.h>
#include <temp\Nixietube_Temp8b.h>
```

格式，这是因为为了便于模板程序的管理，将〈time0_temp.h〉〈Nixietube_Temp8b.h〉两个文件统一放在 temp 文件夹中。如果不加上"temp\"，主程序将无法找模板程序。

第 5 步：调试和编译新建的工程程序(提示，请将编译好的程序下载到单片机组成的硬件中)。如果测试成功，则继续下一步的工作，不成功，则必须排除现有错误。

第 6 步：加载定时器 1 模板，用于计数。

① 在主程序的头文件加载处，加入定时器 1 的模板文件。格式如下：

```
⋮
#include <reg51.h>
#include <temp\time0_temp.h>
#include <temp\Nixietube_Temp8b.h>
#include <temp\time1_temp.h>                    //此为新加入的模板文件
⋮
```

② 在主函数中加入定时器 1 的初始化函数。格式如下：

```
⋮
P10 = 0;
m_nTime0nMsel = 1000;                          //设定定时器 0 的定时时间长度为 1 000 ms
//初始化定时器 0 为 1 000 ms,使用 11.059 2 MHz 晶振
InitTime0Length(11.0592,m_nTime0nMsel);
//初始化定时器 1 用于脉冲计数
InitTime1FrequencyCount();                     //此为新加入的脉冲计数器初始化函数
⋮
```

③ 在定时器 0 的中断执行函数中加入脉冲读取与数据处理函数。格式如下：

```
//-----------------------------------
//功能:定时器 0 的定时中断执行函数
//-----------------------------------
void T0_Time0()
{
    //请在下面加入用户代码
    unsigned long nlFreqCount = 0;                     //用于存放获取的脉冲数据
    P14 = ~P14;                                        //程序运行指示灯
    //读取脉冲数据 m_nTime0nMsel 变量传递的是定时器 0 的定时时间长度
    nlFreqCount = GetFrequencyCount(m_nTime0nMsel);    //此为新加入的函数
```

```
    //脉冲数值处理代码(用于数码管显示)
    Nixietube_Disp_Integer(nlFreqCount);            //此为加入的脉冲值处理函数

}
//--------------------------------------------------------------
```

**说明:**程序为什么要加入这些函数？这是因为我们在做程序时一定要想到，程序功能既然是脉冲计数器，那么读取脉冲值是必须要做的工作。这个读取脉冲值的函数是定义在 time1_temp.h 文件中，因为脉冲值的获取工作是由定时器 1 来完成的，所以这一工作必须是定时器 1 来做，同时还在 time1_temp.h 文件的开始处说明一个全局变量 m_nTime0nMsel，用于传递定时读出脉冲值的定时时间长度。原因是通过改变读取数据的定时时间长度可以改变读取脉冲值的大小。这个定时时间长度的取值范围为 1～1 000 ms，换算成脉冲值的范围是 65 536 000～1 MHz，当然还可以更大。如果需要更大的读取范围，可以将 ms 级改为 μs。本例将分 3 个档位读取脉冲值，分别是 1 000 ms 即 1 s、500 ms、1 ms，并通过按键来设定。程序的默认读取时间是 1 000 ms，它的读取脉冲范围是 1～65 536 MHz。

第 6 步的程序加载好后对程序进行一次调试，并将调试好的程序烧入单片机进行实地测试。操作方法是，将 P1.7 引脚用杜邦线与 P1.5 引脚连起来，这时会发现数码管显示器上有数据显示，其值是 211 或 210。如果将 P1.5 引脚连到 P1.4 引脚，其值是 1 或 0。数据有点变换，这是正常现象。有朋友要问这 P1.4 与 P1.7 是怎样来的，这是我为了测到脉冲值在数码管与扫描程序中以及定时器 0 中加入的脉冲发生器。这样做，测试时就可以找到可用的脉冲源，当我们可以测量别的器件产生的脉冲时，要求是要共地线。

第 7 步：加入按键控制测量更大范围内的脉冲。

① 在主程序的头文件加载处，加入声音模板文件。格式如下：

```
⋮
#include <reg51.h>
#include <temp\time0_temp.h>
#include <temp\Nixietube_Temp8b.h>
#include <temp\time1_temp.h>
#include <temp\beep_temp.h>                //此为新加入发声模板程序
⋮
```

② 编写 P1.0～P1.3 四位按键程序代码。

方法是新建一个“c/c++ Head File”文件，取名为 Key_4bKey.h。然后找到“网上资料\参考程序\程序模板\ Time1_Temp[实例 3－3]\ time1app_main.c”文件并打开，将文件中的所有内容复制到 Key_4bKey.h 文件中并修改和删除不要的代码。结果如下：

```
//--------------------------------------
//文件名:key_4bkey.h
//功能:4 位按键处理程序。4 键设在 P1.0 P1.1 P1.2 P1.3 引脚上
//--------------------------------------
sbit P10 = P1^0;
sbit P11 = P1^1;
sbit P12 = P1^2;
sbit P13 = P1^3;
```

```
void Read_Key();                          //读取键值函数
void Key1();                              //按键执行函数第 1 键
void Key2();                              //按键执行函数第 2 键
void Key3();                              //按键执行函数第 3 键
void Key4();                              //按键执行函数第 4 键
//-----------------------------------------------------------
//函数名称:Read_Key()
//函数功能:用于读取 P1 口上按键的值
//入口参数:无
//出口参数:无
//-----------------------------------------------------------
void Read_Key()
{
    if(P10 == 0)Key1();
    if(P11 == 0)Key2();
    if(P12 == 0)Key3();
    if(P13 == 0)Key4();
}
//-----------------------------------------
//以下是 8 个按键函数
//-----------------------------------------
//第 1 键
void Key1()
{//请在下面加入执行代码

}
//-----------------------------------------
//第 2 键
void Key2()
{//请在下面加入执行代码

}
//-----------------------------------------
//第 3 键
void Key3()
{//请在下面加入执行代码

}
//-----------------------------------------
//第 4 键
void Key4()
{//请在下面加入执行代码

}
//-----------------------------------------
```

③ 在主程序中加入 4 位按键执行代码。

方法是在头文件加载处加入 key_4bkey.h 文件，格式如下：

```
⋮
#include <temp\beep_temp.h>
#include <key_4bkey.h>
⋮
```

在定时器 0 的中断执行函数中加入按键读值函数，格式如下：

```
//--------------------------------------------------------
//功能：定时器 0 的定时中断执行函数
//--------------------------------------------------------
void T0_Time0()
{
    ⋮
  //脉冲数值处理代码
  Nixietube_Disp_Integer(nlFreqCount);
  //用于读取按键值(注意可能按键时间要稍长一点)
  Read_Key();                      //新加的键值读取函数
}
//-----------------------------------------------------------
```

**说明：**此处加入的按键读值函数，其读键的速度要慢一点，这是因为此处采用的扫描时间是 600～1 000 ms。优化工作就留给你们吧！我也不希望我将所有的工作都做完，那样你们就没有事干了……呵呵！

④ 给按键函数加入脉冲范围读取控制代码。

按课题设计读取脉冲的速度分 3 个时间，即 1 000 ms、500 ms、1 ms。为了显示按键设置读速状态，设计中用在高 7 位显示 P 来标识，即平常 8 位显示脉冲个数，按下确认键后显示"P0000000"，表示允许设定读取速度，这时按下调速键可以在显示屏上看到设定的读速，如按下 1 ms 键可以看到 P0000001，按下 500 ms 键可以看到 P0000500。

按键分工 K1 键为确认键，K2 键为 1 ms 档设定键，K3 键为 500 ms 档设定键，K4 键为 1 000 ms 档设定键。

协调控制程序的编写是单片机编程最难的地方，它没有多大规律可寻。伸手控制法是我个人提出的新概念，其原理是以控制方为中心伸出位控制变量到需要控制的地方，然后通过按键来设置开启还是关闭值。通常我的习惯是初始为 0 表示常规值，为 1 表示控制值。

本实例中有两个地方需要伸出控制值，一个是按键与按键相关的控制，另一个是显示状态控制。

**(1) 按键控制**

在 key_4bkey.h 文件中设按键控制变量为 bKeyCtrl，格式如下：

```
⋮
void Key_Init();                    //用于初始化按键控制值
bit bKeyCtrl = 0;                   //声明一个位变量，用于按键控制
⋮
```

编写初始化函数如下：

```
//-----------------------------------------------------------
//函数名称:Key_Init()
//函数功能:初始化按键控制值
//入口参数:无
//出口参数:无
//-----------------------------------------------------------
void Key_Init()
{
   bKeyCtrl = 0;
}
//-----------------------------------------------------------
```

在调用控制代码时，请在主程序文件的主函数体中加入此函数。

各函数控制代码编写如下：

```
 ⋮
void Key2()
{//请在下面加入执行代码
  if( bKeyCtrl == 0)return;              //如果确认键没有开启，则不能工作

}

void Key3()
{//请在下面加入执行代码
  if( bKeyCtrl == 0)return;              //如果确认键没有开启，则不能工作

}

void Key4()
{//请在下面加入执行代码
  if( bKeyCtrl == 0)return;              //如果确认键没有开启，则不能工作

}
 ⋮
```

这样在确认键没有按下时，功能键不能工作。

```
//-----------------------------------------
//功能:定时器 0 的定时中断执行函数
//-----------------------------------------
void T0_Time0()
{
  //请在下面加入用户代码
   ⋮
   if( bKeyCtrl == 0)                    //用按键启用时关闭脉冲数值的读出
```

```
    {
        //读取脉冲数据 m_nTimeOnMsel 变量传递的是定时器 0 的定时时间长度
        nlFreqCount = GetFrequencyCount(m_nTimeOnMsel);
        //脉冲数值处理代码
        Nixietube_Disp_Integer(nlFreqCount);
    }
    //用于读取按键值(注意可能按键时需要的时间要长一点)
    Read_Key();

}
//-------------------------------------------
```

在这个函数中也加入以按键控制值,其目的是:当按键的确认键按下时用于关闭对脉冲值的读取,等到读速设好以后又再一次开启。

**(2) 显示状态控制**

在 Nixietube_Temp8b.h 文件中设按键控制变量为 bDispCtrl,格式如下:

```
⋮
unsigned char uchMould[8];                    //用于传递字模
bit bDispCtrl = 0;                            //用于按键状态显示控制
⋮
```

编写初始函数如下:

```
//-------------------------------------------
//函数名称:Disp_Init()
//函数功能:用于初始化显示控制
//入口参数:无
//出口参数:无
//-------------------------------------------
void Disp_Init()
{
    bDispCtrl = 0;
}
//-------------------------------------------
在主程序中加入的格式如下:
//主程序
//-------------------------------------------
void main()
{
    ⋮
    //初始化定时器 1,用于脉冲计数
    InitTime1FrequencyCount();
    //8 位数码管初始化函数
    Disp_Init();
    //初始化按键控制值
```

```
    Key_Init();
    ⋮
}
//----------------------------------------
```

在 Nixietube_Temp8b.h 文件的 Nixietube_Disp_Integer()函数中加入按键显示状态控制代码如下：

```
//--------------------------------------------------------
void Nixietube_Disp_Integer(unsigned long nlInteger)
{

    ……
    for(i = 0;i<8;i++)
        uchMould[i] = chZhimo[nInt[i]];
    //下面是新加入的代码
     if(bDispCtrl == 1)                            //这是控制值
     { //如果控制值是 1,就显示 P
        uchMould[7] = 0x8C;                        //0x8C 是 P 的字模码
     }
}
//--------------------------------------------------------
```

在 key_4bkey.h 中 4 个按键的具体代码编写如下：

```
//----------------------------------------
//以下是 4 个按键函数
//----------------------------------------
//第 1 键 用作确认键
void Key1()
{//请在下面加入执行代码

    if( bKeyCtrl == 0)
    {
        bKeyCtrl = 1;                              //启用按键进入工作状态
        Off_Time0();                               //关闭定时器 0
        //初始化定时器 0 为 250 ms,使用 11.059 2 MHz 晶振
        InitTime0Length(11.0592,250);              //用于扫描按键
        bDispCtrl = 1;                             //用于显示控制,显示标识符 P
        Nixietube_Disp_Integer(0);
        On_Time0();                                //开启定时器 0
        BeepApp(0xEF);                             //发出声音
    }
     else
     {  bKeyCtrl = 0;                              //停止按键进入工作状态
        bDispCtrl = 0;                             //用于关闭控制,显示标识符 P
        BeepApp(0xEF);                             //发出声音
```

```
    }

}
//---------------------------------------
//第 2 键 用作设定计数脉冲为 1 000～65 536 000 MHz
void Key2()
{//请在下面加入执行代码
    if( bKeyCtrl == 0)return;                    //如果确认键没有开启,则不能工作

    Off_Time0();                                 //关闭定时器 0
    m_nTime0nMsel = 1;
    //初始化定时器 0 为 1 ms,使用 11.059 2 MHz 晶振
    InitTime0Length(11.0592,m_nTime0nMsel);     //用于扫描按键
    bDispCtrl = 1;                               //用于控制显示标识符 P
    Nixietube_Disp_Integer(m_nTime0nMsel);
    On_Time0();                                  //开启定时器 0
    BeepApp(0xEF);                               //发出声音

}
//---------------------------------------
//第 3 键 用作设定计数脉冲为 2～131 072 MHz
void Key3()
{//请在下面加入执行代码
    if( bKeyCtrl == 0)return;                    //如果确认键没有开启,则不能工作

    Off_Time0();                                 //关闭定时器 0
    m_nTime0nMsel = 500;
    //初始化定时器 0 为 500 ms,使用 11.059 2 MHz 晶振
    InitTime0Length(11.0592,m_nTime0nMsel);     //用于扫描按键
    bDispCtrl = 1;                               //用于控制显示标识符 P
    Nixietube_Disp_Integer(m_nTime0nMsel);
    On_Time0();                                  //开启定时器 0
    BeepApp(0xEF);                               //发出声音

}
//---------------------------------------
//第 4 键 用作设定计数脉冲为 1～65536MHz
void Key4()
{//请在下面加入执行代码
    if( bKeyCtrl == 0)return;                    //如果确认键没有开启,则不能工作

    Off_Time0();                                 //关闭定时器 0
    m_nTime0nMsel = 1000;
    //初始化定时器 0 为 1 000 ms,使用 11.059 2 MHz 晶振
    InitTime0Length(11.0592,m_nTime0nMsel);     //用于扫描按键
```

```
    Nixietube_Disp_Integer(m_nTime0nMsel);
    On_Time0();                    //开启定时器 0
    BeepApp(0xEF);                 //发出声音

  }
  //----------------------------------------
```

控制代码是最难编写的,也是叫人容易糊涂的地方,伸手控制法虽然能很好地解决控制问题,但是很难在应用程序中看出它的控制过程,因为各控制码在各不同的文件中进行。所以作为一个程序设计员一定要理清头绪。控制码的声明最好是一个全局变量,而且最好是在本控制文件中。操作时最好成图,便于查找。

## 工程程序应用实例

```
//************************************************************
//脉冲计数器程序
//************************************************************
#include <reg51.h>
#include <temp\time0_temp.h>
#include <temp\Nixietube_Temp8b.h>
#include <temp\time1_temp.h>
#include <temp\beep_temp.h>
#include <key_4bkey.h>

sbit P14 = P1^4;
sbit P15 = P1^5;
void Dey_Ysh(unsigned int nN);                        //延时程序
//---------------------------------------------------
//主程序
//---------------------------------------------------
void main()
{
    m_nTime0nMsel = 1000;                             //设定定时器 0 的定时时间长度为 1 000 ms
    //初始化定时器 0 为 1 000 ms,使用 11.059 2 MHz 晶振
    InitTime0Length(11.0592,m_nTime0nMsel);           //1 s
    //初始化定时器 1,用于脉冲计数
    InitTime1FrequencyCount();
    //8 位数码管初始化函数
    Disp_Init();
    //初始化按键控制值
    Key_Init();

    while(1)
    {//请在下面加入用户代码
      Nixietube_8bDisp(0x08);                          //8 位数据显示
```

```
    // P00 = ~P00;                              //程序运行指示灯
     //Dey_Ysh(10);                             //延时
    }
}
//-----------------------------------------
//功能:定时器 0 的定时中断执行函数
//-----------------------------------------
void T0_Time0()
{
  //请在下面加入用户代码
   unsigned long nlFreqCount = 0;               //用于存放获取的脉冲数据
   P14 = ~P14;                                  //程序运行指示灯
   if( bKeyCtrl == 0)                           //用按键启用时关闭脉冲数值的读出
   {
    //读取脉冲数据 m_nTimeOnMsel 变量传递的是定时器 0 的定时时间长度
     nlFreqCount = GetFrequencyCount(m_nTimeOnMsel);
     //脉冲数值处理代码
     Nixietube_Disp_Integer(nlFreqCount);
   }
   //用于读取按键值(注意可能按键是时间要长一点)
   Read_Key();

}
//-----------------------------------------
//功能:延时函数
//-----------------------------------------
void Dey_Ysh(unsigned int nN)
{
    unsigned int a,b,c;
    for(a = 0;a<nN;a ++ )
      for(b = 0;b<50;b ++ )
        for(c = 0;c<50;c ++ );
}
//------------------------------------------------------------------------
```

详细程序见“网上资料\参考程序\程序模板应用编程\课题 1 脉冲计数器”。

## 作业与思考

将本课题的数码管改为 LCD 液晶显示屏 TC1602 或 JCM12864m,并编写 LCD 液晶显示函数。

## 编后语

本程序并不是一个完美的课题程序,还需要作进一步的改进。显示时会发现闪烁比较频繁,这是因为乘除法用得太多。需要本课题做工程应用的朋友请加以改进。

# 课题 2　4×4 键盘与 YM1602 液晶显示屏在单片机最小系统上的应用

## 实验目的

了解和掌握 4×4 键盘与 YM1602 液晶显示屏的工作原理与驱动方法，学习程序模板的组装与运用。

## 实验设备

① 30 W 烙铁 1 把，数字万用表 1 个；

② PC 机 1 台；

③ 开发软件 TKStudio 集成开发平台(周立功公司开发)和 Keil C51(Keil 公司开发)1 套；

④ 烧录软件 Flash Magic 下载线(NXP 公司开发)1 套，9 芯串行通信线 1 条。

## 实验器件

P89V51Rxx_CPU 模块 1 块，串行通信模块 1 块，4×4 键盘模块 1 块，YM1602 液晶显示屏模块 1 块。后面两模块所需器件见表 K2-1。

表 K2-1　4×4 键盘与 YM1602 液晶显示屏所需器件列表

| 4×4 键盘模块 | | YM1602 液晶显示屏模块 | |
|---|---|---|---|
| 器件名称 | 数　量 | 器件名称 | 数　量 |
| 轻触 | 16 个 | YM1602 | 1 块 |
| 50×40 万能板 | 1 块 | 5 kΩ 可调电阻 | 2 个 |
| 接插针 | 半条 | 接插针 | 半条 |
| 接插座 | 半条 | 接插座 | 半条 |
| 8 位数据线(25 cm) | 1 条 | 杜邦线 | 6 根 |
| | | 50×40 万能板 | 1 块 |

## 工程任务

实现简易计算器功能。

## 工程任务的理解

计算器是一个成熟产品，今日在此处列出是想让朋友们练练手。重要的是我们用上了 1602 液晶显示屏，它有两行的显示空间，并且每行可以放下 16 个字符，这为我们的设计提供了方便。我们可以不必将被加数与加数清除，可以像我们在纸上写的格式一样，显示在屏幕上，如“4 562+7 895=12 457”。为了使计算数字达到比较大，我想将等号和得数放在第二行上显示。这样只要按下“＝”号，得数和等号“＝”都在第二行显示出来。

## 工程设计构想

### 1. 硬件设计方框图

硬件样式设计图如图 K2－1 所示。

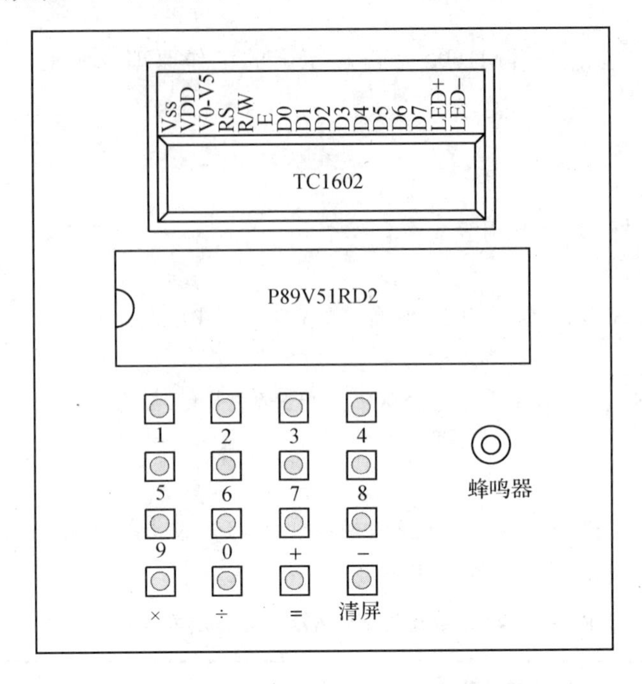


图 K2－1　计算器硬件制作样式图

### 2. 软件设计方框图

工程程序构思与协调控制任务分工图如图 K2－2 所示。

| 启用定时器 1<br>用于读取 4×4 键盘值并处理按键任务 | 主循环体工作<br>主循环体只用于驱动程序运行指示灯。其他操作全在按键中进行 |
|---|---|

图 K2－2　软件设计思路图

## 所需外围器件资料

有关 YM1602 器件资料请查阅《单片机基础与最小系统实践》一书的课题 9。

## 工程所需程序模板

从图 K2－1 中可以看出各硬件模块的状况。需要程序模板文件如下：

- 使用定时器 1 读取 4×4 按键值，启用模板文件〈time1_temp.h〉；
- 使用 YM1602 模块用作显示，启用模板文件〈tc1602_lcd.h〉；

● 使按键发出声音，启用模板文件〈beep_temp. h〉。

**说明**：如果制作的是实际工程，请加上看门狗模板文件〈P89v51_Wdt_Temp. h〉。

## 工程施工用图

本课题工程需要工程电路图如图 K2－3 所示。

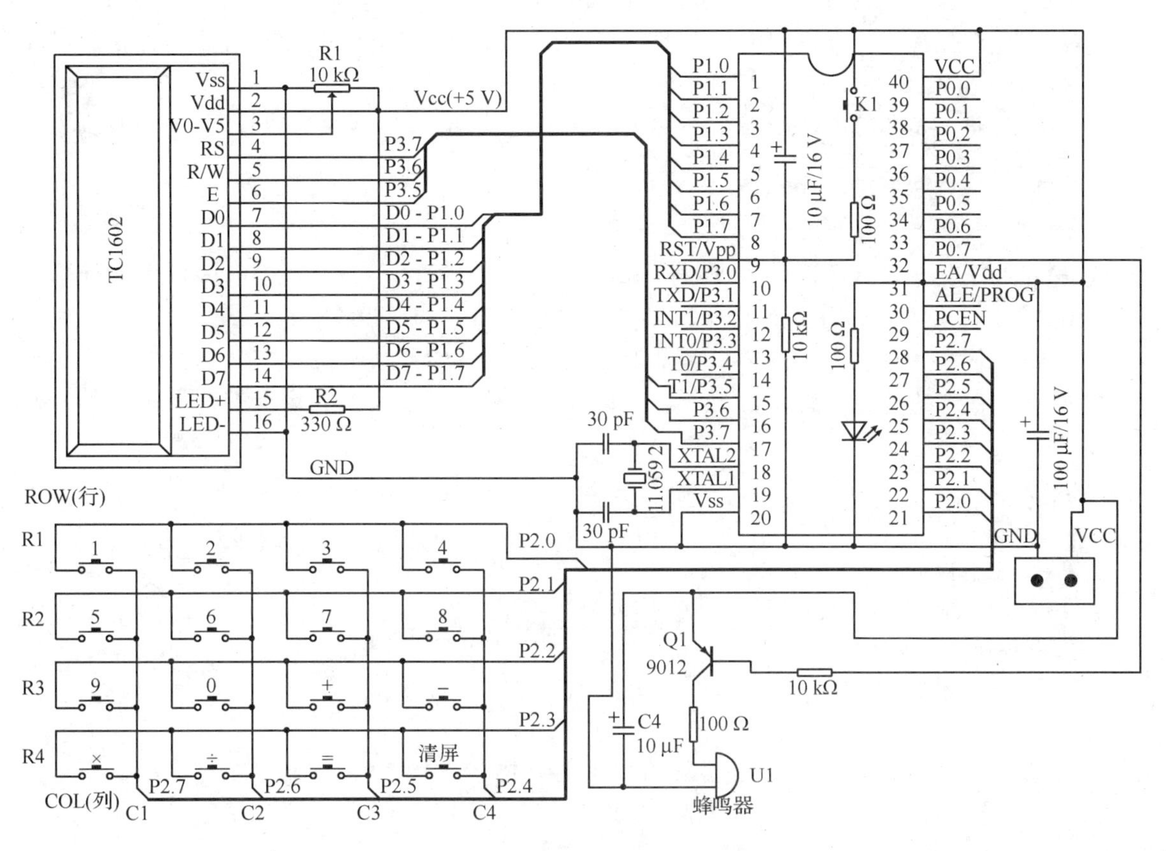


图 K2－3 课题工程施工用电路图

## 制作工程用电路板

没有硬件电路的读者请按图 K2－3 电路制作。可以将各模块用一块大的万能板做到一块板上。

# 本课题工程软件设计

## 创建任务用软件工程文件与组装工程程序

### 1. 创建工程用文件夹与工程

第 1 步：创建工程用文件夹取名为"课题 2 简易计算器"。

第 2 步：打开 TKStudio 编译器，新建工程取名为 SimpleCalculator 并保存到课题 2 简易计算器文件夹中。

## 2. 组装工程程序

第 1 步:将“网上资料\参考程序\程序模块\模板程序汇总库”下的 Temp 文件夹复制到课题 2 简易计算器文件夹中。

第 2 步:创建 C 文件取名为 SimpleCalculator. c。

第 3 步:在工程中打开当前文件夹下\Temp\key_4×4keyApp. c 文件,并将文件中的内容全部复制到 SimpleCalculator. c 文件中。

第 4 步:将 SimpleCalculator. c 文件中的〈time1_temp. h〉〈key_4×4keytemp. h〉修改为

```
#include <temp\time1_temp.h>
#include <temp\ key_4×4keytemp.h>
```

格式,这是为了便于模板程序的管理,将〈time1_temp. h〉〈key_4×4keytemp. h〉两个文件统一放在 temp 文件夹中。如果不加上 temp\,主程序将无法寻找模板程序。

第 5 步:向工程中加入 YM1602 液晶驱动模板。

① 在主程序的头文件加载处,加入 1602 液晶显示的模板文件和声音控制模板文件。格式如下:

```
⋮
#include <reg51.h>
#include <temp\time1_temp.h>
#include <temp\TC1602_lcd.h>            //此为新加入模板文件
#include <temp\beep_temp.h>             //此为新加入的声音模板文件
#include <temp\key_4×4keytemp.h>
⋮
```

② 在主函数中加入 1602 液晶显示的初始化函数。格式如下:

```
⋮
//初始化定时器 1 为 300 ms,使用 11.059 2 MHz 晶振
InitTime1Length(11.0592,200);
//初始化 TC1602 液晶显示屏
Init_TC1602();
⋮
```

③ 按图 2-3 修改蜂鸣器的控制引脚,格式如下:

```
⋮
sbit P37  =  P0^7;                      //P3^7;蜂鸣器控制引脚
//sbit P36  =  P3^6;
⋮
```

即打开 beep_temp. h 模板文件,将 P3^7 改为 P0^7,这是因为蜂鸣器控制引脚接在 P0. 7 引脚上。

④ 在 key_4×4keytemp. h 模板文件的 Key1()和 Key2()函数中加入字符和声音发送函数。测试硬件和工程程序,格式如下:

```
⋮
//----------------------------------------
//以下是16个按键执行函数
//----------------------------------------
//第1键
void Key1()
{ //请在此处加入执行代码
  Send_String_1602(0x80,"1",1);
  BeepApp(0xED);
}
//----------------------------------------
//第2键
void Key2()
{//请在此处加入执行代码
  Send_String_1602(0x81,"2",1);
  BeepApp(0xED);
}
//----------------------------------------
//第3键
void Key3()
{//请在此处加入执行代码
  Cls();                        //清屏
  BeepApp(0xED);
}
//----------------------------------------
⋮
```

将程序调试好烧入单片机并对硬件进行测试。如果测试正常,则进行下一步工作。

⑤ 给 LCD1602 编写长整数与浮点数显示函数。

在前面的模板程序中我们并没有写这方面的函数,所以在此处加上。这就是说,作为一个运用模板程序的程序设计员,随时都要向模板程序库中加入工程需要的功能代码,比如现在我们就需要加入显示8位长的长整数值和浮点数值。现将函数编写如下:

```
//--------------------------------------------------
//功能:长整型与浮点数显示
//--------------------------------------------------
//函数名称:Nixietube_Disp_Integer()
//函数功能:用于将整数显示液晶显示屏上
//入口参数:chCom 为待显示的行列位置,nlInteger 为长整型
//出口参数:无
//--------------------------------------------------
void Nixietube_Disp_Integer(uchar chCom,unsigned long nlInteger)
{
    unsigned int xdata nInt[8],i = 0,j = 7;
    unsigned char xdata chChar[10];
```

```
    unsigned long nlInt;

    nlInt    = nlInteger/10;
    nInt[0] = nlInteger % 10;
    nInt[1] = nlInt % 10;
    nlInt    = nlInt/10;
    nInt[2] = nlInt % 10;
    nlInt    = nlInt/10;
    nInt[3] = nlInt % 10;
    nlInt    = nlInt/10;
    nInt[4] = nlInt % 10;
    nlInt    = nlInt/10;
    nInt[5] = nlInt % 10;
    nlInt    = nlInt/10;
    nInt[6] = nlInt % 10;
    nlInt    = nlInt/10;
    nInt[7] = nlInt % 10;
   // nlInt = nlInt/10;
    for(i = 0;i<8;i++)
    { chChar[j] = nInt[i]|0x30;
      j--;}
    Send_String_1602(chCom,chChar,8);
}
//--------------------------------------------------------
//函数名称:Nixietube_Disp_float()
//函数功能:用于将浮点数显示到数码管上
//入口参数: fFloatingNum 为浮点数,nDigit 为小点后面保留的位数,取值范围为 1～4
//出口参数:无
//--------------------------------------------------------
void Nixietube_Disp_float(uchar chCom,float fFloatingNum,
                          unsigned int nDigit)
{
    unsigned int xdata nInt[9],i = 0,j = 7;
    unsigned char xdata chChar[10];
    unsigned long nlInt;

    if(nDigit > 4) return;                //如果大于 4,就返回

    if(nDigit == 1)
      nlInt = fFloatingNum * 10;
     else if(nDigit == 2)
       nlInt = fFloatingNum * 100;
      else if(nDigit == 3)
        nlInt = fFloatingNum * 1000;
```

```
        else if(nDigit == 4)
            nlInt = fFloatingNum * 10000;

    nInt[0] = nlInt % 10;
    nlInt   = nlInt/10;
    nInt[1] = nlInt % 10;
    nlInt   = nlInt/10;
    nInt[2] = nlInt % 10;
    nlInt   = nlInt/10;
    nInt[3] = nlInt % 10;
    nlInt   = nlInt/10;
    nInt[4] = nlInt % 10;
    nlInt   = nlInt/10;
    nInt[5] = nlInt % 10;
    nlInt   = nlInt/10;
    nInt[6] = nlInt % 10;
    nlInt   = nlInt/10;
    nInt[7] = nlInt % 10;
    //nlInt = nlInt/10;
    //向上移一位留出小数点位
    for(i = 7;i>nDigit - 1;i - - )
      nInt[i + 1] = nInt[i];
    //将序列倒位,因为显示时是从低开始的
    for(i = 0;i<9;i + + )
    { chChar[j] = nInt[i]|0x30;
      j - - ;}

    chChar[7 - nDigit] = 0x2E;                        //加入小数点
    Send_String_1602(chCom,chChar,8);

}
//-----------------------------------------------------------------
```

注：请将函数加入到 TC1602_lcd.h 模板文件的末尾。

⑥ 编写计算器按键程序。

本简易计算器的主要代码在按键函数中完成，所以程序在编写时要很规范，因为每一个键都要工作。所以控制与变量值的运用是一个重要的问题。比如加法符号，减法符号等都要得到有效的控制，每式中只能按出一次，否则显示就会出问题。

我的设计思想是，使用一个长整型变量盛装每按数字键的数字，模仿市面上的计算器先出高位数字，后入低位数字。操作实施在长整型变量中，每装一个数字而后向左移动 4 位，留出本位数字的空间。这样 9～0 的数字依次打来就是从高位到低位了。比如"78546"先打先出字并同时先向高位移动。

对于输入显示的处理是，按键列号计数，即使用全局的按键计数屏幕列号，每按一键，列号计数器加 1，字向后退一个格显示。操作时加数与被加数以及运算符号放在第 1 行显示，等号和得数放在第 2 行显示。这样做减轻了代码的处理难度。

对于加数与被加数的按键处理是，设计按键计数器。每按一次键，计数一次。当按下运算符号时，则清按键计数器。这样做就可以控制按键不超过 5 次了。

按键的分工如图 K2－1 所示。

具体编程步骤如下：

第 1 步：声明变量。

为了便于工作，在 key_4×4keytemp.h 文件的前面声明全局变量，实例如下：

```
⋮
unsigned long nlSummand = 0;              //用于装入被加数(含被减数、被乘数、被除数)
unsigned long nlPluscount = 0;            //用于装入加数(含减数、乘数、除数)
unsigned long nlRcvNumeral = 0;           //用于接收按键数字，如"56489"
unsigned long nlSum = 0;                  //用于存放得数
unsigned long nlMove = 0;                 //用于存放按键数字移位前的值
unsigned char chColCtrl = 0x00;           //LCD1602 显示器的列号计数器
unsigned char chStrokeCount = 0x00;       //击键计数
//运算符号标识，0x01 为 +(加)号，0x02 为 -(减)号，0x03 为 *(乘)号，0x04 为 /(除)号
unsigned char chMark = 0x01;
bit bAddCtrl = 0;                         //控制加法符号键只按一次
bit bAddCtrl1 = 0;                        //控制减法符号键只按一次
bit bAddCtrl2 = 0;                        //控制乘法符号键只按一次
bit bAddCtrl3 = 0;                        //控制除法符号键只按一次
⋮
```

第 2 步：初始化变量。

为了初始化刚声明的变量值，特创建初始化函数，用于清 0 各变量值。函数的代码编写如下：

```
//------------------------------------------------------------
//名称:Key4x4_Init()
//功能:初始化控制变量
//入口参数:无
//出口参数:无
//------------------------------------------------------------
void Key4x4_Init()
{
    nlSummand = 0;
    nlPluscount = 0;
    nlRcvNumeral = 0;
    nlSum = 0;
    chColCtrl = 0x80;                     //LCD1602 液晶显示第一行的列号
    chStrokeCount = 0x00;
    chMark = 0x01;                        //符号标识，此为 +
    bAddCtrl = 0;
    bAddCtrl1 = 0;
```

```
    bAddCtrl2 = 0;
    bAddCtrl3 = 0;
    nlMove = 0;
}
//----------------------------------------------------------------
```

第 3 步:编写数字 1 的输入代码。

代码编写如下:

```
//----------------------------------------------------------------
//第 1 键 用于输入数字 1
void Key1()
{ //请在此处加入执行代码
  if(chStrokeCount>5)return;                //按键次数判断,如果大于 5,则返回
  Send_String_1602(chColCtrl,"1",1);        //向液晶显示屏发送显示 1
  chColCtrl++;                              //1602 显示屏列号加 1
  if(chStrokeCount > 0)                     //按键计数器如果大于 0,将对按键输入的数字移位
  { nlMove = nlRcvNumeral;                  //将前面输入的数字在移位前保存下来
    nlRcvNumeral = nlRcvNumeral<<4;         //将前面已输入的数字向高位移动 4 位
    nlRcvNumeral |= 1;                      //向按键输入变量加入 1(请用逻辑域)
    /*将数字变回到十六进制(这是因为 nlRcvNumeral 变量值将输入的数字当成了十六进制并翻译
成了十进制,如我们输入的是 10,结果在屏幕上显示的是 16,所以参与运算必须要进行减 6 处理,具体操作
就是将移位前的数字乘上 6,用移位后的数值减出即可)*/
   nlRcvNumeral = nlRcvNumeral - 6 * nlMove;
   }
   else nlRcvNumeral |= 1;                  //如果是第 1 次按键,就直接加入即可

  chStrokeCount++;                          //按键计数器加 1

  BeepApp(0xED);                            //按键后发出声音
}
//----------------------------------------------------------------
```

第 4 步:编写 2~0 的输入代码。

编写时将 Key1()函数中的内容直接复制到各数字输入函数,并逐个进行修改。现将编好的函数代码展示如下:

```
//----------------------------------------------------------------
//第 2 键 用于输入数字 2
void Key2()
{//请在此处加入执行代码
  if(chStrokeCount>5)return;                    //按键次数判断,如果大于 5,则返回
  Send_String_1602(chColCtrl,"2",1);
  chColCtrl++;
  if(chStrokeCount > 0)
   {nlMove = nlRcvNumeral;
```

```
    nlRcvNumeral = nlRcvNumeral≪4;
    nlRcvNumeral |= 2;
    nlRcvNumeral = nlRcvNumeral - 6 * nlMove;
   }
   else  nlRcvNumeral |= 2;
  chStrokeCount ++ ;

  BeepApp(0xED);

}
//-----------------------------------------------------------------------
//第 3 键  用于输入数字 3
void Key3()
{//请在此处加入执行代码
  if(chStrokeCount>5)return;                              //按键次数判断,如果大于 5,则返回
  Send_String_1602(chColCtrl,"3",1);
  chColCtrl ++ ;
  if(chStrokeCount > 0)
  { nlMove = nlRcvNumeral;
    nlRcvNumeral = nlRcvNumeral≪4;
    nlRcvNumeral |= 3;
    nlRcvNumeral = nlRcvNumeral - 6 * nlMove;
   }else nlRcvNumeral |= 3;
  chStrokeCount ++ ;

  BeepApp(0xED);

}
//---------------------------------------------
//第 4 键  用于输入数字 4
void Key4()
{//请在此处加入执行代码
  if(chStrokeCount>5)return;                              //按键次数判断,如果大于 5,则返回
  Send_String_1602(chColCtrl,"4",1);
  chColCtrl ++ ;
  if(chStrokeCount > 0)
  { nlMove = nlRcvNumeral;
    nlRcvNumeral = nlRcvNumeral≪4;
    nlRcvNumeral |= 4;
    nlRcvNumeral = nlRcvNumeral - 6 * nlMove;
   }else nlRcvNumeral |= 4;
  chStrokeCount ++ ;

  BeepApp(0xED);
```

```
}
//-----------------------------------------
//第 5 键   用于输入数字 5
void Key5()
{//请在此处加入执行代码
  if(chStrokeCount>5)return;                    //按键次数判断,如果大于 5,则返回
  Send_String_1602(chColCtrl,"5",1);
  chColCtrl++;
  if(chStrokeCount > 0)
  { nlMove = nlRcvNumeral;
    nlRcvNumeral = nlRcvNumeral<<4;
    nlRcvNumeral |= 5;
    nlRcvNumeral = nlRcvNumeral - 6 * nlMove;
   }else  nlRcvNumeral |= 5;
  chStrokeCount++;

  BeepApp(0xED);
}
//-----------------------------------------
//第 6 键   用于输入数字 6
void Key6()
{//请在此处加入执行代码
  if(chStrokeCount>5)return;                    //按键次数判断,如果大于 5,则返回
  Send_String_1602(chColCtrl,"6",1);
  chColCtrl++;
  if(chStrokeCount > 0)
  { nlMove = nlRcvNumeral;
    nlRcvNumeral = nlRcvNumeral<<4;
    nlRcvNumeral |= 6;
    nlRcvNumeral = nlRcvNumeral - 6 * nlMove;
   }else  nlRcvNumeral |= 6;
  chStrokeCount++;

  BeepApp(0xED);
}
//-----------------------------------------
//第 7 键   用于输入数字 7
void Key7()
{//请在此处加入执行代码
  if(chStrokeCount>5)return;                    //按键次数判断,如果大于 5,则返回
  Send_String_1602(chColCtrl,"7",1);
  chColCtrl++;
  if(chStrokeCount > 0)
  { nlMove = nlRcvNumeral;
```

```
    nlRcvNumeral = nlRcvNumeral<<4;
    nlRcvNumeral |= 7;
    nlRcvNumeral = nlRcvNumeral - 6 * nlMove;
   }else  nlRcvNumeral |= 7;
  chStrokeCount++;

  BeepApp(0xED);
}
//-----------------------------------------
//第 8 键  用于输入数字 8
void Key8()
{//请在此处加入执行代码
  if(chStrokeCount>5)return;                      //按键次数判断,如果大于 5,则返回
  Send_String_1602(chColCtrl,"8",1);
  chColCtrl++;
  if(chStrokeCount > 0)
  { nlMove = nlRcvNumeral;
    nlRcvNumeral = nlRcvNumeral<<4;
    nlRcvNumeral |= 8;
    nlRcvNumeral = nlRcvNumeral - 6 * nlMove;
   }else  nlRcvNumeral |= 8;
  chStrokeCount++;

  BeepApp(0xED);
}
//-----------------------------------------
//第 9 键  用于输入数字 9
void Key9()
{ //请在此处加入执行代码
  if(chStrokeCount>5)return;                      //按键次数判断,如果大于 5,则返回
  Send_String_1602(chColCtrl,"9",1);
  chColCtrl++;
  if(chStrokeCount > 0)
  { nlMove = nlRcvNumeral;
    nlRcvNumeral = nlRcvNumeral<<4;
    nlRcvNumeral |= 9;
    nlRcvNumeral = nlRcvNumeral - 6 * nlMove;
   }else nlRcvNumeral |= 9;
  chStrokeCount++;

  BeepApp(0xED);
}
//-----------------------------------------
//第 10 键  用于输入数字 0
void Key10()
```

```
{//请在此处加入执行代码
  if(chStrokeCount>5)return;                    //按键次数判断,如果大于5,则返回
  Send_String_1602(chColCtrl,"0",1);
  chColCtrl++;
  if(chStrokeCount > 0)
  { nlMove = nlRcvNumeral;
    nlRcvNumeral = nlRcvNumeral≪4;
    nlRcvNumeral |= 0;
    nlRcvNumeral = nlRcvNumeral - 6 * nlMove;
  }else nlRcvNumeral |= 0;
  chStrokeCount++;

  BeepApp(0xED);
}
//-----------------------------------------------------------------------------
```

第5步:编写运算符函数代码。

代码编写如下:

```
//-----------------------------------------------------------------------------
//第11键 用于输入运算符号+
void Key11()
{//请在此处加入执行代码
  if(bAddCtrl == 1)return;                      //控制符号键只按一次
  Send_String_1602(chColCtrl,"+",1);
  chColCtrl++;
  nlSummand = nlRcvNumeral;                     //将被加数存入nlSummand变量中
  nlRcvNumeral = 0;                             //按键接收值清0
  chStrokeCount = 0;                            //击键计数器清0
  chMark = 0x01;                                //设为加号
  bAddCtrl = 1;                                 //只允许按一次
  BeepApp(0xED);
}
//---------------------------------------------
//第12键 用于输入运算符号-
void Key12()
{//请在此处加入执行代码
  if(bAddCtrl == 1)return;                      //控制符号键只按一次
  Send_String_1602(chColCtrl,"-",1);
  chColCtrl++;
  nlSummand = nlRcvNumeral;                     //将被减数存入nlSummand变量中
  nlRcvNumeral = 0;                             //按键接收值清0
  chStrokeCount = 0;                            //击键计数器清0
  chMark = 0x02;                                //设为加号
  bAddCtrl = 1;                                 //只允许按一次
  BeepApp(0xED);
```

```
}
//-----------------------------------------
//第 13 键 用于输入运算符号 *
void Key13()
{//请在此处加入执行代码
  if(bAddCtrl == 1)return;                    //控制符号键只按一次
  Send_String_1602(chColCtrl," * ",1);
  chColCtrl ++ ;
  nlSummand = nlRcvNumeral;                   //将被乘数存入 nlSummand 变量中
  nlRcvNumeral = 0;                           //按键接收值清 0
  chStrokeCount = 0;                          //击键计数器清 0
  chMark = 0x03;                              //设为加号
  bAddCtrl = 1;                               //只允许按一次
  BeepApp(0xED);
}
//-----------------------------------------
//第 14 键 用于输入运算符号/
void Key14()
{//请在此处加入执行代码
  if(bAddCtrl == 1)return;                    //控制符号键只按一次
  Send_String_1602(chColCtrl,"/",1);
  chColCtrl ++ ;
  nlSummand = nlRcvNumeral;                   //将被除数存入 nlSummand 变量中
  nlRcvNumeral = 0;                           //按键接收值清 0
  chStrokeCount = 0;                          //击键计数器清 0
  chMark = 0x04;                              //设为加号
  bAddCtrl = 1;                               //只允许按一次
  BeepApp(0xED);
}
//------------------------------------------------------------------------
```

**说明**：bAddCtrl 位变量用来控制运算符号键不能按多次，只能按一次，而且是 4 个运算符号键中只允许按下一只键，并只有按一次的机会。

第 6 步：编写等号运算符函数代码。

代码编写如下：

```
//------------------------------------------------------------------------
//第 15 键 用于输入运算符号 = ,并得出得数
void Key15()
{//请在此处加入执行代码
   uint nInt = 0;
   float fSum = 0.00;
   nlPluscount  = nlRcvNumeral;
   if(chMark == 0x01)
   {
```

```
     nlSum = nlSummand + nlPluscount;
    }
    else if(chMark == 0x02)
    {
     nlSum = nlSummand - nlPluscount;
     }
     else if(chMark == 0x03)
     {
       nlSum = nlSummand * nlPluscount;
      }
      else if(chMark == 0x04)
      {
        if(nlPluscount > 0)
        { fSum = nlSummand / nlPluscount;
          nInt = 1;}
        }

    Send_String_1602(0xC0,"=",1);                          //用于显示等号
    if(nInt == 0)
      Nixietube_Disp_Integer(0xC1,nlSum);                  //用于显示整数
     else Nixietube_Disp_float(0xC1,fSum,2);               //用于显示浮点数
    BeepApp(0xED);
}
//------------------------------------------------------------------
```

本函数的功能主要处理四则运算并将得数显示到显示屏上。

第7步:编写清屏和初始化变量函数代码。

```
//------------------------------------------------------------------
//第16键  用于清屏
void Key16()
{//请在此处加入执行代码
  Cls();                                                   //清屏
  Key4×4_Init();                                           //清0所有用过的变量
  BeepApp(0xED);                                           //发出按键声音
}
//------------------------------------------------------------------
```

以上是16个按键的代码,计算器的所有功能都在其中完成。在这个课题工程中,我们可见证类似计算机工作的一个同样设备,只不过我们做的计算机设备小一些而已。

## 工程程序应用实例

```
//******************************************************************
//说明:此文件为简易计算器主文件
//******************************************************************
```

```
#include <reg51.h>
#include <temp\time1_temp.h>
#include <temp\TC1602_lcd.h>                          //此为新加入的
#include <temp\beep_temp.h>
#include <temp\key_4×4keytemp.h>
sbit P00 = P0^0;
void Dey_Ysh(unsigned int nN);                        //延时程序
//------------------------------------------------------------
//主程序
//------------------------------------------------------------
void main()
{

    //初始化定时器 1 为 300 ms,使用 11.059 2 MHz 晶振
    InitTime1Length(11.0592,200);
    //初始化 TC1602 液晶显示屏
    Init_TC1602();
    //初始化控制变量
    Key4x4_Init();
    while(1)
    {//请在下面加入用户代码
    // P00 = ~P00;                                    //程序运行指示灯
    `Dey_Ysh(10);                                     //延时
    }
}
//----------------------------------------
//功能:定时器 1 的定时中断执行函数
//----------------------------------------
void T1_Time1()
{  //请在下面加入用户代码
   P00 = ~P00;                                        //程序运行指示灯
   Off_Time1();                                       //关闭定时器 1
   //扫描键盘
   Key_4×4KeySearch(0x02);                            //4×4 键盘挂在 P2 口上
   On_Time1();                                        //开启定时器 1
}
//----------------------------------------
//功能:延时函数
//------------------------------------
void Dey_Ysh(unsigned int nN)
{
    unsigned int a,b,c;
    for(a = 0;a<nN;a++)
```

```
        for(b = 0;b<50;b++)
          for(c = 0;c<50;c++);
    }
    //------------------------------------------------------------
```

实际主程序只有很少的代码，本课题程序的主要功能代码在 key_4×4keytemp.h 按键模板文件中。

详细程序见“网上资料\参考程序\程序模板应用编程\课题 2 简易计算器 2”。

## 作业与思考

本课题不出练习，请读者自己想一个练习题训练一下。

## 编后语

本课题程序只能进行 5 位的加减乘除，有兴趣的读者还可以增加位。还有本程序在计算浮点运算和显示时还有些问题，这个也只有留给你们自己解决了。相信你们只要对我留下的，由于时间关系没有完成的细节多加思索就可以解决。当然你们还可以在这个基础上增加新的功能。

# 课题 3　74LS595 的级联在户用电子点阵屏中的应用

## 实验目的

了解和掌握户用电子点阵屏的工作原理和制作方法，学习程序模板在工程中的运用。

## 实验设备

① 30 W 烙铁 1 把，数字万用表 1 个；

② PC 机 1 台；

③ 开发软件 TKStudio 集成开发平台（周立功公司开发）和 Keil C51（Keil 公司开发）1 套；

④ 烧录软件 Flash Magic 下载线（NXP 公司开发）1 套，9 芯串行通信线 1 条。

## 实验器件

P89V51Rxx_CPU 模块，串行通信模块，户外汉字 16×16 点阵驱动与点阵模块及室内 16×32 点阵驱动与点阵模块（所需器件见表 K3-1）。

## 工程任务

① 用 74HC595 四块芯片级联实现 8×4＝32 灯流水显示。

② 用 74HC595 八块芯片级联实现室内点阵汉字的显示。

③ 用 74HC595 八块芯片级联实现户外点阵汉字的显示。

表 K3-1　户外汉字点阵模块所需器件表

| 器件名称 | 数　量 | 器件名称 | 数　量 |
|---|---|---|---|
| 74HC595 | 8 | 8×8 点阵模块(共阳 $\phi 3$) | 8 |
| 74HC138 | 1 | 普通 LED | 32 |
| 74HC245 | 1 | 100Ω 电阻 | 35 |
| APM4953 | 4 | 大型万能板 | 3 |
| 高亮 LED | 256 | | |

## 工程任务的理解

户外汉字点阵模块与室内汉字点阵模块在制作原理上基本一样,不同之处就是户外汉字点阵屏一般采用单个的高亮 LED,而室内一般采用 8×8 点阵模块。

为了解决驱动问题,多采用 74HC595 级联,工业上一般采用 8 块 74HC595 驱动、一块 16×16 点阵屏,如图 K3-1 所示。通过图 K3-1 模块可以实施再次级联,其中 74HC245 是用于将上级信号进行放大并传送到下一个模块(因为 74HC245 内部带有运放),从而形成户外大型点阵屏的出现。实际上室内大型点阵屏的制作基本也是这个原理。

工程任务列出了 3 个,从简单到复杂。任务①主要用于讲清 74HC595 芯片级联的编程实现,后面两个任务主要是 74HC595 具体编程应用。具体编写见本课题的工程程序应用实例。

## 工程设计构想

### 1. 硬件设计方框图

硬件样式设计如图 K3-1～图 K3-3 所示。

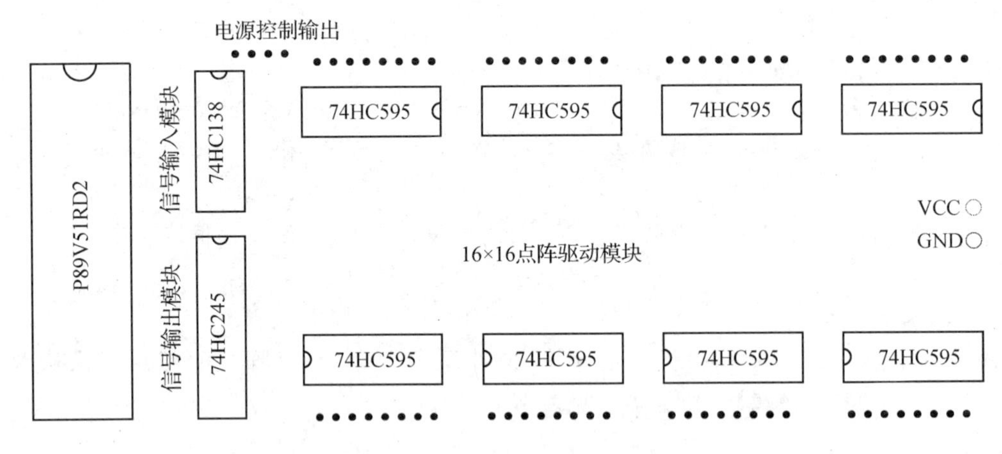


图 K3-1　16×16 点阵驱动模块硬件制作样式图

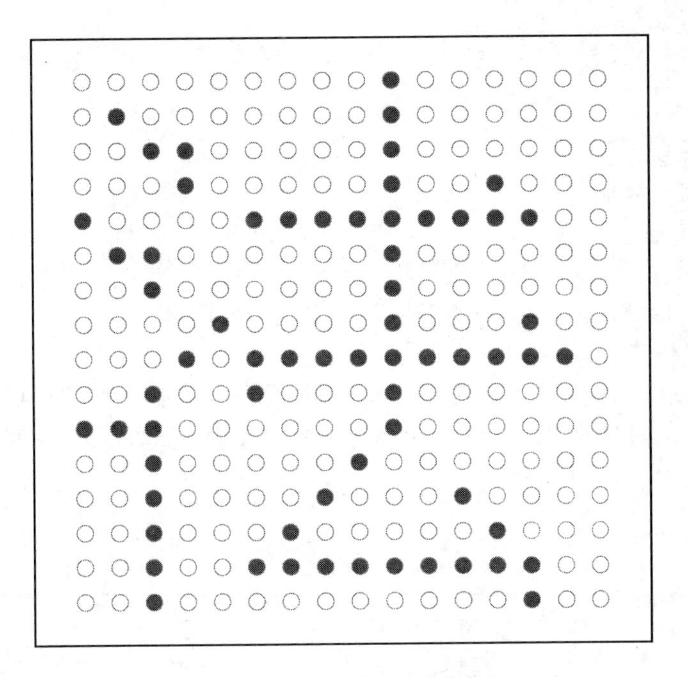

图 K3－2　16×16 点阵图

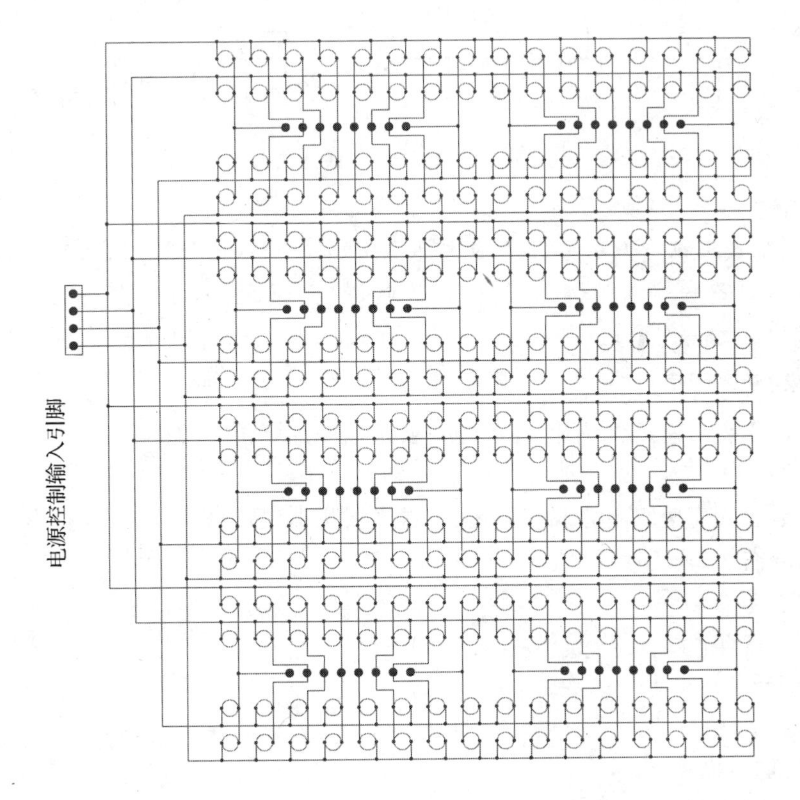


图 K3－3　户外 16×16 点阵模块连线板图

### 2. 软件设计方框图

无

## 所需外围器件资料

### 1. 74HC595

74HC595 的详细资料介绍见《单片机外围接口电路与工程实践》一书的课题 1。因为本书是《单片机外围接口电路与工程实践》的续集，所以不再重述。

#### (1) 硬件级联样式

74HC595 的级联主要是将前块芯片的 Q7′脚连到下一块芯片的 SDA(14)脚，并以此继续连下去，直到 N 块。而其 RCK 和 CLK 引脚各用一根导线串联各芯片。具体样式如图 K3-4 所示。

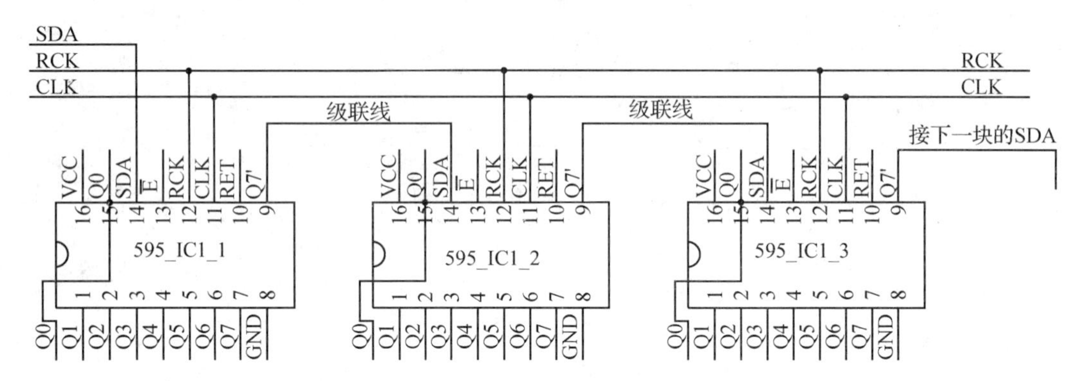


图 K3-4　74HC595 级联样式图

#### (2) 编程方法

级联芯片组的数据识别方法是，最后一块芯片优先得到数据，然后依次是倒数第二块，倒数第三块，等等。以图 K3-4 为例，首先得到数据是 595_IC1_3，而后是 595_IC1_2，最后是 595_IC1_1。程序在编写时就是按照这个规律进行的。

### 2. 74HC245

74HC245 是一块高速运放芯片，在此处主要是用来加强信号的传递。

#### (1) 概　述

74HC245 是一块高速双向总线三态输入/输出发送器/接收器(3S)。其特点是：

- 八进制双向接口；
- 无换向三态输出；
- 多位包装选择；
- 适用 JEDEC 标准；
- ESD 保护。

#### (2) 引脚与功能描述

74HC245 引脚分布如图 K3-5 所示。

74HC245 引脚功能描述如表 K3-2 所列。

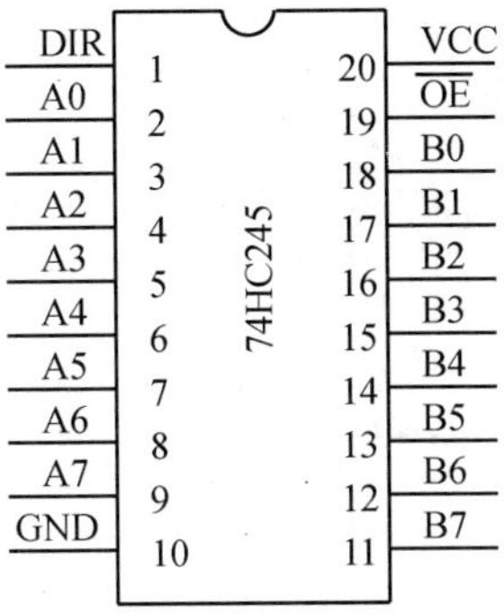

图 K3-5　74HC245 引脚配置图

**表 K3-2　74HC245 引脚功能描述**

| 引脚名称 | 功能描述 |
|---|---|
| DIR(1) | 向上选择引脚，当 DIR=0 时，选择 B 总线向 A 总线传递；当 DIR=1 时，选择 A 总线向 B 总线传递 |
| A0～A7 | 数据总线 |
| B0～B7 | 数据总线 |
| $\overline{OE}$(19) | 三态允许脚(低电平有效) |
| VCC | 电源正极输入电压值为 4.5～5.5 V |
| GND | 电源的负极 |

74HC245 内部结构如图 K3-6 所示。

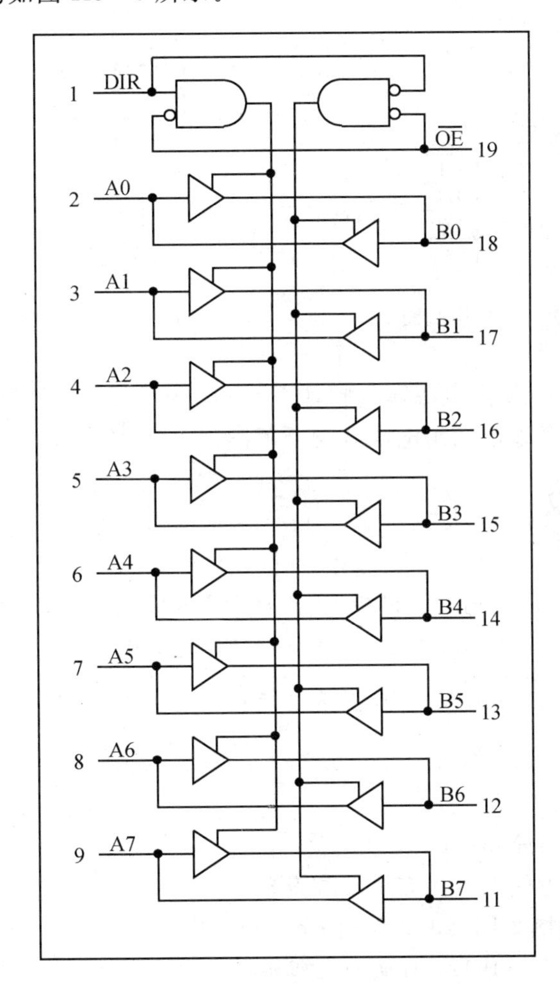


图 K3-6　74HC245 内部结构图

**(3) 功能选择**

功能选择如表 K3-3 所列。

表 K3-3　74HC245 引脚功能设定表

| 使能脚 $\overline{OE}$ | 方向脚 DIR | 操　作 |
|---|---|---|
| 0 | 0 | B 总线数据流向 A 总线 |
| 0 | 1 | A 总线数据流向 B 总线 |
| 1 | X | 悬空 |

### 3. APM4953

APM4953 是一块电源电流驱动芯片，直接使用信号开关，其内部为两个场效应管。引脚分配与内部结构如图 K3-7 和图 K3-8 所示。

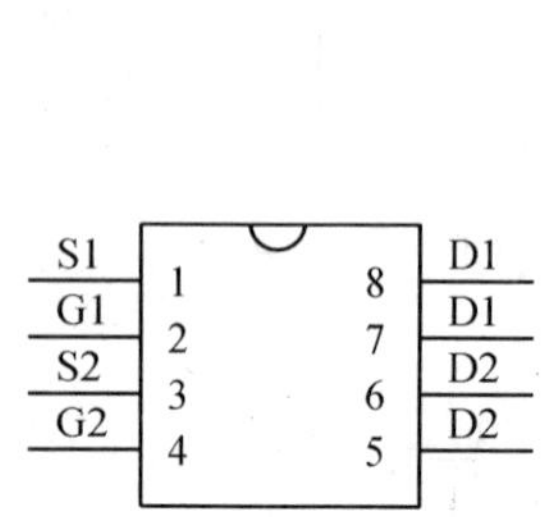


图 K3-7　APM4953 引脚图

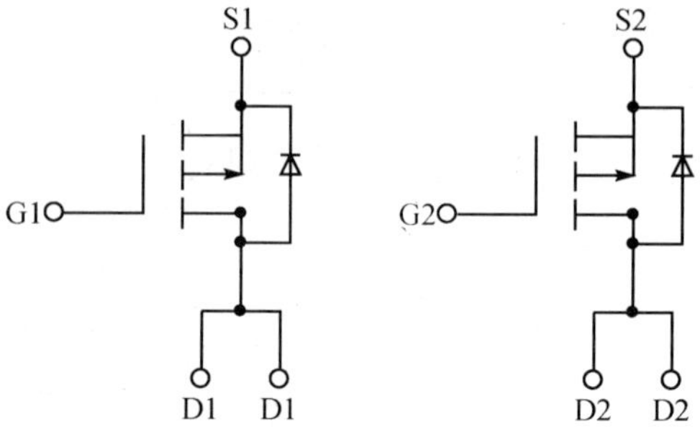

图 K3-8　APM4953 内部结构图

图 K3-7 中的 S1 和 S2 为电源输入脚，G1 和 G2 为信号控制脚高电平有效，D1 和 D2 为电源输出脚。本芯片一共输出两组电源。电压范围为±25 V。

## 工程所需程序模板

任务①：无

任务②：启用 uart_com_temp. h 模板，用于从 PC 上传送字模。

任务③：启用 uart_com_temp. h 模板，用于从 PC 上传送字模。

**说明：**如果制作的是实际工程，请加上看门狗模板文件〈P89v51_Wdt_Temp. h〉。

## 工程施工用图

任务①工程施工用电路图如图 K3-9 所示。

任务②工程施工用电路图分为方案 1 和方案 2 两种。

方案 1：施工用电路图如图 K3-10～图 K3-13 所示。

**说明：**图 K3-10 中的 TIP127 后面的电阻是用来漏去 TIP127 三极管的漏电流。

**说明：**图 K3-11 的模块制作可以由 8 块 8×8 的共阳点阵模块组成，如果单个焊比较辛苦。

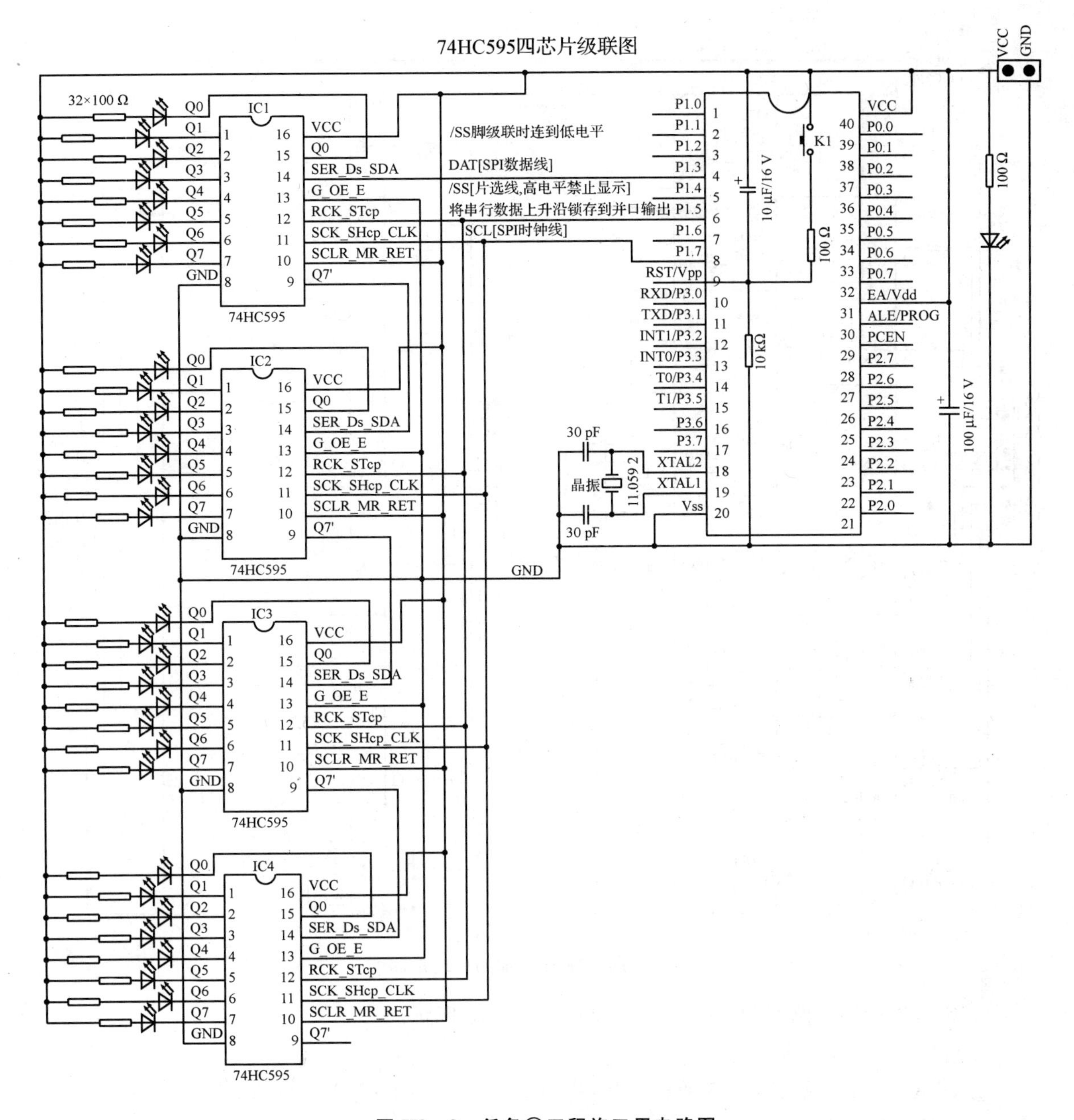


图 K3－9　任务①工程施工用电路图

方案 1 各模块的连线方法：

① 图 K3－12 与图 K3－13 的连线是:JC 连到 JD1,JR 连到 JD2,JS 连到 JD3。

② 图 K3－12 与图 K3－10 的连线是:P0 口顺序连到 J1,P2 顺序连到 J3。

③ 图 K3－10 与图 K3－11 的连线是:图 K3－10 的 J2 端口顺序连到图 K3－11 的 J1 端口,图 K3－10 的 J4 端口顺序连到图 K3－11 的 J2 端口。

④ 图 K3－13 与图 K3－11 的连线是:JQ1～JQ4 与 JA～JD 顺序连接。

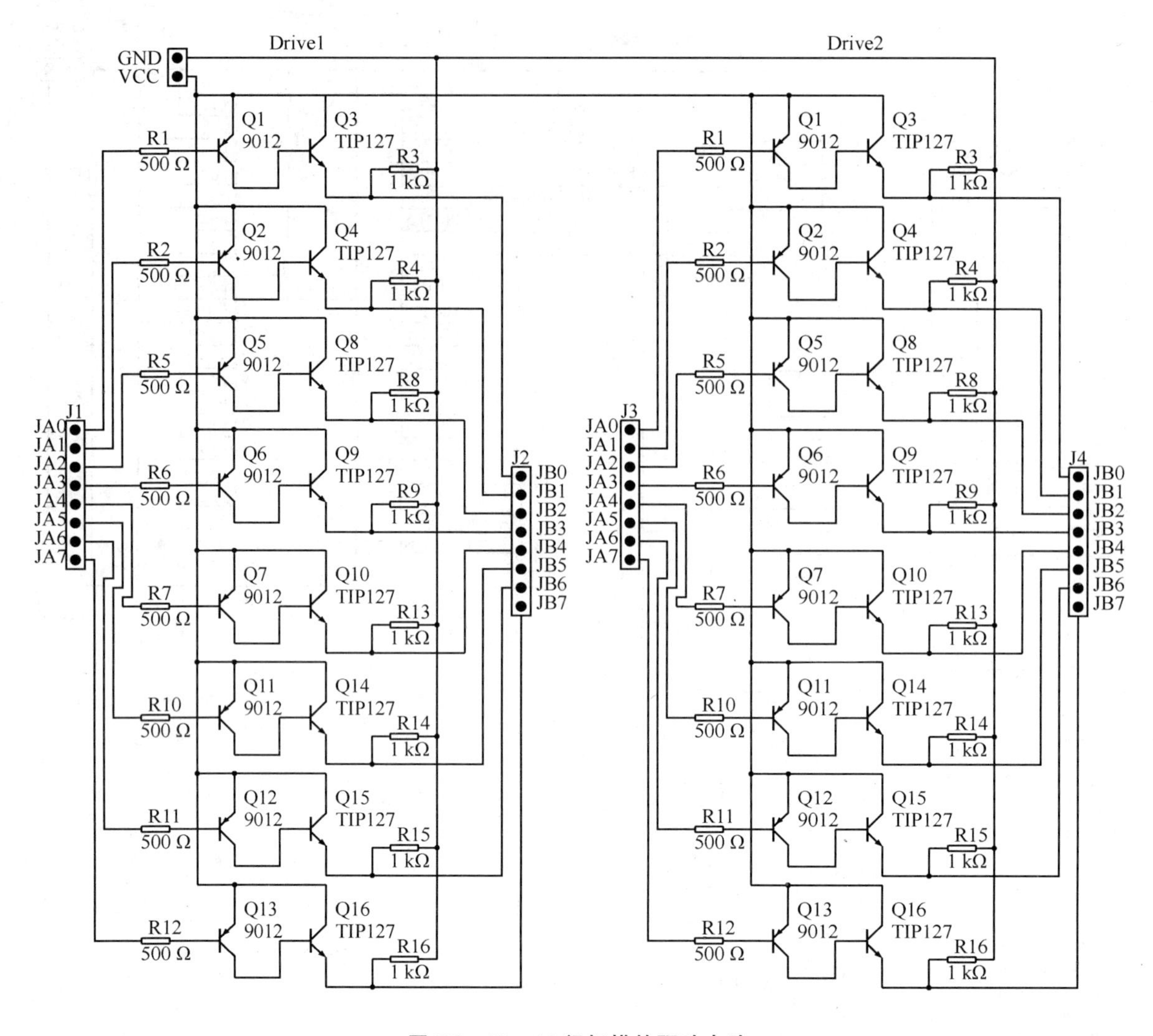


**图 K3－10　16 行扫描的驱动电路**

方案 2:施工用电路图如图 K3－14～和图 K3－16 所示。

方案 2 各模块的连线方法:

① 图 K3－14 与图 K3－15 的连线是:将图 K3－14 中的 J1_2 座与图 K3－15 中的 J1_2 座各相同引脚对应连接。

② 图 K3－15 与图 K3－16 的连线是:将图 K3－15 中的 W1～W8 与图 K3－16 中的 PW1～PW8 顺序连接;图 K3－15 中的 IC2_1～IC2_32 与图 K3－16 中的 J1～J4 座上的各引脚顺序连接;图 K3－15 中的 IC1_1～IC1_32 与 K3－16 中的 J5～J8 座上的各引脚返序连接(如 IC1_32 连到 J8 座上的 H8,IC1_1 连到 J5 座上的 G1)。

**特别提示:**程序在编写时一定要按照图进行,否则程序难以驱动点阵进入工作。

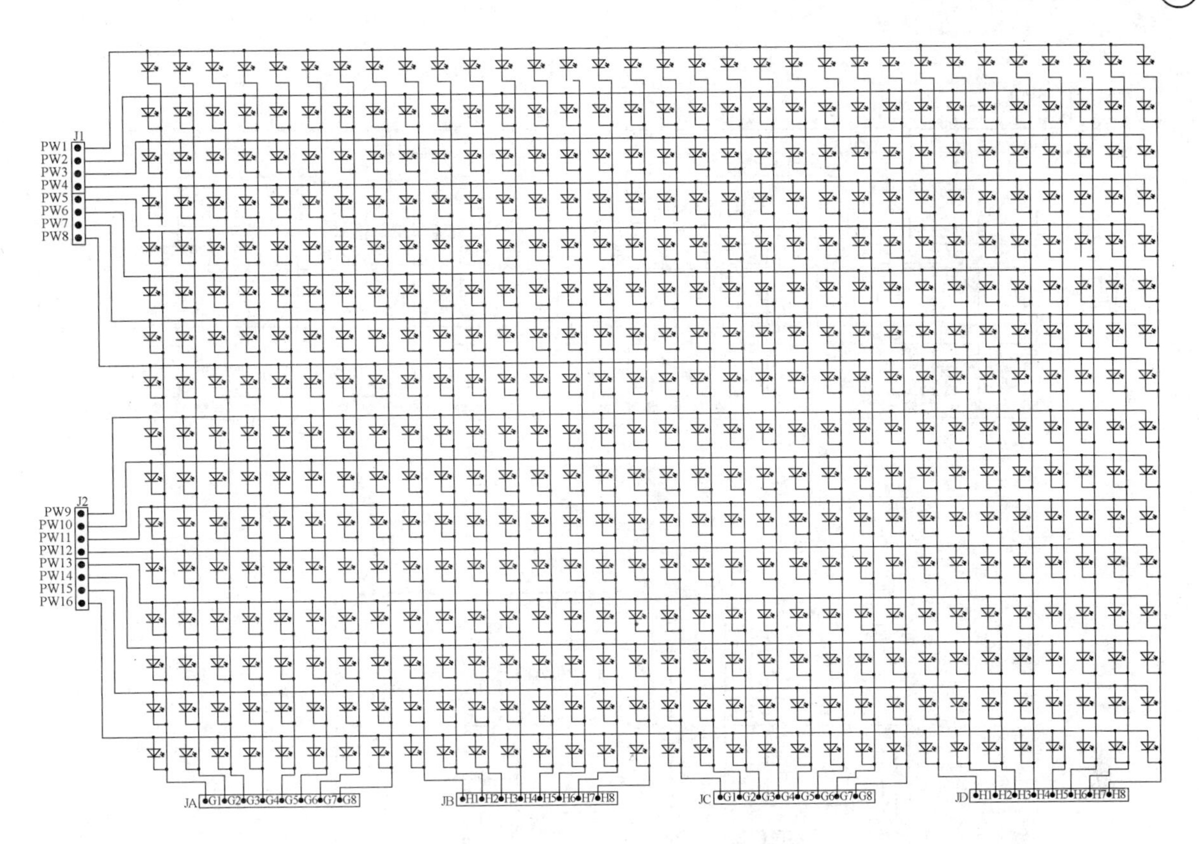


图 K3-11　16×32 共阳点阵模块

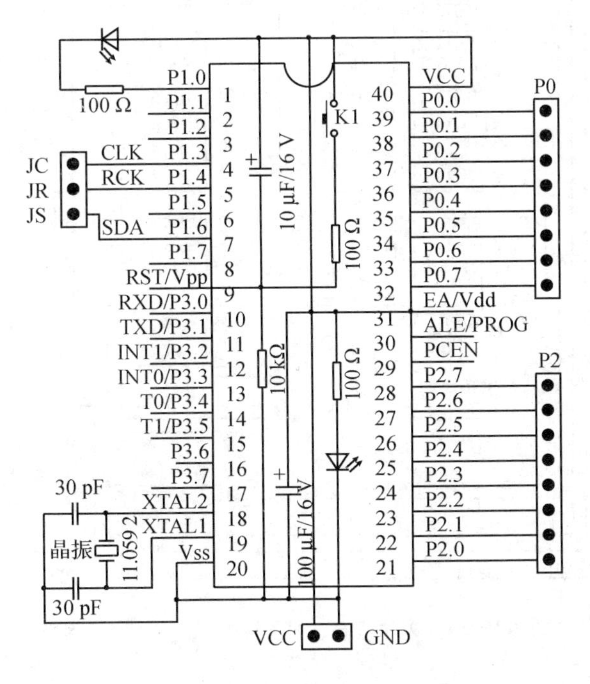


图 K3-12　方案 1 的 P89V51RD2_CPU 控制模块

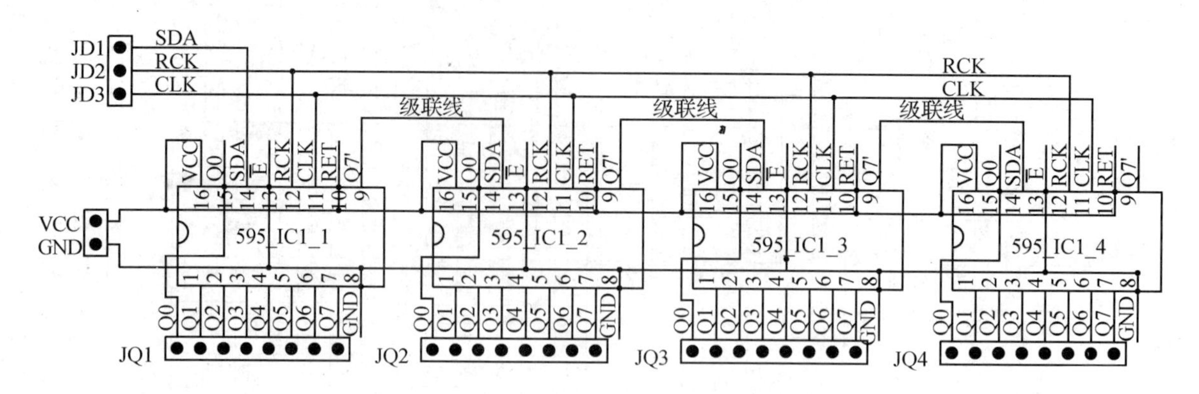


图 K3-13　方案1的数据发送模板

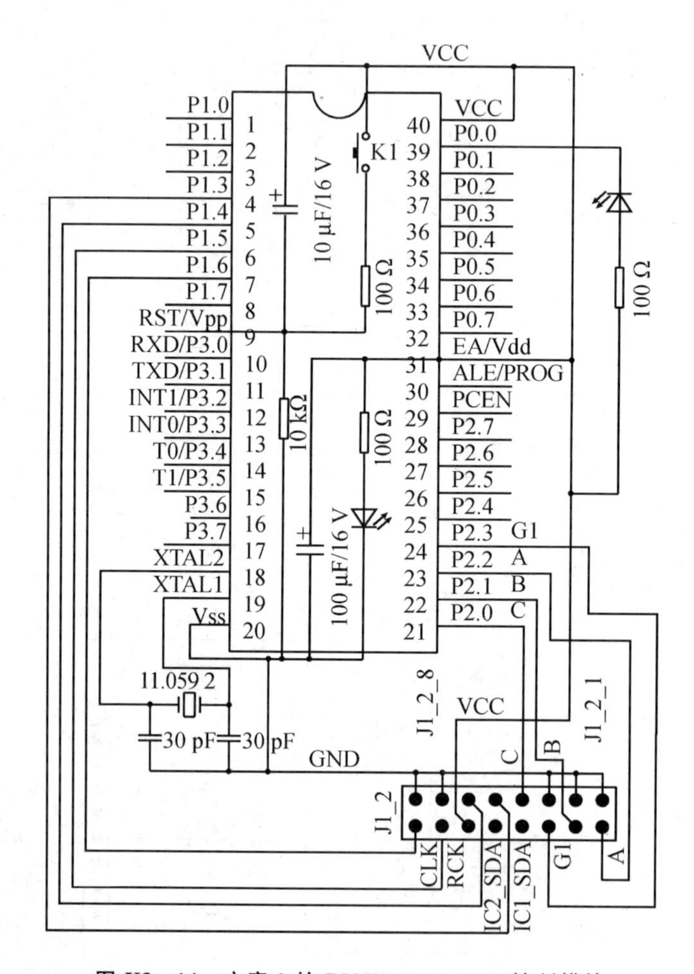


图 K3-14　方案2的P89V51RD2_CPU控制模块

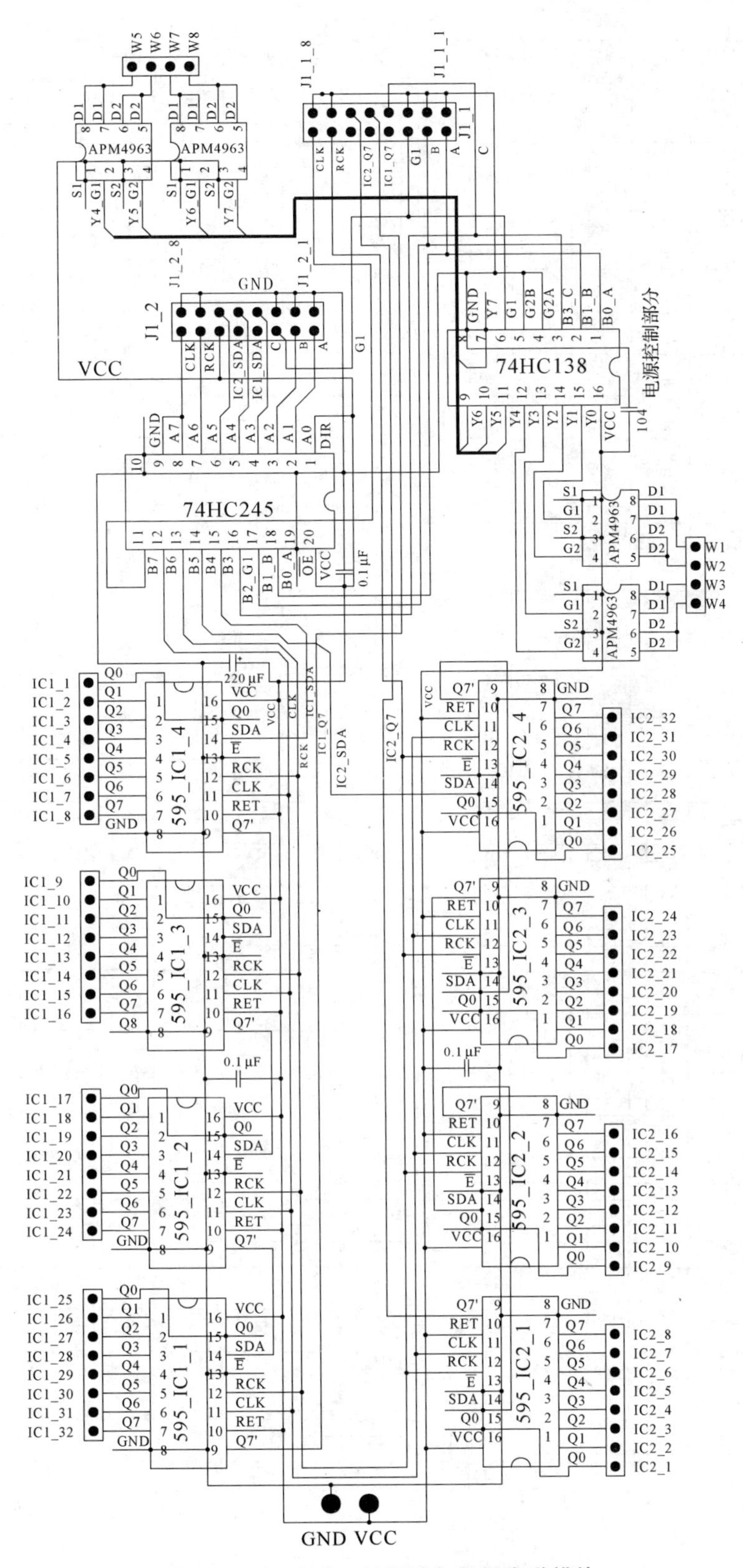

图 K3－15　方案 2 的驱动与数据发送模块

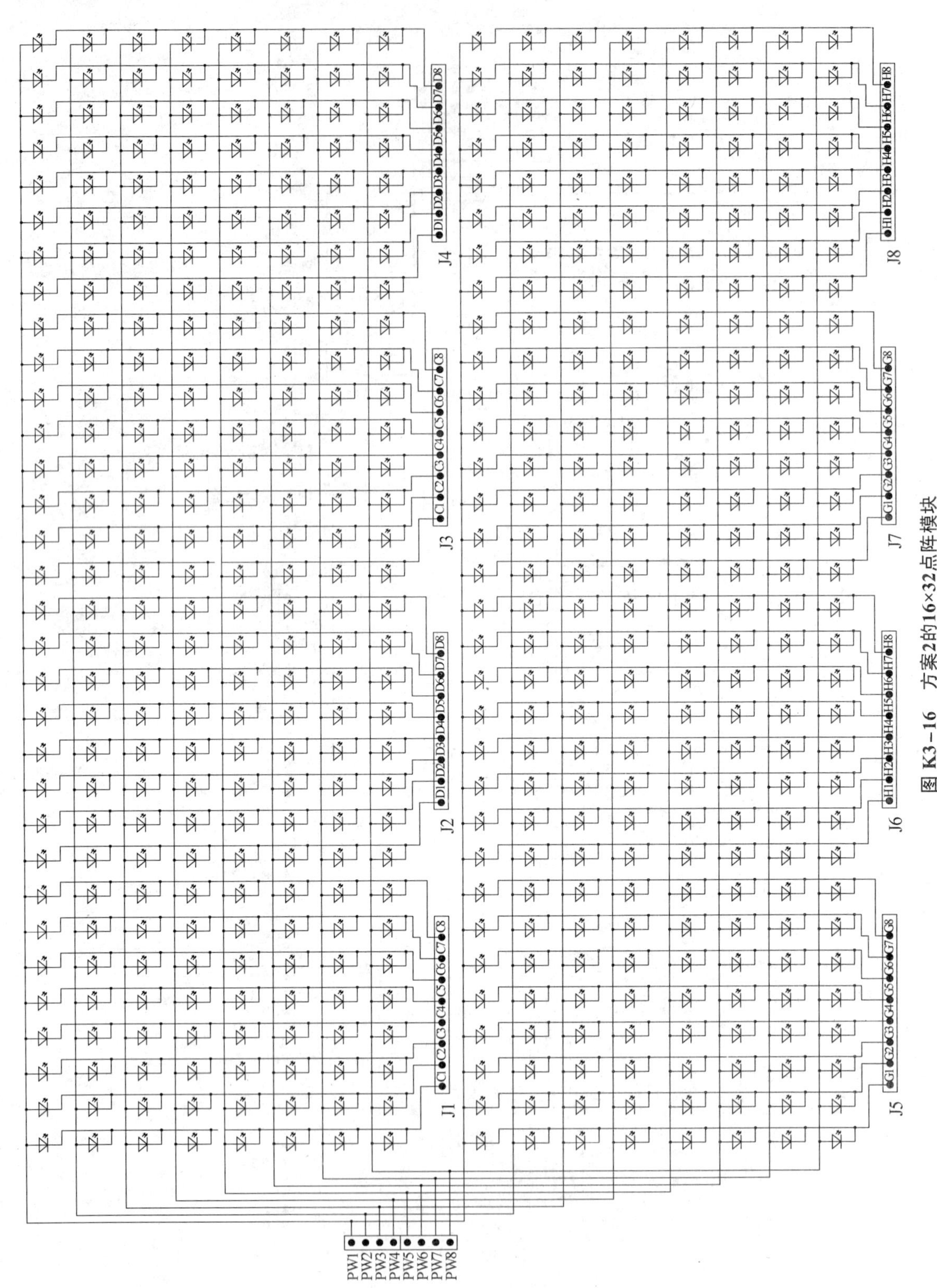


图 K3-16　方案2的16×32点阵模块

任务③工程施工用电路图如图 K3－17～图 K3－19 所示。

**说明**：本驱动只能驱动一块 16×16 点阵模块，如果要多加一块 16×16 点阵模块就要多加一块驱动，以此类推，可以达到 *N* 块。级联的方法是将图 K3－18 中的 J1_1 座与 J1_2 座各引脚对应连接，多块连接也照此操作。

任务③各模块的连接方法：

① 图 K3－17 与图 K3－18 的连接是：将图 K3－17 中的 J1_2 接插座与图 K3－18 中的 J1_2接插座的各针脚对应连接。

② 图 K3－18 与图 K3－19 的连接是：将图 K3－18 中的 IC2_1～IC2_16 顺序连到图 K3－19 中的 A1～B8，图 K3－18 中的 IC2_17～IC2_32 顺序连到图 K3－19 中的 C1～D8，图 K3－18 中的 IC1_1～IC1_16 顺序连到图 K3－19 中的 E1～E8，F1～F8，图 K3－18 中的 IC1_17～IC1_32 顺序连到图 K3－19 中的 G1～H8。

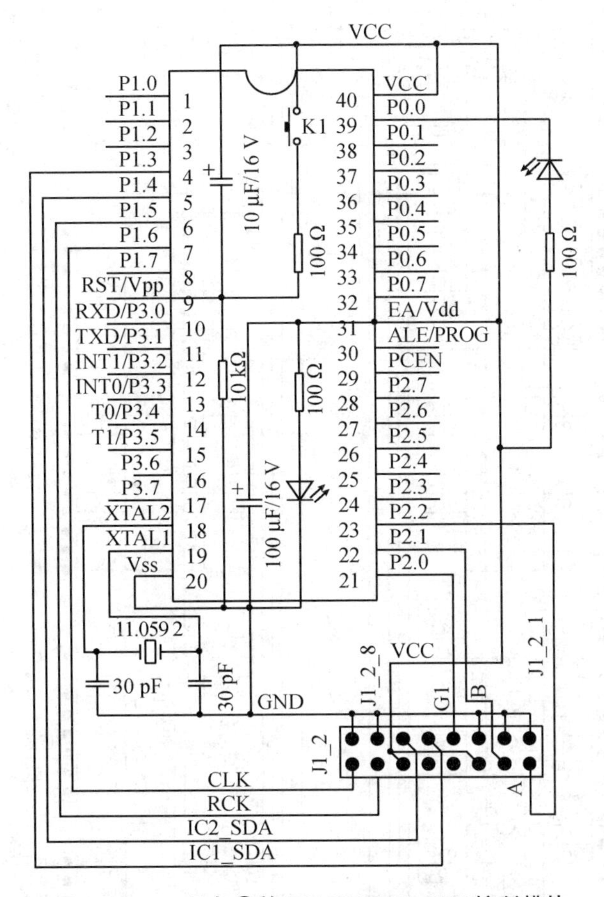


**图 K3－17　任务③的 P89V51RD2_CPU 控制模块**

对于图 K3－19 中的连接位来说，一般是焊点，如果用的是针脚，那么各点 LED 的距离就有可能出问题。

## 制作工程用电路板

没有硬件电路的读者请按课题施用图进行制作。可以将各模块用一块大的万能板做到一块板上，也可以制作 PCB 板。

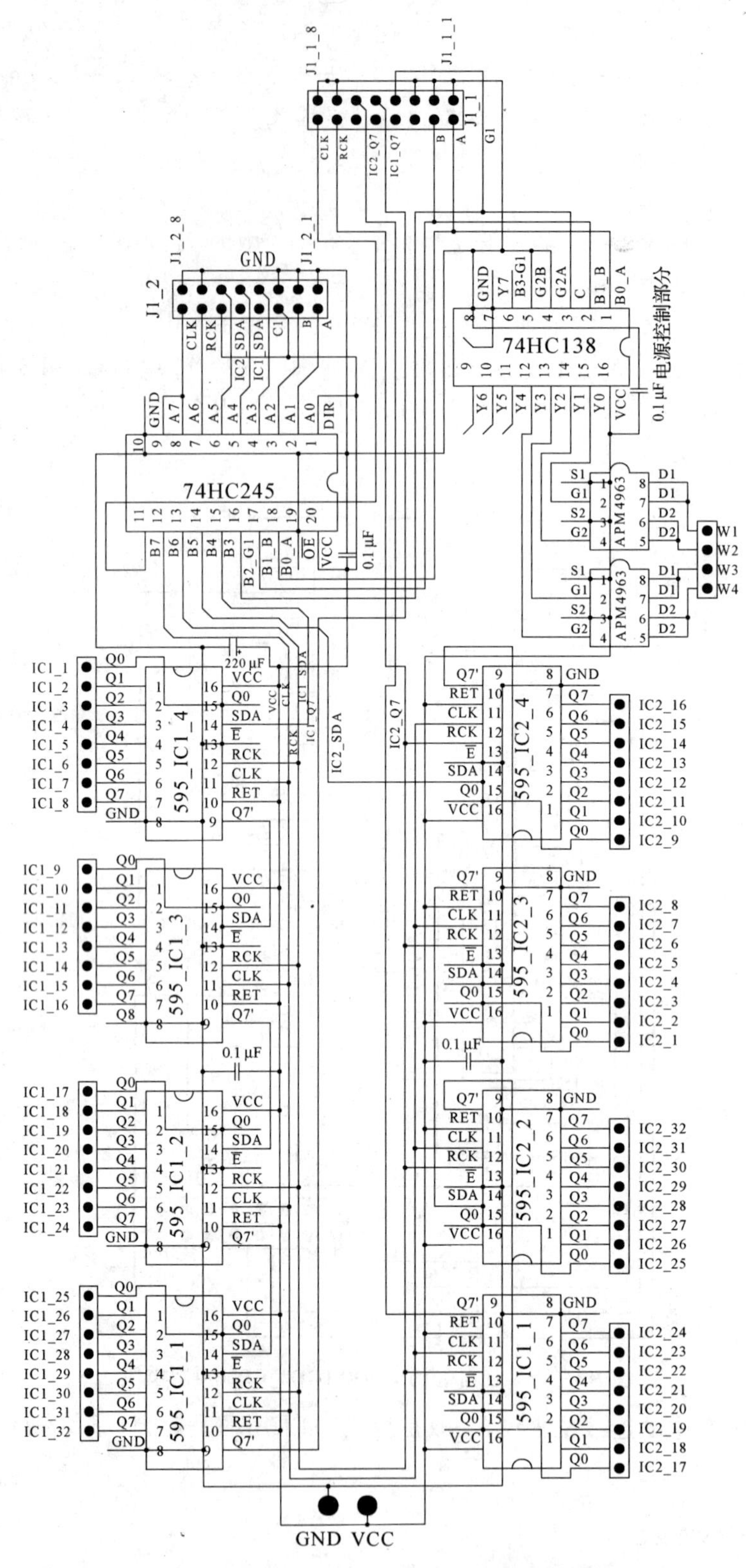

图 K3－18　16×16 点阵驱动与数据发送模块

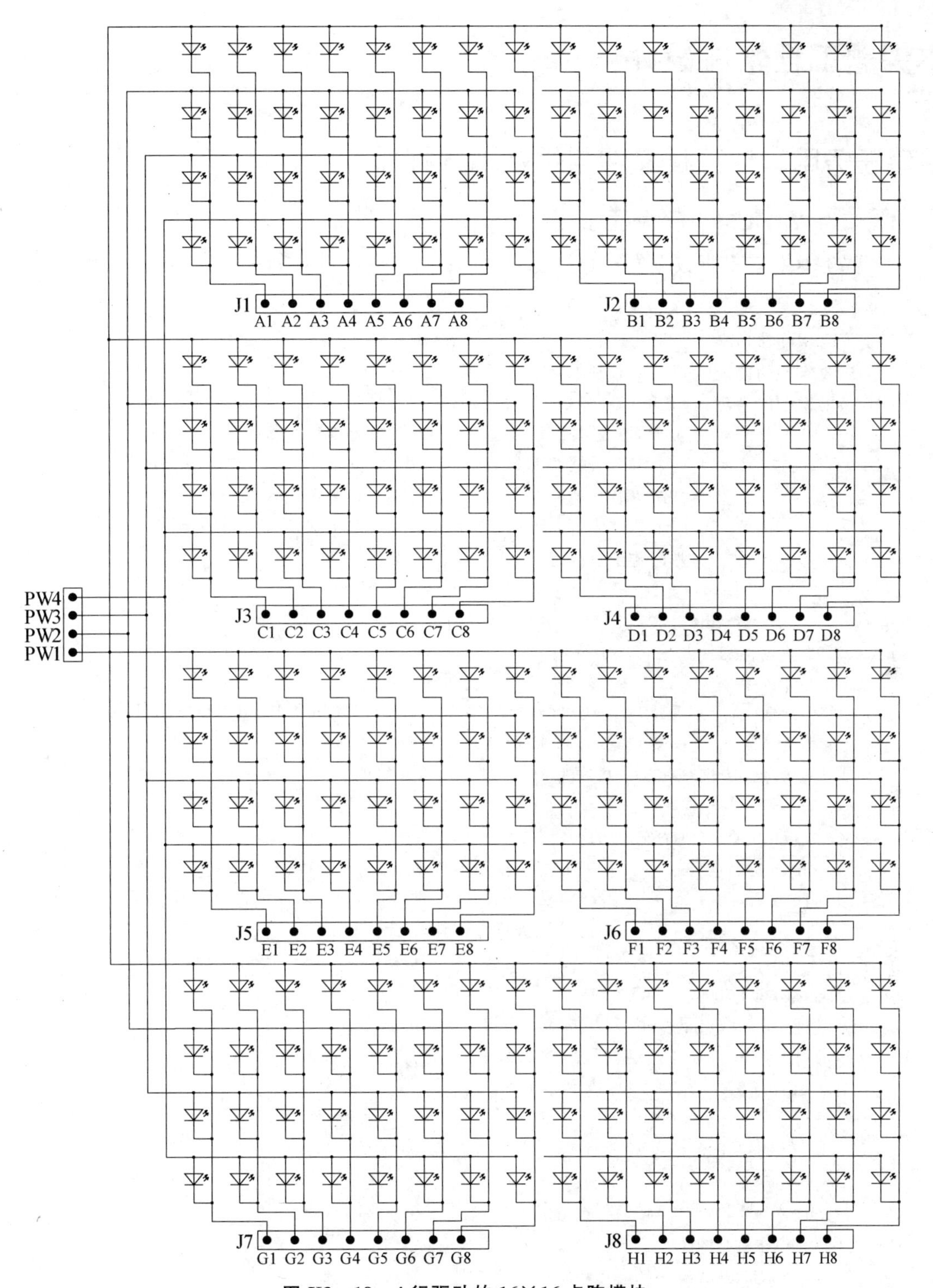


**图 K3－19　4 行驱动的 16×16 点阵模块**

# 本课题工程软件设计

## 创建任务用软件工程文件与组装工程程序

### 1. 编写 74HC595 模板程序

编写 74HC595 串行数据发送程序包，取名为 74HC595.h，其程序代码编写如下：

```
//******************************************************************
//文件名:74HC595.h
//程序要实现的功能:74HC595 模块驱动程序实现多芯片级联
//程序要说明的事项:74HC595 在级联的过程中,其工作原理是通过 SDAT,SCLK 线将数
//                  据连续发送到级联的芯片组上,发出的数据的分配是,发送的第
//                  一个字节数据存到最后一块芯片上,发送的第二个字节存在倒数
//                  第二块芯片的寄存器内,依此类推。数据在存放时数据的存放顺
//                  序由芯片内部自动处理,所以不需要太多的关心,在实际工作中只
//                  要按要求将线连好,就可以正常工作。
//------------------------------------------------------------------
#include <intrins.h>
//74HC595 数据传送使用的相关引脚定义
sbit SDAT = P1^5;            //第 14 脚传送数据 SER 或 Ds 相当于 74LS164 的 SDA 脚
sbit SCLK = P1^2;            //第 11 脚时钟输出 SHcp 或 SCK 相当于 74LS164 的 CLK 脚
sbit SRCK = P1^3;            //第 12 脚锁存到并行输出口 STcp 或 RCK
//如果需要闪烁,请将 74HC595 芯片的 E(13)脚接到单片机的引脚上,用以进行脉冲驱动闪烁

unsigned char bdata chACC;
sbit C = chACC^7;            //映射高 7 位用于数据发送,即模仿一个 CY 位,不过这个 CY 位是直
                             //接将数据的高 7 位发送出去,所以在编程时要首先将此位发出去
                             //后才能进行移位操作
//------------------------------------------------------------------
//函数名称:Send_Byte_74Hc595()
//函数功能:串行输出子程序(向 74HC595 发送数据)
//入口参数:chData 用于传递要发送的数据
//出口参数:无
//----------------------------------------------------------------
void Send_Byte_74Hc595(unsigned char chData)
{
        unsigned int i = 8;    //每字节的位长度,1 B 由 8 位组成
        chACC = chData;


         do
         {
           SDAT = C;             //先将第 7 位[chACC^7]数据发送出去
```

```
        chACC = chACC<<1;           //然后将第 6 位移到第 7 位
        _nop_();

        SCLK = 0;                   //发送一个上升沿信号,告诉对方读取数据发送线上的数据位
        _nop_();
        SCLK = 1;                   //将数据锁存到移位寄存器[上升沿锁存]
        _nop_();

        i--;
    }while(i);
}
//-------------------------------------------------------------------
//函数名称:Send_NByte_74Hc595()[外用]
//函数功能:向 74HC595 发送 N 字节数据(多字节发送子程序)
//入口参数:lpchData(传递要发送的数据 NB),nCount(芯片的个数)
//出口参数:无
//说明:数据存放的顺序是,先存放最后一块芯片的数据,所以在发送数据时必须先发出最
//    后一块芯片的数据
//-------------------------------------------------------------------
void Send_NByte_74Hc595(unsigned char * lpchData,unsigned int nCount)
{
    SRCK = 0;                       //锁存输出并口[锁存到并口输出]

    do
    {
      Send_Byte_74Hc595( * lpchData);
      lpchData++;                   //数据地址加 1
      nCount--;
      }while(nCount);               //减到 0 时停止循环

    SRCK = 1;                       //将数据转到并口
}
//-------------------------------------------------------------------
```

## 2. 创建工程用文件夹与工程

### (1) 任务①

第 1 步:创建工程用文件夹取名为"课题 3 点阵练习_任务①花样灯"。

第 2 步:打开 TKStudio 编译器,新建工程取名为"74HC595.mpj"并保存到课题 3 点阵练习_任务①花样灯文件夹中。

### (2) 任务②

第 1 步:创建工程用文件夹取名为"课题 3 点阵练习_任务②双汉字"。

第 2 步:打开 TKStudio 编译器,新建工程取名为"74HC595 双汉字.mpj"并保存到课题 3 点阵练习_任务②双汉字文件夹中。

第 3 步:在新建工程中新建一个 C 文件,取名为“74HC595 双汉字.c”并保存到课题 3 点阵练习_任务②双汉字文件夹中。

**(3) 任务③**

创建工程用文件夹取名为“课题 3 点阵练习_任务③户外单汉字”。

### 3. 组装工程程序

**(1) 任务①**

第 1 步:本任务不用模板程序。

第 2 步:创建 C 文件取名为 74HC595.c。

**(2) 任务②**

第 1 步:将“网上资料\参考程序\程序模块\程序模板汇总库\temp\”文件夹下的 uart_com_temp.h 文件复制到课题 3 点阵练习_任务②双汉字文件夹中。

第 2 步:将课题 3 点阵练习_任务①花样灯文件夹中的 74HC595.h 文件复制到课题 3 点阵练习_任务②双汉字文件夹中。

**(3) 任务③**

将“网上资料\参考程序\程序模块\ IapSD_Flash_Temp[实例 3-6]”文件夹下的内容全复制到课题 3 点阵练习_任务③户外单汉字文件夹中。主要用于程序存储器写字模。

## 工程程序应用实例

### 1. 任务①

```
//************************************************************************
//工程文件:74HC595.mpj
//功能:实现芯片级联后走流水灯
//说明:74HC595 芯片级联时,不再考虑其他因素,它会自动将数据从最后块芯片向前存储
//-----------------------------------------------------------------------
#include <reg51.h>
#include "74hc595.h"

sbit P10 = P1^0;
sbit P00 = P0^0;
unsigned char code chChar[8][6] =
{ 0x1F,0x1F,0x1F,0x1F,0x1F,0x1F,
  0x8F,0x8F,0x8F,0x8F,0x8F,0x8F,
  0xC7,0xC7,0xC7,0xC7,0xC7,0xC7,
  0xE3,0xE3,0xE3,0xE3,0xE3,0xE3,
  0xF1,0xF1,0xF1,0xF1,0xF1,0xF1,
  0xF8,0xF8,0xF8,0xF8,0xF8,0xF8,
  0x7C,0x7C,0x7C,0x7C,0x7C,0x7C,
  0x3E,0x3E,0x3E,0x3E,0x3E,0x3E,
};
//----------------------------------------
```

```
void main()
{
    unsigned int nJsq = 0;
    P10 = 0;
    P0 = 0x00;
    P2 = 0x00;

    while(1)
    {
        P10 = ~P10;
        Send_NByte_74Hc595(chChar[nJsq],6);      //6 表示硬件上有 6 块 74HC595 芯片
        nJsq++;
        if(nJsq>7)nJsq = 0;
        Ysh2s(40);                               //1s
     }

}
//--------------------------------------------------------------------------
//延时程序 nN = 1,则 1 * 10 = 10 ms
//--------------------------------------------------------------------------
void Ysh2s(unsigned int nN)
{
    unsigned int a,b,c;
    for(a = 0;a<nN;a++)                          //100 * 10 = 1 000 ms = 1 s
     for(b = 0;b<10;b++)                         //10 ms
      for(c = 0;c<110;c++);                      //1 ms

}
//--------------------------------------------------------------------------
//**************************************************************************
```

详细程序所在位置为“网上资料\参考程序\程序模板应用编程\课题 3 点阵练习_任务①花样灯”。

## 2. 任务②

在这个程序编写中，我们准备加入从 PC 机上取字模并发送到单片机，完后直接显示刚接收的字模。新发送的字模准备存入 P89V51xxx 单片机的外扩 768 B 数据存储中。

PC 机宋体字模提取程序界面如图 K3-20 所示。程序所在位置为“网上资料\参考程序\程序模板应用编程\课题 3 点阵练习_任务②三汉字\ PC 机取字模程序”文件夹中。执行程序名为 Hztq. exe。

图 K3-20 程序的操作方法是，在汉字输入窗中输入要提出的汉字，然后单击“好!”按钮，在下窗口中会出现字模码。

与单片机的通信命令见表 K3-4。

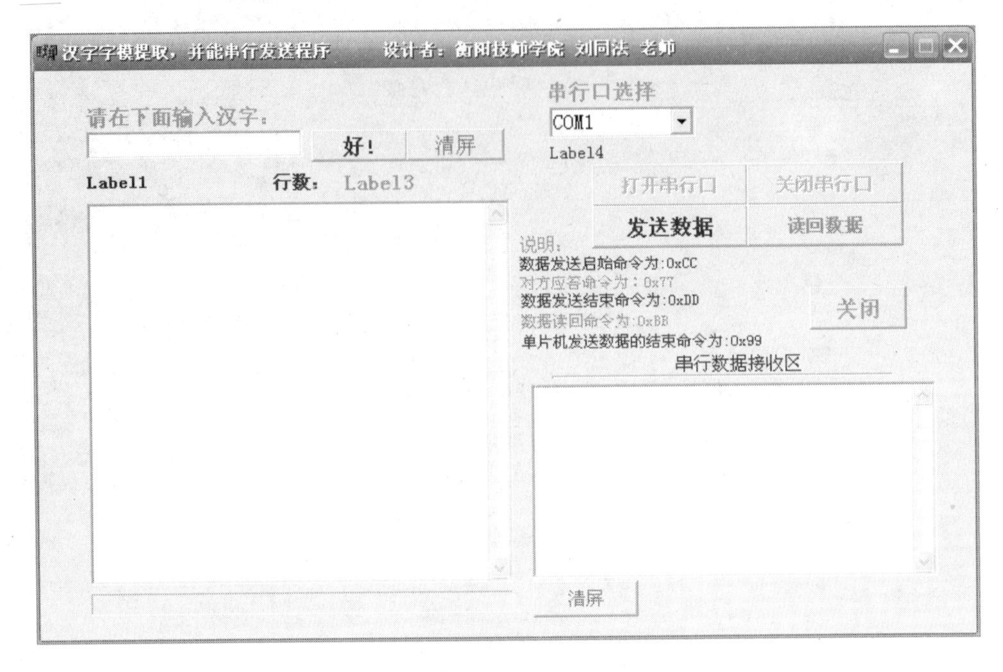


图 K3-20　PC 机取字模程序

表 K3-4　串行发送控制命令说明

| 命　令 | 功能说明 |
|---|---|
| 0xCC | 数据发送启始命令 |
| 0x77 | 下位机应答 |
| 0xDD | 数据发送结束命令 |
| 0xBB | 数据读回命令 |
| 0x99 | 下位机发送数据结束命令 |

单片机与 PC 机的通信代码编写如下。

主循环程序代码：

```
⋮
    temp = Rcv_Comm();

   if(temp == 0xCC)                          //收到请求数据发送命令
      {temp = 0x00;
       P89V51RD2_Write_Flash();              //调用接收函数接收上位机发来的数据
       }
      else if(temp == 0xBB)                  //收到请求读回命令
      {temp = 0x00;
       P89V51RD2_Read_Flash();               //调用数据读取函数发送数据到 PC 机
       }
       else ;
⋮
```

P89V51RD2_Write_Flash()函数和 P89V51RD2_Read_Flash()函数实体编写：

```
//----------------------------------------------------------------
//函数名称:P89V51RD2_Write_Flash()
//函数功能:接收上位机发来的数据并存入 RAM 外扩存储器
//入口参数:无
//出口参数:无
//----------------------------------------------------------------
void P89V51RD2_Write_Flash()
{
    unsigned char chC2;
    lpData = 0x0000;
    Send_Comm(0x77);                        //发送一个应答,要求将数据发过来

    do
    {
        if(RI)                              //串行有数据发来
        {  RI = 0;                          //清 0
          chC2 = SBUF;                      //接收数据
          * lpData  =  chC2;                //存入外扩 RAM 存储器
          Send_Comm( * lpData);             //发回上位机
          lpData ++ ;                       //存储地址向前加 1
          if(chC2 == 0xDD)break;            //收到 0xDD 数据,传送结束命令
        }

    }while(1);

}
//----------------------------------------------------------------
//函数名称:P89V51RD2_Read_Flash()
//函数功能:从 RAM 外扩存储器中读出数据并发回到上位机
//入口参数:无
//出口参数:无
//----------------------------------------------------------------
void P89V51RD2_Read_Flash()
{
   lpData = 0x0000;
   do
   {
    Send_Comm( * lpData);                   //发送读出的数据
    if( * lpData == 0xDD)break;
    lpData ++ ;
    Dey_Ysh(1);

   }while(1);
```

```
  Send_Comm(0x99);                    //发送应答命令,结束发送

}
//-----------------------------------------------------------------------
```

为了理想地显示字模的效果,在 74HC595.h 文件中加入随机字模显示函数:

```
//-----------------------------------------------------------------------
//函数名称:Send_NByte_74Hc595_Int()(外用)
//函数功能:向 74HC595 发送 N 字节数据(多字节发送子程序)
//入口参数:lpchData  传递要发送的字模数据
//          nRowCount  扫描行数
//          nCount   汉字的个数
//出口参数:无
//说明:数据存放的顺序是,先存放最后一块芯的数据,所以在发送数据时先发最后一块芯片的数据
//说明:本函数采用整型指针传值
//-----------------------------------------------------------------------
void Send_NByte_74Hc595_Int(unsigned int * lpchData,unsigned int nRowCount,
                            unsigned int nCount)
{
    unsigned int nJsq = 0;
    unsigned char chC;
     //SRCK = 0;                                    //锁存输出并口[锁存到并口输出]

     do
     { chC  = lpchData[nRowCount * 2 + 1 + (nCount - 1) * 32]; //先发低 8 位
       chC  = ~chC;
       Send_Byte_74Hc595(chC);                      //发送高 8 位
       chC  = lpchData[nRowCount * 2 + (nCount - 1) * 32];     //后发高 8 位
       chC  = ~chC;
       Send_Byte_74Hc595(chC);                      //发送低 8 位
       nCount -- ;
      }while(nCount);
     P0 = 0xFF;
     P2 = 0xFF;
     SRCK = 0;
     SRCK = 1;                                      //将数据转到并口
}
//-----------------------------------------------------------------------
```

任务②应用程序例程主文件代码:

```
//***********************************************************************
//工程文件:74HC595 双汉字.mpj
//功能:实现芯片级联后显示汉字
//说明:74HC595 芯片级联时不再考虑其他因素,芯片会自动将数据从最后一块芯片向前存储
//-----------------------------------------------------------------------
```

```
//#include <reg51.h>
#include "commSR.h"
#include "74hc595.h"

sbit P10 = P1^0;
sbit P00 = P0^0;
void Dey_Ysh(unsigned int nN);

unsigned int code chZimo[] =
{ 0x20,0x04,0x18,0x04,0x09,0x24,0xff,0xa4,          //刘
  0x02,0x24,0x42,0x24,0x22,0x24,0x14,0x24,
  0x14,0x24,0x08,0x24,0x08,0x24,0x14,0x24,
  0x22,0x04,0x43,0x04,0x81,0x14,0x00,0x08,
  0x00,0x04,0x7f,0xfe,0x40,0x04,0x40,0x24,          //同
  0x5f,0xf4,0x40,0x04,0x40,0x24,0x4f,0xf4,
  0x48,0x24,0x48,0x24,0x48,0x24,0x48,0x24,
  0x4f,0xe4,0x48,0x24,0x40,0x14,0x40,0x08,
  0x00,0x40,0x40,0x40,0x30,0x40,0x10,0x48,          //法
  0x87,0xfc,0x60,0x40,0x20,0x40,0x08,0x44,
  0x17,0xfe,0x20,0x40,0xe0,0x40,0x20,0x80,
  0x21,0x10,0x22,0x08,0x27,0xfc,0x20,0x04};
unsigned int xdata * lpData;
unsigned int * lpData2;
void P89V51RD2_Write_Flash();                       //获取 PC 机发来的数据
void P89V51RD2_Read_Flash();                        //读取存在 Flash 程序存储器中的数据
//-----------------------------------------------
void main()
{
    unsigned int nJrow = 0,nJCol = 0;
    unsigned char temp;
    unsigned char chP = 0xFE;
    P10 = 0;
    P0 = 0xFF;
    P2 = 0xFF;
    lpData2 = chZimo;
    Init_Comm();                                    //初始化串行
    lpData = 0x0000;

    while(1)
    {   //串行数据处理
      temp = Rcv_Comm();
      if(temp == 0xCC)
      {temp = 0x00;
      P89V51RD2_Write_Flash();
      }
```

```
        else if(temp == 0xBB)
        {temp = 0x00;
         P89V51RD2_Read_Flash();
         }
         else ;

         P10 = ~P10;
         Send_NByte_74Hc595_Int(lpData2,nJrow,3);         //3 是指 3 个汉字

         if(nJrow<8)
         {    P2 = 0xFF;
              P0 = chP; }
          else
         {    P0 = 0xFF;
              P2 = chP; }
         chP <<= 1;                                       //行扫描移位
         chP |= 0x01;
         if(chP == 0xFF)chP = 0xFE;

         nJrow++;
         if(nJrow>15)nJrow = 0;
        // Ysh2s(10);
    }
}
//---------------------------------------------------------
//函数名称:P89V51RD2_Write_Flash()
//函数功能:接收上位机发来的数据并存入 RAM 外扩存储器
//入口参数:无
//出口参数:无
//---------------------------------------------------------
void P89V51RD2_Write_Flash()
{
    unsigned char chC2;
    lpData = 0x0000;
    Send_Comm(0x77);                                      //发送一个应答,请将数据发过来

    do
    {
       if(RI)
       {
         RI = 0;                                          //清 0
         chC2 = SBUF;                                     //接收数据
          * lpData = chC2;
         Send_Comm( * lpData);
         lpData++;
```

```
        if(chC2 == 0xDD)break;                  //结束接收
      }

    }while(1);

     lpData = 0x0000;
     lpData2 = lpData;                          //数据下载完后立即显示
}
//------------------------------------------------------------------
//函数名称:P89V51RD2_Read_Flash()
//函数功能:从 RAM 外扩存储器中读出数据并发回到上位机
//入口参数:无
//出口参数:无
//------------------------------------------------------------------
void P89V51RD2_Read_Flash()
{
   lpData = 0x0000;
   do
   {
    Send_Comm( * lpData);
    if( * lpData == 0xDD)break;
    lpData ++ ;
    Dey_Ysh(1);

   }while(1);

  Send_Comm(0x99);                              //结束发送

}
//------------------------------------------------------------------
//延时子程序
//------------------------------------------------------------------
void Dey_Ysh(unsigned int nN)
{
     unsigned int a,b,c;
     for(a = 0;a<nN;a ++ )
        for(b = 0;b<100;b ++ )
           for(c = 0;c<100;c ++ );
}
//------------------------------------------------------------------
//******************************************************************
```

详细程序所在位置为网上资料\参考程序\程序模板应用编程\课题 3 点阵练习_任务②三汉字。

### 3. 任务③

先看硬件图连线，这样才能有的放矢地编写好程序。图 K3－21 所示的是 16×16 点阵的模板图，即点阵的真正样式图，其与图 K3－18 的连线方法是：图 K3－18 中的 595_IC2_1 模块输出引脚顺序连到图 K3－21 图中的 JZ4 座；图 K3－18 中的 595_IC2_2 模块输出引脚顺序连到图 K3－21 中的 JZ3 座；图 K3－18 中的 595_IC2_3 模块输出引脚顺序连到图 K3－21 图中的 JZ2 座；图 K3－18 中的 595_IC2_4 模块输出引脚顺序连到图 K3－21 中的 JZ1 座；图 K3－18 中的 595_IC1_1 模块输出引脚顺序连到图 K3－21 中的 JZ8 座；图 K3－18 中的 595_IC1_2 模块输出引脚顺序连到图 K3－21 中的 JZ7 座；图 K3－18 中的595_IC1_3 模块输出引脚顺序连到图 K3－21 中的 JZ6 座；图 K3－18 中的 595_IC1_4 模块输出引脚顺序连到图 K3－21 中的 JZ5 座。

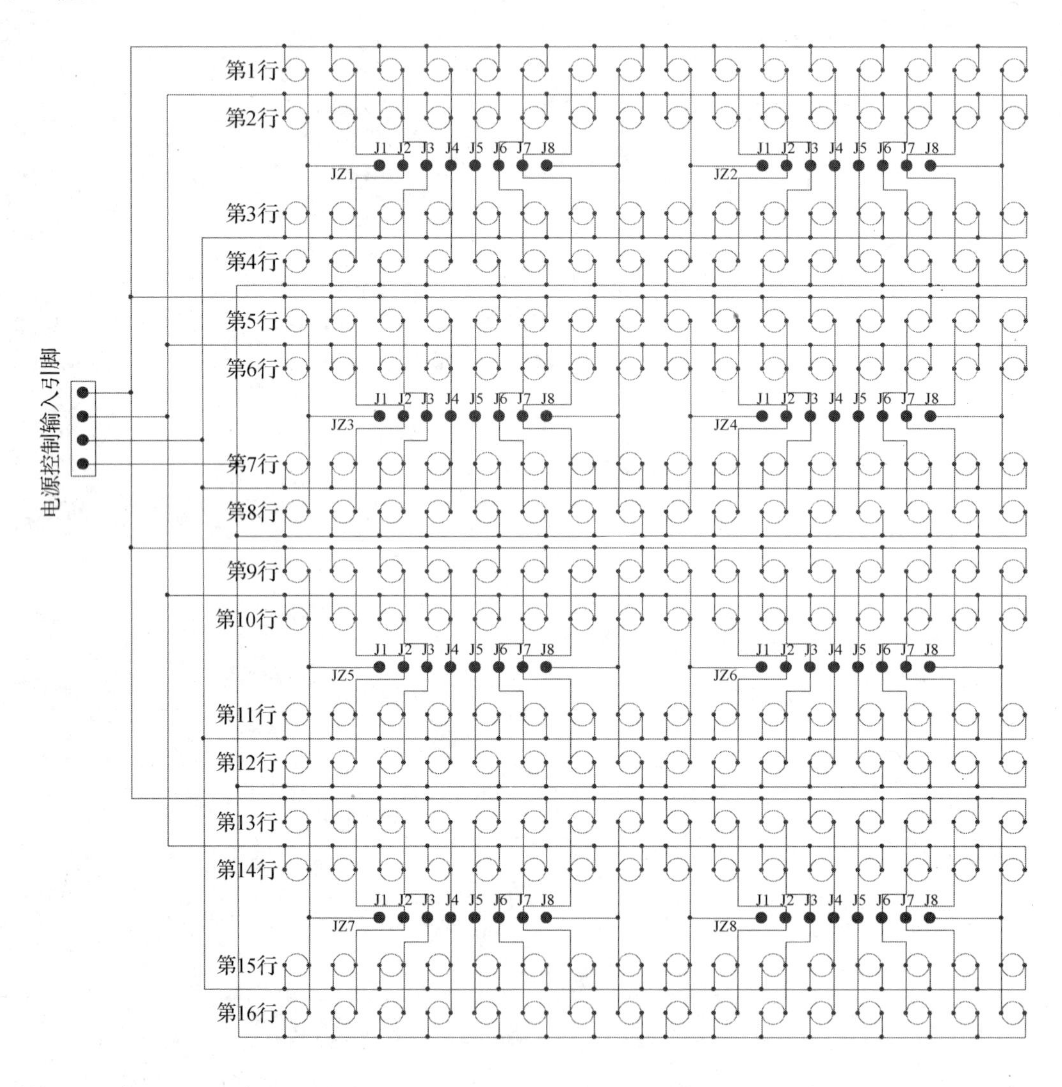


**图 K3－21　16×16 点阵模板图**

从图 K3－21 中可以看出 JZ1 和 JZ2 管的就是行扫描的高 8 位和低 8 位。按照 74HC595

发码原则，可按顺序先发低位码后发高位码。即先发 JZ4 座码，然后是 JZ3 座码、JZ2 座码和 JZ1 座码。这样就可以向 74HC595.h 加入按这种格式的发码函数。

重写 74HC595.h 文件。函数编写如下：

```
//*****************************************************************
//文件名:74HC595.h
//-----------------------------------------------------------------
#include <intrins.h>
//74HC595 数据传送使用的相关引脚定义
sbit IC1SDAT = P1^3;                //IC1 为模块数据发送线
sbit IC2SDAT = P1^4;                //IC2 为模块数据发送线
sbit SCLK = P1^6;
sbit SRCK = P1^5;

unsigned char bdata chACC,chACC2;
sbit C = chACC^7;                   //映射高 7 位用于数据发送,模仿一个 CY 位,不过这个 CY 位是
                                    //直接将数据的第 7 位发送出去,即和第 7 位连在一起,所以在
                                    //编程时要首先将此位发出去,然后再移位
sbit C2 = chACC2^7;
void Ysh2s2(unsigned int nN);
//-----------------------------------------------------------------
//函数名称:Send_Byte_74Hc595_IC1()
//函数功能:串行输出子程序(向 74HC595 发送数据)
//入口参数:chData(传递要发送的数据)
//出口参数:无
//-----------------------------------------------------------------
void Send_Byte_74Hc595_IC1(unsigned char chData)
{
       unsigned int i = 8;          //每字节的位长度,1 B 由 8 位组成
       chACC = chData;

        do
        {
          IC1SDAT = C;              //先将第 7 位[chACC^7]数据发送出去
          chACC = chACC<<1;         //然后将第 6 位移到第 7 位
          _nop_();

          SCLK = 0;                 //发送一个上升沿信号,告诉对方读取数据发送线上的数据位
          _nop_();
          SCLK = 1;                 //将数据锁存到移位寄存器(上升沿锁存)
          _nop_();

          i--;
        }while(i);
```

```
}
//-----------------------------------------------------------------------
//函数名称:Send_Byte_74Hc595_IC2()
//函数功能:串行输出子程序(向 74HC595 发送数据)
//入口参数: chData(传递要发送的数据)
//出口参数:无
//-------------------------------------------------------------------
void Send_Byte_74Hc595_IC2(unsigned char chData2)
{
      unsigned int i2 = 8;            //每字节的位长度,1 B 由 8 位组成
      chACC2 = chData2;

       do
       {
         IC2SDAT = C2;                //先将第 7 位[chACC^7]数据发送出去
         chACC2 = chACC2≪1;           //然后将第 6 位移到第 7 位
         _nop_();

         SCLK = 0;                    //发送一个上升沿信号,告诉对方读取数据发送线上的数据位
         _nop_();
         SCLK = 1;                    //将数据锁存到移位寄存器(上升沿锁存)
         _nop_();

         i2 -- ;
       }while(i2);

}
//---------------------------------------------------------------------
//函数名称:Send_NByte_74Hc595()[外用]
//函数功能:向 74HC595 发送 N 字节数据(多字节发送子程序)
//入口参数:lpchData(传递要发送的数据 NB),nRowCount(扫描行数)
//出口参数:无
//说明:共扫描 4 行就可以了
//---------------------------------------------------------------------
void Send_NByte_74Hc595(unsigned int * lpchData,unsigned int nRowCount)
{
     unsigned char chChar;            //用于反码
     SRCK = 0;                        //锁存输出并口[锁存到并口输出]
     //16×16 上半字发码
     //先发 JZ4 座码 2 表示为高 8 位和低 8 位两个数,8 为每座隔 8 位,1 表示后一个 8
     //位数据
       chChar =  *(lpchData + nRowCount * 2 + 8 + 1);
       chChar = ~chChar;             //反码
       Send_Byte_74Hc595_IC1(chChar);
```

```
    chChar =  *(lpchData + nRowCount * 2 + 8);         //发 JZ3 座码
    chChar = ~chChar;                                   //反码
    Send_Byte_74Hc595_IC1(chChar);
    chChar =  *(lpchData + nRowCount * 2 + 1);         //发 JZ2 座码
    chChar = ~chChar;                                   //反码
    Send_Byte_74Hc595_IC1(chChar);
    chChar =  *(lpchData + nRowCount * 2);             //发 JZ1 座码
    chChar = ~chChar;                                   //反码
    Send_Byte_74Hc595_IC1(chChar);
   //16×16 下半字发码
    chChar =  *(lpchData + nRowCount * 2 + 8 + 1 + 16);  //先发 JZ8 座码
    chChar = ~chChar;                                   //反码
    Send_Byte_74Hc595_IC2(chChar);
    chChar =  *(lpchData + nRowCount * 2 + 8 + 16);    //发 JZ7 座码
    chChar = ~chChar;                                   //反码
    Send_Byte_74Hc595_IC2(chChar);
    chChar =  *(lpchData + nRowCount * 2 + 1 + 16);    //发 JZ6 座码
    chChar = ~chChar;                                   //反码
    Send_Byte_74Hc595_IC2(chChar);
    chChar =  *(lpchData + nRowCount * 2 + 16);        //发 JZ5 座码
    chChar = ~chChar;                                   //反码
    Send_Byte_74Hc595_IC2(chChar);

   SRCK = 1;                                            //将数据转到并口
}

//-----------------------------------------------------------------
//延时程序
//-----------------------------------------------------------------
void Ysh2s2(unsigned int nN)
{
    unsigned int a,b,c;
    for(a = 0;a<nN;a ++ )
     for(b = 0;b<10;b ++ )
       for(c = 0;c<10;c ++ );

}
//-----------------------------------------------------------------
```

下面是主程序代码：

```
//*****************************************************************
//工程文件:户外汉字.MPJ
//功能:实现 74HC595 芯片级联后显示汉字
//-----------------------------------------------------------------
//#include <reg51.h>
```

```
#include "commSR.h"
#include "74hc595.h"

sbit P10 = P1^0;
sbit P00 = P0^0;

unsigned int code chZimo[] =
{ 0x12,0x00,0x12,0x08,0x13,0xfc,0x14,0x00,              //梅
  0xff,0xf8,0x12,0x08,0x32,0x88,0x3a,0x48,
  0x57,0xfe,0x52,0x08,0x94,0x88,0x14,0x48,
  0x17,0xfc,0x10,0x08,0x10,0x28,0x10,0x10};

unsigned int xdata * lpData;
unsigned int * lpData2;
void P89V51RD2_Write_Flash();                           //获取 PC 机发来的数据
void P89V51RD2_Read_Flash();                            //读取存在 Flash 程序存储器中的数据
unsigned char code chMove[] = {0x01,0x05,0x03,0x06};    //行扫描码
//-----------------------------------------------------
void main()
{
    unsigned int nJrow = 0,nJCol = 0;
    unsigned char temp;
    unsigned char chP = 0xFE;
    P10 = 0;
    P0 = 0xFF;
    P2 = 0xFF;
    lpData2 = chZimo;
    Init_Comm();                                        //初始化串行
    lpData = 0x0000;

    while(1)
    {                                                   //串行数据处理
         temp = Rcv_Comm();

      if(temp == 0xCC)
         {temp = 0x00;
          P89V51RD2_Write_Flash();                      //读出 PC 发来的码
          }
         else if(temp == 0xBB)
         {temp = 0x00;
          P89V51RD2_Read_Flash();                       //向 PC 机发码
          }
          else ;

       P10 = ~P10;
```

```
        Send_NByte_74Hc595(lpData2,nJrow);                //发码
        P2 = chMove[nJrow];
        nJrow++;
        if(nJrow>3)nJrow = 0;                             //行换变
        Ysh2s2(5);
    }

}
//--------------------------------------------------------------
//函数名称:P89V51RD2_Write_Flash()
//函数功能:接收上位机发来的数据并存入 RAM 外扩存储器
//入口参数:无
//出口参数:无
//--------------------------------------------------------------
void P89V51RD2_Write_Flash()
{
    unsigned char chC2;
    lpData = 0x0000;
    Send_Comm(0x77);                                  //发送一个应答,请将数据发过来

    do
    {
        if(RI)
        { RI = 0;                                     //清 0
          chC2 = SBUF;                                //接收数据
          *lpData = chC2;
          Send_Comm(*lpData);
          lpData++;
          if(chC2 == 0xDD)break;                      //结束接收
        }

    }while(1);

     lpData = 0x0000;
     lpData2 = lpData;
}
//------------------------------------------------------------------------
//函数名称:P89V51RD2_Read_Flash()
//函数功能:从 RAM 外扩存储器中读出数据并发回到上位机
//入口参数:无
//出口参数:无
//------------------------------------------------------------------------
void P89V51RD2_Read_Flash()
{
    lpData = 0x0000;
```

```
    do
    {
     Send_Comm( * lpData);
     if( * lpData = = 0xDD)break;
     lpData ++ ;
     Dey_Ysh(1);

    }while(1);

  Send_Comm(0x99);                       //结束发送

}
//--------------------------------------------------------------------
//*********************************************************************
```

详细程序所在位置为“网上资料\参考程序\程序模板应用编程\课题 3 点阵练习_任务③户外单汉字”。

## 作业与思考

请完成任务②和任务③的汉字向左移动和向上移动显示。

## 编后语

汉字点阵已经应用得非常广泛了，在这里重述是因为想让读者对这方面的知识有一个了解。长江后浪推前浪，希望读者在这个基础上更前进一步。

# 课题 4　PCF8591 和 128×64 液晶显示器在数据采集与显示上的应用

## 实验目的

了解和掌握 PCF8591 和 128×64 液晶显示器的工作原理与 C 语言编程实践，学习程序模板的组装与实例运用。

## 实验设备

① 30 W 烙铁 1 把，数字万用表 1 个；

② PC 机 1 台；

③ 开发软件 TKStudio 集成开发平台（周立功公司开发）和 Keil C51（Keil 公司开发）1 套；

④ 烧录软件 Flash Magic 下载线（NXP 公司开发）1 套，9 芯串行通信线 1 条。

## 实验器件

P89V51Rxx_CPU 模块，串行通信模块，电压值、湿度值采集需要器件如表 K4－1 所列。

表 K4-1 电压值、湿度值采集需要器件列表

| 器件名称 | 数　量 |
| --- | --- |
| PCF8591 | 1 |
| AT24C08 | 1 |
| JCM12864M | 1 |
| CHR-01 湿度传感器模块 | 1 |
| 5 kΩ 可调电阻 | 2 |
| 10 kΩ 电阻 | 4 |
| 普通 LED | 5 |
| 120 Ω 电阻 | 1 |
| 接插针 | 1 |
| 大型万能板 | 1 |

## 工程任务

实现电压值、湿度值采集，使用 128×64 液晶显示器显示数据。

## 工程任务的理解

数据采集在工业上得到广泛的应用，如工台上的环境温度、工台上的环境湿度、工台上的空气质量等，凡是对产品在生产过程中有影响的数据都要进行采集。如果要做一台鱼池增氧设备，那么必须要对鱼池内的含氧量数据进行采集。在实际的工业数据采集中，其量化值有两个取值方法，即电压值和电流值。但最后都是以电压值来表示各参数值的出现。比方说湿度值的湿敏电阻的实际能产生变化的值就是一个 0～20 mA 的电流值，然后经过运放变为一个电压值，再乘上湿度比值便可得出湿度值。还有压力传感器也是采用电流值来进行压力值测定的。

本例主要是简单示范电压值和湿度值的采集，当然在工业上有具体的应用方法，不过采集数据的方法基本上相似。

本例将采用 NXP 公司生产的 PCF8591 8 位 A/D 转换器进行数据转换，使用 128×64 液晶显示器来显示数据。当然也可以采用别的液晶显示，如 JM320×240，JM240×128 等，还可以用前面学习过的 YM1602 来显示。具体采用哪一种请根据自己的情况来决定。

## 工程设计构想

### 1. 硬件设计方框图

硬件样式设计如图 K4-1 所示。

### 2. 软件设计方框图

工程程序构思与协调控制任务分工如图 K4-2 所示。

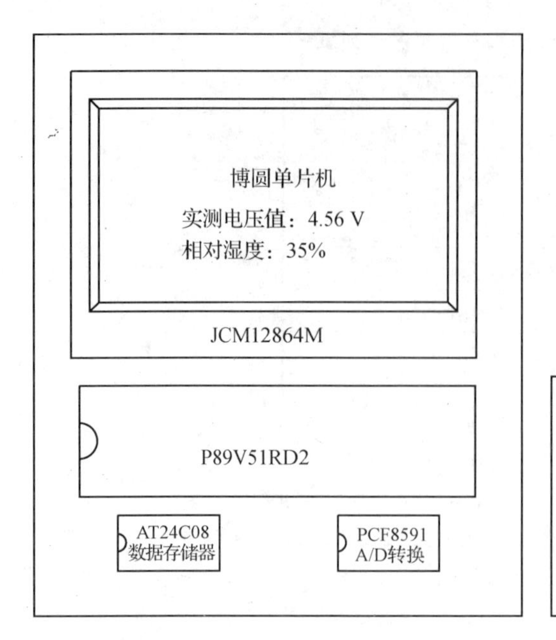


图 K4－1　数据采集硬件制作样式图

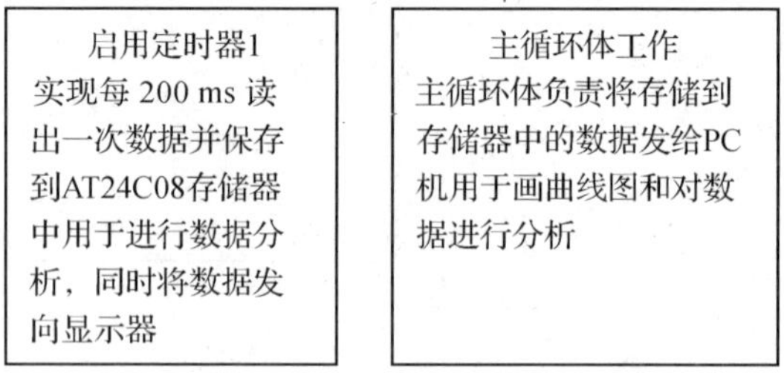

启用定时器1
实现每 200 ms 读出一次数据并保存到AT24C08存储器中用于进行数据分析，同时将数据发向显示器

主循环体工作
主循环体负责将存储到存储器中的数据发给PC机用于画曲线图和对数据进行分析

图 K4－2　软件设计思路图

## 所需外围器件资料

有关 JM12864M、AT24C08、PCF8591 详细资料介绍见《单片机外围接口电路与工程实践》一书的课题 9、课题 11、课题 21。因为本书是《单片机外围接口电路与工程实践》的续集，所以不再重述。

现对 AT24C08 地址分配作一个重新解说。

操作 AT24C08 器件时，其地址脚 A0、A1 需要悬空，只有 A2 脚有两个选择，也就是在一条总线上只能挂接两块 AT24C08 器件。地址分配如表 K4－2 所列。

表 K4－2　AT24C08 地址分配表

| 7 | 6 | 5 | 4 | 3 | 2 | 1 | 0 |
|---|---|---|---|---|---|---|---|
| 1 | 0 | 1 | 0 | A2 | P1 | P0 | R/W |

从表 K4－2 中可以看出 P1、P0 可以组成 4 块地址，即 00 0x00～0xFF、01 0x00～0xFF、10 0x00～0xFF、11 0x00～0xFF。4×256＝1024，则 1024 B×8＝8 KB。

**注：**硬件在焊接时请将 A0、A1 悬空。本例 A2 接地。即 AT24C08 器件地址有 4 个，分别是 0xA0、0xA2、0xA4 和 0xA6。

## 工程所需程序模板

从图 K4－1 中可以看出各程序的分工状况。需要程序模板文件如下：

- 使用定时器 1 捕捉频率值，启用模板文件〈time1_temp.h〉；
- 使用 UART 串行发送数据，启用模板文件〈uart_com_temp.h〉；

- 为了读取 A/D 转换值,创建模板文件〈pcf8591. h〉;
- 为了显示采集的数据,创建模板文件〈jcm12864m. h〉;
- 为了存储采集的数据,创建模板文件〈at24c08_i2c. h〉。

**说明:**如果制作的是实际工程,请加上看门狗模板文件〈P89v51_Wdt_Temp. h〉。

## 工程施工用图

本课题工程施工用的电路如图 K4-3 所示。

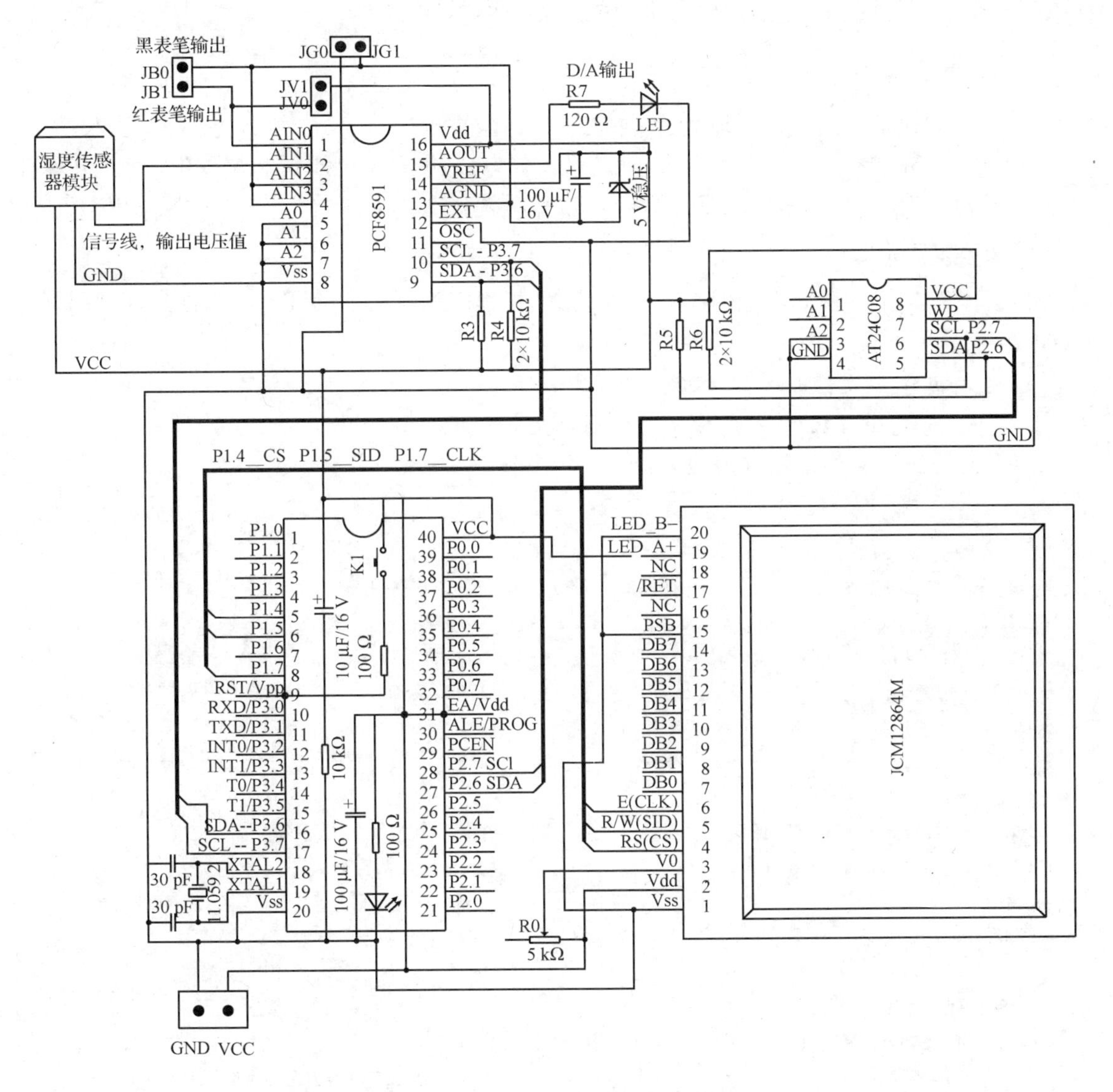


**图 K4-3　课题工程施工用电路图**

## 制作工程用电路板

没有硬件电路的读者请按图 K4 - 3 电路制作。可以将各模块用一块大的万能板做到一块板上。

# 本课题工程软件设计

## 创建任务用软件工程文件与组装工程程序

### 1. 创建工程用文件夹与工程

第 1 步:创建工程用文件夹取名为“课题 4 数据采集”。

第 2 步:打开 TKStudio 编译器,新建工程取名为“采集数据电压值和湿度值. mpj”并保存到课题 4 数据采集文件夹中。

### 2. 组装工程程序

第 1 步:将网上资料\参考程序\程序模块\模板程序汇总库下的 Temp 文件夹复制到课题 4 数据采集文件夹中。

第 2 步:创建 C 文件取名为“采集数据. c”。

第 3 步:创建 AT24C08 器件模板文件取名为〈at24c08_i2c. h〉。

at24c08_i2c. h 文件代码编写如下:

```
//*******************************************************************
//程序文件名:at24c08_i2c.h
//程序功能:实现 MCU 通过 I2C 总线对 I2C 器件实施读/写操作
//说明:所有 inc、h 文件都是使用 11.059 2 MHz 标准晶振,文件中所说的器件从地
//       址是指器件本身的地址,即器件的名称;文件中所说的器件子地址是指器件内部储存
//       器的地址,如 AT24C01 内部地址是从 0000H 到 03F0H,在 IIC 总线的术语中叫做器件
//       的子地址
//-------------------------------------------------------------------
#include <intrins.h>
#define uchar unsigned char                       //映射 uchar 为无符号字符
#define uint  unsigned int                        //映射 uint 为无符号整数

#define   NOP     _nop_();

//使用前定义常量
bit AT24C_ACK,AT24C_C;                            //应答位
sbit AT24C_SDA = P2^6;                            //引脚设定按硬件的具体连线而定
sbit AT24C_SCL = P2^7;                            //本课题工程是 SDA 连接到 P2.7,SCL 连接到 P2.6

uchar bdata bIACC24;                              //申请一个位变量用于数据发送时产生位移
//定义一个数据位的高 7 位用于位传送,主要用于高位在前之用
sbit bIACC247 = bIACC24^7;
```

```
//定义一个数据位的低0位，用于位传送，主要用于低位在前之用
sbit bIACC240 = bIACC24^0;

//定义器件地址
uchar AT24C08 = 0xA2;              //地址设定也要根据硬件而定
//-------------------------------------------------------------
//程序名称：START_I2C_AT24C()
//程序功能：启动 I2C 总线
//入口参数：无
//出口参数：无
//-------------------------------------------------------------
void START_I2C_AT24C()
{
        AT24C_SDA = 1;             //保持数据线为高电平不变化
        NOP
        AT24C_SCL = 1;             //保持时钟线为高电平不变化
        NOP                        //以下工作是大于 4.7 μs 后启动总线(每一个 NOP 语句为 1 μs)
        NOP
        NOP
        NOP
        NOP                        //4.7 μs 后在 SCL 时钟线保持高电平的情况下，拉低数据线 SDA，则
                                   //可启动 I2C 总线
        AT24C_SDA = 0;             //拉低数据线 SDA，启动总线
        NOP
        NOP
        NOP
        NOP
        NOP                        //4.7 μs 后准备钳住总线
        AT24C_SCL = 0;             //钳位总线，准备发数据
        NOP
      //结束总线启动
}
//-------------------------------------------------------------
//程序名称：STOP_I2C_AT24C()
//程序功能：停止 I2C 总线
//入口参数：无
//出口参数：无
//-------------------------------------------------------------
void STOP_I2C_AT24C()
{
        AT24C_SDA = 0;             //置数据线为低电平
        NOP
        AT24C_SCL = 1;             //保持时钟线为高电平不变[发送结束条件的时钟信号]
        NOP                        //以下工作是大于 4.7 μs 后结束总线(每一个 NOP 语句为 1 μs)
        NOP
```

```
        NOP
        NOP
        NOP                          //4.7 μs后在SCL时钟线保持高电平的情况下,拉高数据线SDA
                                     //则可停止I2C总线通信
        AT24C_SDA = 1;               //拉高数据线SDA,结束总线通信
        NOP                          //保证终止信号和起始信号的空闲时间大于4.7 μs
        NOP
        NOP
        NOP
        //结束启动
}
//----------------------------------------------------
//程序名称:GET_I2C_ACK_AT24C()(检查应答位子程序)
//程序功能:获取一个总线响应(应答)
//入口参数:无
//出口参数:ACK(低电平为有效应答,人为地使ACK = 1,返回一个高电平用于判断)
//说明:返回值ACK = 1时表示有应答
//----------------------------------------------------
bit  GET_I2C_ACK_AT24C()
{
        AT24C_SDA = 1;               //应答的时钟脉冲期间,发送器释放SDA线(高)
        NOP
        NOP
        AT24C_SCL = 1;               //保持时钟线为高电平
        AT24C_ACK = 0;               //初始化应答信号,用于后判断
        NOP
        NOP
        AT24C_C = AT24C_SDA;         //应答的时钟脉冲期间,接收器会将SDA线拉低(从
                                     //机在应答时拉低此线)
        if(AT24C_C == 0)             //判断应答位,SDA为高,则ACK = 0,表示无应答
           AT24C_ACK = 1;            //SDA为低,则使ACK = 1,表示有应答
        NOP
        AT24C_SCL = 0;               //钳住总线
        NOP

      return  AT24C_ACK;
}
//----------------------------------------------------
//程序名称:SET_I2C_MACK_AT24C()
//程序功能:主机发送一个总线响应(应答)信号
//入口参数:无
//出口参数:无
//----------------------------------------------------
void SET_I2C_MACK_AT24C()
{
```

```
        AT24C_SDA = 0;                  //将 SDA 置 0,拉低数据线
        NOP
        NOP
        AT24C_SCL = 1;                  //保证数据时间,即 SCL 为高时间大于 4.7 μs
        NOP
        NOP
        NOP
        NOP
        NOP                             //4.7 μs 后钳住总线
        AT24C_SCL = 0;                  //拉低时钟线,钳住总线
        NOP
        NOP

}
//-----------------------------------------------------------------
//程序名称:SET_I2C_MNOTACK_AT24C()
//程序功能:主机发送一个总线非响应(应答)信号
//入口参数:无
//出口参数:无
//---------------------------------------------------------------
void SET_I2C_MNOTACK_AT24C()
{
        AT24C_SDA = 1;                  //将 SDA 置 1,拉高数据线
        NOP
        NOP
        AT24C_SCL = 1;                  //保证数据时间,即 SCL 为高时间大于 4.7 μs
        NOP
        NOP
        NOP
        NOP
        NOP                             //4.7 μs 后钳住总线
        AT24C_SCL = 0;                  //拉低时钟线,钳住总线
        NOP
        NOP

}
//-----------------------------------------------------
//程序名称:WRITE_BYTE_I2C_AT24C()
//程序功能:写 1B 到总线
//入口参数:chData(要发送的数据)
//出口参数:无
//说明:每发送 1B 要调用一次 GET_I2C_ACK 子程序,取应答位数据在传送时高位在前
//--------------------------------------------------------------------
void WRITE_BYTE_I2C_AT24C(uchar chData)
{
```

```
        uint  JSQ = 8;                     //计数器
        bIACC24 = chData;
        do
        {
         if(bIACC247)goto WR1AT24C;        //判断 bACC7(数据的高 7 位)位为 1 还是 0,
                                           //如果为 1,就跳到 WR1
         AT24C_SDA = 0;                    //若 bACC7 位为 0,则发送 0[将数据线拉低]
         NOP
         AT24C_SCL = 1;                    //保证数据时间,即 SCL 为高时间大于 4.7 μs
         NOP
         NOP
         NOP
         NOP
         NOP                               //4.7 μs 后钳住总线
         AT24C_SCL = 0;                    //拉低时钟线,钳住总线
         NOP
WLP1AT24C:
         JSQ--;
         bIACC24 = bIACC24<<1;             //左移一位准备下一次发送(将高 6 位移到高 7 位准
                                           //备发送)
         }while(JSQ);                      //判断 8 位数据是否发完
         NOP
         return ;                          //结束程序

WR1AT24C:
         AT24C_SDA = 1;                    //若 bACC7 为 1,则发送 1(将数据线拉高)
         NOP
         AT24C_SCL = 1;                    //保证数据时间,即 SCL 为高时间大于 4.7 μs
         NOP
         NOP
         NOP
         NOP
         NOP                               //4.7 μs 后钳住总线
         AT24C_SCL = 0;
         goto  WLP1AT24C;
}
//-------------------------------------------------------
//程序名称:READ_BYTE_I2C_AT24C()
//程序功能:从总线读 1B
//入口参数:无
//出口参数:A(存储读取的总线数据)
//说明:每取 1B 要发送一个应答/非应答信号
//-------------------------------------------------------
uchar  READ_BYTE_I2C_AT24C()
{
```

```
        uint  JSQ = 8;
        do
        {AT24C_SDA = 1;
         NOP
         AT24C_SCL = 1;                         //时钟线为高,接收数据位
         NOP
         NOP
         bIACC24 = bIACC24<<1;                  //左移一位,准备接收数据位(将低 0 位移到低 1 位
                                                //准备接收)
         bIACC240 = AT24C_SDA;                  //读取 SDA 线的数据位
         NOP
         AT24C_SCL = 0;                         //将 SCL 拉低,时间大于 4.8 μs
         NOP
         NOP
         NOP
         NOP
         NOP

         JSQ - - ;
        }while(JSQ);                            //8 位数据发完了吗?

      return bIACC24;
}
//----------------------------------------------------
//程序名称:SEND_BDAT_I2C_AT24C()(发送 1B 数据到总线)
//程序功能:向总线写 1B(外部调用,无子地址,即无内部储存器地址的器件)
//入口参数:chWAddre(器件从机地址),chWDat(要发送的数据)
//出口参数:无
//----------------------------------------------------
void SEND_BDAT_I2C_AT24C(uchar chWAddre,uchar chWDat)
{
        START_I2C_AT24C();                      //启动总线
        WRITE_BYTE_I2C_AT24C(chWAddre);         //向总线发送器件从机地址

        if(GET_I2C_ACK_AT24C() = = 0)           //读取从机应答(高电平有效)
            goto RETWRBAT24C;                   //无应答,则退出

        //向总线发送数据
        WRITE_BYTE_I2C_AT24C(chWDat);
        GET_I2C_ACK_AT24C();                    //读取从机应答(高电平有效)
        STOP_I2C_AT24C();                       //结束总线通信
        return ;

RETWRBAT24C:
        STOP_I2C_AT24C();                       //结束总线通信
```

```
        return ;
}
//----------------------------------------------------------------------
//程序名称:RCV_BDAT_I2C_AT24C() (从总线读取 1B 数据)
//程序功能:从总线读 1B(外部调用,无子地址,即无内部储存器地址的器件)
//入口参数:chWADD(器件从机地址)
//出口参数:chRDat(存储读取的数据)
//----------------------------------------------------------------------
uchar RCV_BDAT_I2C_AT24C(uchar chWADD)
{
        uchar chRDat = 0x00;

        START_I2C_AT24C();                  //启动总线
        //发送器件从机地址
        chWADD++;                           //使地址最低位为 1,即 R/W = 1,改向总线写入数据为从
                                            //总线读取数据
        WRITE_BYTE_I2C_AT24C(chWADD);       //向总线写入器件从机地址

        if(GET_I2C_ACK_AT24C() == 0)        //读取从机应答(低电平有效)
              goto RETRDBAT24C;             //无应答,则退出

        chRDat = READ_BYTE_I2C_AT24C();     //从总线上读出 1B 数据
        SET_I2C_MNOTACK_AT24C();            //向总线发送一个非应答

    RETRDBAT24C:
        STOP_I2C_AT24C();                   //结束总线通信

    return chRDat;
}
//----------------------------------------------------------------------
//程序名称:WRITE_NB_DAT_I2C_AT24C() (NB 为 N 个字节数据)
//程序功能:向总线写入 N 个字节数(外部调用)
//入口参数:WADD(器件从机地址),WADD2(器件内部要存储数据的起始地址)
//           lpMTD(数据缓冲区的起始地址),NUMBYTE(要写入数据的字节个数)
//出口参数:无
//----------------------------------------------------------------------
void WRITE_NB_DAT_I2C_AT24C(uchar chWADD,uchar chWADD2,
                         uchar * lpMTD,uint NUMBYTE)
{
  WNBI2CAT24C:

        START_I2C_AT24C();                  //启动总线
        WRITE_BYTE_I2C_AT24C(chWADD);       //向总线写入器件从机地址

        if(GET_I2C_ACK_AT24C() == 0)        //读取从机应答(低电平有效)
```

```
            goto  RETWRNAT24C;               //无应答,则退出

        //传送器件从机内部要写入数据的起始地址
        WRITE_BYTE_I2C_AT24C(chWADD2);       //向总线写入数据(从机内部地址写入)
        GET_I2C_ACK_AT24C();                 //读取从机应答(高电平有效)

        do
        {
          WRITE_BYTE_I2C_AT24C( * lpMTD);    //向总线写入数据
          if(GET_I2C_ACK_AT24C() == 0)       //读取从机应答(高电平有效)
               goto  WNBI2CAT24C;            //无应答,则重复起始条件
          lpMTD ++ ;
          NUMBYTE -- ;
        }while(NUMBYTE);                     //判断写完没有

    RETWRNAT24C:
         STOP_I2C_AT24C();                   //结束总线通信

}
//--------------------------------------------------------------------
//程序名称:READ_NB_DAT_I2C_AT24C (NB 为 N 个字节数据)
//程序功能:向总线写入 N 字节数[外部调用]
//入口参数:chWADD(器件从机地址),chWADD2(器件从机内部要存储数据的起始地址)
//           NUMBYTE(要读取数据的个数)
//出口参数:接收数据缓冲区 lpMRD
//说明:用一个数组将数据从 lpMRD 处接出去,长度根据需要而定
//--------------------------------------------------------------------
void READ_NB_DAT_I2C_AT24C(uchar chWADD,uchar chWADD2,
                          uchar * lpMRD,uint NUMBYTE)
{
        uint nJsq = 0;                       //计数器

    READI2CAT24C:
        START_I2C_AT24C();                   //启动总线

        WRITE_BYTE_I2C_AT24C(chWADD);        //向总线写入器件从机地址
        //获取一个应答
        if(GET_I2C_ACK_AT24C() == 0)         //读取从机应答(高电平有效)
            goto  RETRDNAT24C;
        //如果有应答,就发送器件从地址
        //指定从机内部地址[子地址][传送器件内部要写入数据的起始地址]
        WRITE_BYTE_I2C_AT24C(chWADD2);       //向总线写入数据

        GET_I2C_ACK_AT24C();                 //读取从机应答(高电平有效)
        START_I2C_AT24C();                   //重新启动总线
```

```
        //传送器件从机地址
        //使地址最低位为1,即R/W=1,改向总线写入数据为从总线读取数据
        chWADD++;                              //将器件地址加1变为读数据
        WRITE_BYTE_I2C_AT24C(chWADD);          //向总线写入数据

        if(GET_I2C_ACK_AT24C()==0)             //读取从机应答(高电平有效)
                goto READI2CAT24C;

    RDN1AT24C:
        lpMRD[nJsq]=READ_BYTE_I2C_AT24C();     //读出总线数据[读操作开始]

        NUMBYTE--;
        if(NUMBYTE)goto SACKAT24C;

        SET_I2C_MNOTACK_AT24C();               //主机向从机发送一个非应答
        //最后1B发非应答位
    RETRDNAT24C:
        STOP_I2C_AT24C();                      //结束总线通信
        return;

    SACKAT24C:
        SET_I2C_MACK_AT24C();                  //向从机发送一个应答信号
        nJsq++;
        goto   RDN1AT24C;
}
//-------------------------------------------------------------
```

第4步:编程对at24c08_i2c.h进行测试。

代码编写如下:(说明:这是对AT24C08器件进行测试,要知道在工程中每加入一个硬件都要进行单独的测试,以防止硬件不能使用,使程序编写陷入死胡同,浪费时间)

```
//*************************************************************
//文件名称:AT24C08测试.c
//程序功能:通过I2C总线向at24c08EEPROM写入数据后并读出数据
//说明:用UART串行通信将读出的数据发回PC机,用串行助手接收
//      本程序使用at24c08的电路连接方法是:A0[1脚]接高电平,A1[2脚]、A2[3脚]和
//      WP[7脚]三脚接地
//-------------------------------------------------------------
#include "uart_com_temp.h"
#include "at24c08_i2c.h"

sbit P10 = P1^0;
sbit P00 = P0^0;
sbit P20 = P2^0;
sbit P21 = P2^1;
```

```
void Key1();
void Key2();
//-----------------------------------------------------------------------
void main()
{
    InitUartComm(11.0592,9600);                          //初始化串行口
    P00 = 0;

    while(1)
    {
     P00 = ~P00;
     P10 = ~P10;

     if(P20 == 0)Key1();                                //向 at24C08 写入 N 字节
     if(P21 == 0)Key2();                                //从 at24c08 读出 N 字节

     Dey_Ysh(5);
    }
}
//---------------------------------------------------------------
void Key1()
{
   //向存储器 AT24C08 写入数据
   WRITE_NB_DAT_I2C_AT24C(AT24C08,0x20,"0123456789ABCDEF",16);
   Dey_Ysh(1);                                         //一定要间隔一点时间才能连续写入
   WRITE_NB_DAT_I2C_AT24C(AT24C08,0x30,"FEDCBA9876543210",16);
   P06 = ~P06;

}
//---------------------------------------------------------------
void Key2()
{
   unsigned int i = 0;
   unsigned char chSing[16],chSing2[16];
   //读出 NB 的数据
   READ_NB_DAT_I2C_AT24C(AT24C08,0x20,chSing,16);
   READ_NB_DAT_I2C_AT24C(AT24C08,0x30,chSing2,16);
   for(i = 0;i<16;i++)
   {
    Send_Comm(chSing[i]);
    Dey_Ysh(2);
   }
   for(i = 0;i<16;i++)
   {
    Send_Comm(chSing2[i]);
```

```
        Dey_Ysh(2);
    }
}
//*****************************************************************
```

操作方法:

程序编译好后烧入单片机,打开PC机上的串行助手。在单片机的P2.0和P2.1引脚上分别挂接一个K1和K2按键。K1键按下时为向AT24C08写入数据,K2键按下时为从AT24C08读数据。操作时按下K2键,可以在串行助手的接收窗口中看到读出的数据。格式如图K4-4所示。

**图K4-4 按K2键时读出的数据格式**

第5步:创建JM12864M模板文件取名为〈jcm12864m.h〉。

代码编写如下:

```
//*****************************************************************
//程序文件名:jcm12864m.h
//程序要实现的功能:mcu对jcm12864m液晶实施SPI同步串行读/写操作
//-----------------------------------------------------------------
#include <intrins.h>
#define uchar unsigned char       //映射uchar为无符号字符
#define uint  unsigned int        //映射uint为无符号整数

#define   NOP     _nop_();

sbit JCS = P1^4;                  //SPI     片选
sbit JDIO = P1^5;                 //SPIDAT[MOSI] 数据
sbit JSCLK = P1^7;                //SPICLK  时钟

uchar bdata bACC;                 //申请一个位变量,用于数据发送时产生位移
sbit bACC7 = bACC^7;              //定义一个数据位的高7位,用于位传送,主要用于高位在前之用
sbit bACC0 = bACC^0;              //定义一个数据位的低0位,用于位传送,主要用于低位在前之用
//-----------------------------------------------------------------
// 名称:Delay8uS
// 功能:8μs软件延时
// 说明:用户根据自己的系统相应更改
//-----------------------------------------------------------------
void Delay8uS(void)
{ uchar i;
  for(i = 0; i<4; i++);
```

```
}
//-----------------------------------------------------------------
// 名称:Delay50uS
// 功能:50 μs 软件延时
// 说明:用户根据自已的系统相应更改
//-----------------------------------------------------------------
void Delay50uS(void)
{ uchar i;
  for(i = 0; i<25; i++);
}
//----------------------------------------------------------
//延时函数
//说明:每执行一次大约 6 μs
//----------------------------------------------------------
void DelayDS(unsigned int i)
{
   while(i--);
}
//------------------------------------------------------------
//程序名称:JSEND_DATA8
//程序功能:用于发送 8 位数据(单字节发送子程序)
//入口参数: SDAT(传送要发送的数据)
//出口参数:无
//说明:12864M 液晶使用的是 SPI 同步串行通信,本子程序已是串行通信程序,
//       再加上 CS 片选动作即可实施 SPI 同步串行通信
//------------------------------------------------------------
void JSEND_DATA8(uchar chSDAT)
{

        uint  JSQ1 = 8;                    //准备发送 8 次
        Delay50uS();                       //调用 50 μs 延时子程序
        bACC = chSDAT;
    SD:
        JDIO = bACC7;                      //先将高 7 位发送出去
        bACC = bACC<<1;                    //将高 6 位移到高 7 位,准备下一次发送
        NOP
        NOP
        JSCLK = 1;                         //准备数据锁存
        Delay8uS();                        //12 μs 延时
        JSCLK = 0;                         //在脉冲的下沿锁存数据
        Delay8uS();                        //12 μs 延时锁存数据

        if(--JSQ1)goto SD;

        JDIO = 0;                          //清零数据线
```

```
    return;
}
//--------------------------------------------------------------
//程序名称:RECE_DATA8()
//程序功能:用于读取8位数据(单字节接收子程序)
//入口参数:无
//出口参数:chRDAT(传送接收到的数据)
//--------------------------------------------------------------
uchar RECE_DATA8()
{
        uint  JSQ1 = 8;
        JDIO = 1;                   //先拉高数据线
        Delay50uS();                //调用50 μs延时子程序

   RBIT:
        JSCLK = 1;
        Delay8uS();                 //10 μs延时锁存数据

        bACC = bACC<<1;             //将低0位移到低1位,准备接收数据
        bACC0 = JDIO;               //读出一位数据放到低0位上

        JSCLK = 0;                  //锁存数据
        Delay8uS();                 //10 μs延时锁存数据

        if(--JSQ1)goto RBIT;

        JDIO = 0;                   //拉低数据线

    return  bACC;                   //返回接收到的数据
}
//--------------------------------------------------------------
//下面是应用程序
//--------------------------------------------------------------
//程序名称:SEND_COM_12864M()(外部调用)
//程序功能:用于向12864m发送命令[发送命令[写入]]
//入口参数:chSADD(传送要发送的命令)
//出口参数:无
//--------------------------------------------------------------
void SEND_COM_12864M(uchar chSADD)
{
        uchar chAcc,DATD,DATD2;
        chAcc = chSADD;
        DATD = chAcc&0xF0;
        chAcc = chSADD;
        DATD2 = chAcc&0x0F;
```

```
        DATD2 = DATD2≪4;

        JCS = 1;                          //当芯片的 CS 片选脚被拉高时，芯片才能接收数据
        JSCLK = 0;

        //以下为 3 字节 24 个脉冲处理   0F8H 为写命令
        JSEND_DATA8(0xF8);

        JSEND_DATA8(DATD);                //命令的高 4 位
        JSEND_DATA8(DATD2);               //命令的低 4 位，要求发出之前要将其移到高 4 位处

        JCS = 0;
}
//------------------------------------------------------------
//程序名称:SEND_DAT_12864M(外部调用)
//程序功能:用于向 12864m 发送数据[发送数据[写入]]
//入口参数: chSADD(传送要发送的数据)
//出口参数:无
//------------------------------------------------------------
void SEND_DAT_12864M(uchar chSADD)
{
        uchar chAcc,DATD,DATD2;
        chAcc = chSADD;
        DATD = chAcc&0xF0;
        chAcc = chSADD;
        DATD2 = chAcc&0x0F;
        DATD2 = DATD2≪4;

        JCS = 1;                          //当芯片的 CS 片选脚被拉高时，芯片才能接收数据
        JSCLK = 0;

        //以下为 3B24 个脉冲处理   0FAH 为写命令
        JSEND_DATA8(0xFA);

        //命令的高 4 位
        JSEND_DATA8(DATD);

        //命令的低 4 位，要求发出之前要将其移到高 4 位处
        JSEND_DATA8(DATD2);

        JCS = 0;
}
//------------------------------------------------------------------------
//程序名称:JCM12864M_INIT()(外部调用)
//程序功能:初始化 JCM12864M 液晶显示屏
```

```
//入口参数：无
//出口参数:无
//----------------------------------------------------------------------
void JCM12864M_INIT()
{
    DelayDS(650);                           //延迟 3.9 ms

   //8 位 MCU,使用基本指令集合
    SEND_COM_12864M(0x30);
    DelayDS(650);
    SEND_COM_12864M(0x03);                  //AC 归 0,不改变 DDRAM 内容
    DelayDS(650);
    SEND_COM_12864M(0x0F);                  //显示 ON,游标 OFF,游标位反白 OFF
    DelayDS(650);
    SEND_COM_12864M(0x01);                  //清屏,AC 归 0(AC 为显示器的内部计数器)
    DelayDS(650);
    SEND_COM_12864M(0x06);                  //写入时,游标右移
    DelayDS(650);                           //延迟 3.9 ms

}
//------------------------------------------------------------------
//程序名称:READ_BUSY(外部调用)
//程序功能:双字节命令、数据发送与接收子程序(发送命令接收读回数据子程序)
//入口参数：无
//出口参数:RDAT2(传送接收到的数据前 4 位) RDAT(传送接收到的数据后 4 位)
//------------------------------------------------------------------
void READ_BUSY()
{
        uchar chAcc,DATD,DATD2;
        JCS = 1;
        JSCLK = 0;
    Aing:
        //发送读命令 FEH(读数据命令)
        JSEND_DATA8(0xFE);
        //读出判忙字节的高 4 位
        DATD = RECE_DATA8();
        //读出判忙字节的低 4 位
        DATD2 = RECE_DATA8();
        DATD2 = DATD2>>4;
        chAcc = DATD|DATD2;                 //合并判忙字节

        if(chAcc&0x80)goto Aing;            //如果忙点为 1,则继续读出判忙点

        JCS = 0;
 }
```

```
//------------------------------------------------------------------
//程序名称:CLS_12864M
//程序功能:清屏
//入口参数:无
//出口参数:无
//------------------------------------------------------------------
void CLS_12864M()
{
    //使用基本指令集
    SEND_COM_12864M(0x30);
    //清屏
    SEND_COM_12864M(0x01);

}
//------------------------------------------------------------------
//程序名称:SEND_NB_DATA_12864M(外部调用)
//程序功能:用于向 12864M 发送多字节字符
//入口参数: chSADD(传送数据显示的起始地址),
//          lpSData(传送要发送的字符串),
//          nConut(传送要发送字符的个数)
//出口参数:无
//------------------------------------------------------------------
void SEND_NB_DATA_12864M(uchar chSADD,uchar * lpSData,uint nConut)
{
      SEND_COM_12864M(chSADD);              //发起始地址
      do
      {
        SEND_DAT_12864M( * lpSData);
        lpSData ++ ;

        nConut -- ;
       }while(nConut);

}
//------------------------------------------------------------------
//程序名称:CLOS_Focus_12864M()
//程序功能:关闭光标
//入口参数: 无
//出口参数: 无
//------------------------------------------------------------------
void CLOS_Focus_12864M()
{
        //使用基本指令集
        SEND_COM_12864M(0x30);
        //发送关闭光标指令
```

```
        SEND_COM_12864M(0x0C);

}
//------------------------------------------------------------
```

第 6 步：编程对 jcm12864m.h 进行测试。

程序代码如下：

```
//************************************************************
//文件名:jcm12864.c
//程序功能:测试 JCM12864M 液晶显示屏
//--------------------------------------------------
#include "reg51.h"
#include "jcm12864m.h"

sbit P10 = P1^0;
sbit P00 = P0^0;
sbit P20 = P2^0;
sbit P21 = P2^1;

void Dey_Ysh(unsigned int nN);
//--------------------------------------------------
void main()
{
        uchar chR4;
        P10 = 0;
        JCM12864M_INIT();                          //初始化 jcm12864m 显示器

        SEND_NB_DATA_12864M(0x81,"博圆单片机",10);
        SEND_NB_DATA_12864M(0x88,"电压值:4.60v",13);
        SEND_NB_DATA_12864M(0x98,"相对湿度:35%RH",15);

        while(1)
        { P10 = ~P10;
          P00 = ~P00;

          Dey_Ysh(6);
        }
}
//--------------------------------
//延时子程序
//--------------------------------
void Dey_Ysh(unsigned int nN)
{
     unsigned int a,b,c;
     for(a = 0;a<nN;a++)
```

```
        for(b = 0;b<100;b++)
            for(c = 0;c<100;c++);

}
//*************************************************************
```

第 7 步:创建 PCF8591 器件模板文件取名为〈pcf8591.h〉。

```
//*************************************************************
//程序文件名:pcf8591.h
//程序要实现的功能:MCU 对 PCF8591 实施 SPI 同步串行读/写操作
//-------------------------------------------------------------
#include "iic_i2c.h"

uchar PCF8591 = 0x90;                          //器件地址
//A/D 输入
//-------------------------------------------------------------
//程序名称:Read_pcf8561()
//程序功能:读出 A/D 转换值,用于处理
//入口参数:chAdd(传送参数设定)
//出口参数:lpDat(传出处理好的数据用于 LCD 显示,请用一个 6 元素的数组接收)
//说明:设定 PCF8591 控制寄存器中的 D6 = 0 为模拟输入允许,
//       D5、D4 设为 00,即四路单数输入;D1、D0 设为 00,即通道 0,此次为读出通道 0
//       的转换值,其他两道请参此例而定。
//       实际操作时发现在对通道 0 和通道 1 进行读值时,用通道 0 的命令(0x00)读的
//       是通道 1 的值,用通道 1 的命令(0x01)读的是通道 0 的值,
//-------------------------------------------------------------
void Read_pcf8561(uchar chAdd,uchar * lpDat)
{
        uchar PcfDat[2];
        uint  nPcfDat,WB;
        float fPcfDat;

        READ_NB_DAT_I2C(PCF8591,               //器件地址
                        chAdd,                 //控制寄存器设定值,请参阅函头说明
                        PcfDat,                //返回数据
                        1);                    //读出 1B

       nPcfDat = PcfDat[0];
       fPcfDat = (nPcfDat - 100) * 1.54;
       nPcfDat = fPcfDat;
       lpDat[4] = '%';
       lpDat[3] = nPcfDat % 10;
       WB = nPcfDat/10;
       lpDat[2] = WB % 10;
       WB = WB/10;
```

```
        lpDat[1] = WB % 10;
        WB = WB/10;
        lpDat[0] = WB % 10;
        lpDat[0]| = 0x30;
        lpDat[1]| = 0x30;
        lpDat[2]| = 0x30;
        lpDat[3]| = 0x30;

}
//------------------------------------------------------------------
//程序名称:Read_pcf8561_2()
//程序功能:读出 A/D 转换值
//入口参数:chAdd(传送参数设定)
//出口参数:lpDat(传出处理好的数据用于 LCD 显示,请用一个 6 元素的数组接收)
//说明:设定 PCF8591 控制寄存器 D6 = 0,设为模拟输入允许,
//      设 D5 = 0、D4 = 0 为四路单数输入,设 D1 = 0、D0 = 0 为通道 0,此为读出通道 0 的
//      转换值,其他两通道请参考此例而定。
//      实际操作时发现在对通道 0 和通道 1 进行读值时,用通道 0 的命令(0x00)读的
//      是通道 1 的值,用通道 1 的命令(0x01)读的是通道 0 的值,
//------------------------------------------------------------------
void Read_pcf8561_2(uchar chAdd,uchar * lpDat)
{
        uchar PcfDat[2];
        uint  nPcfDat,WB;
        float fPcfDat;

        READ_NB_DAT_I2C(PCF8591,                //器件地址
                    chAdd,                      //控制寄存器设定值,请参阅函头说明
                    PcfDat,                     //返回数据
                    1);                         //读出 1B

        nPcfDat = PcfDat[0];
        fPcfDat = nPcfDat * 1.966;
        nPcfDat = fPcfDat;
        lpDat[5] ='v';
        lpDat[4] = nPcfDat % 10;
        WB = nPcfDat/10;
        lpDat[3] = WB % 10;
        WB = WB/10;
        lpDat[1] = WB % 10;
        WB = WB/10;
        lpDat[0] = WB % 10;
       lpDat[2] = 0x2E;                         //小数点
        //处理为 ASCII 码,用于显示
        lpDat[0]| = 0x30;
```

```
        lpDat[1]| = 0x30;
        lpDat[3]| = 0x30;
        lpDat[4]| = 0x30;

}
//-------------------------------------------------------------
//程序名称:Write_pcf8561()
//程序功能:向 pcf8561 发送电压值
//入口参数:chpDat(传送在产生的电压值)
//出口参数:无
//D/A 输出
//-------------------------------------------------------------
void Write_pcf8561(uchar chpDat)
{
        uchar PcfDat[2];
        PcfDat[0] = chpDat;

        WRITE_NB_DAT_I2C(PCF8591,              //器件地址
                        0x40,                  //设定控制寄存器 D6 = 1,为允许模拟信号输出
                        PcfDat,                //发送变化的驱动值
                        1);                    //发出 1B

}
//-------------------------------------------------------------
//*************************************************************
```

第 8 步:编程测试〈pcf8591.h〉文件。

程序编写如下:

```
//-------------------------------------------------------------
//工程文件:pcf8591.MPJ
//功能:实现 pcf8591 两路 A/D 模数转换(00 道 01 道)
//说明:有关 10 道与 11 道参照本例而行
//-------------------------------------------------------------
#include <reg51.h>
#include <jcm12864m.h>
#include <pcf8591.h>

sbit P10 = P1^0;
sbit P00 = P0^0;
sbit P06 = P0^6;
sbit P07 = P0^7;
sbit P20 = P2^0;

void Dey_Ysh(unsigned int nN);
```

```
//----------------------------------------------------------------
void main()
{
      uchar chDispCH[4][8];
      JCM12864M_INIT();                                        //初始化 JM12864M 液晶

      SEND_NB_DATA_12864M(0x82,"电压值是",8);
      SEND_NB_DATA_12864M(0x90,"00",2);
      SEND_NB_DATA_12864M(0x88,"01",2);

      P00 = 0;

      while(1)
      {
         P00 = ~P00;
         P10 = ~P10;

         Read_pcf8561(0x00,chDispCH[0]);                       //0x00 设置通道 1 读出
         Read_pcf8561_2(0x01,chDispCH[1]);                     //0x01 设置通道 0 读出
         SEND_NB_DATA_12864M(0x92,chDispCH[1],6);              //将电压值显示在屏幕上
         SEND_NB_DATA_12864M(0x8A,chDispCH[0],5);

         Dey_Ysh(5);
      }

}
//------------------------------------------------
//延时
//------------------------------------------------
void Dey_Ysh(unsigned int nN)
{
     unsigned int a,b,c;
     for(a = 0;a<nN;a ++ )
       for(b = 0;b<100;b ++ )
         for(c = 0;c<100;c ++ );

}
//----------------------------------------------------------------
```

第 9 步:组装主程序。

① 复制定时器 1 C 文件程序到工程中。

方法是:打开课题 4 数据采集\temp 文件夹中的 time1app_main. c 文件,启用定时器 1 并删除不要的函数。

② 复制 PCF8591 器件执行代码到定时器 1 的执行函数中。

方法是:打开课题 4 数据采集\ PCF8591 测试 2 文件夹中的 pcf8591. c 文件,将主循环体

中的内容复制到 T1_Time1()函数中，复制的代码格式如下：

```
//-------------------------------------------------------------------
//功能:定时器 1 的定时中断执行函数
//-------------------------------------------------------------------
void T1_Time1()
{  //请在下面加入用户代码
   unsigned char idata chDispCH[4][8];
   P10 = ~P10;                                    //程序运行指示灯
   Read_pcf8561(0x00,chDispCH[0]);                //0x00 设置通道 1 输入
   Read_pcf8561_2(0x01,chDispCH[1]);              //0x00 设置通道 0 输入
   SEND_NB_DATA_12864M(0x92,chDispCH[1],6);       //将电压值显示在屏幕上
   SEND_NB_DATA_12864M(0x8A,chDispCH[0],5);

}
//-------------------------------------------------------------------
```

③ 加入 at24c08 存储器执行函数。

在主文件的开始处加入头文件，格式如下：

```
 ⋮
#include <pcf8591.h>
#include "uart_com_temp.h"
#include "at24c08_i2c.h"
 ⋮
```

在主文件的主循环体中加入串行通信代码，格式如下：

```
 ⋮
   while(1)
   {//请在下面加入用户代码
       //串行数据处理
        temp = Rcv_Comm();
        if(temp == 0xBB)
        {temp = 0x00;
         Read_at24c08_dat();                      //读出 24c08 存储的数据
        }
         else ;
 ⋮
```

最后在主程序中加入存储数据与读取数据执行函数，具体代码见下面的“工程程序应用实例”。

## 工程程序应用实例

```
//*******************************************************************
//定时器 1 程序模板用于读出 PCF8591 数据
```

```
//说明:采集湿度值和电压值
//----------------------------------------------------------------------
#include <reg51.h>
#include <time1_temp.h>
#include <jcm12864m.h>
#include <pcf8591.h>
#include "uart_com_temp.h"
#include "at24c08_i2c.h"

sbit P00 = P0^0;
sbit P10 = P1^0;
void Dey_Ysh(unsigned int nN);                              //延时程序
uchar chAddJsq = 0x00;                                      //地址计数器
bit  bCtrlPk = 0;                                           //页块控制
uchar at24c08Add;                                           //用读出数据
void Read_at24c08_dat();                                    //读取存入数据
void Write_at24c08_dat();                                   //写入数据
unsigned char idata chDispCH[4][8];
//------------------------------------------------------------
//主程序
//------------------------------------------------------------
void main()
{
    unsigned char temp;
    //初始化定时器 1 为 400 ms,使用 11.059 2 MHz 晶振
    InitTime1Length(11.0592,400);                           //设为 400 ms 采集一次数据
    //初始化串行口
    InitUartComm(11.0592,9600);
    //初始液晶显示屏
    JCM12864M_INIT();
    chAddJsq  =  0x00;                                      //地址
    bCtrlPk = 0;
    at24c08Add = AT24C0800;

    SEND_NB_DATA_12864M(0x81,"电压与湿度",10);
    SEND_NB_DATA_12864M(0x90,"电压:",6);
    SEND_NB_DATA_12864M(0x88,"湿度:",6);
    P10 = 0;
   // chDispCH[4][8]

    while(1)
    {//请在下面加入用户代码
     //串行数据处理
      temp  =  Rcv_Comm();
      if(temp  ==  0xBB)
```

```
 {chComDat = 0x00;                                    //清 0 数据缓存
  Read_at24c08_dat();                                 //读出 24c08 存储的数据
    }
     else ;

 SEND_NB_DATA_12864M(0x93,chDispCH[1],6);             //将电压值显示在屏幕上
  SEND_NB_DATA_12864M(0x8B,chDispCH[0],5);
  //存储数据
  Write_at24c08_dat();

  P00 = ~P00;                                         //程序运行指示灯
  Dey_Ysh(60);                                        //延时
  }

}
//--------------------------------------
//功能:定时器 1 的定时中断执行函数
//--------------------------------------
void T1_Time1()
{  //请在下面加入用户代码

   P10 = ~P10;                                        //程序运行指示灯
   Read_pcf8561(0x00,chDispCH[0]);                    //0x00 读出通道 1 湿度值数据
   Read_pcf8561_2(0x01,chDispCH[1]);                  //0x01 读出通道 0 数据

}
//------------------------------------------------
//程序名称:Write_at24c08_dat()
//程序功能:存储采集的数据(处理法则是两块互存,则一块存满存另一块)
//入口参数:无
//出口参数:无
//------------------------------------------------
void Write_at24c08_dat()
{
    if(bCtrlPk == 0)
    { //将湿度值存入 00 块
      WRITE_NB_DAT_I2C_AT24C(AT24C0800,chAddJsq,&chHumidity,1);
      chAddJsq ++ ;
      if(chAddJsq == 0xFF)
      {bCtrlPk = 1;
       at24c08Add = AT24C0800;
       chAddJsq = 0;}else ;
    }
    else
    { //将湿度值存入 01 块
```

```
    WRITE_NB_DAT_I2C_AT24C(AT24C0801,chAddJsq,&chHumidity,1);
    chAddJsq++;
    if(chAddJsq == 0xFF)
    {bCtrlPk = 0;
     at24c08Add = AT24C0801;
     chAddJsq = 0;}else ;
  }
}
//------------------------------------
//程序名称:Read_at24c08_dat()
//程序功能:读出存入的湿度值
//入口参数:无
//出口参数:无
//------------------------------------
void Read_at24c08_dat()
{
   unsigned char i = 0x00;
   unsigned char chSing[2];
   Off_Time1();                          //关闭定时器 1
   //读出 NB 的数据
   for(i = 0x00;i<0xFF;i++)
   {
     READ_NB_DAT_I2C_AT24C(at24c08Add,i,chSing,1);
     Send_Comm(chSing[0]);
     Dey_Ysh(2);
   }

   Send_Comm(0x99);
   On_Time0();                           //开启定时器 1
}
//------------------------------------
//功能:延时函数
//------------------------------------
void Dey_Ysh(unsigned int nN)
{
    unsigned int a,b,c;
    for(a = 0;a<nN;a++)
      for(b = 0;b<50;b++)
        for(c = 0;c<50;c++);

}
//----------------------------------------------------------------------
//**********************************************************************
```

详细程序见“网上资料\参考程序\程序模板应用编程\课题 4 数据采集”。

## 作业与思考

请读者根据自己的实际情况拟一个作业。

## 编后语

有关湿度与电压的比较有待于更进一步了解。需要做实际工程的读者请注意这一问题。因为湿度的取值是一个相对值，即相对湿度(RH)。切记！

# 课题5 温度、实时时钟和ZLG7290数码管显示器在工程中的应用

## 实验目的

了解和掌握温度、实时时钟和ZLG7290数码管显示器芯片的工作原理与使用方法，学习程序模板的组装与运用。

实验设备

① 30 W烙铁1把，数字万用表1个；

② PC机1台；

③ 开发软件TKStudio集成开发平台(周立功公司开发)和Keil C51(Keil公司开发)1套；

④ 烧录软件Flash Magic下载线(NXP公司开发)1套，9芯串行通信线1根。

## 实验器件

P89V51Rxx_CPU模块2块，串行通信模块，DS18B20模块1块，ZLG7290数码管显示模块1块，时钟SD2204模块1块。本课题所需器件如表K5-1所列。

**表K5-1 本课题所需器件列表**

| 器件名称 | 数　量 |
|---|---|
| DS18B20 | 1 |
| ZLG7290 | 1 |
| 4 MHz晶振 | 1 |
| 12 pF电容 | 2 |
| 100 μF/16 V电容 | 1 |
| 10 kΩ电阻 | 2 |
| 3.3 kΩ电阻 | 8 |
| 270 Ω电阻 | 8 |
| IN4148 | 9 |
| 0.1 μF电容 | 2 |
| 47 kΩ电阻 | 1 |

续表 K5-1

| 器件名称 | 数　量 |
|---|---|
| 轻触 | 4 |
| 4 位一体共阴数码管 | 2 |
| 180 mm×150 mm | 1 |

## 工程任务

在 ZLG7290 驱动的 8 位数码管上显示时钟、日期、温度。时间和日期的显示格式为 00-00-00，温度的显示格式为 0000.00C。

## 工程任务的理解

用 JCM12864M 液晶显示屏来显示时间、温度、湿度、日期等数据是比较方便的，因为它有 4 行可以显示许多内容，而 8 位数码管是小屏幕，一次只能显示 8 位数字，显示多行数据时只能翻屏。为了达到任务要求，本课题采用三屏显示，第 1 屏显示时钟，第 2 屏显示日期，第 3 屏显示温度值。采用的处理办法是，45 秒钟后到 55 秒钟前显示温度值，55 秒钟后到 00 秒钟前显示日期，其他时间显示时间。

## 工程设计构想

### 1. 硬件设计方框图

硬件样式设计图如图 K5-1 所示。

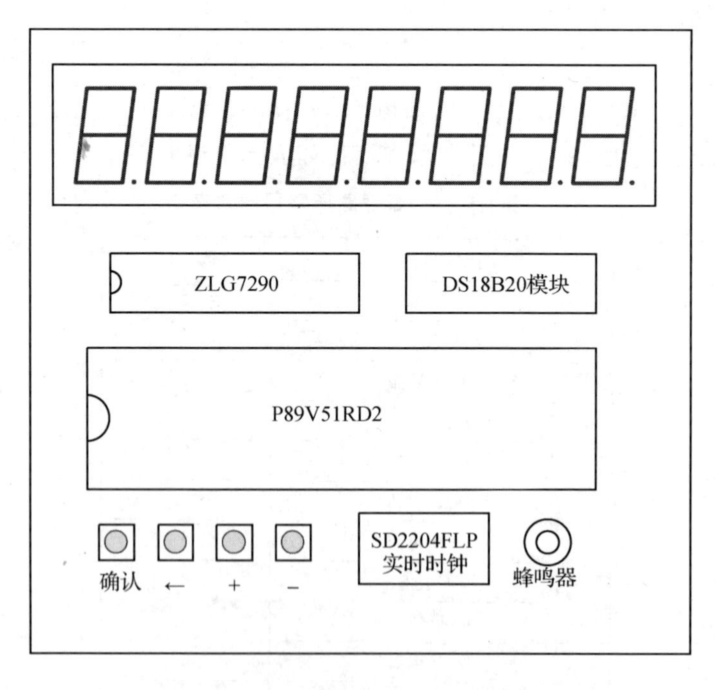


图 K5-1　课题硬件制作样式图

### 2. 软件设计方框图

工程程序构思与协调控制任务分工图如图 K5－2 所示。

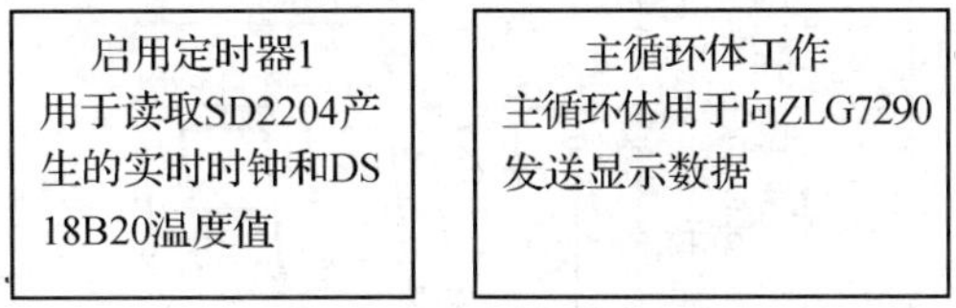

| 启用定时器1<br>用于读取SD2204产生的实时时钟和DS18B20温度值 | 主循环体工作<br>主循环体用于向ZLG7290发送显示数据 |
| --- | --- |

**图 K5－2　软件设计思路图**

## 所需外围器件资料

有关 DS18B20、ZLG729、SD2204F 详细资料介绍见《单片机外围接口电路与工程实践》一书的课题 4、课题 15、课题 29。因为本书是《单片机外围接口电路与工程实践》的续集，所以不再重述。

## 工程所需程序模板

从图 K5－1 中可以看出各程序的分工状况。需要程序模板文件如下：

- 使用定时器 1 温度值和实时时钟值，启用模板文件〈time1_temp.h〉；
- 使用定时器 0 定时扫描按键，启用模板文件〈time0_temp.h〉；
- 使用 UART 串行通信收/发数据，启用模板文件〈uart_com_temp.h〉；
- 使按键发出声音，启用模板文件〈beep_temp.h〉；
- 为了读取 DS18B20 的温度值，创建模板文件〈ds18B20.h〉；
- 为了读取 SD2204 所产生的时间值，创建模板文件〈sd2204.h〉；
- 为了在 ZLG7290 显示温度值与时间值，创建模板文件〈zlg7290_iic.h〉。

**说明**：如果制作的是实际工程，请加上看门狗模板文件〈P89v51_Wdt_Temp.h〉。

## 工程施工用图

本课题工程需要工程电路图如图 K5－3 所示。

## 制作工程用电路板

没有硬件电路的读者请按图 K5－3 电路制作。可以将各模块用一块大的万能板做到一块板上。

# 本课题工程软件设计

## 创建任务用软件工程文件与组装工程程序

### 1. 创建工程用文件夹与工程

第 1 步：创建工程用文件夹取名为“课题 5 温度与实时时钟”。

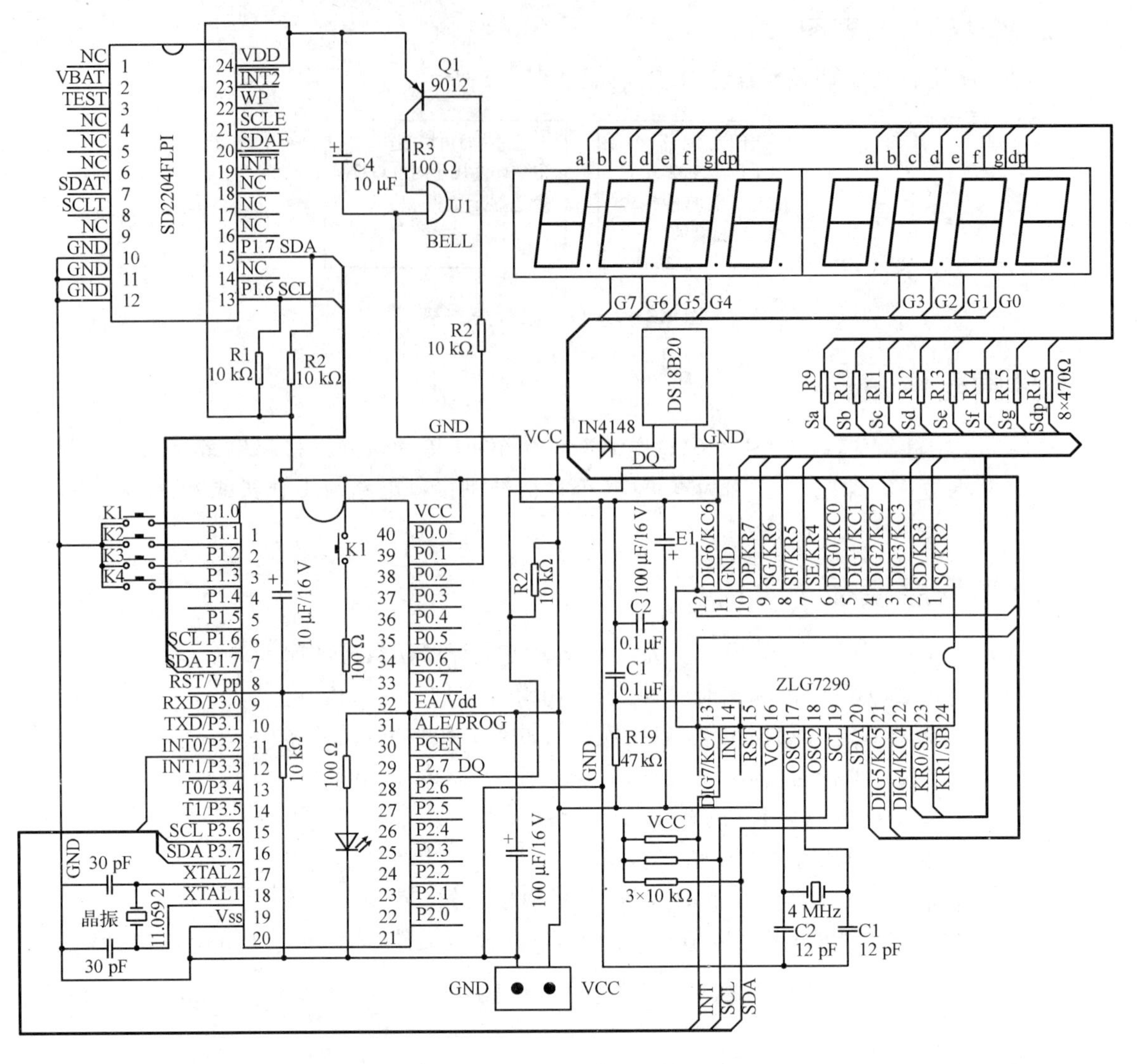

图 K5-3　课题工程施工用电路图

第 2 步：打开 TKStudio 编译器，新建工程取名为"温度与实时时钟.mpj"并保存到"课题 5 温度与实时时钟"文件夹中。

## 2. 组装工程程序

第 1 步：将"网上资料\参考程序\程序模块\模板程序汇总库"下的 Temp 文件夹复制到"课题 5 温度与实时时钟"文件夹中。

第 2 步：创建 C 文件取名为"TempTime.c"。

第 3 步：创建 ZLG7290 模板文件取名为〈ZLG7290_iic.h〉。

ZLG7290_iic.h 程序文件的代码编写如下：

```
//*****************************************************************
//程序文件名：zlg7290_iic.h
//程序功能：实现 I2C 读/写 zlg7290 操作
//-----------------------------------------------------------------
```

```
#include <intrins.h>
#define uchar unsigned char                    //映射 uchar 为无符号字符
#define uint   unsigned int                    //映射 uint 为无符号整数

#define   NOP     _nop_();


//使用前定义常量
bit G7290_ACK,G7290_C;                         //应答位
sbit G7290_SDA = P3^7;                         //SDA   BIT P3.5; I2C 总线定义
sbit G7290_SCL = P3^6;                         //SCL   BIT P3.4

uchar bdata G7290_bIACC;                       //申请一个位变量,用于数据发送时产生位移
//定义一个数据位的高 7 位,用于位传送,主要用于高位在前之用
sbit G7290_bIACC7 = G7290_bIACC^7;
//定义一个数据位的低 0 位,用于位传送,主要用于低位在前之用
sbit G7290_bIACC0 = G7290_bIACC^0;

//定义器件地址
uchar zlg7289 = 0x70;
uchar chJSQIIC = 0;
//数字字模码表
uchar code chShZhiMo[] =
{0xFC,0x60,0xDA,0xF2,0x66,0xB6,0xBE,0xE0,      //0 1 2 3 4 5 6 7
 0xFE,0xF6,0xEE,0x3E,0x9C,0x7A,0x9E,0x8E,0x02  //8 9 A b C d E F -
};
//------------------------------------------------------------------
//延时函数
//说明:每执行一次大约 6 μs
//------------------------------------------------------------------
void DelayDS_30()
{
   unsigned int i = 5;
   while(i--);
}
//--------------------------------------------------------
//程序名称:G7290_I2C_INTI()
//程序功能:初始化 I2C 总线(ZLG7290 专用)
//入口参数:无
//出口参数:无
//--------------------------------------------------------------
void G7290_I2C_INTI()
{
      NOP
      G7290_SCL = 1;
```

```
    DelayDS_30();
    G7290_SDA = 1;
    DelayDS_30();
}
//----------------------------------------------------------------------
//程序名称:G7290_START_I2C()
//程序功能:启动 I2C 总线
//入口参数:无
//出口参数:无
//----------------------------------------------------------------------
void G7290_START_I2C()
{
        G7290_SDA = 1;                  //保持数据线为高电平不变化
        DelayDS_30();
        G7290_SCL = 1;                  //保持时钟线为高电平不变化
        DelayDS_30();
        G7290_SDA = 0;                  //拉低数据线 SDA 启动总线
        DelayDS_30();
        G7290_SCL = 0;                  //钳位总线,准备发数据
        DelayDS_30();
      //结束总线启动
}
//--------------------------------------------------------------------------
//程序名称:G7290_STOP_I2C()
//程序功能:停止 I2C 总线
//入口参数:无
//出口参数:无
//--------------------------------------------------------------------------
void G7290_STOP_I2C()
{
        G7290_SDA = 0;                  //置数据线为低电平
        DelayDS_30();
        G7290_SCL = 1;                  //保持时钟线为高电平不变(发送结束条件的时钟信号)
        DelayDS_30();
        G7290_SDA = 1;                  //拉高数据线 SDA 结束总线通信

        chJSQIIC = 100;
        while(chJSQIIC--);

}
//------------------------------------------------------
//程序名称:G7290_GET_I2C_ACK()(检查应答位子程序)
//程序功能:获取一个总线响应[应答]
//入口参数:无
//出口参数:ACK(低电平为有效应答,人为地使 ACK = 1 返回一个高电平,用于判断)
```

```
//说明:返回值:ACK = 1 时表示有应答
//------------------------------------------------
bit  G7290_GET_I2C_ACK()
{
        G7290_SDA = 1;              //应答的时钟脉冲期间,发送器释放 SDA 线(高)
        DelayDS_30();
        G7290_SCL = 1;              //保持时钟线为高电平
        DelayDS_30();
        G7290_ACK = 0;              //初始化应答信号,用于后判断
        //应答的时钟脉冲期间,接收器会将 SDA 线拉低[从机在应答时拉低此线]
        G7290_C = G7290_SDA;
        if(G7290_C == 0)            //判断应答位,SDA 为高,则 ACK = 0,表示无应答
           G7290_ACK = 1;           //SDA 为低,则使 ACK = 1,表示有应答

        G7290_SCL = 0;              //钳住总线
        DelayDS_30();

       return  G7290_ACK;

}
//------------------------------------------------
//程序名称:G7290_SET_I2C_MACK()
//程序功能:主机发送一个总线响应[应答]信号
//入口参数:无
//出口参数:无
//------------------------------------------------
void G7290_SET_I2C_MACK()
{
        G7290_SDA = 0;              //将 SDA 置 0,拉低数据线
        DelayDS_30();
        G7290_SCL = 1;              //保证数据时间,即 SCL 为高时间大于 4.7 μs
        DelayDS_30();
        G7290_SCL = 0;              //拉低时钟线,钳住总线
        DelayDS_30();

}
//------------------------------------------------------
//程序名称:G7290_SET_I2C_MNOTACK()
//程序功能:主机发送一个总线非响应[应答]信号
//入口参数:无
//出口参数:无
//------------------------------------------------
void G7290_SET_I2C_MNOTACK()
{
        G7290_SDA = 1;              //将 SDA 置 1,拉高数据线
```

```
        DelayDS_30();
        G7290_SCL = 1;                          //保证数据时间,即 SCL 为高时间大于 4.7 μs
        DelayDS_30();
        G7290_SCL = 0;                          //拉低时钟线,钳住总线
        DelayDS_30();
}
//------------------------------------------------------------------
//程序名称:G7290_WRITE_BYTE_I2C()
//程序功能:写 1 字节到总线
//入口参数:chData[要发送的数据]
//出口参数:无
//说明:每发送 1 字节就要调用一次 GET_I2C_ACK 子程序,取应答位
//       数据在传送时高位在前
//-------------------------------------------------------------------------------------
void G7290_WRITE_BYTE_I2C(uchar chData)
{
       uint  JSQ = 8;                           //计数器
       G7290_bIACC = chData;
       do
       {//判断 bACC7(数据的高 7 位)位为 1 还是 0。如果为 1,就跳到 WR1
        if(G7290_bIACC7)goto G7290_WR1;

        G7290_SDA = 0;                          //若 bACC7 位为 0,则发送 0[将数据线拉低]
        DelayDS_30();
        G7290_SCL = 1;                          //保证数据时间,即 SCL 为高时间大于 4.7 μs
        DelayDS_30();
        G7290_SCL = 0;                          //拉低时钟线,钳住总线
        DelayDS_30();
G7290_WLP1:
        JSQ--;
        //左移一位,准备下一次发送[将高 6 位移到高 7 位准备发送]
        G7290_bIACC = G7290_bIACC<<1;
        }while(JSQ);                            //判断 8 位数据是否发完
        NOP
        return ;                                //结束程序

G7290_WR1:
        G7290_SDA = 1;                          //若 bACC7 为 1,则发送 1[将数据线拉高]
        NOP
        G7290_SCL = 1;                          //保证数据时间,即 SCL 为高时间大于 4.7 μs
        DelayDS_30();
        G7290_SCL = 0;
        DelayDS_30();
        goto  G7290_WLP1;
}
```

```
//----------------------------------------------------------------
//程序名称:G7290_READ_BYTE_I2C()
//程序功能:从总线读 1B
//入口参数:无
//出口参数:G7290_bIACC （存储读取的总线数据）
//说明:每取 1B 要发送一个应答/非应答信号
//----------------------------------------------------------------
uchar  G7290_READ_BYTE_I2C()
{
       uint  JSQ = 8;
       do
       {G7290_SDA = 1;
        NOP
        G7290_SCL = 1;                          //时钟线为高,接收数据位
        DelayDS_30();
        //左移一位准备接收数据位(将低 0 位移到低 1 位准备接收]
        G7290_bIACC = G7290_bIACC<<1;
        G7290_bIACC0 = G7290_SDA;               //读取 SDA 线的数据位
        NOP
        G7290_SCL = 0;                          //将 SCL 拉低,时间大于 4.8 μs
        DelayDS_30();

        JSQ--;
       }while(JSQ);                             //8 位数据发完了吗

    return G7290_bIACC;

}
//----------------------------------------------------------------
//程序名称:G7290_SEND_BDAT_I2C ()(发送 1B 数据到总线)
//程序功能:向总线写 1B(外部调用,无子地址,即无内部储存器地址的器件)
//入口参数:chWAddre(器件从机地址),chWDat(要发送的数据)
//出口参数:无
//----------------------------------------------------------------
void G7290_SEND_BDAT_I2C(uchar chWAddre,uchar chWDat)
{


        G7290_START_I2C();                      //启动总线
        G7290_WRITE_BYTE_I2C(chWAddre);         //向总线发送器件从机地址

        if(G7290_GET_I2C_ACK() == 0)            //读取从机应答(高电平有效)
             goto G7290_RETWRB;                 //无应答,则退出

        //向总线发送数据
        G7290_WRITE_BYTE_I2C(chWDat);
```

```
        G7290_GET_I2C_ACK();                        //读取从机应答(高电平有效)
        G7290_STOP_I2C();                           //结束总线通信
        return ;

G7290_RETWRB:
        G7290_STOP_I2C();                           //结束总线通信
        return ;
}
//-------------------------------------------------------------
//程序名称:G7290_RCV_BDAT_I2C() (从总线读取 1B 数据)
//程序功能:从总线读 1B(外部调用,无子地址,即无内部储存器地址的器件)
//入口参数:chWADD(器件从机地址)
//出口参数:chRDat(存储读取的数据)
//-------------------------------------------------------------
uchar G7290_RCV_BDAT_I2C(uchar chWADD)
{
        uchar chRDat = 0x00;

        G7290_START_I2C();                          //启动总线
        //发送器件从机地址
        //使地址最低位为 1,即 R/W = 1,改向总线写入数据为从总线读取数据
        chWADD++;
        G7290_WRITE_BYTE_I2C(chWADD);               //向总线写入器件从机地址

        if(G7290_GET_I2C_ACK() == 0)                //读取从机应答(低电平有效)
              goto G7290_RETRDB;                    //无应答,则退出
        //从总线上读出 1B 数据,数据存在 chRDat
        chRDat = G7290_READ_BYTE_I2C();
        G7290_SET_I2C_MNOTACK();                    //向总线发送一个非应答

    G7290_RETRDB:
        G7290_STOP_I2C();                           //结束总线通信

    return chRDat;
}
//--------------------------------------------------------------------------
//程序名称:G7290_WRITE_NB_DAT_I2C() (NB 为 N 个字节数据)
//程序功能:向总线写入 N 字节数(外部调用)
//入口参数:WADD(器件从机地址),WADD2(器件内部要存储数据的起始地址)
//          lpMTD(数据缓冲区的起始地址),NUMBYTE(要写入数据的字节个数)
//出口参数:无
//--------------------------------------------------------------------------
void G7290_WRITE_NB_DAT_I2C(uchar chWADD,uchar chWADD2,
                            uchar * lpMTD,uint NUMBYTE)
{
```

```
G7290_WNBI2C:

        G7290_START_I2C();                           //启动总线

        G7290_WRITE_BYTE_I2C(chWADD);                //向总线写入器件从机地址

        if(G7290_GET_I2C_ACK() == 0)                 //读取从机应答(低电平有效)
                goto  G7290_RETWRN;                  //无应答,则退出

        //传送器件从机内部要写入数据的起始地址
        G7290_WRITE_BYTE_I2C(chWADD2);               //向总线写入数据(从机内部地址写入)
        G7290_GET_I2C_ACK();                         //读取从机应答(高电平有效)

        do
        {
          G7290_WRITE_BYTE_I2C( * lpMTD);            //向总线写入数据

          if(G7290_GET_I2C_ACK() == 0)               //读取从机应答(高电平有效)
                goto  G7290_WNBI2C;                  //无应答,则重复起始条件

          lpMTD++;
          NUMBYTE--;
        }while(NUMBYTE);                             //判断写完没有

  G7290_RETWRN:
          G7290_STOP_I2C();                          //结束总线通信

}
//-------------------------------------------------------------
//程序名称:G7290_READ_NB_DAT_I2C (NB 为 N 个字节数据)
//程序功能:向总线写入 N 字节数(外部调用)
//入口参数:chWADD(器件从机地址),chWADD2(器件从机内部要存储数据的起始地址)
//              NUMBYTE(要读取数据的个数)
//出口参数:接收数据缓冲区 lpMRD
//说明:用一个数组将数据从 lpMRD 处接出去,长度根据需要而定
//------------------------------------------------------------------
void G7290_READ_NB_DAT_I2C(uchar chWADD,uchar chWADD2,
                           uchar * lpMRD,uint NUMBYTE)
{
        uint nJsq = 0;                               //计数器

  G7290_READI2C:
        G7290_START_I2C();                           //启动总线

        G7290_WRITE_BYTE_I2C(chWADD);                //向总线写入器件从机地址
```

```
    //获取一个应答
    if(G7290_GET_I2C_ACK() == 0)                        //读取从机应答(高电平有效)
          goto   G7290_RETRDN;
    //如果有应答,就发送器件从地址
    //指定从机内部地址[子地址][传送器件内部要写入数据的起始地址]
    G7290_WRITE_BYTE_I2C(chWADD2);                      //向总线写入数据

    G7290_GET_I2C_ACK();                                //读取从机应答(高电平有效)
    G7290_START_I2C();                                  //重新启动总线
    //传送器件从机地址
    //使地址最低位为 1,即 R/W = 1,改向总线写入数据为从总线读取数据
    chWADD++;                                           //将器件地址加 1 变为读数据
    G7290_WRITE_BYTE_I2C(chWADD);                       //向总线写入数据

    if(G7290_GET_I2C_ACK() == 0)                        //读取从机应答(高电平有效)
           goto G7290_READI2C;

  G7290_RDN1:
    lpMRD[nJsq] = G7290_READ_BYTE_I2C();                //读出总线数据[读操作开始]

    NUMBYTE--;
    if(NUMBYTE)goto G7290_SACK;

    G7290_SET_I2C_MNOTACK();                            //主机向从机发送一个非应答
    //最后 1B 发非应答位
 G7290_RETRDN:
    G7290_STOP_I2C();                                   //结束总线通信
    return ;

  G7290_SACK:
    G7290_SET_I2C_MACK();                               //向从机发送一个应答信号
    nJsq++;
    goto   G7290_RDN1;

}
//--------------------------------------------------------------
//ZLG7290 应用
//清屏程序
//--------------------------------------------------------------
void ZLG7290_CLS()
{
      unsigned  char chIDat[8] = {0x00,0x00,0x00,0x00,0x00,0x00,0x00,0x00};
      G7290_I2C_INTI();
      G7290_WRITE_NB_DAT_I2C(0x70,0x10,chIDat,8);
```

```
    G7290_WRITE_NB_DAT_I2C(0x70,0x10,chIDat,2);

}
//-----------------------------------------------------------
//函数名称:ZLG7290_DISP_C_D()
//函数功能:发送位显示命令与数据
//入口参数:chAddr[要显示的位置 0~7 数码管的值(位码)],
//           chDat[要显示的数据段码(段码)]
//-----------------------------------------------------------
void ZLG7290_DISP_C_D(uchar chAddr,uchar chDat)
{
    unsigned char chIDat[3];
    chIDat[0] = chAddr;
    chIDat[1] = chDat;

    G7290_WRITE_NB_DAT_I2C(0x70,0x07,chIDat,2);

}
//-----------------------------------------------------------
//函数名称:ZLG7290_DISP_Temp()
//函数功能:用于显示温度值
//入口参数:lpTempDat(传送温度值)
//-----------------------------------------------------------
void ZLG7290_DISP_Temp(uchar * lpTempDat)
{
  unsigned char chIDat[8];
  chIDat[0] = 0x9C;                          //显示 C
  chIDat[1] = chShZhiMo[lpTempDat[6]];
  chIDat[2] = chShZhiMo[lpTempDat[5]];
  chIDat[3] = chShZhiMo[lpTempDat[3]];
  chIDat[3] =  chIDat[3]|0x01;
  chIDat[4] = chShZhiMo[lpTempDat[2]];
  chIDat[5] = chShZhiMo[lpTempDat[1]];
  if(lpTempDat[0] == 0x2B)
     chIDat[6] = 0x00;                       //为 +
   else chIDat[6] = 0x02;                    //为 -
  chIDat[7] = 0x00;

  G7290_WRITE_NB_DAT_I2C(0x70,0x10,chIDat,8);

}
//-----------------------------------------------------------
//函数名称:ZLG7290_DISP_Time()
//函数功能:显示时钟和日期
//入口参数:chTime (传送时钟数据)
```

```
//说明:调用时请声明一个 8 元素的数组
//--------------------------------------------------------------
void ZLG7290_DISP_Time(uchar chTime[8])
{
    uint nJsq = 0;
    uchar chAddr = 0x60;
      //显示
    for(nJsq = 0;nJsq<8;nJsq++)
        ZLG7290_DISP_C_D(chAddr + nJsq,chTime[nJsq]);

}
//--------------------------------------------------------------------------
//**************************************************************************
```

第 4 步:编程对 zlg7290_iic.h 进行测试。

```
//**************************************************************************
//四位计数显示程序
//--------------------------------------------------------------------------
#include "reg51.h"
#include "zlg7290_iic.h"

sbit P10 = P1^0;
sbit P00 = P0^0;
sbit P06 = P0^6;
sbit P07 = P0^7;
sbit P20 = P2^0;
sbit P21 = P2^1;

void Fenjie(uint nDaa,uchar * lpDat);
void Dey_Ysh(unsigned int nN);
//--------------------------------------------------------------------------
void main()
{
      unsigned int nJsq = 0;
      uchar chJies[4];                          //用于取出位数
      P00 = 0;

      EA = 1;
      EX0 = 1;                                  //启用外部中断 INT0,用于读取键值
      IT0 = 1;

      ZLG7290_CLS();                            //复位

      while(1)
      {
```

```
    P00 = ~P00;
    P10 = ~P10;

    Fenjie(nJsq,chJies);
    ZLG7290_DISP_C_D(0x60,chJies[0]);         //选择位地址 0x80~0x87(按方式 0 译码)
    ZLG7290_DISP_C_D(0x61,chJies[1]);         //选择位地址 0x80~0x87(按方式 0 译码)
    ZLG7290_DISP_C_D(0x62,chJies[2]);         //选择位地址 0x80~0x87(按方式 0 译码)
    ZLG7290_DISP_C_D(0x63,chJies[3]);         //选择位地址 0x80~0x87(按方式 0 译码)

    nJsq++;
    if(nJsq>9999)nJsq = 0;
    Dey_Ysh(1);
  }

}
//--------------------------------------------------------------
//下面是外部中断 INT0 函数实体
//--------------------------------------------------------------
//外部中断 0 的编号为 0  用第 1 组通用寄存器
void INT0_Jshujia(void) interrupt 0 using 0
{
    uchar chIKeyz,WS,WG;
    chIKeyz = Read_ZLG7290_Key();              //读键
    if(chIKeyz == 0x00)
     chIKeyz = Read_ZLG7290_KeyCtrl();         //读功能键值

     //下面一行用时请打开
   // ButtonKeyinp(chIKeyz);

    WG = chIKeyz&0x0F;
    WS = chIKeyz&0xF0;
    WS = WS>>4;
    ZLG7290_DISP_C_D(0x66,WG);
    ZLG7290_DISP_C_D(0x67,WS);
    P06 = ~P06;

}
//--------------------------------------------------
void Fenjie(uint nDaa,uchar lpDat[4])
{
    uint nNum;
    lpDat[0] = nDaa % 10;
    nNum = nDaa/10;
    lpDat[1] = nNum % 10;
    nNum = nNum/10;
```

```
    lpDat[2] = nNum % 10;
    nNum = nNum/10;
    lpDat[3] = nNum % 10;
}
//--------------------------------------------
//延时子程序
//--------------------------------------------
void Dey_Ysh(unsigned int nN)
{
    unsigned int a,b,c;
    for(a = 0;a<nN;a ++ )
      for(b = 0;b<100;b ++ )
        for(c = 0;c<150;c ++ );
}
//-----------------------------------------------------------------
//*****************************************************************
```

程序编译好后直接烧入单片机，按复位键运行程序，可以在数码管上看到走动的累加数字。

详细程序见网上资料\参考程序\程序模板应用编程\课题 5 温度与实时时钟\ zlg7290_1。

第 5 步：创建 SD2204 模板文件取名为〈sd2204. h〉。

说明：工程中为了降低成本，可以选择用廉价一点的实时时钟芯片。

sd2204. h 文件代码编写如下：

```
//-----------------------------------------------------------------
//文件名：sd2204.h
//功能：向 SD2004 实时时钟读/写数据
//-----------------------------------------------------------------
# include <iic_i2c_sd2204.h>
//-----------------------------------------------------------------
//程序名称：WRITE_BYTE_I2CL()
//程序功能：写 1B 到总线(SD2204 专用)
//入口参数：chData(要发送的数据)
//出口参数：无
//说明：每发送 1B 要调用一次 GET_I2C_ACK 子程序，取应答位
//      数据在传送时低位在前
//-----------------------------------------------------------------
void sd22_WRITE_BYTE_I2CL(uchar chData)
{
      uint  JSQ = 8;                      //计数器
      sd22_bIACC = chData;
      do
      {//判断 bACC7(数据的高 7 位)位为 1 还是 0。如果为 1，就跳到 WR1
       if(sd22_bIACC0)goto sd22_WR1;
       sd22_SDA = 0;                      //若 bACC0 位为 0，则发送 0(将数据线拉低)
```

```
        NOP
        sd22_SCL = 1;                          //保证数据时间,即 SCL 为高时间,大于 4.7 μs
        NOP
        NOP
        NOP
        NOP
        NOP                                    //4.7 μs 后钳住总线
        sd22_SCL = 0;                          //拉低时钟线,钳住总线
        NOP
sd22_WLP1:
        JSQ - - ;
       //右移一位准备下一次发送(将低 1 位移到低 0 位准备发送)
       sd22_bIACC = sd22_bIACC≫1;

        }while(JSQ);                           //判断 8 位数据是否发完

        NOP
        return ;                               //结束程序

sd22_WR1:
        sd22_SDA = 1;                          //若 bACC0 为 1,则发送 1(将数据线拉高)
        NOP
        sd22_SCL = 1;                          //保证数据时间,即 SCL 为高时间,大于 4.7 μs
        NOP
        NOP
        NOP
        NOP
        NOP                                    //4.7 μs 后钳住总线
        sd22_SCL = 0;
        goto  sd22_WLP1;
}
//------------------------------------------------------------------
//程序名称:sd22_READ_BYTE_I2CL()
//程序功能:从总线读 1B
//入口参数:无
//出口参数:bIACC(存储读取的总线数据)
//说明:每取 1B 要发送一个应答/非应答信号
//      数据接收时,低位在前
//-----------------------------------------------------
uchar  sd22_READ_BYTE_I2CL()
{
        uint  JSQ = 8;
        do
        {sd22_SDA = 1;
         NOP
```

```
        sd22_SCL = 1;                        //时钟线为高,接收数据位
        NOP
        NOP
        //右移一位准备接收数据位(将高 7 位移到高 6 位准备接收]
        sd22_bIACC = sd22_bIACC≫1;
        sd22_bIACC7 = sd22_SDA;              //读取 SDA 线的数据位
        NOP
        sd22_SCL = 0;                        //将 SCL 拉低,时间大于 4.8 μs
        NOP
        NOP
        NOP
        NOP
        NOP

        JSQ - - ;
       }while(JSQ);                          //8 位数据发完了吗?

     return sd22_bIACC;

}
//------------------------------------------------------------------
//程序名称:WRITE_SD2204_NB_DAT_I2C() (NB 为 N 个字节数据)
//程序功能:向总线写入 N 字节(外部调用)
//入口参数:WADD(器件从机地址),无子地址
//lpMTD(数据缓冲区的起始地址),NUMBYTE(要写入数据的字节个数)
//出口参数:无
//------------------------------------------------------------------
void WRITE_SD2204_NB_DAT_I2C(uchar chWADD,uchar * lpMTD,uint NUMBYTE)
{

   sd22_WNBI2C:

        sd22_START_I2C();                    //启动总线
       //向总线写入器件从机地址,数据发送时高位在前
        sd22_WRITE_BYTE_I2C(chWADD);

        if(sd22_GET_I2C_ACK() = = 0)         //读取从机应答(低电平有效)
              goto  sd22_RETWRN;             //无应答,则退出

        do
        {//向总线写入数据,数据发送时低位在前
          sd22_WRITE_BYTE_I2CL( * lpMTD);

          if(sd22_GET_I2C_ACK() = = 0)       //读取从机应答(高电平有效)
               goto  sd22_WNBI2C;            //无应答,则重复起始条件
```

```
            lpMTD++;
            NUMBYTE--;
          }while(NUMBYTE);                       //判断写完没有

    sd22_RETWRN:
          sd22_STOP_I2C();                       //结束总线通信

}
//------------------------------------------------------------------------
//程序名称:READ_SD2204_NB_DAT_I2C(NB 为 N 个字节数据)
//程序功能:向总线写入 N 字节数(外部调用)
//入口参数:chWADD(器件从机地址),无子地址(无内部地址)
//          NUMBYTE(要读取数据的个数)
//出口参数: 接收数据缓冲区 lpMRD
//说明:用一个数组将数据从 lpMRD 处接出去,长度根据需要而定
//------------------------------------------------------------------------
void READ_SD2204_NB_DAT_I2C(uchar chWADD,uchar * lpMRD,uint NUMBYTE)
{
        uint nJsq = 0;                           //计数器

   // READI2C:
        sd22_START_I2C();                        //启动总线
//向总线写入器件从机地址 数据发送时高位在前
        sd22_WRITE_BYTE_I2C(chWADD);
        //获取一个应答
        if(sd22_GET_I2C_ACK() == 0)              //读取从机应答(高电平有效)
              goto   sd22_RETRDN;

    sd22_RDN1:
          //读出总线数据(读操作开始),数据在读取时低位在前
          lpMRD[nJsq] = sd22_READ_BYTE_I2CL();

        NUMBYTE--;
        if(NUMBYTE)goto sd22_SACK;

        sd22_SET_I2C_MNOTACK();                  //主机向从机发送一个非应答
                                                 //最后一字节发非应答位
   sd22_RETRDN:
        sd22_STOP_I2C();                         //结束总线通信

        lpMRD[4] = lpMRD[4]&0x3F;                //屏蔽时钟的高 6 位无效位

        return ;

    sd22_SACK:
```

```
        sd22_SET_I2C_MACK();                          //向从机发送一个应答信号
        nJsq++;
        goto   sd22_RDN1;

}
//------------------------------------------------------------------------
//程序名称:INTIIC_SD2204()
//程序功能:无子地址向总线写入初始化[外部调用]SD2204
//入口参数:无
//出口参数:无
//------------------------------------------------------------------------
void INTIIC_SD2204()
{
        uchar chINDat[2];
        //设定状态寄存器 1,设中断输出为 INT1 脚,时钟为 24 小时制
        chINDat[0] = 0x02;
        WRITE_SD2204_NB_DAT_I2C(0x60,                 //发送器件命令与地址
                                chINDat,              //要发送的数据
                                0x01);                //确定要传送数据的个数(发送 1B 的数据)

        //设定状态寄存器 2,初始化为 04H,使 INT1 报警中断有效
        chINDat[0] = 0x00;
        WRITE_SD2204_NB_DAT_I2C(0x62,                 //发送器件命令与地址
                                chINDat,              //要发送的数据
                                0x01);                //确定要传送数据的个数(发送 1B 的数据)

        chINDat[0] = 0x00;                            //设定 INT1 寄存器,初始化为 00H
        WRITE_SD2204_NB_DAT_I2C(0x68,                 //发送器件命令与地址
                                chINDat,              //要发送的数据
                                0x01);                //确定要传送数据的个数(发送 1B 的数据)

        chINDat[0] = 0x00;                            //设定 INT2 寄存器,初始化为 00H
        WRITE_SD2204_NB_DAT_I2C(0x6A,                 //发送器件命令与地址
                                chINDat,              //要发送的数据
                                0x01);                //确定要传送数据的个数(发送 1B 的数据)

        chINDat[0] = 0x00;                            //设定时钟用寄存器,初始化为 00H
        WRITE_SD2204_NB_DAT_I2C(0x6C,                 //发送器件命令与地址
                                chINDat,              //要发送的数据
                                0x01);                //确定要传送数据的个数(发送 1B 的数据)

        chINDat[0] = 0x00;                            //设定通用寄存器,初始化为 00H
        WRITE_SD2204_NB_DAT_I2C(0x6E,                 //发送器件命令与地址
                                chINDat,              //要发送的数据
                                0x01);                //确定要传送数据的个数(发送 1B 的数据)
```

```
}
//-------------------------------------------------------------
```

第 6 步：编写 sd2204.h 文件测试程序。

```
//*************************************************************
#include "commSR.h"
#include "jcm12864m.h"
#include "IIC_I2C_sd2204.h"

sbit P10 = P1^0;
sbit P00 = P0^0;
sbit P06 = P0^6;
sbit P07 = P0^7;

//用作按键
sbit P20 = P2^0;
sbit P21 = P2^1;
sbit P22 = P2^2;
sbit P23 = P2^3;

bit bCtrl = 1;                        //用于控制时钟的读和停。bCtrl = 1 为读,bCtrl = 0 为停
uchar chDateTime[8];                  //用于存入读出的数据日期和时间钟
uchar idata chDispDT[16];             //用于显示
void GetSD2303_DATE_TIME();           //读取时间
void Dey_Ysh(unsigned int nN);
void Key1();                          //主控键
void Key2();                          //方向键
void Key3();                          //增 1 键
void Key4();                          //减 1 键

bit   KeyCtrl;                        //用于控制按键为 KeyCtrl = 1 所有键禁止,为 KeyCtrl = 0
                                      //按键使能
uchar chKeycon = 0x00;                //按键计数器
unsigned char JwBcd(unsigned char chDaa); //十六进制转换为 BCD 函数
void Disp_DATE_TIME();                //用于日期和时间显示
uchar nSec = 0x04;
//-------------------------------------------------------------
unsigned int nJsq = 0;                //用于秒钟定时计数
//-------------------------------------------------------------
void main()
{

      TMOD = 0x01;                    //启动定时器用读时间和显示时间
      TH0 = 0x4C;
      TL0 = 0x00;
```

```
    EA = 1;
    ET0 = 1;
    TR0 = 1;                                          //启动定时器 0
    EX0 = 1;                                          //启动外部中断 1——INT1
    IT0 = 1;
    P10 = 0;
    bCtrl = 1;
    KeyCtrl = 1;
    Init_Comm();
    nSec = 0x06;
    JCM12864M_INIT();                                 //初始化显示屏

    SEND_NB_DATA_12864M(0x82,"博圆科技",8);           //显示时间
    INTIIC_SD2204();                                  //初始化 SD2204 高精实时时钟

   while(1)
   {
      P10 = ~P10;

     Dey_Ysh(2);
   }

}
//--------------------------------------------------------
//名称:T0_TIME
//功能:用于读取和显示时钟
//入口参数:无
//出口参数:无
//下面是定时器 0 中断函数实体
//--------------------------------------------------------
void T0_Dtime(void) interrupt 1 using 0
{
   ET0 = 0;
   TR0 = 0;
   TH0 = 0x4C;
   TL0 = 0x00;
   if(nJsq>5)                                         //0~19 为 20 次计数
   { nJsq = 0;
     P00 = ~P00;

     if(P20 == 0)Key1();else;
     if(P21 == 0)Key2();else;
     if(P22 == 0)Key3();else;
     if(P23 == 0)Key4();else;
```

```
     if(bCtrl)
        GetSD2303_DATE_TIME();                        //读取时间并显示
      else ;
    }
    else nJsq++;

    ET0 = 1;
    TR0 = 1;

}
//------------------------------------------------------------------
//程序名称:GetSD2204_DATE_TIME()
//程序功能:读出 SD2204 实时时钟并显示到 JCM12864M 液晶显示屏上
//入出参数:无
//------------------------------------------------------------------
void GetSD2204_DATE_TIME()
{
    READ_SD2204_NB_DAT_I2C(0x65,                      //65H 器件地址与命令
                           chDateTime,                //反返回读出的日期和时间
                           7);                        //一共 7 位字节
    Disp_DATE_TIME();                                 //显示日期和时钟

}
//------------------------------------------------------------------
//程序名称:Disp_DATE_TIME()
//程序功能:读出 SD2204 实时时钟并显示到 JCM12864M 液晶显示屏上
//入口参数:无
//出口参数:无
//------------------------------------------------------------------
void Disp_DATE_TIME()
{
    uchar WG,WS,WB;
    //下面是显示处理
    //显示秒、分、时
    chDispDT[11] = 0xEB;                              //汉字"秒"
    chDispDT[10] = 0xC3;
    WB = chDateTime[6];                               //秒钟
    WG = WB&0x0F;
    WG = WG|0x30;                                     //加入 30H 变为 ASCII 码,用于显示
    chDispDT[9] = WG;                                 //秒钟个位
    WS = WB&0xF0;
    WS = WS>>4;
    WS = WS|0x30;                                     //加入 30H 变为 ASCII 码,用于显示
    chDispDT[8] = WS;                                 //秒钟十位
```

```
    chDispDT[7] = 0xD6;                          //汉字"分"
    chDispDT[6] = 0xB7;
    WB = chDateTime[5];                          //分钟
    WG = WB&0x0F;
    WG = WG|0x30;                                //加入 30H 变为 ASCII 码,用于显示
    chDispDT[5] = WG;                            //分钟个位
    WS = WB&0xF0;
    WS = WS>>4;
    WS = WS|0x30;                                //加入 30H 变为 ASCII 码,用于显示
    chDispDT[4] = WS;                            //分钟十位

    chDispDT[3] = 0xB1;                          //汉字"时"
    chDispDT[2] = 0xCA;
//  chDateTime[4] = chDateTime[4]&0x3F;          //屏蔽高 7、6 位无效位
    WB = chDateTime[4];                          //时钟
    WG = WB&0x0F;
    WG = WG|0x30;                                //加入 30H 变为 ASCII 码,用于显示
    chDispDT[1] = WG;                            //时钟个位
    WS = WB&0xF0;
    WS = WS>>4;
    WS = WS|0x30;                                //加入 30H 变为 ASCII 码,用于显示
    chDispDT[0] = WS;                            //时钟十位

    SEND_NB_DATA_12864M(0x9A,chDispDT,12);       //显示时间

    //显示日、月、年
    chDispDT[13] = 0xBB;                         //汉字"日"
    chDispDT[12] = 0xD4;
    WB = chDateTime[2];                          //日
    WG = WB&0x0F;
    WG = WG|0x30;                                //加入 30H 变为 ASCII 码,用于显示
    chDispDT[11] = WG;                           //日钟个位
    WS = WB&0xF0;
    WS = WS>>4;
    WS = WS|0x30;                                //加入 30H 变为 ASCII 码,用于显示
    chDispDT[10] = WS;                           //日钟十位

    chDispDT[9] = 0xC2;                          //汉字"月"
    chDispDT[8] = 0xD4;
    WB = chDateTime[1];                          //月
    WG = WB&0x0F;
    WG = WG|0x30;                                //加入 30H 变为 ASCII 码,用于显示
    chDispDT[7] = WG;                            //月个位
    WS = WB&0xF0;
    WS = WS>>4;
```

```
    WS = WS|0x30;                             //加入 30H 变为 ASCII 码,用于显示
    chDispDT[6] = WS;                         //月十位

    chDispDT[5] = 0xEA;                       //汉字"年"
    chDispDT[4] = 0xC4;
    WB = chDateTime[0];                       //年
    WG = WB&0x0F;
    WG = WG|0x30;                             //加入 30H 变为 ASCII 码,用于显示
    chDispDT[3] = WG;                         //年个位
    WS = WB&0xF0;
    WS = WS>>4;
    WS = WS|0x30;                             //加入 30H 变为 ASCII 码,用于显示
    chDispDT[2] = WS;                         //年十位
    chDispDT[1] ='0';
    chDispDT[0] ='2';
    SEND_NB_DATA_12864M(0x89,chDispDT,14);    //显示时间

    //显示星期
    WB = chDateTime[3];                       //星期
    WG = WB&0x0F;
    WG = WG|0x30;                             //加入 30H 变为 ASCII 码,用于显示
    chDispDT[7] = WG;                         //星期个位
    WS = WB&0xF0;
    WS = WS>>4;
    WS = WS|0x30;                             //加入 30H 变为 ASCII 码,用于显示
    chDispDT[6] = WS;                         //星期十位
    chDispDT[5] ='';
    chDispDT[4] =':';
    chDispDT[3] = 0xDA;
    chDispDT[2] = 0xC6;
    chDispDT[1] = 0xC7;
    chDispDT[0] = 0xD0;

    SEND_NB_DATA_12864M(0x94,chDispDT,8);     //显示时间

}
//---------------------------------------------------------------
//延时子程序
//-----------------------------------------------------------
void Dey_Ysh(unsigned int nN)
{
    unsigned int a,b,c;
    for(a = 0;a<nN;a++)
      for(b = 0;b<100;b++)
        for(c = 0;c<100;c++);
```

```
}
//-------------------------------------------------------------
//函数名称:Key1()
//函数功能:启动与确认键,用于控制其他键
//入口参数:无
//出口参数:无
//-------------------------------------------------------------
void Key1()
{
   uchar chINDat[2];

   if(KeyCtrl)
   {
     KeyCtrl = 0;                       //指上下一个开关
     bCtrl = 0;                         //关闭读时间数据
     chKeycon = 0x01;
      //开起光标
     SEND_COM_12864M(0x30);
     SEND_COM_12864M(0x0F);             //开启光标显示
     SEND_COM_12864M(0x9E);             //将光标移到秒钟处

    }
    else
    {
      KeyCtrl = 1;                      //指上下一个开关
      bCtrl = 1;                        //启动读时间数据
      //关闭光标
      SEND_COM_12864M(0x30);
      SEND_COM_12864M(0x0C);

      //保存调好的数据并走时
      WRITE_SD2204_NB_DAT_I2C(0x64,chDateTime,7);

    }
 }
 //-------------------------------------------------------------
 //函数名称:Key2()
 //函数功能:方向控制键,用于移动光标到需调字段
 //入口参数:无
 //出口参数:无
 //-------------------------------------------------------------
 void Key2()
 {
     if(KeyCtrl)return ;                //如果确认键没有按下,则直接返回
     if(chKeycon == 0x00)
```

```
  {//秒

    SEND_COM_12864M(0x9E);
    chKeycon = 0x01;                        //指向下一次按键
  }
  else if(chKeycon == 0x01)
  { //分
    SEND_COM_12864M(0x9C);
    chKeycon = 0x02;                        //指向下一次按键
  }
   else if(chKeycon == 0x02)
   { //时
    SEND_COM_12864M(0x9A);
    chKeycon = 0x03;                        //指向下一次按键
   }
    else if(chKeycon == 0x03)
    { //日
     SEND_COM_12864M(0x8E);
     chKeycon = 0x04;                       //指向下一次按键
    }
     else if(chKeycon == 0x04)
     { //月
      SEND_COM_12864M(0x8C);
      chKeycon = 0x05;                      //指向下一次按键
     }
      else if(chKeycon == 0x05)
      {  //年
        SEND_COM_12864M(0x8A);
        chKeycon = 0x06;                    //指向下一次按键
      }
       else if(chKeycon == 0x06)
       {  //星期
         SEND_COM_12864M(0x97);
         chKeycon = 0x00;                   //指向下一次按键
       }
        else ;
}
//--------------------------------------------------------------
//函数名称:Key3()
//函数功能:加1键,用于调整数据加1
//入口参数:无
//出口参数:无
//--------------------------------------------------------------
void Key3()                                 //增1
{
```

```
if(KeyCtrl)return ;                          //如果确认键没有按下,则直接返回

if(chKeycon = = 0x01)
{ //秒钟加 1
  chDateTime[6] ++ ;
  //秒钟 (加法时在这里作加 0x06 处理跳开 A~F)
  chDateTime[6] = JwBcd(chDateTime[6]);
  if(chDateTime[6]>0x59)chDateTime[6] = 0x00;
  Disp_DATE_TIME();                          //显示
  SEND_COM_12864M(0x9E);                     //发送命令,显示光标
}
else if(chKeycon = = 0x02)
{
   //分钟加 1
   chDateTime[5] ++ ;
   //分钟 (加法时在这里作加 0x06 处理跳开 A~F)
   chDateTime[5] = JwBcd(chDateTime[5]);
   if(chDateTime[5]>0x59)chDateTime[5] = 0x00;

   Disp_DATE_TIME();                         //显示
   SEND_COM_12864M(0x9C);                    //发送命令,显示光标
  }
  else if(chKeycon = = 0x03)
  {
     //时钟加 1
     chDateTime[4] ++ ;
     //时钟 (加法时在这里作加 0x06 处理跳开 A~F)
     chDateTime[4] = JwBcd(chDateTime[4]);

     if(chDateTime[4]>0x23)chDateTime[4] = 0x00;

     Disp_DATE_TIME();                       //显示
     SEND_COM_12864M(0x9A);                  //发送命令,显示光标
    }
    else if(chKeycon = = 0x04)
    {//日加 1
      chDateTime[2] ++ ;
      //日钟 (加法时在这里作加 0x06 处理跳开 A~F)
      chDateTime[2] = JwBcd(chDateTime[2]);
       Send_Comm(chDateTime[2]);
      if(chDateTime[2]>0x31)chDateTime[2] = 0x00;

      Disp_DATE_TIME();                      //显示
      SEND_COM_12864M(0x8E);                 //发送命令,显示光标
     }
```

```
        else if(chKeycon = = 0x05)
        { //月加 1
          chDateTime[1] ++ ;
          //月（加法时在这里作加 0x06 处理跳开 A～F)
          chDateTime[1] = JwBcd(chDateTime[1]);
           Send_Comm(chDateTime[1]);
          if(chDateTime[1]>0x12)chDateTime[1] = 0x00;

          Disp_DATE_TIME();                          //显示
          SEND_COM_12864M(0x8C);                     //发送命令,显示光标
        }
        else if(chKeycon = = 0x06)
        {//年加 1
          chDateTime[0] ++ ;
           //年（加法时在这里作加 0x06 处理跳开 A～F)
           chDateTime[0] = JwBcd(chDateTime[0]);

          Disp_DATE_TIME();                          //显示
          SEND_COM_12864M(0x8A);                     //发送命令,显示光标
        }
        else if(chKeycon = = 0x00)
        {//星期加 1
          chDateTime[3] ++ ;
          //星期（加法时在这里作加 0x06 处理跳开 A～F)
          chDateTime[3] = JwBcd(chDateTime[3]);
          if(chDateTime[3]>0x06)chDateTime[3] = 0x00;

          Disp_DATE_TIME();                          //显示
          SEND_COM_12864M(0x97);                     //发送命令,显示光标
        }
        else ;
}
//------------------------------------------------------------
//函数名称:Key4()
//函数功能:减 1 键,用于调整数据减 1
//入出参数:无
//------------------------------------------------------------
void Key4() //减 1
{
    if(KeyCtrl)return ;                              //如果确认键没有按下,则直接返回

    if(chKeycon = = 0x01)
    { //秒钟加 1
      chDateTime[6] - - ;
      //秒钟（加法时在这里作加 0x06 处理跳开 A～F)
```

```
    chDateTime[6] = JwBcd(chDateTime[6]);
    if(chDateTime[6] == 0xF9)chDateTime[6] = 0x59;
    Disp_DATE_TIME();                          //显示
    SEND_COM_12864M(0x9E);                     //发送命令,显示光标
  }
  else if(chKeycon == 0x02)
  {
     //分钟加 1
     chDateTime[5]--;
     //分钟（加法时在这里作加 0x06 处理,跳开 A~F)
     chDateTime[5] = JwBcd(chDateTime[5]);
     Send_Comm(chDateTime[5]);
     if(chDateTime[5] == 0xF9)chDateTime[5] = 0x59;
      Disp_DATE_TIME();                        //显示
     SEND_COM_12864M(0x9C);                    //发送命令,显示光标

    }
    else if(chKeycon == 0x03)
    {
       //时钟加 1
       chDateTime[4]--;
       //时钟（加法时在这里作加 0x06 处理,跳开 A~F)
       chDateTime[4] = JwBcd(chDateTime[4]);
       if(chDateTime[4] == 0xF9)chDateTime[4] = 0x23;

       Disp_DATE_TIME();                       //显示
       SEND_COM_12864M(0x9A);                  //发送命令,显示光标
      }
      else if(chKeycon == 0x04)
      {//日加 1
        chDateTime[2]--;
        //日钟（加法时在这里作加 0x06 处理,跳开 A~F)
        chDateTime[2] = JwBcd(chDateTime[2]);
        if(chDateTime[2] == 0xF9)chDateTime[2] = 0x31;

        Disp_DATE_TIME();                      //显示
        SEND_COM_12864M(0x8E);                 //发送命令,显示光标
       }
       else if(chKeycon == 0x05)
       {  //月加 1
          chDateTime[1]--;
          //月（加法时在这里作加 0x06 处理,跳开 A~F)
          chDateTime[1] = JwBcd(chDateTime[1]);
          if(chDateTime[1] == 0xF9)chDateTime[1] = 0x12;

          Disp_DATE_TIME();                    //显示
```

```
            SEND_COM_12864M(0x8C);                      //发送命令,显示光标
        }
        else if(chKeycon = = 0x06)
        {//年加 1
            chDateTime[0] - - ;
             //年 (加法时在这里作加 0x06 处理,跳开 A~F)
             chDateTime[0] = JwBcd(chDateTime[0]);
            if(chDateTime[0] = = 0xF9)chDateTime[0] = 0x99;

            Disp_DATE_TIME();                           //显示
            SEND_COM_12864M(0x8A);                      //发送命令,显示光标
        }
        else if(chKeycon = = 0x00)
        {//星期加 1
            chDateTime[3] - - ;
            //星期 (加法时在这里作加 0x06 处理,跳开 A~F)
            chDateTime[3] = JwBcd(chDateTime[3]);
            if(chDateTime[3] = = 0xF9)chDateTime[3] = 0x06;

            Disp_DATE_TIME();                           //显示
            SEND_COM_12864M(0x97);                      //发送命令,显示光标
        }
        else ;
}
//-----------------------------------------------------------------
//函数名称:JwBcd()
//函数功能:十六进制转换为 BCD 码函数
//入口参数:chDaa(传送要转换的十六进制码)
//出口参数:chDaa2(反回调好的 BCD 码)
//-----------------------------------------------------------------
unsigned char JwBcd(unsigned char chDaa)
{
    unsigned char chC,chDaa2;
    chC = chDaa;
    chC = chC&0x0F;
    if(chC = = 0x0A)
     chDaa2 = chDaa + 0x06;                              //加 6 离开 A~F 字符(用于加法)
     else if(chC = = 0x0F)
      chDaa2 = chDaa - 0x06;                             //减 6 离开 A~F 字符(用于减法)
      else chDaa2 = chDaa;                               //否则返回原数

    return chDaa2;
}
//-----------------------------------------------------------------------
//*************************************************************************
```

详细程序见"网上资料\参考程序\程序模板应用编程\课题 5 温度与实时时钟\ sd2204_1"。

第 7 步：创建 DS18B20 器件模板，文件取名为〈ds18B20.h〉。

ds18B20.h 文件代码编写如下：

```
//*****************************************************************
//文件名：ds18B20.h
//功能：温度传感器,用于取得 ds18B20 的温度值
//-----------------------------------------------------------
#include <intrins.h>
//-----------------------------------------------------------
sbit P06 = P0^6;
sbit P07 = P0^7;

bit  bC;                           //定义一个数据位,用于总线判断
sbit DQ = P2^7;                    //模拟 1 - WIRE 的数据线[单总线]
unsigned int nT,nT2,nJsqds18 = 0,nJsqds182 = 0; //用于延时计数
unsigned char bdata chACCw;
sbit C = chACCw^0;                 //用于右移数据位,本器件数据的移动方向是低位在前[发送]
sbit Cr = chACCw^7;                //用于右移数据位,本器件数据的移动方向是低位在前[接收]

unsigned char TEMPH;               //读出寄存器 5 个单元的内容：0,存温度高 8 位值
unsigned char TEMPL;               //                          1,存温度低 8 位值
unsigned char REG2;                //                          2,存 TH 值上限温度值
unsigned char REG3;                //                          3,存 TL 值下限温度值
unsigned char REG4;                //                          4,存 CONFIG 数据
unsigned char CONFIG;              //               精度的 CONFIG 数据
unsigned char idata Disp_1602[8];  //用于液晶显示
unsigned int  idata Disp_shumg[8]; //用于数码管显示[4][5][6]三位为小数位
void Get_Disp_Ds18B20();
//-----------------------------------------------------------------
void Dey1us_Ds18b20(unsigned int nN)
{
   while(nN - -);                  //1 μs
}
//------------------------------------------
//函数名称:ds18b20_Reset()
//函数功能:DS18B20 RESET 复位子程序
//入口参数:无
//出口参数:无
//------------------------------------------
void ds18b20_Reset()
{
   Aing:
     DQ = 1;                       //置总线为高电平
     Dey1us_Ds18b20(8);
```

```
    DQ = 0;                                   //置总线为低电平 400 μs
                                              //单片机将 DQ 拉低
    Dey1us_Ds18b20(80);                       //大约 480 μs
    DQ = 1;                                   //置总线为高电平
    Dey1us_Ds18b20(10);                       //大约 60 μs
    bC = 0;                                   //清零数据位
    bC = DQ;                                  //读总线一次[读取存在脉冲]
    P06 = ~P06;
    if(bC)goto Aing;                          //如果为 1,初始化为成功
    P07 = 0;
    Dey1us_Ds18b20(20);                       //大约 120 μs

}
//----------------------------------------
//函数名称:Write_ds18b20()
//函数功能:向 ds18b20 写 1B 数据子程序
//入口参数:chData (传送要发送的数据)
//出口参数:无
//----------------------------------------
void Write_ds18b20(unsigned char chData)
{
    unsigned int i = 8;
    chACCw = chData;
   do
   { DQ = 0;
     _nop_();
     _nop_();
     DQ = C;                                  //发送一个数据位
     chACCw = chACCw>>1;                      //将低 1 位右移到低 0 位准备下一个发送
     Dey1us_Ds18b20(5);                       //大约 30 μs
     DQ = 1;                                  //锁存数据
     i--;
    }while(i);
    //DQ = 1;
}
//----------------------------------------
//函数名称:Read_ds18b20()
//函数功能:从 DS18B20 读出 1B 子程序
//入口参数:无
//出口参数:chACCw(传回读到的数据)
//----------------------------------------
unsigned char Read_ds18b20()
{
    unsigned int i = 8;
    do
```

```
  { DQ = 0;                          //清 0 总线
    chACCw = chACCw≫1;               //将高 7 位右移到高 6 位准备接收数据位
      _nop_();
    DQ = 1;                          //将总线置 1
    _nop_();
    _nop_();
    if(DQ)Cr = 1;
      else Cr = 0;                   //读出一位数据存放到高 7 位
    Dey1us_Ds18b20(4);               //大约 24 μs
    i--;
  }while(i);

    return chACCw;

}
//--------------------------------------------------------------------------
//下面是应用部分
//--------------------------------------------------------------------------
//函数名称:INIT_18B20()
//函数功能:初始化 DS18B20 子程序
//入口参数:无
//出口参数:无
//--------------------------------------------------------------------------
void INIT_18B20()
{
    ds18b20_Reset();                 //复位
  //  P06 = 0;
    Write_ds18b20(0xCC);             //发 SKIP ROM  命令(跳过光刻器件 ID 号区)
    Write_ds18b20(0x4E);             //发写 TH,TL 命令(发送写入向限温度 TH 和下限温度 TL 命令)
    Write_ds18b20(0x38);             //高温报警点:38℃ (设上限温度为 38℃ )
    Write_ds18b20(0x20);             //低温报警点:20℃(设下限温度为 20℃ )
    Write_ds18b20(0x7F);             //配置器件为 12 位精度输出温度值
    //命令 0x1F、0x3F、0x5F、0x7F 分别为配置精度:9 位精度、10 位精度、11 位精度、12 位精度
}
//--------------------------------------------------------------------------
//函数名称:Read_18B20_ROMID()
//函数功能:读出 DS18B20 光刻 ROM 值
//入口参数:无
//出口参数:lpRoeid(传出光刻 ROM 值)
//说明:0x33 读出 ROM64 位内容指令,只能在总线上仅有一个 DS18B20 的情况下使用
//--------------------------------------------------------------------------
void Read_18B20_ROMID(unsigned char * lpRoeid)
{
    unsigned int i = 8;
    ds18b20_Reset();                 //复位
```

```
    Write_ds18b20(0x33);                    //发读 ROM 存储器命令
    do
    {
      lpRoeid[i] = Read_ds18b20();          //读出
      i--;

     }while(i);

   return ;
}
//----------------------------------------------------
//函数名称:Read_18B20_Temp()
//函数功能:读出 DS18B20 温度值[TEMP——温度]
//入口参数:无
//出口参数:TEMPL[温度的低 8 位],TEMPH[温度的高 8 位]
//-----------------------------------------------
void Read_18B20_Temp()
{
     ds18b20_Reset();                        //复位
     Write_ds18b20(0xCC);                    //发跳过 ROM(光刻 ID)命令
     Write_ds18b20(0x44);                    //发读开始转换温度值命令
    // Dey1us_Ds18b20(80);                   //10 ms 延时
     ds18b20_Reset();                        //复位
     Write_ds18b20(0xCC);                    //发跳过 ROM(光刻 ID)命令
     Write_ds18b20(0xBE);                    //发读存储器命令
     TEMPL = Read_ds18b20();                 //读出温度的低字节
     TEMPH = Read_ds18b20();                 //读出温度的高字节
     REG2  = Read_ds18b20();                 //读出 TH 上限温度值
     REG3  = Read_ds18b20();                 //读出 TL 下限温度值
     REG4  = Read_ds18b20();                 //读出 CONFIG 值
     Get_Disp_Ds18B20();
}
//------------------------------------------------------------
//函数名称:Get_Disp_Ds18B20()
//函数功能:温度值处理子程序[转换温度值(将温度的二进制补码转换为十六进制)];
//          DA18B20 的温度值是用 16 位二进制补码表示的
//入口参数:无
//出口参数:Disp_shumg 和 Disp_1602(传送显示值)
//说明:根据 DS18B20 手册资料解释,温度值的低 8 位(TEMPL)包含两个内容,高 4 位为温度值的整数
//      部分,低 4 位为温度值的小数部分,将读取的温度乘上 0.062 5 后就是实际的温度值。从实
//      际的操作中整数部分就是实际的温度值的高 8 位(TEMPH)也包含两个内容,高 5 位为符号位,
//      为 0 时温度大于或等于 0 度,为 1 时小于 0 度温度的负数是以二进制的补码形式表示的,只
//      要将其"取反"后加 1,则可得到温度的正确值
//-------------------------------------------------------------
void Get_Disp_Ds18B20()
```

```
{
    long lInt;
    int  nIIt;                          //临时之用
    int  nInting,nFloat;                //用于装温度的整数和小数变为的整数值
    float fFloat;                       //用于装温度的小数
    char chMark;                        //分别用于取出符号

    //取符号
    chMark = TEMPH;                     //准备取出符号位
    chMark = chMark&0xF8;               //屏蔽低 3 位,得到高 5 位符号位
    chMark = chMark>>3;                 //将符号移到低位
    if(chMark)
    {
        Disp_1602[0] = 0x2D;            //-
        Disp_shumg[0] = 0x01;           //负数
    }
    else
    {
        Disp_1602[0] = 0x2B;            //+
        Disp_shumg[0] = 0x00;           //正数
    }

    nIIt = TEMPH;
    nIIt = nIIt<<8;                     //移到整数的 8 位位置上
    nIIt = nIIt|TEMPL;                  //将高低字节数据接合在一个整型量中
    fFloat = nIIt * 0.0525 * 100;
    lInt = (long)fFloat;
    nInting = lInt/100;
    Disp_1602[3] = nInting % 10;
    nInting = nInting/10;
    Disp_1602[2] = nInting % 10;
    nInting = nInting/10;
    Disp_1602[1] = nInting % 10;
    //处理小数
    nFloat = lInt % 100;
    Disp_1602[4] = 0x2E;                //小数点
    Disp_1602[5] = nFloat/10;
    Disp_1602[6] = nFloat % 10;

}
//*******************************************************************
```

第 8 步:编写 ds18B20.h 文件测试程序。

```
//************************************************************************
//文件名:ds1820.c
//功能:用于显示环境温度
//------------------------------------------------------------------------
#include <reg51.h>
#include "tc1602_lcd.h"
#include "ds18b20.h"
#include "uart_com_temp.h"

sbit P00 = P0^0;

void dey();                                          //延时程序
void Dey_Ysh(unsigned int nN);
void uartSendTemper();                               //用于发送温度值
//------------------------------------------------
void main()
{
     uint  ss = 0;
     P06 = 0;
     Init_TC1602();                                  //初始化 TC1602
     INIT_18B20();                                   //初始化 ds18b20
     Send_String_1602(0xC0,"ABC:",4);
     InitUartComm(11.0592,9600);                     //启用串行口
     //InitTime0Length(11.0592,300);

     while(1)
     {
      Read_18B20_Temp();                             //读出温度值

      Send_String_1602(0x84,Disp_1602,7);            //显示温度

      uartSendTemper();                              //发送温度值
      P06 = ~P06;
      P00 = ~P00;
      dey();                                         //延时程序

     }

}
//------------------------------------------------
//函数名称:uartSendTemper()
//函数功能:用于发送温度值
//入口参数:无
//出口参数:无
//------------------------------------------------
```

```
void uartSendTemper()
{
   unsigned int i = 0;
   for(i = 0;i<10;i++)
   {Send_Comm('W');
    Dey_Ysh(2);
   }

   Send_Comm('Q');
   Dey_Ysh(2);
   for(i = 0;i<7;i++)
   {
    Send_Comm(Disp_1602[i]);
     Dey_Ysh(2);
   }
}
//----------------------------------------------------
//延时子程序
//----------------------------------------------------
void Dey_Ysh(unsigned int nN)
{
    unsigned int a,b,c;
    for(a = 0;a<nN;a++)
      for(b = 0;b<10;b++)
        for(c = 0;c<10;c++);
}
//----------------------------------------------------
//延时
//----------------------------------------------------
void dey()
{
    int a,b,c;
    for(a = 0;a<3;a++)
     for(b = 0;b<100;b++)
      for(c = 0;c<150;c++);

}
//*******************************************************************
```

详细程序见“网上资料\参考程序\程序模板应用编程\课题 5 温度与实时时钟\Ds18B20_4[用]2”。

第 9 步：组装主程序。

① 复制新创的模板程序文件到课题 5 温度与实时时钟文件夹中，方法是：

打开“网上资料\参考程序\程序模板应用编程\课题 5 温度与实时时钟\Ds18B20_4[用]2”文件夹复制 ds18B20.h 文件到“课题 5 温度与实时时钟”文件夹中。

打开“网上资料\参考程序\程序模板应用编程\课题 5 温度与实时时钟\ sd2204_1”文件夹复制 sd2204.h 文件到“课题 5 温度与实时时钟”文件夹中。

打开“网上资料\参考程序\程序模板应用编程\课题 5 温度与实时时钟\ zlg7290_1”文件夹复制 zlg7290_iic.h 文件到“课题 5 温度与实时时钟”文件夹中。

② 程序的具体编写见下面的工程程序应用实例。

## 工程程序应用实例

```
//**************************************************************
//程序功能:实现温度与时钟数据的采集
//--------------------------------------------------------------
#include <reg51.h>
#include <time1_temp.h>
#include <sd2204.h>
#include <zlg7290_iic.h>
#include <temp\time0_temp.h>
#include <ds18B20.h>

sbit P10 = P1^0;
sbit P11 = P1^1;
sbit P12 = P1^2;
sbit P13 = P1^3;

sbit P00 = P0^0;

void Dey_Ysh(unsigned int nN);                //延时程序
void GetSD2204_DATE_TIME();                   //读取时钟并处理
void Disp_DATE_TIME();                        //显示

uchar xdata chDateTime[8];                    //用于存入读出的数据日期和时间钟
uchar xdata chDispTime[8];                    //用于显示时间
uchar xdata chDispDate[8];                    //用于显示日期
uchar xdata chDispTemp[8];                    //用于显示温度值

void Key1();                                  //按键执行函数第 1 键
void Key2();                                  //按键执行函数第 2 键
void Key3();                                  //按键执行函数第 3 键
void Key4();                                  //按键执行函数第 4 键
bit bKeyCtrl = 0;                             //声明一个位变量,用于按键控制
void Key_Init();                              //用于初始化按键控制值
uchar J16to10(uchar chDat);                   //将十六进制的数据变为十进制
bit bCtrlKeyOk = 0;                           //用于控制确认键的开关
unsigned char ucJsqKey = 0x00;                //用于方向键按键
```

```
//------------------------------------------------------
//主程序
//------------------------------------------------------
void main()
{
    uint nJsq = 0;
   // P10 = 0;

    //初始化定时器 1 为 500 ms,使用 11.059 2 MHz 晶振
    InitTime1Length(11.0592,1000);
    //初始化 SD2204 高精实时时钟
    INTIIC_SD2204();
    //初始化定时器 1 为 300 ms,使用 11.059 2 MHz 晶振
    InitTime0Length(11.0592,300);                  //用于读出温度值和扫描按键
    INIT_18B20();                                  //初始化 ds18b20
    bKeyCtrl = 0;
    bCtrlKeyOk  = 0;
    ucJsqKey    = 0x00;
    Init_Nixietube_Ctrlb();
    bTimeDateCtrl  = 0;

    for(nJsq = 0;nJsq<8;nJsq ++ )
    {chDispTime[nJsq] = 0x00;
     chDispDate[nJsq] = 0x00;
     chDispTemp[nJsq] = 0x00;}

    while(1)
    {//请在下面加入用户代码

     P00 = ~P00;                                   //程序运行指示灯
     Dey_Ysh(10);                                  //延时
    }
}
//------------------------------------------------------
//功能:定时器 0 的定时中断执行函数
//------------------------------------------------------
void T0_Time0()
{  //请在下面加入用户代码
   Off_Time0();                                    //关闭定时器 0
   //读出温度值
   Read_18B20_Temp();
   //扫描按键
   if(P10  == 0)Key1();
   if(P11  == 0)Key2();
   if(P12  == 0)Key3();
```

```
    if(P13 == 0)Key4();

    On_Time0();                                    //开启定时器 0
}
//------------------------------------------------------------------
//功能:定时器 1 的定时中断执行函数
//------------------------------------------------------------------
void T1_Time1()
{   //请在下面加入用户代码
    //P10 = ~P10;                                  //程序运行指示灯

    Off_Time1();                                   //关闭定时器 1

    GetSD2204_DATE_TIME();                         //读取时间并显示
    //显示时间
    if(chDateTime[6]>0x55)
     { ZLG7290_DISP_Time2(chDispDate);
       bTimeDateCtrl = 1; }
     else if(chDateTime[6]>0x45)
       ZLG7290_DISP_Temp(Disp_1602);
      else
      { ZLG7290_DISP_Time2(chDispTime);
        bTimeDateCtrl = 0;}
    On_Time1();                                    //开启定时器 1
}
//------------------------------------------------------------------
//程序名称:GetSD2204_DATE_TIME()
//程序功能:读出 SD2204 实时时钟并显示到 JCM12864M 液晶显示屏上
//入出参数:无
//------------------------------------------------------------------
void GetSD2204_DATE_TIME()
{

    READ_SD2204_NB_DAT_I2C(0x65,                   //65H 器件地址与命令
                           chDateTime,             //反返回读出的日期和时间
                           7);                     //一共 7 位字节

    Disp_DATE_TIME();                              //显示日期和时钟

}
//------------------------------------------------------------------
//程序名称:Disp_DATE_TIME()
//程序功能:读出 SD2204 实时时钟并显示到 JCM12864M 液晶显示屏上
//入出参数:无
//------------------------------------------------------------------
```

```
void Disp_DATE_TIME()
{
    uchar WG,WS,WB;
    //下面是显示处理
    //显示秒、分、时
    WB = chDateTime[6];                       //秒钟
    WG = WB&0x0F;
    chDispTime[0] = WG;                       //秒钟个位
    WS = WB&0xF0;
    WS = WS>>4;
    chDispTime[1] = WS;                       //秒钟十位

    chDispTime[2] = 0x1F;
    WB = chDateTime[5];                       //分钟
    WG = WB&0x0F;
    chDispTime[3] = WG;                       //分钟个位
    WS = WB&0xF0;
    WS = WS>>4;
    chDispTime[4] = WS;                       //分钟十位

    chDispTime[5] = 0x1F;
    WB = chDateTime[4];                       //时钟
    WG = WB&0x0F;
    chDispTime[6] = WG;                       //时钟个位
    WS = WB&0xF0;
    WS = WS>>4;
    chDispTime[7] = WS;                       //时钟十位

    //显示日、月、年
    WB = chDateTime[2];                       //日
    WG = WB&0x0F;
    chDispDate[0] = WG;                       //日钟个位
    WS = WB&0xF0;
    WS = WS>>4;
    chDispDate[1] = WS;                       //日钟十位

    chDispDate[2] = 0x1F;
    WB = chDateTime[1];                       //月
    WG = WB&0x0F;
    chDispDate[3] = WG;                       //月个位
    WS = WB&0xF0;
    WS = WS>>4;
    chDispDate[4] = WS;                       //月十位

    chDispDate[5] = 0x1F;
```

```
    WB = chDateTime[0];                        //年
    WG = WB&0x0F;
    chDispDate[6] = WG;                        //年个位
    WS = WB&0xF0;
    WS = WS>>4;
    chDispDate[7] = WS;                        //年十位

}
//----------------------------------------
//以下是4个按键函数
//----------------------------------------
//第1键  设为确认键
void Key1()
{//请在下面加入执行代码
  if(bCtrlKeyOk == 0)
  {
    bCtrlKeyOk = 1;                            //开启各键进入工作状态
    Off_Time0();                               //关闭定时器0
    Off_Time1();                               //关闭定时器1
    cbCtrl[7] = 0x01;                          //让高7位数码管dp点亮
    cbCtrl[0] = 0x01;                          //让低0位数码管dp点亮
    if(bTimeDateCtrl == 0)                     //刷新时间显示
        ZLG7290_DISP_Time2(chDispTime);
     else ZLG7290_DISP_Time2(chDispDate);      //刷新日期显示

    ucJsqKey = 0x00;                           //初始化方向键按键次数计数
    bSoundCtrl = 1;                            //启用发声
  }
   else
   {bCtrlKeyOk = 0;                            //关闭各键
    On_Time0();                                //开启定时器0
    On_Time1();                                //开启定时器1
    Init_Nixietube_Ctrlb();                    //关闭各dp点
    //写一段将调好的日期和时间保存到SD2204时钟发生器
    //保存调好的数据并走时
    WRITE_SD2204_NB_DAT_I2C(0x64,chDateTime,7);
    bSoundCtrl = 1;                            //启用发声
   }

}
//----------------------------------------
//第2键  设为方向控制键
void Key2()
{//请在下面加入执行代码
  if(bCtrlKeyOk == 0) return;                  //如果确认键没有按下,就返回
```

```
  if(ucJsqKey == 0x00)
  {
    Init_Nixietube_Ctrlb();                        //关闭各 dp 点
    cbCtrl[7] = 0x01;                              //让高 7 位数码管 dp 点亮
    cbCtrl[3] = 0x01;                              //让低 3 位数码管 dp 点亮
    if(bTimeDateCtrl == 0)                         //刷新时间显示
      ZLG7290_DISP_Time2(chDispTime);
     else ZLG7290_DISP_Time2(chDispDate);          //刷新日期显示

    ucJsqKey = 0x01;
    bSoundCtrl = 1;                                //启用发声
  }
   else if(ucJsqKey == 0x01)
   {
    Init_Nixietube_Ctrlb();                        //关闭各 dp 点
    cbCtrl[7] = 0x01;                              //让高 7 位数码管 dp 点亮
    cbCtrl[6] = 0x01;                              //让高 6 位数码管 dp 点亮
    if(bTimeDateCtrl == 0)                         //刷新时间显示
      ZLG7290_DISP_Time2(chDispTime);
     else ZLG7290_DISP_Time2(chDispDate);          //刷新日期显示
    ucJsqKey = 0x02;
    bSoundCtrl = 1;                                //启用发声
    }
    else if(ucJsqKey == 0x02)
    {
     Init_Nixietube_Ctrlb();                       //关闭各 dp 点
     cbCtrl[7] = 0x01;                             //让高 7 位数码管 dp 点亮
     cbCtrl[0] = 0x01;                             //让低 0 位数码管 dp 点亮
     if(bTimeDateCtrl == 0)                        //刷新时间显示
       ZLG7290_DISP_Time2(chDispTime);
       else ZLG7290_DISP_Time2(chDispDate);        //刷新日期显示

     ucJsqKey = 0x00;
     bSoundCtrl = 1;                               //启用发声
     }
     else ;
}
//----------------------------------------
//第 3 键  此键设为增 1 键
void Key3()
{//请在下面加入执行代码
  if(bCtrlKeyOk == 0) return;                      //如果确认键没有按下,就返回
  if(bTimeDateCtrl == 0)
  {if(ucJsqKey == 0x00)
   { //秒钟加 1 处理
```

```
chDateTime[6]++;
chDateTime[6] = J16to10(chDateTime[6]);
if(chDateTime[6] > 0x59)chDateTime[6] = 0;
Disp_DATE_TIME();                       //对数据进行处理
ZLG7290_DISP_Time2(chDispTime);         //刷新显示
bSoundCtrl = 1;                         //启用发声
}
else  if(ucJsqKey == 0x01)
{ //分钟加 1 处理
  chDateTime[5]++;
  chDateTime[5] = J16to10(chDateTime[5]);
  if(chDateTime[5] > 0x59)chDateTime[5] = 0;
  Disp_DATE_TIME();                     //对数据进行处理
  ZLG7290_DISP_Time2(chDispTime);       //刷新显示
  bSoundCtrl = 1;                       //启用发声
 }
 else  if(ucJsqKey == 0x02)
 { //时钟加 1 处理
   chDateTime[4]++;
   chDateTime[4] = J16to10(chDateTime[4]);
   if(chDateTime[4] > 0x23)chDateTime[4] = 0;
   Disp_DATE_TIME();                    //对数据进行处理
   ZLG7290_DISP_Time2(chDispTime);      //刷新显示
   bSoundCtrl = 1;                      //启用发声
  }
  else ;
 }
 else
 { //下面是调整日期
   if(ucJsqKey == 0x00)
   { //秒钟加 1 处理
    chDateTime[2]++;
    chDateTime[2] = J16to10(chDateTime[2]);
    if(chDateTime[2] > 0x31)chDateTime[2] = 0;
    Disp_DATE_TIME();                   //对数据进行处理
    ZLG7290_DISP_Time2(chDispDate);     //刷新显示
    bSoundCtrl = 1;                     //启用发声
   }
   else  if(ucJsqKey == 0x01)
   { //分钟加 1 处理
    chDateTime[1]++;
    chDateTime[1] = J16to10(chDateTime[1]);
    if(chDateTime[1] > 0x12)chDateTime[1] = 1;
    Disp_DATE_TIME();                   //对数据进行处理
    ZLG7290_DISP_Time2(chDispDate);     //刷新显示
```

```
        bSoundCtrl = 1;                         //启用发声
        }
        else  if(ucJsqKey == 0x02)
         { //时钟加 1 处理
          chDateTime[0]++;
          chDateTime[0] = J16to10(chDateTime[0]);
          if(chDateTime[0] > 0x99)chDateTime[0] = 0;
          Disp_DATE_TIME();                     //对数据进行处理
          ZLG7290_DISP_Time2(chDispDate);       //刷新显示
          bSoundCtrl = 1;                       //启用发声
       }
        else ;
     }
}
//----------------------------------------
//第 4 键  此键设为减 1 键
void Key4()
{//请在下面加入执行代码
  if(bCtrlKeyOk == 0) return;                   //如果确认键没有按下,就返回

  if(bTimeDateCtrl == 0)
  {if(ucJsqKey == 0x00)
   { //秒钟减 1 处理
    chDateTime[6]--;
    chDateTime[6] = J16to10(chDateTime[6]);
    if(chDateTime[6] == 0xF9)chDateTime[6] = 0x59;
    Disp_DATE_TIME();                           //对数据进行处理
    ZLG7290_DISP_Time2(chDispTime);             //刷新显示
    bSoundCtrl = 1;                             //启用发声
    }
    else  if(ucJsqKey == 0x01)
    { //分钟减 1 处理
      chDateTime[5]--;
      chDateTime[5] = J16to10(chDateTime[5]);
      if(chDateTime[5] == 0xF9)chDateTime[5] = 0x59;
      Disp_DATE_TIME();                         //对数据进行处理
      ZLG7290_DISP_Time2(chDispTime);           //刷新显示
      bSoundCtrl = 1;                           //启用发声
     }
     else  if(ucJsqKey == 0x02)
     { //时钟减 1 处理
       chDateTime[4]--;
       chDateTime[4] = J16to10(chDateTime[4]);
       if(chDateTime[4] == 0xF9)chDateTime[4] = 0x23;
       Disp_DATE_TIME();                        //对数据进行处理
```

```
        ZLG7290_DISP_Time2(chDispTime);                              //刷新显示
        bSoundCtrl = 1;                                              //启用发声
      }
      else ;
    }
    else
    { //下面是调整日期
      if(ucJsqKey == 0x00)
      { //日减 1 处理
        chDateTime[2]--;
        chDateTime[2] = J16to10(chDateTime[2]);
        if(chDateTime[2] == 0xF9)chDateTime[2] = 0x31;
        Disp_DATE_TIME();                                            //对数据进行处理
        ZLG7290_DISP_Time2(chDispDate);                              //刷新显示
        bSoundCtrl = 1;                                              //启用发声
      }
      else  if(ucJsqKey == 0x01)
      { //月减 1 处理
        chDateTime[1]--;
        chDateTime[1] = J16to10(chDateTime[1]);
        if(chDateTime[1] == 0xF9)chDateTime[1] = 0x12;
        Disp_DATE_TIME();                                            //对数据进行处理
        ZLG7290_DISP_Time2(chDispDate);                              //刷新显示
        bSoundCtrl = 1;                                              //启用发声
        }
        else  if(ucJsqKey == 0x02)
        { //年减 1 处理
          chDateTime[0]--;
          chDateTime[0] = J16to10(chDateTime[0]);
          if(chDateTime[0] == 0xF9)chDateTime[0] = 0x99;
          Disp_DATE_TIME();                                          //对数据进行处理
          ZLG7290_DISP_Time2(chDispDate);                            //刷新显示
          bSoundCtrl = 1;                                            //启用发声
      }
        else ;
    }
}
//---------------------------------------------------------
//函数名称:J16to10()
//函数功能:将十六进制的数据变为十进制
//入口参数:chDat 传送要处理的数据
//出口参数:返回处理好的 BCD 数字
//---------------------------------------------------------
uchar J16to10(uchar chDat)
{
```

```
    uchar chDat2 = chDat;
    chDat2 = chDat2&0x0F;
    if(chDat2 == 0x0A)
      chDat = chDat + 0x06;
     else if(chDat2 == 0x0F)
       chDat = chDat - 0x06;
       else ;

    return chDat;
}
//----------------------------------
//功能:延时函数
//--------------------------------
void Dey_Ysh(unsigned int nN)
{
     unsigned int a,b,c;
     for(a = 0;a<nN;a++)
       for(b = 0;b<50;b++)
         for(c = 0;c<50;c++);
}
//**************************************************************
```

本实例程序代码已达到了 5737 行之多,所以程序在编写时一定要做到编写一段调试通过一段,否则后果不可以想象。

详细程序见“网上资料\参考程序\程序模板应用编程\课题 5 温度与实时时钟”。

## 作业与思考

请将本课题实例程序改为 JCM12864M 液晶显示器显示。

## 编后语

夏日炎炎好睡眠。有诗云:“春天不是读书天,夏日炎炎好睡眠。秋多蚊子冬多雪,要想读书靠明年。”又逢夏天,这是 2010 年的夏天,我写程序从夏到秋,从冬到春,一年又一年。我不能像别人那样,夏天读书的时候可以睡睡觉,等到第二天才来读。我得像过去练武之人那样,夏学三伏,冬学三九。我的这本书写的就是走向辉煌。只有不畏劳苦在崎岖小路上攀登的人,才有希望达到光辉的顶点。

# 课题 6　实现 80C51 内核单片机多机通信

## 实验目的

了解和掌握 80C51 单片机多机通信的原理与方法,学习程序模板的组装与运用。

## 实验设备

① 30 W 烙铁 1 把,数字万用表 1 个;

② PC 机 1 台;

③ 开发软件 TKStudio 集成开发平台(周立功公司开发)和 Keil C51(Keil 公司开发) 1 套;

④ 烧录软件 Flash Magic 下载线(NXP 公司开发)1 套,9 芯串行通信线 1 根。

## 实验器件

P89V51Rxx_CPU 模块 3 块,串行通信模块,DS18B20 模块 1 块,SD2204 模块 1 块,ZLG7290 模块 1 块。

**说明:**所有模块都在课题 5 中用到,只有 P89V51Rxx_CPU 模块再增加 2 块。

## 工程任务

实现三连机通信,即一主机二从机。实验题如下:

① 从机通过 P2 显示主机发过来的本机地址;

② 从机通过 P2 显示主机发过来的花样灯数据;

③ 主机向从机发送实时时钟、实时温度,从机负责显示;

④ 主机显示向从机读回的实时时钟、实时温度值。

## 工程任务的理解

单片机连机通信是一个高层次的课题。对于学员来说,已经进入了单片机中高层的学习了。网络通信一直是人们所期盼的。对于单片机来说连手工作一直是一种时尚,像汽车车身控制就是由许多单片机连手控制的结果。对于这一练习我们只能一步一步地进行。任务①只实现显示发给各从机的地址码;任务②通过主机向从机发送花样灯编码,确立我们对从机的控制程度;任务③④是我们完成的真正的串行网络通信的任务,这时所建立的小网络就可以负责完成基本的任务了。在这个基础上加入 RS232 和 RS485 通信电平转换器件,就可以实现单片机网络的远程通信了,这样就可以完成大的应用工程任务。

## 工程设计构想

### 1. 硬件设计方框图

硬件样式设计图如图 K6-1~图 K6-3 所示。

### 2. 软件设计方框图

工程程序构思与协调控制任务分工图如图 K6-4 和图 K6-5 所示。

## 所需器件资料

80C51 单片机 UART 串行网络组建的机理:

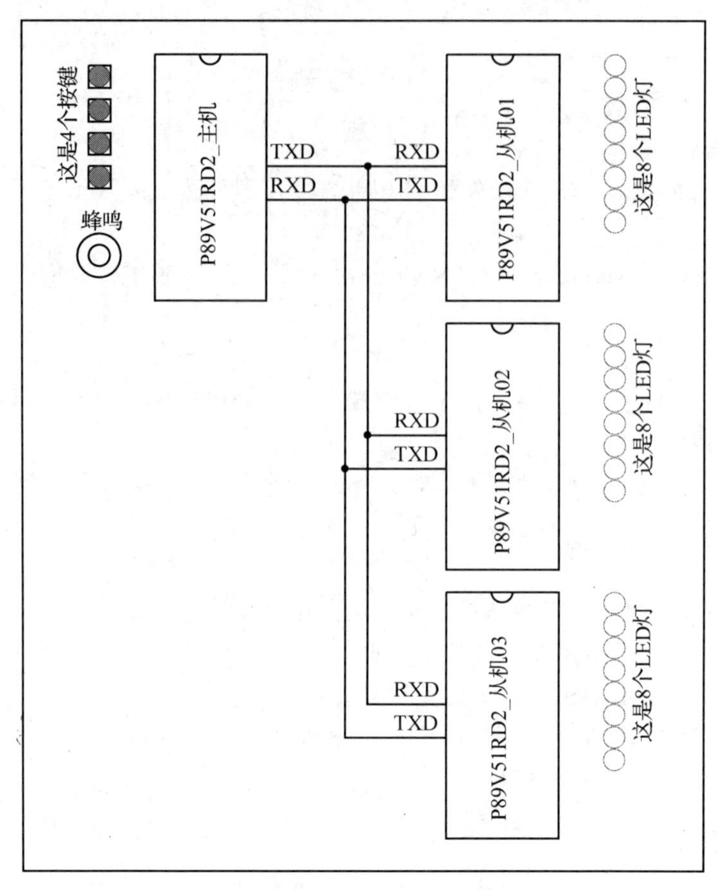


图 K6－1　单片机多机通信硬件制作样式图

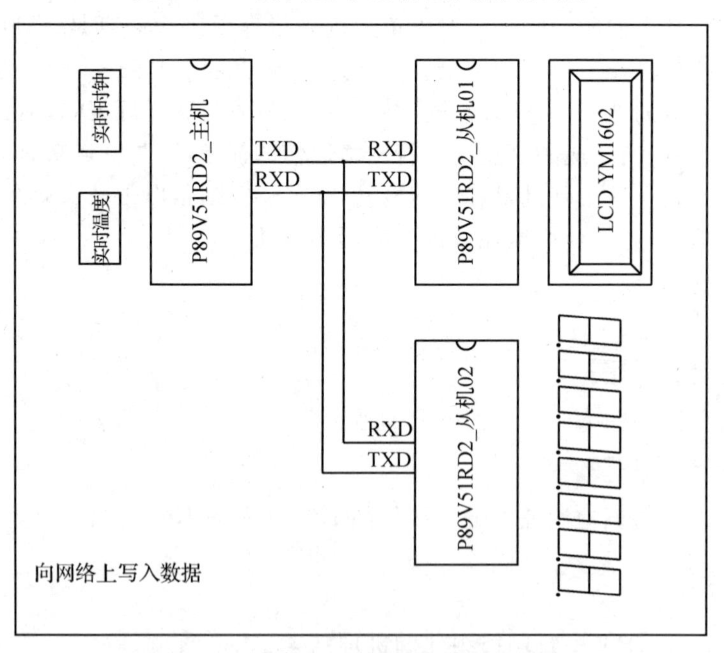


图 K6－2　单片机多机通信硬件制作样式图

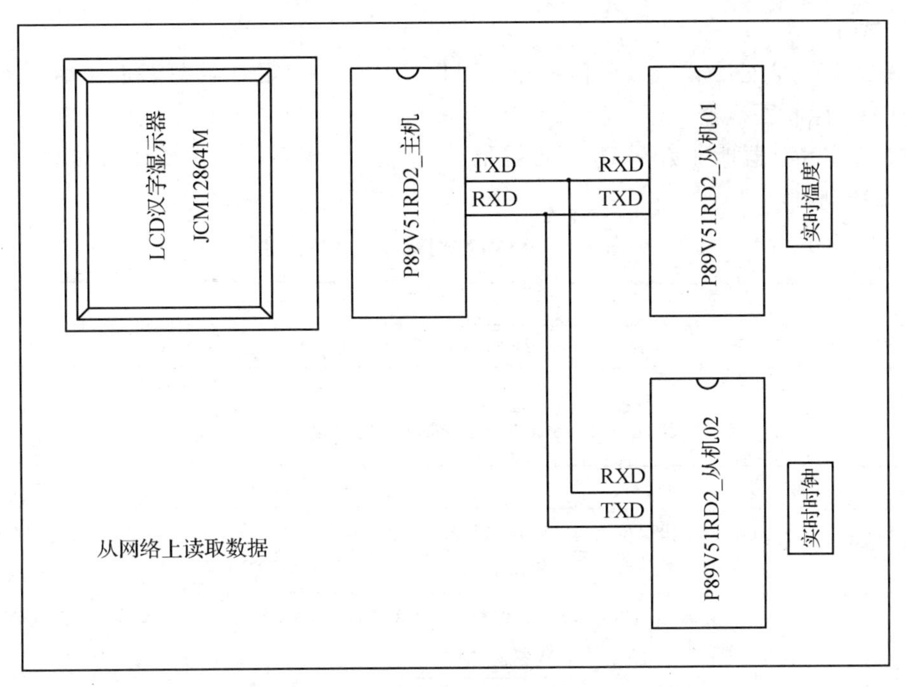


**图 K6-3　单片机多机通信硬件制作样式图**

| 主机：<br>启用定时器0<br>用于读取4位按键值<br>启用UART串行通信<br>负责向从机收发数据 | 主机：<br>主循环体工作<br>主循环体用于处理向PC机<br>发送数据 |
|---|---|

**图 K6-4　主机软件设计思路图**

| 从机：<br>启用UART串行中断<br>监听主机发的信号<br>并向主机发送数据 | 从机：<br>主循环体工作<br>主循环体用于处理主机发<br>来的命令，并作出回应 |
|---|---|

**图 K6-5　从机软件设计思路图**

## 1. UART 串行通信的方式 2 和方式 3

### (1) 方式 2

单片机的 TXD 引脚为 UART 串行通信中的数据发送引脚，单片机的 RXD 引脚为 UART 串行通信中的数据接收引脚，每一次数据的收/发为 11 位：即 1 个起始位（逻辑 0），8 个数据位[低位（LSB）在前]，一个可编程控制的第 9 位数据和 1 个停止位（逻辑 1）。数据在发送时，第 9 位数据位由 SCON 控制寄存器中的 TB8 位决定，TB8 位可编程为 0 或 1。例如，可将奇偶位 PSW 状态寄存器内的 P 位移入 TB8 位。从机在接收数据时，第 9 位数据直接存入 SCON 的 RB8 位，而停止位不被保存。波特率可编程为 CPU 时钟频率的 1/16 或 1/32，由 PCON 的 SMOD1 位决定。

**(2) 方式 3**

同方式 2,不同之处为模式 3 的波特率是可以变换的并由定时器 1(2)的溢出率来决定。

**(3) SCON 控制寄存器**

SCON 控制寄存器地址为 98H,可位寻址,复位值为 00H,其各位描述与功能如表 K6-1 和表 K6-2 所列。

**表 K6-1　SCON 控制寄存器各位描述**

| 7 | 6 | 5 | 4 | 3 | 2 | 1 | 0 |
|---|---|---|---|---|---|---|---|
| SM0/FE | SM1 | SM2 | REN | TB8 | RB8 | TI | RI |

**表 K6-2　SCON 控制寄存器各位功能说明**

| 位 | 符　号 | 功　能 |
|---|---|---|
| SCON.7 | FE | 帧错误位。当检测到一个无效停止位时,通过 UART 接收器设置该位,操作时请用软件清零。要使该位有效,可以通过置位 PCON 寄存器中的 SMOD0 位为 1 |
| SCON.7 | SM0 | 和 SM1 位一起定义串口操作模式。若使该位有效,可以通过清 0 PCON 寄存器中的 SMOD0 位生效 |
| SCON.6 | SM1 | 和 SM0 一起定义串口操作模式(见表 K6-3) |
| SCON.5 | SM2 | 在模式 2 和模式 3 中多机通信使能位。在模式 2 和模式 3 中若 SM2=1,且接收到第 9 位数据(RB8)是 0,则 RI(接收中断标志)不会被激活。在模式 0 中,SM2 必须是 0 |
| SCON.4 | REN | 串行通信允许接收位。由软件置位或清 0。REN=1 时,为允许串行通信接收,REN=0 时,禁止接收串行通信中的数据 |
| SCON.3 | TB8 | 模式 2 和模式 3 中主机发送的第 9 位数据,可以根据需要由软件置位或清 0 |
| SCON.2 | RB8 | 模式 2 和模式 3 中为已经接收到的第 9 位数据,在模式 1 中,若 SM2=0,RB8 是已接收到的停止位。在模式 0 中,RB8 没用 |
| SCON.1 | TI | 发送数据的中断标志位。在模式 0 中,在发送完第 8 位数据后,由硬件置位。在其他模式中,在发送停止位之初,由硬件置位。在任何模式中都必须由软件来清 0 TI位 |
| SCON.0 | RI | 接收数据的中断标志。在模式 0 中,在接收完第 8 位后由硬件置位。在其他模式中,在接收停止位的中间时刻,由硬件置位。在任何模式(SM2 所述情况除外)必须由软件清 0 RI 位 |

注:编程时一定要认真地查看这个寄存器。

**表 K6-3　SM1 和 SM0 一起定义串口操作模式**

| SM0 | SM1 | UART 模式 | 波特率 |
|---|---|---|---|
| 0 | 0 | 0:同步移位寄存器 | $f_{osc}/12$ 或 $f_{osc}/6$(取决于时钟模式) |
| 0 | 1 | 1:8 位 UART | 可变 |
| 1 | 0 | 2:9 位 UART | $f_{osc}/64$ 或 $f_{osc}/32$ |
| 1 | 1 | 3:9 位 UART | 可变 |

### 2. 单片机多机通信的原理

UART 串行通信模式 2 和模式 3 是专用来进行多机通信设置的。在这些模式中，发送/接收数据时均为 9 位。接收数据时第 9 位数据存放在 SCON 寄存器的 RB8 位。UART 串行通信可编程为接收到停止位时，仅当 RB8＝1 时串行中断才被激活。编程时可以通过置位 SCON 寄存器内的 SM2 位来使能这一特性。

下面讲述一种多机通信使用该特性的方法：

当主机需要发送数据块给某一台从机时，首先发送一个地址字节用以识别目标从机。地址字节与数据字节的最大区别是在于第 9 位数据，也就是地址字节的第 9 位是 1，而数据字节的第 9 位是 0。当 SM2＝1 时，数据字节不会使从机产生中断，而地址字节则会使所有从机都产生中断，这样每个从机就可以检查接收到的字节并判断是否被寻址。而被寻址的从机将清零 SM2 位，用以准备接收随后的数据字节(数据长度仍是 9 位)。未被寻址的从机的 SM2 位仍为 1，这样就忽略了随后的数据字节继续进行各自的独立工作。

在模式 0 中 SM2 无效，在模式 1 中 SM2 可用来检测停止位是否有效，该功能通过检查帧错误标志来实现更好。当 SM2＝1 且处于模式 1 的工作中 UART 串行通信接收数据时，接收中断不会被激活，除非接收到一个有效的停止位。

程序在编写时，只要检测 SCON 寄存器的 RB8 位是否为 1，如果为 1，就检测接收到的地址数据是否为本机地址。如果是，就清零，SM2 位准备接收主机发来的数据字节。

需要说明的是，在做实际工程时请用 RS232 和 RS485 进行远程通信的电平转换。

## 工程所需程序模板

所需程序模板文件如下：

- 使用定时器 0 定时读取 4 位按键值，启用模板文件〈time0_temp. h〉；
- 使用 UART 串行实现多机通信，创建主机模板文件〈uart_com_n_main. h〉；
- 使用 UART 串行实现多机通信，创建从机模板文件〈uart_com_n_slave. h〉；
- 使用 YM1602 显示数据，启用模板文件〈tc1602_lcd. h〉；
- 使用 4 位按键发送与读出数据，启用模板文件〈key_4bkey. h〉；
- 使用 ZLG7290 数码管显示器，启用模板文件〈zlg7290_iic. h〉；
- 使用 SD2004 实时时钟产生时钟，启用模板文件〈sd2204. h〉；
- 使用 JCM12864M 给主机显示数据，启用模块文件〈jcm12864m. h〉；
- 使按键发出声音，启用模板文件〈beep_temp. h〉。

**说明：**如果制作的是实际工程，请加上看门狗模板文件〈P89v51_Wdt_Temp. h〉。

## 工程施工用图

本课题工程需要工程电路图如图 K6－6～图 K6－8 所示。

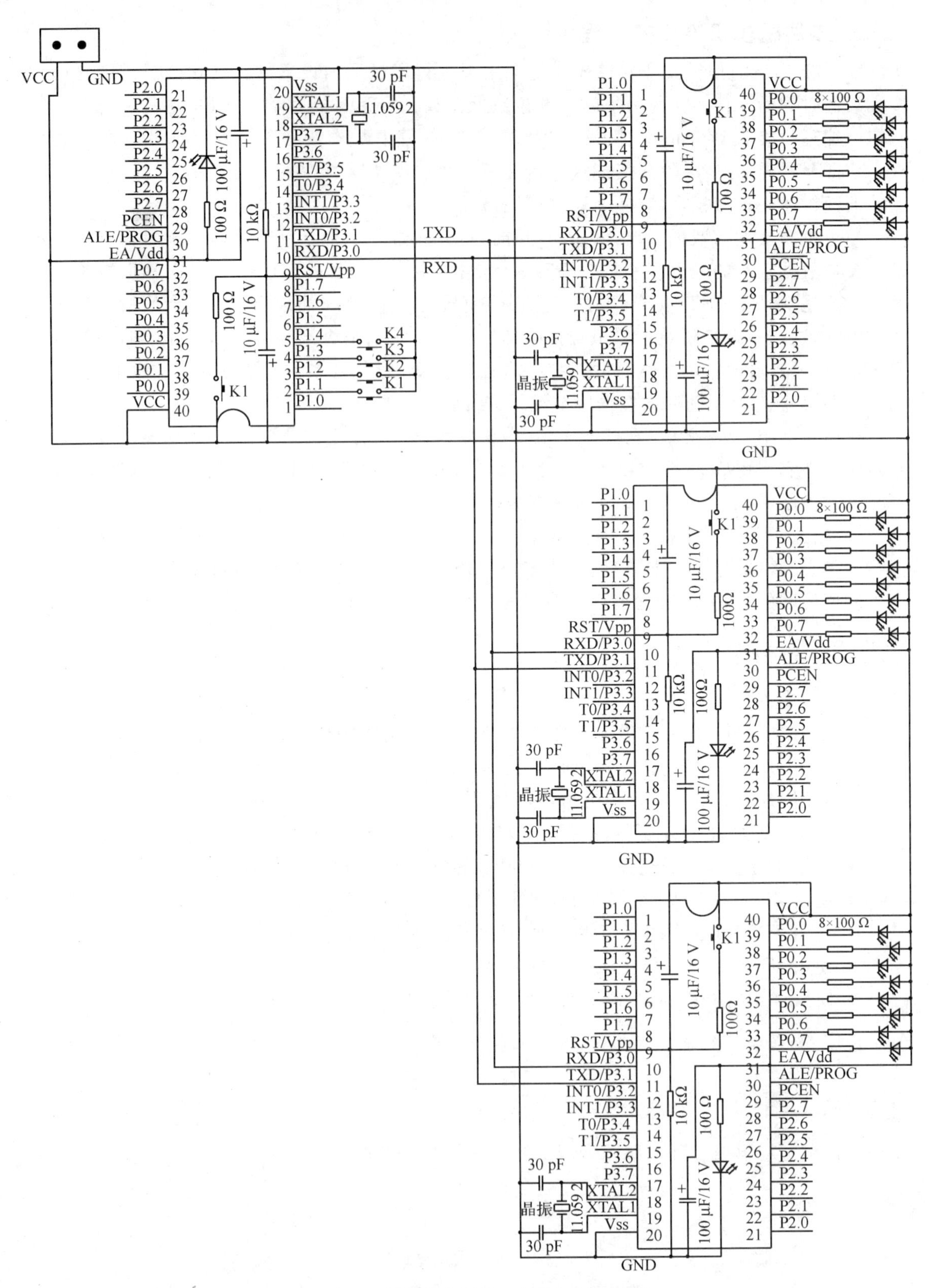

图 K6－6　课题任务①②工程施工用电路图

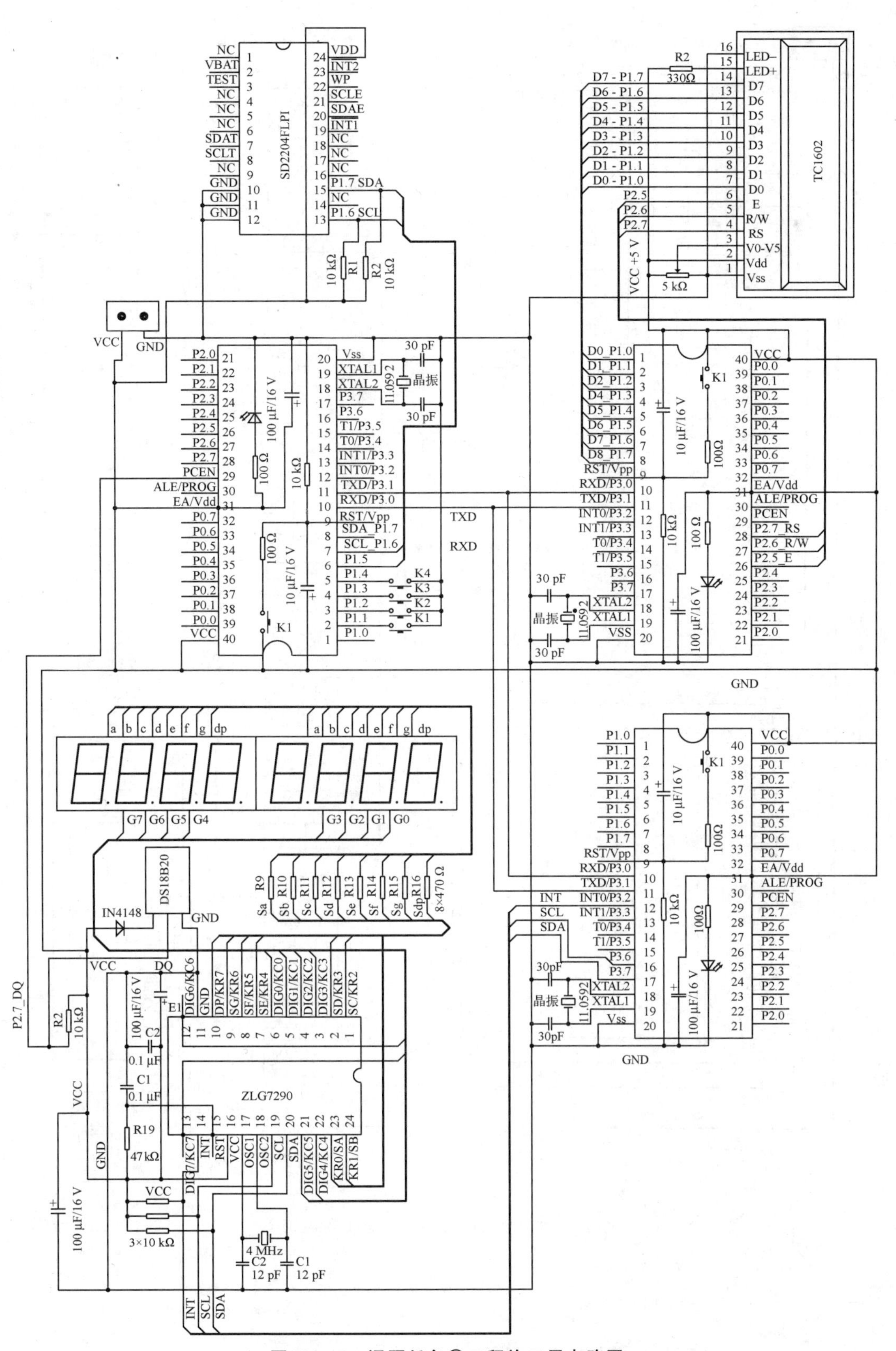

图 K6－7　课题任务③工程施工用电路图

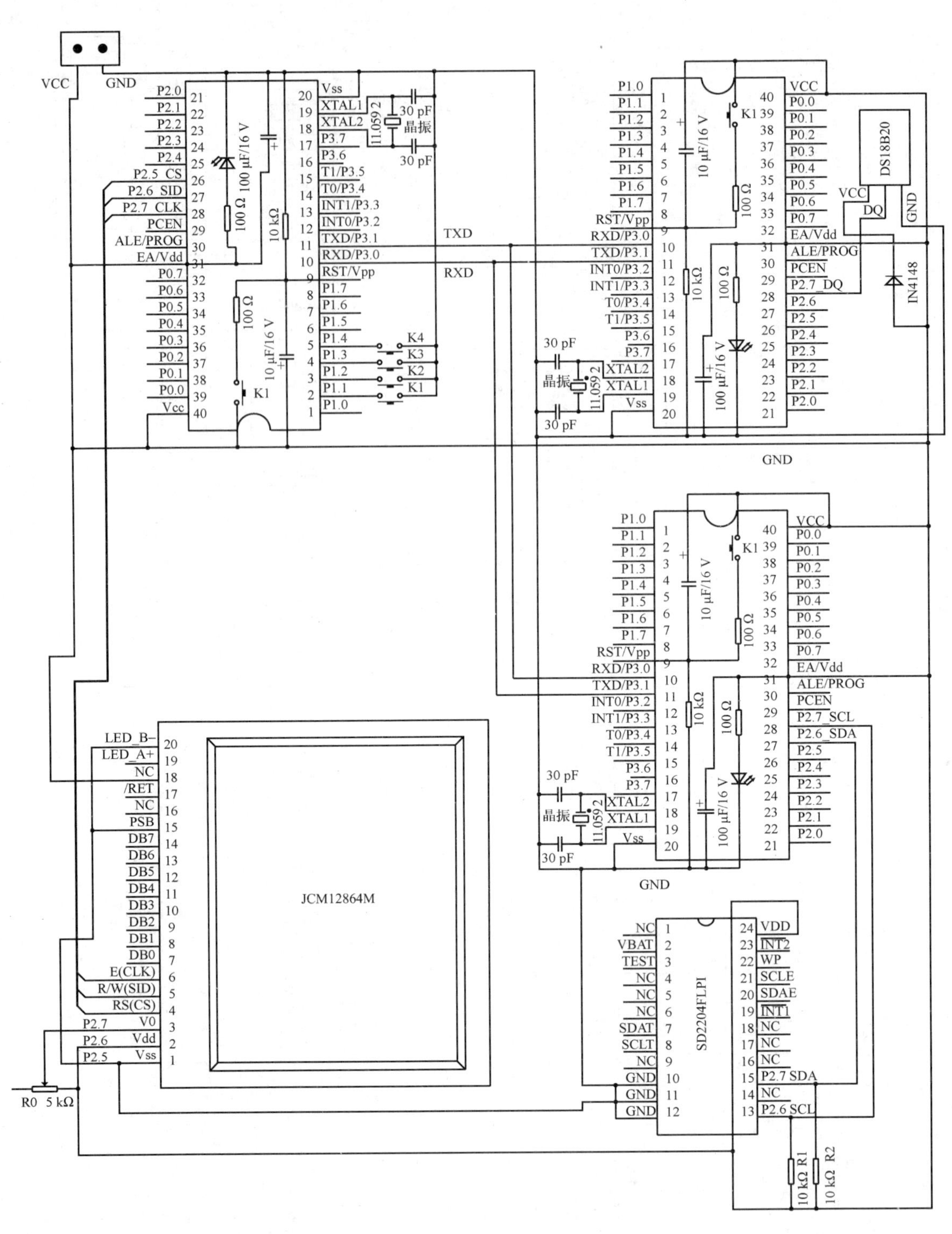


图 K6－8　课题任务③工程施工用电路图

## 制作工程用电路板

没有硬件电路的读者请按图 K6－6～图 K6－8 电路分模块制作。

# 本课题工程软件设计

## 创建任务用软件工程文件与组装工程程序

### 1. 创建工程用文件夹与工程

第 1 步：创建工程用文件夹分别取名为“课题 6 多机通信_任务①”，“课题 6 多机通信_任务②”，“课题 6 多机通信_任务③”，“课题 6 多机通信_任务④”。并同时创建主从机文件夹，分别是“主机”，“从机 01”，“从机 02”……“从机 n”

第 2 步：打开 TKStudio 编译器，新建工程分别取名为“任务①主机程序”并保存到课题 6 多机通信_任务①的主机文件夹中，“任务①从机程序”并保存到课题 6 多机通信_任务①的从机文件夹中；“任务②主机程序”并保存到课题 6 多机通信_任务②的主机文件夹中，“任务②从机程序”并保存到课题 6 多机通信_任务②的从机文件夹中；“任务③主机程序”并保存到课题 6 多机通信_任务③的主机文件夹中，“任务③从机程序”并保存到课题 6 多机通信_任务③的从机文件夹中；“任务④主机程序”并保存到课题 6 多机通信_任务④的主机文件夹中，“任务④从机程序”并保存到课题 6 多机通信_任务④的从机文件夹中。

### 2. 组装工程程序

第 1 步：从“网上资料\参考程序\程序模块\模板程序汇总库”下的 Temp 文件夹中复制文件 key_4bkey.h、time0_temp.h 到“课题 6 多机通信_任务①”的主机文件夹，“课题 6 多机通信_任务②”的主机文件夹，“课题 6 多机通信_任务③”的主机文件夹中，“课题 6 多机通信_任务④”的主机文件夹中。

第 2 步：创建 C 文件取名分别为“main.c”，“slave01.c”。

第 3 步：创建主机模板文件〈uart_com_n_main.h〉

代码编写如下：

```
//*************************************************************************
//串行发送与接收(与 PC 机通信)
//用定时器 2 产生波特率
//文件名:uart_com_n_main.h
//说明:多机连网通信主发/收程序,
//      发送数据字节串的组成格式为命令字节、串的长度字节、数据串的 N 字节、结
//      束发送命令 0xFC;发送命令字节串的组成格式为命令字节、串的长度字节、结
//      束发送命令 0xFC;接收字节串的组成格式是从机机编号字节、串的长度字节、
//      数据串的 N 字节、结束发送命令 0xFC。串行网络通信协调命令有:0x44('D'发
//      送数据命令)、0x52('R'读回数据命令)、0x57('W'写盘命令)
//*************************************************************************
/*   T2 Extensions[外延]   */
sfr T2CON   = 0xC8;
```

```
sfr RCAP2L  = 0xCA;
sfr RCAP2H  = 0xCB;
sfr TL2     = 0xCC;
sfr TH2     = 0xCD;

/*   T2CON   */
sbit TF2  = T2CON^7;
sbit EXF2  = T2CON^6;
sbit RCLK  = T2CON^5;
sbit TCLK  = T2CON^4;
sbit EXEN2  = T2CON^3;
sbit TR2  = T2CON^2;
sbit C_T2  = T2CON^1;
sbit CP_RL2  = T2CON^0;

unsigned char chComDat = 0x41;                          //A
void Ysh2s(unsigned int nN);                            //延时
unsigned int xdata * lpComRcvDat;                       //用于存储接收到的数据
void Send_Com_Command(unsigned char chComAddr,unsigned char chCommand);
unsigned char chChar;
bit bCommandCtrl = 0;                                   //接收数据控制
void  Rcv_Comm();
//-------------------------------------------------------------------------
//函数名称:InitUartComm()
//函数功能:初始并启动串行口
//入出参数:fExtal(为晶振大小,如 11.059 2 MHz,12.00 MHz),lBaudRate(为波特率)
//出口参数:无
//-------------------------------------------------------------------------
void InitUartComm(float fExtal,long lBaudRate)
{
    unsigned long nM,nInt;
    unsigned char cT2H1,cT2L1;
    float fF1;

    fF1 = (fExtal * 1000000)/(32 * lBaudRate);
    nInt =  fF1 ;
    nM = 65536 - nInt;

    cT2L1  = nM;
    nM   = nM>>8;
    cT2H1  = nM;

    T2CON = 0x34;                                       //设置控制方式
    RCAP2H = cT2H1;                                     //给内部波特率计数器赋初值
    RCAP2L = cT2L1;
```

```
    TCLK = 1;                    //启动定时器 2 作波特率发生器
    TR2 = 1;                     //启动定时器 2
    SCON = 0xF0;                 //设置串口位启用方式 3 工作

    PCON = 0x00;                 //电源用默认值
    lpComRcvDat = 0x0050;
    bCommandCtrl = 0;            //接收数据控制
}
//--------------------------------------------------------------
//函数名称:Send_Comm()
//函数功能:串行数据发送子程序
//入口参数:chComDat(传送要发送的串行数据)
//出口参数:无
//--------------------------------------------------------------
void Send_Comm(unsigned char chComDat)
{
    SBUF = chComDat;
    TI = 0;                      //清除标志位
}
//--------------------------------------------------------------
//函数名称:Send_Comm_Addr()
//函数功能:串行数据发送子程序,向从机发送地址
//入口参数:chComAddr(传送要发送的从机地址)
//出口参数:无
//--------------------------------------------------------------
void Send_Comm_Addr(unsigned char chComAddr)
{
    TB8 = 1;                     //准备发送地址(TB8 = 1 为向从机发送地址)
    SBUF = chComAddr;
    TI = 0;                      //清除标志位
}
//--------------------------------------------------------------
//函数名称:Send_Comm_Dat()
//函数功能:串行数据发送子程序,向从机发送数据
//入口参数:chComDat(传送要发送的从机数据)
//出口参数:无
//--------------------------------------------------------------
void Send_Comm_Dat(unsigned char chComDat)
{
    TB8 = 0;                     //准备发送地址(TB8 = 0 为向从机发送数据)
    SBUF = chComDat;
    TI = 0;                      //清除标志位
}
//--------------------------------------------------------------
//函数名称:Send_Com_nBCommand()
```

```
//函数功能:串行数据发送子程序,向从机发送 N 字节数据
//入口参数:chComAddr(传送要发送的从机地址)chCommand(传送要发送的从机命令)
//出口参数:无
//说明:发送命令字节串的组成格式为命令字节、串的长度字节、结束发送命令 0xFC;
//       串行网络通信协调命令有 0x44('D'发送数据命令)、0x52('R'读回数据命令)、
//       0x57('W'写盘命令)
//-----------------------------------------------------------------
void Send_Com_nBCommand(unsigned char chComAddr,unsigned char chCommand)
{
   Send_Com_Command(chComAddr,chCommand);          //发送命令
   Send_Com_Command(chComAddr,0x01);               //发送长度
   Send_Com_Command(chComAddr,0xFC);               //发送结束命令
}
//-----------------------------------------------------------------
//函数名称:Send_Comm_nb_Dat()
//函数功能:串行数据发送子程序,向从机发送 N 字节数据
//入口参数:chComAddr(传送要发送的从机地址) chlpComDat(传送要发送的从机数据)
//          nCount(要发送数据的个数)
//出口参数:无
//说明:发送数据字节串的组成格式为命令字节、串的长度字节、数据串的 N 字节、结
//       束发送命令 0xFC
//-----------------------------------------------------------------
void Send_Comm_nb_Dat(unsigned char chComAddr,unsigned char * chlpComDat,
                      unsigned char nCount)
{
   unsigned char i = 0x00;
   Send_Com_Command(chComAddr,0x44);               //0x44 命令为 D 的十六进制码,即 Data(数据)
   Send_Com_Command(chComAddr,nCount);             //发送字节串行长度
   for(i = 0;i<nCount;i++)
   { Send_Com_Command(chComAddr, * chlpComDat);
     chlpComDat++;
     }
   Send_Com_Command(chComAddr,0xFC);               //结束数据发送
}
//-----------------------------------------------------------------
//函数名称:Send_Com_Command()
//函数功能:串行数据发送子程序,向从机发送 N 字节数据
//入口参数:chComAddr(传送要发送的从机地址) chCommand(传送要发送的从机命令)
//出口参数:无
//-----------------------------------------------------------------
void Send_Com_Command(unsigned char chComAddr,unsigned char chCommand)
{
   Send_Comm_Addr(chComAddr);
   Ysh2s(1);
   Send_Comm_Dat(chCommand);                       //结束发送
```

```
    Ysh2s(1);
}
//------------------------------------------
//函数名称:On_uartCom()
//函数功能:启动串行中断
//入口参数:无
//出口参数:无
//------------------------------------------
void On_uartCom()
{
    IE   |= 0x90;
}
//------------------------------------------
//函数名称:Off_uartCom()
//函数功能:关闭串行中断
//入口参数:无
//出口参数:无
//------------------------------------------
void Off_uartCom()
{
    IE   &= 0xEF;
}
//------------------------------------------
//函数名称:Rcv_Comm()
//函数功能:串行数据接收子程序
//入口参数:无
//出口参数:chComDat(传送要发送的串行数据)
//------------------------------------------
void  Rcv_Comm()
{
  do
  {   while(! RI);                    //当 RI 为真时,表示上位机有数据发过来
      RI = 0;
      chComDat = SBUF;
      *lpComRcvDat = chComDat;
      lpComRcvDat++;
      if(chComDat == 0xFC)
      {lpComRcvDat = 0x0050;
       break;}
    }while(1);
}
//------------------------------------------------
//串行中断子程序
void Comm_DComm(void) interrupt 4 using 0
{
```

```
        RI = 0;
        chChar = SBUF;                              //接收数据
        * lpComRcvDat = chChar;
        lpComRcvDat ++ ;
        if(chChar == 0xFC)
        { Off_uartCom();                            //关闭串行中断
          lpComRcvDat = 0x0050;}
}
//-----------------------------------------------------------
//功能:设置串行向 PC 机发送数据
//-----------------------------------------------------------
void SetComToPc()
{
    //Off_uartCom();                                //使用串行中断时要启用这一行
    SCON = 0x50;                                    //设置串口位启用方式 1 工作
    PCON = 0x00;                                    //电源用默认值
}
//-----------------------------------------------------------
//功能:设置串行向多机发送数据
//-----------------------------------------------------------
void SetComToNMcu()
{
   // Off_uartCom();                                //使用串行中断时要启用这一行
    SCON = 0xF0;                                    //设置串口位启用方式 1 工作
    PCON = 0x00;                                    //电源用默认值
}
//-------------------------------------------------------------
//延时程序 nN = 1,则 1 * 10 = 10ms
//-------------------------------------------------------------
void Ysh2s(unsigned int nN)
{
    unsigned int a,b,c;
    for(a = 0;a<nN;a ++ )                           //100 * 10 = 1 000 ms = 1 s
     for(b = 0;b<10;b ++ )                          //10 ms
      for(c = 0;c<110;c ++ );                       //1 ms

}
//------------------------------------------------------------------
//******************************************************************
```

第 4 步:创建从机模板文件〈 uart_com_n_slave. h〉。

代码编写如下:

```
//******************************************************************
//串行多机通信(收/发)
//用定时器 2 产生波特率
```

```
//文件名:uart_com_n_slave.h
//--------------------------------------------------------------
sbit P20 = P2^0;
sbit P27 = P2^7;
/*   T2 Extensions[外延]   */
sfr T2CON  =  0xC8;
sfr RCAP2L  =  0xCA;
sfr RCAP2H  =  0xCB;
sfr TL2  =  0xCC;
sfr TH2  =  0xCD;

/*   T2CON   */
sbit TF2  =  T2CON^7;
sbit EXF2  =  T2CON^6;
sbit RCLK  =  T2CON^5;
sbit TCLK  =  T2CON^4;
sbit EXEN2  =  T2CON^3;
sbit TR2  =  T2CON^2;
sbit C_T2  =  T2CON^1;
sbit CP_RL2  =  T2CON^0;

#define HAO_ADDR 0x02                     //本机地址编号


bit bMark;                                //标识串行收到数据
unsigned char chComDat = 0x41;            //A
unsigned char chAddr;                     //用于接收上位机发来的地址
unsigned int xdata * chlpData;            //用于接收数据

unsigned char Rcv_Comm();
void Send_Comm(unsigned char chComDat);
unsigned char chChar;
 //向主机发送数据
void Send_DataToMain(unsigned char cSlaveAddr,unsigned int * lpDatn,
                     unsigned int nCount);
void Ysh2s(unsigned int nN);
//--------------------------------------------------------------
//函数名称:InitUartComm()
//函数功能:初始并启动串行口
//入出参数:fExtal(为晶振大小,如 11.059 2 MHz,12.00 MHz),lBaudRate(为波特率)
//出口参数:无
//--------------------------------------------------------------
void InitUartComm(float fExtal,long lBaudRate)
{
    unsigned long nM,nInt;
    unsigned char cT2H1,cT2L1;
```

```
    float fF1;

    fF1 = (fExtal * 1000000)/(32 * lBaudRate);
    nInt =  fF1 ;
    nM = 65536 - nInt;

    cT2L1  = nM;
    nM    = nM>>8;
    cT2H1  = nM;

    T2CON = 0x34;                    //设置控制方式
    RCAP2H = cT2H1;                  //给内部波特率计数器赋初值
    RCAP2L = cT2L1;
    TCLK = 1;                        //启动定时器 2 作波特率发生器
    TR2 = 1;                         //启动定时器 2
    SCON = 0xF0;                     //设置串口位启用方式 1 工作
    PCON = 0x00;                     //电源用默认值
    IE |= 0x90;
    bMark = 0;                       //标识符
    //一定要确定这里的指针地址,否则指针就会乱指,使数据无法正常读出
    chlpData = 0x0100;
}
//--------------------------------------------------------
//下面是串行中断函数实体
//--------------------------------------------------------
void Comm_DComm(void) interrupt 4 using 0
{
        if(RB8 == 1)
        {
          chAddr = SBUF;             //产生中断,取回地址
          RI = 0;                    //一定要清除中断标志位 RI,否则程序不能中断返回,主程序执
                                     //行起来速度很慢,就是这个位没有清 0
          if(chAddr == HAO_ADDR)     //判断是否是本机地址
          {  SM2 = 0;                //如果地址相等,说明主机在给本机发送数据,接下来准备
                                     //清 0 SM2 控制位,并准备接收数据
           }else ;
        }
        else
        {
            chChar = SBUF;           //产生中断,取回数据
            RI = 0;
            SM2 = 1;                 //数据接收完毕置位控制位
             * chlpData = chChar;
            chlpData ++ ;
            P20 = ~P20;
```

```
        if(chChar == 0xFC)
         {bMark = 1;
        //数据下载完后一定要将指针地址归位,否则数据无法读取
          chlpData = 0x0100;
          }
        }
}
//--------------------------------------------------------------
//函数名称:Send_Comm()
//函数功能:串行数据发送子程序
//入口参数:chComDat(传送要发送的串行数据)
//出口参数:无
//--------------------------------------------------------------
void Send_Comm(unsigned char chComDat)
{
    SBUF = chComDat;
    TI = 0;                              //清除标志位
}
//--------------------------------------------------------------
//函数名称:Rcv_Comm()
//函数功能:串行数据接收子程序
//入口参数:无
//出口参数:chComDat(传送要发送的串行数据)
//--------------------------------------------------------------
unsigned char Rcv_Comm()
{
  if(RI)                                 //当 RI 为真时,表示上位机有数据发过来
   {
     chComDat = SBUF;
     RI = 0;                             //手工清除标志位
   }
   return  chComDat;
}
//--------------------------------------------------------------------------
//函数名称:Send_DataToMain()
//函数功能:向主机发送数据
//入口参数:cSlaveAddr  从机编号
//         lpDatn      要发送的数据串
//         nCount      待发数据的个数
//出口参数:无
//说明:向主机发送数据字节串的组成格式是从机机编号字节、串的长度字节、数据串的N字节、
//      结束发送命令 0xFC
//--------------------------------------------------------------------------
void Send_DataToMain(unsigned char cSlaveAddr,unsigned int * lpDatn,
                 unsigned int nCount)
```

```
{
    unsigned int nI = 0;
    ES  = 0;
    Send_Comm(cSlaveAddr);                          //向主机发送机编号
    Ysh2s(1);                                       //延时
    Send_Comm(nCount);                              //向主机发送机编号
    Ysh2s(1);                                       //延时
   for(nI = 0;nI<nCount;nI ++ )
    {
      Send_Comm(lpDatn[nI]);                        //向主机发送数据
      Ysh2s(2);
      P27 = ~P27;
    }

    Send_Comm(0xFC);                                //向主机发送结束命令
    Ysh2s(1);                                       //延时

    SM2  = 1;
    ES  = 1;
    InitUartComm(11.0592,9600);                     //初始化串行
}
//-----------------------------------------------------------------
//延时程序 nN = 1,则 1 * 10 = 10 ms
//-----------------------------------------------------------------
void Ysh2s(unsigned int nN)
{
     unsigned int a,b,c;
     for(a = 0;a<nN;a ++ )                          //100 * 10 = 1 000 ms = 1 s
      for(b = 0;b<10;b ++ )                         //10 ms
       for(c = 0;c<110;c ++ );                      //1 ms

}
//*********************************************************************
```

第 5 步:组建模板文件与 Temp 文件夹。

方法是:

到“网上资料\参考程序\程序模块\模板程序汇总库”下的 Temp 文件夹中复制 tc1602_lcd.h、key_4bkey.h 两文件到“网上资料\参考程序\程序模板应用编程\课题 6 多机通信_任务①\主机\Temp”文件夹中。

到“网上资料\参考程序\程序模板应用编程\课题 5 温度与实时时钟\ SD2204 与 7290 测试 3”文件夹中复制 ds18b20.h、sd2204.h、zlg7290_iic.h、iic_i2c_sd2204.h 文件到“网上资料\参考程序\程序模板应用编程\课题 6 多机通信_任务①\主机\Temp”文件夹中。

到“网上资料\参考程序\程序模板应用编程\课题 4 数据采集”文件夹中复制 jcm12864m.h 到“网上资料\参考程序\程序模板应用编程\课题 6 多机通信_任务①\主机\Temp”文件

夹中。

再将建好的 Temp 文件复制到任务①②③的各文件夹中。

第 6 步:各任务主文件的创建见下面的工程程序应用实例。

# 工程程序应用实例

## 1. 任务①从机通过 P2 显示主机发过来的本机地址

### (1) 从机串行接收中断子程序

编写代码如下：

```
//------------------------------------------------------------------
//下面是串行中断函数实体
//------------------------------------------------------------------
void Comm_DComm(void) interrupt 4 using 0
{
        if(RB8 = = 1)                //当 RB8 为 1 时,是主机在呼叫从机,即广播从机地址
        {
          chAddr = SBUF;             //接收从机地址
          P2 = chAddr;               //将收到的地址发送到 P2 口,用指示灯显示标识地址
          RI = 0;                    //一定要清 0 中断标志位 RI,否则程序不能中断返回,
                                     //主程序执行起来速度很慢,就是这个位没有清 0
          if(chAddr = = HAO_ADDR) //判断是否是本机地址
          {   SM2 = 0;               //如果地址相等,说明主机在给本机发送数据,接下来准备
                                     //清 0 SM2 控制位和准备接收数据
            }else ;
        }
        else
        {
            * chlpData = SBUF;       //中断产生后取回数据,并存于本机上的存储器中
            P2 = * chlpData;         //将收到的数据发送到 P2 口用指示灯标识其内容
            RI = 0;                  //清 0 中断标识位
            SM2 = 1;                 //数据接收完毕置位控制位
            bMark = 1;               //置位收到串行发来的数据标识位,用以表示串行收到一个字
                                     //节的数据
        }
}
//------------------------------------------------------------------
```

### (2) 任务①主机主程序

编写代码如下：

```
//*****************************************************************
//定时器 0 程序模板
//说明:用于定时向从机发送地址和有效数据
//------------------------------------------------------------------
#include <reg51.h>
#include <temp\time0_temp.h>
```

```
#include <uart_com_n_main.h>
#include <temp\key_4bkey.h>

sbit P00 = P0^0;
sbit P110 = P1^0;
void Dey_Ysh(unsigned int nN);                          //延时程序
unsigned char code chAddr[] = {0x01,0x02,0x03,0x04};
unsigned int  nJsqT = 0;                                //计数器
//----------------------------------------------------------------
//主程序
//----------------------------------------------------------------
void main()
{
    P110 = 0;
    nJsqT = 0;
    //初始化定时器 0 为 250 ms,使用 11.0592 MHz 晶振
    InitTime0Length(11.0592,250);
    //初始化串行口
    InitUartComm(11.0592,9600);
    while(1)
    {//请在下面加入用户代码

     P00 = ~P00;                                        //程序运行指示灯
     Dey_Ysh(10);                                       //延时
    }
}
//--------------------------------------------
//功能:定时器 0 的定时中断执行函数
//--------------------------------------------
void T0_Time0()
{   //请在下面加入用户代码
   Off_Time0();                                         //关闭定时器
   Read_Key();                                          //读按键值
   On_Time0();                                          //打开定时器
}
//--------------------------------------------
//功能:延时函数
//----------------------------------------
void Dey_Ysh(unsigned int nN)
{
    unsigned int a,b,c;
    for(a = 0;a<nN;a++)
      for(b = 0;b<50;b++)
        for(c = 0;c<50;c++);
```

```
}
//*********************************************************************
//按键子程序
⋮
//以下是 8 个按键函数
//-----------------------------------------
//第 1 键
void Key1()
{//请在下面加入执行代码
   Send_Com_Command(0x01,0xAA);
}
//-----------------------------------------
//第 2 键
void Key2()
{//请在下面加入执行代码
   Send_Com_Command(0x01,0x55);
}
//-----------------------------------------
//第 3 键
void Key3()
{//请在下面加入执行代码
  Send_Com_Command(0x02,0x66);
}
//-----------------------------------------
//第 4 键
void Key4()
{//请在下面加入执行代码
   Send_Com_Command(0x02,0x99);
}
//---------------------------------------------------------------------
```

**(3) 任务①从机主程序**

编写代码如下：

```
//*********************************************************************
//文件名:slave01.c
//文件功能:用于测试多机通信,此为 01 号从机
//---------------------------------------------------------------------
#include <reg51.h>
#include <uart_com_n_slave.h>

sbit P00 = P0^0;
sbit P10 = P1^0;
void Dey_Ysh(unsigned int nN);                          //延时程序
//-----------------------------------------------------
//主程序
//-----------------------------------------------------
```

```
void main()
{
    P10 = 0;
    //启动串行通信,硬件使用的晶振是 11.059 2 MHz,设波特率为 9 600
    InitUartComm(11.0592,9600);
    while(1)
    {//请在下面加入用户代码
     P00 = ~P00;                          //程序运行指示灯
     Dey_Ysh(5);                          //延时
    }
}
//---------------------------------
//功能:延时函数
//-------------------------------
void Dey_Ysh(unsigned int nN)
{
    unsigned int a,b,c;
    for(a = 0;a<nN;a++)
      for(b = 0;b<50;b++)
        for(c = 0;c<50;c++);
}
//************************************************************
```

在此处只展示一台从机,详细代码见"网上资料\参考程序\程序模板应用编程\课题 6 多机通信_任务①"文件夹。

## 2. 任务②从机通过 P2 显示主机发过来的花样灯数据

### (1) 任务②主机主程序

```
//************************************************************
//文件名:main.c
//定时器 0 程序模板
//说明:用于定时向从机发送花样灯变量值
//------------------------------------------------------------
#include <reg51.h>
#include <time0_temp.h>
#include <uart_com_n_main.h>

sbit P00 = P0^0;
sbit P10 = P1^0;
void Dey_Ysh(unsigned int nN);                //延时程序
unsigned char code chHua01[] = {0xFE,0xFD,0xFB,0xF7,0xEF,0xDF,0xBF,0x7F,
                                0x7F,0xBF,0xDF,0xEF,0xF7,0xFB,0xFD,0xFE};
unsigned char code chHua02[] = {0x7F,0xBF,0xDF,0xEF,0xF7,0xFB,0xFD,0xFE,
                                0xFE,0xFD,0xFB,0xF7,0xEF,0xDF,0xBF,0x7F};
```

```
unsigned char code chAddr[] = {0x01,0x02,0x03,0x04};
unsigned int  nJsqT = 0;                                    //计数器
//----------------------------------------------------
//主程序
//----------------------------------------------------
void main()
{
    P10 = 0;
    nJsqT = 0;
    //初始化定时器 0 为 500 ms,使用 11.059 2 MHz 晶振
    InitTime0Length(11.0592,500);
    //初始化串行口
    InitUartComm(11.0592,9600);

    while(1)
    {//请在下面加入用户代码

     P00 = ~P00;                                            //程序运行指示灯
     Dey_Ysh(10);                                           //延时
    }

}
//---------------------------------------
//功能:定时器 0 的定时中断执行函数
//---------------------------------------
void T0_Time0()
{  //请在下面加入用户代码
   P10 = ~P10;                                              //程序运行指示灯
   Send_Com_Command(chAddr[0],chHua01[nJsqT]);              //向从机 01 发送花样
   Send_Com_Command(chAddr[1],chHua02[nJsqT]);              //向从机 02 发送花样
   nJsqT++;
   if(nJsqT>15)nJsqT = 0;
}
//-------------------------------------
//功能:延时函数
//-----------------------------------
void Dey_Ysh(unsigned int nN)
{
    unsigned int a,b,c;
    for(a = 0;a<nN;a++)
      for(b = 0;b<50;b++)
        for(c = 0;c<50;c++);
}
//-------------------------------------------------------------
```

**(2) 任务②从机主程序**

从机的串行中断函数编写如下：

```
//------------------------------------------------------------------
//下面是串行中断函数实体
//------------------------------------------------------------------
void Comm_DComm(void) interrupt 4 using 0
{
      if(RB8 == 1)
      {
        chAddr = SBUF;                //产生中断,取回地址
        RI = 0;                       //一定要清除中断标志位 RI,否则程序不能中断返回,主程序执
                                      //行起来速度很慢,就是这个位没有清 0
        if(chAddr == HAO_ADDR)        //判断是否是本机地址
        {   SM2 = 0;                  //如果地址相等,说明主机在给本机发送数据,接下来准备
                                      //清 0 SM2 控制位并接收数据
           ncomJsq = 0;
        }else ;
       }
       else
       {
          * chlpData = SBUF;          //产生中断取回数据
          P2 = * chlpData;            //接收到数据并发送到 P2 口用指示灯标识
          RI = 0;
          SM2 = 1;                    //数据接收完毕置位控制位
       }
}
//------------------------------------------------------------------
```

从机的主程序编写如下：

```
//******************************************************************
//文件名:slave01.c
//文件功能:用于测试多机通信,此为 01 号从机
//------------------------------------------------------------------
#include <reg51.h>
#include <uart_com_n_slave.h>

sbit P00 = P0^0;
sbit P10 = P1^0;
void Dey_Ysh(unsigned int nN);      //延时程序
//--------------------------------------------------
//主程序
//--------------------------------------------------
void main()
{
   P10 = 0;
```

```
  //启动串行通信,硬件使用的晶振是 11.059 2 MHz,设波特率为 9 600
    InitUartComm(11.0592,9600);

    while(1)
    {//请在下面加入用户代码

     P00 = ~P00;                              //程序运行指示灯
     Dey_Ysh(5);                              //延时
    }
}
//-----------------------------------
//功能:延时函数
//-----------------------------------
void Dey_Ysh(unsigned int nN)
{
    unsigned int a,b,c;
    for(a = 0;a<nN;a++)
      for(b = 0;b<50;b++)
        for(c = 0;c<50;c++);
}
//*****************************************************************
```

在此处只展示一台从机,详细代码见"网上资料\参考程序\程序模板应用编程\课题 6 多机通信_任务②"文件夹。

### 3. 任务③主机向从机发送实时时钟、实时温度,从机负责显示

本任务已经是一个实用程序,可以实现多点显示或多显示器显示的功能,多点显示同一数据就是这个原理。

#### (1) 任务③主机主程序的编写

① 读取温度值和处理温度值的函数的编写

处理的数据用于 LCD 液晶 1602 显示。

```
//-----------------------------------------------------------------
//函数名称:Read_18B20_Temp()
//函数功能:读出 DS18B20 温度值(TEMP--温度)
//入口参数:无
//出口参数:TEMPL(温度的低 8 位),TEMPH(温度的高 8 位)
//-----------------------------------------------------------------
void Read_18B20_Temp()
{
     ds18b20_Reset();                         //复位
     Write_ds18b20(0xCC);                     //发跳过 ROM(光刻 ID)命令
     Write_ds18b20(0x44);                     //发读开始转换温度值命令
     ds18b20_Reset();                         //复位
     Write_ds18b20(0xCC);                     //发跳过 ROM(光刻 ID)命令
     Write_ds18b20(0xBE);                     //发读存储器命令
```

```
        TEMPL = Read_ds18b20();                            //读出温度的低字节
        TEMPH = Read_ds18b20();                            //读出温度的高字节
        REG2  = Read_ds18b20();                            //读出 TH 上限温度值
        REG3  = Read_ds18b20();                            //读出 TL 下限温度值
        REG4  = Read_ds18b20();                            //读出 CONFIG 值
        Get_Disp_Ds18B20();                                //处理温度值
}
//---------------------------------------------------------------------------
//函数名称:Get_Disp_Ds18B20()
//函数功能:温度值处理子程序[转换温度值(将温度的二进制补码转换为十六进
//          制)];DA18B20 的温度值是用十六位二进制补码表示的
//入口参数:无
//出口参数:Disp_shumg 和 Disp_1602(传送显示值)
//---------------------------------------------------------------------------
void Get_Disp_Ds18B20()
{
        long lInt;
        int  nIIt;                                         //临时用变量
        int  nInting,nFloat;                               //用于装温度的整数和由小数变为的整数值
        float fFloat;                                      //用于装温度的小数
        char chMark;                                       //分别用于取出符号

        //取符号
        chMark = TEMPH;                                    //准备取出符号位
        chMark = chMark&0xF8;                              //屏蔽低 3 位得到高 5 位符号位
        chMark = chMark>>3;                                //将符号移到低位
        if(chMark)
        {
           Disp_1602[0] = 0x2D;                            //-
           Disp_shumg[0] = 0x01;                           //负数
        }
        else
         {
           Disp_1602[0] = 0x2B;                            //+
           Disp_shumg[0] = 0x00;                           //正数
         }

         nIIt = TEMPH;
         nIIt = nIIt<<8;                                   //移到整数的高 8 位位置上
         nIIt =  nIIt | TEMPL;                             //将高低字节数据用逻辑或接合在一个整型量中
         fFloat = nIIt * 0.0525 * 100;
         lInt = (long)fFloat;
         nInting = lInt/100;
         Disp_1602[3] = nInting % 10;
         Disp_shumg[3] = Disp_1602[3];
```

```
        nInting = nInting/10;
        Disp_1602[2] = nInting % 10;
        Disp_shumg[2] = Disp_1602[2];
        nInting = nInting/10;
        Disp_1602[1] = nInting % 10;
        Disp_shumg[1] = Disp_1602[1];
        //处理小数
        nFloat = lInt % 100;
        Disp_1602[4] = 0x2E;                    //小数点
        Disp_1602[5] = nFloat/10;
        Disp_shumg[4] = Disp_1602[5];
        Disp_1602[6] = nFloat % 10;
        Disp_shumg[5] = Disp_1602[6];
        //处理为液晶能显示的 ASCII 码
        Disp_1602[1]| = 0x30;
        Disp_1602[2]| = 0x30;
        Disp_1602[3]| = 0x30;
        Disp_1602[5]| = 0x30;
        Disp_1602[6]| = 0x30;
}
//--------------------------------------------------------------------
```

② 读出实时时钟值并处理为 ZLG7290 能显示的数据

```
//--------------------------------------------------------------------
//程序名称:GetSD2204_DATE_TIME2()
//程序功能:读出 SD2204 实时时钟并显示到 ZLG7290 数码管显示器上
//入出参数:无
//--------------------------------------------------------------------
void GetSD2204_DATE_TIME2()
{
    READ_SD2204_NB_DAT_I2C(0x65,                    //65H 器件地址与命令
                           chDateTime,              //反返回读出的日期和时间
                           7);                      //一共 7 位字节

    Disp_DATE_TIMESmg();                            //显示日期和时钟(用于数码管)
}
//--------------------------------------------------------------------
//程序名称:Disp_DATE_TIMESmg()
//程序功能:处理 SD2204 实时时钟数据,用于显示到 ZLG7290 驱动的数码管上
//入出参数:无
//--------------------------------------------------------------------
void Disp_DATE_TIMESmg()
{
    uchar WG,WS,WB;
    //下面是显示处理
```

```
//显示秒、分、时
WB = chDateTime[6];                                         //秒钟
WG = WB&0x0F;
chDispTime[0] = WG;                                         //秒钟个位
WS = WB&0xF0;
WS = WS>>4;
chDispTime[1] = WS;                                         //秒钟十位

chDispTime[2] = 0x1F;
WB = chDateTime[5];                                         //分钟
WG = WB&0x0F;
chDispTime[3] = WG;                                         //分钟个位
WS = WB&0xF0;
WS = WS>>4;
chDispTime[4] = WS;                                         //分钟十位

chDispTime[5] = 0x1F;
WB = chDateTime[4];                                         //时钟
WG = WB&0x0F;
chDispTime[6] = WG;                                         //时钟个位
WS = WB&0xF0;
WS = WS>>4;
chDispTime[7] = WS;                                         //时钟十位

//显示日、月、年
WB = chDateTime[2];                                         //日
WG = WB&0x0F;
chDispDate[0] = WG;                                         //日钟个位
WS = WB&0xF0;
WS = WS>>4;
chDispDate[1] = WS;                                         //日钟十位

chDispDate[2] = 0x1F;
WB = chDateTime[1];                                         //月
WG = WB&0x0F;
chDispDate[3] = WG;                                         //月个位
WS = WB&0xF0;
WS = WS>>4;
chDispDate[4] = WS;                                         //月十位

chDispDate[5] = 0x1F;
WB = chDateTime[0];                                         //年
WG = WB&0x0F;
chDispDate[6] = WG;                                         //年个位
WS = WB&0xF0;
```

```
    WS = WS>>4;
    chDispDate[7] = WS;                                    //年十位
}
//----------------------------------------------------------------------
```

③ 串行发送数据串函数的编写

```
//----------------------------------------------------------------------
//函数名称:Send_Com_nBCommand()
//函数功能:串行数据发送子程序,向从机发送 N 字节数据(主要用于发送命令)
//入口参数:chComAddr(传送要发送的从机地址)
//          chCommand(传送要发送的从机命令)
//出口参数:无
//说明:发送命令字节串的组成格式为命令字节、串的长度字节、结束发送命令
//      0xFC;串行网络通信协调命令有 0x44('D'发送数据命令)、0x52('R'读
//      回数据命令)和 0x57('W'写盘命令)
//----------------------------------------------------------------------
void Send_Com_nBCommand(unsigned char chComAddr,
                        unsigned char chCommand)
{
    Send_Com_Command(chComAddr,chCommand);          //发送命令
    Send_Com_Command(chComAddr,0x01);               //发送长度值
    Send_Com_Command(chComAddr,0xFC);               //发送结束命令
}
//----------------------------------------------------------------------
//函数名称:Send_Comm_nb_Dat()
//函数功能:串行数据发送子程序,向从机发送 N 字节数据(主要用于发送数据)
//入口参数:chComAddr(传送要发送的从机地址)
//          chlpComDat(传送要发送的从机数据)
//          nCount(要发送数据的个数)
//出口参数:无
//说明:发送数据字节串的组成格式为命令字节、串的长度字节、数据串的 NB、
//      结束发送命令 0xFC
//----------------------------------------------------------------------
void Send_Comm_nb_Dat(unsigned char chComAddr,
                      unsigned char * chlpComDat,unsigned char nCount)
{
    unsigned char i = 0x00;
    //0x44 命令为 D 的十六进制码,即 Data(数据)
    Send_Com_Command(chComAddr,0x44);
    Send_Com_Command(chComAddr,nCount);             //发送字节串行长度
    for(i = 0;i<nCount;i++)
    { Send_Com_Command(chComAddr, * chlpComDat);
      chlpComDat++;
    }
    Send_Com_Command(chComAddr,0xFC);               //结束数据发送
```

```
}
//------------------------------------------------------------------------
//函数名称:Send_Com_Command()
//函数功能:串行数据发送子程序,向从机发送 N 字节数据
//入口参数:chComAddr(传送要发送的从机地址)
//         chCommand(传送要发送的从机命令)
//出口参数:无
//------------------------------------------------------------------------
void Send_Com_Command(unsigned char chComAddr,unsigned char chCommand)
{
   Send_Comm_Addr(chComAddr);
   Ysh2s(1);
   Send_Comm_Dat(chCommand);                          //结束发送
   Ysh2s(1);
}
//------------------------------------------------------------------------
```

④ 本任务主程序

```
//************************************************************************
//定时器 0 程序模板
//说明:多机联网通信主发/收程序
//------------------------------------------------------------------------
#include <reg51.h>
#include <temp\time0_temp.h>
#include <uart_com_n_main.h>
#include <temp\ds18B20.h>
#include <temp\sd2204.h>

sbit P00 = P0^0;
sbit P110 = P1^0;
void Dey_Ysh(unsigned int nN);                        //延时程序
unsigned char code chAddr[] = {0x01,0x02,0x03,0x04};
unsigned int  nJsqT = 0;                              //计数器
bit bSendCtrl;                                        //用于数据发送控制
void SendTempTimeSlave();                             //向网络上发送数据
//------------------------------------------------------
//主程序
//------------------------------------------------------
void main()
{
    P110 = 0;
    nJsqT = 0;
    //初始化定时器 0 为 500 ms,使用 11.059 2 MHz 晶振
    InitTime0Length(11.0592,500);                     //用于读出温度值和时间值
    //初始化串行口
```

```
    InitUartComm(11.0592,9600);
    //初始化 DS18B20
    INIT_18B20();
    bSendCtrl = 0;
    //初始化 SD2204 实时时钟
    INTIIC_SD2204();

    while(1)
    {//请在下面加入用户代码

      //向从机发送数据(温度和时间)
     if(bSendCtrl == 1)
     { bSendCtrl = 0;
       SendTempTimeSlave();}

     P00 = ~P00;                              //程序运行指示灯
     Dey_Ysh(10);                             //延时
    }

}
//-------------------------------------
//功能:定时器 0 的定时中断执行函数
//-------------------------------------
void T0_Time0()
{  //请在下面加入用户代码
   //读取按键值
   Off_Time0();                              //关闭定时器
   Read_18B20_Temp();                        //读出 DS18B20 温度值

   GetSD2204_DATE_TIME2();                   //读出 SD2204 日期和时间

   bSendCtrl = 1;                            //读出数据准备发送
   On_Time0();                               //打开定时器
}
//-----------------------------------------------------------------
//函数名称:SendTempTimeSlave()
//函数功能:向从机发送温度和时间
//入口参数:无
//出口参数:无
//-----------------------------------------------------------------
void SendTempTimeSlave()
{
    //发送温度值
    Send_Comm_nb_Dat(0x02,Disp_1602,0x08);  //向从机 02 发送温度
    //发送时间值
```

```
    Send_Comm_nb_Dat(0x01,chDispTime,0x08);  //向从机 01 发送时钟

}
//-------------------------------------
//功能:延时函数
//-----------------------------------
void Dey_Ysh(unsigned int nN)
{
    unsigned int a,b,c;
    for(a = 0;a<nN;a ++ )
      for(b = 0;b<50;b ++ )
        for(c = 0;c<50;c ++ );

}
//*****************************************************************
```

**(2) 任务③从机主程序的编写**

① 从机串行中断接收程序的编写

```
//-----------------------------------------------------------------
//下面是串行中断函数实体
//-----------------------------------------------------------------
void Comm_DComm(void) interrupt 4 using 0
{
      if(RB8 == 1)
      {
        chAddr = SBUF;                    //产生中断,取回地址
        RI = 0;                           //一定要清 0 中断标志位 RI
        if(chAddr == HAO_ADDR)            //判断是否是本机地址
        {  SM2 = 0;                       //如果地址相等,说明主机在给本机发送数据,接下来
                                          //准备清 0 SM2 控制位并接收数据
         }else ;
       }
       else
       {
          chChar = SBUF;                  //产生中断,取回数据
          RI = 0;
          SM2 = 1;                        //数据接收完毕,置位控制位
          * chlpData = chChar;
          chlpData ++ ;
          P20 = ~P20;
        if(chChar == 0xFC)
         {bMark = 1;
          chlpData = 0x0100;              //数据下载完后一定要将指针地址归位,否则数
                                          //据无法读取
          }
```

```
        }
}
//-----------------------------------------------------------------------
```

② 命令解释函数的编写

```
//-----------------------------------------------------------------------
//函数名称:void CommandInterpreter()
//函数功能:解释命令
//入口参数:无
//出口参数:无
//串行网络通信协调命令有 0x44('D'发送数据命令)、0x52('R'读回数据命令)
//0x57('W'写盘命令) 注:可以自己编命令,只要主从机能识别就行
//-----------------------------------------------------------------------
void CommandInterpreter()
{
    unsigned int xdata * chlpCom;
    unsigned char chCom;
    chlpCom = 0x0100;                  //从网上接收到的数据是存在 768B 外扩存储器的
                                       //0x0100 地址处,所以可以定向读取。这个也可以
                                       //让程序员自己设定
    chCom = chlpCom[0];
    switch(chCom)
    {
      case 0x44:CommandImplementDat();     //对发来的数据进行处理
                break;
      case 0x52:CommandImplementRead();    //上位机读出本机数据
                break;
      case 0x57:CommandImplementWrite();   //上位机要求将数据写入本机
                break;
    }

}
//-----------------------------------------------------------------------
//函数名称:void CommandImplementDat()
//函数功能:命令执行函数数据处理
//入口参数:无
//出口参数:无
//-----------------------------------------------------------------------
void CommandImplementDat()
{
    unsigned int nJs = 0;
    bMotionCtrl = 0;
    lpPat = chlpData + 2;
    nCount = chlpData[1];                  //本计数器用的是下标为 0 计数
```

```
    for(nJs = 0;nJs<nCount;nJs ++ )
      chDispTime[nJs] = lpPat[nJs];

    bMotionCtrl = 1;
}
//-------------------------------------------------------------------
//函数名称:void CommandImplementRead()
//函数功能:命令执行函数数据读出并发送到上位机
//入口参数:无
//出口参数:无
//-------------------------------------------------------------------
void CommandImplementRead()
{//向主机发送数据
  Send_DataToMain(HAO_ADDR,chPattern,16);
}
//-------------------------------------------------------------------
//函数名称:void CommandImplementWrite()
//函数功能:命令执行函数数据写入本机数据到存储器或将发来的数据写入存储器
//入口参数:无
//出口参数:无
//-------------------------------------------------------------------
void CommandImplementWrite()
{
    bMotionCtrl = 0;                        //运行控制
    lpPat = chPattern;
    nCount = 16;
    bMotionCtrl = 1;                        //运行控制
}
//-------------------------------------------------------------------
```

③ 从机主程序

```
//*******************************************************************
//文件名:slave01.c
//文件功能:用于测试多机通信,此为 01 号从机
//-------------------------------------------------------------------
#include <reg51.h>
#include <uart_com_n_slave.h>
#include <temp\zlg7290_iic.h>

sbit P00 = P0^0;
sbit P10 = P1^0;
void Dey_Ysh(unsigned int nN);              //延时程序
void CommandInterpreter();                  //命令解释函数
void CommandImplementDat();                 //命令执行函数数据处理
```

```
void CommandImplementRead();                    //命令执行函数数据读出并发送到上位机
void CommandImplementWrite();                   //命令执行函数数据写入本机数据到存储器
                                                //或将发来的数据写入存储器
bit  bMotionCtrl;
unsigned int code chPattern[] = {0xAA,0x55,0xAA,0x55,0xAA,0x55,0xAA,0x55,
                                 0x66,0x99,0x66,0x99,0x66,0x99,0x66,0x99};
unsigned int  * lpPat,nCount;
//--------------------------------------------------------------
//主程序
//--------------------------------------------------------------
void main()
{
    unsigned char nJsqm = 1;
  // P10 = 0;

    //启动串行通信,硬件使用的晶振是 11.059 2 MHz,设波特率为 9 600
    InitUartComm(11.0592,9600);
    bMotionCtrl = 1;                            //运行控制
    nCount = 8;

    while(1)
    {//请在下面加入用户代码
     if(bMark == 1)
     {bMark = 0;
      CommandInterpreter();}                    //命令解释函数

     if(bMotionCtrl == 1)
     { //执行数据发送
       bMotionCtrl = 0;
       ZLG7290_DISP_Time2(chDispTime);          //显示时间值
       P10 = ~P10;
     }

     P00 = ~P00;                                //程序运行指示灯
     Dey_Ysh(20);                               //延时
    }
}
//--------------------------------------------------------------
//功能:延时函数
//--------------------------------------------------------------
void Dey_Ysh(unsigned int nN)
{
    unsigned int a,b,c;
    for(a = 0;a<nN;a++)
      for(b = 0;b<50;b++)
```

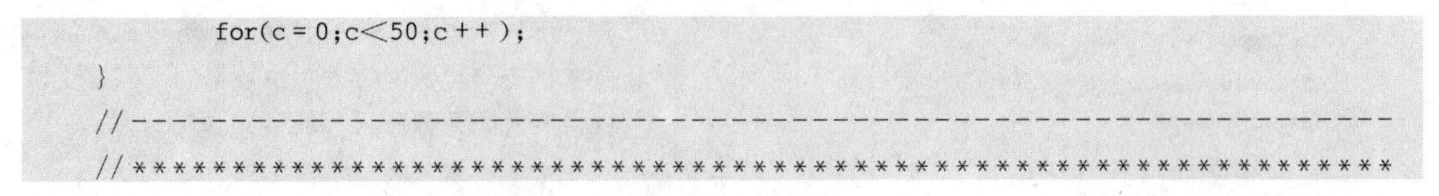

```
        for(c = 0;c<50;c ++ );
    }
    //-----------------------------------------------------------------
    //*****************************************************************
```

在此处只展示一台从机,详细代码见网上资料\参考程序\程序模板应用编程\课题 6 多机通信_任务③文件夹。

**4. 任务④主机显示向从机读回的实时时钟、实时温度值**

由于时间关系此任务留给读者。提示:编写时请参考任务③,处理时将主机程序搬到从机中,主机显示请参考"网上资料\参考程序\程序模板应用编程\课题 5 温度与实时时钟\ sd2204_1"文件夹中的程序。

## 作业与思考

任务④主机显示向从机读回的实时时钟、实时温度值。

## 编后语

对于这样大型程序的编写,一定要保持清醒的头脑。现在程序的编写都在 3 000 行代码以上。还有在多机通信中,只要我们遵守规则,协议的设立可以由我们自己决定。本课题采用的串字节格式是:

- 主机发送数据字节串的组成格式为命令字节、串的长度字节、数据串的 N 字节、结束发送命令 0xFC;
- 主机发送命令字节串的组成格式为命令字节、串的长度字节、结束发送命令 0xFC;
- 主机接收字节串的组成格式是从机机编号字节、串的长度字节、数据串的 N 字节、结束发送命令 0xFC。

从机要遵守主机的格式。

本课题串行网络通信协调命令有 0x44(发送数据命令 D)、0x52(读回数据命令 R)和 0x57(写盘命令 W)。

命令可由程序自由设定。

# 第5章

# 单片机外围接口电路应用

## 课题7　红外数据传输系统在80C51内核单片机工程中的运用

### 实验目的

了解和掌握红外数据传输的原理与通信方法，学习程序模板的组装与运用。

### 实验设备

① 30 W 烙铁1把，数字万用表1个；

② PC机1台；

③ 开发软件 TKStudio 集成开发平台（周立功公司开发）和 Keil C51（Keil 公司开发）1套；

④ 烧录软件 Flash Magic 下载线（NXP公司开发）1套，9芯串行通信线1根。

### 实验器件

P89V51Rxx_CPU 模块，串行通信模块，TOIM3232 与 TFDS4500 模块各2块，其所需器件：3.686 4 MHz 晶振2个，22 pF 电容4个，100 kΩ 电阻2个，12 Ω 电阻2个，39 Ω 电阻2个，1 μF 电容2个，0.1 μF 电容2个，小万能板2块，LED指示灯8个，100 Ω 电阻8个，接插针若干。

### 工程任务

实现两块单片机进行点对点红外线传输数据：

① 实现红外线点对点互发数据。

② 实现主机发送命令读取从机上的图片数据并显示在主机的 JCM12864M 液晶显示器上。

③ 从PC机下载图片到从机上，然后通过红外数据传送到主机并显示到 JCM12864M 液晶显示器上。此题作为训练课题，请读者自己做这个实验。（提示：在从机红外线共用一个串行通信时，请先关闭红外通信系统，将PC机上的图下载后再开启。）

### 工程任务的理解

红外线数据通信一直在笔记本、数码像机和手机等产品上得到广泛的应用。它主要的作用就是用来进行短距离数据传输，如可以将甲机摄的像片通过红外线点对点短距离(10 cm)地传送到乙机。这样给数据的短距离无线传输提供了方便，所以本课题就是探讨这一功能。

## 工程设计构想

### 1. 硬件设计方框图

硬件样式设计图如图 K7-1 所示。

### 2. 软件设计方框图

工程程序构思与协调控制任务分工图请读者自己绘制。

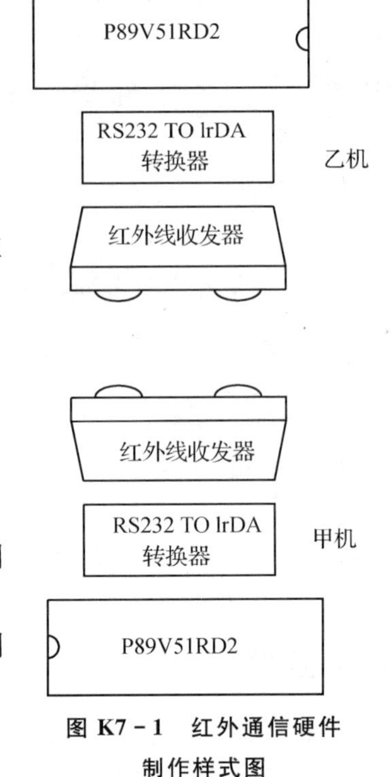

**图 K7-1 红外通信硬件制作样式图**

## 所需外围器件资料

### 1. TFDS4500 红外数据收/发器

红外数据收/发在手机上已经得到广泛的应用，其作用主要用来实现短距离两机传输图片和文字信息。

**(1) 特 点**

- 遵循 lrDA1.2 标准最大传输速度 115.2 kbit/s；
- 工作电压为 2.7～5.5 V；
- 最低供电电流为 1.3 mA；
- 睡眠模式下只需要 5 nA 的电流；
- 最大通信距离为 3 m，在这个距离内传输速度可达到 115.2 kbit/s；
- 通信接口非常方便，可以通过 TOIM3232 器件转到 MCU 和 PC 机的 UART 串行接口进行通信；
- 使用的外围器件非常少；
- 向后兼容全部的 TEMIC SIR 收发器接口；
- 内部使用 EMI 保护，不需要外接保护。

**(2) 应用设备**

- 笔记本电脑、台式电脑、掌上电脑、手机；
- 数码照像机和摄影机；
- 打印机、传真机、复印机、放映机；
- 电信产品；
- 网络电影库、电视会议系统；
- 外部红外转接器
- 医疗和工业数据收集设备。

**(3) 描 述**

TFDS4500 是一款低功耗红外传输组件，遵循 lrDA1.2 标准。这种组件用来进行 SIR 数据通信，其提供的 lrDA1.2 速度可达 115.2 kbit/s。这些传输组件集成在一个小的封装内，它由一个 PIN 二极管、红外发射管和一个低功耗模拟控制块 IC 集成。器件提供了 3 个封装，分别是 TFDU4100、TFDS4500 和 TFDT4500，可供随意选择。

传输器能直接与不同的 I/O 芯片相连，共同实现脉冲可调制功能，包括 TEMIC'S、TOIM3000和 TOIM3232。所需要的外围器件为一个极小的受电流限制并与红外发射管串联的电阻和一个电源旁路电容。

**(4) 内部结构、外部引脚和引脚功能描述**

① 内部结构

内部结构如图 K7－2 所示。

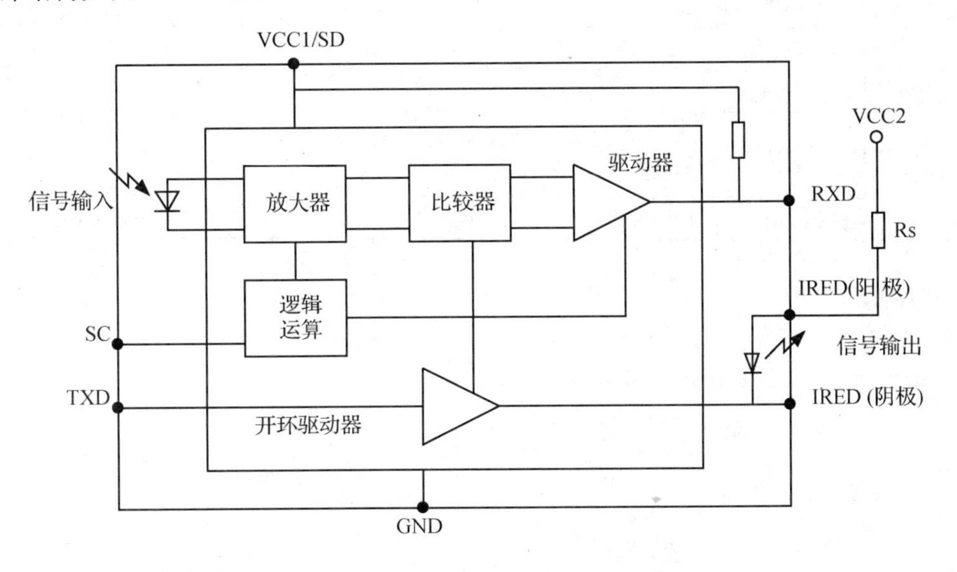


**图 K7－2 TFDS4500 内部结构图**

② 外部引脚布置

外部引脚分布如图 K7－3 所示。

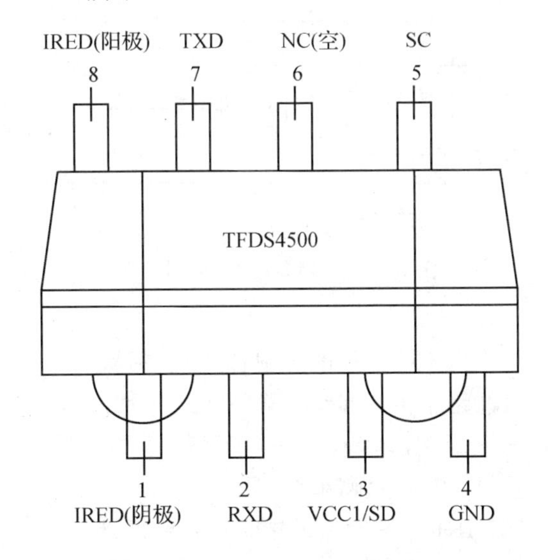


**图 K7－3 TFDS4500 引脚分布图**

③ 引脚功能描述

引脚功能描述如表 K7－1 所列。

表 K7-1　TFDS4500 引脚功能描述

| 脚　号 | 功　能 | 功能描述 |
|---|---|---|
| 1 | IRED 阴极 | IRED 阴极与驱动晶体管内部相连 |
| 2 | RXD | 串行数据输出端，即接入接输入设备的 RXD 端(见图 K7-3)，属于信号输入 |
| 3 | VCC1/SD | 第 1 组供电电源输入端 |
| 4 | GND | 电源地 |
| 5 | SC | 灵敏度控制 |
| 6 | NC | 空脚 |
| 7 | TXD | 数据发送脚，即发送设备的 TXD 引脚接入此引脚上，才能将数据发送出去，也就是输出 |
| 8 | IRED 阳极 | IRED 阳极通过一个限流电阻与 VCC2 连接起来。电阻的阻值见表 K7-2 |

**(5) 应用电路介绍**

① 应用电路

应用电路如图 K7-4 所示。

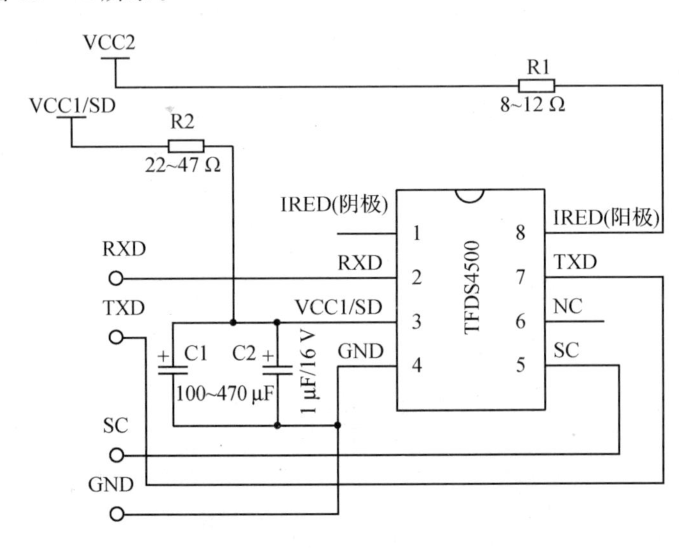


图 K7-4　TFDS4500 应用电路

② 电路介绍

设计一个 lrDA1.2 作为 TEMIC SIR 的发射器，唯一需要的是一个 IRED 的限流电阻，但是考虑到整个电路的设计和电路板的功能，还需要一些其他元器件，如图 K7-4 所示。在图 K7-4 上可以看到发射器的电源引脚接有旁路电容器 C1 和 C2。C1 是一个钽电容器，而 C2 是一个用来消噪的陶瓷电容器，同时电源端输入阻抗低。

电阻器 R1 用来控制流经 IRED 发射端的电流，要增加 IRED 输出的功率，应降低电阻器 R1 的阻值，同样的道理，要减少 IRED 输出的功率，就应该增加电阻器 R1 的阻值。根据 lrDA 运行规则，电阻器 R1 取值范围通常是 8～12 Ω，驱动电流受工作周期限制，发送速度快，电流就会大。

R2、C1 和 C2 是根据电源电压来进行选择的，其作用是用来消除噪声。

## 2. TOIM3232 串行数据转换为 lrDA 格式芯片

TOIM3232 芯片提供一种适合前端 3000 和 4000 系列红外线收发器的脉冲波形，这 3000 和 4000 系列红外收发器遵循 lrAD 标准。TOIM3232 芯片是将 RS232 格式的数据串转换为适合 lrDA 格式标准通信的数据串。在接收模式下 TOIM3232 提供的适合 lrDA 波形宽度范围为 2.4～115.2 KB/s。

TOIM3232 芯片使用 3.686 4 MHz 晶振来加强或缩短内部脉冲。这个时钟频率由内部振荡器或外部脉冲信号产生。TOIM3232 芯片可以通过 RS232 接口对其内部的波特率进行直接设置，波特率的设置范围为 1 200 到 115 200 bit/s。其设置方法是通过软件控制芯片的 BR/D 引脚。还可以通过这种方法同时设定脉冲宽度，其选择范围为 1.62 7 μs 和 3/16 位。典型的消耗功率非常低，操作状态只要 10 mW，待机模式只要几个 μW。

### (1) 特　点

- 脉冲形成(加强或缩短)有利于红外线 lrDA 标准的应用；
- 能直接连到 RS232 端口和 TFDS4500 红外收发器上；
- 可编程控制内部波特率，范围在 1 200 Hz～115.2 kHz 之间，共 13 个波特率值；
- SO16L 封装；
- 工作电压为 3～5 V，低电流工作。

### (2) 内部结构

内部结构如图 K7－5 所示。

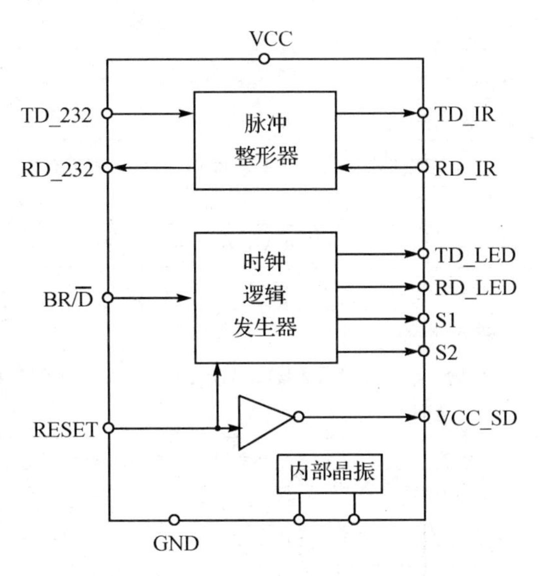


**图 K7－5　TOIM3232 内部结构图**

### (3) 引脚布置

引脚布置如图 K7－6 所示。

### (4) 引脚功能描述

各引脚功能描述如表 K7－2 所列。

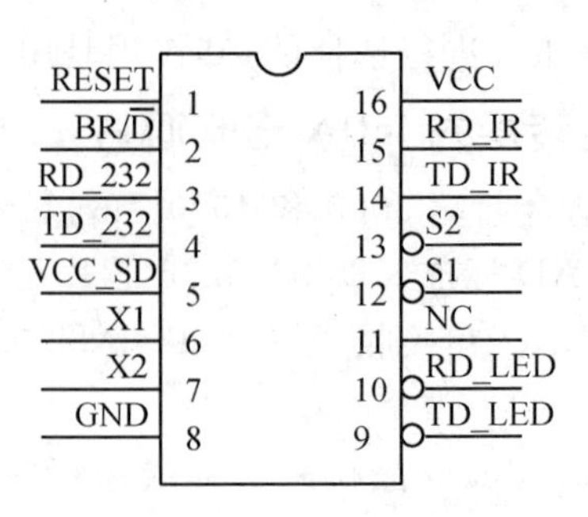


**图 K7-6　TOIM3232 引脚配置图**

**表 K7-2　TOIM3232 引脚功能描述**

| 引脚号 | 引脚名称 | 功能描述 |
|---|---|---|
| 1 | RESET | 复位全部内部寄存器。最初必须是一个高电位(1)复位。当这个复位脚处于高电位时，TOIM3232 恢复 lrDA 默认设置，位传输速率为 9600，脉冲宽度为 1.627 μs。那么，TOIM3232 在前端(TFDS4500)置 VCC/SD 引脚为低电位，断开收发器之前进入节电模式。当这个引脚为低时，TOIM3232 设置前端设备 VCC/SD 引脚为高，启动前端设备进入工作状态，和重设置新的波特率的脉冲宽度为 1.627 μs。这个复位脚应用能控制任一的准标 RS232 转换器的 RTS 和 DTR 线。最低的复位时间为 1 μs |
| 2 | BR/$\overline{D}$ | 波特率设定/数据发送。当 BR/$\overline{D}$=0 时，就将 RS232 数据格式转换为 lrDA 格式数据发送到前端设备或后方设备。当 BR/$\overline{D}$=1 时就将数据字节解释为控制字节写入器件的内部寄存器。这个控制字节包含波特率、脉冲宽度和前端增益控制位。控制字节写完后立即将 BR/$\overline{D}$引脚清 0 |
| 3 | RD_232 | 数据接收输出引脚，直接连接到 RS232 端口 |
| 4 | TD_232 | 数据发送输入引脚，直接连接到 RS232 端口 |
| 5 | VCC_SD | VCC 关机输出操作。这个引脚能被用来关闭前端接入的设备(TFDS4500)，使前端设备复位 |
| 6 | X1 | 时钟输入，晶振为 3.686 4 MHz。也可以直接外接时钟 |
| 7 | X2 | 时钟输入 |
| 8 | GND | 地脚，要和 RS232，lrDA 标准设备共地 |
| 9 | TD_LED | 发送数据信号指示灯，连接时要接入一个 270 Ω 的限流电阻，并且 LED 指示灯的阳极接 5 V 电源 |
| 10 | RD_LED | 接收数据信号指示灯，连接时要接入一个 270 Ω 的限流电阻，并且 LED 指示灯的阳极接 5 V 电源 |
| 11 | NC | 空脚 |
| 12 | S1 | 用户可编程控制位 1，能打开和关断前端红外线收发器 |
| 13 | S2 | 用户可编程控制位 2，能打开和关断前端红外线收发器 |
| 14 | TD_IR | 输出数据脚。向 TFDS4500 设备发送数据 |
| 15 | RD_IR | 输入数据脚。从前端设备 TFDS4500 读出数据 |
| 16 | VCC | 芯片供电脚 |

**(5) 运行描述**

在 TOIM3232 一端与 RS232 电平转换器连接,另一端与红外收发器相连的情况下,当 TOIM3232 波特率与串接设备达到一致时,对数据的传输可以通过软件来控制。即使 $BR/\overline{D}=0$ 为 TOIM3232 翻译数据并传送到前端的红外线收发器 TFDS4500 进行发送,或将前端的红外线收发器 TFDS4500 传来的数据翻译后传送给 RS232;如果使 $BR/\overline{D}=1$ 就将 RS232 传来的字节当成控制字节写入 TOIM3232 内部控制寄存器内,而后通过软件将 $BR/\overline{D}=0$ 进入数据传输。

TOIM3232 内部控制寄存器主要用来设置 TOIM3232 的内部波特率(范围为 1 200～115 200 bit/s,详细说明见表 K7－3)、前端设备增益控制和传送的脉冲宽度。TOIM3232 内部控制寄存器的各位配置如表 K7－4 所列。

**表 K7－3　TOIM3232 波特率选择表**

| B3 | B2 | B1 | B0 | 波特率值 |
|---|---|---|---|---|
| 0 | 0 | 0 | 0 | 115200 |
| 0 | 0 | 0 | 1 | 57600 |
| 0 | 0 | 1 | 0 | 38400 |
| 0 | 0 | 1 | 1 | 19200 |
| 0 | 1 | 0 | 0 | 14400 |
| 0 | 1 | 0 | 1 | 12800 |
| 0 | 1 | 1 | 0 | 9600 |
| 0 | 1 | 1 | 1 | 7200 |
| 1 | 0 | 0 | 0 | 4800 |
| 1 | 0 | 0 | 1 | 3600 |
| 1 | 0 | 1 | 0 | 2400 |
| 1 | 0 | 1 | 1 | 1800 |
| 1 | 1 | 0 | 0 | 1200 |

**表 K7－4　TOIM3232 内部控制寄存器配置**

| 增益与脉宽设置 | | | | 波特率设置项 | | | |
|---|---|---|---|---|---|---|---|
| 7 | 6 | 5 | 4 | 3 | 2 | 1 | 0 |
| X | S2 | S1 | S0 | B3 | B2 | B1 | B0 |

表 K7－4 各位说明:

B3～B0　波特率选择位,详情见表 K7－3;

S0　lrDA 脉宽选择位,当 S0＝1 时选择 1.627 μs,当 S0＝0 时选择 3/16 位宽;

S2～S1　前端设备增益控制位。

从表 K7－3 和表 K7－4 中可以看出,输出脉冲宽度是可以编程控制的,使用 1.627 μs 的脉冲宽度传输数据可以大大地节省电池的功耗。在此不推荐使用 3/16 这种模式的脉冲输出,因为在波特率较低的情况下,3/16 脉冲长度与短脉冲要消耗更多功率。当数据传输率为

9 600 bit/s时，两种模式下的功率损耗比为 12。

RS232 与外部调节器进行串行通信的波特率，在 TOIM3232 内部可编程设置，当波特率时钟频率与 UART 晶振频率无效时，编写的波特率尤其有效，而且可以再次被产生。当 BR/$\overline{D}$=0 时，TOIM3232 检测信号，并将 TD_232 作为发送数据端，RD_IR 作为接收数据端，同时，只要 BR/$\overline{D}$=1，TOIM3232 检测到 TD_232 线传来的低 7 位控制字节。当 BR/$\overline{D}$变为低电平（0）时，运行的波特率会随着新的波特率的到来而发生改变。这时设置的字符帧格式为 1 位启使位，8 位数据位，1 位停止位。

**(6) 应用电路展示**

应用电路如图 K7－7 所示。

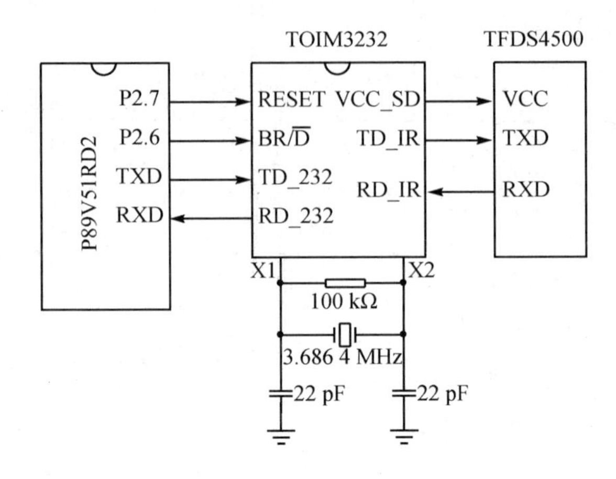


**图 K7－7　TOIM3232 应用图**

## 工程所需程序模板

本课题需要程序模板文件如下：

- 使用定时器 0 定时读取键值，启用模板文件〈time0_temp. h〉；
- 使用 UART 通信，启用模板文件〈uart_com_temp. h〉；
- 使用 4 位按键发送命令，启用模板文件〈key_4bkey. h〉；
- 使按键发出声音，启用模板文件〈beep_temp. h〉。

**说明：**如果制作的是实际工程，请加上看门狗模板文件〈P89v51_Wdt_Temp. h〉。

## 工程施工用图

本课题工程需要工程电路图如图 K7－8 和图 K7－9 所示。

## 制作工程用电路板

没有硬件电路的读者请按图 K7－8 和图 K7－9 电路制作两块电路板，分主从机。

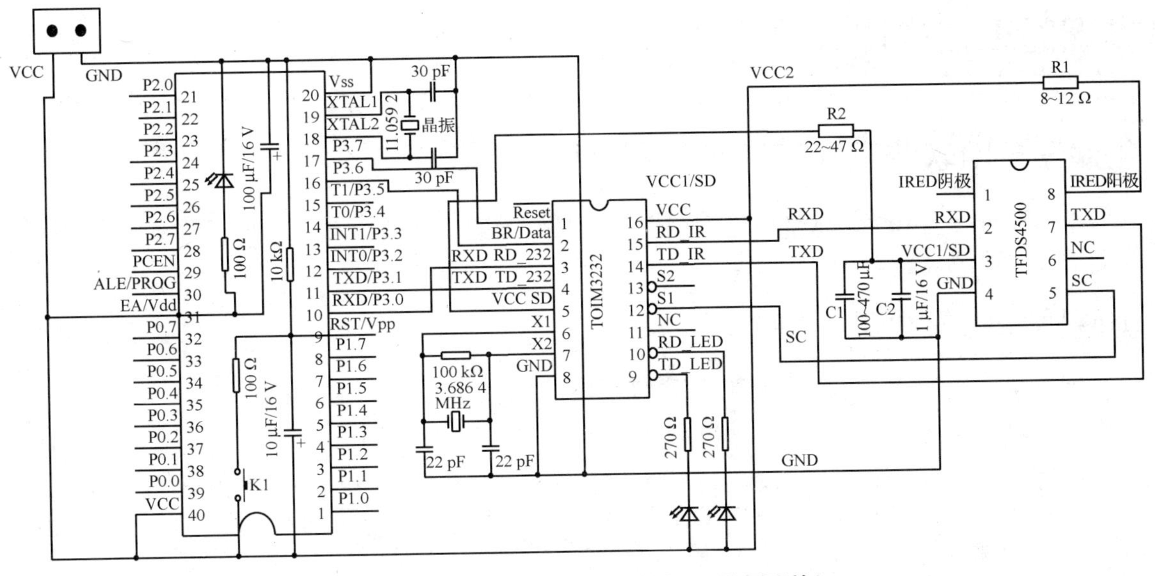

图 K7－8 课题工程施工用电路图(需要两块)

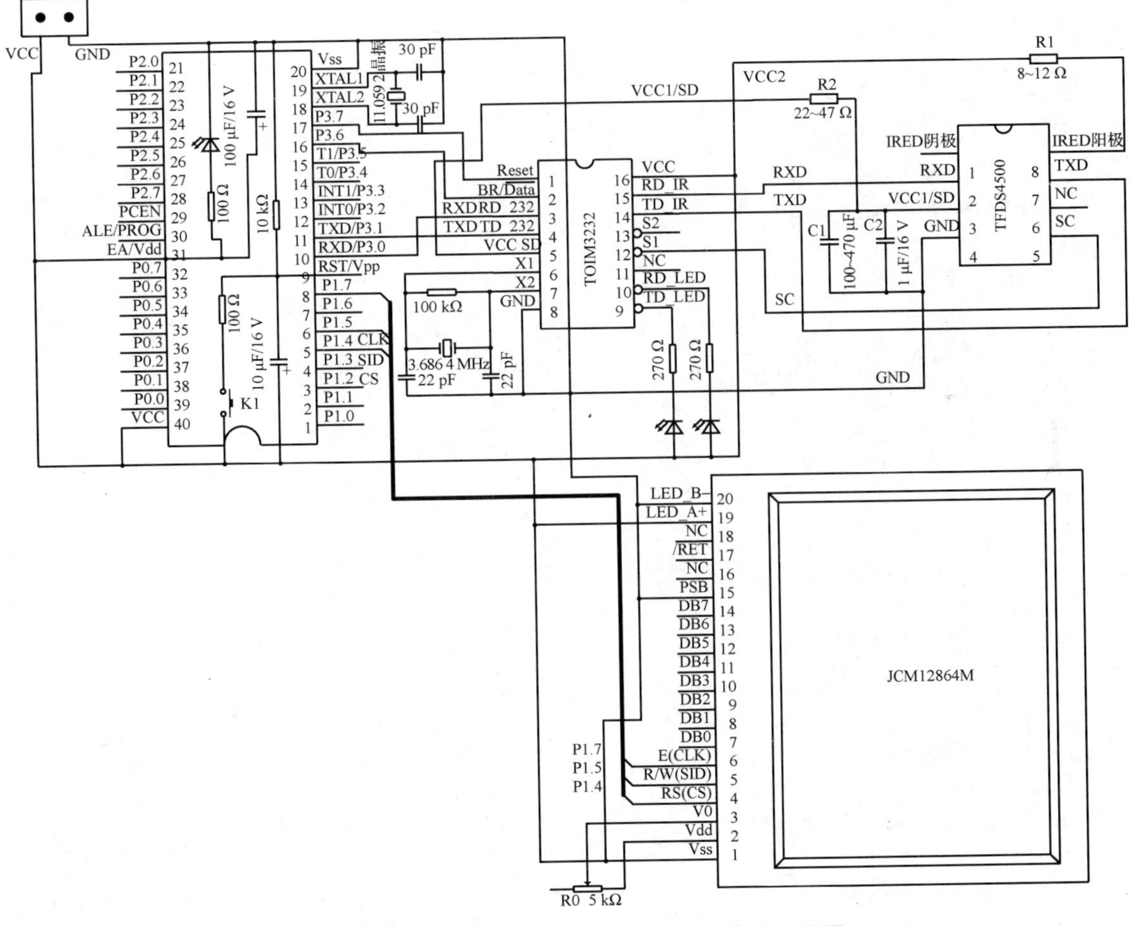

图 K7－9 课题工程施工用电路图任务②主机用图

# 本课题工程软件设计

## 创建任务用软件工程文件与工程文件

根据程序需要从“网上资料\参考程序\程序模块\模板程序汇总库下的Temp”文件夹中复制需要的程序模板。

## 创建器件用模板文件(*.h)

重新编写UART串行通信模板程序包，取名为uart_com_HW_temp.h。

代码编写如下：

```
//*****************************************************************
//串行发送与接收(与PC机通信)
//用定时器2产生波特率
//文件名:uart_com_temp.h
//*****************************************
#define uchar unsigned char
#define uint unsigned int

/*   T2 Extensions[外延]   */
sfr T2CON  = 0xC8;
sfr RCAP2L  = 0xCA;
sfr RCAP2H  = 0xCB;
sfr TL2  = 0xCC;
sfr TH2  = 0xCD;

/*   T2CON   */
sbit TF2  = T2CON^7;
sbit EXF2  = T2CON^6;
sbit RCLK  = T2CON^5;
sbit TCLK  = T2CON^4;
sbit EXEN2  = T2CON^3;
sbit TR2  = T2CON^2;
sbit C_T2  = T2CON^1;
sbit CP_RL2  = T2CON^0;
//用于设定TOIM3232器件参数据
#define BCTRL 0x16                          //0001 0110 S0 = 1,用1.627 μs,波特率为9600
unsigned char chComDat = 0x41;              //A
void Dey_Ysh(unsigned int nN);
unsigned char chBCtrl  = BCTRL;
sbit P_RESET = P3^7;                        //控制TOIM3232复位,高电平为复位,低电平传送数据
sbit P_BR_D = P3^6;                         //控制命令字节与数据发送
```

```
void Send_Comm(unsigned char chComDat);
unsigned int xdata * clpComDat = 0x0050;                    //从 50 处开始存放数据
uint nDatLength = 0;
bit bFanga = 0;                                             //标识符 bFanga = 1 表示收到数据

//----------------------------------------------------------
//函数名称:InitUartComm()
//函数功能:初始并启动串行口
//入出参数:fExtal(为晶振大小,如 11.059 2 MHz、12.00 MHz),1 BaudRate(为波特率)
//出口参数:无
//----------------------------------------------------------
void InitUartComm(float fExtal,long lBaudRate)
{
    unsigned long nM,nInt;
    unsigned char cT2H1,cT2L1;
    float fF1;

    fF1 = (fExtal * 1000000)/(32 * lBaudRate);
    nInt =  fF1 ;
    nM = 65536 - nInt;

    cT2L1  =  nM;
    nM     =  nM>>8;
    cT2H1  =  nM;

    T2CON = 0x34;                                           //设置控制方式
    RCAP2H = cT2H1;                                         //给内部波特率计数器赋初值
    RCAP2L = cT2L1;
    TCLK = 1;                                               //启动定时器 2 作波特率发生器
    TR2 = 1;                                                //启动定时器 2
    SCON = 0x50;                                            //设置串口位启用方式 1 工作
    PCON = 0x00;                                            //电源用默认值
    //初始化器件参数
    chBCtrl  =  BCTRL;                                      //初始化控制字节
    clpComDat = 0x0000;
    nDatLength = 0;                                         //接收数据的长度
    bFanga = 0;

    //下面是初始化 TOIM3232
    P_RESET = 1;                                            //复位 TOIM3232
    Dey_Ysh(1);
    P_RESET = 0;                                            //复位 TOIM3232
    Dey_Ysh(1);
    P_BR_D = 1;                                             //拉高发送控制字节
    Send_Comm(chBCtrl);                                     //发送控制字节
```

```
    Dey_Ysh(1);
    P_BR_D = 0;                       //拉低准发送数据字节
}
//--------------------------------------------------
//函数名称:Send_Comm()
//函数功能:串行数据发送子程序
//入口参数:chComDat(传送要发送的串行数据)
//出口参数:无
//--------------------------------------------------
void Send_Comm(unsigned char chComDat)
{
    SBUF = chComDat;
    TI = 0;                           //清除标志位
}
//--------------------------------------------------
//函数名称:Rcv_Comm()
//函数功能:串行数据接收子程序
//入口参数:无
//出口参数:chComDat(传送要发送的串行数据)
//--------------------------------------------------
unsigned char Rcv_Comm()
{
   //unsigned char chComDat = 0x41;  //A
   if(RI)                            //当 RI 为真时表示上位机有数据发过来
   {
     chComDat = SBUF;
     RI = 0;                         //手工清除标志位
   }
   return  chComDat;
}
//--------------------------------------------------
//下面是红外发射部分新增函数
//--------------------------------------------------
//函数名称:pcSend_Data()
//函数功能:用于向 PC 机发送数据
//入口参数:chlpComDat 数据串的地址
//出口参数:无
//--------------------------------------------------
void pcSend_Data(unsigned int * chlpComDat)
{
    uint nJsq = 0;
    uint nCount;
    uchar chCC;
    nCount = chlpComDat[0];
    chCC  =  nCount;
```

```
    Send_Comm(nCount);
    Dey_Ysh(3);
    for(nJsq = 0;nJsq<nCount;nJsq++)
    {
        chCC = chlpComDat[nJsq + 1];
        Send_Comm(chCC);
        Dey_Ysh(3);
       // chlpComDat++;
    }

     Send_Comm(0xFC);

}
//-----------------------------------------------
//函数名称:COM_Send_Command()
//函数功能:用于向从机发送命令
//入口参数:chCommand  用于传送命令
//出口参数:无
//说明:命令设置,请求从机发送应答信号为 A,请求从机发送图片数据为 R,
//       请求从机发送字模数据为 Z。当然这些命令由程序员自己设定
//       从机发送数据的回应信号为 V
//       数据串的结构是:第 1 字节为串的总长度,接下是数据(第 2 字节以后),每一
//       个数据发 3 个供判定正确性
//-----------------------------------------------
void COM_Send_Command(unsigned char chCommand)
{
    uint nJsq = 0;
    Send_Comm(chCommand);
    Dey_Ysh(2);
    Send_Comm(chCommand);
    Dey_Ysh(2);
    Send_Comm(chCommand);
    Dey_Ysh(2);

}
//-----------------------------------------------
//函数名称:SelecComWord()
//函数功能:用于从 3 个数据中选择 1 个正确的数据
//入口参数:chComword 为在判断的 3 个数据,采用 3 选 1 的办法决定发来的数据的正
//           确性,bTf 为正确判断位,bTf = 1 为数据正确,bTf = 0 为数据错误
//出口参数:返回一个正确的数据,错误返回 0
//-----------------------------------------------
uchar SelecComWord(uchar chComword[3],uint * bTf)
{
     uchar chWord = 0x00;
```

```
    uint nJSQQ = 0;
    if(chComword[0] == chComword[1]&&chComword[1] == chComword[2])
    {   chWord = chComword[1];
        * bTf = 1; }
     else if(chComword[0] == chComword[1])
     {    chWord = chComword[1];
           * bTf = 1; }
       else if(chComword[0] == chComword[2])
        {    chWord = chComword[2];
               * bTf = 1; }
        else if(chComword[1] == chComword[2])
         {    chWord = chComword[2];
                * bTf = 1; }
         else
         {    chWord = 0x00;
                * bTf = 0; }

      return  chWord;
}
//--------------------------------------------------------------
//函数名称:hwSend_Data()
//函数功能:用于向 PC 机发送数据
//入口参数:chlpComDat 为数据串的地址;nCount 为数据串的长度
//出口参数:无
//-------------------------------------------------------------
void hwSend_Data(unsigned char * chlpComDat,uint nCount)
{
    uint nJsq = 0;
    uchar chCC;
    chCC = nCount;
    Send_Comm(nCount);
    Dey_Ysh(3);
    for(nJsq = 0;nJsq<nCount;nJsq++)
    {
        chCC = * chlpComDat;
        Send_Comm(chCC);
        Dey_Ysh(3);
        chlpComDat++;
    }
}
//--------------------------------------
//功能:延时函数
//--------------------------------------
void Dey_Ysh(unsigned int nN)
{
```

```
    unsigned int a,b,c;
    for(a = 0;a<nN;a ++ )
      for(b = 0;b<10;b ++ )
        for(c = 0;c<110;c ++ );

}
//*****************************************************************
```

使用时请注意函数的入口参数。

## 工程程序应用实例

任务① 实现红外线点对点互发数据。

**(1) 主机程序**

```
//*****************************************************************
//文件名:hwxshuju.c
//功能:红外无线数据传输
//-----------------------------------------------------------------
#include <reg51.h>
#include <uart_com_temp.h>
#include <time0_temp.h>

sbit P00 = P0^0;
sbit P10 = P1^0;

void DeyYsh2(unsigned int nN);
unsigned char code chData[] = {0x00,0x01,0x02,0x03,0x04,0x05,0x06,0x07,
                              0x08,0x09,0x0A,0x0B,0x0C,0x0D,0x0E,0x0F};
#include <key_4bkey.h>
//-----------------------------------
//主程序
//-----------------------------------
void main()
{
    unsigned char chRcv = 0x00;
    P10 = 0;

    //启动串行通信 硬件使用的晶振是 11.059 2 MHz,设波特率为 9 600
    InitUartComm(11.0592,9600);
    //初始化定时器 0 为 500 ms,使用 11.059 2 MHz 晶振
    InitTime0Length(11.0592,300);

    while(1)
    {//请在下面加入用户代码

      if(RI)
```

```
        {
          RI = 0;
          chRcv = SBUF;

        }

      Send_Comm('W');                    //将收到的数据再发送出去
      P00 = ~P00;                        //程序运行指示灯
      DeyYsh2(4);                        //延时
    }

}
//----------------------------------------------------------------
//功能:定时器0的定时中断执行函数(使用时请将此函数考入主程序文件中)
//----------------------------------------------------------------
void T0_Time0()
{  //请在下面加入用户代码
   P10 = ~P10;                           //程序运行指示灯

  // Read_Key();                         //读取键值函数

}
//------------------------------------------
//功能:延时函数
//------------------------------------------
void DeyYsh2(unsigned int nN)
{
    unsigned int a,b,c;
    for(a = 0;a<nN;a++)
      for(b = 0;b<50;b++)
        for(c = 0;c<100;c++);
}
//---------------------------------------------------------------------
```

**(2) 乙机程序**

```
//*********************************************************************
//文件名:hwxshuju.c
//功能:红外无线数据传输
//---------------------------------------------------------------------
#include <reg51.h>
#include <uart_com_temp.h>
#include <time0_temp.h>

sbit P00 = P0^0;
sbit P10 = P1^0;
```

```
void DeyYsh2(unsigned int nN);
unsigned char code chData[] = {0x00,0x01,0x02,0x03,0x04,0x05,0x06,0x07,
                               0x08,0x09,0x0A,0x0B,0x0C,0x0D,0x0E,0x0F};
#include <key_4bkey.h>
//------------------------------------
//主程序
//------------------------------------
void main()
{

    unsigned char chRcv;
    P10 = 0;

    //启动串行通信,硬件使用的晶振是 11.059 2 MHz,设波特率为 9 600
    InitUartComm(11.0592,9600);
    //初始化定时器 0 为 500 ms,使用 11.059 2 MHz 晶振
    InitTime0Length(11.0592,300);

    while(1)
    {//请在下面加入用户代码

      if(RI)
      {RI = 0;
       chRcv = SBUF;
       }

      Send_Comm('Q');

      P00 = ~P00;                        //程序运行指示灯
      DeyYsh2(4);                        //延时
    }

}
//---------------------------------------------------------
//功能:定时器 0 的定时中断执行函数(使用时请将此函数考入主程序文件中)
//---------------------------------------------------------
void T0_Time0()
{  //请在下面加入用户代码
   P10 = ~P10;                           //程序运行指示灯

   Read_Key();                           //读取键值函数

}
//------------------------------------
//功能:延时函数
```

```
//------------------------------
void DeyYsh2(unsigned int nN)
{
    unsigned int a,b,c;
    for(a = 0;a<nN;a++)
      for(b = 0;b<50;b++)
        for(c = 0;c<100;c++);
}
//-------------------------------------------------------------
```

操作时可以将通往 PC 机的 TXD 插入通信线路的任意一根线上，观察数据的收发情况。

详细代码见网上资料\参考程序\外围接口电路应用\课题 7：红外线数据传送\甲机乙机互发送数据文件夹。

任务② 实现主机发送命令，读取从机上的图片数据并显示在主机的 JCM12864M 液晶显示器上。

**(1) 主机程序**

```
//*************************************************************
//文件名：hwxshuju.c
//功能：红外无线数据传输
//主机
//-------------------------------------------------------------
#include <reg51.h>
#include <uart_com_HW_temp.h>
#include <time0_temp.h>
#include "jcm12864m_t.h"

sbit P00 = P0^0;
sbit P10 = P1^0;

void DeyYsh2(unsigned int nN);
unsigned char code chData[] = {0x00,0x01,0x02,0x03,0x04,0x05,0x06,0x07,
                               0x08,0x09,0x0A,0x0B,0x0C,0x0D,0x0E,0x0F};
#include <key_4bkey.h>
void CommandImplementDat();                    //命令执行函数数据处理
void Com_Commmand(uchar chCommand);            //命令解释
void CommandImplementDat_NB();                 //接收大型图片数据
//------------------------------------
//主程序
//------------------------------------
void main()
{
    unsigned char chComRcv[3],chRcv = 0x00,chCommand = 0x00;
    uint nJss = 0;
    uint * bFalse = 0;
```

```
    P10 = 0;

    //启动串行通信,硬件使用的晶振是 11.059 2 MHz,设波特率为 9 600
    InitUartComm(11.0592,9600);
    //初始化定时器 0 为 500 ms,使用 11.059 2 MHz 晶振
    InitTime0Length(11.0592,300);
    //初始化 jcm12864m 显示器
   JCM12864M_INIT();

    while(1)
    {//请在下面加入用户代码

       if(RI)
       {
          RI = 0;
          chRcv = SBUF;
          chComRcv[nJss] = chRcv;
          nJss ++ ;
          if(nJss> = 3)
          {
             nJss = 0;
             chCommand = SelecComWord(chComRcv,bFalse);
             if( * bFalse)
             {Com_Commmand(chCommand);}
          }
       }

     P00 = ~P00;                           //程序运行指示灯
     DeyYsh2(4);                           //延时
    }
}
//-----------------------------------------------------
//功能:定时器 0 的定时中断执行函数(使用时请将此函数考入主程序文件中)
//-----------------------------------------------------
void T0_Time0()
{  //请在下面加入用户代码
   P10 = ~P10;                             //程序运行指示灯
   Off_Time0();
   Read_Key();                             //读取键值函数
   On_Time0();
}
//-----------------------------------------------------
//函数名称:Com_Commmand()
//函数功能:解释串行协议命令
//入口参数:chCommand  为接收到的串行数据
```

```
//出口参数:无
//说明:命令设置,请求从机发送应答信号为 A,请求从机发送图片数据为 R,
//      请求从机发送字模数据为 Z。当然这些命令由程序员自己设定
//      从机发送数据的回应信号为 V
//      数据串的结构是:第 1 字节为串的总长度,接下是数据,每一个数据发 3 个供
//      判定正确性
//-------------------------------------------------------------------
void Com_Commmand(uchar chCommand)
{
    switch(chCommand)
    {
      case 'V':CommandImplementDat();             //接收对方发来的数据
               break;
      case 'N':CommandImplementDat_NB();          //接收从机数据
               break;
      case 'T':CommandImplementDat_NB();          //接收从机大型数据
               break;
     }


}
//-----------------------------------------------------------
//函数名称:void CommandImplementDat()
//函数功能:接收乙机发来的命令数据
//入口参数:无
//出口参数:无
//-----------------------------------------------------------
void CommandImplementDat()
{
    uint nRcvJsq = 0;

    while(! RI);
    RI = 0;
    chComDat = SBUF;                             //读取串行数据
    nDatLength = chComDat;
    clpComDat[0] = nDatLength;
    for(nRcvJsq = 0;nRcvJsq<nDatLength;nRcvJsq++)
    {
      while(! RI);
      RI = 0;
      chComDat = SBUF;                           //读取串行数据
      //如果数据有问题,则要在这里加入 3 选 1 函数
      clpComDat[nRcvJsq + 1] = chComDat;
     // clpComDat++;
    }
    bFanga = 1;                                  //收到数据
```

```
    clpComDat = 0x0000;                          //数据存放的地址归位
}
//-----------------------------------------------------
//函数名称:void CommandImplementDat_NB()
//函数功能:接收乙机发来的 NB 的大型图片数据
//入口参数:无
//出口参数:无
//-----------------------------------------------------
void CommandImplementDat_NB()
{
    uint nRcvJsq = 0;
    //接收字符串长度的高 8 位
    while(! RI);
    RI = 0;
    chComDat = SBUF;                             //读取串行数据
    nDatLength = chComDat;
    clpComDat[0] = chComDat;
    //接收字符串长度的低 8 位
    while(! RI);
    RI = 0;
    chComDat = SBUF;                             //读取串行数据
    nDatLength = nDatLength<<8;
    nDatLength |= chComDat;
    clpComDat[1] = chComDat;

    for(nRcvJsq = 0;nRcvJsq<nDatLength;nRcvJsq++)
    {
      while(! RI);
      RI = 0;
      chComDat = SBUF;                           //读取串行数据
      //如果数据有问题,要在这里加入 3 选 1 函数
      clpComDat[nRcvJsq + 2] = chComDat;
      //在此处加入 JCM12864M 数据发送程序

    }
    bFanga = 1;                                  //收到数据
    clpComDat = 0x0000;                          //数据存放的地址归位
}
//-----------------------------------------
//功能:延时函数
//-----------------------------------------
void DeyYsh2(unsigned int nN)
{
    unsigned int a,b,c;
    for(a = 0;a<nN;a++)
```

```
    for(b = 0;b<50;b++)
      for(c = 0;c<100;c++);
}
//---------------------------------------------------------------------------
```

下面是按键执行函数：

```
//---------------------------------------------------------------------------
//第 1 键
void Key1()
{//请在下面加入执行代码
 //发送测试数据
  Send_Comm(0x45);
}
//---------------------------------------------------------------------------
//第 2 键
void Key2()
{//请在下面加入执行代码
 //向 JCM12864M 发送图片数据
   uint xdata * nlpDat = 0x0002;           //这是固定地址接收到的图片数据,存在这个地址上
   if(bFanga == 0)return;                  //没有收到数据,则返回
   bFanga = 0;
   CLS_12864M();                           //清屏
   //显示图片
   Sned_DISP_Image(nlpDat);
}
//---------------------------------------------------------------------------
//第 3 键
void Key3()
{//请在下面加入执行代码
 //向 PC 机发送收到的数据
  if(bFanga == 0)return;                   //没有收到数据,则返回
   bFanga = 0;
   pcSend_Data(clpComDat);
}
//---------------------------------------------------------------------------
//第 4 键
void Key4()
{//请在下面加入执行代码
 //发送命令
   COM_Send_Command('R');
}
//---------------------------------------------------------------------------
```

**(2) 从机程序**

```
//************************************************************************
//文件名:hwxshuju.c
//功能:红外无线数据传输
//从机
//-----------------------------------------------------------------------
#include <reg51.h>
#include <uart_com_temp.h>
#include <time0_temp.h>
#include <Fage.h>
//#include <key_4bkey.h>

sbit P00 = P0^0;
sbit P10 = P1^0;

void DeyYsh2(unsigned int nN);
unsigned char code chData[] = {0x00,0x01,0x02,0x03,0x04,0x05,0x06,0x07,0x08,0x09,0x0A,0x0B,
                               0x0C,0x0D,0x0E,0x0F};
#include <key_4bkey.h>
void CommandInterpreter();                    //命令解释函数
void CommandImplementDat();                   //命令执行函数数据处理
void CommandImplementRead();                  //命令执行函数数据读出并发送到上位机
void CommandImplementWrite();                 //命令执行函数数据写入本机,数据到存储器或
                                              //将发来的数据写入存储器
//void CommandImplementBMP1();                //传送图片 1
//void CommandImplementBMP2();                //传送图片 2
void CommandImplementBMP(uchar chCommand,
uchar *chlpBmp,uint nCountl);                 //传送图片
void Com_Commmand(uchar chCommand);           //命令解释
//-----------------------------------
//主程序
//-----------------------------------
void main()
{
    unsigned char chComRcv[3],chRcv = 0x00,chCommand = 0x00;
    uint nJss = 0;
    uint *bFalse;
    P10 = 0;

    //启动串行通信,硬件使用的晶振是 11.059 2 MHz,设波特率为 9 600
    InitUartComm(11.0592,9600);
    //初始化定时器 0 为 500 ms,使用 11.059 2 MHz 晶振
    InitTime0Length(11.0592,300);
    while(1)
```

```
    {//请在下面加入用户代码

      if(RI)
      {
    Aing:
        while(! RI);
        RI = 0;
        chRcv = SBUF;
        chComRcv[nJss] = chRcv;
        nJss ++ ;
        if(nJss> = 3)
        {
          nJss = 0;
          chCommand = SelecComWord(chComRcv,bFalse);
          if( * bFalse)
          {Com_Commmand(chCommand);}
           else ;

        }else goto Aing;
      }

     P00 = ~P00;                              //程序运行指示灯
     DeyYsh2(4);                              //延时
    }

}
//----------------------------------------------------------
//功能:定时器 0 的定时中断执行函数(使用时请将此函数考入主程序文件中)
//----------------------------------------------------------
void T0_Time0()
{  //请在下面加入用户代码
   P10 = ~P10;                                //程序运行指示灯
   Off_Time0();
   Read_Key();                                //读取键值函数
   On_Time0();
}
//-----------------------------------------------------------------------
//函数名称:Com_Commmand()
//函数功能:解释串行协议命令
//入口参数:chCommand  为接收到的串行数据
//出口参数:无
//说明:命令设置,请求从机发送应答信号为 A,请求从机发送图片数据为 R,
//        从机发送数据的回应信号为 V
//        请求从机发送字模数据为 Z,从机发送数据的回应信号为 Y
//        请求从机发送桌面图片数据为 M,从机发送数据的回应信号为 N
```

```
//      请求从机发送电子制作图片数据为 S,从机发送数据的回应信号为 T
//      当然这些命令由程序员自己设定
//      数据串的结构是:第 1 字节为串的总长度,接下来是数据字节,每一个数据发
//      3 个供判定正确性
//---------------------------------------------------------------------------
void Com_Commmand(uchar chCommand)
{

    switch(chCommand)
    {
      case 'V':CommandImplementDat();                          //接收对方发来的数据
               break;
      case 'R':CommandImplementRead();                         //上位机读出本机数据
               break;
      case 'M':CommandImplementBMP('N',chTuDat1,760);          //向上位发送图片数据
               break;
      case 'S':CommandImplementBMP('T',chTuDat2,760);          //向上位发送图片数据
               break;

    }

}
//------------------------------------------------------
//函数名称:void CommandImplementDat()
//函数功能:接收发来的数据
//入口参数:无
//出口参数:无
//------------------------------------------------------
void CommandImplementDat()
{
    uint nRcvJsq = 0;

    while(! RI);
    RI = 0;
    chComDat = SBUF;                                           //读取串行数据
    nDatLength = chComDat;
    clpComDat[0] = nDatLength;
    for(nRcvJsq = 0;nRcvJsq<nDatLength;nRcvJsq++)
    {
      while(! RI);
      RI = 0;
      chComDat = SBUF;                                         //读取串行数据
      //如果数据有问题,要在这里加入 3 选 1 函数
      clpComDat[nRcvJsq+1] = chComDat;
     // clpComDat++;
```

```
    }
    bFanga = 1;                                     //收到数据
    clpComDat = 0x0050;                             //数据存放的地址归位
}
//-----------------------------------------
//函数名称:void CommandImplementRead()
//函数功能:向主机发送数据
//入口参数:无
//出口参数:无
//------------------------------------------
void CommandImplementRead()
{
    uint nJSS = 0;
    //发送应答命令
    COM_Send_Command('V');
    DeyYsh2(1);
    //发送数据总长度
    Send_Comm(0x10);
    DeyYsh2(1);
    //发送数据
    for(nJSS = 0;nJSS<16;nJSS++)
    {Send_Comm(chData[nJSS]);
     DeyYsh2(1);}

}
//------------------------------------------------------------------
//函数名称:void CommandImplementBMP()
//函数功能:向主机发送图片(电脑桌面图)
//入口参数:无
//出口参数:无
//说明:字符串的传输格式,第1个字节为应答命令,第2个字和第3个字节为数据串的
//     长度用16位,其中第2个字节为高8位,第3个字节为低8位,接下来的NB为数据串
//------------------------------------------------------------------
void CommandImplementBMP(uchar chCommand,uchar *chlpBmp,uint nCountl)
{
    uint nJSS = 0,nlength = nCountl;
    uchar chCH = 0,chCL = 0;
    chCL = nlength;                                 //得到低8位
    chCH = nlength>>8;                              //得到高8位
    //发送应答命令
    COM_Send_Command(chCommand);
    DeyYsh2(1);
    //发送数据总长度
    Send_Comm(chCH);                                //发送高8位
```

```
    DeyYsh2(1);
    Send_Comm(chCL);                                     //发送低 8 位
    DeyYsh2(1);

    //发送数据（计算机桌面图)图
    for(nJSS = 0;nJSS<nlength;nJSS++)
    {Send_Comm(chlpBmp[nJSS]);
     DeyYsh2(1);}

}
//--------------------------------------
//功能:延时函数
//--------------------------------------
void DeyYsh2(unsigned int nN)
{
    unsigned int a,b,c;
    for(a = 0;a<nN;a++)
      for(b = 0;b<30;b++)
        for(c = 0;c<100;c++);
}
//------------------------------------------------------------------------------
```

详细代码见“网上资料\参考程序\外围接口电路应用\课题 7:红外线数据传送\甲机从乙机读取图片数据 2”文件夹。

## 作业与思考

完成任务③ 从 PC 机下载图片数据到从机上，然后通过红外数据传送到主机并显示到 JCM12864M 液晶显示器上(此题作为训练课题，请读者自己做这个实验。提示:在从机红外线共用一个串行通信时，请先关闭红外通信系统，将 PC 机上的图下载后再开启)。

## 编后语

红外数据传输在日常生活中已经得到广泛的应用，许多手机上就带有，学习之可以为我们日后在工程的设计中加入一项好的功能。学习是要努力向前的，逆水行舟，不进则退。

# 课题 8 nRF905SE 无线收发一体化模块在 80C51 内核单片机工程中的运用

## 实验目的

了解和掌握 nRF905SE 无线收发一体化模块的原理与使用方法，学习程序模板的组装与运用。

## 实验设备

① 30 W 烙铁 1 把，数字万用表 1 个；

② PC 机 1 台；

③ 开发软件 TKStudio 集成开发平台（周立功公司开发）和 Keil C51（Keil 公司开发）1 套；

④ 烧录软件 Flash Magic 下载线（NXP 公司开发）1 套，9 芯串行通信线 1 根。

## 实验器件

P89V51Rxx_CPU 模块 3 块，串行通信模块，NewMsg－RF905 模块 3 块，JCM12864M 模块 1 块，LM75A 温度测试模块 1 块，SD2204FLP 实时时钟模块 1 块。

## 工程任务

① 实现 nRF905 无线收发一体模块的甲机发送数据，乙机接收数据并将收到的数据发到 PC 机用于观察。

② 实现 nRF905 无线收发一体模块双机点对点互发互收数据，并将收到的数据发向 PC 机用于观察。

③ 实现 nRF905 无线收发一体模块的组网发送命令和读取数据，主机发送命令读取两从机的时间值和温度值，其中 01 号机为发送温度值，02 号机为发送时间值。

④ 使甲机 P1 口上的 8 只按键控制乙机 P0 上的 8 只 LED 指示灯，控制现象为对应的引脚按键按下时对应的指示灯亮，再按一下灯熄。对应——即甲机的 P1.0 对应乙机的 P0.0 引脚。

⑤ 简易遥控小车的制作（家庭作业）。

## 工程任务的理解

无线通信在人类世界最早得到应用，其中有无线报务，雷达等。现在数字通信也离不开无线，如现在的无线网卡，手机通信，蓝牙技术等。人们对开发低频、低功率无线信号也做出了很大的努力。本课题将要讲述的就是一款国家允许的低频、低功率无线收发芯片。无线通信给人们带来极大的方便，如儿童玩具遥控小车，遥控飞机等。掌握了无线数据通信技术将给我们的智能设计带来锦上添花的效果。

## 工程设计构想

### 1. 硬件设计方框图

硬件样式设计图如图 K8－1 和图 K8－2 所示。

### 2. 软件设计方框图

工程程序构思与协调控制任务分工图请读者自己绘制。

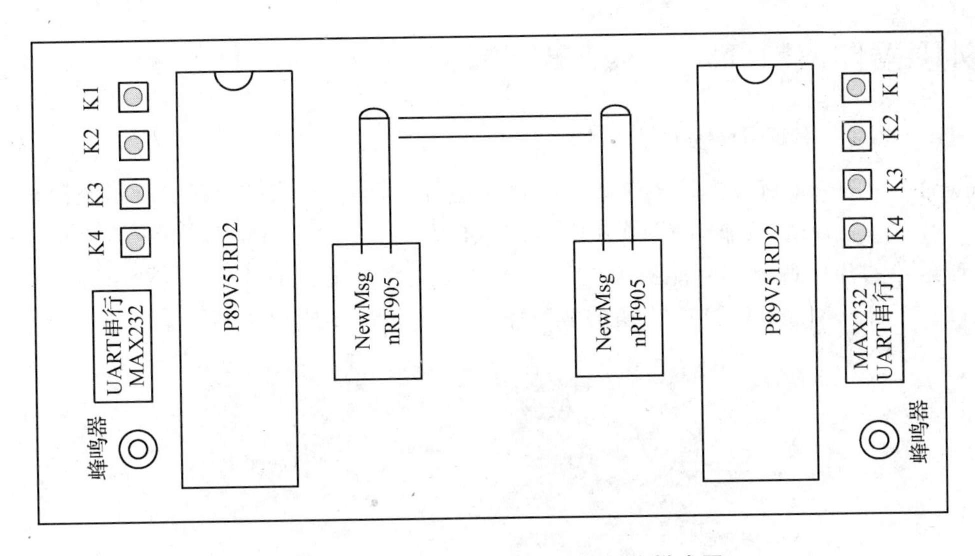


图 K8-1　点对点无线通信硬件制作样式图

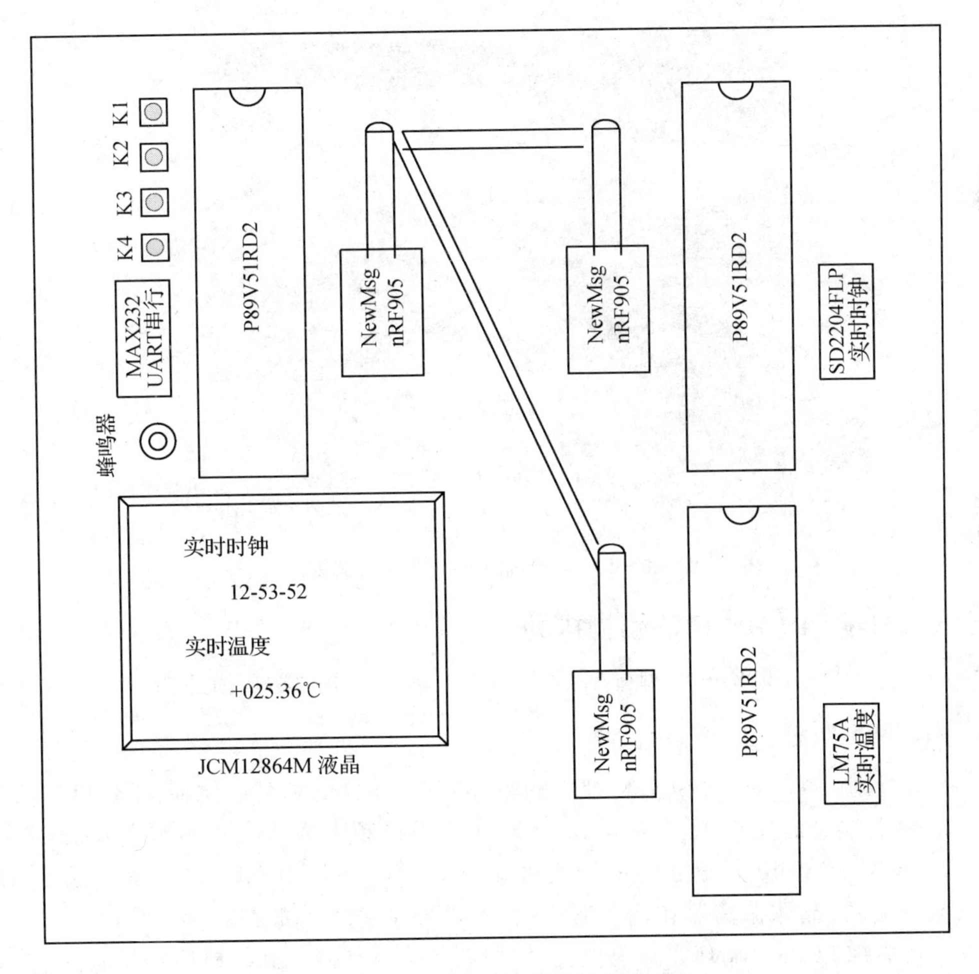


图 K8-2　无线网络硬件制作样式图

# 所需外围器件资料(NewMsg－RF905)

## 1. NewMsg－RF905模块介绍

NewMsg－RF905模块是nRF905芯片经工业加工制作成形的可直接使用的模块。没有加工的nRF905芯片为32脚小引脚封装(32L QFN),尺寸为5 mm×5 mm的很小的贴片芯片。这种贴片芯片用普通的万能板和工人焊接是无法完成的。对于学习,只能选择工业制好的成形模块。NewMsg－RF905模块的实物图形如图K8－3所示。

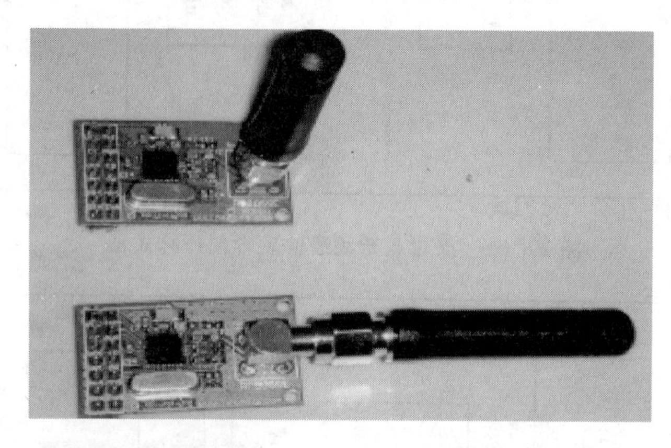

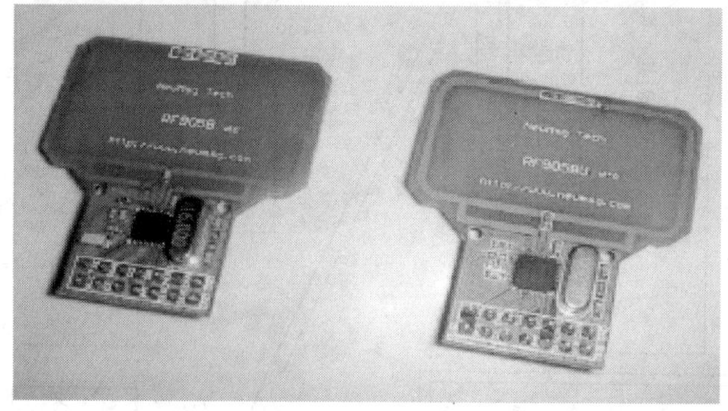

图K8－3　NewMsg－RF905模块实物图

## 2. NewMsg－RF905模块引脚排列

NewMsg－RF905模块的引脚排列如图K8－4所示。引脚功能描述如表K8－1所列。

## 3. nRF905概述

nRF905是挪威Nordic VLSI公司推出的单片收/发一体的射频收发器,工作电压为1.9～3.6 V,QFN封装、32引脚、尺寸为5 mm×5 mm,工作频率为433/868/915 MHz,3个ISM(工业、科学和医学)频道,频道之间的转换时间小于650 μs。nRF905由频率合成器、接收解调器、功率放大器、晶体振荡器和调制器组成,不需外加声表滤波器,ShockBurstTM工作模式,自动字头处理和CRC循环冗余码校验,使用SPI接口与微控制器通信,配置非常方便。此外,其功耗非常低,如以－10 dBm的输出功率发射数据时电流只需11 mA。当工作在接收模式时电流只需要12.5 mA,内建空闲模式与关机模式,易于实现节电。nRF905适用于无线数

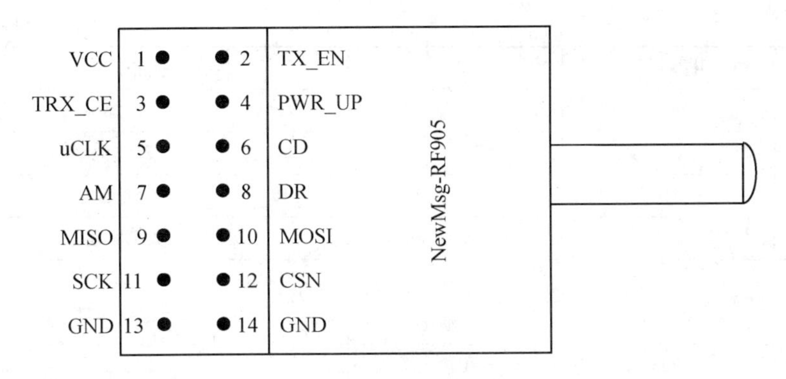


图 K8-4　NewMsg-RF905 模块引脚排列

据通信、无线报警及安全系统、无线开锁、无线监测、家庭自动化和玩具等诸多领域。

## 4. nRF905 引脚排列与功能描述

nRF905 引脚排列如图 K8-5 所示，其引脚功能描述如表 K8-1 所列。

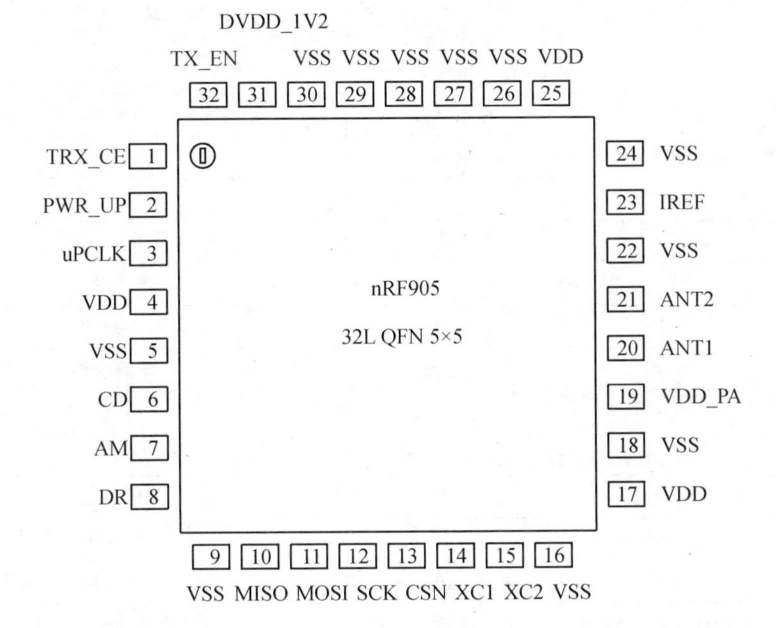


图 K8-5　nRF905 引脚排列图

表 K8-1　引脚功能描述

| 引脚号 | 引脚名称 | 引脚功能 | 描　述 |
|---|---|---|---|
| 1 | TRX_CE | 数字输入 | 使 nRF905 工作于接收或发送状态 |
| 2 | PWR_UP | 数字输入 | 工作状态选择 |
| 3 | uPCLK | 时钟输出 | 输出时钟 |
| 4 | VDD | 电源 | 电源正端 |

续表 K8-1

| 引脚号 | 引脚名称 | 引脚功能 | 描　述 |
|---|---|---|---|
| 5 | VSS | 电源 | 电源地 |
| 6 | CD | 数字输出 | 载波检测 |
| 7 | AM | 数字输出 | 地址匹配 |
| 8 | DR | 数字输出 | 数据准备好 |
| 9 | VSS | 电源 | 电源地 |
| 10 | MISO | SPI 输出 | SPI 输出 |
| 11 | MOSI | SPI 输出 | SPI 输出 |
| 12 | SCK | SPI 输出 | SPI 输出 |
| 13 | CSN | SPI 片选 | SPI 片选，低有效 |
| 14 | XC1 | 模拟输入 | 晶振输入引脚 1 |
| 15 | XC2 | 模拟输出 | 晶振输出引脚 2 |
| 16 | VSS | 电源 | 电源地 |
| 17 | VDD | 电源 | 电源正端 |
| 18 | VSS | 电源 | 电源地 |
| 19 | VDD_PA | 输出电源 | 给功率放大器提供 1.8 V 的电压 |
| 20 | ANT1 | 射频 | 天线接口 1 |
| 21 | ANT2 | 射频 | 天线接口 2 |
| 22 | VSS | 电源 | 电源地 |
| 23 | IREF | 模拟输入 | 参考输入 |
| 24 | VSS | 电源 | 电源地 |
| 25 | VDD | 电源 | 电源正端 |
| 26 | VSS | 电源 | 电源地 |
| 27 | VSS | 电源 | 电源地 |
| 28 | VSS | 电源 | 电源地 |
| 29 | VSS | 电源 | 电源地 |
| 30 | VSS | 电源 | 电源地 |
| 31 | DVDD_1V2 | 电源 | 低电压正数字输出 |
| 32 | TX_EN | 数字输入 | 等于 1，发送模式；等于 0，接收模式 |

## 5. nRF905 工作模式

nRF905 有两种工作模式和两种节能模式。工作模式分别是 ShockBurstTM 接收模式和 ShockBurstTM 发送模式；节能模式分别是关机模式和空闲模式。nRF905 的工作模式由 TRX_CE、TX_EN 和 PWR_UP 三个引脚决定，详见表 K8-2 所列。

表 K8－2 nRF905 工作模式设定

| PWR_UP | TRX_CE | TX_EN | 工作模式 |
|---|---|---|---|
| 0 | × | × | 关机模式 |
| 1 | 0 | × | 空闲模式 |
| 1 | 1 | 0 | 射频接收模式 |
| 1 | 1 | 1 | 射频发送模式 |

**(1) ShockBurstTM 模式**

与射频数据包有关的高速信号处理都在 nRF905 片内进行，数据速率由微控制器配置的 SPI 接口决定，数据在微控制器中低速处理，但在 nRF905 中高速发送，因此中间有很长时间的空闲，这有利于节能。由于 nRF905 工作于 ShockBurstTM 模式，因此使用低速的微控制器，也能得到很高的射频数据发射速率。在 ShockBurstTM 接收模式下，当一个包含正确地址和数据的数据包被接收到后，地址匹配（AM）和数据准备好（DR）两引脚通知微控制器。在 ShockBurstTM 发送模式，nRF905 自动产生字头和 CRC 校验码，当发送过程完成后，数据准备好引脚通知微处理器数据发射完毕。由以上分析可知，nRF905 的 ShockBurstTM 收发模式有利于节约存储器和微控制器资源，同时也减小了编写程序的时间。下面是 nRF905 详细的发送与接收流程分析。

**(2) 发送流程**

典型的 nRF905 发送流程分以下几步：

① 当微控制器有数据要发送时，通过 SPI 接口，按时序把接收机的地址和要发送的数据传送给 nRF905，SPI 接口的速率在通信协议和器件配置时确定。

② 微控制器置高 PWR_UP（PWR_UP＝1）、TRX_CE（TRX_CE＝1）和 TX_EN（TX_EN＝1），激发 nRF905 的 ShockBurstTM 发送模式。

③ nRF905 的 ShockBurstTM 发送（过程）：

- 射频寄存器自动开启；
- 数据打包（加字头和 CRC 校验码）；
- 发送数据包；
- 当数据发送完成，数据准备好，引脚被置高。

④ AUTO_RETRAN 被置高，nRF905 不断重发，直到 TRX_CE 被置低。

⑤ 当 TRX_CE 被置低，nRF905 发送过程完成，自动进入空闲模式。ShockBurstTM 工作模式保证，一旦发送数据的过程开始，无论 TRX_EN 和 TX_EN 引脚是高或低，发送过程都会被处理完。只有在前一个数据包被发送完毕，nRF905 才能接收下一个发送数据包。

**(3) 接收流程**

① 当 PWR_UP（PWR_UP＝1）、TRX_CE（TRX_CE＝1）为高，TX_EN（TX_EN＝0）为低时，nRF905 进入 ShockBurstTM 接收模式；

② 650 $\mu$s 后，nRF905 不断监测，等待接收数据；

③ 当 nRF905 检测到同一频段的载波时，载波检测引脚 CD（CD＝1）被置高；

④ 当接收到一个相匹配的地址，地址匹配引脚 AM（AM＝1）被置高；

⑤ 当一个正确的数据包接收完毕，nRF905 自动移去字头、地址和 CRC 校验位，然后把数据准备好，引脚 DR(DR=1)置高；

⑥ 微控制器把 TRX_CE(TRX_CE=0)置低，nRF905 进入空闲模式；

⑦ 微控制器通过 SPI 口，以一定的速率把数据移到微控制器内；

⑧ 当所有的数据接收完毕，nRF905 把数据准备好，引脚 DR 和地址匹配引脚 AM 置低；

⑨ nRF905 此时可以进入 ShockBurstTM 接收模式、ShockBurstTM 发送模式或关机模式。

当正在接收一个数据包时，TRX_CE 或 TX_EN 引脚的状态发生改变，nRF905 立即把其工作模式改变，数据包则丢失。当微处理器接到地址匹配引脚的信号之后，则知道 nRF905 正在接收数据包，可以决定是让 nRF905 继续接收该数据包还是进入另一个工作模式。

**(4) 节能模式**

nRF905 的节能模式包括关机模式和节能模式。在关机模式下，nRF905 的工作电流最小，一般为 2.5 μA。进入关机模式后，nRF905 保持配置字中的内容，但不会接收或发送任何数据。空闲模式有利于减小工作电流，从空闲模式到发送模式或接收模式，需要的启动时间比较短。在空闲模式下，nRF905 内部的部分晶体振荡器处于工作状态。nRF905 在空闲模式下的工作电流跟外部晶体振荡器的频率有关。

**(5) 器件配置**

所有配置字都是通过 SPI 接口传送给 nRF905。SPI 接口的工作方式可通过 SPI 指令进行设置。当 nRF905 处于空闲模式或关机模式时，SPI 接口可以保持在工作状态。

**1) SPI 接口配置**

SPI 接口由状态寄存器(Status Register)、射频配置寄存器(RF Configuration Register)、发送地址寄存器(TX Address Register)、发送数据寄存器(TX Payload Register)和接收数据寄存器(RX Payload Register)5 个寄存器组成。状态寄存器包含数据准备好，引脚(DR)状态信息和地址匹配引脚(AM)状态信息；射频配置寄存器包含收发器配置信息，如频率和输出功能等；发送地址寄存器包含接收机的地址和数据的字节数；发送数据寄存器包含待发送的数据包的信息，如字节数等；接收数据寄存器包含要接收数据的字节数等信息。

① 状态寄存器

状态寄存器各位配置如表 K8-3 所列。

**表 K8-3 状态寄存器各位配置**

| B7 | B6 | B5 | B4 | B3 | B2 | B1 | B0 | 初始值 |
|---|---|---|---|---|---|---|---|---|
| AM | — | DR | — | — | — | — | — | 11100111B |

② 射频配置寄存器

射频配置寄存器一共 9 个寄存器 72 位，各位配置状态如表 K8-4 所列，操作命令是：

写　　　　　　W_CONFIG(WC)= 0000AAAAB

读　　　　　　R_CONFIG(RC)= 0000AAAAB

AAAA 为 00H～09H 地址。

**表 K8-4　射频配置寄存器各位配置**

| 地　址 | B7 | B6 | B5 | B4 | B3 | B2 | B1 | B0 | 初始值 |
|---|---|---|---|---|---|---|---|---|---|
| 00H | CN7 | CN6 | CN5 | CN4 | CN3 | CN2 | CN1 | CN0 | 01101100B |
| 01H | — | — | AR | RRP | PP1 | PP0 | HP | CN8 | 00000000B |
| 02H | — | TA2 | TA1 | TA0 | — | RA2 | RA1 | RA0 | 01000100B |
| 03H | — | — | RP5 | RP4 | RP3 | RP2 | RP1 | RP0 | 00100000B |
| 04H | — | — | TP5 | TP4 | TP3 | TP2 | TP1 | TP0 | 00100000B |
| 05H | RX7 | RX6 | RX5 | RX4 | RX3 | RX2 | RX1 | RX0 | 11100111B |
| 06H | RX15 | RX14 | RX13 | RX12 | RX11 | RX10 | RX9 | RX8 | 11100111B |
| 07H | RX23 | RX22 | RX21 | RX20 | RX19 | RX18 | RX17 | RX16 | 11100111B |
| 08H | RX31 | RX30 | RX29 | RX28 | RX27 | RX26 | RX25 | RX24 | 11100111B |
| 09H | CRC_M | CRC | XOF2 | XOF1 | XOF0 | UCE | UCF1 | UCF0 | 11100111B |

注：PA_PWR＝PP(1～0)，HFREQ_PLL＝HP，CH_NO＝CN(8～0)，RX_RED_PWR＝RRP 详细解释见表 K8-8。AUTO_RETRAN＝AR，TX_AFW＝TA(2～0)，RX_AFW＝RA(2～0)，RX_PW＝RP(5～0)，TX_PW＝TP(5～0)，RX(32～0)为本机地址(即接收数据用地址，默认值为 E7E7E7E7)。CRC_M(CRC 模式设置位)，CRC(校验允许位)，XOF(2～0)，UP_CLK_EN＝UCE，UP_CLK_FREQ＝UCF(1～0)。射频配置见表 K8-8。

③ 发送地址寄存器

发送地址寄存器共 4 个寄存器，各位分配状态如表 K8-5 所列，操作命令是：

写　　W_TX_ADDRESS(WTA)＝ 00100010B[22H]

读　　R_TX_ADDRESS(RTA)＝ 00100011B[23H]

**表 K8-5　发送地址寄存器各位配置**

| 地　址 | B7 | B6 | B5 | B4 | B3 | B2 | B1 | B0 | 初始值 |
|---|---|---|---|---|---|---|---|---|---|
| 00H | TX7 | TX6 | TX5 | TX4 | TX3 | TX2 | TX1 | TX0 | 11100111B |
| 01H | TX15 | TX14 | TX13 | TX12 | TX11 | TX10 | TX9 | TX8 | 11100111B |
| 02H | TX23 | TX22 | TX21 | TX20 | TX19 | TX18 | TX17 | TX16 | 11100111B |
| 03H | TX31 | TX30 | TX29 | TX28 | TX27 | TX26 | TX25 | TX24 | 11100111B |

注：TX Address＝TX(31～0)。

④ 发送数据寄存器

发送数据寄存器共 32 个寄存器，各位配置如表 K8-6 所列，操作命令是：

写　　W_TX_PAYLOAD(WTP)＝00100000B[20H]

读　　R_TX_PAYLOAD(RTP)＝00100001B[21H]

**表 K8-6　发送数据寄存器各位配置**

| 地　址 | B7 | B6 | B5 | B4 | B3 | B2 | B1 | B0 |
|---|---|---|---|---|---|---|---|---|
| 00H | TXD7 | TXD6 | TXD5 | TXD4 | TXD3 | TXD2 | TXD1 | TXD0 |
| 01H | TXD15 | TXD14 | TXD13 | TXD12 | TXD11 | TXD10 | TXD9 | TXD8 |

续表 K8－6

| 地　址 | B7 | B6 | B5 | B4 | B3 | B2 | B1 | B0 |
|---|---|---|---|---|---|---|---|---|
| 02H | TXD23 | TXD22 | TXD21 | TXD20 | TXD19 | TXD18 | TXD17 | TXD16 |
| …… | …… | …… | …… | …… | …… | …… | …… | …… |
| 31H | TXD255 | TXD254 | TXD253 | TXD252 | TXD251 | TXD250 | TXD249 | TXD248 |

注：TX Payload＝TXD(255～000)。

⑤ 接收数据寄存器

接收数据寄存器共 32 个寄存器，各位配置如表 K8－7 所列，操作命令是：

读　　　　　　R_RX_PAYLOAD(RRP)＝00100100B[24H]

**表 K8－7　接收数据寄存器各位配置**

| 地　址 | B7 | B6 | B5 | B4 | B3 | B2 | B1 | B0 |
|---|---|---|---|---|---|---|---|---|
| 00H | RXD7 | RXD6 | RXD5 | RXD4 | RXD3 | RXD2 | RXD1 | RXD0 |
| 01H | RXD15 | RXD14 | RXD13 | RXD12 | RXD11 | RXD10 | RXD9 | RXD8 |
| 02H | RXD23 | RXD22 | RXD21 | RXD20 | RXD19 | RXD18 | RXD17 | RXD16 |
| …… | …… | …… | …… | …… | …… | …… | …… | …… |
| 31H | RXD255 | RXD254 | RXD253 | RXD252 | RXD251 | RXD250 | RXD249 | RXD248 |

注：RX Payload＝RXD(255～000)。

**2）射频配置**

射频配置寄存器和内容如表 K8－8 所列，各位分布见表 K8－4。

**表 K8－8　射频配置寄存器**

| 名称(位名) | 位　宽 | 功能描述 |
|---|---|---|
| CH_NO[CN8～CN0] | 9 位 | 频率设置：和 HFREQ_PLL 一起进行频率设置(默认值为 001101100B＝108D)，$f_{RF}=(422.4+CH\_NOd/10)*(1+HFREQ\_PLLd)$ MHz |
| HFREQ_PLL[HP] | 1 位 | 使 PLL 工作于 433 或 868/915 MHz(默认为 0)。若等于 0 则工作于 433 MHz；若等于 1 则工作于 868/915 MHz 频段 |
| PA_PWR[PP1～PP0] | 2 位 | 输出功率：默认为 0，00 为－10 dBm，01 为－2 dBm，10 为＋6 dBm，11 为＋10 dBm |
| RX_RED_PWR[RRP] | 1 位 | 接收方式节能端，该位为高时，接收工作电流为 1.6 mA，但同时灵敏度也降低 |
| AUTO_RETRAN[AR] | 1 位 | 自动重发位，只有当 TRX_CE 和 TX_EN 为高时才有效 |
| RX_AFW[RA2～RA0] | 3 位 | 接收地址宽度(默认为 100)，001 为 1 B RX 地址；100 为 4 B RX 地址 |
| TX_AFW[TA2～TA0] | 3 位 | 发送地址宽度(默认为 100)，001 为 1 B TX 地址；100 为 4 B TX 地址 |

续表 K8－8

| 名称(位名) | 位　宽 | 功能描述 |
|---|---|---|
| RX_PW[RP5～RP0] | 6 位 | 接收数据宽度(默认为 100000),<br>000001 为 1 B 接收数据宽度;<br>000010 为 2 B 接收数据宽度;<br>000011 为 3 B 接收数据宽度;<br>……<br>100000 为 32 B 接收数据宽度 |
| TX_PW[TP5～TP0] | 6 位 | 发送数据宽度(默认为 100000),<br>000001 为 1 B 发送数据宽度;<br>000010 为 2 B 发送数据宽度;<br>000011 为 3 B 发送数据宽度;<br>……<br>100000 为 32 B 发送数据宽度 |
| RX_ADDRESS[RX31～RX0] | 32 位 | 接收地址标识(默认值为 E7E7E7E7),使用字节依赖于 RX_AFW |
| UP_CLK_FREQ[UCF1～UCF0] | 2 位 | 输出时钟频率(默认值为 11),00 为 4 MHz;01 为 2 MHz;10 为 1 MHz;11 为 500 kHz |
| UP_CLK_EN[UCE] | 1 位 | 输出时钟使能位,高电平有效 |
| XOF[XOF2～XOF0] | 3 位 | 晶振频率端,必须与外部晶振频率相对应(默认值为 100),000 为 4 MHz;001 为 8 MHz;010 为 12 MHz;011 为 16 MHz;100 为 20 MHz |
| CRC_EN[CRC] | 1 位 | CRC 校验使能端,高为使能,默认值为高 |
| CRC_MODE[CRC_M] | 1 位 | CRC 方式选择端[模式],高为 16 位 CRC 校验位,低为 8 位 CRC 校验位,默认值为高 |

射频寄存器各位的长度是固定的。然而,在 ShockBurstTM 收发过程中,TX_PAYLOAD、RX_PAYLOAD、TX_ADDRESS 和 RX_ADDRESS 4 个寄存器使用字节数由配置字决定。nRF905 进入关机模式或空闲模式时,寄存器中的内容保持不变。

### 6. SPI 指令设置

用于 SPI 接口的有用命令如表 K8－9 所列。当 CSN 线拉低时,SPI 接口开始等待一条指令。任何一条新指令均由 CSN 线的由高到低的转换开始。

表 K8－9　SPI 串行接口指令表

| 指令名称 | 指令格式 | 功能与操作 |
|---|---|---|
| W_CONFIG(WC) | 0000AAAA | 写配置寄存器。AAAA 指出写操作的开始字节,字节数量取决于 AAAA 指出的开始地址 |
| R_CONFIG(RC) | 0001AAAA | 读配置寄存器。AAAA 指出写操作的开始字节,字节数量取决于 AAAA 指出的开始地址 |
| W_TX_PAYLOAD(WTP) | 00100000 | 写 TX 有效数据:1～32 B。写操作全部从字节 0 开始 |

续表 K8-9

| 指令名称 | 指令格式 | 功能与操作 |
|---|---|---|
| R_TX_PAYLOAD(RTP) | 00100001 | 读 TX 有效数据:1～32 B。读操作全部从字节 0 开始 |
| W_TX_ADDRESS(WTA) | 00100010 | 写 TX 地址:1～4 B。写操作全部从字节 0 开始 |
| R_TX_ADDRESS(RTA) | 00100011 | 读 TX 地址:1～4 B。读操作全部从字节 0 开始 |
| R_RX_PAYLOAD(RRP) | 00100100 | 读 RX 有效数据:1～32 B。读操作全部从字节 0 开始 |
| CHANNEL_CONFIG(CC) | 1000pphccccccccc | 快速设置配置寄存器中 CH_NO,HFREQ_PLL 和 PA_PWR 的专用命令。CH_NO=ccccccccc,HFREQ_PLL=h,PA_PWR=pp |

## 7. nRF905 频率分配

nRF905 频率段 433/868/915 MHz 分别为 422.4～473.5 MHz、844.8～900.0 MHz 和 902.0～947.0 MHz 三段,细分见表 K8-10 和 K8-11。

表 K8-10　433 MHz 频率段

| CN8 | CN7 | CN6 | CN5 | CN4 | CN3 | CN2 | CN1 | CN0 | 16 码 | 频率段/MHz |
|---|---|---|---|---|---|---|---|---|---|---|
| 0 | 0 | 0 | 0 | 0 | 0 | 0 | 0 | 0 | 000H | 422.4 |
| 0 | 0 | 0 | 0 | 0 | 0 | 0 | 0 | 1 | 001H | 422.5 |
| 0 | 0 | 0 | 0 | 1 | 1 | 0 | 1 | 0 | 01AH | 425.0 |
| 0 | 0 | 0 | 1 | 1 | 0 | 0 | 1 | 1 | 033H | 427.5 |
| 0 | 0 | 1 | 0 | 0 | 1 | 1 | 0 | 0 | 04CH | 430.0 |
| 0 | 0 | 1 | 1 | 0 | 1 | 0 | 1 | 0 | 06AH | 433.0 |
| 0 | 0 | 1 | 1 | 0 | 1 | 0 | 1 | 1 | 06BH | 433.1 |
| 0 | 0 | 1 | 1 | 0 | 1 | 1 | 0 | 0 | 06CH | 433.2 |
| 0 | 0 | 1 | 1 | 1 | 1 | 0 | 1 | 1 | 07BH | 434.7 |
| 1 | 1 | 1 | 1 | 1 | 1 | 1 | 1 | 1 | 1FFH | 473.5 |

注:工作频率 422.4 MHz 是 433 MHz 频段最低频率;工作频率 433.0 MHz 是 433 MHz 频段基准频率;工作频率 473.5 MHz 是 433 MHz 频段最高频率。

表 K8-11　868/915 MHz 频率段

| CN8 | CN7 | CN6 | CN5 | CN4 | CN3 | CN2 | CN1 | CN0 | 16 码 | 频率段/MHz |
|---|---|---|---|---|---|---|---|---|---|---|
| 0 | 0 | 0 | 0 | 0 | 0 | 0 | 0 | 0 | 000H | 844.8 |
| 0 | 0 | 1 | 0 | 1 | 0 | 1 | 1 | 0 | 056H | 862.0 |
| 0 | 0 | 1 | 1 | 1 | 0 | 1 | 0 | 0 | 074H | 868.0 |
| 0 | 0 | 1 | 1 | 1 | 0 | 1 | 0 | 1 | 075H | 868.2 |
| 0 | 0 | 1 | 1 | 1 | 0 | 1 | 1 | 0 | 076H | 868.4 |
| 0 | 0 | 1 | 1 | 1 | 1 | 1 | 0 | 1 | 07DH | 869.8 |
| 0 | 1 | 1 | 1 | 1 | 1 | 1 | 1 | 1 | 0FFH | 895.8 |
| 1 | 0 | 0 | 0 | 0 | 0 | 0 | 0 | 0 | 100H | 896.0 |

续表 K8－11

| CN8 | CN7 | CN6 | CN5 | CN4 | CN3 | CN2 | CN1 | CN0 | 16 码 | 频率段/MHz |
|---|---|---|---|---|---|---|---|---|---|---|
| 1 | 0 | 0 | 0 | 1 | 0 | 1 | 0 | 0 | 114H | 900.0 |
| 1 | 0 | 0 | 0 | 1 | 1 | 1 | 1 | 1 | 11FH | 902.2 |
| 1 | 0 | 0 | 1 | 0 | 0 | 0 | 0 | 0 | 120H | 902.4 |
| 1 | 0 | 1 | 0 | 1 | 1 | 1 | 1 | 1 | 15FH | 915.0 |
| 1 | 1 | 0 | 0 | 1 | 1 | 1 | 1 | 1 | 19FH | 927.8 |
| 1 | 1 | 1 | 1 | 1 | 1 | 1 | 1 | 1 | 1FFH | 947.0 |

注：工作频率 844.8 MHz 是 868 MHz 频段最低频率；工作频率 868.0 MHz 是 868 MHz 频段基准频率；工作频率915.0 MHz是 915 MHz 频段基准频率；工作频率 947.0 MHz 是 915 MHz 频段最高频率。

### 8. nRF905 SPI 读/写时序

nRF905 SPI 读时序图如图 K8－6 所示。

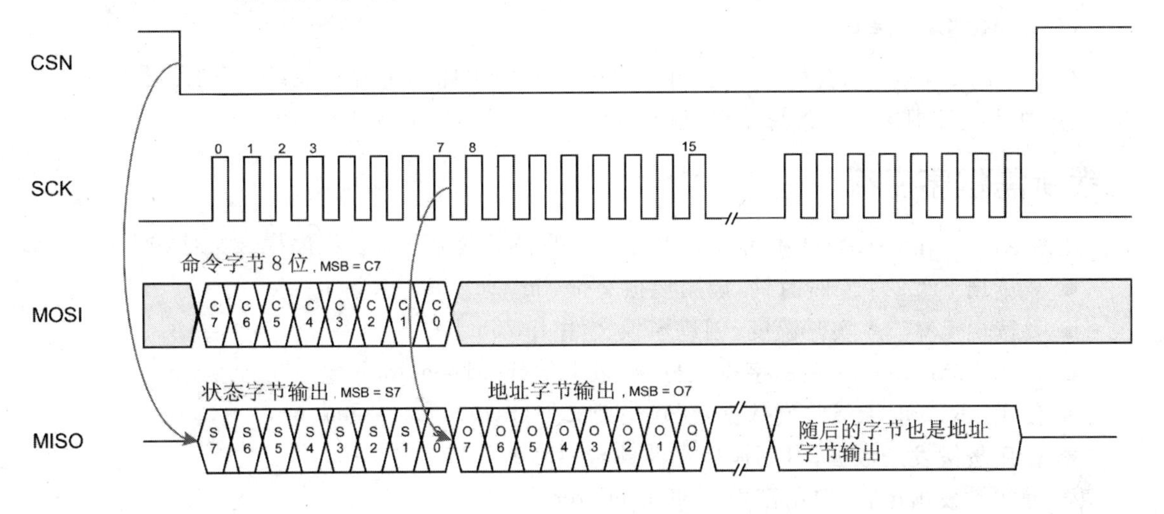


图 K8－6　nRF905 SPI 读时序

nRF905 SPI 写时序图如图 K8－7 所示。

### 9. nRF905 编程流程

① 芯片初始化，通过单片机对芯片内部寄存器进行设置。主要设定工作频率、发射功率、本机地址等参数。

② 进入正常工作状态，根据需要进行收发转换控制，发送数据或状态的转换。

### 10. NewMsg－RF905 模块使用说明

① VCC 脚接电压范围为 3～3.6 V 之间，不能在这个区间之外，超过 3.6 V 将会烧毁模块。推荐电压 3.3 V 左右。

② 除电源 VCC 和接地端，其余脚都可以直接和普通的 5 V 单片机 I/O 口直接相连，无需电平转换。当然对于 3 V 左右的单片机来说更加适合。

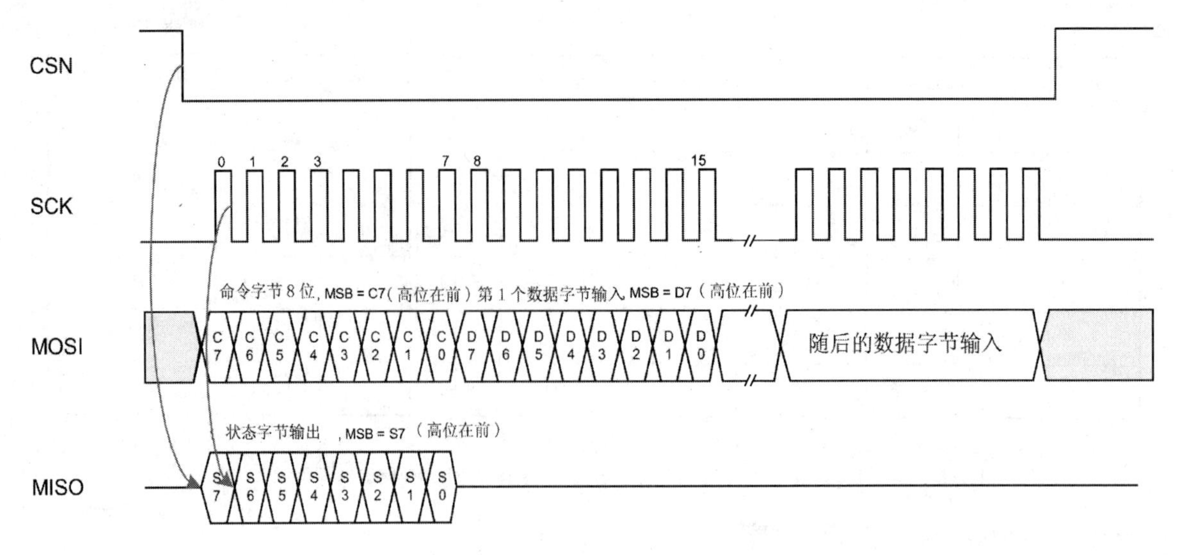


**图 K8－7　nRF905 SPI 写时序图**

### 11. LM75A 资料

有关的 LM75A 详细资料介绍见《单片机外围接口电路与工程实践》一书的课题 12。因为本书是《单片机外围接口电路与工程实践》的续集，所以不再重述。

## 工程所需程序模板

从图 K8－1 和图 K8－2 中可以看出各程序的分工状况。需要程序模板文件如下：

- 要读出 SD2204 实时时钟，启用模板文件〈iic_i2c_sd2204. h〉；
- 要读出 LM75A 实时温度，创建模板文件〈lm75a. h〉；
- 使用 JCM12864M 显示字符，启用模板文件〈jcm12864m. h〉；
- 使用 nRF905 无线收发数据，创建模板文件〈nrf905_rcv_send. h〉；
- 使用按键发送数据，启用模板文件〈key_4bkey. h〉；
- 使按键发出声音，启用模板文件〈beep_temp. h〉。

**说明：**如果制作的是实际工程，请加上看门狗模板文件〈P89v51_Wdt_Temp. h〉。

## 工程施工用图

本课题工程需要工程电路图任务①②，如图 K8－8 所示（制作时需要 2 个）。

本课题工程需要工程电路图任务③，如图 K8－9～图 K8－11 所示。

## 制作工程用电路板

硬件电路请读者按图 K8－8～图 K8－11 电路制作。其中图 K8－8 要制作两块。

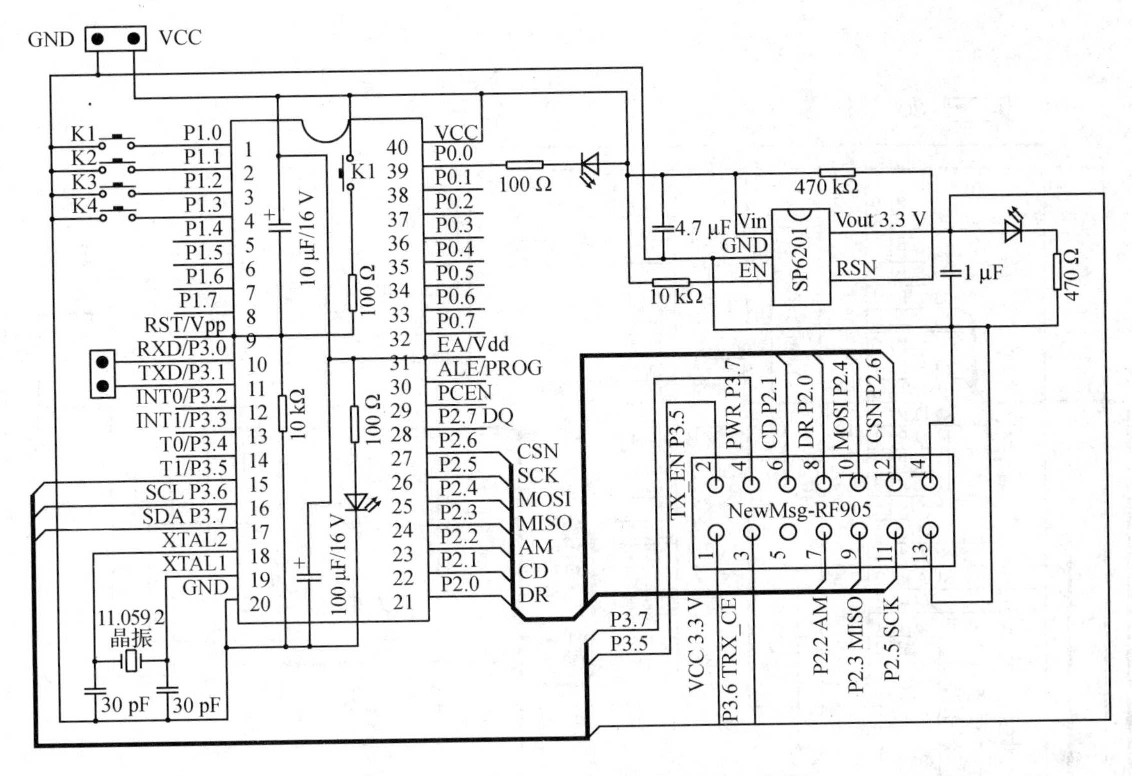


图 K8－8　课题工程施工用电路图(任务①②)

# 本课题工程软件设计

## 创建任务用软件工程文件与组装工程程序

根据程序需要,从“网上资料\参考程序\程序模块\模板程序汇总库”下的 Temp 文件夹中复制需要的程序模板。

## 创建器件用模板文件(＊.h)

### 1. 创建模板文件 lm75a.h

#### (1) 创建模板文件

代码编写如下:

```
//*****************************************************************
//程序文件名:lm75a.inc
//程序功能:实现 MCU 通过 I2C 总线对 I2C 器件 LM75A 实施读/写操作
//-----------------------------------------------------------------
#include "iic_i2c.h"
```

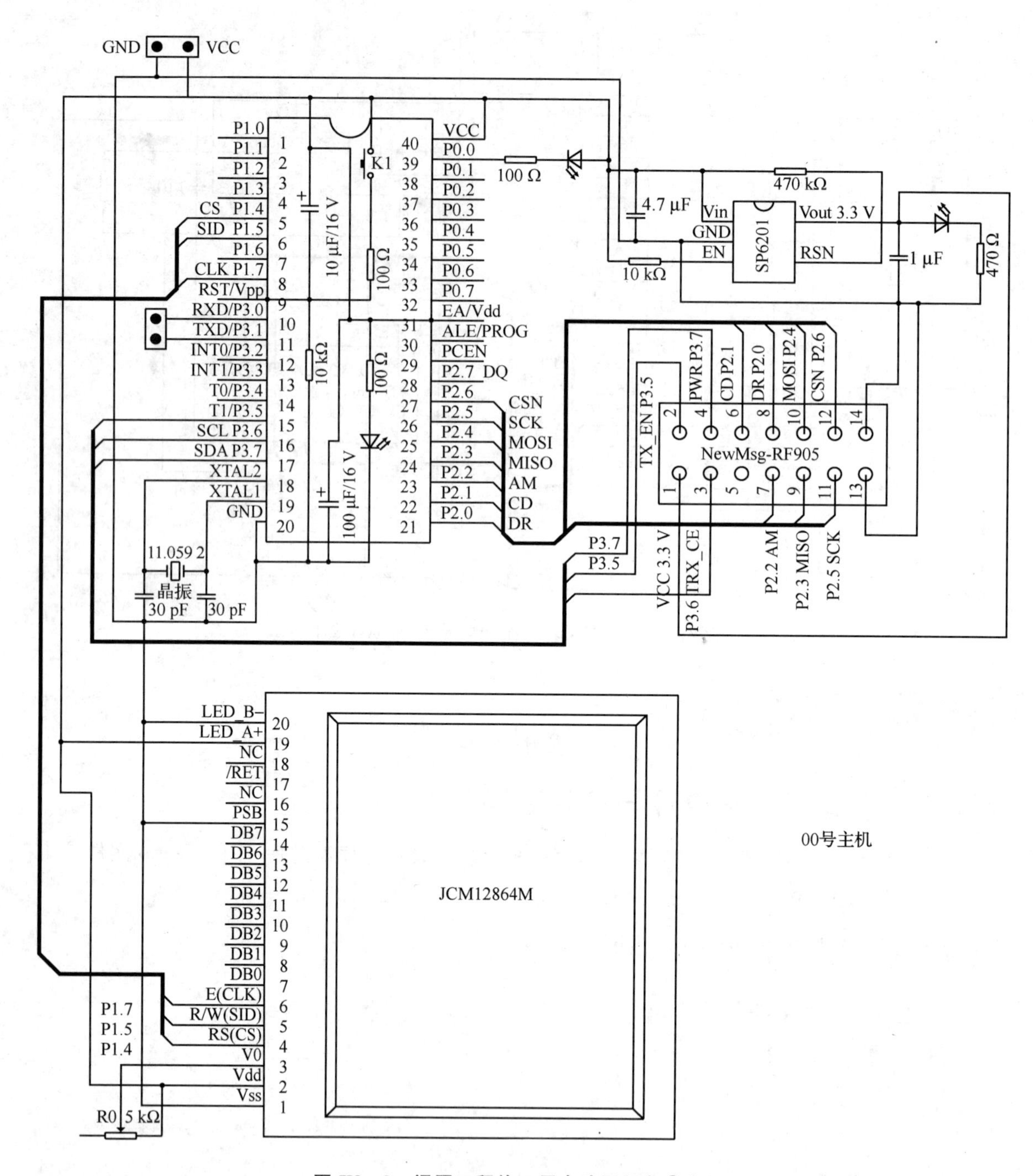


图 K8-9　课题工程施工用电路图任务③主机

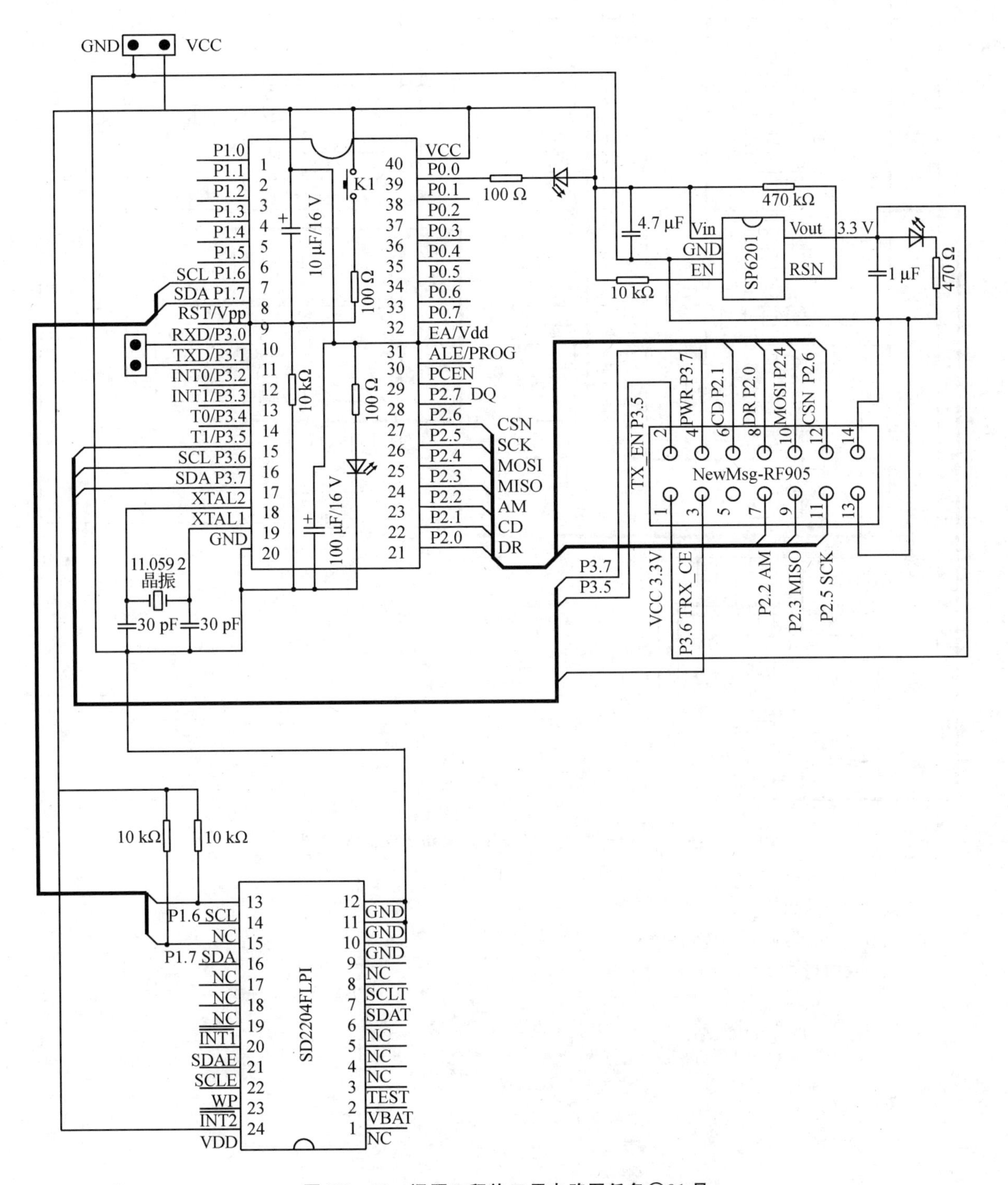


**图 K8-10　课题工程施工用电路图任务③01 号**

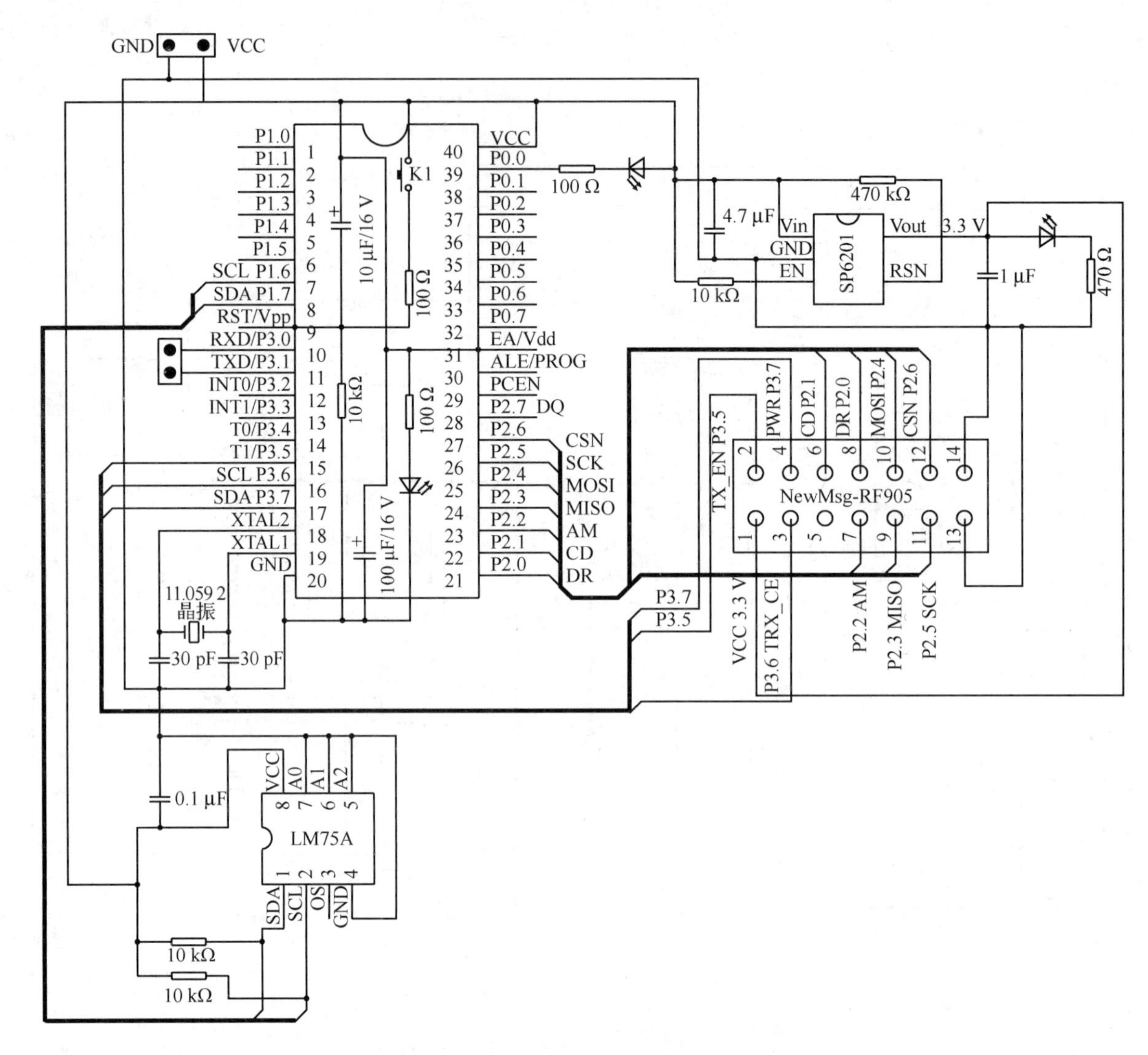


**图 K8-11 课题工程施工用电路图任务③02 号**

```
//-------------------------------------------------------------------
//程序名称:LM75A_INTI()
//程序功能:初始化 LM75A 器件程序
//入口参数:无
//出口参数:无
//说明:01H 为 00H 比较模式输出,使用内部温度比较器[cfg]
//      02H 为下限温度,设置默认值为 75 度[Thyst],滞后
//      03H 上限温度,设置默认值 80 度[Tos],过温关断
//-------------------------------------------------------------------
void LM75A_INTI()
{
    unsigned char chTemp[3];
    //设定温控配置寄存器
    chTemp[0] = 0x00;                          //设为内部温度比较输出[OS]
```

```
      // 器件地址(名称),器件内部地址,数据个数
  WRITE_NB_DAT_I2C(0x90,0x01,chTemp,1);
      //下限温度设置
      chTemp[0] = 0x00;                                    //下限温度为 0℃
      chTemp[1] = 0x00;
      WRITE_NB_DAT_I2C(0x90,0x02,chTemp,2);
      //上限温度设置
      chTemp[0] = 0x1D;                                    //上限温度为 30℃
      chTemp[1] = 0x00;
      WRITE_NB_DAT_I2C(0x90,0x03,chTemp,2);

}
//-----------------------------------------------------------------
//程序名称:LM75A_DATA_CHULI()
//程序功能:温度值处理子程序
//入口参数:lpTempIn[0]  高位数据;lpTempIn[1]  低位数据 3 位在高 3 位上
//出口参数:lpTempOut  传送处理好的数据共 10 个位,请申请一个 10 个元素的数组接收
//-----------------------------------------------------------------
void LM75A_DATA_CHULI(uchar * lpTempIn,uchar * lpTempOut)
{
      unsigned int nTempH,nTempL;
      float fTemp;
      long  lTemp;
      nTempH = lpTempIn[0];                                //整数部分
      nTempH = nTempH<<3;                                  //留出低 3 的位置
      nTempL = lpTempIn[1];                                //小数部分
      nTempL = nTempL>>5;                                  //将小数部分移到低 3 位上
      nTempH = nTempH|nTempL;                              //将 3 位加入到高 8 位中
      fTemp = nTempH * 0.125;                              //乘上温度转化系数
      lTemp = fTemp * 1000;                                //保留小数点后 3 位 ,在 lTemp 中一共有 6 位数字

      //判断温度的正负
      if(lpTempIn[0]&0x80)lpTempOut[0] = 0x2D;             //高 7 位如果为 1,则温度值为负
       else lpTempOut[0] = 0x2B;                           //高 7 位如果为 0,则温度值为正

      lpTempOut[7] = lTemp % 10;
      lTemp = lTemp/10;
      lpTempOut[6] = lTemp % 10;
      lTemp = lTemp/10;
      lpTempOut[5] = lTemp % 10;
      lTemp = lTemp/10;
      lpTempOut[4] = 0x2E;                                 //小数点
      lpTempOut[3] = lTemp % 10;
      lTemp = lTemp/10;
      lpTempOut[2] = lTemp % 10;
```

```
        lTemp = lTemp/10;
        lpTempOut[1] = lTemp % 10;

        lpTempOut[1]| = 0x30;                        //变为 ASCII 码
        lpTempOut[2]| = 0x30;                        //变为 ASCII 码
        lpTempOut[3]| = 0x30;                        //变为 ASCII 码
        lpTempOut[5]| = 0x30;                        //变为 ASCII 码
        lpTempOut[6]| = 0x30;                        //变为 ASCII 码
        lpTempOut[7]| = 0x30;                        //变为 ASCII 码

        //显示符号℃
        lpTempOut[8] = 0xA1;
        lpTempOut[9] = 0xE6;
        //说明 nTempH 装的是温度的整数部分,nTempL 装的是小数部分
}
//-----------------------------------------------------------------
//程序名称:LM75A_READ_TEMP(外用)
//程序功能:读取 LM75A 温度值并处理
//入口参数:无
//出口参数:lpTempOut   传送处理好的数据共 10 个位,请申请一个 10 个元素的数组接收
//-----------------------------------------------------------------
void LM75A_READ_TEMP(uchar * lpTempOut)
{
        unsigned char chTempr[3];
        READ_NB_DAT_I2C(0x90,0x00,chTempr,2);

        LM75A_DATA_CHULI(chTempr,lpTempOut);       //调用温处理程序

}
//-----------------------------------------------------------------
```

有关包含的 iic_i2c.h 文件的全部代码在“网上资料\参考程序\外围接口电路应用\课题 8 nRF905 无线收发一体应用\ LM75A_1_12864 液晶显示”文件夹内。

**(2) 测试创建的模板文件**

```
//*****************************************************************
//文件名:lm75a.c
//功能:显示读出的温度值
//-----------------------------------------------------------------
#include "reg51.h"
#include "jcm12864m.h"
#include "lm75a.h"

sbit P10 = P1^0;
sbit P00 = P0^0;
```

```
sbit P06 = P0^6;
sbit P07 = P0^7;
sbit P20 = P2^0;
sbit P21 = P2^1;

void Dey_Ysh(unsigned int nN);
//-------------------------------------------
void main()
{
     uchar chRTemp[10];
     P10 = 0;
     JCM12864M_INIT();                              //初始化 jcm12864m 显示器
     SEND_NB_DATA_12864M(0x82,"现在温度",8);

     while(1)
     {
        P10 = ~P10;
        P00 = ~P00;

        LM75A_READ_TEMP(chRTemp);                   //读出温度值

        SEND_NB_DATA_12864M(0x91,chRTemp,10);       //显示

        Dey_Ysh(6);
     }

}
//------------------------------
//延时子程序
//-------------------------------
void Dey_Ysh(unsigned int nN)
{
    unsigned int a,b,c;
    for(a = 0;a<nN;a ++ )
      for(b = 0;b<100;b ++ )
        for(c = 0;c<100;c ++ );
}
//----------------------------------------------------------------
//*****************************************************************
```

详细代码见“网上资料\参考程序\外围接口电路应用\课题 8 nRF905 无线收发一体应用\ LM75A_1_12864 液晶显示”文件夹内的文件内容。

## 2. 创建模板文件 nrf905_rcv_send. h

### (1) 创建模板文件

```
//******************************************************************
//文件名:nrf905_rcv_send.h
//文件功能:实现 nrf905 无线通信
//------------------------------------------------------------------
#include <reg51.h>
#include <intrins.h>
#define uchar unsigned char                    //映射 uchar 为无符号字符
#define uint  unsigned int                     //映射 uint  为无符号整数

//------------------------------------------------------------------
//nrf905 SPI 通过指令
#define WC          0x00                       //写配置寄存器,此为启始地址
#define RC          0x10                       //读配置寄存器,此为启始地址
#define WTP          0x20                      //向发送缓存区写入数据,最大为 32 B
#define RTP          0x21                      //从发送缓存区读出数据,最大为 32 B
#define WTA          0x22                      //向对方机地址区写入数据发送对象机的地址
#define RTA          0x23                      //从对方机地址区读出数据发送对象机的地址
#define RRP          0x24                      //从接收数据缓存区读取接收到的数据
//收发数据缓存区说明
unsigned  char bdata bDATA_BUF;                //说明一个位变量用于发送和读取 SPI 数据
sbit    bDATA_BUF7 = bDATA_BUF^7;              //这是数据的高 8 位
sbit    bDATA_BUF0 = bDATA_BUF^0;              //这是数据的低 0 位
//准备发送 32 个数据
unsigned char code TxdatBuf[32] =
{0x01,0x02,0x03,0x4,0x05,0x06,0x07,0x08,
 0x09,0x10,0x11,0x12,0x13,0x14,0x15,0x16,
 0x17,0x18,0x19,0x20,0x21,0x22,0x23,0x24,
 0x25,0x26,0x27,0x28,0x29,0x30,0x31,0x32};

 //nrf905 各引脚定义
 sbit    TX_EN = P3^5;
 sbit    TRX_CE = P3^6;
 sbit    PWR_UP = P3^7;
 sbit    f905_MISO = P2^3;
 sbit    f905_MOSI = P2^4;
 sbit    f905_SCK = P2^5;
 sbit    f905_CSN = P2^6;
 //电平检测脚
 sbit    AM = P2^2;
 sbit    DR = P3^3;
 sbit    CD = P2^1;
 unsigned char idata * lpcDat;
```

```
//------------------------------------------------------------------
//RF 寄存器配置
unsigned char code RFConf[11] =
{
  0x4c,                              //[0] 地址 00H CN7～CN0 用于配置频段 此为 430MHz
  0x0C,                              //[1] 地址 01H  输出功率为 10dB(只见两个位),不重发,节
                                     //电为正常模式
  0x44,                              //[2] 地址 02H  地址宽度设置为 4 B
  0x20,0x20,                         //[3] [4] 设接收发送有效数据长度为 32 B
  0xCC,0xCC,0xCC,0xCC,               //4 B 接收地址
  0x58,                              //CRC 充许,8 位 CRC 校验,外部时钟信号不使能,16 MHz 晶振
};
//----------------------------------------------------
//设置对方机地址
unsigned char code TxAddress[4] = {0xcc,0xcc,0xcc,0xcc};
//--------------------------------------
//延时函数
//--------------------------------------
void Delay(uchar n)
{
  uint i;
  while(n--)
  for(i = 0;i<80;i++);
}
//------------------------------------------------
//函数名称:Rece_Spidat8_f905()
//函数功能:读取 SPI 总线上的数据
//入口参数:无
//出口参数:返回一个字符类型数据
//------------------------------------------------
unsigned char Rece_Spidat8_f905()
{
    unsigned int nJSQ1 = 8;            //准备接收 8 次
    do
     {
        f905_SCK = 1;

        bDATA_BUF = bDATA_BUF<<1;      //将第 0 位移到第 1 位准备接收数据
        bDATA_BUF0 = f905_MISO;        //接收数据位放在第 0 位

        f905_SCK = 0;

        nJSQ1--;

     }while(nJSQ1);
```

```
    return bDATA_BUF;
}
//-----------------------------------------------------------------
//函数名称:Send_Spidat8_f905()
//函数功能:向 SPI 总线发送数据
//入口参数:chData(传送待发送的数据)
//出口参数:无
//-----------------------------------------------------------------
void Send_Spidat8_f905(unsigned char chData)
{
    unsigned int nJSQ1 = 8;                    //准备发送 8 次
    bDATA_BUF = chData;

    do
    {
      f905_MOSI = bDATA_BUF7;                  //先发送高 7 位(发送时高位在前)
      bDATA_BUF = bDATA_BUF≪1;                 //将第 6 位移到第 7 位准备发送

      f905_SCK = 1;                            //准备锁存数据
      _nop_();
      f905_SCK = 0;                            //在脉冲的下降沿锁存数据

      nJSQ1 --;

     }while(nJSQ1);

}
//--------------------------------------------------
//函数名称:Init_Config_nRF905()
//函数功能:初始化和配置 nrf905
//入口参数:无
//出口参数:无
//--------------------------------------------------
void Init_Config_nRF905()
{
    uchar chJsq = 0x00;
    //初始化各引脚
    f905_CSN = 1;                              // Spi 片选禁止
    f905_SCK = 0;                              // Spi 时钟线设为低电平
    DR = 0;                                    // 初始化 DR 脚为输入
    AM = 0;                                    // 初始化 AM 脚为输入
    CD = 0;                                    // 初始化 CD 脚为输入
    PWR_UP = 1;                                // 打开 nRF905 电源
    TRX_CE = 0;                                // 设置 nRF905 为空闲模式
    TX_EN = 0;                                 // 设置 nRF905 处于接收数据状态
```

```
    //配置 nrf905
      f905_CSN = 0;                          //允许 Spi 进入工作状态
      Send_Spidat8_f905(WC);                 //发送配置 nrf905 命令
      for (chJsq = 0;chJsq<11;chJsq++)
    {  //向 nrf905 配置寄存器写入配置数据
       Send_Spidat8_f905(RFConf[chJsq]);
    }
    f905_CSN = 1;                            // 禁止 Spi
    lpcDat = 0x80;
}
//--------------------------------------------------------------------
//函数名称:SendData_nrf905()
//函数功能:向对方机发送数据
//入口参数:clpAddr(为对方机的地址即机号),nOpposConut(为地址字节个数)
//           lpchData(为要发送的数据), nDatConut(要发送的数据个数)
//出口参数:无
//--------------------------------------------------------------------
void SendData_nrf905(uchar * clpAddr,uint nOpposConut,uchar * lpchData,
                    uint nDatConut)
{
uint nI = 0;
    //向 nrf905 内部写入要发送的数据
    f905_CSN = 0;                            //启动 SPI 总线
    Send_Spidat8_f905(WTP);                  //向 nrf905 发送写入数据命令
    for (nI = 0;nI<nDatConut;nI++)
    {
        Send_Spidat8_f905(lpchData[nI]);     //写入 32 B 数据
    }
    f905_CSN = 1;                            //关闭 SPI 总线

    Delay(1);                                //延时

    f905_CSN = 0;                            //启动 SPI 总线
    Send_Spidat8_f905(WTA);                  //向 nrf905 发送写入对方机地址命令
    for (nI = 0;nI<nOpposConut;nI++)
    {
        Send_Spidat8_f905(clpAddr[nI]);      //写入 4 B 地址
    }
    f905_CSN = 1;                            //关闭 SPI 总线
    //启动 nrf905 数据发送
    TRX_CE = 1;                              //设 TRX_CE 脚为高电平传送数据
    Delay(1);                                //等待
    TRX_CE = 0;                              //设 nrf905 为空闲模式
}
//--------------------------------------------------------------------
```

```
//函数名称:SetTxMode()
//函数功能:设置 nrf905 为发送模式
//入口参数:无
//出口参数:无
//--------------------------------------------------------------------
void SetTxMode( )
{
    TRX_CE = 0;
    TX_EN = 1;
    //需要延时大于或等于 650 μs
    Delay(1);
}
//--------------------------------------------------------------
//函数名称:SetRxMode()
//函数功能:设置 nrf905 为接收模式
//入口参数:无
//出口参数:无
//------------------------------------------------------------
void SetRxMode(void)
{
    TRX_CE = 1;
    TX_EN = 0;
    //需要延时大于或等于 650 μs
    Delay(1);
}
//--------------------------------------------------------------------
//函数名称:CheckTx_CD()
//函数功能:检查 CD 引脚是否出现同频率载波
//入口参数:无
//出口参数:返回 1 为发现同频率载波,返回 0 为未发现同频率载波
//--------------------------------------------------------------------
unsigned char CheckTx_CD(void)
{
    if (CD == 1)
    {
        return 1;
    }
    else
    {
        return 0;
    }
}
//----------------------------------------------------------------
//函数名称:CheckRx_DR()
//函数功能:检查是否有新数据传入缓存区
```

```
//入口参数:无
//出口参数:返回 1 为发现新数据,返回 0 为未发现新数据
//---------------------------------------------------------------------
unsigned char CheckRx_DR()
{
    if (DR = 1&&TRX_CE == 1 && TX_EN == 0)
    {
        return 1;
    }
    else
    {
        return 0;
    }
}
//---------------------------------------------------------------------
//函数名称:ReceData_nrf905()
//函数功能:读取 nrf905 接收数据缓存区数据
//入口参数:无
//出口参数:无
//---------------------------------------------------------------------
void ReceData_nrf905()
{
uchar i;
    lpcDat = 0x80;                              //初始化指针地址为 0x80

    Delay(100);
    TRX_CE = 0;                                 //设置 RF905 为空闲模式
    f905_CSN = 0;                               // 启动 Spi  总线
    Delay(1);
    Send_Spidat8_f905(RRP);                     //发送读取缓存区数据命令

   for (i = 0 ;i < 32 ;i++)
   {//读出 nrf905 接收缓存区
   lpcDat[i] = Rece_Spidat8_f905();
   }
      f905_CSN = 1;

   Delay(10);
   TRX_CE = 1;
   lpcDat = 0x80;

}
//---------------------------------------------------------------------
//函数名称:SendData()
//函数功能:向 nrf905 对方机发送数据
```

```
//入口参数:无
//出口参数:无
//--------------------------------------------------------------
void SendData( )
{
    //设置 nrf905 为发送模式
    SetTxMode();
    //发送地址和数据
    SendData_nrf905(TxAddress,4,TxdatBuf,32);
    //检测同频
    CheckTx_CD();                         //返回 CD 的当前电平

}
//----------------------------------------------------------------
//函数名称:RcvData()
//函数功能:读取 nrf905 接收到的数据
//入口参数:无
//出口参数:无
//----------------------------------------------------------------
void RcvData()
{
    SetRxMode();                          //设 nRF905  为接收数据模式
    while(CheckRx_DR() == 0);
    Delay(10);
    ReceData_nrf905();
    Delay(10);
}
//------------------------------------------------------------------
```

主要外用函数说明：

函数名:Init_Config_nRF905

函数原型:void Init_Config_nRF905();

函数功能:初始化 nRF905 无线收发模块。

函数名:RcvData

函数原型:void RcvData();

函数功能:接收对方发来的数据。

函数返值:接收到的数据存入 lpcDat 数据缓存区,本例实存地址 0x80。可以另设指针变量直接到 0x80 地址上读取数据。

函数名:SendData

函数原型:void SendData();

函数功能:发送固定数组数据。

入口参数：固定的数组，TxAddress（对方机地址为 4 B）和 TxdatBuf（数据数组为 32 B）。

函数名：SendData2
函数原型：void SendData2(uchar * clpAddr, uchar * lpchData)
函数功能：发送随机数据。
入口参数：clpAddr（传送对方机地址，字串长度为 4 B）和 lpchData（传送数据，数据串长度为 32 B）。

**(2) 测试创建的模板文件**

测试程序见工程程序应用实例任务①。

## 工程程序应用实例

### 1. 任务①

实现 nRF905 无线收发一体模块的甲机发送数据，乙机接收数据并将收到的数据发到 PC 机用于观察。

**(1) 甲机程序**

```
//**********************************************************************
//文件名：nrf905_tx.c
//文件功能：用于无线发送数据
//此为甲机：本机地址为 0xCC,0xCC,0xCC,0xCB
//           乙机地址为 0xcc,0xcc,0xcc,0xcc
//----------------------------------------------------------------------
#include <nrf905_rcv_send.h>

sbit P00 = P0^0;
sbit P10 = P1^0;

void DeyYsh2(unsigned int nN);
//----------------------------------------------------------------------
//主函数
void main(void)
{
    //初始化 nRF905 无线收发一体化模块
    Init_Config_nRF905();

    while(1)
    {
      SendData();                        //发送数据
      P00 = ~P00;
      DeyYsh2(2);
      }
}
```

```
//--------------------------------
//功能:延时函数
//--------------------------------
void DeyYsh2(unsigned int nN)
{
    unsigned int a,b,c;
    for(a = 0;a<nN;a ++ )
      for(b = 0;b<50;b ++ )
        for(c = 0;c<100;c ++ );
}
//--------------------------------------------------------------
```

**(2) 乙机程序**

```
//*************************************************************
//文件名:nrf905_tx.c
//文件功能:用于无线发送数据
//此为乙机:本机地址为 0xcc,0xcc,0xcc,0xcc
//          甲机地址为 0xCC,0xCC,0xCC,0xCB
//--------------------------------------------------------------
#include <nrf905_rcv_send.h>
#include <uart_com_temp.h>

sbit P00 = P0^0;
sbit P10 = P1^0;

void DeyYsh2(unsigned int nN);
//--------------------------------------------------------------
void main(void)
{
    uint i = 0;
    InitUartComm(11.0592,9600);            //初始化串行口
    //初始化 nRF905 无线收发一体化模块
    Init_Config_nRF905();

    while(1)
    {
      RcvData();                           //接收无线发来的数据
      Delay(10);

      for(i = 0;i<32;i ++ )
      {  Send_Comm(lpcDat[i]);             //向 PC 机发送串行数据用于观察
        Delay(3);}

       P00 = ~P00;
```

```
            DeyYsh2(1);
        }
}

//---------------------------------
//功能:延时函数
//---------------------------------
void DeyYsh2(unsigned int nN)
{
    unsigned int a,b,c;
    for(a = 0;a<nN;a++)
      for(b = 0;b<50;b++)
        for(c = 0;c<50;c++);
}
//------------------------------------------------------------
```

详细代码见"网上资料\参考程序\外围接口电路应用\课题 8:nRF905 无线收发一体应用\ Nrf905_Rxd_Txd[甲机(发送)]"文件夹。

## 2. 任务②

实现 nRF905 无线收发一体模块双机点对点互发互收数据,并将收到的数据发向 PC 机用于观察。

### (1) 主机程序

```
//************************************************************
//文件名:nrf905_tx.c
//文件功能:用于无线发送数据
//此为主机:本机地址为 0xcc,0xcc,0xcc,0xcd
//          从机地址为 0xCC,0xCC,0xCC,0xCC
//------------------------------------------------------------
#include <nrf905_rcv_send.h>
#include <uart_com_temp.h>

sbit P00 = P0^0;
sbit P10 = P1^0;

void DeyYsh2(unsigned int nN);
//-------------------------------------
void main(void)
{
    uint i = 0;
    InitUartComm(11.0592,9600);                //初始化串行口
    //初始化 nRF905 无线收发一体化模块
    Init_Config_nRF905();

    while(1)
```

```
{
    RcvData();                          //接收数据
    Delay(10);

    if(bRcvCtrl)
    { bRcvCtrl = 0;
    for(i = 0;i<32;i++)
    { Send_Comm(lpcDat[i]);             //向 PC 机发送串行数据用于观察
      Delay(3);}

    }
    P00 = ~P00;
    DeyYsh2(1);
    //向对方机发送数据
    SendData();                         //发送数据
    }
}
//------------------------------------
//功能:延时函数
//---------------------------------
void DeyYsh2(unsigned int nN)
{
    unsigned int a,b,c;
    for(a = 0;a<nN;a++)
      for(b = 0;b<50;b++)
        for(c = 0;c<50;c++);
}
//------------------------------------------------------------------
```

操作时将串行线连接好！就可观察各机的数据接收情况。

详细代码见“网上资料\参考程序\外围接口电路应用\课题 8:nRF905 无线收发一体应用\ Nrf905_Rxd 互发 Txd_主机”文件夹。

**(2) 从机程序**

```
//*****************************************************************
//文件名:nrf905_tx.c
//文件功能:用于无线发送数据
//此为从机:本机地址为 0xCC,0xCC,0xCC,0xCC
//          主机地址为 0xcc,0xcc,0xcc,0xcd
//------------------------------------------------------------------
#include <nrf905_rcv_send.h>
#include <uart_com_temp.h>

sbit P00 = P0^0;
sbit P10 = P1^0;
```

```
void DeyYsh2(unsigned int nN);
//--------------------------------------
void main(void)
{
    uint i = 0;
    InitUartComm(11.0592,9600);                    //初始化串行口
    //初始化 nRF905 无线收发一体化模块
    Init_Config_nRF905();

    while(1)
    { //接收对方机发来的数据
      RcvData();                                   //接收数据
      Delay(10);
      if(bRcvCtrl)
      { bRcvCtrl = 0;
       for(i = 0;i<32;i++)
       {   Send_Comm(lpcDat[i]);                   //向 PC 机发送串行数据用于观察
             Delay(3);}
        }

      P00 = ~P00;
      //向对方机发送数据
      SendData();                                  //发送数据
    }
}
//--------------------------------------
//功能:延时函数
//--------------------------------------
void DeyYsh2(unsigned int nN)
{
    unsigned int a,b,c;
    for(a = 0;a<nN;a++)
      for(b = 0;b<50;b++)
        for(c = 0;c<50;c++);
}
//--------------------------------------------------------------
```

详细代码见“网上资料\参考程序\外围接口电路应用\课题 8:nRF905 无线收发一体应用\ Nrf905_Rxd 互发 Txd_从机”文件夹。

## 3. 任务③

实现 nRF905 无线收发一体模块的组网发送命令和读取数据，主机发送命令读取两从机的时间值和温度值，其中 01 号机为发送时间值，02 号机为发送温度值。

(1) 多机通信主机程序

```
//*****************************************************************
//文件名:nrf905_tx.c
//功能:用于收发数据
//说明:接收与发送数据串的结构:第 1 个字节为引导字节设为 0xAA,第 2 个字节设为
//      命令字节,第 3 个字节设为数据长度字节,第 4 个字节以后设为 N 个数据字节,
//      第 N+1 个字节设为结束字节,即 0xFC。串的最大长度为 32 个。数据字节的最大
//      长度为 32 - 4。命令字节协议为:读为 r,写为 w(为发送),请求应答为 a(用于发送)
//      串中应答为数据类型,如本例程序中使用了实时温度(设为 t)和实时时钟(设为 c),
//      从机地址 01 号设为"AA01",02 号设为"AA02"
//*****************************************************************
#include <nrf905_rcv_send.h>
#include <uart_com_temp.h>
#include "jcm12864m_t.h"

sbit P00 = P0^0;
sbit P10 = P1^0;

void DeyYsh2(unsigned int nN);
void SendCommandData(uchar *clpAddr,uchar chCommand);          //用于发送命令
void CommandInterpreter();                                      //命令解释器
void DispTemp();                                                //用于显示温度值
void DispTime();                                                //用于显示时间值
void ProcessACK();                                              //处理应答信号
bit bCtrl = 0;
//-----------------------------------------
void main(void)
{
    uint i = 0;
    bCtrl = 0;
    InitUartComm(11.0592,9600);                                 //初始化串行口
    //初始化 nRF905
    Init_Config_nRF905();

    JCM12864M_INIT();                                           //初始化 jcm12864m 显示器
    SEND_NB_DATA_12864M(0x80,"实时时钟:",10);
    SEND_NB_DATA_12864M(0x88,"实时温度:",10);

    while(1)
    {
      RcvData();                                                //接收数据
      Delay(10);

      if(bRcvCtrl)
      { bRcvCtrl = 0;
```

```
    //下面为命令解释器
      CommandInterpreter();              //命令解释
      for(i = 0;i<32;i++)
      { Send_Comm(lpcDat[i]);            //串行发送数据
        Delay(3);}

    }
   P00 = ~P00;
   if(bCtrl == 0)
   {//向对方发送数据
    SendCommandData("AA01",'c');         //向 01 号机读出数据(读时间值)
    bCtrl = 1;
   }
    else
    { //向对方发送数据
      SendCommandData("AA02",'t');       //向 02 号机读出数据(读温度值)
      bCtrl = 0;
     }
   DeyYsh2(1);
    }
}
//----------------------------------------------------------------
//函数名称:SendCommandData()
//函数功能:发送命令和数
//入口参数:无
//出口参数:无
//说明:接收与发送数据串的结构:第 1 个字节为引导字节(类型)设为 0xAA 和 0xBB,
//       0xAA 为命令串,0xBB 为数据串;第 2 个字节为命令字节;第 3 个字节为数据长度;
//       第 4 个字节及以后为 N 个数据字节;第 N+1 个字节为结束字节,设为 0xFC。
//       串的最大长度为 32 个。数据字节的最大长度为 32 - 4。
//       从机地址 01 号设为"AA01",02 号设为"AA02"
//----------------------------------------------------------------
void SendCommandData(uchar *clpAddr,uchar chCommand)
{
   uchar idata *lpchData2;
   lpchData2 = 0xD0;                       //数据的起始地址设在 0xD0
   *lpchData2 = 0xAA;                      //串的类型 AA 为命令串,BB 为数据串
   lpchData2++;
   *lpchData2 = chCommand;                 //命令
   lpchData2++;
   *lpchData2 = 0x01;                      //数据长度 28 个
   lpchData2++;
   *lpchData2 = 0xFC;                      //数据长度 28 个

   lpchData2 = 0xD0;                       //数据的起始地址设在 0xD0
```

```
    //发送数据
    SendData2(clpAddr,lpchData2);

}
//--------------------------------------------------------------------
//函数名称:void CommandInterpreter()
//函数功能:解释命令
//入口参数:无
//出口参数:无
//          命令字节协议为:读为 r,写为 w(为发送),请求应答为 a(用于发送),串中应答为
//          数据类型,如本例程序中使用了实时温度(设为 t)和实时时钟(设为 c)
//--------------------------------------------------------------------
void CommandInterpreter()
{
    unsigned char idata *chlpCom;
    unsigned char chCom1,chCom2;
    chlpCom = 0x80;                          //因读取的数据存在 0x80 的起始地址上
    chCom1 = chlpCom[0];
    if(chCom1 == 0xAA)                       //为命令串
    {
      chCom2 = chlpCom[1];
      switch(chCom2)
      { //用于从机发送数据
        case'a':                             //应答请求
                break;
        case't':                             //请求发送温度值
                break;
        case'c':                             //请求发送时钟和日期
                break;
      }
    }
    else  if(chCom1 == 0xBB)                 //为数据串
    { //用于主机处理获取的数据
      chCom2 = chlpCom[1];
      switch(chCom2)
      {
        case'a': ProcessACK();               //获得应答信号
                break;
        case't': DispTemp();                 //获取温度值并显示
                break;
        case'c': DispTime();                 //获取时钟和日期值并显示
                break;
      }
    }else ;
```

```
}
//--------------------------------------
//函数名称:ProcessACK();
//函数功能:处理应答信号
//入口参数:无
//出口参数:无
//--------------------------------------
void ProcessACK()
{ //请在下面加入代码
   ;
}
//--------------------------------------
//函数名称:DispTemp()
//函数功能:用于显示温度值
//入口参数:无
//出口参数:无
//--------------------------------------
void DispTemp()
{ //请在下面加入代码
  unsigned char idata * chlpCom;
  //lpcDat = 0x80;                    //读取的数据存于 0x80 的地址上
  chlpCom = 0x83;                     //从数据区读出数据

  SEND_NB_DATA_12864M(0x9A,chlpCom,10);
}
//--------------------------------------
//函数名称:DispTime()
//函数功能:用于显示时间值
//入口参数:无
//出口参数:无
//--------------------------------------
void DispTime()
{//请在下面加入代码
  unsigned char idata * chlpCom;
  //lpcDat = 0x80;                    //读取的数据存 0x80 的地址上
  chlpCom = 0x83;                     //从数据区读出数据

  SEND_NB_DATA_12864M(0x92,chlpCom,12);
}
//--------------------------------------
//功能:延时函数
//--------------------------------------
void DeyYsh2(unsigned int nN)
{
    unsigned int a,b,c;
```

```
    for(a = 0;a<nN;a++)
      for(b = 0;b<50;b++)
        for(c = 0;c<50;c++);
}
//-------------------------------------------------------------------
```

详细代码见“网上资料\参考程序\外围接口电路应用\课题 8:nRF905 无线收发一体应用\Nrf905_多机通信_主机”文件夹。

**(2) 多机通信从机 01 程序**

```
//*******************************************************************
//文件名:nrf905_tx.c
//功能:用于读取日期和时间值
//这是:01 号从机
//-------------------------------------------------------------------
#include <nrf905_rcv_send.h>
#include <uart_com_temp.h>
#include <iic_i2c_sd2204.h>

sbit P00 = P0^0;
sbit P10 = P1^0;

void DeyYsh2(unsigned int nN);
void SendCommandData(uchar *clpAddr,uchar chCommand);     //用于发送命令
void CommandInterpreter();                                 //命令解释器
void SendTemp();                                           //用于显示温度值
void SendTime();                                           //用于显示时间值
void ProcessACK();                                         //处理应答信号

void GetSD2303_DATE_TIME();                                //读取 sd2204 实时时钟
void Disp_DATE_TIME();                                     //处理读取的时间用于显示
//-------------------------------------------------------------------
void main(void)
{
    uint i = 0;
    InitUartComm(11.0592,9600);                            //初始化串行口
    //初始化无线收发模块 nRF905
    Init_Config_nRF905();
    //初始化 SD2204 高精实时时钟
  //  INTIIC_SD2204();

    while(1)
    {
      RcvData();                                           //接收数据
      GetSD2303_DATE_TIME();                               //读取时间并显示
      if(bRcvCtrl)
```

```
        {
          bRcvCtrl = 0;
          //命令解释
          CommandInterpreter();

          for(i = 0;i<32;i++)
          {Send_Comm(lpcDat[i]);                          //串行发送数据
           Delay(1);}

        }
      P00 = ~P00;
      DeyYsh2(1);
      }
}
//----------------------------------------------------------------------
//函数名称:SendCommandData()
//函数功能:发送命令和数
//入口参数:clpAddr(主机地址),chCommand(数据标识命令)
//出口参数:无
//说明:接收与发送数据串的结构:第 1 个字节为引导字节(类型),设为 0xAA 和 0xBB,
//      0xAA 为命令串,0xBB 为数据串;第 2 个字节为命令字节;第 3 字节为数据长度;
//      第 4 个字节及以后的字节为 N 个数据字节;第 N+1 个字节为结束字节,
//      设为 0xFC。串的最大长度为 32 个。数据字节的最大长度为 32-4。
//      从机地址 01 号设为"AA01",02 号设为"AA02"
//----------------------------------------------------------------------
void SendCommandData(uchar *clpAddr,uchar chCommand)
{
   //uchar clpAddr01[] = {0xCC,0xCC,0xCC,0xCD};
   //uchar clpAddr02[] = {0xCC,0xCC,0xCC,0xCE};
   uchar idata *lpchData2;
   uint nJsq = 0;
   lpchData2 = 0xD0;                                  //数据的起始地址设在 0xD0
   *lpchData2 = 0xBB;                                 //串的类型。AA 为命令串,BB 为数据串
   lpchData2++;
   *lpchData2 = chCommand;                            //命令
   lpchData2++;
   *lpchData2 = 0x0C;                                 //数据长度 12 个
   lpchData2++;
   for(nJsq = 0;nJsq<12;nJsq++)
   { *lpchData2 = chDispDT1[nJsq];
    lpchData2++;
   }
   *lpchData2 = 0xFC;                                 //数据长度 28 个
   lpchData2 = 0xD0;                                  //回位
```

```
    //发送数据
    SendData2(clpAddr,lpchData2);
}
//-----------------------------------------------------------------------------
//函数名称:void CommandInterpreter()
//函数功能:解释命令
//入口参数:无
//出口参数:无
//        命令字节协议为:读为 r,写为 w(为发送),请求应答为 a(用于发送)
//        串中应答为数据类型,如本例程序中使用了实时温度(设为 t)和实时时钟(设为 c)
//-----------------------------------------------------------------------------
void CommandInterpreter()
{
    unsigned char idata *chlpCom;
    unsigned char chCom1,chCom2;
    chlpCom = 0x80;                    //因读取的数据存在 0x80 的启始地址上
    chCom1 = chlpCom[0];
    if(chCom1 == 0xAA)                 //为命令串
    {
      chCom2 = chlpCom[1];
      switch(chCom2)
      { //用于从机发送数据
        case'a':                       //应答请求
                break;
        case't': SendTemp();           //发送温度值
                break;
        case'c': SendTime();           //发送时钟和日期
                break;
      }
    }
}
//------------------------------------
//函数名称:ProcessACK();
//函数功能:处理应答信号
//入口参数:无
//出口参数:无
//------------------------------------
void ProcessACK()
{ //请在下面加入代码
  ;
}
//------------------------------------
//函数名称:DispTemp()
//函数功能:用于显示温度值
//入口参数:无
```

```
//出口参数:无
//-----------------------------------------
void SendTemp()
{ //请在下面加入代码
   ;
}
//-----------------------------------------
//函数名称:DispTime()
//函数功能:用于显示时间值
//入口参数:无
//出口参数:无
//-----------------------------------------
void SendTime()
{//请在下面加入代码
  SendCommandData("AA00",'c');                          //发送时间
}
//---------------------------------------------------------------------------
//程序名称:GetSD2303_DATE_TIME()
//程序功能:读出 SD2303 实时时钟并显示到 JCM12864M 液晶显示屏上
//入出参数:无
//---------------------------------------------------------------------------
void GetSD2303_DATE_TIME()
{
    READ_SD2204_NB_DAT_I2C(0x65,                        //65H 器件地址与命令
                           chDateTime,                  //反返回读出的日期和时间
                           7);                          //一共 7 位字节
    Disp_DATE_TIME();                                   //显示日期和时钟

}
//---------------------------------------------------------------------------
//程序名称:Disp_DATE_TIME()
//程序功能:读出 SD2303 实时时钟并显示到 JCM12864M 液晶显示屏上
//入出参数:无
//---------------------------------------------------------------------------
void Disp_DATE_TIME()
{
    uchar WG,WS,WB;
    //下面是显示处理
    //显示秒、分、时
    chDispDT1[11] = 0xEB;                               //汉字"秒"
    chDispDT1[10] = 0xC3;
    WB = chDateTime[6];                                 //秒钟
    WG = WB&0x0F;
    WG = WG|0x30;                                       //加入 30H 变为 ASCII 码,用于显示
    chDispDT1[9] = WG;                                  //秒钟个位
```

```
    WS = WB&0xF0;
    WS = WS>>4;
    WS = WS|0x30;                              //加入 30H 变为 ASCII 码,用于显示
    chDispDT1[8] = WS;                         //秒钟十位

    chDispDT1[7] = 0xD6;                       //汉字"分"
    chDispDT1[6] = 0xB7;
    WB = chDateTime[5];                        //分钟
    WG = WB&0x0F;
    WG = WG|0x30;                              //加入 30H 变为 ASCII 码,用于显示
    chDispDT1[5] = WG;                         //分钟个位
    WS = WB&0xF0;
    WS = WS>>4;
    WS = WS|0x30;                              //加入 30H 变为 ASCII 码,用于显示
    chDispDT1[4] = WS;                         //分钟十位

    chDispDT1[3] = 0xB1;                       //汉字"时"
    chDispDT1[2] = 0xCA;
  // chDateTime[4] = chDateTime[4]&0x3F;       //屏蔽高 7、6 位无效位
    WB = chDateTime[4];                        //时钟
    WG = WB&0x0F;
    WG = WG|0x30;                              //加入 30H 变为 ASCII 码,用于显示
    chDispDT1[1] = WG;                         //时钟个位
    WS = WB&0xF0;
    WS = WS>>4;
    WS = WS|0x30;                              //加入 30H 变为 ASCII 码用于显示
    chDispDT1[0] = WS;                         //时钟十位

    //显示日、月、年
    chDispDT2[13] = 0xBB;                      //汉字"日"
    chDispDT2[12] = 0xD4;
    WB = chDateTime[2];                        //日
    WG = WB&0x0F;
    WG = WG|0x30;                              //加入 30H 变为 ASCII 码,用于显示
    chDispDT2[11] = WG;                        //日钟个位
    WS = WB&0xF0;
    WS = WS>>4;
    WS = WS|0x30;                              //加入 30H 变为 ASCII 码,用于显示
    chDispDT2[10] = WS;                        //日钟十位

    chDispDT2[9] = 0xC2;                       //汉字"月"
    chDispDT2[8] = 0xD4;
    WB = chDateTime[1];                        //月
    WG = WB&0x0F;
    WG = WG|0x30;                              //加入 30H 变为 ASCII 码,用于显示
```

```
    chDispDT2[7] = WG;                         //月个位
    WS = WB&0xF0;
    WS = WS>>4;
    WS = WS|0x30;                              //加入 30H 变为 ASCII 码,用于显示
    chDispDT2[6] = WS;                         //月十位

    chDispDT2[5] = 0xEA;                       //汉字"年"
    chDispDT2[4] = 0xC4;
    WB = chDateTime[0];                        //年
    WG = WB&0x0F;
    WG = WG|0x30;                              //加入 30H 变为 ASCII 码,用于显示
    chDispDT2[3] = WG;                         //年个位
    WS = WB&0xF0;
    WS = WS>>4;
    WS = WS|0x30;                              //加入 30H 变为 ASCII 码,用于显示
    chDispDT2[2] = WS;                         //年十位
    chDispDT2[1] ='0';
    chDispDT2[0] ='2';

    //显示星期
    WB = chDateTime[3];                        //星期
    WG = WB&0x0F;
    WG = WG|0x30;                              //加入 30H 变为 ASCII 码,用于显示
    chDispDT3[7] = WG;                         //星期个位
    WS = WB&0xF0;
    WS = WS>>4;
    WS = WS|0x30;                              //加入 30H 变为 ASCII 码,用于显示
    chDispDT3[6] = WS;                         //星期十位
    chDispDT3[5] ='';
    chDispDT3[4] =':';
    chDispDT3[3] = 0xDA;
    chDispDT3[2] = 0xC6;
    chDispDT3[1] = 0xC7;
    chDispDT3[0] = 0xD0;

}
//-------------------------------------
//功能:延时函数
//-----------------------------------
void DeyYsh2(unsigned int nN)
{
    unsigned int a,b,c;
    for(a = 0;a<nN;a ++ )
      for(b = 0;b<50;b ++ )
        for(c = 0;c<50;c ++ );
```

```
}
//-----------------------------------------------------------------
```

详细代码见“网上资料\参考程序\外围接口电路应用\课题 8:nRF905 无线收发一体应用\Nrf905_多机通信_从机 01”文件夹。

**(3) Nrf905_多机通信_从机 02**

```
//*****************************************************************
//文件名:nrf905_tx.c
//文件功能:用于读取温度值并通过无线发送,这是 02 号机
//说明:启用定时器 0 读取温度值
//-----------------------------------------------------------------
#include <nrf905_rcv_send.h>
#include <uart_com_temp.h>
#include <lm75a.h>
#include <time0_temp.h>

sbit P00 = P0^0;
sbit P10 = P1^0;

void DeyYsh2(unsigned int nN);
void SendCommandData(uchar *clpAddr,uchar chCommand);        //用于发送命令
void CommandInterpreter();                                    //命令解释器
void SendTemp();                                              //用于显示温度值
void SendTime();                                              //用于显示时间值
void ProcessACK();                                            //处理应答信号
uchar chRTemp[10];                                            //用于存放温度值
//-----------------------------------------------------------------
void main(void)
{
    uint i = 0;
    InitUartComm(11.0592,9600);                               //初始化串行口
    //初始化无线一体收发模块
    Init_Config_nRF905();
    //初始化定时器 0 为 500 ms,使用 11.059 2 MHz 晶振
    InitTime0Length(11.0592,500);
    while(1)
    {
      RcvData();                                              //接收数据
      Delay(10);

      if(bRcvCtrl)
      { bRcvCtrl = 0;
        CommandInterpreter();                                 //命令解释器
```

```
        for(i = 0;i<10;i ++ )
        { Send_Comm(chRTemp[i]);                        //串行发送数据(发送温度值)
            Delay(2);}
        }

        P00 = ~P00;
      DeyYsh2(1);
        }
}
//-----------------------------------
//功能:定时器 0 的定时中断执行函数
//-----------------------------------
void T0_Time0()
{  //请在下面加入用户代码
   P10 = ~P10;                                          //程序运行指示灯
   Off_Time0();
   LM75A_READ_TEMP(chRTemp);                            //读出温度值
   On_Time0();
}
//-------------------------------------------------------------------
//函数名称:SendCommandData()
//函数功能:发送命令和数
//入口参数:clpAddr(主机地址),chCommand(数据标识命令)
//出口参数:无
//-------------------------------------------------------------------
void SendCommandData(uchar * clpAddr,uchar chCommand)
{
   uchar idata * lpchData2;
   uint nJsq = 0;
   lpchData2  =  0xD0;                                  //数据的启始地址设在 0xD0
    * lpchData2  =  0xBB;                               //串的类型,AA 为命令串,BB 为数据串
   lpchData2 ++ ;
    * lpchData2  =  chCommand;                          //命令
   lpchData2 ++ ;
    * lpchData2  =  0x0A;                               //数据长度 10 个
   lpchData2 ++ ;
   for(nJsq = 0;nJsq<10;nJsq ++ )
   { * lpchData2  =  chRTemp[nJsq];                     //将温度值加入发送串中
    lpchData2 ++ ;
   }
    * lpchData2  =  0xFC;                               //数据长度 28 个
   lpchData2  =  0xD0;                                  //回位

   //发送数据
   SendData2(clpAddr,lpchData2);
```

```
}
//------------------------------------------------------------------
//函数名称:void CommandInterpreter()
//函数功能:解释命令
//入口参数:无
//出口参数:无
//        命令字节协议为:读为 r,写为 w(为发送),请求应答为 a(用于发送)
//        串中应答为数据类型,如本例程序中使用了实时温度(设为 t)和实时时钟(设为 c)
//------------------------------------------------------------------
void CommandInterpreter()
{
    unsigned char idata * chlpCom;
    unsigned char chCom1,chCom2;
    chlpCom = 0x80;                    //因读取的数据存在 0x80 的起始地址上
    chCom1 = chlpCom[0];
    if(chCom1 == 0xAA)                 //为命令串
    {
      chCom2 = chlpCom[1];
      switch(chCom2)
      { //用于从机发送数据
        case'a':                       //应答请求
                break;
        case't': SendTemp();           //发送温度值
                break;
        case'c': SendTime();           //发送时钟和日期
                break;
      }
    }


}
//----------------------------------
//函数名称:ProcessACK();
//函数功能:处理应答信号
//入口参数:无
//出口参数:无
//----------------------------------
void ProcessACK()
{ //请在下面加入代码
 ;
}
//----------------------------------
//函数名称:DispTemp()
//函数功能:用于显示温度值
//入口参数:无
```

```
//出口参数:无
//---------------------------------------
void SendTemp()
{ //请在下面加入代码
    SendCommandData("AA00",'t');                    //发送时间
}
//---------------------------------------
//函数名称:DispTime()
//函数功能:用于显示时间值
//入口参数:无
//出口参数:无
//---------------------------------------
void SendTime()
{//请在下面加入代码
  ;
}
//---------------------------------------
//功能:延时函数
//---------------------------------
void DeyYsh2(unsigned int nN)
{
    unsigned int a,b,c;
    for(a = 0;a<nN;a++)
      for(b = 0;b<50;b++)
        for(c = 0;c<50;c++);
}
//-----------------------------------------------------------------
```

详细代码见"网上资料\参考程序\外围接口电路应用\课题 8:nRF905 无线收发一体应用\ Nrf905_多机通信_从机 02"文件夹。

## 作业与思考

1. 完成任务④　使甲机 P1 口上的 8 只按键控制乙机 P0 上的 8 只 LED 指示灯,控制现象为对应的引脚按键按下时对应的指示灯亮,再按一下灯熄。对应——即甲机的 P1.0 对应乙机的 P0.0 引脚。

2. 完成任务⑤　简易遥控小车的制作(家庭作业)。本芯片获得可靠的数据传送,所以用于发送和传输都是可行的芯片。

## 编后语

课题叙述到这,可算要搁笔了,但余味未尽。本课题的所有练习采用的是 433 MHz 这个频段,实际上 nRF905 还有 868 MHz/915 MHz 频段。表 K8-10 和表 K8-11 对这些频段作了详尽的描述,在工程设计时可以通过射频配置寄存器改变,形成新的频段网。同时对传输数据的宽度也可以通过射频配置进行设置,详细参数说明见表 K8-8 的 RX_PW 和 TX_PW 项。

对于数据串的格式化问题，这是我个人的用法。我认为在网络通信中通过格式化数据串可以方便我们的通信控制并对各种出现的情况进行处理。

对于无线数据通信，作为嵌入式设计员来说是一个诱惑。

# 课题 9　MS5534 气压传感器在 80C51 内核单片机工程中的运用

## 实验目的

了解 MS5534 气压传感器模块的原理和使用方法，学习程序模板的组装与运用。

## 实验设备

① 30 W 烙铁 1 把，数字万用表 1 个；

② PC 机 1 台；

③ 开发软件 TKStudio 集成开发平台（周立功公司开发）和 Keil C51（Keil 公司开发）1 套；

④ 烧录软件 Flash Magic 下载线（NXP 公司开发）1 套，9 芯串行通信线 1 根。

## 实验器件

P89V51Rxx_CPU 模块 2 块（一块用于读出数据，另一块用于产生 32 768 Hz 频率供 MS5534），串行通信模块 1 块，MS55344 气压传感器模块 1 块。

## 工程任务

读出实时气压和实时温度值。

## 工程任务的理解

气压在日常生活中虽然不多用，主要用于气象控制，野外高原作业。我当初买气压传感器主要是用于设计全自动抽油烟机，因为一个全功能的自动抽油烟机需要对北面的空气进行取值。虽然我不知道厨房为什么要建在北面，却知道大北风来临时抽油烟机微不足道。所以，设计一个智能的抽油烟机需要知道北面的空气压力。这样当北面的气压大时，作为变频抽风扇，应该使抽风速度加快来抗衡北面来的压力。正因为这样，所以将此芯片在本课题作一个介绍。

## 工程设计构想

因本课题只是对 MS5534 气压传感器模块作一个介绍，所以在设计上不作大的设想，有兴趣的读者可以自己构思一下。

## 所需外围器件资料

### 1. 概　述

#### (1) 功能描述

MS5534 是一块气压传感模块，集成了压阻式压力传感器和 ADC 接口 IC，传感器中提供了 16 位的压力和温度参数输出，另外模块还包含了 6 个可读的寄存器，其参数方便实现用软件矫正及高精度。MS5534A 是一种低功耗低供电电压的传感器，可自动断开电源，使用 SPI 3 线接口，可以方便地满足与微处理器进行各种通信，传感器模块顶上的塑料和金属两种封装形式供选。

#### (2) 特　征

- 使用 15 位 ADC 分辨率；
- 供电电压为 2.2～3.6 V；
- 低供电电流；
- 工作温度为－10～＋60℃；
- 尺寸小，无需外部组件；
- 集成压力传感器；
- 压力范围为 300～1 100 mbar；
- 芯片内储存 6 个参数，用于软件补偿；
- SPI 3 线串行接口与外设备通信；
- 一个系统时钟(32.768 kHz)。

#### (3) 应　用

- 便携式高度计气压计；
- 气象控制系统；
- 野外冒险或多模式手表；
- GPS 接收机。

### 2. 内部结构与引脚功能

MS5534 内部结构如图 K9－1 所示，引脚如图 K9－2 所示，各引脚功能如表 K9－1 所列。

表 K9－1　MS5534 引脚功能说明

| 引脚号 | 引脚名称 | 功能描述 |
|---|---|---|
| 6 | VDD | 供电脚，电源供电范围 2.2～3.6 V |
| 5 | MCLK | 主频时钟(芯片内部需要的时钟) |
| 4 | DIN | SPI 数据输入脚 |
| 3 | DOUT | SPI 数据读出脚 |
| 2 | SCLK | SPI 时钟 |
| 1 | GND | 地脚 |
| 8 | PV | 负编程电压(厂方用) |
| 7 | PEN | 编程使能位(厂方用) |

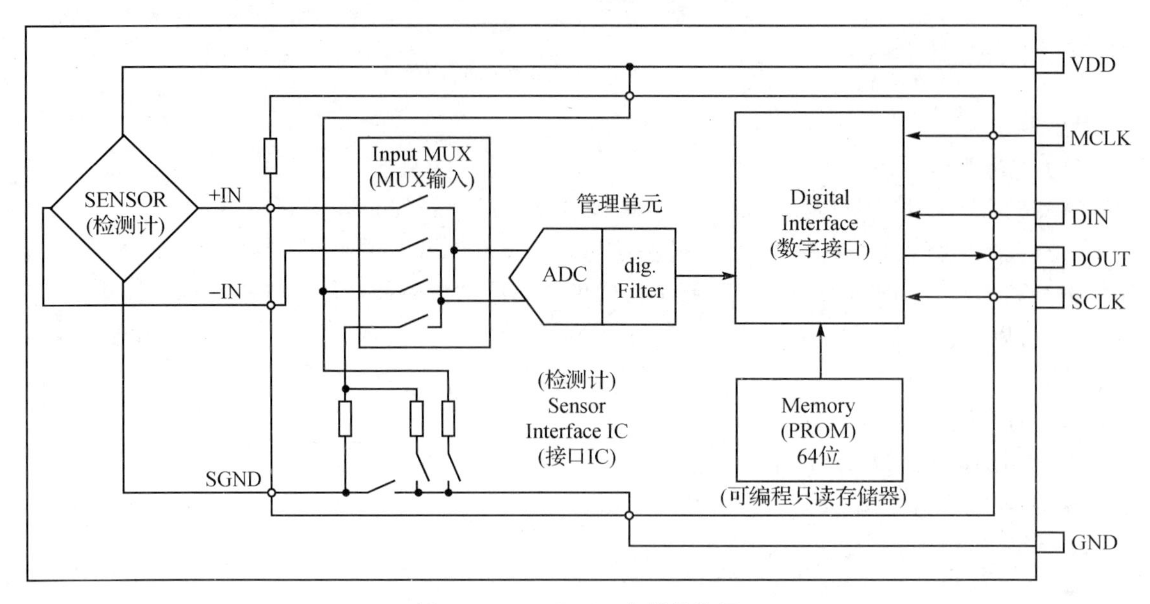


**图 K9-1　MS5534 内部结构图**

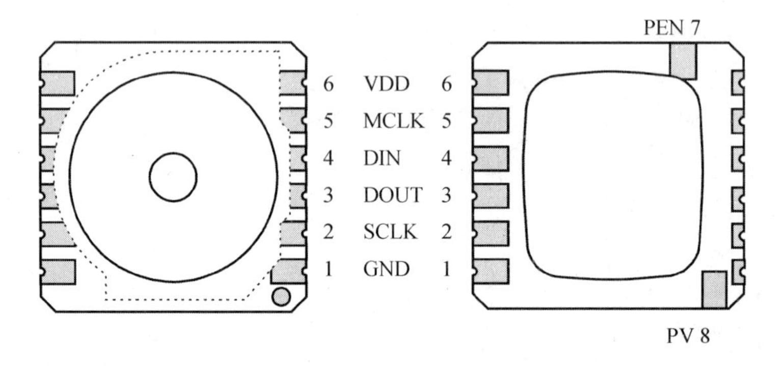


**图 K9-2　MS5534 引脚图**

**注意：**7、8 引脚仅用于工厂校准，不要连接。

## 3. 压力与温度值的测量

读压力值和温度值并对压力值和温度值进行补偿计算见图 K9-3 和图 K9-4 的描述。微处理器通过串行接口读取 MS5534 内 4 B 的 6 个补偿值 C1～C6，表 K9-2～表 K9-5 描述了这 6 个值的状态，分别用 Word1（字 1）～Word4（字 4）表示。要读取的压力值是存放在 16 位寄存器的 D1 内，要读取的温度值存放在 16 位寄存器的 D2 内。

对压力值和温度值的基本运算处理过程如图 K9-3 所示。

**表 K9-2　Word1 各位描述**

| C1 | | | | | | | | | | | | | | | C5 |
|---|---|---|---|---|---|---|---|---|---|---|---|---|---|---|---|
| 14 | 13 | 12 | 11 | 10 | 9 | 8 | 7 | 6 | 5 | 4 | 3 | 2 | 1 | 0 | B10 |
| 数　据 | | | | | | | | | | | | | | | |

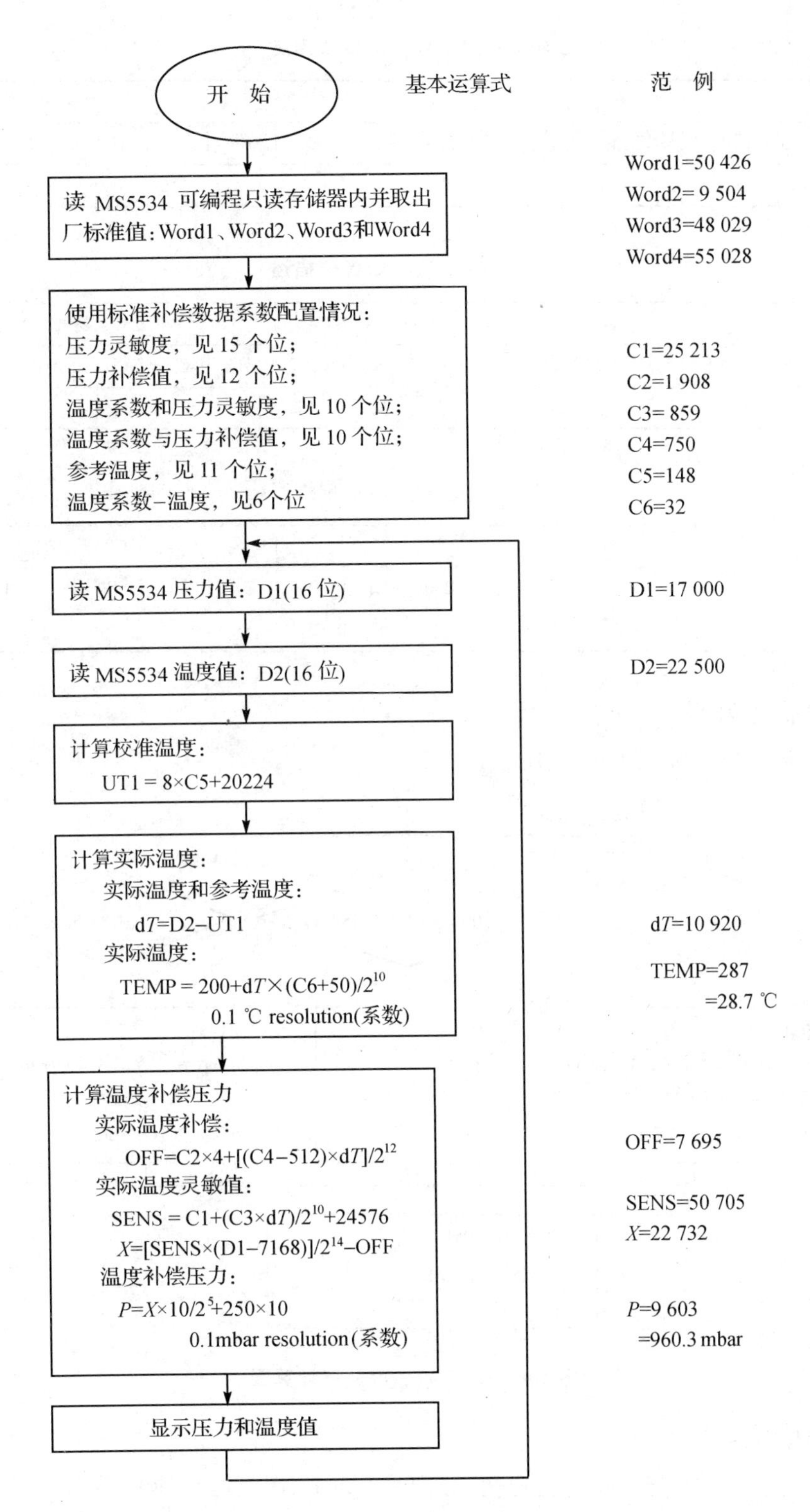


**图 K9－3　实时压力值与实时温度值的计算过程**

**表 K9－3　Word2 各位描述**

| C5 | | | | | | | | | | C6 | | | | | |
|---|---|---|---|---|---|---|---|---|---|---|---|---|---|---|---|
| B9 | B8 | B7 | B6 | B5 | B4 | B3 | B2 | B1 | B0 | B5 | B4 | B3 | B2 | B1 | B0 |
| 数　据 | | | | | | | | | | | | | | | |

**表 K9－4　Word3 各位描述**

| C4 | | | | | | | | | | C2(高 6 位) | | | | | |
|---|---|---|---|---|---|---|---|---|---|---|---|---|---|---|---|
| B9 | B8 | B7 | B6 | B5 | B4 | B3 | B2 | B1 | B0 | B11 | B10 | B9 | B8 | B7 | B6 |
| 数　据 | | | | | | | | | | | | | | | |

**表 K9－5　Word4 各位描述**

| C3 | | | | | | | | | | C2(低 6 位) | | | | | |
|---|---|---|---|---|---|---|---|---|---|---|---|---|---|---|---|
| B9 | B8 | B7 | B6 | B5 | B4 | B3 | B2 | B1 | B0 | B5 | B4 | B3 | B2 | B1 | B0 |
| 数　据 | | | | | | | | | | | | | | | |

## 4. 二阶温度补偿

二阶温度补偿过程如图 K9－4 所示。

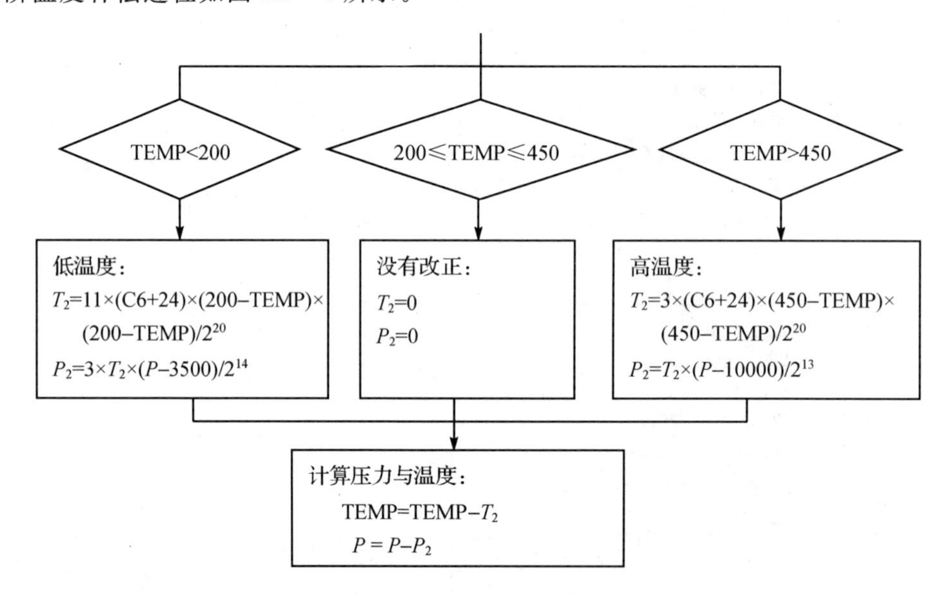


**图 K9－4　二阶温度补偿计算图**

## 5. 串行接口

MS5534 使用 3 根线与外界进行通信，分别是 SCLK(串行时钟线)、DOUT(内部数据输出线)、DIN(外部命令发送线)。外部微处理器或微控制器通过这 3 线读出压力和温度数据并进行处理和显示。

D1 寄存器存有经过转换的压力测量值；

D2 寄存器存有经过转换的温度测量值。

Word1～Word4 内部值的分配见表 K9－2～表 K9－5。

RESET 用于复位。

下面列出的是读取各寄存器数据的时序图：

- 读出 D1 数据时序如图 K9－5 所示。
- 读出 D2 数据时序如图 K9－6 所示。
- 读校准数据字 Word1/Word3 时序如图 K9－7 所示。
- 读校准数据字 Word2/Word4 时序如图 K9－8 所示。
- 复位时序如图 K9－9 所示。

接下的工作就是通过时序进行编程序实施读取数据。

### 6. 注意事项

① 器件能在 100 m 深的海水中抵御 11 bar 压力；

② 在每秒一次转换的假设情况下包括压力和温度的转换测量结果通过向 AP8834 串行接口发命令获得；

③ 转换中传感器将自动开合以减少电源消耗，一个转换周期的时间大约是 2 ms；

④ 通过断开 MCLK 可以减少用电量；

⑤ 由于传感器对时钟跳变非常敏感，所以我们强烈推荐这种晶振方波时钟信号，而且是必须的；

⑥ 避开光线可以保护压力传感器以确保可靠工作；

⑦ 必须用一个 47 F 电容置于模块附近以减弱供电电源引脚 VDD 和 GND 之间电压；

⑧ ADC 输出范围为 5 000～37 000 次，系统提供一个 16 位的输出；

⑨ 精度受限于 ADC 的非线性；

⑩ 由于 ADC 转换受噪声影响，给定分辨率的稳定压力读出需取 2～4 号压力值的平均数，平均数取得越多，可获得的分辨率就越高；

⑪ 超过压力量程压力的读出有一个最大的误差；

⑫ 长期稳定性和非焊接件是一致的。

## 工程所需程序模板

工程中将用到串行通信模块文件〈uart_com_temp.h〉。

## 工程施工用图

本课题工程需要工程电路如图 K9－10 所示。

## 制作工程用电路板

按图 K9－10 制作电路。

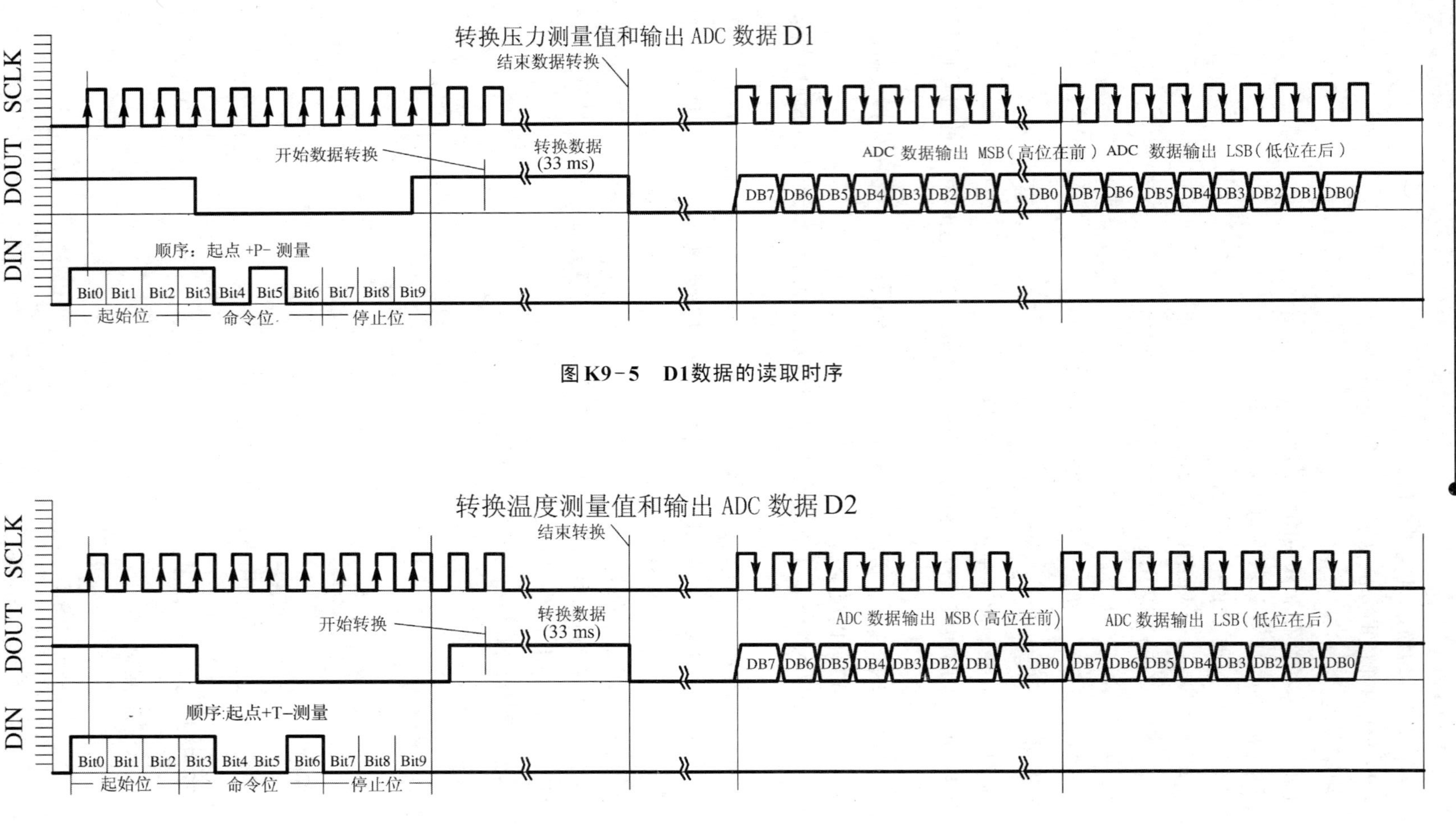


图 K9-5　D1数据的读取时序



图 K9-6　D2数据的读取时序

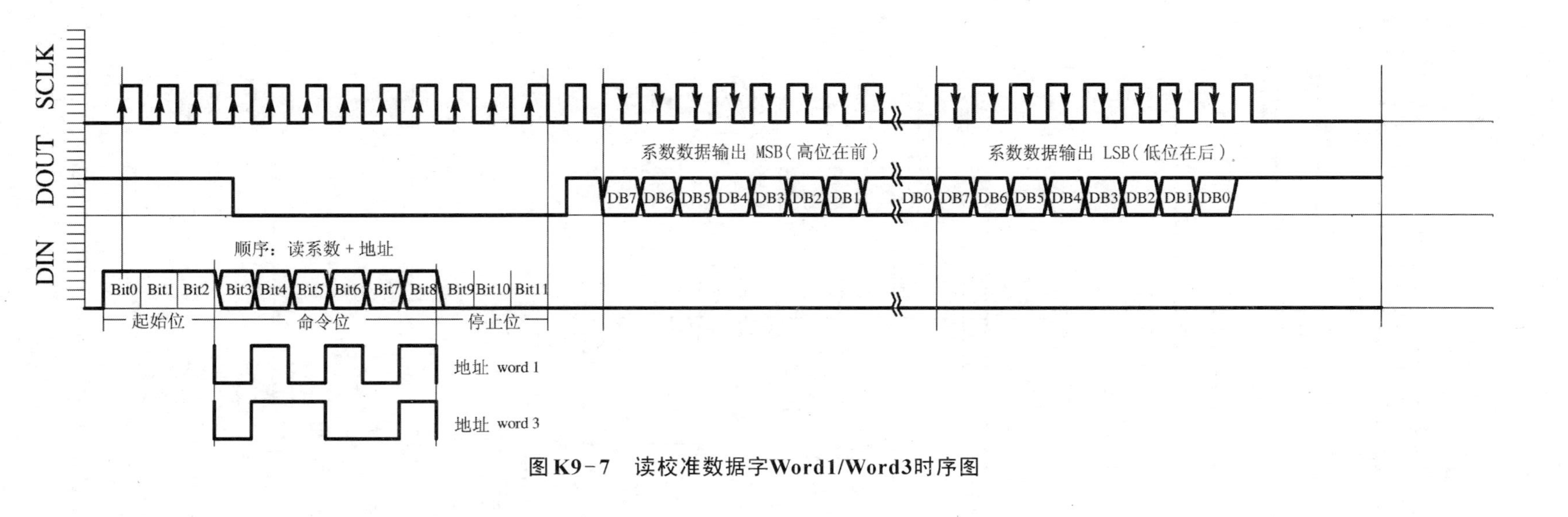


图 K9-7　读校准数据字Word1/Word3时序图

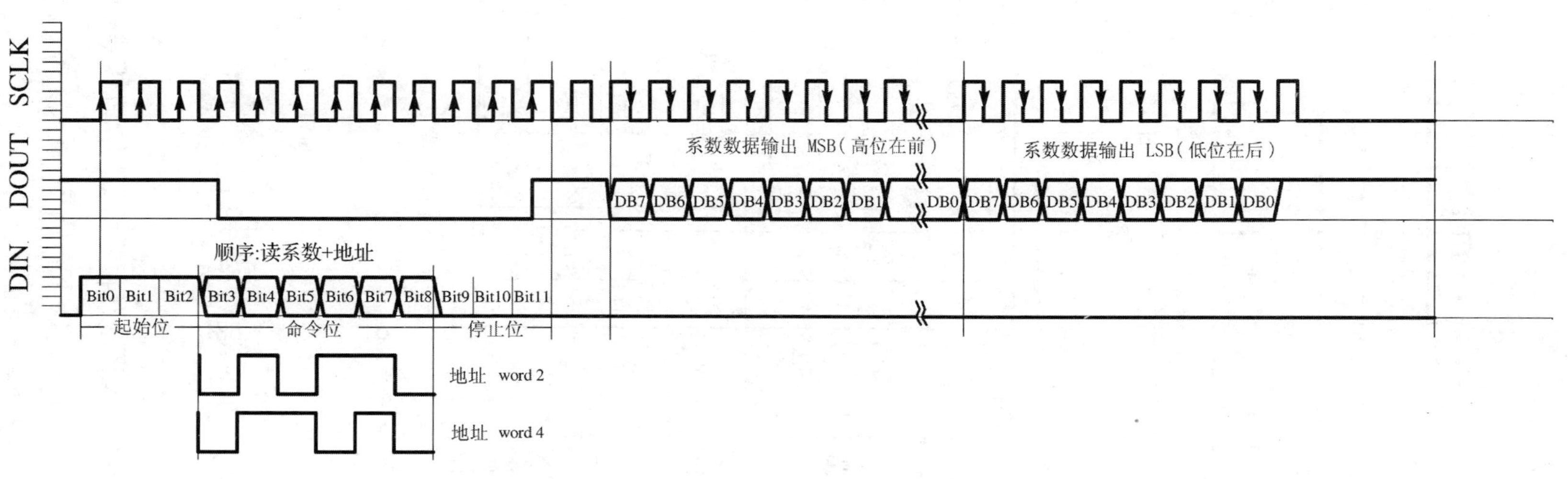


图 K9-8　读校准数据字Word2/Word4时序图

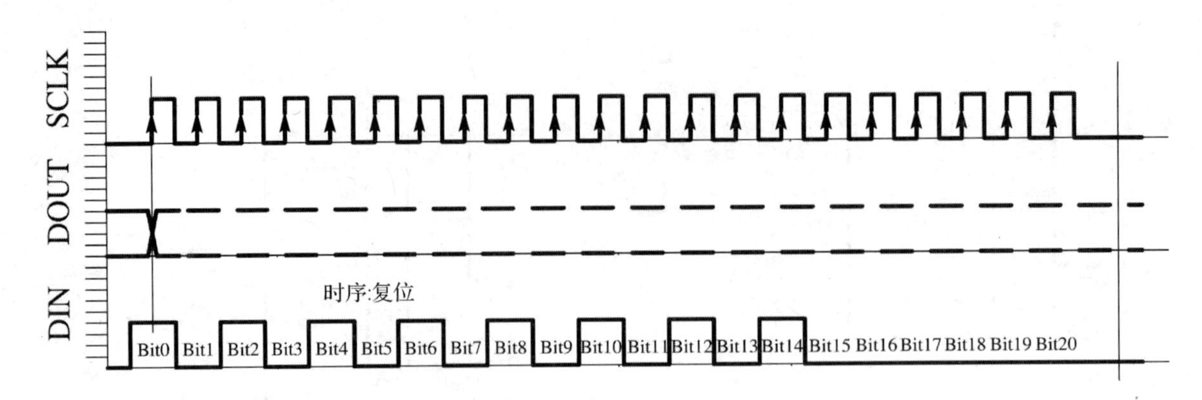


**图 K9－9 复位时序图(21 个位)**

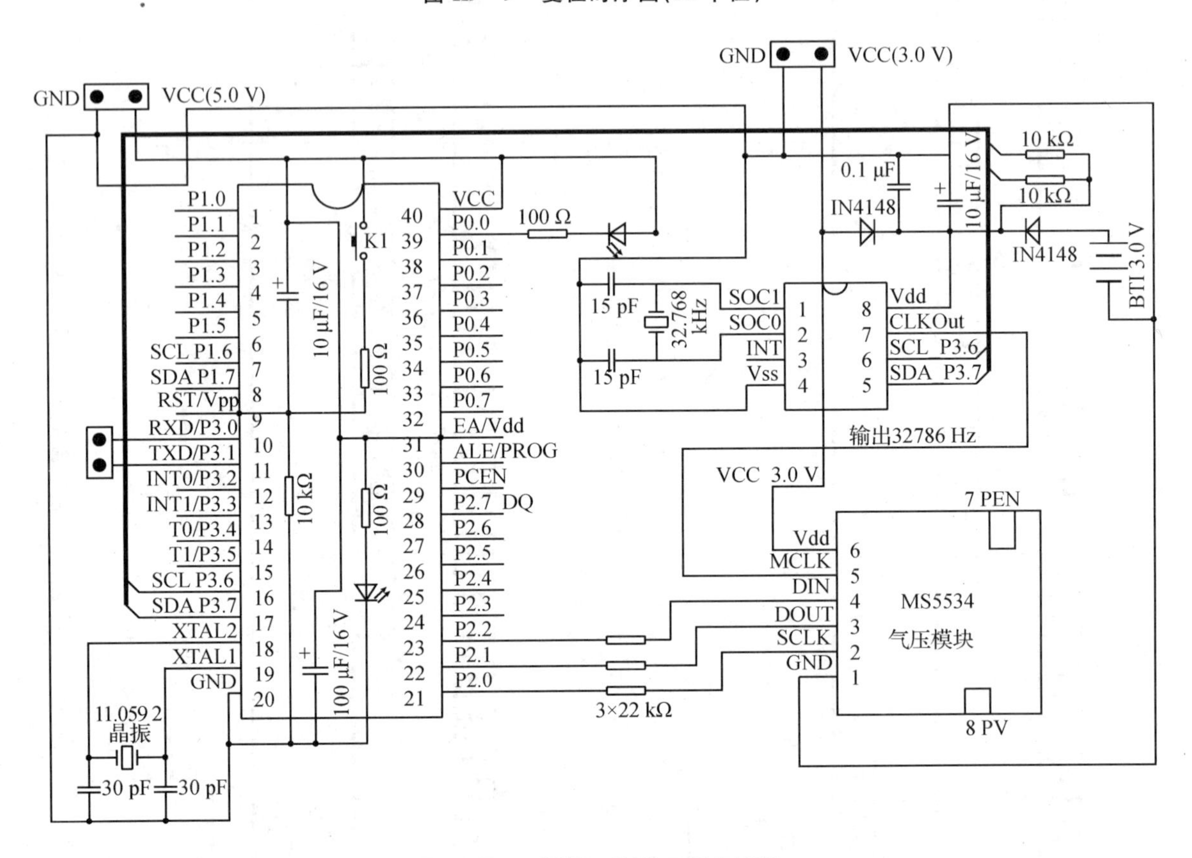


**图 K9－10 课题工程施工用电路图**

# 本课题工程软件设计

## 创建任务用软件工程文件与组装工程程序

根据程序需要，从“网上资料\参考程序\程序模块\模板程序汇总库”下的 Temp 文件夹中复制需要的程序模板。

## 创建器件用模板文件(*.h)

创建模板文件〈ms5534.h〉。

### (1) 创建模板文件

```
//*****************************************************************
//文件名称:ms5534.h
//文件功能:MS5534 芯片驱动程序
//说明:本文档是根据 MS5534 时序图编写而成
//      学习看懂器件时序,学习按时序图编程是走上最高水平之路
//-----------------------------------------------------------------
#include <INTRINS.h>

sbit SCLK  = P2^0;                      //CS
sbit DOUT  = P2^1;                      //MISO 输出
sbit DIN   = P2^2;                      //MOSI 输入

unsigned char bdata bchComm;
unsigned int bdata bnData;
unsigned int nReadData;                 //用于存放读出的数据
unsigned int nReadData2[6];             //用于存放读出的 4 B 数据
sbit bnData0 = bnData^0;                //用于读取 16 位数据
sbit bchComm7 = bchComm^7;              //用于发送 8 位数据
unsigned char chi = 10;
//---------------------------------------------------------------
//延时函数
//说明:每执行一次大约 300 μs
//---------------------------------------------------------------
void DelayDS_300us()
{  //300 μs
   chi = 0x64;                          //1 μs
   while(chi--);                        //2 μs
}
//---------------------------------------------------------------
//延时函数
//---------------------------------------------------------------
void DelayDS_33ms()
{
   unsigned char i2 = 0;
   for(i2 = 0;i2<0x6e;i2++)
       DelayDS_300us();                 //300 μs
}
//-------------------------------------------------------
//函数名称:WriteCommand_D1()
//函数功能:向 D1D2 发送读出数据命令
```

```
//入口参数:无
//出口参数:无
//说明:读 D1 内数据命令为 0x40,读 D2 内数据命令为 0x20
//------------------------------------------------------------
void WriteCommand_D1D2(unsigned char chCom)
{
    unsigned int nJsq = 4;
    bchComm = chCom;

    SCLK  = 0;
    DOUT  = 1;
    DIN   = 0;
  //发送 4 个高电平
  do
  { SCLK  = 0;
     _nop_();
     DIN   = 1;
     _nop_();
     SCLK  = 1;                         //1
     _nop_();
     nJsq--;
  }while(nJsq);

  nJsq = 0;
  //发送 8 位数据
  do
  {SCLK  = 0;
   DIN  =  bchComm7;                    //发送高 7 位
   bchComm  =  bchComm≪1;              //将第 6 位移到第 7 位准备发送
   _nop_();
   SCLK  =  1;                          //上升沿锁存数据
   nJsq++;
  }while(nJsq<8);

   SCLK  =  0;
   DOUT  = 1;
   DIN   = 0;
   //延时 33 ms 后发出数据
   DelayDS_33ms();
   DOUT  = 0;
   //ms5534 向外发出数据
}
//-----------------------------------------
//函数名称:ReadData_D1D2()
//函数功能:读出 D1D2 寄存器数据
```

```
//入口参数:无
//出口参数:无
//-----------------------------------------
void ReadData_D1D2()
{
    unsigned int nJsq = 0;
    bnData = 0;

    SCLK  =  1;
    DIN   = 0;
   //接收 16 位数据
   do
   {SCLK  =  1;
    bnData0  =  DOUT;                       //接收高位数据
    bnData  =  bnData≪1;                    //将低 0 位移到低 1 位准备接收下 1 位数据
    _nop_();
    SCLK  =  0;                             //下沿读出数据
    nJsq++;
   }while(nJsq<16);

    SCLK  =  0;
    DOUT  = 1;
    DIN   = 0;

    nReadData  =  bnData;

}
//------------------------------------------------------------------
//函数名称:Read_D1D2()
//函数功能:读出 D1D2 寄存器数据
//入口参数:无
//出口参数:一个 16 位的整型数据
//说明:读 D1 内数据命令为 0x40,读 D2 内数据命令为 0x20
//------------------------------------------------------------------
unsigned int Read_D1D2(unsigned char chCom)
{
    WriteCommand_D1D2(chCom);
    ReadData_D1D2();

    return nReadData;
}
//---------------------------------------------
//函数名称:WriteCommand_Word()
//函数功能:向 Word(字节)寄存器发送读出数据命令
//入口参数:无
```

```
//出口参数:无
//说明:读 Word1 内数据命令为 0x54(01010100)
//      读 Word3 内数据命令为 0x64(01100100)
//      读 Word2 内数据命令为 0x58(01011000)
//      读 Word4 内数据命令为 0x68(01101000)
//----------------------------------------
void WriteCommand_Word(unsigned char chCom)
{
    unsigned int nJsq = 3;
    bchComm = chCom;

    SCLK  = 0;
    DOUT  = 1;
    DIN   = 0;
   //发送 3 个高电平
   do
   { SCLK  =  0;
     _nop_();
     DIN   =  1;
     _nop_();
     SCLK  =  1;                        //1
     _nop_();
     nJsq--;
   }while(nJsq);

   DOUT = 0;
   nJsq = 0;
   //发送 8 位数据
   do
   {SCLK  =  0;
    DIN  =  bchComm7;                    //发送高 7 位
    bchComm  =  bchComm<<1;              //将第 6 位移到第 7 位准备发送
    _nop_();
    SCLK  =  1;                          //上升沿锁存数据
    nJsq++;
   }while(nJsq<8);

    DOUT = 1;

    nJsq = 3;
   //发送 3 个低电平
   do
   { SCLK  =  0;
     _nop_();
     DIN   =  1;
```

```
        _nop_();
        SCLK = 1;                          //1
        _nop_();
        nJsq--;
    }while(nJsq);

    DIN = 0;

    //ms5534 向外发出数据
}
//------------------------------------------
//函数名称:ReadData_Word()
//函数功能:读出 Word 寄存器数据
//入口参数:无
//出口参数:返回读到的数据
//------------------------------------------
unsigned int ReadData_Word()
{
     unsigned int nJsq = 0;
     bnData = 0;

     SCLK = 1;
     DIN  = 0;
    //接收 16 位数据
    do
    {SCLK = 1;
     bnData0 = DOUT;                      //接收高位数据
     bnData = bnData<<1;                  //将低 0 位移到低 1 位准备接收下 1 位数据
     _nop_();
     SCLK = 0;                            //下沿读出数据
     nJsq++;
    }while(nJsq<16);

     SCLK = 0;
     DOUT = 1;
     DIN  = 0;

     nReadData = bnData;
     return nReadData;
}
//------------------------------------------
//函数名称:Reset_ms5534()
//函数功能:复位 MS5534
//入口参数:无
//出口参数:无
```

```
//----------------------------------------------
void Reset_ms5534()
{
    unsigned int nJsq = 0;

    SCLK = 0;
    DOUT = 1;
    DIN  = 0;

   //发送 15 位数据
   do
   {SCLK = 0;
    DIN = ~ DIN;                                    //发送复位数据
    _nop_();
    SCLK = 1;                                       //上升沿锁存数据
    nJsq ++ ;
   }while(nJsq<15);

    nJsq = 0;
    DIN = 0;
  //发送 5 位数据
   do
   {SCLK = 0;
    DIN = 0;                                        //发送复位数据
    _nop_();
    SCLK = 1;                                       //上升沿锁存数据
    nJsq ++ ;
   }while(nJsq<5);

    SCLK = 0;
    DOUT = 1;
    DIN = 0;

}
//--------------------------------------------------------------------
//函数名称:Read_Word()
//函数功能:读出 Word 4 个寄存器数据
//入口参数:无
//出口参数:chWord(返回 4 个寄存器的值,分别是[0]为 Word1,[1]为 Word2,[2]为 Word3,[3]为 Word4 )
//说明:读 Word1 内数据命令为 0x54(01010100)
//      读 Word3 内数据命令为 0x64(01100100)
//      读 Word2 内数据命令为 0x58(01011000)
//      读 Word4 内数据命令为 0x68(01101000)
//--------------------------------------------------------------------
void Read_Word(unsigned int chWord[6])
```

```
{
    unsigned int nInt = 0,nInt2 = 0,chWordB2[4] = {0,0,0,0};

    //读 Word1 数据
    WriteCommand_Word(0x54);                        //发送命令
    chWordB2[0] = ReadData_Word();                  //读出 Word1 数据
    //读 Word2 数据
    WriteCommand_Word(0x58);                        //发送命令
    chWordB2[1] = ReadData_Word();                  //读出 Word2 数据
    //读 Word3 数据
    WriteCommand_Word(0x64);                        //发送命令
    chWordB2[2] = ReadData_Word();                  //读出 Word3 数据
    //读 Word4 数据
    WriteCommand_Word(0x68);                        //发送命令
    chWordB2[3] = ReadData_Word();                  //读出 Word4 数据
    //复位器件
    Reset_ms5534();

    nInt  = chWordB2[0]&0x0001;                     //保存 C5 的高 10 位
    chWordB2[0]  =  chWordB2[0]>>1;                 //找出 C1 的 15 个位
    chWord[0]  =  chWordB2[0];                      //保存 C1 数据
    nInt2  = chWordB2[1]&0x003F;                    //读出 C6 的 6 位数据
    chWord[5]  =   nInt2;                           //保存 C6 数据
    chWordB2[1]  =  chWordB2[1]>>6;
    nInt  =  nInt<<10;                              //移到高 10 位
    chWordB2[1]  =  chWordB2[1]|nInt;               //加到 C5 的高 10 位
    chWord[4]  =  chWordB2[1];                      //保存 C5
    nInt  = chWordB2[2]&0x003F;                     //保存 C2 的高 6 位
    chWordB2[2]  =  chWordB2[2]>>6;                 //将 C4 移到低位
    chWord[3]     =  chWordB2[2];                   //保存 C4
    nInt2  = chWordB2[3]&0x003F;                    //保存 C2 的低 6 位
    chWordB2[3]  =  chWordB2[3]>>6;                 //将 C3 移到低位
    chWord[2]     =  chWordB2[3];                   //保存 C3
    nInt  =  nInt<<6;                               //将 C2 的高 6 位移回到高 6 位
    nInt2  =  nInt2 | nInt;                         //组合 C2
    chWord[1]    =    nInt2;                        //保存 C2
    //下面请按要求编写计算处理代码

}
//-------------------------------------------------------------------
```

**(2) 测试创建的模板文件**

```
//****************************************************************
//文件名:ms5534appr.c
```

```
//功能:读取 ms5534 器件数据
//----------------------------------------------------------------
#include <reg51.h>
#include <iic_i2c.h>
#include <uart_com_temp.h>
#include <ms5534.h>

void delay();                                              //延时
sbit P00 = P0^0;
sbit P10 = P1^0;

uchar chDateTime[8];                                       //读取
uchar chDispDT[8];                                         //用于显示
void GET_PCF8563_TIME();
void Dey_Ysh(unsigned int nN);
void SET_PCF8563_TIME();
void CHULI_TIME_DATA(uchar * lpDateTime,bit bSel);         //实时时间
//----------------------------------------
//主程序
//----------------------------------------
void main()
{
    unsigned char chC,chC2;
    unsigned int  Pres = 0,Temp = 0;
    //初始化串口
    InitUartComm(11.0592,9600);
    P00 = 0;

    SET_PCF8563_TIME();                                    //设计 pcf8563 初置

    while(1)
    {
      //GET_PCF8563_TIME();
      Pres = Read_D1D2(0x40);                              //读压力
      Temp = Read_D1D2(0x20);                              //读温度

      Read_Word(nReadData2);                               //读出 4 字数据

      Send_Comm(0xDD);
      Dey_Ysh(1);

      //发送 D1
      chC = Pres;
      chC2 = Pres>>8;
      Send_Comm(chC2);
```

```
Dey_Ysh(1);
Send_Comm(chC);

//发送 D2
Dey_Ysh(1);
chC = Temp;
chC2 = Temp>>8;
Send_Comm(chC2);
Dey_Ysh(1);
Send_Comm(chC);

//发送 C1
Dey_Ysh(1);
chC = nReadData2[0];
chC2 = nReadData2[0]>>8;
Send_Comm(chC2);
Dey_Ysh(1);
Send_Comm(chC);
//发送 C2
Dey_Ysh(1);
chC = nReadData2[1];
chC2 = nReadData2[1]>>8;
Send_Comm(chC2);
Dey_Ysh(1);
Send_Comm(chC);
//发送 C3
Dey_Ysh(1);
chC = nReadData2[2];
chC2 = nReadData2[2]>>8;
Send_Comm(chC2);
Dey_Ysh(1);
Send_Comm(chC);
//发送 C4
Dey_Ysh(1);
chC = nReadData2[3];
chC2 = nReadData2[3]>>8;
Send_Comm(chC2);
Dey_Ysh(1);
Send_Comm(chC);
//发送 C5
Dey_Ysh(1);
chC = nReadData2[4];
chC2 = nReadData2[4]>>8;
Send_Comm(chC2);
Dey_Ysh(1);
```

```
        Send_Comm(chC);
        //发送 C6
        Dey_Ysh(1);
        chC = nReadData2[5];
        chC2 = nReadData2[5]>>8;
        Send_Comm(chC2);
        Dey_Ysh(1);
        Send_Comm(chC);

        P00 = ~P00;
        P10 = ~P10;
       // delay();
    }
}
//--------------------------------------------------------------
//名称:SET_PCF8563_TIME()
//功能:用于向 PCF8563 写入初始化时间
//入口参数:无
//出口参数:无
//--------------------------------------------------------------
void SET_PCF8563_TIME()
{
    chDateTime[0] = 0x00;                          //秒
    chDateTime[1] = 0x55;                          //分
    chDateTime[2] = 0x11;                          //时
    chDateTime[3] = 0x18;                          //日
    chDateTime[4] = 0x02;                          //星期
    chDateTime[5] = 0x06;                          //月
    chDateTime[6] = 0x08;                          //年

    //指定器件地址,地址 PCF8563 = 0A2H
    //指定子地址,从 02H 秒钟处开始存储数据
    //写 7B 数据
    WRITE_NB_DAT_I2C(0xA2,0x02,chDateTime,7);
    //设 CLKOut
    chDateTime[0] = 0x80;
    chDateTime[1] = 0x00;
    WRITE_NB_DAT_I2C(0xA2,0x0D,chDateTime,1);

}
//--------------------------------------------------------------
//名称:GET_PCF8563_TIME()
//功能:用于向 PCF8563 读出实时时钟
//入口参数:无
//出口参数:无
//--------------------------------------------------------------
```

```
void GET_PCF8563_TIME()
{
    //器件地址 PCF8563 = 0A2H
    //秒钟的地址是 02H,秒钟开头,所以从秒钟读起,连读 7B 秒～年
    READ_NB_DAT_I2C(0xA2,0x02,chDateTime,7);

    //下面是屏蔽 PCF8563 无效位
      chDateTime[0]& = 0x7F;                          //屏蔽秒钟的最高位
      chDateTime[1]& = 0x7F;                          //屏蔽分钟的最高位
      chDateTime[2]& = 0x3F;                          //屏蔽时钟的最高位
      chDateTime[3]& = 0x3F;                          //屏蔽日的最高位
      chDateTime[4]& = 0x07;                          //屏蔽星期的最高 5 位
      chDateTime[5]& = 0x1F;                          //屏蔽月的最高 3 位
                                                      //年不要屏蔽
    Send_Comm(0xDD);
    Dey_Ysh(1);
    Send_Comm(chDateTime[2]);
    Dey_Ysh(1);
    Send_Comm(0xAA);
    Dey_Ysh(1);
    Send_Comm(chDateTime[1]);
    Dey_Ysh(1);
    Send_Comm(0xAA);
    Dey_Ysh(1);
    Send_Comm(chDateTime[0]);

   /* if(chDateTime[0]<55)
       CHULI_TIME_DATA(chDateTime,1);                 //显示时钟
      else CHULI_TIME_DATA(chDateTime,0);             //显示日期
     */
}
//-------------------------------------------------------------------
//延时程序
//-------------------------------------------------------------------
void delay()
{
  unsigned int x,y,z;
  for(x = 0;x<5;x ++ )
   for(y = 0;y<200;y ++ )
    for(z = 0;z<200;z ++ );
}
//*****************************************************************
```

## 工程程序应用实例

本课题没有实例程序,因为 MS5534 课题的设计目的就是了解器件。

## 作业与思考

了解空气压力的换算关系。

## 编后语

课题的设计目的就是了解市面上有这样功能的芯片存在。

# 课题 10　AD7705 压力数据变送器在 80C51 内核单片机工程中的运用

## 实验目的

了解和掌握 AD7705 压力数据变送器原理和使用方法，学习程序模板的组装与运用。

## 实验设备

① 30 W 烙铁 1 把，数字万用表 1 个；

② PC 机 1 台；

③ 开发软件 TKStudio 集成开发平台(周立功公司开发)和 Keil C51(Keil 公司开发) 1 套；

④ 烧录软件 Flash Magic 下载线(NXP 公司开发)1 套，9 芯串行通信线 1 根。

## 实验器件

P89V51Rxx_CPU 模块 1 块，串行通信模块 1 块，JCM12864M 液晶显示模块 1 块，AD7705B 数据转换模块 1 块，其所需器件：2.457 6 MHz 晶振 1 个，33 pF 电容 2 个，0.1 μF 电容 1 个，100 μF/16 V 电容 1 个，10 kΩ 电阻 1 个，3 kΩ 电阻 1 个，小万能板 1 块，16 脚 IC 座 1 块，接插针 1 条。

## 工程任务

① 读出压力值并显示到 JCM12864M 液晶显示器上；

② 实现简易电子称功能。

## 工程任务的理解

AD7705 是一块 ADC16 位模数转换芯片，使用 SPI 标准通信口与外围接口，作为压力传感器的小信号增益转换是最理想的选择，因为它价格低廉，性能稳定。本课题实验的是电子称，采用的压力传感器为悬臂式压力传感器。对压力值的处理也是我们经常要做的事情。本课题任务是，通过用户将价格从键盘上输入到单片机内，然后与称的质量相乘得出总价钱告诉顾客。

# 工程设计构想

## 1. 硬件设计方框图

硬件样式设计图如图 K10－1 所示。

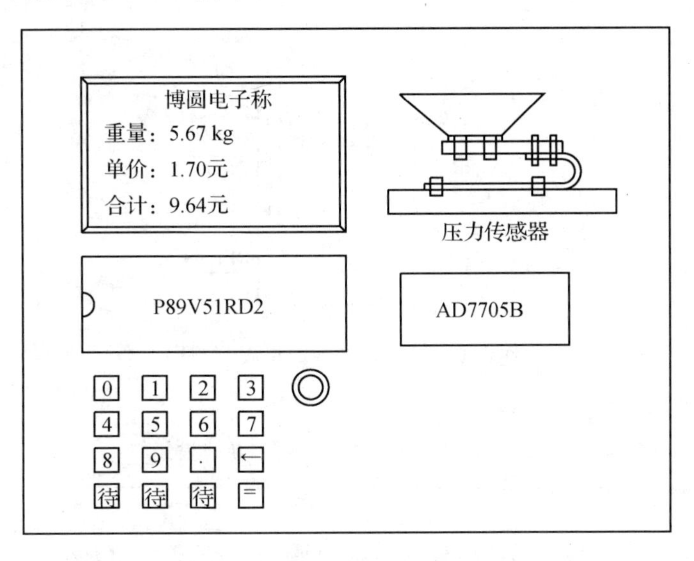


**图 K10－1　数据采集硬件制作样式图**

## 2. 软件设计方框图

工程程序构思与协调控制任务分工图请读者自己绘制。

# 所需外围器件资料

## 1. 概　述

AD7705/AD7706 是 AD 公司新推出的用于低频测量的 2/3 通道的模拟前端，芯片可以直接接收来自传感器低电平的输入信号，产生串行数字并实施数据输出。芯片利用Σ－Δ A/D 转换技术实现了 16 位无丢失代码性能。芯片内部还带有可编程增益放大器，可以通过软件编程来直接测量传感器输出的各种微小信号。AD7705/AD7706 具有分辨率高、动态范围广、自动校准等特点，非常适用于工业控制、仪表测量等领域。其中，AD7705 具有 2 个全差分输入通道，AD7706 具有 3 个准差分输入通道。本课题主要介绍 AD7705 的原理与应用，AD7706 的应用与 AD7705 基本相同。

AD7705 的主要特点如下：

- 具有 16 位无丢失代码；
- 非线性度为 0.003％；
- 可编程控制增益，其可调整范围为 1～128；
- 输出数据更新率也可以编程控制；
- 芯片内部带有自校准和系统校准；
- 芯片与外接口通过三线串行进行；

- 工作电压可以使用 3 V 或 5 V 两种；
- 低功耗工作。

## 2. 引脚编排与功能描述

AD7705 的引脚编排如图 K10－2 所示。

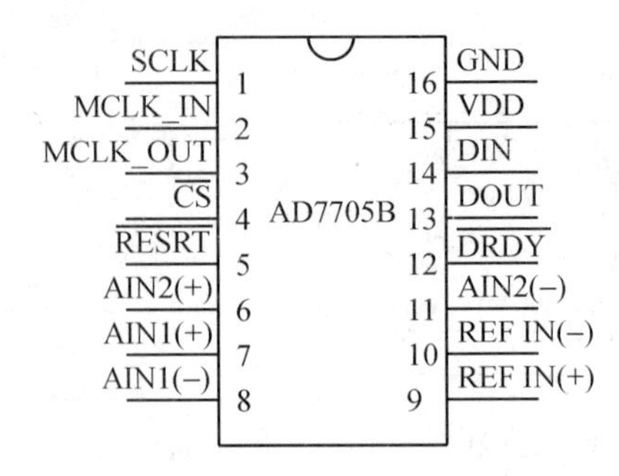


**图 K10－2　AD7705 的引脚分布图**

AD7705 的引脚功能描述如表 K10－1 所列。

**表 K10－1　AD7705 的引脚功能描述**

| 引脚号 | 名　称 | 功　能 |
|---|---|---|
| 1 | SCLK | SPI 串行时钟控制线。用于访问 AD7705 芯片内部串行数据 |
| 2 | MCLK_IN | 主时钟信号脚。可以通过外部的时钟信号从本引脚引入，也可以在 MCLK_IN 和 MCLK_OUT 二引脚之间接入 500 kHz～5 MHz。本课题使用的是 2.457 6 MHz |
| 3 | MCLK_OUT | 当主时钟为晶体谐振器时，即晶振被接在 MCLK_IN 和 MCLK_OUT 之间。如果在 MCLK_IN 引脚处接上一个外部时钟，MCLK_OUT 将提供一个反相时钟信号。这个时钟可以用来为外部电路提供时钟源，且可以驱动一个 CMOS 负载。如果用户不需要，MCLK_OUT 可以通过时钟寄存器中的 CLKDIS 位关掉。这样，器件不会在 MCLK_OUT 脚上驱动电容负载而消耗不必要的功率 |
| 4 | $\overline{\text{CS}}$ | SPI 通信中的片选线，低电平有效。可用作帧同步信号 |
| 5 | $\overline{\text{RESRT}}$ | 复位输入，低电平有效。用于将芯片内部的控制逻辑、接口逻辑、校准系数、数字滤波器和模拟调制器复位至上电状态 |
| 6 | AIN2(＋) | AD7705 差分模拟输入通道 2 的正输入端 |
| 7 | AIN1(＋) | AD7705 差分模拟输入通道 1 的正输入端 |
| 8 | AIN1(－) | AD7705 差分模拟输入通道 1 的负输入端 |
| 9 | REF IN(＋) | 基准电压输入正端。AD7705 差分基准输入的正输入端。基准输入是差分的并规定 REF IN(＋)必须大于 REF IN(－)。REF IN(＋)可以取 VDD 和 GND 之间的任何值 |
| 10 | REF IN(－) | 基准电压输入负端。AD7705 差分基准输入的负输入端。REF IN(－)可以取 VDD 和 GND 之间的任何值。且满足 REF IN(＋)大于 REF IN(－) |
| 11 | AIN2(－) | AD7705 差分模拟输入通道 2 的负输入端 |

续表 K10－1

| 引脚号 | 名　称 | 功　能 |
| --- | --- | --- |
| 12 | $\overline{DRDY}$ | 逻辑输出。这个引脚上的逻辑低电平表示可以从 AD7705 的数据寄存器获取新的数据输出。完成对一个完全的输出数据的读取操作后，$\overline{DRDY}$引脚立即回到高电平。如果在两次输出更新之间，不发生数据读出，$\overline{DRDY}$将在下一次输出更新前 $500\times t_{CLK}$ 时间返回高电平。当$\overline{DRDY}$处于高电平时，不能进行读操作，以免数据寄存器中正在被更新的数据受到破坏。当数据被更新后，$\overline{DRDY}$又将返回低电平。$\overline{DRDY}$也用来指示何时 AD7705 已经完成片内的校准序列 |
| 13 | DOUT | 串行数据输出脚。从片内的输出移位寄存器中读出的串行数据由此引脚输出。根据通信寄存器中的寄存器选择位，输入移位寄存器中的数据被传送到设置寄存器、时钟寄存器或通信寄存器 |
| 14 | DIN | 串行数据输入脚。向片内的输入移位寄存器写入的串行数据由此脚输入。根据通信寄存器中的寄存器选择位，输入移位寄存器中的数据被传送到设置寄存器、时钟寄存器或通信寄存器 |
| 15 | VDD | 电源电压，＋2.7～＋5.25 V |
| 16 | GND | 内部电路的地，电位基准点 |

### 3. AD7705 片内寄存器

AD7705 片内带有 8 个寄存器，这些寄存器通过芯片内的串行口访问。

第 1 个通信寄存器。用于管理通道选择，决定下一个操作是读操作还是写操作，以及下一次读或写哪一个寄存器。所有与器件的通信必须从写入通信寄存器开始。上电或复位后，器件等待在通信寄存器上进行一次写操作。这一写到通信寄存器的数据决定下一次操作是读还是写，同时决定这次读操作或写操作在哪个寄存器上发生。所以，写任何其他寄存器首先要写通信寄存器，然后才能写选定的寄存器。所有的寄存器(包括通信寄存器本身和输出数据寄存器)进行读操作之前，必须先写通信寄存器，然后才能读选定的寄存器。此外通信寄存器还控制等待模式和通道选择，$\overline{DRDY}$状态也可以从通信寄存器上读出。

第 2 个寄存器是设置寄存器，决定校准模式、增益设置、单/双极性输入以及缓冲模式。

第 3 个寄存器是时钟寄存器，包括滤波器选择位和时钟控制位。

第 4 个寄存器是数据寄存器，器件输出的数据从这个寄存器读出。

最后一个寄存器是校准寄存器，它存储通道校准数据。

下面分别给予介绍：

#### (1) 通信寄存器

通信寄存器是一个 8 位寄存器，即可以读出数据也可以把数据写进去。所有与器件的通信必须从写该寄存器开始。写上去的数据决定下一次读操作或写操作在哪个寄存器上发生。一旦在选定的寄存器上完成了下一次读操作或写操作，接口返回到通信寄存器接收一次写操作的状态。这是接口的默认状态，在上电或复位后，AD7705 就处于这种默认状态等待对通信寄存器一次写操作。在接口序列丢失的情况下，如果在 DIN 高电平的写操作持续了足够长的时间(至少 32 个串行时钟周期)，AD7705 将会回到默认状态。通信寄存器的各位说明如表 K10－2 所列，各位功能描述见表 K10－3。

**表 K10-2　通信寄存器各位说明**

| 位　号 | 7 | 6 | 5 | 4 | 3 | 2 | 1 | 0 |
|---|---|---|---|---|---|---|---|---|
| 内　容 | 0/$\overline{DRDY}$ | RS2 | RS1 | RS0 | R/$\overline{W}$ | STBY | CH1 | CH0 |
| 复位值 | 0 | 0 | 0 | 0 | 0 | 0 | 0 | 0 |

**表 K10-3　通信寄存器各位功能描述**

| 位　号 | 位　名 | 功　能 |
|---|---|---|
| 7 | 0/$\overline{DRDY}$ | $\overline{DRDY}$引脚状态位和通信寄存器读/写控制位。此位为0时表示可以向通信寄存器后续位写入数据，如果为1，后续各位将不能被写入，它将停留在该位，直到有0写入该位。一旦有0写到此位，以下7位将被装载到通信寄存器。对于读操作，该位提供器件的$\overline{DRDY}$标志，此时该位的状态与$\overline{DRDY}$输出引脚的状态相同 |
| 6:4 | RS2～RS0 | 后续寄存器选择位。这3个位用来选择下次读/写操作发生在片内8个寄存器哪一个上。具体选择见表K10-4。当选定的寄存器完成了读/写操作后，器件返回到等待通信寄存器的下一次写操作的状态。它不会保持在继续访问原寄存器的状态 |
| 3 | R/$\overline{W}$ | 读/写选择位。这个位供选择下次操作是对选定的寄存器进行读还是写。0表示下次操作是写，1表示下次操作是读 |
| 2 | STBY | 等待模式。向此位上写1，表示处于等待或掉电模式。在这种模式下，器件消耗的电源电流仅为10 μA。在等待模式时，器件将保持它的校准系数和控制字信息。写0，表示器件处于正常工作模式 |
| 1:0 | CH1～CH0 | 通道选择位。这2个位选择一个通道以供数据转换或访问校准系数，如表K10-5所列通道的组合，具有独立的校准系数。当CH1为逻辑1而CH0为逻辑0时，由表K10-5可见是AIN1(－)输入脚在内部自己短路，这可以作为评估噪声性能的一种测试方法(无外部噪声源) |

**表 K10-4　寄存器选择**

| RS2 | RS1 | RS0 | 寄存器名 | 寄存器位数 |
|---|---|---|---|---|
| 0 | 0 | 0 | 通信寄存器 | 8位 |
| 0 | 0 | 1 | 设置寄存器 | 8位 |
| 0 | 1 | 0 | 时钟寄存器 | 8位 |
| 0 | 1 | 1 | 数据寄存器 | 16位 |
| 1 | 0 | 0 | 测试寄存器 | 8位 |
| 1 | 0 | 1 | 无操作 | |
| 1 | 1 | 0 | 偏移寄存器 | 24位 |
| 1 | 1 | 1 | 增益寄存器 | 24位 |

表 K10-5　AD7705 的通道选择

| CH1 | CH0 | AIN(+) | AIN(−) | 校准寄存器对 |
|---|---|---|---|---|
| 0 | 0 | AIN1(+) | AIN1(−) | 寄存器对 0 |
| 0 | 1 | AIN2(+) | AIN2(−) | 寄存器对 1 |
| 1 | 0 | AIN1(−) | AIN1(−) | 寄存器对 0 |
| 1 | 1 | AIN1(−) | AIN2(−) | 寄存器对 2 |

### (2) 设置寄存器

设置寄存器是一个可读/写 8 位寄存器。各位说明如表 K10-6 所列，各位功能描述见表K10-7。

表 K10-6　通信寄存器各位描述

| 位　号 | 7 | 6 | 5 | 4 | 3 | 2 | 1 | 0 |
|---|---|---|---|---|---|---|---|---|
| 内　容 | MD1 | MD0 | G2 | G1 | G0 | $\overline{B}$/U | BUF | FSYNC |
| 复位值 | 0 | 0 | 0 | 0 | 0 | 0 | 0 | 1 |

表 K10-7　设置寄存器各位功能描述

| 位　号 | 名　称 | 功　能 |
|---|---|---|
| 7:6 | MD1:MD0 | 工作模式设置寄存器，详见表 K10-8 |
| 5:3 | G2～G0 | 增益选择位。详见表 K10-9 |
| 2 | $\overline{B}$/U | 单极性/双极性选择位。$\overline{B}$/U=0 表示选择双极性操作，$\overline{B}$/U=1 表示选择单极性工作 |
| 1 | BUF | 缓冲器控制。BUF=0 表示片内缓冲器短路(不能使用片内缓存)，缓冲器短路后电源电流降低。此位处于高电平(BUF=1)时(可以使用片内缓存)，缓冲器与模拟输入串联，输入端允许处理高阻抗源 |
| 0 | FSYNC | 滤波器同步。该位处于高电平(FSYNC=1)时，数字滤波器的节点、滤波器控制逻辑和校准控制逻辑处于复位状态下，同时，模拟调制器也被控制在复位状态下。当处于低电平(FSYNC=0)时，调制器和滤波器开始处理数据，并在 3×(1/输出更新速率)时间内(也就是滤波器的稳定时间)产生一个有效字。FSYNC 影响数字接口，也不使$\overline{DRDY}$输出复位(如果它是低电平) |

表 K10-8　工作模式设置

| MD1 | MD0 | 工作模式 |
|---|---|---|
| 0 | 0 | 正常模式。在这种模式下，转换器进行正常的模/数转换 |
| 0 | 1 | 自校准。在通信寄存器中 CH1 和 CH0 选中的通道上激活自校准。这是一步校准，完成任务后，返回正常模式，即 MD1 和 MD0 皆为 0。开始校准时$\overline{DRDY}$输出脚或$\overline{DRDY}$位为高电平，自校准后又加到低电平，这时，在数据寄存器产生一个新的有效数据。零标度校准是在输入端内部短路(零输入)和选定的增益下完成的；满标度校准是在选定的增益下及内部产生的 $V_{REF}$ 选定增益条件下完成的 |

续表 K10-8

| MD1 | MD0 | 工作模式 |
|---|---|---|
| 1 | 0 | 零标度系统校准。在通信寄存器的 CH1 和 CH0 选中的通道上激活零标度系统校准。当用这个校准序列时，模拟输入端上的输入电压在选定的增益下完成校准。在校准期间，输入电压应保持稳定。开始校准时$\overline{DRDY}$输出或$\overline{DRDY}$位为高电平，零标度系统校准完成后又回到低电平，这时，在数据寄存器上产生一个新的有效数据。校准结束时，器件回到正常模式，即 MD1 和 MD0 皆为 0 |
| 1 | 1 | 满标度系统校准。在选定的输入通道上激活标度系统校准。当使用这个校准序列时，模拟输入端上的输入电压在选定的增益下完成校准。在校准期间，输入电压应保持稳定。开始校准时$\overline{DRDY}$输出或$\overline{DRDY}$位为高电平，满标度系统校准完成后又回到低电平，这时，在数据寄存器上产生一个新的有效数据。校准结束时器件回到正常模式，即 MD1T 和 MD0 皆为 0 |

表 K10-9 增益选择表

| G2 | G1 | G0 | PGA 增益值 |
|---|---|---|---|
| 0 | 0 | 0 | 1 |
| 0 | 0 | 1 | 2 |
| 0 | 1 | 0 | 4 |
| 0 | 1 | 1 | 8 |
| 1 | 0 | 0 | 16 |
| 1 | 0 | 1 | 32 |
| 1 | 1 | 0 | 64 |
| 1 | 1 | 1 | 128 |

### (3) 时钟寄存器

时钟寄存器是一个可以读/写数据的 8 位寄存器，各位说明如表 K10-10 所列，各位功能描述见表 K10-11。

表 K10-10 时钟寄存器各位描述

| 功　能 | 保　留 | | | 时钟禁止 | 时钟分频 | 晶振选择 | 过滤器选择 | |
|---|---|---|---|---|---|---|---|---|
| 位序 | B7 | B6 | B5 | B4 | B3 | B2 | B1 | B0 |
| 名称 | ZERO | ZERO | ZERO | CLKDIS | CLKDIV | CLK | FS1 | FS0 |
| 默认 | 1 | 0 | 0 | 0 | 0 | 1 | 0 | 1 |

表 K10-11 时钟寄存器各位功能描述

| 位　号 | 名　称 | 功　能 |
|---|---|---|
| 7:5 | ZERO | 空闲位。必须在这些位上写零，以确保器件的正确操作 |

续表 K10－11

| 位 号 | 名 称 | 功 能 |
|---|---|---|
| 4 | CLKDIS | 主时钟禁止位。写入逻辑 1 表示阻止主时钟在 MCLK OUT 引脚上输出。禁止时，MCLK OUT 输出引脚处于低电平。这种特性使用户可以灵活地使用 MCLK OUT 引脚，例如可以将 MCLK OUT 引脚作为系统内其他器件的时钟源，也可关掉 MCLK OUT 引脚，使器件具有省电性能。当在 MCLK IN 脚上连一个外部主时钟时，AD7705 继续保持内部时钟，并在 CLKDIS 位有效时仍能进行正常转换。当在 MCLK OUT 和 MCLK IN 之间接一个晶体振荡器或一个陶瓷谐振器时，而 CLKDIS 位处于有效状态时，AD7705 时钟将会停止，也不进行模/数据转换 |
| 3 | CLKDIV | 时钟分频器位。CLKDIV 置为逻辑 1 时，MCLK IN 引脚处的时钟频率在被 AD7705 使用前进行 2 分频。例如，将 CLKDIV 置为逻辑 1，用户可以在 MCLK IN 和 MCLK OUT 之间用一个 4.915 2 MHz 的晶体振荡器，而在器件内部用规定的 2.4576MHz 进行操作。CLKDIV 置为逻辑 0，则 MCLK IN 引脚处的频率实际上就是器件内部的频率 |
| 2 | CLK | 时钟位。CLK 位应根据 AD7705 的工作频率而设置。如果转换器的主时钟频率为 2.457 6 MHz(CLKDIV＝0)或为 4.915 2 MHz(CLKDIV＝1)，CLK 应置 0。如果器件的主时钟频率为 1 MHz(CLKDIV＝0)或 2 MHz(CLKDIV＝1)，则该位应置 1。该位为给定的工作频率设置适当的标度电流，并且也(与 FS1 和 FS0 一起)选择器件的输出更新率。如果 CLK 没有按照主时钟频率进行正确的设置，则 AD7705 的工作将不能达到指标 |
| 1:0 | FS1～FS0 | 滤波器选择位。它与 CLK 一起决定器件的输出更新率。表 K10－12 列出了滤波器的第 1 陷波和－3 dB 频率。片内数字滤波器产生 sin $c^3$(或 sin $x/x^3$)滤波器响应。与增益选择一起，它也决定了器件的输出噪声。改变了滤波器的陷波以及选定的增益将影响分辨率。器件的输出数据率(或有效转换时间)等于由滤波器的第一个陷波选定的频率。例如，如果滤波器的第一个陷波选在 50 Hz，则每个字的输出率为 50 Hz，即每 2 ms 输出一个新字。当这些位改变后，必须进行一次校准。达到满标度步进输入的滤波器的稳定时间，在最坏的情况下是 4×(1/输出数据率)。例如，滤波器的第一个陷波在 50 Hz，则达到满标度步进输入的滤波器的稳定时间是 80 ms(最大)。如果第一个陷波在 500 Hz，则稳定时间为 8 ms(最大)。通过对步进输入的同步，这个稳定时间可以减少到 3×(1/输出数据率)。换句话说，如果在 FSYNC 位为高时发生步进输入，则在 FSYNC 位返回 3×(1/输出数据率)时间内达到稳定。－3 dB 频率取决于可编程的第一个陷波频率，按照以下关系式：<br>滤波器－3 dB 频率＝0.262×滤波器第一个陷波频率 |

**表 K10－12　输出更新速率**

| CLK | FS1 | FS0 | 输出更新率/Hz | 滤波器－3 dB 截止频率/Hz |
|---|---|---|---|---|
| 0 | 0 | 0 | 20 | 5.24 |
| 0 | 0 | 1 | 25 | 6.55 |
| 0 | 1 | 0 | 100 | 26.2 |
| 0 | 1 | 1 | 200 | 52.4 |
| 1 | 0 | 0 | 50 | 13.1 |
| 1 | 0 | 1 | 60 | 15.7 |

续表 K10-12

| CLK | FS1 | FS0 | 输出更新率/Hz | 滤波器-3 dB 截止频率/Hz |
|---|---|---|---|---|
| 1 | 1 | 0 | 250 | 65.5 |
| 1 | 1 | 1 | 500 | 131 |

注：假定 MCLK IN 脚的时钟频率正确，CLKDIV 位的设置也是适当的。

**(4) 数据寄存器**

数据寄存器是一个 16 位只读寄存器，它包含了来自 AD7705 最新的转换结果。如果通信寄存器将器件设置成对该寄存器实施写操作，则实际上发生的写操作使器件返回到准备对通信寄存器的写操作，但是向器件写入的 16 位数字将被 AD7705 忽略。

**(5) 测试寄存器(复位值为 0x00)**

测试寄存器用于测试器件。建议用户不要改变测试寄存器的任何位的默认值(上电或复位时自动置入全 0)，否则当器件处于测试模式时，不能正确运行。

**(6) 零标度校准寄存器(复位值为 0x1F4000)**

AD7705 包含几组独立的零标度寄存器，每个零标度寄存器负责一个输入通道。它们皆为 24 位读/写寄存器，24 位数据必须被写之后才能传送到零标度校准寄存器。零标度寄存器和满标度寄存器连在一起使用，组成一个寄存器对。每个寄存器对对应一对通道，见表 K10-5。当器件被设置成允许通过数字接口访问这些寄存器时，器件本身不再访问寄存器系数，以使输出数据具有正确的尺度。结果，在访问校准寄存器(无论是读/写操作)后，从器件读得的第一个输出数据可能包含不正确的数据。此外，数据校准期间，校准寄存器不能进行写操作。这类事件可以通过以下方法避免：在校准寄存器开始工作前，将模式寄存器的 FSYNC 位置为高电平，任务结束后，又将其置为低电平。

**(7) 满标度校准寄存器(复位值为 0x5761AB)**

AD7705 包含几个独立的满标度寄存器，每个满标度寄存器负责一个输入通道。它们皆为 24 位读/写寄存器，24 位数据必须写入之后才能传送到满标度校准寄存器。满标度寄存器和零标度寄存器连在一起使用，组成一个寄存器对。每个寄存器对对应一对通道。当器件被设置成允许通过数字接口访问这些寄存器时，器件本身不再访问寄存器系数，以使输出数据具有正确的尺度。结果，在访问校准寄存器(无论是读/写操作)后，从器件中读得的第一个输出数据可能包含不正确的数据。此外，数据校准期间，校准寄存器不能进行写操作。这类事件可以通过以下方法避免：在校准寄存器开始工作前，将模式寄存器 FSYNC 位置为高电平，任务结束后，又将其置为低电平。

## 3. 数字接口

如前所述，AD7705 的编程功能用片内寄存器的设置来控制。对这些寄存器的读/写操作通过器件的串行接口来完成。

AD7705 的串行接口包括 5 个信号，即 $\overline{CS}$、SCLK、DIN、DOUT 和 $\overline{DRDY}$。DIN 线用来向片内寄存器传输数据，而 DOUT 线用来访问寄存器里的数据。SCLK 是串行时钟输入，所有数据传输都和 SCLK 信号有关。$\overline{DRDY}$线作为状态信号，用以提示数据什么时候已准备好，可以从寄存器中读出数据。输出寄存器中有新的数字时，$\overline{DRDY}$变为低电平。在输出寄存器数据更新前，若$\overline{DRDY}$变为高电平，则提示这个时候不能读出数据，用以防止破坏正在更新的数据。$\overline{CS}$用来选择器件，在一个系统中有许多器件与串行总线相连时，也用于对系统中的AD7705进行解码。

图K10－3和图K10－4是用$\overline{CS}$对AD7705进行解码的时序图。图K10－3所示是从AD7705的输出移位寄存器读数据的时序图，而图K10－4所示则是向输入移位寄存器写入数据的时序图。即使是在第一次读操作后$\overline{DRDY}$线返回高电平，也可能出现两次从输出寄存器读到同样数据的情况。必须注意确保在下一次输出更新数据进行之前读操作已经完成。

通过向$\overline{CS}$加低电平，AD7705串行接口能在三线模式下工作。SCLK、DIN和DOUT线用来与AD7705进行通信。$\overline{DRDY}$的状态可以通过访问通信寄存器的MSB得到。这种方案适用于与微控制接口。若要求$\overline{CS}$作为解码信号，它可由微控器的端口产生。对于与微控制器的接口，建议在两次相邻的数据传输之间，将SCLK线置为高电平。

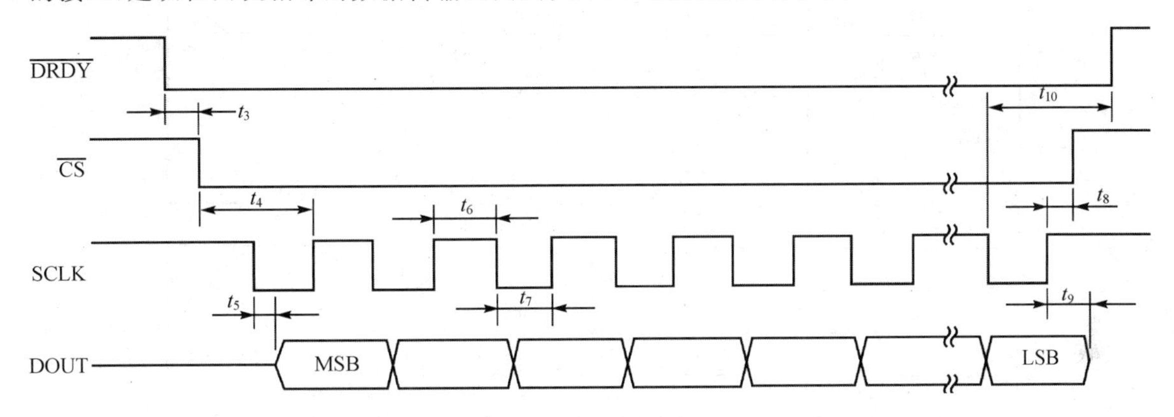


**图K10－3　读周期时序图**

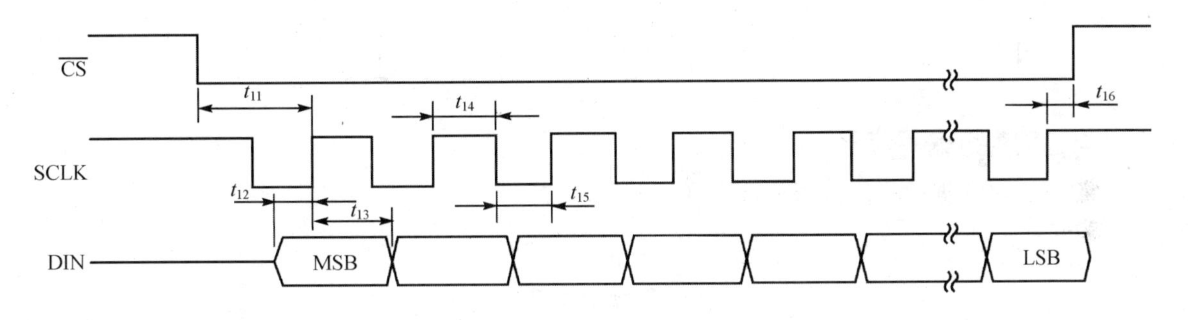


**图K10－4　写周期时序图**

下面是两时序中的定时时间表K10－13。

**表K10－13　AD7705电气特性表**

| 参　数 | 限制时间 | 单　位 | 说　明 |
|---|---|---|---|
| $f_{CLKIN}$ | 400<br>2.5 | kHz(min)<br>MHz(max) | 主时钟 |
| $t_{CLKIN\ LO}$ | $0.4\times t_{CLKIN}$ | ns(min) | |
| $t_{CLKIN\ HI}$ | $0.4\times t_{CLKIN}$ | ns(min) | |
| $t_1$ | $500\times t_{CLKIN}$ | ns(min) | |

续表 K10-13

| 参　数 | 限制时间 | 单　位 | 说　明 |
|---|---|---|---|
| $t_2$ | 100 | ns(min) | |
| 读操作 | | | |
| $t_3$ | 0 | ns(min) | |
| $t_4$ | 120 | ns(min) | |
| $t_5$ | 0<br>50<br>100 | ns(min)<br>ns(max)<br>ns(max) | |
| $t_6$ | 100 | ns(min) | |
| $t_7$ | 100 | ns(min) | |
| $t_8$ | 0 | ns(min) | |
| $t_9$ | 10<br>60<br>100 | ns(min)<br>ns(max)<br>ns(max) | |
| $t_{10}$ | 100 | ns(max) | |
| 写操作 | | | |
| $t_{11}$ | 120 | ns(min) | |
| $t_{12}$ | 30 | ns(min) | |
| $t_{13}$ | 20 | ns(min) | |
| $t_{14}$ | 100 | ns(min) | |
| $t_{15}$ | 100 | ns(min) | |
| $t_{16}$ | 0 | ns(min) | |

## 4. 程序的编写步骤

编写读出数据的程序步骤如图 K10-5 所示。

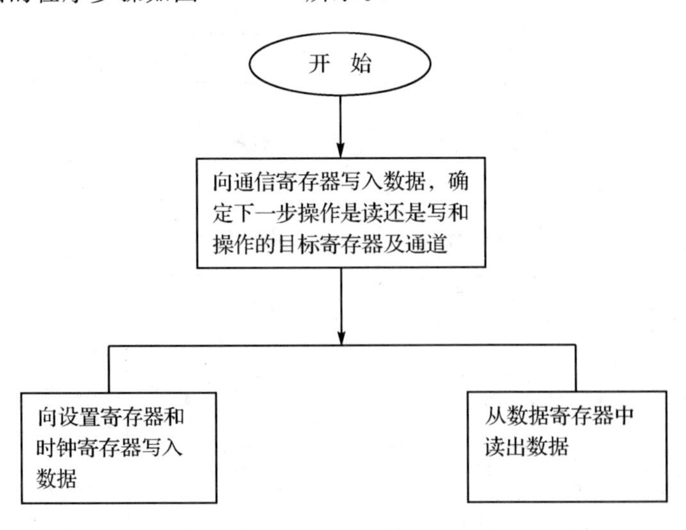


图 K10-5　编程流程

## 工程所需程序模板

所需程序模板文件如下：

- 使用 JCM12864M 用于显示测得的压力值，启用模板文件〈com_12864m. h〉；
- 使用 4×4 做数字键盘，启用模板文件〈key_4×4keytemp. h〉；
- 使用定时器 1 扫描按键，启用模块文件〈time1_temp. h〉；
- 使用 AD7705 转换压力值，创建模板文件〈ad7705b. h〉；
- 使按键发出声音，启用模板文件〈beep_temp. h〉。

**说明：**如果制作的是实际工程，请加上看门狗模板文件〈P89v51_Wdt_Temp. h〉。

## 工程施工用图

本课题工程需要工程电路图如图 K10－6 所示。

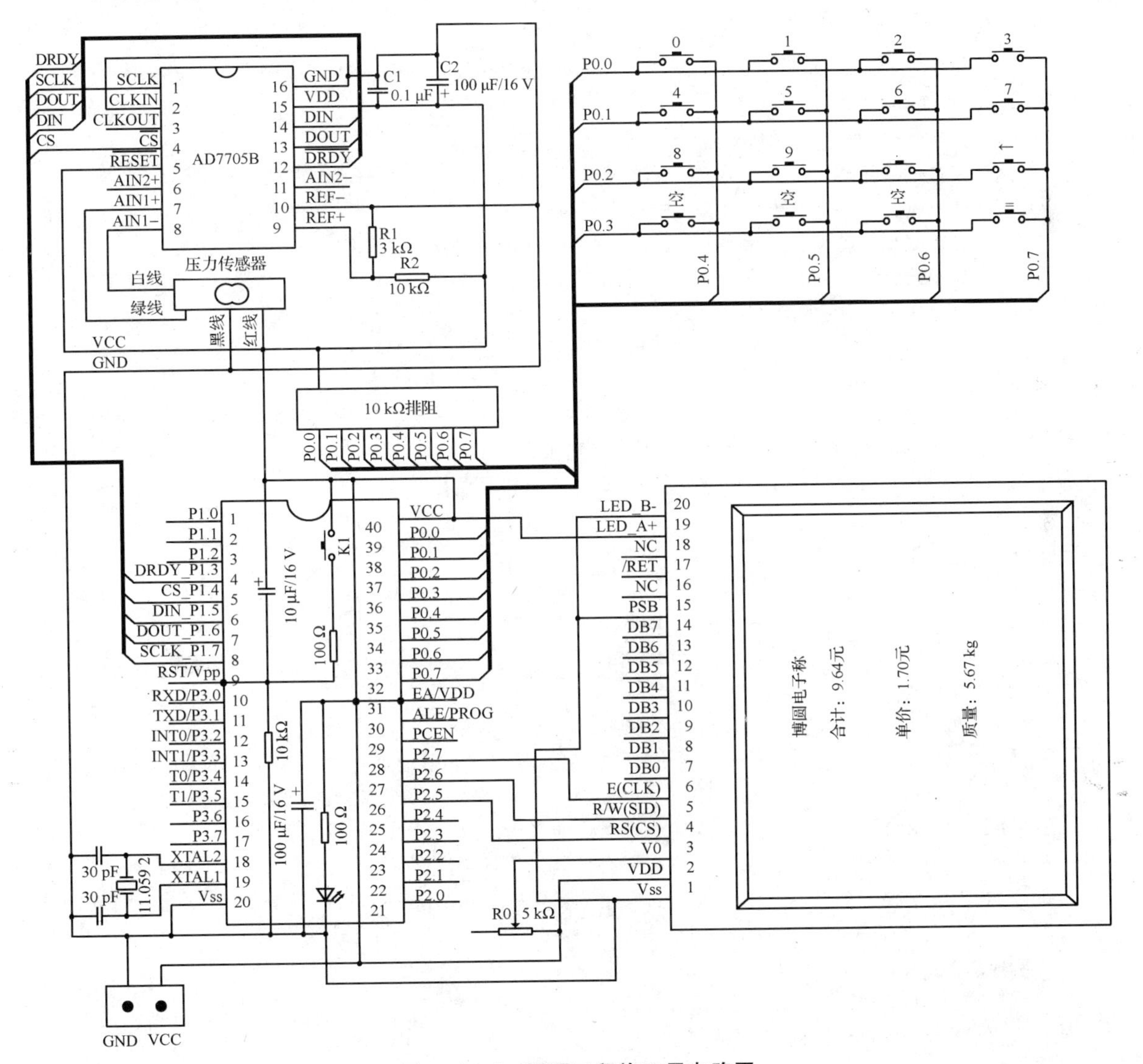


图 K10－6 课题工程施工用电路图

## 制作工程用电路板

请按图 K10－6 制作施工硬件。

# 本课题工程软件设计

## 创建任务用软件工程文件与组装工程程序

根据程序需要，从“网上资料\参考程序\程序模块\模板程序汇总库”下的 Temp 文件夹中复制需要的程序模板。

## 创建器件用模板文件(＊.h)

### (1) 创建模板文件

代码编写如下：

```
//************************************************************************
//程序文件名:ad7705b.h
//程序功能:实现 MCU 通过 SPI 总线 ad7705b.h 实施读/写操作
//说明:一点小的体会,就是 AD7705B 9 脚的焊点没有焊上,用去整整一天的时间来排除,
//        教训啊! 从理论上讲所有编写的程序都是对的,调试了一天一直没有反应,最
//        后还是想到硬件有问题,先查看一下硬件。这样想后就立即来做。
//        先用放大镜查看各焊点是否焊好,结果发现芯片的 9 脚焊点没有连上。焊好后
//        再一次调试,到了傍晚问题终于得到解决。这就是一筹莫展之后,不放弃,不抛
//        弃的结果。不言放弃是我们做开发人员必须牢记在心的法宝
//------------------------------------------------------------------------
#include <intrins.h>
#define uchar unsigned char      //映射 uchar  为无符号字符
#define uint  unsigned int       //映射 uint  为无符号整数

#define   NOP     _nop_();

sbit MAX_CS = P1^4;             //SPI CS 或 SS
sbit M_DIN = P1^5;              //SPI MOSI
sbit M_DOUT = P1^6;             //SPI MISO
sbit M_SCLK = P1^7;             //SPI SCLK
sbit M_DRDY = P1^3;             //AD7705 内部数据准备脚,低电平有效[为数据准备好,请读出]

uchar bdata bMACC;              //申请一个位变量用于数据发送时产生位移
sbit bMACC7 = bMACC^7;          //定义一个数据位的高 7 位用于位传送,主要用于高位在前之用
sbit bMACC0 = bMACC^0;          //定义一个数据位的低 0 位用于位传送,主要用于低位在前之用
//--------------------------------------------------------
//程序名称:SEND_DATA8_M()
//程序功能:用于发送 8 位数据[单字节发送子程序]
//入口参数:chMSDAT[传送要发送的数据]
```

```
//出口参数:无
//说明:M_SCLK        ;在脉冲的上升沿锁存数据
//      数据发送时高位在前
//---------------------------------------------------------
void SEND_DATA8_M(uchar chMSDAT)
{

        uint   JSQ1 = 8;                           //准备发送 8 次

        bMACC = chMSDAT;

  SD:
        M_DIN = bMACC7;                            //先将高 7 位的数据发送出去
        bMACC = bMACC<<1;                          //将高 6 位移到高 7 位准备下一次发送

        M_SCLK = 0;
        NOP
        NOP
        M_SCLK = 1;                                //在脉冲的上升沿锁存数据

        NOP
        if(--JSQ1)goto SD;

        NOP

        M_DIN = 1;                                 //清零数据线

        M_SCLK = 1;                                //此处一定要加上这一句
                                                   //消除一个下沿
}
//---------------------------------------------------------
//程序名称:SEND_DATA8_M2()
//程序功能:用于发送 8 位数据(单字节发送子程序)
//入口参数: chMSDAT(传送要发送的数据)
//出口参数:无
//说明:M_SCLK          ;在脉冲的上升沿锁存数据
//----------------------------------------
void SEND_DATA8_M2(uchar chMSDAT)
{
        uint   JSQ1 = 8;                           //准备发送 8 次
        bMACC = chMSDAT;

  SD2:
        M_DIN = bMACC7;                            //先将高 7 位的数据发送出去
        bMACC = bMACC<<1;                          //将高 6 位移到高 7 位准备下一次发送
```

```
        M_SCLK = 0;
        NOP
        NOP
        M_SCLK = 1;                              //在脉冲的上升沿锁存数据
        NOP
        if( -- JSQ1)goto SD2;

        NOP

        M_DIN = 1;                               //清零数据线

        M_SCLK = 1;                              //此处一定要加上这一句,对 FM25040 有好处
                                                 //消除一个下沿
        Delay50uS();
        Delay50uS();

}
//------------------------------------------------------------------
//程序名称:RECE_DATA8_M()
//程序功能:用于读取 8 位数据(单字节接收子程序)
//入口参数: 无
//出口参数:RDAT(传送接收到的数据)
//说明:接收数据时高位在前。M_SCLK  在脉冲的下降沿输出数据
//------------------------------------------------------------------
uchar RECE_DATA8_M()
{
        uint JSQ1 = 8;
        M_SCLK = 1;
        NOP

 RBITM:
        M_SCLK = 0;
        NOP
        bMACC = bMACC<<1;                        //将低 0 位移到低 1 位,准备下一次读取
        bMACC0 = M_DOUT;
        NOP
        M_SCLK = 1;                              //在脉冲的下降沿输出数据
        NOP
        NOP
        if( -- JSQ1)goto RBITM;
        //返回接收到的数据

      return bMACC;
}
```

```
//-------------------------------------------------------------------
//程序名称:WRITE_COM_DAT8_ad7705b()
//程序功能:向 AD7705B 写入 8 * 2 位数据
//入口参数:chSCOM[传送命令],chDATD[传送数据]
//出口参数:无
//-------------------------------------------------------------------
void WRITE_COM_DAT8_ad7705b(uchar chSCOM,uchar chDATD)
{
        MAX_CS = 0;

        //发送命令数据到通信寄存器
        SEND_DATA8_M(chSCOM);

        //发送数据到所选定的寄存器
        SEND_DATA8_M(chDATD);

        MAX_CS = 1;

}
//-------------------------------------------------------------------
//程序名称:WRITE_COM_DAT24_ad7705b()
//程序功能:向 AD7705B 写入 24 位数据
//入口参数:MSCOM[传送命令],MDATD1[传送数据 1],MDATD2[传送数据 2],MDATD3[传送数据 3]
//出口参数:无
//-------------------------------------------------------------------
void WRITE_COM_DAT24_ad7705b(uchar MSCOM,uchar MDATD1,uchar MDATD2,
                            uchar MDATD3)
{
        MAX_CS = 0;

        //发送命令数据到通信寄存器
        SEND_DATA8_M(MSCOM);

        //发送数据 1 到所选定的寄存器
        SEND_DATA8_M(MDATD1);

        //发送数据 25 到所选定的寄存器
        SEND_DATA8_M(MDATD2);

        //发送数据 3 到所选定的寄存器
        SEND_DATA8_M(MDATD3);

        MAX_CS = 1;
}
```

```
//------------------------------------------------------------------------
//程序名称:READ_DAT16B2_ad7705b()
//程序功能:从 AD7705B 读出 16 位数据
//入口参数:MSCOM[传送命令]
//出口参数:lpchDATD[0](存入数据的高 8 位),lpchDATD[1](存入数据的低 8 位)
//说明:使用时请申请一个两个元素的数组接收传回的数据(读取的数据)
//------------------------------------------------------------------
void READ_DAT16B2_ad7705b(uchar MSCOM,uchar * lpchDATD)
{
        MAX_CS = 0;

        //发送数据到通信寄存器
        SEND_DATA8_M(MSCOM);

        lpchDATD[0] = RECE_DATA8_M();               //读出高 8 位

 //     lpchDATD[1] = RECE_DATA8_M();               //读出低 8 位

        MAX_CS = 1;

}
//------------------------------------------------------------------------
//程序名称:READ_DAT16B_ad7705b
//程序功能:从 AD7705B 读出 16 位数据
//入口参数:MSCOM[传送命令]
//出口参数:lpchDATD[0](存入数据的高 8 位),lpchDATD[1](存入数据的低 8 位)
//说明:使用时请申请一个两个元素的数组接收传回的数据(读取的数据)
//------------------------------------------------------------------------
void READ_DAT16B_ad7705b(uchar MSCOM,uchar * lpchDATD)
{

        M_DRDY = 0;
        MAX_CS = 0;

        //发送数据到通信寄存器
        SEND_DATA8_M2(MSCOM);

        lpchDATD[0] = RECE_DATA8_M();               //读出高 8 位

        lpchDATD[1] = RECE_DATA8_M();               //读出低 8 位

        MAX_CS = 1;
        M_DRDY = 1;

        lpchDATD[0] = ~lpchDATD[0];                 //使数值"取反"
```

```
    lpchDATD[1] = ~lpchDATD[1];             //使数值“取反”

}
//--------------------------------------------------------------
//程序名称:READ_DAT24B_ad7705b
//程序功能:从 AD7705B 读出 24 位数据
//入口参数:MSCOM(传送命令)
//出口参数:lpchDATD[0](存入数据的高 8 位),lpchDATD[1](存入数据的中 8 位),
//          lpchDATD[2](存入数据的低 8 位)
//说明:使用时请申请一个 3 个元素的数组接收传回的数据[读取的数据]
//-----------------------------------------------
void READ_DAT24B_ad7705b(uchar MSCOM,uchar * lpchDATD)
{

    MAX_CS = 0;

    //发送数据到通信寄存器
    SEND_DATA8_M(MSCOM);

    lpchDATD[0] = RECE_DATA8_M();           //读出高 8 位

    lpchDATD[1] = RECE_DATA8_M();           //读出中 8 位

    lpchDATD[2] = RECE_DATA8_M();           //读出低 8 位

    MAX_CS = 1;

}
//------------------------------------------------------------------
//程序名称:READ_DAT24B_ad7705b
//程序功能:初始化 AD7705B
//入口参数:无
//出口参数:无
//------------------------------------------------------------------
void INIT_ad7705b()
{

    WRITE_COM_DAT8_ad7705b(0x20,            //设置时间寄存器
                            0xA5);          //设置 AD7705B 采用内部时钟,晶振为 2.457 6 MHz

    WRITE_COM_DAT8_ad7705b(0x10,            //设置 Setup 寄存器
                            0x62);
}
//-----------------------------------------------------
//AD7705B 应用
```

```
//---------------------------------------------------------------
//程序名称:Disp_READ_ad7705b()
//程序功能:从 AD7705B 读出 16 位数据并生成显示字符
//入口参数:无
//出口参数:lpchDATD(输出显示字符串)
//说明:使用时请申请一个 6 个元素的数组接收传回的数据(读取的数据 6 个显示码)
//---------------------------------------------------------------------------
void Disp_READ_ad7705b(uchar * lpchDATD)
{
    uchar chDadd[3];
    uint  nPData,WB;
    READ_DAT16B_ad7705b(0x38,chDadd);        //读出压力值
    nPData = chDadd[0];                      //将高 8 位数据移到整数据寄存器的高 8 位
    nPData = nPData<<8;
    nPData| = chDadd[1];                     //加入低 8 位
    nPData = nPData - 32892;                 //校准为 0,到实际应用时还需要校准(达到归零)

    //此处要解释一下,jcm12864 在显示时是先高位后低位
    lpchDATD[5] = nPData % 10;
    WB = nPData/10;
    lpchDATD[4] = WB % 10;
    WB = WB/10;
    lpchDATD[3] = WB % 10;
    WB = WB/10;
  //  lpchDATD[3] = 0x2E;                    //小数点
    lpchDATD[2] = WB % 10;
    WB = WB/10;
    lpchDATD[1] = WB % 10;
    WB = WB/10;
    lpchDATD[0] = WB % 10;

    //将数据加 30 变为可显示用的 ASCII 码
    lpchDATD[0]| = 0x30;
    lpchDATD[1]| = 0x30;
    lpchDATD[2]| = 0x30;
    lpchDATD[3]| = 0x30;
    lpchDATD[4]| = 0x30;
    lpchDATD[5]| = 0x30;

    //说明:如果用数码管显示,请不要加 0x30 变为 ASCII 码,而是直接用数字查找数码管显示字模

}
//*****************************************************************
```

**(2) 测试创建的模板文件**

测试创建的模板文件代码请参照下面的工程程序应用实例任务①。

## 工程程序应用实例

### 1. 任务①

读出压力值并显示到JCM12864M液晶显示器上。

代码如下：

```
//*********************************************************************
//文件名:ad7705b.h
//功能:用于显示读出的压力值
//--------------------------------------------------------------------
#include "reg51.h"
#include "jcm12864m.h"
#include "ad7705b.h"

sbit P10 = P1^0;
sbit P00 = P0^0;
sbit P06 = P0^6;
sbit P07 = P0^7;
sbit P20 = P2^0;
sbit P21 = P2^1;

void Dey_Ysh(unsigned int nN);
//-----------------------------------------
void main()
{
        uchar chReadDispD[7];
        P10 = 0;
        JCM12864M_INIT();                          //初始化 jcm12864m 显示器

        SEND_NB_DATA_12864M(0x82,"博圆电子称",10);
        SEND_NB_DATA_12864M(0x90,"重量:",6);
        SEND_NB_DATA_12864M(0x88,"单价:0.00 元",12);
        SEND_NB_DATA_12864M(0x98,"合计:0.00 元",12);

        INIT_ad7705b();                            //初始化器件 AD7705

        while(1)
        {
          P10 = ~P10;
          P00 = ~P00;

          Disp_READ_ad7705b(chReadDispD);          //有 7 个显示码
```

```
            SEND_NB_DATA_12864M(0x93,chReadDispD,6);

            Dey_Ysh(3);
        }

}
//---------------------------------
//延时子程序
//---------------------------------
void Dey_Ysh(unsigned int nN)
{
    unsigned int a,b,c;
    for(a = 0;a<nN;a ++ )
      for(b = 0;b<100;b ++ )
        for(c = 0;c<100;c ++ );

}
//----------------------------------------------------------------------
//**********************************************************************
```

详细代码见"网上资料\参考程序\程序模板应用编程\课题 10 AD7705 变送器"的应用。

## 2. 任务②

实现简易电子称功能。

### (1) 数字按键代码的编写

代码如下：

```
//**********************************************************************
//文件功能:4×4 按键模板程序库
//文件名:key_4×4keytemp.h
//操作说明:使用时直接在各按键的执行函数中加入功能代码即可
//----------------------------------------------------------------------
#include <stdlib.h>                             //加入字符转换为整型或浮点函数
#include <intrins.h>                            //左右移位函数在这个文件中包含
#define uchar unsigned char                     //映射 uchar 为无符号字符
#define uint  unsigned int                      //映射 uint 为无符号整数

uchar bdata bbACC;
sbit bbACC4 = bbACC^4;
uchar cKey = 0xFE;
uchar bdata bKey;                               //申请一个位变量,用于按位处理
sbit bKey3 = bKey^3;                            //定义高位第 7 位作位判断之用

uchar xdata cReadKey[8];                        //用于装入按键值
uchar xdata disp[7];
unsigned char chCount = 0,chCountlod;           //按键次数计数
```

```
float fReadKey = 0.0;
bit bCtrl,bCtrl2;
//--------------------------------------------------------
//名称:Init_key()
//功能:初始化按键值
//入口参数:无
//出口参数:无
//--------------------------------------------------------
void Init_key()
{
  unsigned int a = 0;
  for(a = 0;a<8;a++)
  cReadKey[a] = 0x00;
  chCount = 0;
  fReadKey = 0.0;
  chCountlod = 0;
  bCtrl = 0;
  bCtrl2 = 0;
}
//--------------------------------------------------
//以下是16个按键执行函数
//--------------------------------------------------
//第1键
void Key1()
{ //请在此处加入执行代码
    if(chCount>7)return;
    cReadKey[chCount] = '0';
    chCount++;
    chCountlod = chCount;
    bCtrl = 1;
}
//------------------------------------------------
//第2键
void Key2()
{//请在此处加入执行代码
    if(chCount>7)return;
    cReadKey[chCount] = '1';
    chCount++;
    chCountlod = chCount;
    bCtrl = 1;
}
//------------------------------------------------
//第3键
void Key3()
{//请在此处加入执行代码
```

```
    if(chCount>7)return;
    cReadKey[chCount] = '2';
    chCount ++ ;
    chCountlod = chCount;
    bCtrl = 1;
}
//-----------------------------------------
//第 4 键
void Key4()
{//请在此处加入执行代码
    if(chCount>7)return;
    cReadKey[chCount] = '3';
    chCount ++ ;
    chCountlod = chCount;
    bCtrl = 1;
}
//-----------------------------------------
//第 5 键
void Key5()
{//请在此处加入执行代码
    if(chCount>7)return;
    cReadKey[chCount] = '4';
    chCount ++ ;
    chCountlod = chCount;
    bCtrl = 1;
}
//-----------------------------------------
//第 6 键
void Key6()
{//请在此处加入执行代码
    if(chCount>7)return;
    cReadKey[chCount] = '5';
    chCount ++ ;
    chCountlod = chCount;
    bCtrl = 1;
}
//-----------------------------------------
//第 7 键
void Key7()
{//请在此处加入执行代码
    if(chCount>7)return;
    cReadKey[chCount] = '6';
    chCount ++ ;
    chCountlod = chCount;
    bCtrl = 1;
```

```
}
//----------------------------------------
//第 8 键
void Key8()
{//请在此处加入执行代码
   if(chCount>7)return;
    cReadKey[chCount] = '7';
    chCount ++ ;
    chCountlod = chCount;
    bCtrl = 1;
}
//----------------------------------------
//第 9 键
void Key9()
{ //请在此处加入执行代码
    if(chCount>7)return;
    cReadKey[chCount] = '8';
    chCount ++ ;
    chCountlod = chCount;
    bCtrl = 1;
}
//----------------------------------------
//第 10 键
void Key10()
{//请在此处加入执行代码
   if(chCount>7)return;
    cReadKey[chCount] = '9';
    chCount ++ ;
    chCountlod = chCount;
    bCtrl = 1;
}
//----------------------------------------
//第 11 键
void Key11()
{//请在此处加入执行代码
   if(chCount>7)return;
    cReadKey[chCount] = '.';
    chCount ++ ;
    chCountlod = chCount;
    bCtrl = 1;
}
//----------------------------------------
//第 12 键 ←（退格）
void Key12()
{//请在此处加入执行代码
```

```
    if(chCount>7)return;
     chCount--;
     cReadKey[chCount] ='';
     bCtrl = 1;
}
//---------------------------------------
//第 13 键    =
void Key13()
{//请在此处加入执行代码
    float sum,sum2;
    uint nSum,WB;

    fReadKey = atof(cReadKey);          //将字符数组转换为浮点型数据
    sum2 = nPData2/500;                 //换成斤计算这是人们的习惯或用千克计算
    sum = sum2* fReadKey;               //质量乘上单价得出钱
    //下面是显示处理
    nSum = sum*100;                     //保留小数点后面两位

    disp[6] = nSum%10;
    WB = nSum/10;
    disp[5] = WB%10;
    WB = WB/10;
    //[4] 用于存入小数点
    disp[4] = 0x2E;                     //小数点
    disp[3] = WB%10;
    WB = WB/10;
    disp[2] = WB%10;
    WB = WB/10;
    disp[1] = WB%10;
    WB = WB/10;
    disp[0] = WB%10;
    WB = WB/10;

    //将数据加 30 变为可显示用的 ASCII 码
    disp[0] |= 0x30;
    disp[1] |= 0x30;
    disp[2] |= 0x30;
    disp[3] |= 0x30;
    disp[5] |= 0x30;
    disp[6] |= 0x30;

    //显示计算的结果
    bCtrl2 = 1;
}
//---------------------------------------
```

```
//第 14 键
void Key14()
{//请在此处加入执行代码

}
//------------------------------------------
//第 15 键
void Key15()
{//请在此处加入执行代码

}
//------------------------------------------
//第 16 键
void Key16()
{//请在此处加入执行代码
    Init_key();
    bCtrl = 1;

}
//------------------------------------------------------------
//名称:Key4x4Input()
//功能:键值处理函数
//入口参数:chKey[用于传送键值]
//出口参数:无
//------------------------------------------------------------
void Key4x4Input(uchar chKey)
{
    switch(chKey)
    {
        case 0xEE:Key1();break;
        case 0xDE:Key2();break;
        case 0xBE:Key3();break;
        case 0x7E:Key4();break;

        case 0xED:Key5();break;
        case 0xDD:Key6();break;
        case 0xBD:Key7();break;
        case 0x7D:Key8();break;

        case 0xEB:Key9();break;
        case 0xDB:Key10();break;
        case 0xBB:Key11();break;
        case 0x7B:Key12();break;

        case 0xE7:Key13();break;
```

```
        case 0xD7:Key14();break;
        case 0xB7:Key15();break;
        case 0x77:Key16();break;

    }

}
//----------------------------------------------------------------
//名称:Key_4x4KeySearch()
//功能:用于搜索按键或用于发现按键
//入口参数:ucPx取值范围为0x00～0x03,用于表示P0～P3,即0x00表示P0,
//         0x01表示P1,0x02表示P2,0x03表示P3 4×4键盘所在的位置
//出口参数:无
//--------------------------------------------------
void Key_4x4KeySearch(unsigned char ucPx)
{
        uchar chkey;
        uchar nJk = 0,nJk2 = 5;

        if(ucPx == 0x00)
        { P0 = cKey;                          //4×4键盘发送探测码如11111110
          while(nJk2 --);                     //延时10 μs
          bbACC = P0;
          chkey = P0;}
         else if(ucPx == 0x01)
         { P1 = cKey;                         //4×4键盘发送探测码如11111110
           while(nJk2 --);                    //延时10 μs
           bbACC = P1;
           chkey = P1;}
          else if(ucPx == 0x02)
          { P2 = cKey;                        //4×4键盘发送探测码如11111110
            while(nJk2 --);                   //延时10 μs
            bbACC = P2;
            chkey = P2;}
           else if(ucPx == 0x03)
           { P3 = cKey;                       //4×4键盘发送探测码如11111110
             while(nJk2 --);                  //延时10 μs
             bbACC = P3;
             chkey = P3;}

        for(nJk = 0;nJk<0x04;nJk ++)
        {
            //循环判断是否有键接下,如有键按下,Px.4、Px.5、Px.6、Px.7必有一个引脚为0
              //x为0～3
              if(bbACC4 == 0)
```

```
        { //chkey = P1;
            Key4x4Input(chkey);
            break;                  //发现按键,就跳出内循环
        }
        else
         bbACC = _cror_(bbACC,1);

        }


    bKey = cKey;                    //读出探测码用于判断
    if(! bKey)cKey = 0xFE;          //判断探测码是否到了低 3 位,即 11110111
     else cKey = _crol_(cKey,1);    //否则左移一位,要移动的值有 11111110,11111101
                                    // 11111011,11110111

}
//------------------------------------------------------------------
```

**(2) 主程序代码**

```
//*******************************************************************
//文件名:ad7705b.h
//功能:用于显示读出的压力值
//------------------------------------------------------------------
#include "reg51.h"
#include "jcm12864m.h"
#include "ad7705b.h"
#include "time1_temp.h"
#include "key_4×4keytemp.h"

sbit P10 = P1^0;
sbit P00 = P0^0;
sbit P06 = P0^6;
sbit P07 = P0^7;
sbit P20 = P2^0;
sbit P21 = P2^1;

void Dey_Ysh(unsigned int nN);
//-------------------------------------------
void main()
{
        uchar idata chReadDispD[7];
        P10 = 0;
        JCM12864M_INIT();              //初始化 JCM12864M 显示器

        SEND_NB_DATA_12864M(0x82,"博圆电子称",10);
        SEND_NB_DATA_12864M(0x90,"质量:",6);
        SEND_NB_DATA_12864M(0x88,"单价:0.00",10);
```

```
        SEND_NB_DATA_12864M(0x98,"合计:0.00",10);

        INIT_ad7705b();                        //初始化器件 AD7705
        Init_key();                            //初始化按键值
        //初始化定时器 1 为 300 ms,使用 11.059 2 MHz 晶振
        InitTime1Length(11.0592,200);

        while(1)
        {
         // P10 = ~P10;
          P00 = ~P00;

          Disp_READ_ad7705b(chReadDispD);    //有 7 个显示码

          SEND_NB_DATA_12864M(0x93,chReadDispD,7);

          if(bCtrl)
          { bCtrl = 0;
            SEND_NB_DATA_12864M2(0x8B,cReadKey,chCount);
          }
          if(bCtrl2)
          { bCtrl2 = 0;
            SEND_NB_DATA_12864M2(0x9B, disp,7);
          }

          Dey_Ysh(3);
        }

}
//----------------------------------
//功能:定时器 1 的定时中断执行函数
//----------------------------------
void T1_Time1()
{   //请在下面加入用户代码

    P10 = ~P10;                                //程序运行指示灯
    //扫描键盘
   Key_4x4KeySearch(0x00);                     //4×4 键盘挂在 P0 口上

}
//------------------------------
//延时子程序
//------------------------------
void Dey_Ysh(unsigned int nN)
{
```

```
    unsigned int a,b,c;
    for(a = 0;a<nN;a++)
      for(b = 0;b<100;b++)
        for(c = 0;c<100;c++);

}
//---------------------------------------------------------------------
//*********************************************************************
```

详细代码见“网上资料\参考程序\程序模板应用编程\课题 10 AD7705 变送器的应用”。

AD7705 16 位模/数转换器在工业上得到广泛的运用。认真地学习可以在工程设计中如鱼得水。

## 作业与思考

本课题没有安排作业，请认真完善任务②。

## 编后语

又逢夏日暑期，炎炎的烈日高悬。努力拼搏又一年。去年暑期完成了 CorteX－M3 的学习与写作。今年暑期也只有完成这一本书的编写了。

# 课题 11　ISD1700 系列语音模块在 80C51 内核单片机工程中的运用

## 实验目的

了解和掌握 ISD1700 系列语音芯片的原理与使用方法，学习程序模板的组装与运用。

## 实验设备

① 30 W 烙铁 1 把，数字万用表 1 个；

② PC 机 1 台；

③ 开发软件 TKStudio 集成开发平台（周立功公司开发）和 Keil C51（Keil 公司开发）1 套；

④ 烧录软件 Flash Magic 下载线（NXP 公司开发）1 套，9 芯串行通信线 1 根。

## 实验器件

P89V51Rxx_CPU 模块 1 块，串行通信模块 1 块，ISD1730 模块 1 块，ZY1730 模块 1 块。

## 工程任务

① 通过单片机挂接引脚按键控制 ISD1700 芯片录音和放音。

② 实施分段录音和放音。

③ ISD17240在语音多报表中的应用。

## 工程任务的理解

在人类世界有时候声音比视觉更好,一个好的工程没有声音好像缺了点什么。所以声音的运用在工程设计中也是必不可少的。学习应用语言芯片也是一门必修课。本课题出了3个任务,是从基础到应用,任务③是我们技师学院的同学们为南华大学同学做的毕业设计,其中就用到语音报数。

## 工程设计构想

### 1. 硬件设计方框图

硬件样式设计图如图K11-1所示。

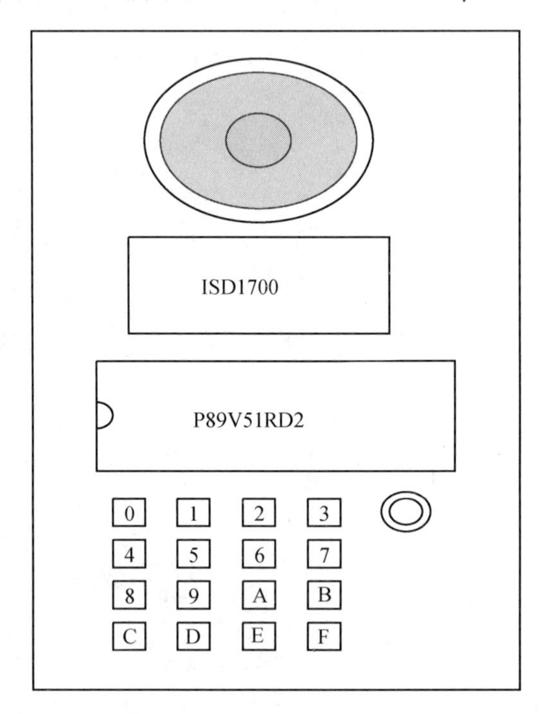


**图K11-1 硬件制作样式图**

### 2. 软件设计方框图

工程程序构思与协调控制任务分工图请读者自己绘制。

## 所需外围器件资料

ISD1700是2007年初上市的新的芯片。所以当时本人听说有新的语音芯片出来,就将其加入了《单片机外围接口电路与工程实践》一书中,今日在本课题中再一次提到是因为有两方面的原由,一是本书用的是C语言编程,二是本书想将前一书没有讲到的地方加入补充。再次说明的是,本书是《单片机外围接口电路与工程实践》一书的续集,在一套书中不想有太多的重复,我希望在我写的书中,加入更多的新内容。

下面将对前一书没有讲到的地方加入补充。

### 1. 模拟通道配置(APC)

ISD1700 的模拟通道可配置为多种信号通道。包括录音信号源,输入信号的混音,输入到输出信号的播放混音,直通信号到输出信号。

当前模拟通道配置由器件的内部状态、$\overline{FT}$的状态和 APC 寄存器的内容综合决定。一旦上电复位或执行其他方式的复位后,APC 寄存器由内部非易失性配置 NVCFG 位初始化。使用 SPI 命令可以读取或装载 APC 寄存器。NVCFG 位〈D10:D0〉出厂的默认设置为 100 0100 0000=0x440。这使得器件配置为:录音通过 MIC 输入,$\overline{FT}$通过 AnaIn 输入,从 MLS(多电平存储器)中播放,SE 编辑特性使能,最大音量电平,有效的 PWM 驱动器和 AUD 电流输出。我们可以使用 SPI 命令来修改 APC 寄存器,并将它永久性地存储到 NVCFG 中。

#### (1) APC 寄存器

APC 寄存器共 12 个位,各位的详细说明如表 K11-1 所列。

**表 K11-1 APC 寄存器**

| 位 号 | 名 称 | 描 述 | 默认值 |
|---|---|---|---|
| D2:D0 | VOL0<br>VOL1<br>VOL2 | 音量控制位〈D2:D0〉:这些位提供 8 档音量调节,每档−4 dB,每个位改变一挡音量,其中 000=最大音量,111=最小音量 | 000(最大值) |
| D3 | 监听输入 | 录音期间在输出端监听输入信号。<br>D3=0 为在录音期间关闭输入信号到输出信号;<br>D3=1 为在录音期间启用输入信号到输出信号 | 0=关闭监听输入 |
| D4 | 混合输入 | 在独立模式下,该位与$\overline{FT}$结合;在 SPI 模式下,该位与 SPI−FT 位(D6)结合,D4 控制录音的输入选择。<br>D4=0,如果 FT/D6 位=0,则设 Analn REC(录入);如果 FT/D6 位=1,则设 Mic REC(录入);<br>D=1,如果 FT/D6 位=0,则设(Mic+Analn) REC(录入);如果 FT/D6 位=1,则设 Mic REC(录入) | 0=关闭混合输入 |
| D5 | SE−编辑 | 在独立模式下,启用或关闭音效编辑:D5=0 为启用,D5=1 为关闭 | 0=开启<br>1=关闭 |
| D6 | SPI−FT | 只用于 SPI 模式。一旦 SPI-PU 命令被发送,FT 被关闭且被具有相同功能的控制位 D6 代替。通过 PD 指令退出 SPI 模式后,FT 继续控制直通(FT)功能。<br>D6=0, FT 功能在 SPI 模式下开启;<br>D6=1, FT 功能在 SPI 模式下关闭 | 1=SPI-FT 关闭 |
| D7 | 模拟输出:<br>AUD/AUX | 选择 AUD 还是 AUX,0=AUD,1=AUX | 0=AUD |
| D8 | PWM SPK | PWM 扬声器+/−输出:0=开启,1=关闭 | 0=PWM 开启 |
| D9 | PU 模拟输出 | 上电模拟输出:0=开启,1=关闭 | 0=开启 |
| D10 | vAlert | vAlert:0=开,1=关 | 1=关 |

续表 K11－1

| 位　号 | 名　称 | 描　　述 | 默认值 |
|---|---|---|---|
| D11 | EOM Enable | 用于 SET_PLAY 操作的 EOM Enable：0＝关闭，1＝开启。当该位被设置为 1 时，SET_PLA 操作停止在 EOM 位置而不是结束地址 | 0＝关闭 |

**(2) 器件模拟通道配置**

表 K11－2 列出了 ISD1700 可以实现的模拟通道配置。器件处于掉电、上电、录音、播放还是直通模式，取决于按钮或有关的 SPI 命令请求的操作。这些状态中每个有效通道由 APC 寄存器的 D3 和 D4 位决定，同样也由 SPI 模式下 APC 寄存器的 D6 位决定或独立模式下的 $\overline{\text{FT}}$状态决定。另外，APC 寄存器的 D7～D9 决定哪些输出驱动器被激活。

**表 K11－2　操作通道**

| APC 寄存器 | | | 操作通道 | | |
|---|---|---|---|---|---|
| D6/FT | D4 混合 | D3 监听 | 空　闲 | 录　音 | 播　放 |
| 0 | 0 | 0 | Analn FT | Analn Rec | (Analn＋MLS)→O/P |
| 0 | 0 | 1 | Analn FT | Analn Rec ＋ Analn FT | (Analn＋MLS)→O/P |
| 0 | 1 | 0 | (Mic＋Analn) FT | (Mic＋Analn) Rec | (Analn＋MLS)→O/P |
| 0 | 1 | 1 | (Mic＋Analn) FT | (Mic＋Analn) Rec ＋ (Mic＋Analn) FT | (Analn＋MLS)→O/P |
| 1 | 0 | 0 | FT 关闭 | Mic Rec | MLS→O/P |
| 1 | 0 | 1 | FT 关闭 | Mic Rec ＋ Mic FT | MLS→O/P |
| 1 | 1 | 0 | FT 关闭 | Mic Rec | MLS→O/P |
| 1 | 1 | 1 | FT 关闭 | Mic Rec ＋ Mic FT | MLS→O/P |

## 2. SPI 操作模式

通过一个四线（SCLK，MOSI，MISO，$\overline{\text{SS}}$）SPI 接口来实现对 ZY1700 的串行通信。ZY1700 作为一个外设从机，几乎所有操作都可以通过这个 SPI 接口来完成。为了兼容独立按键模式，一些 SPI 命令：PLAY、REC、ERASE、FWD、RESET 和 GLOBAL_ERASE 的运行对相应于独立按键模式的操作。另外，SET_REC 和 SET_PLAY，SET_ERASE 命令允许用户指定录音、放音和擦除的开始和结束地址。此外，还有一些命令可以访问 APC 寄存器来设置芯片的模拟输入方式等。ISD1700 引脚排列如图 K11－2 所示。

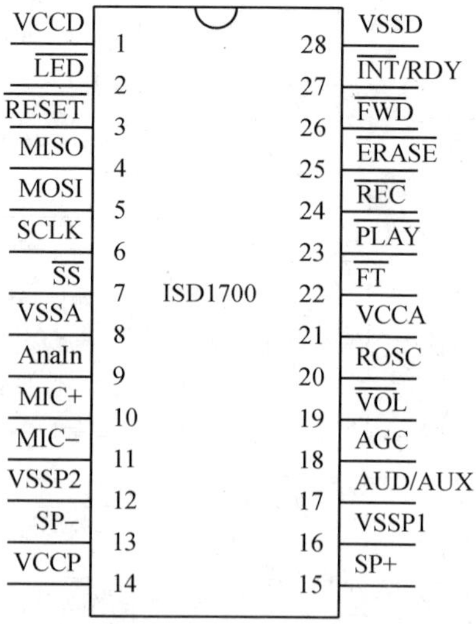

ISD1700

| | | | |
|---|---|---|---|
| VCCD | 1 | 28 | VSSD |
| $\overline{\text{LED}}$ | 2 | 27 | $\overline{\text{INT}}$/RDY |
| $\overline{\text{RESET}}$ | 3 | 26 | $\overline{\text{FWD}}$ |
| MISO | 4 | 25 | $\overline{\text{ERASE}}$ |
| MOSI | 5 | 24 | $\overline{\text{REC}}$ |
| SCLK | 6 | 23 | $\overline{\text{PLAY}}$ |
| $\overline{\text{SS}}$ | 7 | 22 | $\overline{\text{FT}}$ |
| VSSA | 8 | 21 | VCCA |
| Analn | 9 | 20 | ROSC |
| MIC+ | 10 | 19 | $\overline{\text{VOL}}$ |
| MIC− | 11 | 18 | AGC |
| VSSP2 | 12 | 17 | AUD/AUX |
| SP− | 13 | 16 | VSSP1 |
| VCCP | 14 | 15 | SP+ |

图 K11－2　ISD1700 引脚图

**(1) SPI 接口综述**

ISD1700 通过 SPI 串行接口所遵循的操作协议如下：

① 一个 SPI 处理开始于$\overline{\text{SS}}$引脚的下降沿。

② 在一个完整的 SPI 指令传输周期，$\overline{SS}$引脚必须保持低电平。

③ 数据在 SCLK 上升沿被锁存到芯片的 MOSI 引脚，在 SCLK 的下降沿从 MISO 引脚输出，并首先移出低位(也就是低位在前)。

④ SPI 指令操作码包括命令字节，数据字节和地址字节，这些决定了 ISD1700 的指令。

⑤ 当命令字节及地址数据输入到 MOSI 引脚时，同时状态寄存器和当前行地址信息从 MISO 引脚移出(这一数据传输过程是典型 SPI 同步串行通信过程，P89V51RD2 内带的 SPI 通信就是这种形式)。

⑥ 一个 SPI 处理在$\overline{SS}$变高后结束。

⑦ 在完成一个 SPI 命令的操作后，会启动一个中断信息，并且持续保持为低，直到芯片收到 CLR_INT 命令或者芯片复位。

**1) SPI 数据格式**

表 K11-3 描述了 SPI 数据的格式。指令数据以数据队列的形式从 MOSI 线移入芯片，第一个移入的字节是命令字节，这个字节决定了紧跟其后的数据类型。与此同时，芯片状态以及当前行地址信息以数据队列的方式通过 MISO 被返回到主机。

**表 K11-3　SPI 数据的格式**

| 通信线 | 第 1 个字节 | 第 2 个字节 | 第 3 个字节 | 第 4 个字节 | 第 5 个字节 | 第 6 个字节 | 第 7 个字节 |
|---|---|---|---|---|---|---|---|
| MOSI | 命令 | 数据 1 | 数据 2 或开始地址 1 | 数据 3 或开始地址 2 | 结束地址 1 | 结束地址 2 | 结束地址 3 |
| MISO | SR0 低位字节 | SR0 高位字节 | 数据 1 或 SR0 低位字节 | 数据 2 或 SR0 高位字节 | SR0 低位字节 | SR0 高位字节 | SR0 低位字节 |

**2) MOSI 数据类型**

MOSI 是 SPI 接口的“主机输出从机接收”线。数据在 SCLK 线的上升沿锁存到芯片，并且低位首先移出。ISD1700 的 SPI 指令格式依赖于命令类型，根据不同类型的命令，指令可能是 2B，也可能多达 7B。送到芯片的第一个字节是命令字节，这个字节确定了芯片将要完成的任务。其中命令字节的 C4(字节的高 4 位的第 1 位)确定 LED 功能是否被激活。当 C4=1，LED 功能被开启。功能开启后，每一个 SPI 指令启动后，LED 灯会闪亮一下。在命令结束之后，与之相关联的数据字节有可能包括对用来存储信息进行精密操作的起始和结束地址。多数指令为 2B，需要地址信息的指令则为 7B。例如 LD_APC 指令为 3B，在其中的第 2 个和第 3 个字节是指令的数据字节。有两种 11 位地址的设置，即〈S10:S0〉和〈E10:E0〉，作为二进制地址的存放位置。芯片存储地址从第一个提示音地址 0x000 开始计算，但是 0x000～0x00F 地址平均保留给 4 个提示音。从 0x010 地址开始，才是非保留的存储区域，即真正的录音区。

**3) MISO 数据格式**

MISO 线为“主机接收从机发送”线，数据在 SCLK 的下降沿从 MISO 引脚输出，并且低位首先移出。对应每一个指令，MISO 会伴随着指令码的输入，在前 2 个字节返回芯片当前状态和行地址信息〈A10:A0〉，而 RD_STATUS、RD_PLAY_PNTR、RD_APC 这些命令会在前 2 个字节之后产生额外的信息。

在输出信息中，第 1 个字节的状态位提供了重要信息，该信息标明了上一个 SPI 命令发送后的结果。例如，第 1 个字节中的 0 位(CMD_ERR)用来指示芯片是否接收了上一个 SPI 命令。而〈A10：A0〉地址位则给出了当前地址。第 1 和第 2 个数据字节的内容取决于上一个 SPI 命令。第 5 个～第 7 个字节则是重复 SR0 状态寄存器的内容。图 K11－3 是 ISD1700 的 SPI 通信时序图。

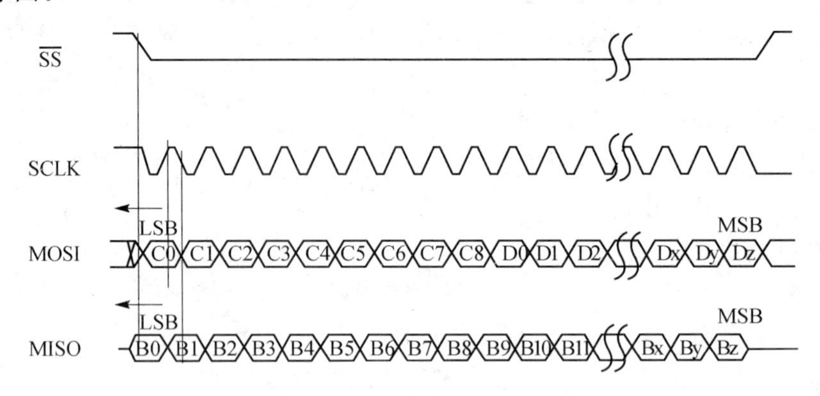


**图 K11－3　SPI 数据传输格式**

**(2) ISD1700 系列芯片的 SPI 命令总览**

SPI 命令提供了比按键模式更多的控制功能，有以下几种命令：

**1) 优先级命令**

在任何时候都可以接收而且不受器件状态干扰的命令有：PU、STOP、PD、RD_STATUS、RD_INT、DEVID、RESET。

**2) 循环记忆命令**

使能/禁止各种配置路径，装载/写入 APC 和 NVCFG 寄存器等命令有：

RD _APC、WR_APC、WR_NVCFG、LD_NVCFG、CHK_MEM。

**3) 直接内存存取命令**

以开始地址和结束地址的执行操作目标的命令有：SET_ERASE、SET_REC、SET_PLAY。

一个 SPI 命令中总是包含一个命令字节。命令字节中的 BIT4 位(LED)是具有特殊用途的。这个 BIT4 位可以控制 LED 的输出。如果使用者想要开启这个操作 LED 的功能，那么所有的 SPI 命令字节都要将这个 BIT4 位置 1。

在 SPI 模式下，存储位置都可以通过行地址很容易地进行访问。主控单片机可以访问任何行地址，包括存储 SE 音效的行地址(0x000～0x00F)。像 SET_PLAY、SET_REC 和 SET_ERASE 这些命令需要一个精确的起始地址和结束地址。如果开始地址和结束地址相同，那么 ISD1700 将只在这一行进行操作。SET_ERASE 操作可以精确地擦除在起始地址和结束地址间的所有信息。SET_REC 操作从起始地址开始录音，并结束于结束地址，并且在结束地址自动加上 EOM 标志。同理，SET_PLAY 操作从起始地址播放语音信息，在结束地址停止播放。

另外，SET_PLAY、SET_REC 和 SET_ERASE 命令有一个先入先出(FIFO)的缓存器，只有在相同类型的 SET 命令下才有效。也就是说 SET_PLAY 在 SET_ERASE 之后将不能利用这个缓冲器，并且这是一个错误的命令，SR0 中的 COM_ERR 位将被置 1。当芯片准备好接收第 2 个 SPI 命令时，在 SR1 中的 RDY 位将置 1。同样，在操作完成时会输出一个中断。例如，如果两个连续但带有两种不同地址的 SET_PLAY 命令被正确发送后，此时 FIFO 缓存器装满。完成第一个语音信息的播放后，第一个 SET_PLAY 操作会遇到一个 EOM，这时不会像一般遇到 EOM 时自动 STOP，而是继续执行第 2 个 SET_PLAY 命令，芯片将播放第 2 个语音信息。这个动作将最小化任意两个录音信息之间潜在的停留时间，而且使芯片平滑地连接两个独立的信息。如果想要得到单一存储器组织，可以用 PLAY、REC 和 ERASE 命令，与 REC、PLAY 和 ERASE 按键命令功能相似。

**(3) 从 SPI 模式到按键模式转换**

从 SPI 模式到按键模式转换时，器件的循环存储结构要考虑到以下几点：

① SPI 模式创建的消息排列必须与循环存储结构匹配。

② 器件必须在退出 SPI 模式之前或之后且在按键模式操作之前执行 RESET，否则在按键操作时会出问题，并且 LED 将会闪烁 7 次。当发生这种情况时，需要恢复存储结构。

**(4) ISD1700 设备寄存器**

有几个寄存器返回了 ISD1700 器件的内部状态。以下内容表述了每一个寄存器以及存储方式。

**1) 状态寄存器(SR0)**

状态寄存器 SR0 是由 2B 数据组成，并由 MISO 线返回。它包括 5 个状态位(即 D4:D0)以及 11 个地址位(即 A10:A0)。表 K11-4 描述了状态寄存器 0 的状态位，表 K11-5 描述了它的各位功能。

**表 K11-4 状态寄存器 0 的位描述**

寄存器名：SR0；位数：16 位；读/写类型：读

| 第 1 个字节 L | 位序 | D7 | D6 | D5 | D4 | D3 | D2 | D1 | D0 |
|---|---|---|---|---|---|---|---|---|---|
| | 名称 | A2 | A1 | A0 | INT | EOM | PU | FULL | CMD_ERR |
| 第 2 个字节 H | 位序 | D15 | D14 | D13 | D12 | D11 | D10 | D9 | D8 |
| | 名称 | A10 | A9 | A8 | A7 | A6 | A5 | A4 | A3 |
| 描述 | | 器件状态寄存器 0 | | | | | | | |
| 访问 | | 在 MISO 端每个 SPI 命令的开始两个字节返回 SR0 | | | | | | | |

**表 K11-5 状态寄存器 0 的各位功能描述**

| | 位编号 | 位名称 | 描 述 |
|---|---|---|---|
| 第 1 个字节 | 7 | A2 | 当前行地址位 2 |
| | 6 | A1 | 当前行地址位 1 |
| | 5 | A0 | 当前行地址位 0 |

续表 K11－5

| | 位编号 | 位名称 | 描　述 |
|---|---|---|---|
| 第 1 个字节 | 4 | INT | 当前操作完成时该位置 1，可被 CLR_INT 清除 |
| | 3 | EOM | 当检测到 EOM 时该位置 1，可被 CLR_INT 清除 |
| | 2 | PU | 当器件工作在 SPI 模式且上电时，该位置 1 |
| | 1 | FULL | 当该位为 1 时，说明存储器已满，这意味着不能再录音，除非擦除旧的信息。该位只有在用按键录音和擦除时才有效 |
| | 0 | CMD_ERR | 该位置 1 时说明前一条 SPI 指令无效，如果微控制器发送了少于 5B 的行地址，SPI 指令将会被解码，而不是被忽略 |
| 第 2 个字节 | 15:8 | A15:A8 | 当前行地址 15～8 位 |

**2）状态寄存器(SR1)**

表 K11－6 描述了状态寄存器的状态位，表 K11－7 描述了它的各位功能。

**表 K11－6　状态寄存器 1 的位描述**

寄存器名:SR1；位数:8 位；读/写类型:读

| 位　序 | D7 | D6 | D5 | D4 | D3 | D2 | D1 | D0 |
|---|---|---|---|---|---|---|---|---|
| 名　称 | SE4 | SE3 | SE2 | SE1 | REC | PLAY | ERASE | RDY |
| 描　述 | 器件状态寄存器 1 | | | | | | | |
| 访　问 | RD_STATUS 命令，〈D7～D0〉是 MISO 的第 3 个字节 | | | | | | | |

**表 K11－7　状态寄存器 1 的各位功能描述**

| 位编号 | 位名称 | 描　述 |
|---|---|---|
| 7 | SE1 | 音效 1 录音时该位为 1，当擦除时为 0 |
| 6 | SE2 | 音效 2 录音时该位为 1，当擦除时为 0 |
| 5 | SE3 | 音效 3 录音时该位为 1，当擦除时为 0 |
| 4 | SE4 | 音效 4 录音时该位为 1，当擦除时为 0 |
| 3 | REC | 该位为 1 时表示当前操作正在录音 |
| 2 | PLAY | 该位为 1 时表示当前操作正在放音 |
| 1 | ERASE | 该位为 1 时表示当前操作正在擦除 |
| 0 | RDY | 在按键模式下，RDY＝1 说明器件准备接收命令在 SPI 模式，如果 RDY＝1 说明 SPI 准备接收新命令，例如，REC、PLAY、ERASE。如果 RDY＝0，说明器件正忙，不接收新命令，除了 RESET、CLR_INT、RD_STATUS、PD。但是录音、播放执行时将会接收 STOP 命令。如果其他命令被发送，将会被忽略，且置 CMD_ERR 为 1。对分段控制命令，RDY＝1 表示缓冲器为空，SPI 可以接收同类型的分段控制命令，如果主机发送其他命令，将被忽略且 COM_ERR 为 1，除非新命令是 RESET、CLR_INT、RD_STATUS 和 PD。同样，在 SET_PLAY 和 SET_REC 时，将会接收 STOP 命令 |

3）APC 寄存器

表 K11－8 描述了 APC 寄存器的状态位。

表 K11－8　APC 寄存器的位描述

寄存器名：APC；位数：11 位；读/写类型：读/写

| 项　目 | 说　明 |
| --- | --- |
| 位序 | 〈D11：D0〉 |
| 描述 | 模拟路径配置寄存器 |
| 访问 | 读：RD_APC；写：LD_APC |

4）播放指针寄存器

表 K11－9 描述了播放指针寄存器的状态位。

表 K11－9　播放指针寄存器的位描述

寄存器名：PLAY_PTR；位数：11 位；读/写类型：读/写

| 项　目 | 说　明 |
| --- | --- |
| 位序 | 播放指针〈A11～A0〉 |
| 描述 | 播放指针指向当前信息的开始处 |
| 访问 | 读：RD_PLAY_PTR；可被 FWD、RESET、REC 修改 |

5）录音指针寄存器

表 K11－10 描述了录音指针寄存器的状态位。

表 K11－10　录音指针寄存器的位描述

寄存器名：REC_PTR；位数：11 位；读/写类型：读/写

| 项　目 | 说　明 |
| --- | --- |
| 位序 | 录音指针〈A11～A0〉 |
| 描述 | 录音指针指向存储器中第一个可用的行 |
| 访问 | 读：RD_REC_PTR；可被 REC 修改 |

## 3. SPI 命令详述

### (1) SPI 优先权命令

这一类 SPI 命令总是被 ISD1700 接收。它们用来控制器件的启动和关闭，查询器件状态和清除中断请求。

1）PU(0x01)上电命令

该命令唤醒 ISD1700 器件，使它进入 SPI 空闲状态。在执行这条命令之后，SR0 的 PU 位和 SR1 的 RDY 位将被设置。该命令不产生中断。一旦进入 SPI 模式，由 $\overline{FT}$ 引脚输入被忽略，它的功能被 APC 寄存器的第 6 位取代。通过 PD 命令可退出 SPI 模式。命令格式如表K11－11 所列。

表 K11－11　PU 上电命令格式表

| PU | 操作码:(0x01,0x00) | | | 中断:关闭中断 | |
|---|---|---|---|---|---|
| 位序列 | MOSI | 0x01 | 0x00 | (发送线) | |
| 寄存器名 | MISO | SR0 | | (接收线) | |
| 功能描述 | 给芯片上电 | | | | |
| 执行前状态 | 掉电状态 | | | | |
| 执行后状态 | 空闲/直通状态 | | | | |
| 影响寄存器 | SR0:PU 位,SR1:RDY 位 | | | | |

**2）STOP(0x02)停止命令**

该命令用于停止当前操作。命令仅对以下操作有效:PLAY、REC、SET_PLAY 和 SET_REC。命令执行后会产生中断。如果在 ERASE、GBL_ERASE 和 SET_ERASE 操作期间发送停止命令,SR0 状态寄存器的 CMD_ERR 位被设置。如果在器件空闲的时候发送 STOP 命令,不会执行任何操作,中断也不会产生。STOP 命令格式如表 K11－12 所列。

表 K11－12　STOP 停止命令格式表

| STOP | 操作码:(0x02,0x00) | | | 中断:开启中断 | |
|---|---|---|---|---|---|
| 位序列 | MOSI | 0x02 | 0x00 | (发送线) | |
| 寄存器名 | MISO | SR0 | | (接收线) | |
| 功能描述 | 停止当前操作 | | | | |
| 执行前状态 | REC、PLAY、SET_PLAY、SET_REC | | | | |
| 执行后状态 | 空闲/直通状态 | | | | |
| 影响寄存器 | SR0:INT 位,SR1:RDY/PLAY/REC 位 | | | | |

**3）RESET(0x03)复位命令**

RESET 复位命令格式如表 K11－13 所列。

表 K11－13　RESET 复位命令格式表

| RESET | 操作码:(0x03,0x00) | | | 中断:关闭中断 | |
|---|---|---|---|---|---|
| 位序列 | MOSI | 0x03 | 0x00 | (发送线) | |
| 寄存器名 | MISO | SR0 | | (接收线) | |
| 功能描述 | 使器件复位 | | | | |
| 执行前状态 | 除 PD 以外的任意状态 | | | | |
| 执行后状态 | PD | | | | |
| 影响寄存器 | SR0,SR1,APC | | | | |

**4）CLR_INT(0x04)清除中断命令**

CLR_INT 命令用于读取器件状态以及清除中断状态和 EOM 位。操作结果是将所有中断和 EOM 位清空,同时释放 INT。命令格式如表 K11－14 所列。

表 K11-14 CLR_INT 清除中断命令格式表

| CLR_INT | 操作码:(0x04,0x00) | | 中断:关闭中断 | | |
|---|---|---|---|---|---|
| 位序列 | MOSI | 0x04 | 0x00 | 0x00 | 0x00 |
| 寄存器名 | MISO | SR0 | | SR1 | |
| 功能描述 | 读当前状态并清 INT 和 EOM 位 | | | | |
| 执行前状态 | 任意 | | | | |
| 执行后状态 | 不影响寄存器,清除 INT 位和 INT 引脚 | | | | |
| 影响寄存器 | SR0:INT 位,EOM 位 | | | | |

**5) RD_STATUS(0x05)读状态寄存器命令**

RD_STATUS 命令用于读取器件当前状态,有 3B。命令格式如表 K11-15 所列。

表 K11-15 RD_STATUS 读状态寄存器命令格式表

| RD_STATUS | 操作码:(0x05,0x00) | | 中断:关闭中断 | | |
|---|---|---|---|---|---|
| 位序列 | MOSI | 0x05 | 0x00 | 0x00 | |
| 寄存器名 | MISO | SR0 | | SR1 | |
| 功能描述 | 读状态 | | | | |
| 执行前状态 | 任意 | | | | |
| 执行后状态 | 不影响状态 | | | | |
| 影响寄存器 | 无 | | | | |

**6) PD(0x07)掉电命令**

PD 掉电命令使 ISD1700 进入断电模式,同时它将使能按键模式。如果在现行的 PLAY/REC/ERASE 操作期间发送命令,将结束当前操作,然后关闭电源。在这种情况下,该器件将发生一次中断。当退出 SPI 模式,INT/RDY 引脚状态从 INT 到 RDY 状态切换。命令格式如表 K11-16 所列。

表 K11-16 PD 掉电命令格式表

| PD | 操作码:(0x07,0x00) | | 中断:关闭中断 | | |
|---|---|---|---|---|---|
| 位序列 | MOSI | 0x07 | 0x00 | | |
| 寄存器名 | MISO | SR0 | | | |
| 功能描述 | 使器件掉电并进入待机模式 | | | | |
| 执行前状态 | 任意,如果在 REC、PLAY 或 ERASE 操作时发送该命令,器件在操作完成后进入掉电模式 | | | | |
| 执行后状态 | PD | | | | |
| 影响寄存器 | SR0:PU 位 | | | | |

**(2) 环形存储命令**

一个环形存储命令可以完成一个典型的简单操作,它类似在按键模式中相关的功能,但是它不能自动播放音效(SE)。这些命令消息地址排列遵循环形存储结构,在执行命令之前,ISD1700 首先检测存储器结构,如果同循环存储器结构不匹配,在状态寄存器 0(SR0)中的

CMD_ERR 位将被置位，并且命令不被执行。

另外，同按键命令相似，读取录音和播放指针的命令，也会检测当前的存储结构是否与环形存储结构相匹配，如果匹配，允许 SPI 主机为自己的信息管理系统而跟踪已录音消息的位置。

**1）PLAY(0x40)播放命令**

PLAY 命令从当前 PLAY_POINTER 开始播放，直到它到达 EOM 标志或者收到 STOP 命令。在播放期间，器件只响应命令 STOP、RESET、READ_INT、RD_STATUS 和 PD，如果发送其他命令，SR0 的 CMD_ERR 位将置 1。在播放过程中 SR1 的 RDY 和 PLAY 位为低。命令格式如表 K11－17 所列。

**表 K11－17　PLAY 播放命令格式表**

| PLAY | 操作码：(0x40，0x00) | | | 中断：开启中断 | |
|---|---|---|---|---|---|
| 位序列 | MOSI | 0x40 | 0x00 | | |
| 寄存器名 | MISO | SR0 | | | |
| 功能描述 | 器件从当前播放指针所指的位置开始播放 | | | | |
| 执行前状态 | 空闲 | | | | |
| 执行后状态 | 空闲 | | | | |
| 影响寄存器 | SR0，SR1：PLAY&RDY 位 | | | | |

**2）REC(0x41)录音命令**

REC 录音命令从当前录音指针处开始录音操作，当收到 STOP 命令或存储器队列已满时停止。在整个操作过程中必须保持电源供应。在录音模式中，器件只对 STOP、RESET、CLR_INT、RD_STATUS 和 PD 命令做出反应，如果发送其他命令，SR0 的 CMD_ERR 位将被置位。在录音过程中 SR1 的 RDY 和 REC 位为低。命令格式如表 K11－18 所列。

**表 K11－18　REC 录音命令格式表**

| REC | 操作码：(0x41，0x00) | | | 中断：开启中断 | |
|---|---|---|---|---|---|
| 位序列 | MOSI | 0x41 | 0x00 | | |
| 寄存器名 | MISO | SR0 | | | |
| 功能描述 | 器件从当前录音指针所指的位置开始录音 | | | | |
| 执行前状态 | 空闲 | | | | |
| 执行后状态 | 空闲 | | | | |
| 影响寄存器 | SR0，SR1：REC&RDY 位 | | | | |

**3）ERASE(0x42)擦除命令**

当播放指针在第一段或最后一段时，ERASE 命令从当前播放指针开始擦除，当到达 EOM 标识时停止。在整个操作过程中必须保障电源供电。在进行 ERASE 操作时，器件只对 RESET、CLR_INT、RD_STATUS 和 PD 命令有反应，如果其他命令被发送或放音，指针当前指向的不是第一或最后一段语音，SR0 的 CMD_ERR 位将被置位。SR1 的 RDY 和 ERASE 位在 ERASE 过程中处于低位。命令格式如表 K11－19 所列。

表 K11-19　ERASE 擦除命令格式表

| ERASE | 操作码:(0x42,0x00) | | | 中断:开启中断 | |
|---|---|---|---|---|---|
| 位序列 | MOSI | 0x42 | 0x00 | | |
| 寄存器名 | MISO | SR0 | | | |
| 功能描述 | 从当前播放指针开始擦除 | | | | |
| 执行前状态 | 空闲 | | | | |
| 执行后状态 | 空闲 | | | | |
| 影响寄存器 | SR0,SR1:ERASE&RDY 位 | | | | |

**4) G_ERASE(0x43)全局擦除命令**

G_ERASE 命令用于删除音效区(0x00～0x0F)以外的整个存储器区。完成操作后将产生一个中断。在执行 G_ERASE 命令时,器件只对 RESET、CLR_INT、RD_STATUS 和 PD 命令做出反应,如果其他命令被发送或放音指针当前指向的不是第一或最后一段语音,SR0 的 CMD_ERR 位将被置位。SR1 的 RDY 和 ERASE 位在 ERASE 过程中处于低位。命令格式如表 K11-20 所列。

表 K11-20　G_ERASE 全局擦除命令格式表

| G_ERASE | 操作码:(0x43,0x00) | | | 中断:开启中断 | |
|---|---|---|---|---|---|
| 位序列 | MOSI | 0x43 | 0x00 | | |
| 寄存器名 | MISO | SR0 | | | |
| 功能描述 | 擦除器件中的所有信息 | | | | |
| 执行前状态 | 空闲 | | | | |
| 执行后状态 | 空闲 | | | | |
| 影响寄存器 | SR0,SR1:ERASE&RDY 位 | | | | |

**5) FWD(0x48)快进命令**

FWD 命令可使播放指针从当前地址跳到下一段信息的开始地址处。不像按键模式中的 FWD,该命令不会中断当前的播放,且仅当 SPI 空闲时该命令才被执行。为了模仿按键模式的 FWD,需要一条停止(STOP)命令,后面跟 FWD 或 PLAY 命令。为了确定播放指针的位置,可以用一条 RD_PLAY_PTR 命令。命令格式如表 K11-21 所列。

表 K11-21　FWD 快进命令格式表

| FWD | 操作码:(0x48,0x00) | | | 中断:开启中断 | |
|---|---|---|---|---|---|
| 位序列 | MOSI | 0x48 | 0x00 | | |
| 寄存器名 | MISO | SR0 | | | |
| 功能描述 | 使播放指针指向下一段信息 | | | | |
| 执行前状态 | 空闲 | | | | |
| 执行后状态 | 空闲 | | | | |
| 影响寄存器 | SR0,PLAY_PTR | | | | |

#### 6) CHK_MEM(0x49)检查环形存储器

在按键模式下,CHK_MEM 命令使器件检查信息存储的序列是否按环形存储结构存储,在发送该命令之前,器件必须是上电状态且是空闲的。当信息存储序列不符合环形存储结构时,SR0 的 CMD_ERR 位置位。当该指令成功执行后,将初始化播放指针和录音指针,播放指针指向最后一段信息,录音指针指向第一段可用的存储行。用读指针命令可以确定两指针的位置,同样用 FWD 命令,可以确定下一段信息的起始地址。命令格式如表 K11-22 所列。

**表 K11-22　CHK_MEM 检查环形存储器命令格式表**

| CHK_MEM | 操作码:(0x49,0x00) | | | 中断:开启中断 | |
|---|---|---|---|---|---|
| 位序列 | MOSI | 0x49 | 0x00 | | |
| 寄存器名 | MISO | SR0 | | | |
| 功能描述 | 检测环形存储结构的有效性 | | | | |
| 执行前状态 | 空闲 | | | | |
| 执行后状态 | 空闲 | | | | |
| 影响寄存器 | SR0, PLAY_PTR,REC_PTR | | | | |

#### 7) RD_PLAY_PTR(0x06)

RD_PLAY_PTR 命令读出播放指针的地址,该地址和按键模式的播放的起始地址兼容,在发送该命令之前确定满足环形存储结构,否则数据无效。命令格式如表 K11-23 所列。

**表 K11-23　RD_PLAY_PTR 命令格式表**

| RD_PLAY_PTR | 操作码:(0x06,0x00) | | | 中断:关闭中断 | |
|---|---|---|---|---|---|
| 位序列 | MOSI | 0x06 | 0x00 | | |
| 寄存器名 | MISO | SR0 | | | |
| 功能描述 | 读当前播放指针〈A11～A0〉的位置 | | | | |
| 执行前状态 | 在 CHK_MEM 之后或空闲状态 | | | | |
| 执行后状态 | 空闲 | | | | |
| 影响寄存器 | 无 | | | | |

#### 8) RD_REC_PTR(0x08)

RD_REC_PTR 命令读出录音指针的地址,该地址和按键模式录音的起始地址兼容,在发送该命令之前确定满足环形存储结构,否则数据无效。命令格式如表 K11-24 所列。

**表 K11-24　RD_REC_PTR 命令格式表**

| RD_REC_PTR | 操作码:(0x08,0x00) | | | 中断:关闭中断 | |
|---|---|---|---|---|---|
| 位序列 | MOSI | 0x08 | 0x00 | | |
| 寄存器名 | MISO | SR0 | | | |
| 功能描述 | 读当前录音指针〈A11～A0〉的位置 | | | | |
| 执行前状态 | 在 CHK_MEM 之后或空闲状态 | | | | |
| 执行后状态 | 空闲 | | | | |
| 影响寄存器 | 无 | | | | |

**(3) 模拟配置命令**

这类命令允许 SPI 主机配置模拟特性。

**1) RD_APC(0x44)读 APC 寄存器命令**

该命令读出 APC 寄存器的内容，在发送完 SR0 之后，器件将送出 APC 的数据，该命令包含 4B。命令格式如表 K11-25 所列。

**表 K11-25　RD_APC 读 APC 寄存器命令格式表**

| RD_APC | 操作码:(0x44,0x00) | | | 中断:关闭中断 | |
| --- | --- | --- | --- | --- | --- |
| 位序列 | MOSI | 0x44 | 0x00 | 0x00 | 0x00 |
| 寄存器名 | MISO | SR0 | | APC〈7:0〉 | xxxxxAPC〈11:8〉 |
| 功能描述 | 读当前 APC 寄存器的内容 | | | | |
| 执行前状态 | 空闲 | | | | |
| 执行后状态 | 空闲 | | | | |
| 影响寄存器 | 无 | | | | |

注:ISD1700 器件使用的是 SPI 标准的同步通信，需要前方器件将数据发过来，后方机要不停地发送脉冲信号。所以在 MOSI 线上就出现了 4B 的发送工作，才能通过同步移位将要接收的数据传回来。

**2) WR_APC1(0x45)装载 APC 寄存器命令**

WR_APC1 命令可以将想要的数据装载到 APC 寄存器中，它有 3 个相关字节:第 1 个字节是命令代码，第 2 个字节是要装载到 APC 的〈D7:D0〉数据，第 3 个字节是要装载到 APC 的〈D11:D8〉数据，其中第 3 个字节的高五位被忽略。用这条命令时，音量的值是由 VOL 引脚确定的，而不是由 APC 中的 VOL 值〈D2:D0〉确定。如果器件正在执行某一条命令，如果要改变音量的大小时必须注意，否则在模拟通道会有无意识的暂停现象发生。命令格式如表 K11-26 所列。

**表 K11-26　WR_APC1 装载 APC 寄存器命令格式表**

| WR_APC1 | 操作码:(0x45,〈D7:D0〉,〈D11:D8〉) | | | 中断:关闭中断 |
| --- | --- | --- | --- | --- |
| 位序列 | MOSI | 0x45 | 〈D7:D0〉 | 〈xxxxxD11:D8〉 |
| 寄存器名 | MISO | SR0 | | SR0 的第 1 个字节 |
| 功能描述 | 装载〈D11:D0〉到 APC 寄存器，其中音量值由 VOL 引脚确定 | | | |
| 执行前状态 | 空闲 | | | |
| 执行后状态 | 空闲 | | | |
| 影响寄存器 | APC | | | |

**3) WR_APC2(0x65)装载 APC 寄存器命令**

WR_APC2 命令可以将想要的数据装载到 APC 寄存器中，它有 3 个相关字节:第 1 个字节是命令代码，第 2 个字节是要装载到 APC 的〈D7:D0〉数据，第 3 个字节是要装载到 APC 的〈D11:D8〉数据，其中第 3 个字节的高五位被忽略。用这条命令时，音量的值是由 APC 中的 VOL 值〈D2:D0〉确定的，而不是由 VOL 引脚确定。如果器件正在执行某一条命令，要改变音量的大小时必须注意，否则在模拟通道会有意想不到的暂停现象发生。命令格式如表 K11-27所列。

表 K11－27　WR_APC2 装载 APC 寄存器命令格式表

| WR_APC2 | 操作码:(0x65,〈D7:D0〉,〈D11:D8〉) | | | 中断:关闭中断 | |
|---|---|---|---|---|---|
| 位序列 | MOSI | 0x65 | 〈D7:D0〉 | 〈xxxxxD11:D8〉 | |
| 寄存器名 | MISO | SR0 | | SR0 的第 1 个字节 | |
| 功能描述 | 装载〈D11:D0〉到 APC 寄存器,其中音量值由 VOL 值〈D2:D0〉确定 | | | | |
| 执行前状态 | 空闲 | | | | |
| 执行后状态 | 空闲 | | | | |
| 影响寄存器 | APC | | | | |

**4) WR_NVCFG(0x46)写 APC 到非挥发性存储器命令**

该命令将 APC 的数据写到 NVCFG 寄存器,当器件上电或复位时,这个数据将从 NVCFG 加载到 APC 寄存器中,当器件不是空闲状态而发送了该命令时,SR0 的 CMD_ERR 位将置位。命令格式如表 K11－28 所列。

表 K11－28　WR_NVCFG 写 APC 到非挥发性存储器命令格式表

| WR_NVCFG | 操作码:(0x46,0x00) | | | 中断:关闭中断 | |
|---|---|---|---|---|---|
| 位序列 | MOSI | 0x46 | 0x00 | | |
| 寄存器名 | MISO | SR0 | | | |
| 功能描述 | 将 APC 寄存器的内容写到非挥发性存储器中 | | | | |
| 执行前状态 | 空闲 | | | | |
| 执行后状态 | 空闲 | | | | |
| 影响寄存器 | APC | | | | |

**5) WR_NVCFG(0x47)写 APC 到非挥发性存储器命令**

该命令用于将 NVCFG 的数据装载到 APC 寄存器。当器件在非空闲状态而发送了该命令时,SR0 的 CMD_ERR 位将置位。命令格式如表 K11－29 所列。

表 K11－29　WR_NVCFG 写 APC 到非挥发性存储器命令格式表

| WR_NVCFG | 操作码:(0x47,0x00) | | | 中断:关闭中断 | |
|---|---|---|---|---|---|
| 位序列 | MOSI | 0x47 | 0x00 | | |
| 寄存器名 | MISO | SR0 | | | |
| 功能描述 | 将非挥发性存储器 NVCFG 的内容装载到 APC 寄存器中 | | | | |
| 执行前状态 | 空闲 | | | | |
| 执行后状态 | 空闲 | | | | |
| 影响寄存器 | APC | | | | |

**(4) 直接存储器访问命令**

这些类型的命令允许 SPI 主机通过指定起始和结束地址,随机地访问存储器中的任意位置。在进行录音或放音操作时,下一对地址可以预装载,这样在当前操作完成时,可以无缝地跳到预装载的开始地址处进行操作。所有此类命令都需要一个开始地址和结束地址。它们的操作从开始地址处开始到结束地址结束。因为 ISD1700 内部采用环形存储结构，所以允许结束地址的值小于起始地址的值。在这种情况下 ISD1700 将环绕存储器的最后一段地址到 0x10(除去音效地址)，直到到达结束地址。如果结束地址比起始地址小，且小于 0x10，将会导致器件无限期地循环，因为结束地址无法与当前地址匹配。因此在使用此命令时一定要谨慎，同样，在访问音效地址(0x00～0x0F)时也要小心，并且音效应该单独处理。

**1) SET_PLAY(0x80)分段放音命令**

SET_PLAY 命令从起始地址开始播放操作，到结束地址停止。在 SET_PLAY 模式下，器件只响应命令 SET_PLAY、STOP、RESET、READ_INT、RD_STATUS 和 PD。如果发送其他命令，SR0 的 CMD_ERR 位将置 1。在播放到结束地址之前，SR1 的 RDY 和 PLAY 位保持为低。如果没有进一步的命令发送，播放到结束地址时停止播放操作。一旦 SR1 的 RDY 恢复为 1，其他 SET_PLAY 命令可以立即被发送。通过这样做，第二对起始和结束地址被装入一个 FIFO 缓存器，当第一段语音播放到结束地址时不会停止，而是自动地跳到第二段语音的开始地址继续播放操作。连续使用两条 SET_PLAY 命令的目的是缩小两段录音信息之间的空白时间，使两段独立的录音信息进行平滑连接。命令格式如表 K11－30 所列。

**表 K11－30　SET_PLAY 分段放音命令格式表**

| SET_PLAY | 操作码:(0x80,0x00) | | | | | 中断:关闭中断 | |
|---|---|---|---|---|---|---|---|
| 位序列 | MOSI | 0x80 | 0x00 | 〈S7:S0〉 | 〈xxxxxS11:S8〉 | 〈E7:E0〉 | 〈xxxxxE11:E8〉 |
| 寄存器名 | MISO | SR0 | | SR0 | | SR0 | |
| 功能描述 | 将非挥发性存储器 NVCFG 的内容装载到 APC 寄存器中 | | | | | | |
| 执行前状态 | 空闲 | | | | | | |
| 执行后状态 | 空闲 | | | | | | |
| 影响寄存器 | APC | | | | | | |

**2) SET_ REC(0x81)分段录音命令**

SET_REC 命令从起始地址开始录音操作，到结束地址停止。在 SET_REC 模式下，器件只响应命令 SET_REC、STOP、RESET、READ_INT、RD_STATUS 和 PD。如果发送其他命令，SR0 的 CMD_ERR 位将置 1。在录音到结束地址之前 SR1 的 RDY 和 REC 位保持为低。如果没有进一步的命令发送，录音到结束地址时停止录音操作，并写一个 EOM 标记。一旦 SR1 的 RDY 恢复为 1，其他 SET_REC 命令可以立即被发送。通过这样做，第二对起始和结束地址被装入一个 FIFO 缓存器，当第一段录音到结束地址时不会停止，也不会标记 EOM，而是自动地跳到第二段开始地址继续录音操作。在录音操作过程中电源供电不能被中断，否则将会导致器件故障。命令格式如表 K11－31 所列。

**表 K11－31　SET_ REC 分段录音命令格式表**

| SET_ REC | 操作码:(0x81,0x00) | | | | | 中断:关闭中断 | |
|---|---|---|---|---|---|---|---|
| 位序列 | MOSI | 0x81 | 0x00 | 〈S7:S0〉 | 〈xxxxxS11:S8〉 | 〈E7:E0〉 | 〈xxxxxE11:E8〉 |
| 寄存器名 | MISO | SR0 | | SR0 | | SR0 | |

续表 K11－31

| SET_ REC | 操作码:(0x81,0x00) | 中断:关闭中断 |
|---|---|---|
| 功能描述 | 根据 APC 的设置从开始地址处开始到结束地址处停止录音操作 | |
| 执行前状态 | 空闲 | |
| 执行后状态 | 空闲 | |
| 影响寄存器 | SR0 ,SR1:REC,RDY | |

**3) SET_ERASE(0x82)分段擦除命令**

SET_ERASE 命令擦除从开始地址到结束地址的区域。在 SET_ERASE 模式下,器件只响应命令 RESET、READ_INT、RD_STATUS 和 PD,如果发送其他命令,SR0 的 CMD_ERR 位将置 1。在擦除过程中 SR1 的 RDY 和 ERASE 位保持为低,直到操作完成并产生中断输出。在擦除过程中电源供电不能被中断,否则将会导致器件故障。命令格式如表 K11－32 所列。

**表 K11－32 SET_ERASE 分段擦除命令格式表**

| SET_ REC | 操作码:(0x82,0x00) | | | | | 中断:关闭中断 | |
|---|---|---|---|---|---|---|---|
| 位序列 | MOSI | 0x82 | 0x00 | 〈S7:S0〉 | 〈xxxxxS11:S8〉 | 〈E7:E0〉 | 〈xxxxxE11:E8〉 |
| 寄存器名 | MISO | SR0 | | SR0 | | SR0 | |
| 功能描述 | 从开始地址开始到结束地址的区域擦除 | | | | | | |
| 执行前状态 | 空闲 | | | | | | |
| 执行后状态 | 空闲 | | | | | | |
| 影响寄存器 | SR0 ,SR1:ERASE,RDY | | | | | | |

**(5) 编程指南**

对 ISD1700 除了理解独立按键模式的功能外,软件工程师还需要清楚每个 SPI 指令的功能和其执行方式,才能很好地控制芯片进行正常工作。以下是一些推荐步骤,仅供参考。

① “发送的指令能被芯片接收并正确执行吗?”,要想确认这一点,必须确定:

(a) 芯片准备就绪接收新的命令吗?

答:发指令前,用户可查询 SR1 的 RDY 位或 RDY/INT 引脚来确定当前芯片的状态。

(b) 命令被芯片接收了吗?

答:用户可查询 SR0 的 CMD_ERR 位来确定指令是否被正确接收。

我们可以通过 RD_STAUS 命令来完成上面所提到的问题。

② 芯片现在的执行功能是我所期望的吗?

LED 可以很好地指示当前芯片的执行功能,但在独立按键模式下默认开启的 LED 指示功能在 SPI 模式下默认是关闭的,所以用户可通过将操作码中的第 1 个字节(命令字节)的 C4 位置 1,打开此功能以便更直观看到芯片的工作状态。

③ 当前操作什么时候完成?

用户可查询 SR1 的 INT 位或 RDY/INT 引脚来确定操作是否完成。

④ 中断的特性

当某些操作完成后会产生中断，其标志位与引脚电平在收到 CLR_INT 命令之前并不改变，所以为了可以正确地监测后面的操作，在获得中断信号后应该尽快将中断标志清除。

⑤ 以下指令是没有中断回馈的：

PU、PD、RESET、CLR_INT、RD_STATUS

RD_APC、WR_APC1、WR_APC2、WR_NVCFG、LD_NVCFG

RD_PLAY_PTR、RD_REC_PTR

因为有很多命令是查询器件状态或改变器件内部设置，使用者通常会认为芯片能很快地接收并执行。如果没查询芯片状态就连续发送两个指令时，很可能会造成第 2 个指令不能执行。所以在发送了一条指令后，需查询芯片状态才能发送另一条指令。一些使用者会觉得这样太麻烦，他们宁愿插入延时来解决。但这个延时需足够才行，但需注意芯片的振荡频率由阻容电路决定，而电阻是有 5%～10%的误差的，且执行不同任务所需时间亦不同，还有一些外界的未知因素也会影响执行速度，所以不推荐使用延时方法。

**(6) 编程中的一些体会**

ISD1700 系列芯片有 30 s、60 s 和 240 s 的。新的芯片比过去的 ISD4004、ISD25120 在指令的运用方面加强了许多。在编程的实验过程中明显地感觉到 ISD1700 的系列芯片中使用的 SPI 通信，采用了标准的 P89V51RD2 中带有的硬件级的 SPI 通信。我当时用模拟的 SPI 通信，通信的时间设置出了微弱的问题，结果很难成功。后面打开英文资料认真地看时序图，原来这种芯片是完全按标准的硬件 SPI 通信协议设计的，我所讲的标准就是指同步移位串行通信。

另一个资料上讲的 RDY 位为 0 时标志着操作不成功，为 1 为操作成功。但事实上在实际编程运用时不能成功，改为 1 时操作不成功，为 0 时操作成功。这样，程序就很顺利地通过了。

按厂家提供的资料编程，一定也要考虑实际情况。

**(7) 典型应用电路**

典型应用电路在《单片机外围接口电路与工程实践》一书的课题 26 的 602 页图 K26－5 和图 K26－6 中给出，课题 29 的 664 页图 K29－8 中也给出。所以在此处不再给出。

## 工程所需程序模板

本课题需要程序模板文件如下：

- 使用定时器 1 捕捉频率值，启用模板文件〈time1_temp. h〉；
- 使用定时器 0 定时读取频率值，启用模板文件〈time0_temp. h〉；
- 使用 8 位数码管显示频率值，启用模板文件〈Nixietube_Temp8b. h〉；
- 使用 8 位按键选择频率段，启用模板文件〈key_8bkey. h〉；
- 使按键发出声音，启用模板文件〈beep_temp. h〉。

**说明：**如果制作的是实际工程，请加上看门狗模板文件〈P89v51_Wdt_Temp. h〉。

## 工程施工用图

本课题工程施工用电路图如图 K11－4 所示。

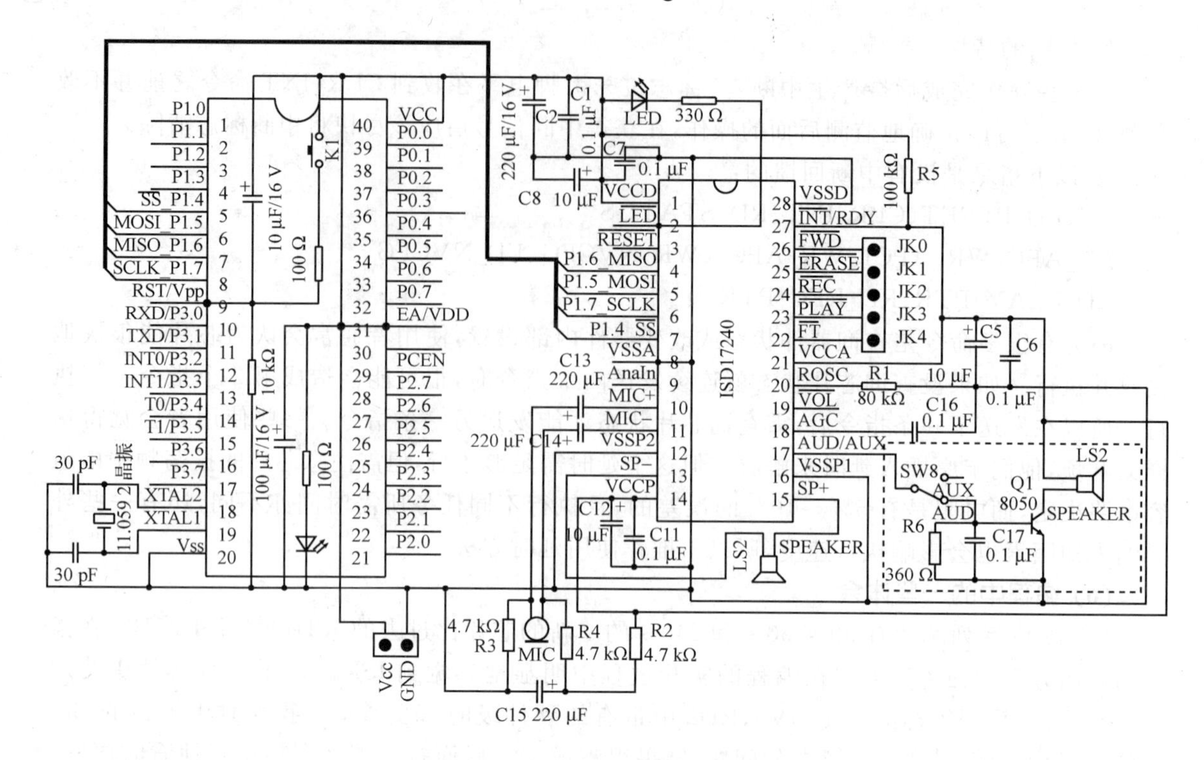

图 K11-4 课题工程施工用电路图

## 制作工程用电路板

按图 K11-4 制作硬件。本课题是使用 ISD17240 做实验，不过 ISD1700 系列的芯片使用的软件和命令是一致的。

# 本课题工程软件设计

## 创建任务用软件工程文件与组装工程程序

根据程序需要，从“网上资料\参考程序\程序模块\模板程序汇总库”下的 Temp 文件夹中复制需要的程序模板。

## 创建器件用模板文件(*.h)

**(1) 创建模板文件**

代码编写如下：

```
//****************************************************************
//文件名称:zy1730.h
//文件功能:P89V51xx  SPI 驱动程序库
//说明:ISD1700 系列芯片都可以使用
//****************************************************************
#define uchar unsigned char      //映射 uchar 为无符号字符
```

```
#define uint   unsigned int             //映射 uint  为无符号整数

sbit P06 = P0^6;

sfr SPCTL = 0xD5;                       //设置特殊寄存器(状态寄存器)
sfr SPCFG = 0xAA;                       //SPI 配置寄存器
sfr SPDAT = 0x86;                       //SPI 数据寄存器

sbit SS_V51    = P1^4;                  //映射引脚 片选脚
sbit MOSI_V51 = P1^5;                   //数据发送引脚
sbit MISO_V51 = P1^6;                   //数据接收引脚
sbit SPICLK = P1^7;                     //时钟线
bit bMrak;                              //标示号
unsigned char bdata chCFG;              //用于接状态字数据
sbit chCFG7 = chCFG^7;
uchar bdata bSR0L,bSR1L;
sbit CMD_ERR = bSR0L^0;
sbit RDY = bSR1L^0;
unsigned char chInDat[5],chOutDat[5];
unsigned char Send_Data_Main2(unsigned char chMDat,unsigned char chMDat2);
//-----------------------------------------------------------------------
//程序名称:Inti_SPI_Main()
//程序功能:设置 P89V51SPI 为主机通信工作模式并启用(启用主机 SPI 通信)
//入口参数:无
//出口参数:无
//程序说明:程序会清零 SPI 状态标志位(硬件连接为单主单从模式)
//-----------------------------------------------------------------------
void Inti_SPI_Main()
{
    SPCTL = 0xFC;                       //设置 SPI 总线为主机,上升沿有效,数据发送低位在前
    SPCFG = 0xC0;                       //置位状态志
    bMrak = 0;                          //初始化新数据标志位
}
//-----------------------------------------------------------------------
//程序名称:Inti_SPI_Slave()
//程序功能:设置 P89V51SPI 为从机通信工作模式并启用(初始为从机模式)
//入口参数:无
//出口参数:无
//程序说明:程序会清零 SPI 状态标志位(硬件连接为单主单从模式)
//-----------------------------------------------------------------------
void Inti_SPI_Slave()
{
    SPCTL = 0xCC;                       //设置 SPI 总线为从机,上升沿有效
    SPCFG = 0xC0;                       //置位状态志
    bMrak = 0;                          //初始化新数据标志位
```

```
}
//--------------------------------------------------------------------------
//程序名称:Send_Data_Main()
//程序功能:主机发送数据,并接收从机传送过来的数据
//入口参数:chMDat(传送所要发送的数据)
//出口参数:chMDat(返回接收到从机传送过来的数据)
//程序说明:程序采用查询方式等待数据发送完毕
//MSTRMODE 模式中,发送数据前要选择好从机
//若不想发送数据,可以直接使用 MOV A,SPDAT
//--------------------------------------------------------------------------
void  Send_Data_Main(unsigned char chInMDat[5],unsigned
                     char * chOutMDat,unsigned  int nCount)
{
    unsigned int nI = 0,a = 200;
    SS_V51 = 0;                             //拉低片选线准备发射数据

  Bing:

    SPDAT = chInMDat[nI];                   //写入数据入 SPI  数据寄存器
  Aing:
    chCFG = SPCFG;                          //读出配置志
    //判断状态志是否为高电平,即数据是否发送完毕
    if(chCFG7 == 0)goto Aing;               //数据是否发完,若发完,配置志 SPCFG 的高 7 位为高电平

    chOutMDat[nI] = SPDAT;                  //取回从对方发来的数据
    Send_Comm(chOutMDat[nI]);
    nI ++ ;
    P06 = ~P06;
    for(a = 200;a>0;a - - );
    if(- - nCount)goto Bing;

    SS_V51 = 1;                             //若数据发送完,将片选引脚拉高

    bSR0L = chOutMDat[0];                   //SR0 低 8 位
    bSR1L = chOutMDat[2];                   //SR1 低 8 位

}
//--------------------------------------------------------------------------
//程序名称:Send_data_Slave()
//程序功能:从机发送数据
//入口参数:chMDat 所要发送的数据
//出口参数:chMDat SPI 状态字。若为 00,则表明数据已正确写入数据缓冲区。
//程序说明:(从机发送)若 WCOL 为 1,则表明此数据未发送。
//--------------------------------------------------------------------------
unsigned char Send_data_Slave(unsigned char chMDat)
```

```
{
    SPCFG = 0xC0;                           //恢复 SPI 状态标志位为高电平
    SPDAT = chMDat;                         //将数据写入 SPI 数据寄存器
    chMDat = SPCFG;                         //获取 SPI 状态志状态
    return chMDat;
}
//-------------------------------------------------------------------------------
//程序名称:MReadRCV_DAT()
//程序功能:读取上一次接收到的数据(主机)
//出口参数:SDAT2(所读取到的数据)
//程序说明:子程序会清除 SPI 状态志
//-------------------------------------------------------------------------------
unsigned char MReadRCV_DAT()
{
     unsigned char SDAT2;
     SPCFG = 0x40;                          //恢复 SPI 状态标志位为高电平
     SDAT2 = SPDAT;                         //读取接收到的数据
     return SDAT2;
}
//-------------------------------------------------------------------------------
//程序名称:SReadRCV_DAT()
//程序功能:从机读取数据(无等待)
//入口参数:无
//出口参数:SDAT 读出的数据
//程序说明:bMrak 为从机接收新数据标志位 bMrak = 1 时表示接收正确(新的数据)
//          子程序会清除 SPI 状态字。
//-------------------------------------------------------------------------------
unsigned char SReadRCV_DAT()
{
    unsigned char SDAT;
    bMrak = 0;
    chCFG = SPCFG;                          //读出状态志
    if(chCFG7 = = 0)
    { SPCFG = 0xC0;                         //恢复 SPI 状态标志位为高电平
      bMrak = 1;                            //标是有新数据产生(若是新的数据,则置位 bMrak)
    }
    SDAT = SPDAT;                           //读取 SPI SPDAT 寄存器中的数据
    return SDAT;
}
//-------------------------------------------------------------------------------
//
//ISD1700  命令操作函数
//
//-------------------------------------------------------------------------------
//延时函数延时 50 ms
```

```
//说明:每执行一次大约 10 μs
//-----------------------------------------------------------------------
void Delay50ms()
{
   uint a = 0,b = 0,c = 0;
   for(a = 0;a<1;a++)
    for(b = 0;b<100;b++)
     for(c = 0;c<40;c++);
}
//-----------------------------------------------------------
//PU(0x01)上电命令
//-----------------------------------------------------------
void PU()
{
      chInDat[0] = 0x01;                           //发送上电命令
      chInDat[1] = 0x00;
      Send_Data_Main(chInDat,chOutDat,2);

}
//-----------------------------------------------------------
//STOP(0x02)停止命令
//-----------------------------------------------------------
void STOP()
{
      chInDat[0] = 0x02;                           //发送停止命令
      chInDat[1] = 0x00;
      Send_Data_Main(chInDat,chOutDat,2);

}
//-----------------------------------------------------------
//RESET(0x03)复位命令
//-----------------------------------------------------------
void RESET()
{
      chInDat[0] = 0x03;                           //发送复位命令
      chInDat[1] = 0x00;
      Send_Data_Main(chInDat,chOutDat,2);

}
//-----------------------------------------------------------
//CLR_INT(0x04)清中断命令
//-----------------------------------------------------------
void CLR_INT()
{
      chInDat[0] = 0x04;                           //发送清中断命令
```

```
        chInDat[1] = 0x00;
        chInDat[2] = 0x00;
        chInDat[3] = 0x00;
        Send_Data_Main(chInDat,chOutDat,4);
}
//--------------------------------------------------
//RD_STATUS(0x05)读状态寄存器命令
//--------------------------------------------------
void RD_STATUS()
{
        chInDat[0] = 0x04;                          //发送读状态寄存器命令
        chInDat[1] = 0x00;
        chInDat[2] = 0x00;
        Send_Data_Main(chInDat,chOutDat,3);
}
//--------------------------------------------------
//PD(0x07)掉电命令
//--------------------------------------------------
void PD()
{
        chInDat[0] = 0x07;                          //发送掉电命令
        chInDat[1] = 0x00;

        Send_Data_Main(chInDat,chOutDat,2);
}
//--------------------------------------------------
//PLAY(0x40)播放命令
//--------------------------------------------------
void PLAY()
{
        chInDat[0] = 0x40;                          //发送播放命令
        chInDat[1] = 0x00;
        Send_Data_Main(chInDat,chOutDat,2);
}
//--------------------------------------------------
//REC(0x41)录音命令
//--------------------------------------------------
void REC()
{
        chInDat[0] = 0x41;                          //发送录音命令 01000001
        chInDat[1] = 0x00;
        Send_Data_Main(chInDat,chOutDat,2);
}
//--------------------------------------------------
//ERASE(0x42)擦除命令
```

```
//-----------------------------------------------------------------
void ERASE()
{
        chInDat[0] = 0x42;                                  //发送擦除命令
        chInDat[1] = 0x00;
        Send_Data_Main(chInDat,chOutDat,2);
}
//---------------------------------------------------------------
//G_ERASE(0x43)全局擦除命令
//----------------------------------------------------------------
void G_ERASE()
{
        chInDat[0] = 0x43;                                  //发送全局擦除命令
        chInDat[1] = 0x00;
        Send_Data_Main(chInDat,chOutDat,2);
}
//-----------------------------------------------------------------
//FWD(0x48)快进命令
//---------------------------------------------------------------------
void FWD()
{
        chInDat[0] = 0x48;                                  //发送快进命令
        chInDat[1] = 0x00;
        Send_Data_Main(chInDat,chOutDat,2);
}
//-----------------------------------------------------------------
//CHK_MEM(0x49)检查环形存储器
//------------------------------------------------------------------
void CHK_MEM()
{
        chInDat[0] = 0x49;                                  //发送检查环形存储器命令
        chInDat[1] = 0x00;
        Send_Data_Main(chInDat,chOutDat,2);
}
//----------------------------------------------------------------
//RD_PLAY_PTR(0x06)读出播放指针的地址
//----------------------------------------------------------------
void RD_PLAY_PTR()
{
        chInDat[0] = 0x06;                                  //发送检查环形存储器命令
        chInDat[1] = 0x00;
        Send_Data_Main(chInDat,chOutDat,2);
}
//-----------------------------------------------------------------
//RD_REC_PTR(0x08)读出录音指针的地址
```

```
//--------------------------------------------------------------
void RD_REC_PTR()
{
      chInDat[0] = 0x08;                          //发送读出录音指针的地址命令
      chInDat[1] = 0x00;
      Send_Data_Main(chInDat,chOutDat,2);
}
//------------------------------------------------------------
//SET_PLAY(0x80)分段放音命令
//入口参数:qiAddL(传送放音起始地址的低 8 位),
//         qiAddH(传送放音起始地址的高 8 位)
//         jiAddL(传送放音停止地址的低 8 位),
//         jiAddH(传送放音停止地址的高 8 位)
//-------------------------------------------------------------
void SET_PLAY(uchar qiAddL,uchar qiAddH,uchar jiAddL,uchar jiAddH)
{
      chInDat[0] = 0x80;                          //发送分段放音命令
      chInDat[1] = 0x00;
      chInDat[2] = qiAddL;                        //起低 8 位地址
      chInDat[3] = qiAddH;                        //高 8 位地址
      chInDat[4] = jiAddL;                        //到低 8 位地址
      chInDat[5] = jiAddH;                        //高 8 位地址
      chInDat[6] = 0x00;
      Send_Data_Main(chInDat,chOutDat,7);
}
//-------------------------------------------------------
//SET_ REC(0x81)分段录音命令
//入口参数:qiAddL(传送录音起始地址的低 8 位),
//         qiAddH(传送录音起始地址的高 8 位)
//         jiAddL(传送录音停止地址的低 8 位),
//         jiAddH(传送录音停止地址的高 8 位)
//-------------------------------------------------------------
void SET_REC(uchar qiAddL,uchar qiAddH,uchar jiAddL,uchar jiAddH)
{
      chInDat[0] = 0x81;                          //发送分段录音命令
      chInDat[1] = 0x00;
      chInDat[2] = qiAddL;                        //起低 8 位地址
      chInDat[3] = qiAddH;                        //高 8 位地址
      chInDat[4] = jiAddL;                        //到低 8 位地址
      chInDat[5] = jiAddH;                        //高 8 位地址
      chInDat[6] = 0x00;

      Send_Data_Main(chInDat,chOutDat,7);
}
//--------------------------------------------------------------
```

```
//SET_ERASE(0x82)分段擦除命令
//入口参数:qiAddL(传送放音起始地址的低 8 位),
//          qiAddH(传送放音起始地址的高 8 位)
//          jiAddL(传送放音停止地址的低 8 位),
//          jiAddH(传送放音停止地址的高 8 位)
//-----------------------------------------------------------------
void SET_ERASE(uchar qiAddL,uchar qiAddH,uchar jiAddL,uchar jiAddH)
{
      chInDat[0] = 0x82;                         //发送分段录音命令
      chInDat[1] = 0x00;
      chInDat[2] = qiAddL;                       //起低 8 位地址
      chInDat[3] = qiAddH;                       //高 8 位地址
      chInDat[4] = jiAddL;                       //到低 8 位地址
      chInDat[5] = jiAddH;                       //高 8 位地址
      chInDat[6] = 0x00;
      Send_Data_Main(chInDat,chOutDat,7);
}
//--------------------------------------------------------------------
//程序名称:INTI_ZY1730()
//程序功能:上电复位并启动 ZY1730
//入口参数:无
//出口参数:无
//------------------------------------------------------------
void INTI_ZY1730()
{
    LPU:
        PU();                                    //上电命令
        if(CMD_ERR)goto LPU;

        Delay50ms();


   LPU2:
        CLR_INT();
        if(CMD_ERR)goto LPU2;


   LPU3:
        RD_STATUS();
        if(RDY)goto LPU3;


}
//--------------------------------------------------------------------
unsigned char Send_Data_Main2(unsigned char chMDat,unsigned char chMDat2)
{
    SS_V51 = 0;                                  //拉低片选线准备发送数据
    SPDAT = 0x40;                                //chMDat;写入数据入 SPI 数据寄存器
```

```
  Aing:
    chCFG = SPCFG;                   //读出配置志
    //判断状态志是否为高电平,即数据是否发送完毕
    if(chCFG7 == 0)goto Aing;        //数据是否发完,若发完配置志 SPCFG 的高 7 位为高电平
     chMDat = SPDAT;

     SPDAT = 0x00;                   //写入数据入 SPI 数据寄存器

  Aing2:
    chCFG = SPCFG;                   //读出配置志
    //判断状态志是否为高电平,即数据是否发送完毕
    if(chCFG7 == 0)goto Aing2;       //数据是否发完,若发完,配置志 SPCFG 的高 7 位为高电平
    SS_V51 = 1;                      //若数据发送完,将片选引脚拉高
    chMDat = SPDAT;                  //取回从对方发来的数据
    SS_V51 = 0;

   return chMDat;
}
//*****************************************************************
```

### (2) 测试创建的模板文件

测试创建的模板文件代码请参照下面的工程程序应用实例任务①。

## 工程程序应用实例

### (1) 任务①和任务②两任务在一个工程程序中完成

任务①的作务是:通过单片机挂接引脚按键控制 ISD1700 芯片录音和放音。

任务②的作务是:实施分段录音和放音。

程序代码如下:

```
//*****************************************************************
//文件名:zy1730.c
//程序功能:实现简单录/放音和分段录/放音
//说明:本实验程序采用 8 按键
//-----------------------------------------------------------------
//#include "reg51.h"
#include "commsr.h"
#include "zy1730.h"

sbit P10 = P1^0;
sbit P00 = P0^0;
//sbit P06 = P0^6;
sbit P07 = P0^7;

//用作按键
sbit P20 = P2^0;
```

```
sbit P21 = P2^1;
sbit P22 = P2^2;
sbit P23 = P2^3;
sbit P24 = P2^4;
sbit P25 = P2^5;
sbit P26 = P2^6;
sbit P27 = P2^7;

void Key1();
void Key2();
void Key3();
void Key4();
void Key5();
void Key6();
void Key7();
void Key8();
void Dey_Ysh(unsigned int nN);
//--------------------------------------------------
void main()
{

      Init_Comm();              //初始化串口

      Inti_SPI_Main();          //初始化 P89V51RD2 SPI

      INTI_ZY1730();            //初始化 ISD1700(说明:ZY1730 的内核就是 ISD1730)

      while(1)
      {
       if(P20 = = 0)Key1();     //录音
       if(P21 = = 0)Key2();     //放音
       if(P22 = = 0)Key3();     //清除
       if(P23 = = 0)Key4();     //停止录/放
       if(P24 = = 0)Key5();     //分段放
       if(P25 = = 0)Key6();     //分段放
       if(P26 = = 0)Key7();     //分段录
       if(P27 = = 0)Key8();     //分段录

       P10 = ~P10;
       Dey_Ysh(1);

    }

}
//------------------------------------------------------------
```

```
//延时子程序
//--------------------------------------------------------------------
void Dey_Ysh(unsigned int nN)
{
    unsigned int a,b,c;
    for(a = 0;a<nN;a ++ )
      for(b = 0;b<100;b ++ )
        for(c = 0;c<100;c ++ );
}
//--------------------------------------------
//键一子程序
//--------------------------------------------
void Key1()
{
    while(P20 == 0);
    INTI_ZY1730();
    REC();                              //录音

}
//--------------------------------------------
//键二子程序(放音)
//--------------------------------------------
void Key2()
{
    while(P21 == 0);

    INTI_ZY1730();
    PLAY();                             //放音

    P07 = ~P07;

}
//--------------------------------------------
//键三子程序(清除)
//--------------------------------------------
void Key3()
{
    while(P22 == 0);
    INTI_ZY1730();
    G_ERASE();                          //清除

}
//--------------------------------------------
//键四子程序(停止)
//--------------------------------------------
```

```
void Key4()
{
    while(P23 == 0);
    STOP();
    CLR_INT();
    RESET();
    PD();
    P06 = ~P06;
}
//-----------------------------------------
//键五子程序(分段放音)
//-----------------------------------------
void Key5()
{
    INTI_ZY1730();
    SET_PLAY(0x10,                        //起始地址的低 8 位
             0x00,                        //起始地址的高 8 位
             0x40,                        //结束地址的低 8 位
             0x00);                       //结束地址的高 8 位

}

//-----------------------------------------
//键六子程序(分段放音)
//-----------------------------------------
void Key6()
{
    INTI_ZY1730();
    SET_PLAY(0x41,                        //起始地址的低 8 位
             0x00,                        //起始地址的高 8 位
             0x80,                        //结束地址的低 8 位
             0x00);                       //结束地址的高 8 位
}

//-----------------------------------------
//键七子程序(分段录音)
//-----------------------------------------
void Key7()
{
    INTI_ZY1730();
    SET_REC (0x10,                        //起始地址的低 8 位
             0x00,                        //起始地址的高 8 位
             0x40,                        //结束地址的低 8 位
             0x00);                       //结束地址的高 8 位
}
```

```
//-------------------------------------------
//键八子程序(分段录音)
//-------------------------------------------
void Key8()
{
    INTI_ZY1730();
    SET_REC (0x41,                          //起始地址的低 8 位
             0x00,                          //起始地址的高 8 位
             0x80,                          //结束地址的低 8 位
             0x00);                         //结束地址的高 8 位

}
//*********************************************************************
```

说明:这个程序是以前编写的,所以没有引用模板程序。

详细的程序代码见“网上资料\参考程序\程序模板应用编程\课题 11 ISD1700 系列语音芯片的应用”。

**(2) 任务③ ISD17240 在语音多报表中的应用**

此任务是 2008 年 4 月,我校技师 506 班同学王军林和李纳两人合作为南华大学做的毕业设计课题。原题的内容是:语音播报多用表。程序是用汇编指令写的,代码共 3602 行。李纳同学负责语音部分,王军林同学负责整过工程,当然当时还有同学负责做硬件。系统做得非常成功。

系统设计要求:

基本要求:

① 采集温度信号;

② 采集电压信号;

③ 采集湿度信号。

发挥部分:

① 数据的精度;

② 测度范围。

系统硬件如图 K11-5 所示。

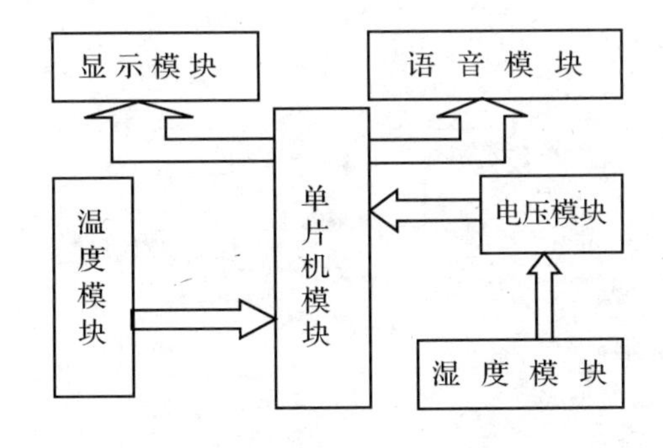


**图 K11-5 硬件结构图**

主程序代码如下:

```
;-------------------------------------------------------------
;文件名:disp_vol_temp.asm
;文件功能:语音播报多用表主程序
;-------------------------------------------------------------
;主程序代码
            ORG 0000H
            LJMP START
            ORG 0100H

START:      LCALL JCM12864M_INIT
            LCALL LM75A_INTI                ;器件初始化
            LCALL SPIINTIM
            LCALL INTI_ZY1730

            MOV DPTR,#TAB_1
            MOV 7AH,#10

            MOV SADD,#80H
            LCALL SEND_COM_12864M

            MOV R7,#00H
XH_1:       MOV A,R7
            MOVC A,@A+DPTR
            MOV SADD,A
            LCALL SEND_DAT_12864M
            INC R7
            CJNE R7,#16,XH_1                ;显示:语言播报多用表
            MOV DPTR,#TAB_2

            MOV SADD,#90H
            LCALL SEND_COM_12864M
            MOV R7,#00H

XH_2:       MOV A,R7
            MOVC A,@A+DPTR
            MOV SADD,A
            LCALL SEND_DAT_12864M
            INC R7
            CJNE R7,#12,XH_2                ;显示:设计者:刘成旭

            MOV DPTR,#TAB_3

            MOV SADD,#88H
            LCALL SEND_COM_12864M
            MOV R7,#00H
```

```
XH_3:       MOV A,R7
            MOVC A,@A+DPTR
            MOV SADD,A
            LCALL SEND_DAT_12864M
            INC R7
            CJNE R7,#16,XH_3                    ;显示:班级:电子 042

            MOV DPTR,#TAB_4
            MOV SADD,#98H
            LCALL SEND_COM_12864M
            MOV R7,#00H
XH_4:       MOV A,R7
            MOVC A,@A+DPTR
            MOV SADD,A
            LCALL SEND_DAT_12864M
            INC R7
            CJNE R7,#16,XH_4                    ;显示学号

            LCALL DELAY_1S
            LCALL DELAY_1S

            LCALL CLS_12864M

            MOV DPTR,#TAB_5
            MOV SADD,#82H
            LCALL SEND_COM_12864M
            MOV R7,#00H

XH_5:       MOV A,R7
            MOVC A,@A+DPTR
            MOV SADD,A
            LCALL SEND_DAT_12864M
            INC R7
            CJNE R7,#8,XH_5

            MOV SADD,#90H
            LCALL SEND_COM_12864M
            MOV DPTR,#TAB_6
            LCALL D_BEI                         ;显示电压值为

            MOV SADD,#88H
            LCALL SEND_COM_12864M
            MOV DPTR,#TAB_7
            LCALL D_BEI                         ;显示温度值为
```

```
        MOV SADD,＃98H
        LCALL SEND_COM_12864M
        MOV DPTR,＃TAB_8
        LCALL D_BEI                         ;显示湿度值为

        MOV SADD,＃8FH
        LCALL SEND_COM_12864M
        MOV SADD,＃0A1H
        LCALL SEND_DAT_12864M
        MOV SADD,＃0E6H
        LCALL SEND_DAT_12864M               ;显示温度单位符号

        MOV SADD,＃97H
        LCALL SEND_COM_12864M
        MOV SADD,＃56H
        LCALL SEND_DAT_12864M
        MOV SADD,＃''
        LCALL SEND_DAT_12864M               ;显示 V

        MOV SADD,＃9EH
        LCALL SEND_COM_12864M
        MOV SADD,＃25H
        LCALL SEND_DAT_12864M
        MOV SADD,＃52H
        LCALL SEND_DAT_12864M
        MOV SADD,＃48H
        LCALL SEND_DAT_12864M

MAIN:
        ;---------------------------------
        LCALL LM75A_READ_TEMP               ;调用温度程序
        MOV SADD,＃8DH
        LCALL SEND_COM_12864M
        MOV SADD,6AH
        LCALL SEND_DAT_12864M
        MOV SADD,6BH
        LCALL SEND_DAT_12864M
        MOV SADD,＃2EH
        LCALL SEND_DAT_12864M
        MOV SADD,6CH
        LCALL SEND_DAT_12864M
        ;-----------------------------调用温度显示程序并显示

        ;-----------------------------
        LCALL RCV_TLC1549                   ;读出电压值
```

```
        MOV SADD,#95H                ;从 95 地址开始显示
        LCALL SEND_COM_12864M
        MOV SADD,WB                  ;显示 1 位电压值
        LCALL SEND_DAT_12864M
        MOV SADD,#2EH                ;显示小数点的点字
        LCALL SEND_DAT_12864M
        MOV SADD,WS                  ;显示小数点十位
        LCALL SEND_DAT_12864M
        MOV SADD,WG                  ;显示小数点个位
        LCALL SEND_DAT_12864M

        ;--------------------显示电压--------------------
        LCALL DELAY_2S
        LCALL DELAY_2S
        LCALL DELAY_2S
        LCALL RCV_TLC1549A                ;读出湿度值

        MOV R7,WB
        MOV A,R7
        ANL A,#0FH
        MOV R7,A
        MOV R6,WS
        MOV A,R6
        ANL A,#0FH
        MOV R6,A

NEXT_10:
        CJNE R7,#0,NEXT
        CJNE R6,#0,LZSP_1
        MOV 60H,#00
        AJMP NEXT_RET
LZSP_1: CJNE R6,#1,LZSP_2
        MOV 60H,#3
        AJMP NEXT_RET
LZSP_2: CJNE R6,#2,LZSP_3
        MOV 60H,#7
        AJMP NEXT_RET
LZSP_3: CJNE R6,#3,LZSP_4
        MOV 60H,#10
        AJMP NEXT_RET
LZSP_4: CJNE R6,#4,LZSP_5
        MOV 60H,#13
        AJMP NEXT_RET
LZSP_5: CJNE R6,#5,LZSP_6
        MOV 60H,#17
```

```
                AJMP NEXT_RET
LZSP_6：        CJNE R6,#6,LZSP_7
                MOV 60H,#20
                AJMP NEXT_RET
LZSP_7：        CJNE R6,#7,LZSP_8
                MOV 60H,#23
                AJMP NEXT_RET
LZSP_8：        CJNE R6,#8,LZSP_9
                MOV 60H,#27
                AJMP NEXT_RET
LZSP_9：        CJNE R6,#9,NEXT
                MOV 60H,#30
                AJMP NEXT_RET

NEXT：           CJNE R7,#1,NEXT_1
                CJNE R6,#0,LOOP_1
                MOV 60H,#33
                AJMP NEXT_RET
LOOP_1：        CJNE R6,#1,LOOP_2
                MOV 60H,#37
                AJMP NEXT_RET
LOOP_2：        CJNE R6,#2,LOOP_3
                MOV 60H,#40
                AJMP NEXT_RET
LOOP_3：        CJNE R6,#3,LOOP_4
                MOV 60H,#43
                AJMP NEXT_RET
LOOP_4：        CJNE R6,#4,LOOP_5
                MOV 60H,#47
                AJMP NEXT_RET
LOOP_5：        CJNE R6,#5,LOOP_6
                MOV 60H,#50
                AJMP NEXT_RET
LOOP_6：        CJNE R6,#6,LOOP_7
                MOV 60H,#53
                AJMP NEXT_RET
LOOP_7：        CJNE R6,#7,LOOP_8
                MOV 60H,#57
                AJMP NEXT_RET
LOOP_8：        CJNE R6,#8,LOOP_9
                MOV 60H,#60
                AJMP NEXT_RET
LOOP_9：        CJNE R6,#9,NEXT_1
                MOV 60H,#63
                AJMP NEXT_RET
```

```
NEXT_1:     CJNE R7,#2,NEXT_3

            CJNE R6,#0,LAAP_1
            MOV 60H,#67
            AJMP NEXT_RET
LAAP_1:     CJNE R6,#1,LAAP_2
            MOV 60H,#70
            AJMP NEXT_RET
LAAP_2:     CJNE R6,#2,LAAP_3
            MOV 60H,#73
            AJMP NEXT_RET
LAAP_3:     CJNE R6,#3,LAAP_4
            MOV 60H,#77
            AJMP NEXT_RET
LAAP_4:     CJNE R6,#4,LAAP_5
            MOV 60H,#80
            AJMP NEXT_RET
LAAP_5:     CJNE R6,#5,LAAP_6
            MOV 60H,#83
            AJMP NEXT_RET
LAAP_6:     CJNE R6,#6,LAAP_7
            MOV 60H,#87
            AJMP NEXT_RET
LAAP_7:     CJNE R6,#7,LAAP_8
            MOV 60H,#90
            AJMP NEXT_RET
LAAP_8:     CJNE R6,#8,LAAP_9
            MOV 60H,#93
            AJMP NEXT_RET
LAAP_9:     CJNE R6,#9,NEXT_3
            MOV 60H,#97
            AJMP NEXT_RET
NEXT_3:     CJNE R7,#3,NEXT_4
            MOV 60H,#99
            AJMP NEXT_RET
NEXT_4:     MOV 60H,#00H
            NEXT_RET:MOV DPTR,#TAB_9

            MOV SADD,#9DH                   ;从 95 地址开始显示
            LCALL SEND_COM_12864M
            MOV A,60H
            MOV B,#10
            DIV AB
            MOVC A,@A+DPTR
            MOV SADD,A                      ;显示湿度十位
```

```
            LCALL SEND_DAT_12864M
            MOV A,B
            MOVC A,@A + DPTR
            MOV SADD,A                          ;显示湿度个位
            LCALL SEND_DAT_12864M
            LCALL DELAY_2S

            ;------------------------显示结束-----------------------------

            JNB P2.0,FAN_
            JNB P2.1,DY_
            JNB P3.2,S_D_

            CPL P0.0

            LCALL DELAY_2S
            LCALL DELAY_2S
            LCALL DELAY_2S
            AJMP MAIN

FAN_:       LJMP FAN
DY_:        LJMP DY
S_D_:       LJMP S_D

DELAY_1S:MOV 2DH,#10
DL3:        MOV 2EH,#255
DL1:        MOV 2FH,#255
DL2:        NOP
      NOP
      DJNZ 2FH,DL2
      DJNZ 2EH,DL1
      DJNZ 2DH,DL3
      RET

DELAY_2S:   MOV 2DH,#100
DL4:        MOV 2EH,#100
DL5:        DJNZ 2EH, $
      DJNZ 2DH,DL4
      RET

D_BEI:      MOV R7,#00H
XH_10:      MOV A,R7
            MOVC A,@A + DPTR
            MOV SADD,A
            LCALL SEND_DAT_12864M
```

```
            INC R7
            CJNE R7,#10,XH_10
            RET

FAN:JNB P3.1,$
        LCALL PLAY100                              ;放电压
        LCALL PLAYDY
        MOV A,WB
        ANL A,#0FH
        MOV 7CH,A

        MOV A,WS
        ANL A,#0FH
        MOV 7DH,A

        MOV A,WG
        ANL A,#0FH
        MOV 7EH,A

        MOV 70H,7CH
        MOV 71H,#0AH
        MOV 72H,7DH
        MOV 73H,7EH
        LCALL PLAYYLI
        LCALL PLAYF
        LJMP MAIN

DY: JNB P3.2,$
        LCALL PLAY100                              ;放温度
        LCALL PLAYWD

        MOV A,6AH
        ANL A,#0FH
        MOV 7CH,A

        MOV A,6BH
        ANL A,#0FH
        MOV 7DH,A

        MOV A,6CH
        ANL A,#0FH
        MOV 7EH,A

        MOV 70H,7CH
        MOV 71H,7DH
```

```
    MOV 72H,#0AH
    MOV 73H,7EH
    LCALL PLAYYLI
    LCALL PLAYDU
    LJMP MAIN

S_D:JNB P3.3,$
    LCALL PLAY100                                    ;放湿度
    LCALL PLAYSD
    LCALL PLAYBFZ

    MOV A,60H
    MOV B,#10
    DIV AB
    MOV 7CH,A
    MOV 7DH,B

    MOV 70H,7CH
    MOV 71H,7DH
    MOV 72H,#0FFH
    MOV 73H,#0FFH
    LCALL PLAYYLI

    LJMP MAIN
;----------------显示字符说明----------------------------
TAB_1:     DB " "," ","语音数字多用表"
TAB_2:     DB "设计",03AH," ","刘成旭"
TAB_3:     DB "班级",03AH," ","电子 042"," ","班"
TAB_4:     DB "学号",03AH,"20044470220"
TAB_5:     DB "语音播报"
TAB_6:     DB "电压值为",3AH," "
TAB_7:     DB "温度值为",3AH," "
TAB_8:     DB "相对湿度",3AH," "
TAB_9:     DB 30H,31H,32H,33H,34H,35H,36H,37H,38H,39H
;----------------加载头文件-----------------------------
 $include(com_12864m.inc)
 $include(lm75a.inc)
 $include(tlc1549.inc)
 $include(iic.inc)
 $include(p89v51spi.inc)

    end
;*****************************************************************
```

说明:有读者会问,老师为什么用汇编啊?你这书不是用 C 语言写的吗?是啊!这本书是用 C 语言写的,但是举出此例是出于当时我们的同学全部用汇编写程序。我们的同学写过最大的汇编程序达 6 000 行。可见其学习之努力。所以在此处展示一下我们技师班同学的学习是值得我们回味的。有兴趣的读者可以将汇编翻译成 C 语言。

详细的程序代码见“网上资料\参考程序\程序模板应用编程\课题 11 ISD1700 系列语音芯片的应用”。

## 作业与思考

请读者做一个整点报时器，则每到整时报一次时(如，现在时间是 8 点)。

## 编后语

“沉舟侧畔千帆过，病树前头万木春，今日听君歌一曲，暂凭杯酒长精神。”写到这儿，忽然想起了古人写的诗句，也许是累了吧！就算我送给各位。

# 课题 12 单相电力线载波模块 BWP10A 在 80C51 内核单片机工程中的运用

## 实验目的

了解和掌握 BWP10A 单相电力线通信模块的应用原理与方法，学习程序模板的组装与运用。

## 实验设备

① 30 W 烙铁 1 把，数字万用表 1 个；

② PC 机 1 台；

③ 开发软件 TKStudio 集成开发平台(周立功公司开发)和 Keil C51(Keil 公司开发)1 套；

④ 烧录软件 Flash Magic 下载线(NXP 公司开发)1 套，9 芯串行通信线 1 根。

## 实验器件

P89V51Rxx_CPU 模块 2 块，串行通信模块 2 块，BWP10A 单相电力线通信模块 3 块。

## 工程任务

① 实现 BWP10A 两模块间正常地收发数据(即甲机连到 PC 机上，乙机单独，甲机通过电力线向乙机发送串行数据，乙机收到数据后直接将收到的数据返回)。

② 双单片机通过电力线实施互发数据。

③ 单片机通过电力线实施多机通信(即一主机两从机)。

## 工程任务的理解

通过电力线进行网络通信，是近些年发展起来的一项新技术。使用这样的一个网是各位设计师们最高兴的事情，因为不需要另外架线。直接通过电力线将数据传回总部。本课题的实验是通过电力线传送实时时钟数据和温度数据。如果通过电力线对医院的输液呼叫器进行改造,那是再理想不过的了。

## 工程设计构想

### 1. 硬件设计方框图

硬件样式设计图如图 K12－1 所示。

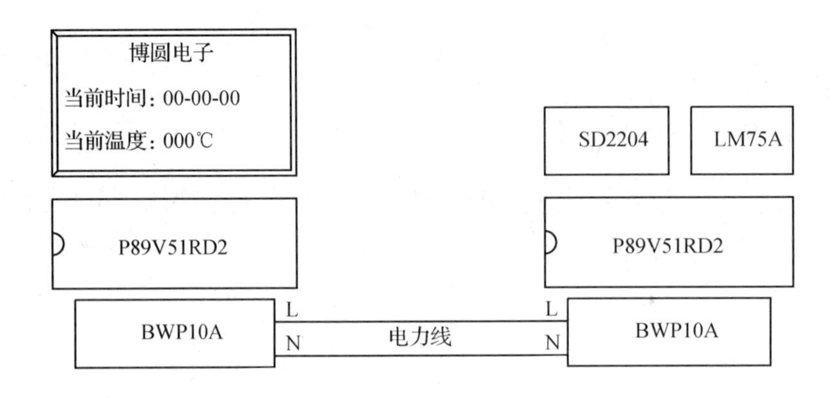


图 K12－1 硬件制作样式图

### 2. 软件设计方框图

工程程序构思与协调控制任务分工图请读者自己绘制。

## 所需外围器件资料

### 1. 概 述

BWP10A 电力载波模块采用＋12 V 供电,载波波特率为 100～600 bit/s 可调,采用 TTL 电平串行接口,可以直接与单片机的 RXD、TXD 连接,方便用户进行二次开发,串口波特率可由用户设定,共有 4 种波特率可设置:1 200 bit/s、2 400 bit/s、4 800 bit/s、9 600 bit/s。

BWP10A 电力载波模块提供半双工通信功能,可以在 220/110V,50/60Hz 电力线上实现局域通信。该模块可以自由配置电力线上数据通信模式,目前共有两种通信模式可供用户选择:固定字节长度传输及固定帧长度传输。该模块为用户提供了透明的数据传输通道,数据传输与用户协议无关,模块采用扩频编码方式,抗干扰能力强,传输距离远,数据传输可靠。通信过程中,由用户通信协议验证数据传输的可靠性。在同一台变压器下,多个 BWP10A 模块可以连接在同一条电力线上,在主从通信模式下,模块分别单独工作,不会相互影响。

**(1) 主要性能特点**

- 工作电源:＋12 V(DC);
- 接口类型:TTL 电平串行接口(UART),半双工;
- 线上载波速率:100 bit/s、200 bit/s、300 bit/s、400 bit/s、500 bit/s、600 bit/s,用户任选;
- 串行接口速率:1 200 bit/s、2 400 bit/s、4 800 bit/s、9 600 bit/s,用户任选;

- 工作环境：220/110 V(AC)，50/60 Hz，300 V(DC)以下直流线路，无电导体；
- 通信距离：大于 500 m，(轻负载条件或者直流线路情况下，通信距离大于 1 000 m)；
- 数据传输类型：固定字节长度传输(1～32B)、固定帧长度传输(32～256B)；
- 电力线载波频率：115 kHz；
- 调制解调方式：DSSS(直序扩频)；
- 工作温度：－20～＋70℃。

**(2) 主要应用**

集中抄表系统，安防监控系统，路灯监控系统、工业现场数据传输、断缆监控系统，智能家电控制，停车场管理系统，远程灯光控制，空调控制，低速率通信网络，消防及保安系统，舞台灯光音响控制等。

## 2. 功能描述

BWP10A 是在原 BWP10 的基础上进行改进设计，吸收了用户诸多在实际应用中的使用意见，并进行了多项功能完善。该模块在设计中，采用诸多的设计特点，比如载波波特率可配置、串口波特率可配置、数据传输类型可配置等特点，更多考虑到用户在实际使用中的需求，使模块的易用性得到进一步提升！

**(1) 载波数据速率配置**

BWP10A 电力载波模块的载波数据速率是可配置的，目前模块支持 100 bit/s、200 bit/s、300 bit/s、400 bit/s、500 bit/s、600 bit/s 共 6 种波特率，在实际应用中，用户可根据实际需要及线路负载情况，灵活地配置线上载波波特率。在应用中，线上波特率越低，则通信越可靠，抗干扰能力越强，通信距离也越远；如果用户线路状况比较好，比如电力线负载比较小、干扰比较轻，或者是直流线路等，就可以选择比较高的波特率进行通信；当线路负载比较重、干扰比较强、或者想进行更远距离通信时，可以选择较低波特率进行通信。比如在楼宇灯光控制或者断缆监控应用中，用户更需要通信可靠及通信距离更远，对通信速率的要求比较低，在这种情况下，就可以选择较低波特率进行通信；在数据采集场合，或者在通信距离比较近的情况下，就可以选择较高的通信速率。

**(2) 串行接口速率配置**

BWP10A 的串口通信波特率可配置为 1 200 bit/s、2 400 bit/s、4 800 bit/s、9 600 bit/s 共 4 种波特率，并由用户自由配置。配置的方法是通过随书器件设置软件“电力线通信模块编程器 V1.0”进行。有了串口波特率可配置功能后，读者就可以灵活地根据自身系统的特点进行配置串行接口通信速率。

串口波特率的高低与载波数据速率无关，在载波速率一定的情况下，用户可以选择不同串口速率与载波模块进行通信，比如当载波模块的载波数据速率为 300 bit/s 时，用户串口速率可以在 4 种波特率中任选一种，比如串口速率可以选择 1 200 bit/s 或者更高。

**(3) 数据传输类型配置**

BWP10A 数据传输类型有两种，一种是固定字节长度传输(定长传输)，一种是固定帧长度传输(定帧传输)，这两种传输方式各有优点，用户可根据实际需要灵活选用。固定字节长度传输(定长传输)：接收模块每次收到数据帧头后，只接收预设长度的用户数据，由于不存在帧尾丢失导致模块一直处于接收状态，所以载波传输时间可以精确计算，提高了载波传输效率。比如用户将模块设置为 6B 固定长度传输类型，那么在每次接收时，该模块只接收 6B，然后等待发送方进行下一轮传输。对于固定字节长度传输的编程体验是：前两个字节固定为机编号，这样便于多机通信组网。其通信的数据串格为机编号＋定长的用户数据。用户数据长度根据工程的实际情况而定。

固定帧长度传输（定帧传输）：接收模块每次可以接收小于或者等于预设帧长度的数据，但如果在数据接收时，数据帧尾丢失，那么接收模块必须收满预设最大帧长度为止。比如某模块预设为 32B 固定帧长度传输类型，数据传输长度可以在 1～32B 之间变化，但如果数据在传输过程中受到干扰，导致数据帧尾丢失，那么接收模块将无法判断用户数据何时结束而一直处于接收状态，并一直到收满 32B 为止。图 K12－2 为数据帧的格式。

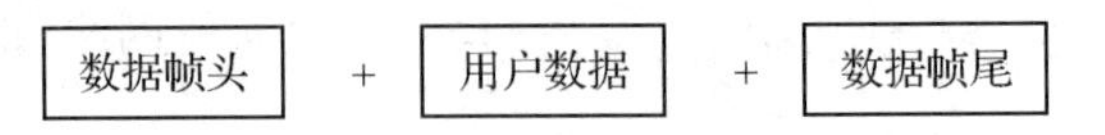


**图 K12－2　载波数据帧传输的一般格式**

定帧与定长传输数据的详细说明：由于电力载波是采用公共信道进行数据通信，电力线上各种谐波比较强，干扰比较大，通信过程极易受到各种干扰，虽然 BWP10A 载波模块采用直序扩频方式进行数据编码，以提高数据传输可靠性，但仍然难以避免受到各种干扰源的干扰。在数据传输过程中，数据帧头、用户数据、数据帧尾等都有可能受到干扰，数据帧尾被干扰而丢失，接收模块将无法判断用户数据何时结束，从而导致接收模块一直处于接收状态，直到收满设定的最大帧长度为止。为提高芯片的通信稳定性，生产公司在芯片的内部预设了 32、64、96、128、160、192、224、256 共 8 种帧长度供用户选择，用户可根据系统的应用，选择不同的帧长度。在实际应用中，用户要根据系统每次传输数据的最大长度而确定传输的字节串长度。图 K12－3 展示了定帧数据串的格式。

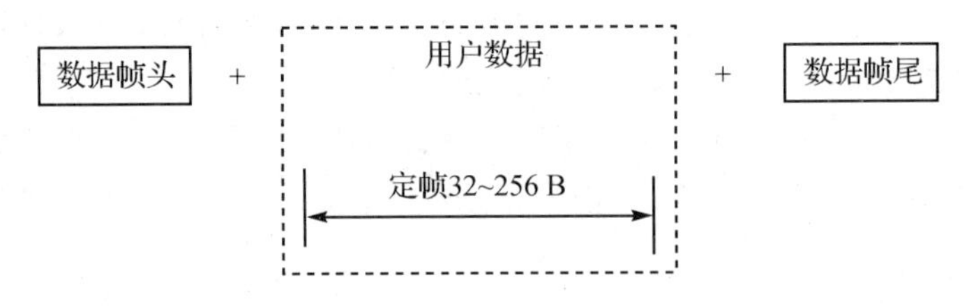


**图 K12－3　定帧数据串的格式**

用户还可以通过“定长方式”传输数据，当用户的数据长度比较短，每次传输的字节数比较固定时，就可以使用这种方式。比如一次只需要传输几个字节或者十几个字节，在这种情况下，即使采用定帧 32B 的传输方式，一旦传输出错，接收模块仍然需要收满 32B，比较浪费时间，这样就可以采用定长（定字节长度传输）传输方式。比如系统一次传输的字节最多不超过 8B，一般是 6～8B，在这种情况下，可以将传输类型定义为 8B“定长传输”，这样即使传输出错，模块最多只接收 8B。系统对数据进行验证后，如果数据正确，则执行；数据错误，则丢弃或者通知对方重发，极大地减少了系统资源的浪费，提高了系统执行效率。图 K12－4 展示了定长数据串的格式。

采用“定长”及“定帧”传输的主要目的是为了提高载波传输效率，降低系统额外开销，从而提高载波应用系统的实时性。由于定长传输无须发送帧尾，用户在单位时间内发送的数据可以更多，相当于加快了用户数据发送速率。在实际应用中，采用“定长”传输可以有效地提高系统的执行效率，所以推荐用户在可能的情况下，尽可能采用“定长”方式传输数据。

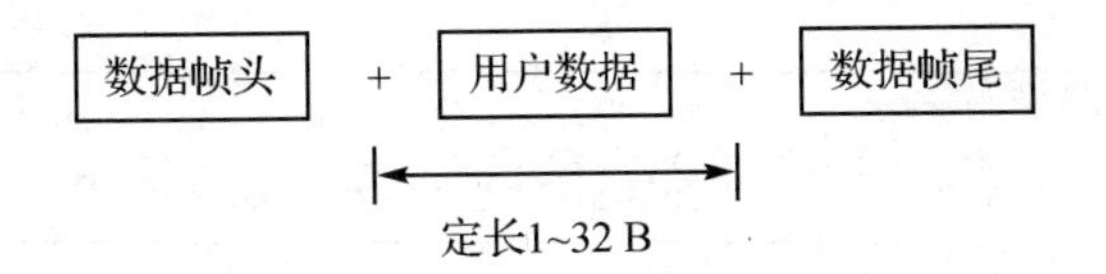


图 K12-4　定长数据传输示意图

(4) 单+12V 供电

BWP10A 采用单+12 V 供电，静态情况下，工作电流为 40 mA，在载波发送情况下，模块工作电流根据电力线负载不同而有所区别，正常为 300～500 mA，负载越重，发送时载波模块工作电流越大。采用单+12 V 供电有诸多优点，首先，在需要后备电源的场合，比如断缆监控等场合，采用单电源工作可以方便选择后备电源，第二，在实际应用中，单电源比正负电源更容易获得，成本也更低。

### 3. BWP10A 模块的引脚定义

BWP10A 载波模块共有两类接口、一组信号指示灯，包括电力载波接口、信号及电源接口，一组指示灯为接收指标(RXD)、发送指示(TXD)、电源指示(PWR)，模块接口及指示灯如图 K12-5 所示。

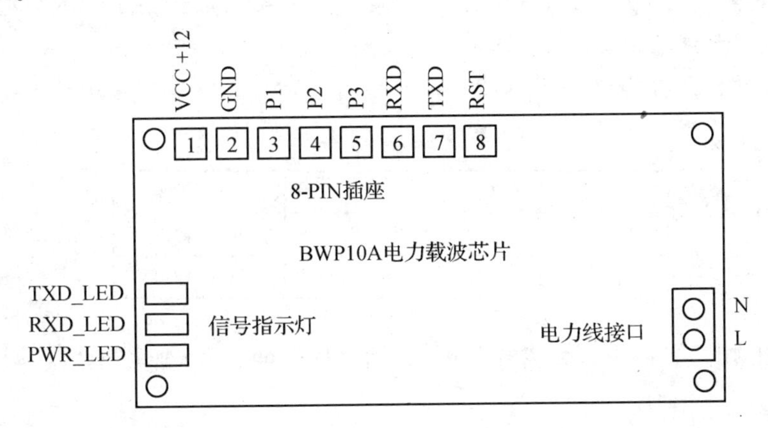


图 K12-5　BWP10A 模块引脚排列图

(1) 8 PIN 数据接口功能定义

BWP10A 电力载波模块的数据接口采用单排 8 PIN 接口，分别对应电源接口、通信接口与信号接口，具体定义如表 K12-1 所列。

表 K12-1　BWP10A 模块引脚功能描述

| 引脚号 | 引脚名称 | 功　能 | 方　向 |
|---|---|---|---|
| 1 | VCC +12 | +12V | 输入 |
| 2 | GND | 电源地 | 输入 |
| 3 | P1 | 备用 I/O 接口(用户不可用) | 输入 |
| 4 | P2 | 备用 I/O 接口(用户不可用) | 输入 |
| 5 | P3 | 备用 I/O 接口(用户不可用) | 输出 |
| 6 | RXD | RXD，串口 TTL 电平数据输入 | 输入 |

续表 K12-1

| 引脚号 | 引脚名称 | 功　能 | 方　向 |
|---|---|---|---|
| 7 | TXD | TXD，串口 TTL 电平数据输出 | 输入 |
| 8 | RST | 复位输入，低电平有效（用户不可用） | 输出 |

**(2) 模块指示灯定义**

BWP10A 模块中采用 3 只黄色发光二极管指示模块工作状态，3 只发光二极管分别对应发送状态、接收状态及电源工作状态。具体分配为：TXD_LED 为数据发送指示灯，RXD_LED 为数据接收指示灯，PWR_LED 为电源指示灯。

初始上电后，BWP10A 进行程序初始化，PWR_LED、RXD_LED、TXD_LED 这 3 个指示灯全亮，3 秒钟后，RXD_LED、TXD_LED 指示灯熄灭，电源指示灯 PWR_LED 则处于常亮状态，此时模块进入正常工作状态。

BWP10A 模块从数据端口 R1 上接收到用户设备的数据后，向电力线发送调制数据时，发送数据指示灯 TXD_LED 闪烁，发送数据结束后该 TXD_LED 指示灯熄灭。

BWP10A 模块从电力线上解调到有效的数据并通过数据端口 T1 发送到用户设备时，接收数据指示灯 RXD_LED 闪烁，当解调有效数据结束后，接收数据指示灯 RXD_LED 熄灭。

**(3) 电力线耦合端口定义(MAINS)**

电力线耦合端口具体定义如表 K12-2 所列。

表 K12-2　L/N 线定义

| 线　号 | 符　号 | 定　义 | 方　向 |
|---|---|---|---|
| 1 | L | 相线 | 输入/输出 |
| 2 | N | 中线 | 输入/输出 |

实际应用中，用户可以不区分火线与零线，任意接入都可以，不影响正常通信。

## 4. 应用指南

**(1) 载波模块与用户系统连接示意图**

BWP10A 电力载波模块使用 TTL 电平串口与用户系统进行连接，并使用交叉连接方式进行连接，通信采用收、发、地三线制方式。当用户系统为 TTL 电平串口时，可以直接与模块进行交叉连接通信，无须 RS232 电平转换，所以用户可以直接使用单片机的串行接口(UART)与载波模块进行连接通信，连线如图 K12-6 所示。当用户系统为标准 RS232 接口时，需要增加串口电平转换芯片进行电平转换，比如 MAX232 等芯片进行串口电平转换。RS232 串口连接如图 K12-7 所示。

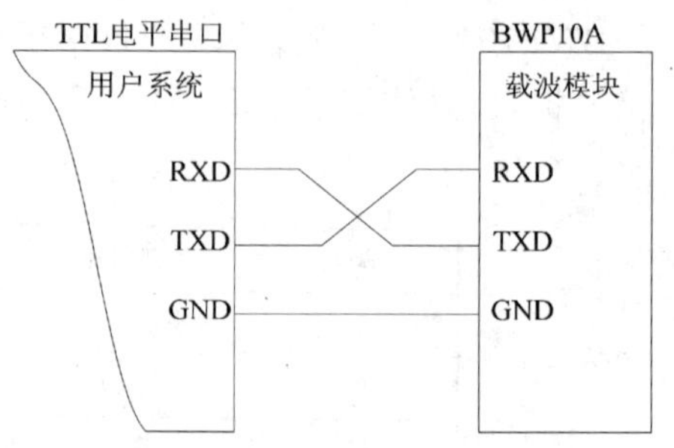


图 K12-6　TTL 电平串口连接示意图

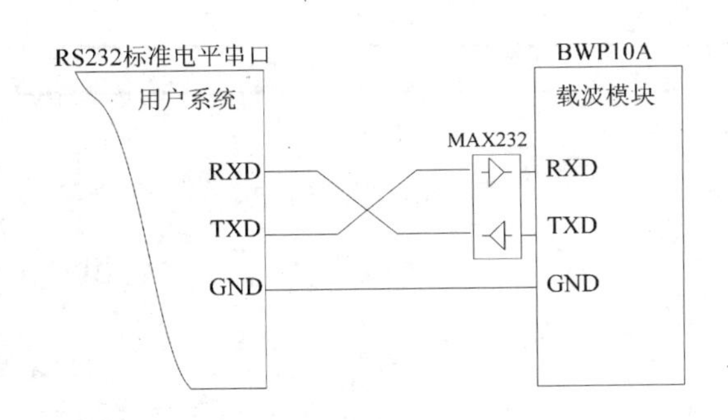


图 K12－7　RS232 串口连接示意图

**(2) 电力载波通信连接示意图**

如图 K12－8～图 K12－10 所示，BWP10A 与主控设备通过电力线相互通信，由于 BWP10A 为透明传输电力载波模块，它将串口收到时的数据实时向电力线转发，同时将电力线上收到的数据实时通过串口发送给用户系统，模块为单工通信，串口波特率及载波波特率都可调，下面假设模块的串口波特率设置为 1 200 bit/s、载波波特率设置为 300 bit/s，传输类型为定帧 32B 传输，那么传输过程如下：

第一步：主机设置串口波特率为 1 200 bit/s，并通过串口将要发送的数据发送给 WP10A，BWP10A 收到数据后，将数据原封不动地以 300 bit/s 的速率调制到载波信号上，然后再把载波信号耦合到电力线上进行传输。

第二步：从机的 BWP10A 载波模块将电力上的载波信号解调成用户数据，然后通过 TTL 电平串口发送给从机设备。相反，从机设备也可以通过 BWP10A 将数据通过电力线发送给主机端设备，对用户而言，BWP10A 为用户建立起透明的数据传输通道，用户可以将主从设备当成是电缆直接相连，用户按照主从通信方式，正确将从机设备进行编址，就可以将多个以 BWP10A 为核心的电力载波设备安装在同一条电力线上，它们可以分别工作，而不会相互干扰。用户通信的可靠性由用户的通信协议保证，BWP10A 模块只提供无协议的数据传输通道。

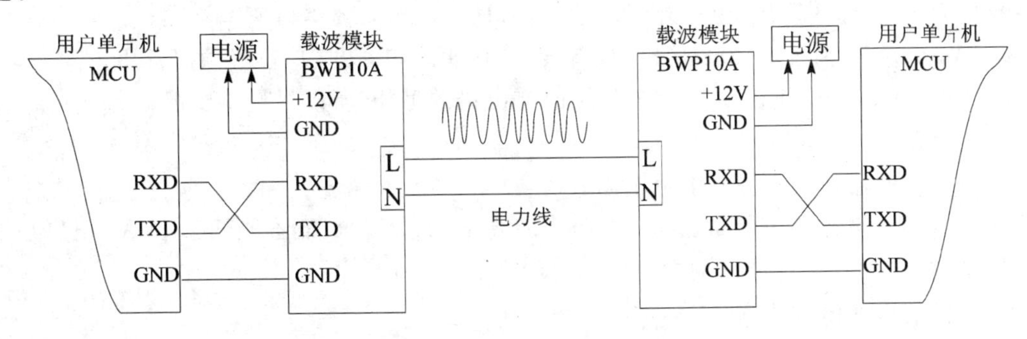


图 K12－8　载波模块通信连接示意图

**(3) 模块参数配置**

**1) 要点说明**

- 载波模块出厂默认配置为串口 1 200 bit/s、载波波特率 300 bit/s、定帧 32 B；
- 载波波特率越低，传输越可靠，传输距离越远；

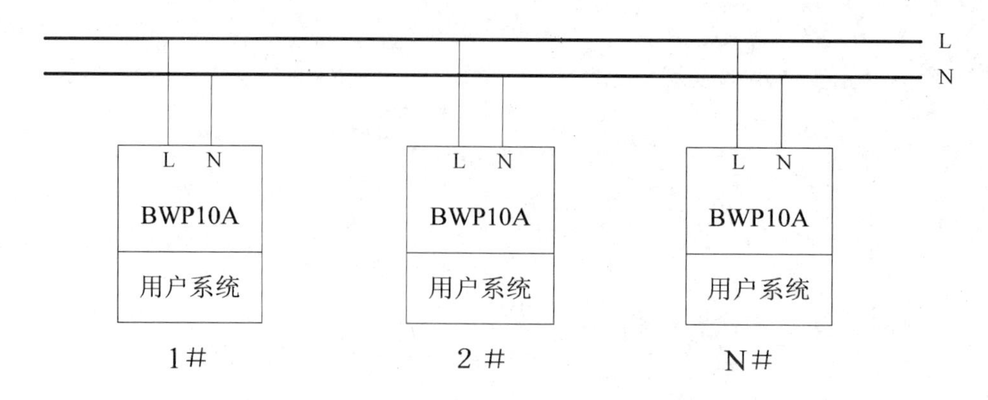


图 K12－9　电力载波单相连接示意图

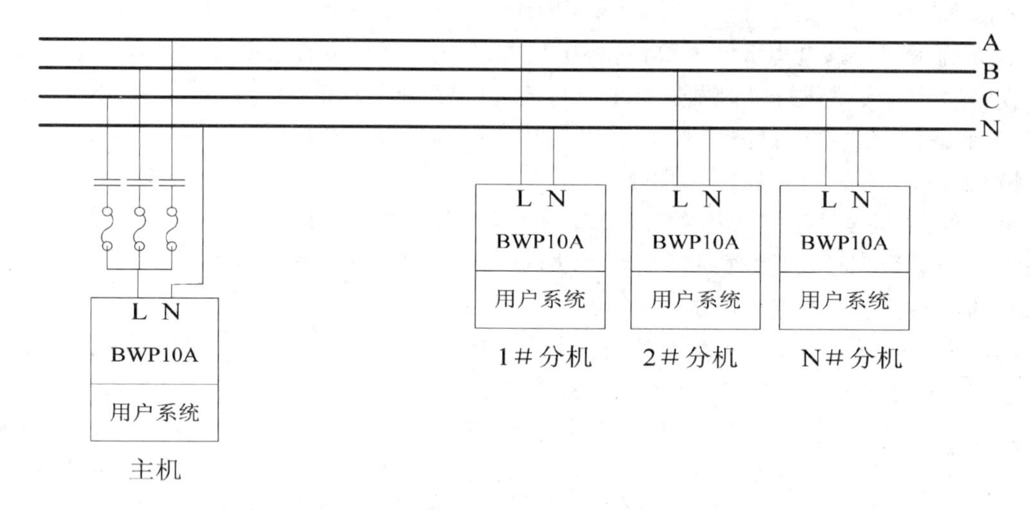


图 K12－10　电力载波三相连接示意图

- 串口波特率选择与载波波特率选择无关，两者没有任何关系；
- BWP10A 与 BWP10 模块外形尺寸与接口完全兼容，但串口速率不同；
- BWP10A 取消了 RS232 接口，只有 TTL 电平串口，原接口位置预留备用；
- BWP10A 与 BWP10 在大字节传输时有出错的可能，所以尽量不要混用。

**2）应用要点**

① 工作电源需在规定的要求范围内。

BWP10A 使用＋12 V(DC)供电，电压不能高于 12.5 V，最低不能低于 11 V，用户必须保证模块的供电电源在规定的范围内。

② 正确进行通信端口的连接。

BWP10A 模块提供 TTL 电平的通信口，串口波特率共有 4 种进行选择(1.2 k、2.4 k、4.8 k、9.6 k)，用户在正常使用前必须正确地配置好模块的参数，如果串口波特率不一致，那么模块将无法正常通信。

③ 载波波特率必须保持一致。

由于 BWP10A 电力载波模块的载波波特率可以设置，所以用户在实际使用前必须根据自身系统所处实际应用环境选择好线上通信波特率，不同波特率的模块无法相互通信。按照正常情况，载波波特率越低，数据传输越可靠、传输距离也越远。请注意：载波波特率与载波频率是两个不同的概念，载波波特率是指数据传输的速率，载波频率是指 FSK 调制时所用的调制频率。BWP10A 载波模块载波波特率共有 6 种供用户选择，用户可以从 100～600 bit/s 自由选择进行通信，BWP10A 的载波频率为 115 kHz，这个频率不可以更改。

④ 载波模块的传输类型必须一致。

在应用中，如果 BWP10A 的载波波特率保持一致，就可以相互通信，即使串口波特率不一致也可以，但有另外一种情况必须除外，就是传输类型，目前 BWP10A 载波模块共有两种传输类型，一种是定长传输，另一种是定帧传输，关于这两种传输类型的定义，请参看相关章节。如果定长类型的模块与定帧类型的模块相互混用，那么将导致定帧模块每次都会接收到最大帧长度的字节数，因为定长模块在发送时，不发送帧尾，定帧类型的模块由于收不到帧尾，所以无法判断用户数据何时结束，将一直处于接收状态，直到收满最大帧长度为止。如果定帧类型的模块向定长类型的模块发送数据，那么定长模块只接收预设的字节数后便停止接收；如果发送的字节数小于预设的字节长度，那么模块将接收线上噪音数据，直到收满预设长度为止。所以在实际应用中，用户可以灵活地把握模块的传输类型，在正常情况下，一个网络中，最好将所有模块的传输类型保持一致。

⑤ 如果通信距离达不到要求，应使用软中继功能。

用户在使用时，实际的通信距离达不到要求，那么可以采用两种方式，一种是缩短两个模块的安装距离，另一个就是采用软中继功能，以此增加通信距离。

⑥ 保证相互通信的模块处于电力线的同一相线中。

在首次使用时，需要确认相互通信的模块处于电力线的同一相线中，由于 BWP10A 电力载波模块不能跨相传输数据，所以如果相互通信的模块不处于同一相中，那么有可能导致通信失败。如果用户无法确认相互通信的模块是否处于同一相中，那么可以在主控模块处增加一个三相藕合器，就可以确保主控模块与三相下的任意一个模块进行通信。

**3）模块参数配置软件**

模块参数配置软件界面如图 K12－11 所示。

软件操作步骤如下：

① 选择串口（将波特率设为 9 600），然后单击“打开串口”按钮，如果串口没有被占用，这时会出现提示串口已打开提示窗。

② 如果不知道模块当前的串口波特率设置，可以单击“自动搜索”按钮，软件开始从 1 200 bit/s、2 400 bit/s、4 800 bit/s、9 600 bit/s 依次进行探索，如果探索成功，那么串口波特率栏会显示当前模块通信波特率，并在“当前配置”框中显示模块的当前参数配置，包括串口波特率、载波波特率、传输类型等；如果搜索不成功，会在监视窗口提示不成功信息。

③ 如果知道当前模块的串口波特率，就可以直接选择串口波特率，然后单击“读取参数”按钮，就可以读取当前模块的参数配置，信息提示与“自动搜索”结果相同。

④ 读取了模块的当前配置后，如果希望在当前的基础上进行修改，可以单击“参数导入”按钮，这时当前模块的配置信息就会转入“参数设置”框中的对应参数区，这样就可以在原参数基础上进行修改了。

⑤ 如果已知当前模块串口速率，那么也可以直接选择好串口并设置串口速率后，直接在“参数设置”框中选择参数，然后单击“写器件”将参数通过当前串口下载至模块中。

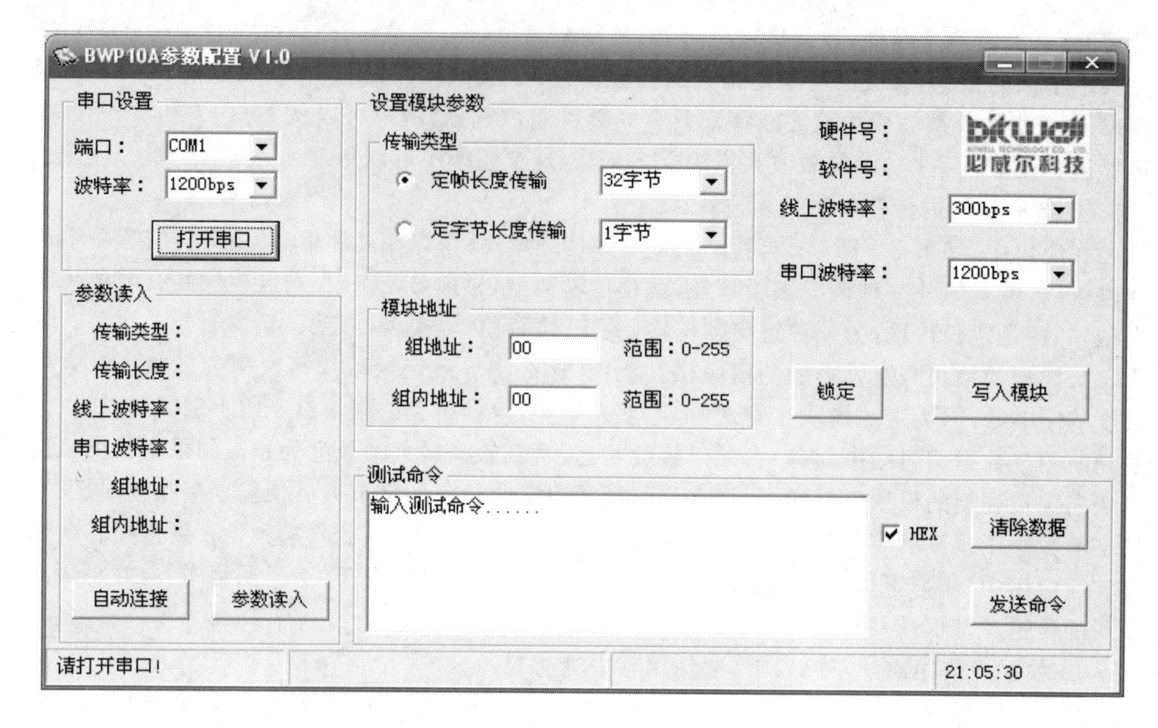


图 K12-11　BWP10A 配置软件界面

⑥ 选择好参数后，单击“锁定”按钮，“参数设置”框中所有的参数都不可改变，直至单击“解锁”为止，这样就可以防止在批量烧录时误改参数的可能。

⑦ 可以单击“文件导入”将当前配置保存起来，单击“打开设置”调用已保存的配置信息。

## 工程所需程序模板

从图 K12-1 中可以看出各程序的分工状况。需要程序模板文件如下：

- 使用 UART 串行通信，启用模板文件〈uart_com_temp.h〉；
- 使用 8 位按键发送指令，启用模板文件〈key_8bkey.h〉；
- 使按键发出声音，启用模板文件〈beep_temp.h〉。

**说明**：如果制作的是实际工程，请加上看门狗模板文件〈P89v51_Wdt_Temp.h〉。

## 工程施工用图

本课题工程需要工程电路图单片机通过电力线与 PC 机实施串行通信，如图 K12-12 所示。单片机通过电力线与单片机实施多机通信如图 K12-13 所示。

## 制作工程用电路板

按图 K12-12 和图 K12-13 制作实验用电路板。

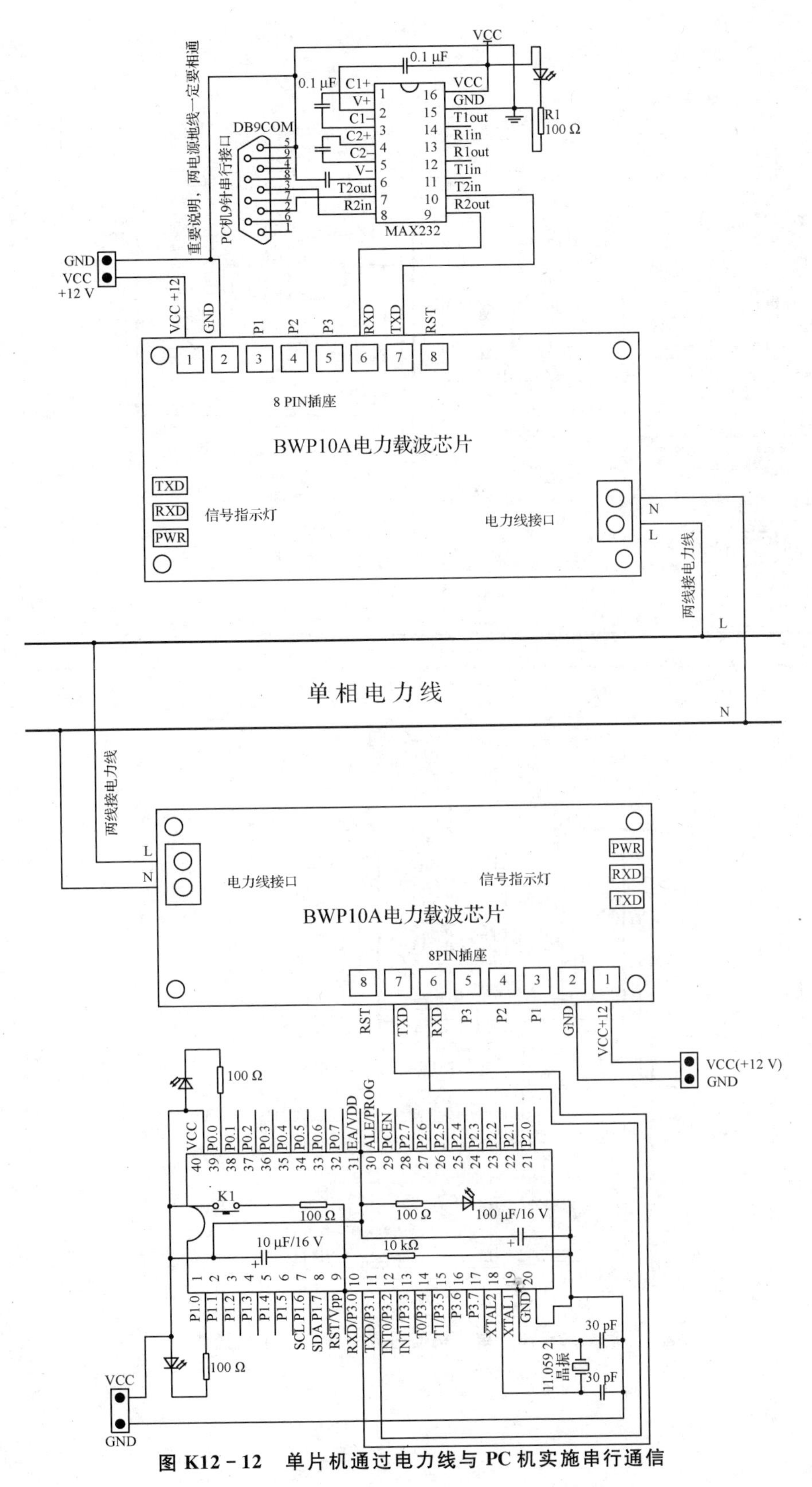


图 K12－12　单片机通过电力线与 PC 机实施串行通信

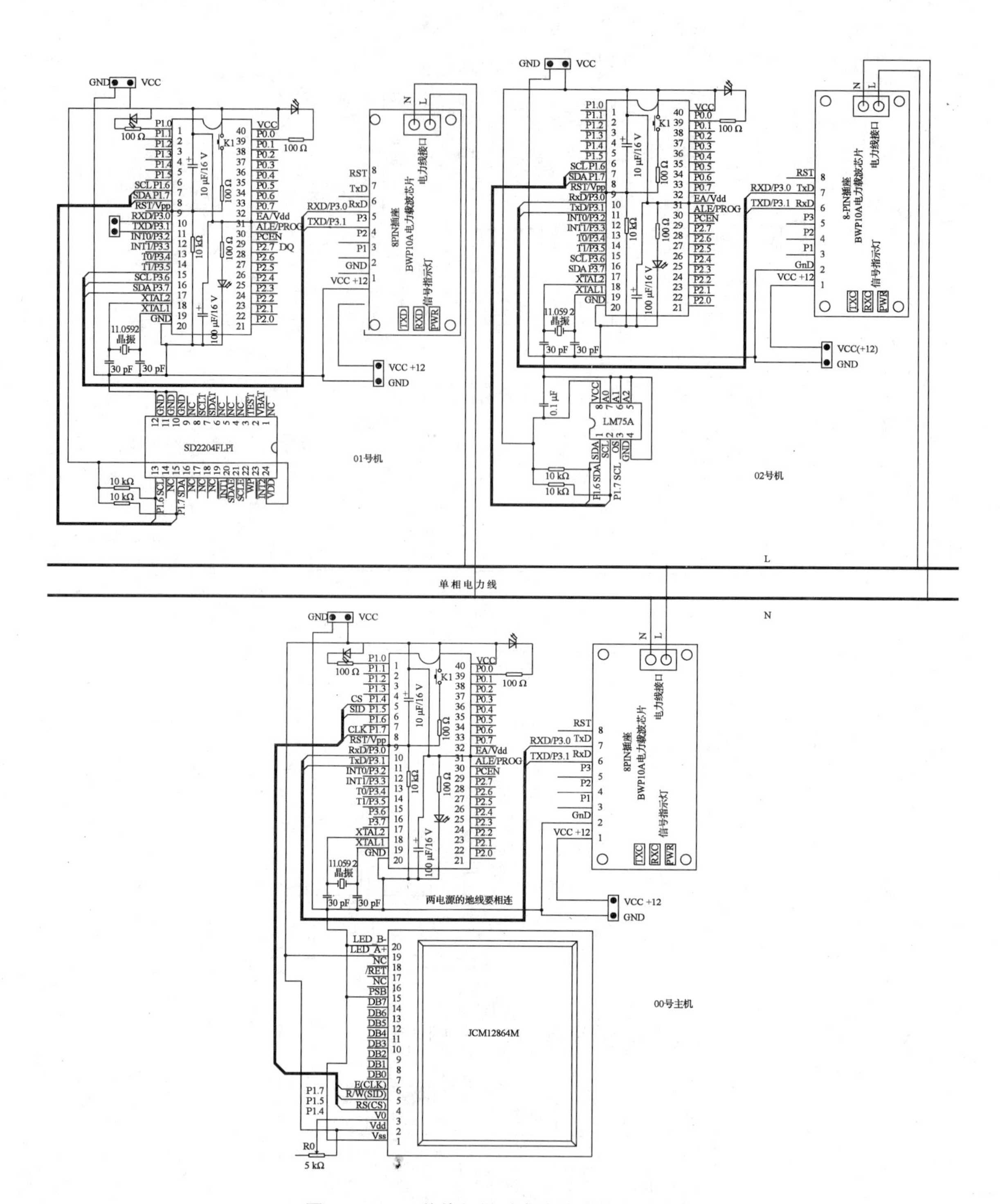


图 K12-13　单片机通过电力线实施多机通信

# 本课题工程软件设计

## 创建任务用软件工程文件与组装工程程序

根据程序需要，从“网上资料\参考程序\程序模块\模板程序汇总库”下的 Temp 文件夹中复制需要的程序模板。

## 工程程序应用实例

### 1. 任务①

实现 BWP10A 两模块间正常地收发数据(即甲机连到 PC 机上，乙机单独，甲机通过电力线向乙机发送串行数据，乙机收到数据后直接将收到的数据返回)。

代码如下：

```
//**************************************************************************
//串行通信程序模板
//文件名:bwp10a_app.c
//功能:用于测试 BWP10A 电力载波模块
//说明:BWP10A 芯片默认配为定帧 32B 数据传输
//--------------------------------------------------------------------------
#include <reg51.h>
#include <uart_com_temp.h>

sbit P00 = P0^0;
sbit P10 = P1^0;
void Dey_Ysh2(unsigned int nN);                     //延时程序
unsigned char code chSnedTrial[] = "ABCDEFGHIJKLMNOPQRSTUVWXYZ012345";
unsigned char idata chRecTrial[32];

//------------------------------------------------------------
//主程序
//------------------------------------------------------------
void main()
{
    unsigned char chRcv;
    P10 = 0;

    //启动串行通信,硬件使用的晶振是 11.059 2 MHz,设波特率为 9 600
    InitUartComm(11.0592,9600);

    while(1)
    {//请在下面加入用户代码
     chRcv = Rcv_NB_DataComm(chRecTrial);
```

```
        if(bNBCtrl)
        { Send_NB_DataComm(chRecTrial,chRcv);
          bNBCtrl = 0;}
         else
          Send_NB_DataComm(chSnedTrial,0x1F);          //发送 32 个

        P00 = ～P00;                                    //程序运行指示灯
        Dey_Ysh2(3);                                    //延时
       }

}
//-----------------------------------
//功能:延时函数
//---------------------------------
void Dey_Ysh2(unsigned int nN)
{
    unsigned int a,b,c;
    for(a = 0;a<nN;a++)
      for(b = 0;b<150;b++)
        for(c = 0;c<100;c++);
}
//------------------------------------------------------------------
以下是串行数据处理
//------------------------------------------------------------------
//函数名称:Send_NB_DataComm()
//函数功能:串行数据发送子程序,用于发送多个字节
//入口参数:chComDat(传送要发送的串行数据串),nConut(要发送的字节个数)
//出口参数:无
//------------------------------------------------------------------
void Send_NB_DataComm(unsigned char * chComDat,unsigned char chConut)
{
    unsigned char chI = 0;
    for(chI = 0;chI<chConut;chI++)
    {
      Send_Comm(chComDat[chI]);
      Dey_Ysh(2);
    }
}
//------------------------------------------------------------------
//函数名称:Rcv_NB_DataComm()
//函数功能:串行数据接收子程序,用于接收多个字节
//入口参数:无
//出口参数:chComDat[传送接收到的串行数据]
//说明:一定要接满 32B
//------------------------------------------------------------------
```

```
unsigned char Rcv_NB_DataComm(unsigned char * chComDatr)
{
    unsigned char chJs = 0x00;

Aing:
    if(RI)                              //当 RI 为真时,表示上位机有数据发过来
    {
        RI = 0;                         //手工清除标志位
        * chComDatr = SBUF;
        chComDatr ++ ;
        chJs ++ ;
        if(chJs<32)goto Aing;
        chJs = 0;
        bNBCtrl = 1;                    //接收方请清 0
    }

    return  chJs;
}
//----------------------------------
//功能:延时函数
//--------------------------------
void Dey_Ysh(unsigned int nN)
{
    unsigned int a,b,c;
    for(a = 0;a<nN;a ++ )
        for(b = 0;b<46;b ++ )
            for(c = 0;c<50;c ++ );
}
//**************************************************************
```

详细的程序代码见“网上资料\参考程序\程序模板应用编程\课题 12 利用电力线实施通信\BWP10A 硬件测试程序_定帧”。

## 2. 任务②

双单片机通过电力线实施互发数据。

### (1)主机程序(0xAA)

```
//**************************************************************
//串行通信程序模板
//此为空模板,使用时请复制一份
//说明 :BWP10A 模块是串行的半双工模块,所以收发不能同时进行,这给我们编写程
//        序带来不方便,编程时要特别注意,要么发送,要么接收,本程序主机先发
//--------------------------------------------------------------
#include <reg51.h>
#include <uart_com_temp.h>
sbit P00 = P0^0;
```

```
//sbit P10 = P1^0;
void Dey_Ysh(unsigned int nN);                //延时程序
//-----------------------------------------------------
//主程序
//-----------------------------------------------------
void main()
{
    unsigned char chRcv;
    P10 = 0;

    //启动串行通信 硬件使用的晶振是 11.059 2 MHz,设波特率为 9 600
    InitUartComm(11.0592,9600);
    Send_Comm('F');

    while(1)
    {//请在下面加入用户代码
     chRcv = Rcv_Comm();                      //接收串行数据
     Dey_Ysh(10);                             //延时
     if(chRcv == 'Q')
     {chComDat = 0x00;
      Send_Comm('F');                         //将收到的数据再发送出去
      }
     P00 = ~P00;                              //程序运行指示灯
     Dey_Ysh(10);                             //延时
    }

}
//------------------------------------
//功能:延时函数
//------------------------------------
void Dey_Ysh(unsigned int nN)
{
    unsigned int a,b,c;
    for(a = 0;a<nN;a++)
      for(b = 0;b<50;b++)
        for(c = 0;c<50;c++);
}
//----------------------------------------------------------------------
```

**(2) 从机程序**

```
//*****************************************************************
//串行通信程序模板
//此为空模板,使用时请复制一份
//说明:BWP10A 模块是串行的半双工模块,所以收发不能同时进行,这给我们编写程序
//带来不方便,编程时要特别注意,要么发送,要么接收,本程序主机先发
```

```
//--------------------------------------------------------------------------------
#include <reg51.h>
#include <uart_com_temp.h>

sbit P00 = P0^0;
//sbit P10 = P1^0;
void Dey_Ysh(unsigned int nN);                          //延时程序
//------------------------------------------------------------------
//主程序
//------------------------------------------------------------------
void main()
{
    unsigned char chRcv;
    P10 = 0;

    //启动串行通信 硬件使用的晶振是 11.059 2 MHz,设波特率为 9 600
    InitUartComm(11.0592,9600);

    while(1)
    {//请在下面加入用户代码
     chRcv = Rcv_Comm();                              //接收串行数据
     Dey_Ysh(10);                                     //延时
     if(chRcv == 'F')
     {chComDat = 0x00;
      Send_Comm('Q');                                 //将收到的数据再发送出去
     }
     P00 = ~P00;                                      //程序运行指示灯
     Dey_Ysh(10);                                     //延时
    }

}
//------------------------------------
//功能:延时函数
//------------------------------------
void Dey_Ysh(unsigned int nN)
{
    unsigned int a,b,c;
    for(a = 0;a<nN;a++)
      for(b = 0;b<50;b++)
        for(c = 0;c<50;c++);
}
//*****************************************************************
```

详细的程序代码见"网上资料\参考程序\程序模板应用编程\课题 12 利用电力线实施通信\Comm_Temp[主]_定长 1 字节和 Comm_Temp[从]_定长 1 字节"。

### 3. 任务③

单片机通过电力线实施多机通信(即一主机两从机)。

#### (1) 主机代码

下面是新加的串行多字节收发函数:

函数加在〈uart_com_temp.h〉文件中。

```
//------------------------------------------------------------------------
//函数名称:Send_NB_DataComm()
//函数功能:串行数据发送子程序,用于发送多个字节
//入口参数:chComDat[传送要发送的串行数据串],nConut[要发送的字节个数]
//出口参数:无
//------------------------------------------------------------------------
void Send_NB_DataComm(unsigned char * chComDat,unsigned char chConut)
{
    unsigned char chI = 0;
    for(chI = 0;chI<chConut;chI++)
    {
      Send_Comm(chComDat[chI]);
      Dey_Ysh(10);
    }
}
//------------------------------------------------------------------------
//函数名称:Rcv_NB_DataComm()
//函数功能:串行数据接收子程序,用于接收多个字节
//入口参数:无
//出口参数:chComDat[传送接收到的串行数据]
/说明:数据串的格式:
//      对方机发来的数据串中第 1 个字节为机编号,第 2 个字节为命令,第 3 个字节
//      为数据长度中间 N 个为数据字节,最后是 0xFC 结束字串字节
//------------------------------------------------------------------------
unsigned char Rcv_NB_DataComm()
{
    unsigned char chJs = 0x00;
    chRecTrial = 0x80;

    if(RI == 0)return chJs;
    //
      RI = 0;                                    //手工清除标志位
      chComDat = SBUF;                           //读出数据串的长度
      if(chComDat! = chAddr)return chJs;         //接收的不是本机数据返回
      * chRecTrial = chComDat;
      chRecTrial++;
      P10 = ~P10;
      chJs++;
```

```
    do
    {
      while(RI == 0);                           //等待数据发过来
      RI = 0;                                   //手工清除标志位
      chComDat = SBUF;
      *chRecTrial = chComDat;
      chRecTrial ++ ;
      chJs ++ ;
      P10 = ~P10;
      if(chComDat == 0xFC)break;

    }while(1);
    bRcvCtrl = 1;                               //接收方请清 0
    chJs -= 1;
    chRecTrial = 0x80;
    return  chJs;
}
//---------------------------------------------------------------------
```

下面是主机主程序代码：

```
//*********************************************************************
//文件名:BWP10A_Main00.c
//功能:Bwp10a 电力线多机通信中的主机
//说明:接收与发送数据串的结构:第 1 个字节为机编号,第 2 个字节为命令,
//      第 3 个字节为数据长度,第 4 个字节为 N 个数据字节,第 N+1 个字节为结束字节
//      设为 0xFC。串的最大长度为 32 个。数据字节的最大长度为 32~4。
//      命令字节协议为读为 r,写为 w(为发送),请求应答为 a(用于发送)
//      串中应答为数据类型,如本例程序中使用了实时温度(设为 t)和实时时钟(设为 c)
//      从机地址为 0x01 号,0x02 号,主机地址编号为 0xAA
//*********************************************************************
#include <reg51.h>
#include <uart_com_temp.h>
#include "jcm12864m_t.h"
//#define uchar unsigned char                   //映射 uchar 为无符号字符
//#define uint   unsigned int                   //映射 uint 为无符号整数

sbit P00 = P0^0;
//sbit P10 = P1^0;

void DeyYsh2(unsigned int nN);
void SendCommandData(uchar clpAddr,uchar chCommand);   //用于发送命令
void CommandInterpreter();                             //命令解释器
void DispTemp();                                       //用于显示温度值
void DispTime();                                       //用于显示时间值
```

```
void ProcessACK();                          //处理应答信号
bit bBool = 0;
//-------------------------------------------------------------------
void main(void)
{
    uint i = 0;
    bBool = 1;
    InitUartComm(11.0592,9600);             //初始化串行口

    JCM12864M_INIT();                       //初始化 jcm12864m 显示器
    SEND_NB_DATA_12864M(0x80,"实时时钟:",10);
    SEND_NB_DATA_12864M(0x88,"实时温度:",10);

    if(bBool == 0)
     //向对方发送数据
     SendCommandData(0x01,'c');             //向 01 号机读出数据(读时间值)
     else
      //向对方发送数据
      SendCommandData(0x02,'t');            //向 02 号机读出数据(读温度值)

    while(1)
    {
      Rcv_NB_DataComm();                    //接收数据
      DeyYsh2(10);

      if(bRcvCtrl)
      { bRcvCtrl = 0;
        //下面为命令解释器
        CommandInterpreter();               //命令解释

        //向对方发送数据
        if(bBool == 0)
            {   bBool = 1;
                SendCommandData(0x01,'c'); //向 01 号机读出数据(读时间值)
            }
             else
             {  bBool = 0;
                SendCommandData(0x02,'t'); //向 02 号机读出数据(读温度值)
              }
      }
      P00 = ~P00;
    }
}
//-------------------------------------------------------------------
//函数名称:SendCommandData()
```

```
//函数功能:发送命令和数
//入口参数:clpAddr(为机编号 ),chCommand(为传送命令)
//出口参数:无
//说明:数据串的格式见文件的开头说明
//-------------------------------------------------------------------------------
void SendCommandData(uchar clpAddr,uchar chCommand)
{
    uchar idata * lpchData2;
    lpchData2 = 0xD0;                          //数据的启始地址设在 0xD0
    * lpchData2 = clpAddr;                     //对方机地址
    lpchData2 ++ ;
    * lpchData2 = chCommand;                   //命令
    lpchData2 ++ ;
    * lpchData2 = 0x01;                        //数据长度 1 个
    lpchData2 ++ ;
    * lpchData2 = 0xFC;                        //数据串的结束符

    lpchData2 = 0xD0;                          //数据的启始地址设在 0xD0
    //发送数据
    Send_NB_DataComm(lpchData2,0x04);
}
//-------------------------------------------------------------------------------
//函数名称:void CommandInterpreter()
//函数功能:解释命令
//入口参数:无
//出口参数:无
//      命令字节协议为读为 r,写为 w(为发送),请求应答为 a(用于发送)
//      串中应答为数据类型,如本例程序中使用了实时温度(设为 t)和实时时钟(设为 c)
//-------------------------------------------------------------------------------
void CommandInterpreter()
{
    unsigned char idata * chlpCom;
    unsigned char chCom1,chCom2;
    chlpCom = 0x80;                            //因读取的数据存在 0x80 的起始地址上
    chCom1 = chlpCom[0];
    if(chCom1 == 0xAA)                         //为数据串
    { //用于主机处理获取的数据
      chCom2 = chlpCom[1];
      switch(chCom2)
      {
        case'a': ProcessACK();                 //获得应答信号
                break;
        case't': DispTemp();                   //获取温度值并显示
                break;
        case'c': DispTime();                   //获取时钟和日期值并显示
```

```
                    break;
            }

        }else ;

}
//------------------------------------------
//函数名称:ProcessACK();
//函数功能:处理应答信号
//入口参数:无
//出口参数:无
//------------------------------------
void ProcessACK()
{ //请在下面加入代码
    ;
}
//------------------------------------
//函数名称:DispTemp()
//函数功能:用于显示温度值
//入口参数:无
//出口参数:无
//------------------------------------
void DispTemp()
{ //请在下面加入代码
  unsigned char idata * chlpCom;
  //lpcDat = 0x80;                        //读取的数据存 0x80 的地址上
  chlpCom = 0x83;                         //从数据区读出数据

  SEND_NB_DATA_12864M(0x9A,chlpCom,10);

}
//------------------------------------
//函数名称:DispTime()
//函数功能:用于显示时间值
//入口参数:无
//出口参数:无
//------------------------------------
void DispTime()
{//请在下面加入代码
  unsigned char idata * chlpCom;
  //lpcDat = 0x80;                        //读取的数据存 0x80 的地址上
  chlpCom = 0x83;                         //从数据区读出数据

  SEND_NB_DATA_12864M(0x92,chlpCom,12);
}
```

```
//-----------------------------------------
//功能:延时函数
//-----------------------------------------
void DeyYsh2(unsigned int nN)
{
    unsigned int a,b,c;
    for(a = 0;a<nN;a ++ )
      for(b = 0;b<50;b ++ )
        for(c = 0;c<50;c ++ );
}
//*****************************************************************
```

详细的程序代码见"网上资料\参考程序\程序模板应用编程\课题 12 利用电力线实施通信\ Bwp10a_多机通信_主机 AA"。

**(2) 从机 0x01 程序代码**

```
//*****************************************************************
//文件名:bwp10a_alsve01.c
//功能:用于读取日期和时间值
//这是:01 号从机
//说明:通过 BWP10A 向电力线发送
//*****************************************************************
#include <reg51.h>
#include <uart_com_temp.h>
#include <iic_i2c_sd2204.h>

sbit P00 = P0^0;
//sbit P10 = P1^0;


void DeyYsh2(unsigned int nN);
void SendCommandData(uchar clpAddr,uchar chCommand);          //用于发送命令
void CommandInterpreter();                                     //命令解释器
void SendTemp();                                               //用于显示温度值
void SendTime();                                               //用于显示时间值
void ProcessACK();                                             //处理应答信号

void GetSD2303_DATE_TIME();                                    //读取 SD2204 实时时钟
void Disp_DATE_TIME();                                         //处理读取的时间,用于显示
//-----------------------------------------
void main(void)
{
    uint i = 0;
    InitUartComm(11.0592,9600);                                //初始化串行口
    //初始化 SD2204 高精实时时钟
  //   INTIIC_SD2204();
```

```
    while(1)
    {
      Rcv_NB_DataComm();                              //接收数据
      DeyYsh2(2);
      GetSD2303_DATE_TIME();                          //读取时间并显示
      if(bRcvCtrl)
      {
        bRcvCtrl = 0;
        //命令解释
        CommandInterpreter();
      }

      P00 = ~P00;
      DeyYsh2(1);

      }
}

//-----------------------------------------------------------------------
//函数名称:SendCommandData()
//函数功能:发送命令和数
//入口参数:clpAddr(主机地址),chCommand(数据标识命令)
//出口参数:无
//说明:接收与发送数据串的结构:第1个字节为地址字节,第2个字节为命令字节,
//      第3个字节为数据长度,第4个字节为N个数据字节,第N+1个字节为结束字节
//      设为0xFC。串的最大长度为32个。数据字节的最大长度为32~4。
//      从机地址0x01号,0x02号,主机编号为0xAA
//-----------------------------------------------------------------------
void SendCommandData(uchar clpAddr,uchar chCommand)
{
   uchar idata * lpchData2;
   uint nJsq = 0;
   lpchData2 = 0xD0;                               //数据的起始地址设在0xD0
   * lpchData2 = clpAddr;                          //发送主机地址
   lpchData2 ++ ;
   * lpchData2 = chCommand;                        //命令
   lpchData2 ++ ;
   * lpchData2 = 0x0C;                             //数据长度12个
   lpchData2 ++ ;
   for(nJsq = 0;nJsq<12;nJsq ++ )
   { * lpchData2 = chDispDT1[nJsq];
    lpchData2 ++ ;
   }

   * lpchData2 = 0xFC;                             //数据长度28个
```

```
    lpchData2 = 0xD0;                              //回位

    //发送数据
    Send_NB_DataComm(lpchData2,0x10);

}
//------------------------------------------------------------------------
//函数名称:void CommandInterpreter()
//函数功能:解释命令
//入口参数:无
//出口参数:无
//       命令字节协议为:读为 r,写为 w(为发送),请求应答为 a(用于发送)
//       串中应答为数据类型,如本例程序中使用了实时温度(设为 t)和实时时钟(设为 c)
//------------------------------------------------------------------------
void CommandInterpreter()
{
    unsigned char idata *chlpCom;
    unsigned char chCom1,chCom2;
    chlpCom = 0x80;                                //因读取的数据存在 0x80 的起始地址上
    chCom1 = chlpCom[0];
    if(chCom1 == chAddr)                           //判断本机地址
    {
      chCom2 = chlpCom[1];
      switch(chCom2)
      { //用于从机发送数据
        case'a':                                   //应答请求
                break;
        case't': SendTemp();                       //发送温度值
                break;
        case'c': SendTime();                       //发送时钟和日期
                break;
      }
    }
}
//-----------------------------------
//函数名称:ProcessACK();
//函数功能:处理应答信号
//入口参数:无
//出口参数:无
//-----------------------------------
void ProcessACK()
{ //请在下面加入代码
  ;
}
//-----------------------------------
```

```
//函数名称:DispTemp()
//函数功能:用于显示温度值
//入口参数:无
//出口参数:无
//--------------------------------------
void SendTemp()
{ //请在下面加入代码
    ;
}
//--------------------------------------
//函数名称:DispTime()
//函数功能:用于显示时间值
//入口参数:无
//出口参数:无
//说明:向主机发送数据
//--------------------------------------
void SendTime()
{//请在下面加入代码
  SendCommandData(0xAA,'c');                          //发送时间(向主机发送时间)
}
//------------------------------------------------------------------------
//程序名称:GetSD2303_DATE_TIME()
//程序功能:读出 SD2303 实时时钟并显示到 JCM12864M 液晶显示屏上
//入出参数:无
//------------------------------------------------------------------------
void GetSD2303_DATE_TIME()
{

    READ_SD2204_NB_DAT_I2C(0x65,                        //65H 器件地址与命令
                           chDateTime,                  //反返回读出的日期和时间
                           7);                          //一共 7 字节

    Disp_DATE_TIME();                                   //显示日期和时钟
}
//------------------------------------------------------------------------
//程序名称:Disp_DATE_TIME()
//程序功能:读出 SD2303 实时时钟并显示到 JCM12864M 液晶显示屏上
//入出参数:无
//------------------------------------------------------------------------
void Disp_DATE_TIME()
{
    uchar WG,WS,WB;
    //下面是显示处理
    //显示秒、分、时
    chDispDT1[11] = 0xEB;                               //汉字"秒"
```

```
chDispDT1[10] = 0xC3;
WB = chDateTime[6];                          //秒钟
WG = WB&0x0F;
WG = WG|0x30;                                //加入 30H 变为 ASCII 码,用于显示
chDispDT1[9] = WG;                           //秒钟个位
WS = WB&0xF0;
WS = WS>>4;
WS = WS|0x30;                                //加入 30H 变为 ASCII 码,用于显示
chDispDT1[8] = WS;                           //秒钟十位

chDispDT1[7] = 0xD6;                         //汉字"分"
chDispDT1[6] = 0xB7;
WB = chDateTime[5];                          //分钟
WG = WB&0x0F;
WG = WG|0x30;                                //加入 30H 变为 ASCII 码,用于显示
chDispDT1[5] = WG;                           //分钟个位
WS = WB&0xF0;
WS = WS>>4;
WS = WS|0x30;                                //加入 30H 变为 ASCII 码,用于显示
chDispDT1[4] = WS;                           //分钟十位

chDispDT1[3] = 0xB1;                         //汉字"时"
chDispDT1[2] = 0xCA;
// chDateTime[4] = chDateTime[4]&0x3F;        //屏蔽高 7、6 位无效位
WB = chDateTime[4];                          //时钟
WG = WB&0x0F;
WG = WG|0x30;                                //加入 30H 变为 ASCII 码,用于显示
chDispDT1[1] = WG;                           //时钟个位
WS = WB&0xF0;
WS = WS>>4;
WS = WS|0x30;                                //加入 30H 变为 ASCII 码,用于显示
chDispDT1[0] = WS;                           //时钟十位

//显示日、月、年
chDispDT2[13] = 0xBB;                        //汉字"日"
chDispDT2[12] = 0xD4;
WB = chDateTime[2];                          //日
WG = WB&0x0F;
WG = WG|0x30;                                //加入 30H 变为 ASCII 码,用于显示
chDispDT2[11] = WG;                          //日钟个位
WS = WB&0xF0;
WS = WS>>4;
WS = WS|0x30;                                //加入 30H 变为 ASCII 码,用于显示
chDispDT2[10] = WS;                          //日钟十位
```

```
    chDispDT2[9] = 0xC2;                        //汉字“月”
    chDispDT2[8] = 0xD4;
    WB = chDateTime[1];                         //月
    WG = WB&0x0F;
    WG = WG|0x30;                               //加入 30H 变为 ASCII 码,用于显示
    chDispDT2[7] = WG;                          //月个位
    WS = WB&0xF0;
    WS = WS>>4;
    WS = WS|0x30;                               //加入 30H 变为 ASCII 码,用于显示
    chDispDT2[6] = WS;                          //月十位

    chDispDT2[5] = 0xEA;                        //汉字“年”
    chDispDT2[4] = 0xC4;
    WB = chDateTime[0];                         //年
    WG = WB&0x0F;
    WG = WG|0x30;                               //加入 30H 变为 ASCII 码,用于显示
    chDispDT2[3] = WG;                          //年个位
    WS = WB&0xF0;
    WS = WS>>4;
    WS = WS|0x30;                               //加入 30H 变为 ASCII 码,用于显示
    chDispDT2[2] = WS;                          //年十位
    chDispDT2[1] ='0';
    chDispDT2[0] ='2';

    //显示星期
    WB = chDateTime[3];                         //星期
    WG = WB&0x0F;
    WG = WG|0x30;                               //加入 30H 变为 ASCII 码,用于显示
    chDispDT3[7] = WG;                          //星期个位
    WS = WB&0xF0;
    WS = WS>>4;
    WS = WS|0x30;                               //加入 30H 变为 ASCII 码,用于显示
    chDispDT3[6] = WS;                          //星期十位
    chDispDT3[5] ='';
    chDispDT3[4] =':';
    chDispDT3[3] = 0xDA;
    chDispDT3[2] = 0xC6;
    chDispDT3[1] = 0xC7;
    chDispDT3[0] = 0xD0;

}
//----------------------------------
//功能:延时函数
//----------------------------------
void DeyYsh2(unsigned int nN)
```

```
{
    unsigned int a,b,c;
    for(a = 0;a<nN;a ++ )
      for(b = 0;b<50;b ++ )
        for(c = 0;c<50;c ++ );
}
//-----------------------------------------------------------------------
```

详细的程序代码见“网上资料\参考程序\程序模板应用编程\课题 12 利用电力线实施通信\ Bwp10a_多机通信_从机 01”。

**(3) 从机 0x02 程序代码**

```
//**********************************************************************
//文件名:bwp10a_alsve02.c
//文件功能:用于读取温度值并通过电力线发送数据
//这是:02 号机
//**********************************************************************
#include <reg51.h>
#include <uart_com_temp.h>
#include <lm75a.h>
#include <time0_temp.h>

sbit P00 = P0^0;
//sbit P10 = P1^0;

void DeyYsh2(unsigned int nN);
void SendCommandData(uchar clpAddr,uchar chCommand);      //用于发送命令
void CommandInterpreter();                                 //命令解释器
void SendTemp();                                           //用于显示温度值
void SendTime();                                           //用于显示时间值
void ProcessACK();                                         //处理应答信号
uchar chRTemp[10];                                         //用于存放温度值

//-------------------------------------
void main(void)
{
    uint i = 0;
    InitUartComm(11.0592,9600);                            //初始化串行口
    //初始化定时器 0 为 500 ms,使用 11.059 2 MHz 晶振
    InitTime0Length(11.0592,500);

    while(1)
    {
      Rcv_NB_DataComm();                                   //接收数据
      DeyYsh2(10);
```

```
        if(bRcvCtrl)
        { bRcvCtrl = 0;
          CommandInterpreter();                              //命令解释器
        }

        P00 = ~P00;
      DeyYsh2(1);
        }
}
//-----------------------------------------
//功能:定时器 0 的定时中断执行函数
//-----------------------------------------
void T0_Time0()
{   //请在下面加入用户代码
    //P10 = ~P10;                                            //程序运行指示灯
    Off_Time0();
    LM75A_READ_TEMP(chRTemp);                                //读出温度值
    On_Time0();
}
//------------------------------------------------------------------------
//函数名称:SendCommandData()
//函数功能:发送命令和数
//入口参数:clpAddr(主机地址),chCommand(数据标识命令)
//出口参数:无
//说明:接收与发送数据串的结构:第 1 个字节为机编号,第 2 个字节为命令字节,
//       第 3 个字节为数据长度,第 4 个字节为 N 个数据字节,第 N+1 个字节为结束字节
//       设为 0xFC。串的最大长度为 32 个。数据字节的最大长度为 32~4。
//       从机地址为 01 号,02 号,主机编号为 0xAA
//------------------------------------------------------------------------
void SendCommandData(uchar clpAddr,uchar chCommand)
{
    uchar idata *lpchData2;
    uint nJsq = 0;
    lpchData2 = 0xD0;                                        //数据的起始地址设在 0xD0
     *lpchData2 = clpAddr;                                   //发送对方机地址(即机编号)
    lpchData2++;
     *lpchData2 = chCommand;                                 //命令
    lpchData2++;
     *lpchData2 = 0x0A;                                      //数据长度 10 个
    lpchData2++;
    for(nJsq = 0;nJsq<10;nJsq++)
    { *lpchData2 = chRTemp[nJsq];                            //将温度值加入发送串中
      lpchData2++;
    }
```

```
    * lpchData2 = 0xFC;                         //数据长度 10 个
    lpchData2 = 0xD0;                           //回位

    //发送数据
    Send_NB_DataComm(lpchData2,0x0E);

}
//---------------------------------------------------------------------
//函数名称:void CommandInterpreter()
//函数功能:解释命令
//入口参数:无
//出口参数:无
//          命令字节协议为:读为 r,写为 w(为发送),请求应答为 a(用于发送)
//          串中应答为数据类型,如本例程序中使用了实时温度(设为 t)和实时时钟(设为 c)
//---------------------------------------------------------------------
void CommandInterpreter()
{
    unsigned char idata * chlpCom;
    unsigned char chCom1,chCom2;
    chlpCom = 0x80;                             //因读取的数据存在 0x80 的起始地址上
    chCom1 = chlpCom[0];
    if(chCom1 == chAddr)                        //为本机地址或机编号
    {
      chCom2 = chlpCom[1];
      switch(chCom2)
      { //用于从机发送数据
        case 'a':                               //应答请求
                break;
        case 't': SendTemp();                   //发送温度值
                break;
        case 'c': SendTime();                   //发送时钟和日期
                break;
      }
    }

}
//-----------------------------------
//函数名称:ProcessACK();
//函数功能:处理应答信号
//入口参数:无
//出口参数:无
//-----------------------------------
void ProcessACK()
{ //请在下面加入代码
  ;
```

```
}
//---------------------------------------
//函数名称:DispTemp()
//函数功能:用于显示温度值
//入口参数:无
//出口参数:无
//---------------------------------------
void SendTemp()
{ //请在下面加入代码
   Off_Time0();
   SendCommandData(0xAA,'t');                    //发送时间,主机的地址为 0xAA
   On_Time0();
}
//---------------------------------------
//函数名称:DispTime()
//函数功能:用于显示时间值
//入口参数:无
//出口参数:无
//---------------------------------------
void SendTime()
{//请在下面加入代码
  ;
}

//-------------------------------------
//功能:延时函数
//-----------------------------------
void DeyYsh2(unsigned int nN)
{
    unsigned int a,b,c;
    for(a = 0;a<nN;a++)
      for(b = 0;b<50;b++)
        for(c = 0;c<50;c++);
}
//-----------------------------------------------------------------------
```

详细的程序代码见“网上资料\参考程序\程序模板应用编程\课题 12 利用电力线实施通信\ Bwp10a_多机通信_从机 02”。

## 作业与思考

本课题任务是各位读者处理、做练习或做工程。

## 编后语

限于篇幅,无法谈得太多。我们唯一之路只有向前。

# 课题 13　低盲区超声波测距模块在 80C51 内核单片机工程中的运用

## 实验目的

了解和掌握低盲区超声波测距模块的原理与使用方法，学习程序模板的组装与运用。

## 实验设备

① 30 W 烙铁 1 把，数字万用表 1 个；

② PC 机 1 台；

③ 开发软件 TKStudio 集成开发平台（周立功公司开发）和 Keil C51（Keil 公司开发）1 套；

④ 烧录软件 Flash Magic 下载线（NXP 公司开发）1 套，9 芯串行通信线 1 根。

## 实验器件

P89V51Rxx_CPU 模块 1 块，串行通信模块 1 块，低盲区超声波测距 UFM37 模块 1 块。

## 工程任务

利用低盲区超声波测距模块实施测距实验并用液晶显示屏显示其所测得的结果（分 PC 机和单片机）。

## 工程任务的理解

超声波测距已经在许多方面得到应用，特别是在安全到车上和小玩具车上。本课题主要使用的模块是低盲区超声波测距模块，可以说是一块工业生产好的模块。由于手工制作的模块不是很稳定，所以本书还是采用制式模块。这样节约了工程的开发时间。本课题通过 PC 机程序和单片机程序对模块进行尝试性简单的测试。当然模块中还有其他功能读者可以一一测试，并应用于工程。

## 工程设计构想

### 1. 硬件设计方框图

硬件样式设计图如图 K13－1 所示。

### 2. 软件设计方框图

工程程序构思与协调控制任务分工图请读者自己绘制。

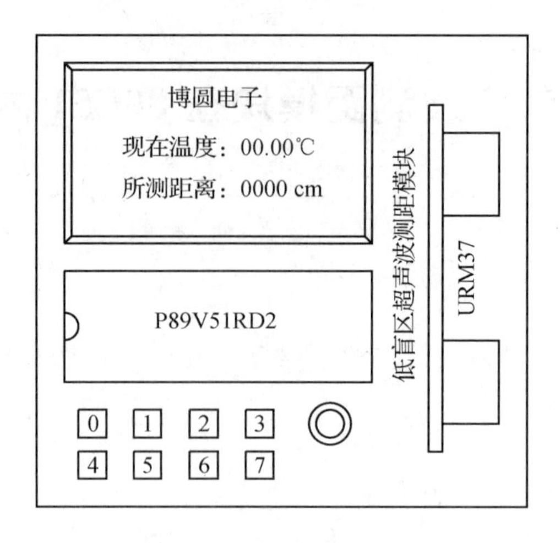


图 K13-1　硬件制作样式图

## 所需外围器件资料(URM37 模块)

### 1. 概　述

低盲区超声波测距 URM37 模块是一种为 ROBOT 设计的模块,可以应用于汽车倒车报警、门铃、各类安全线提示、玩具小车躲避障碍物等。

模块主要的性能如下:

- 使用电压为+5 V,工作电流小于 20 mA,测量距离最大为 500 cm,最小为 4 cm,分辨率为 1 cm;
- 通信方式使用 RS232 串行或 TTL 电平完成数据传输;
- 所测距离还可以通过脉宽输出方式将数据输出;
- 可以在模块的内部 EEPROM 内预先设定一个比较值,当测量的距离小于该值时,就从 COMP/TRIG(6 脚)引脚输出低电平用于外部设备;
- 本模块提供了一个舵机控制功能,可以和一个舵机组组成一个 270°测量组件,用于机器人扫描 0～270°范围障碍物;
- 内部带温度补偿电路,用于提高距离测量精度;
- 内部带有 253 B EEPROM,用于存放掉电不能丢失的临时参数;
- 内部还带有一个温度测量部件,可以通过串行口读出分辨率为 0.1℃的环境温度值。

### 2. 引脚排列与功能描述

引脚排列如图 K13-2 所示,引脚功能描述如表 K13-1 所列。

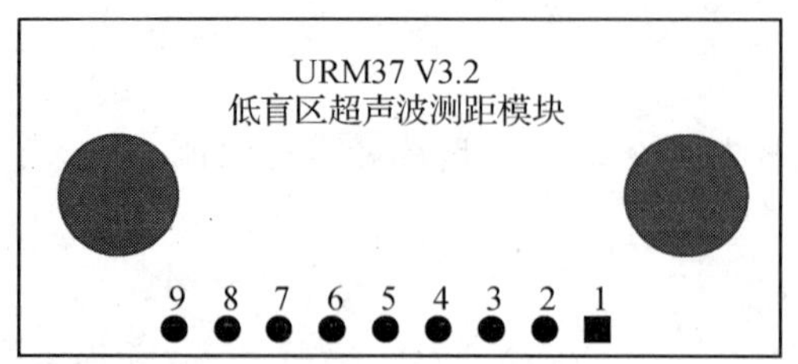


图 K13-2　URM37 V3.2 正面引脚图

表 K13-1 URM37 V3.2 引脚功能描述

| 引脚号 | 引脚名称 | 功能描述 |
|---|---|---|
| 1 | VCC | +5 V 电源输入 |
| 2 | GND | 电源地 |
| 3 | nRST | 模块复位,低电平有效 |
| 4 | PWM | 测量到的距离数据以 PWM 脉宽方式输出 0～25 000 μs,每 50 μs 代表 1 cm |
| 5 | MOTO | 舵机控制信号输出 |
| 6 | COMP/TRIG | COMP:比较模式开关量输出,测量距离小于设置比较距离时输出低电平;TRIG:PWM 模式触发脉冲输入 |
| 7 | PWR_ON | 模块使能,高电平有效,可多个模块并联使用 |
| 8 | RXD | 异步串行通信接收脚,RS232 电平或者 TTL 电平 |
| 9 | TXD | 异步串行通信发送脚,RS232 电平或者 TTL 电平 |

## 3. 模块功能描述

模块唯一的一个通信接口就是 UART 串行通信,采用两种电平形式,即 RS232 电平方式和 TTL 电平方式。RS232 电平方式用于直接与 PC 机连接,TTL 电平方式用于直接与单片机连接。模块上使用了两个跳线块方便用户选择。

**(1) 模式 1(串口被动模式)**

串口被动模式也就是模块处于等待命令状态模式,在这种模式下,通过向串口发送测量距离命令,模块就启动一次距离测量动作,并将测得的距离数据通过串口发回。命令中所带的舵机旋转度参数用于从模块的 MOTO 引脚输出脉冲信号驱动舵机旋转到指定的角度位置。

**(2) 模式 2(自动测量模式)**

当模块设为自动测量时,模块将每隔 25 ms 测量一次,并将测得的数据与用户设好的不能小于的距离比较值进行比较,当所测距离小于或等于比较值时,就从模块的 COMP/TRIG 引脚输出低电平(这个电平足以控制一个开关使小车刹车,不至于小车碰击障碍物而损坏)。另外每启动一次距离测量,就从模块的 PWM 引脚输出所测得的距离值,方法是从 PWM 引脚输出脉冲的宽度,并以低电平表示,则每 25 μs 为 1 cm。这样就可以通过单片机一个引脚来读取这个数字。模块中比较值的好处是可以简单地把模块当作一个超声波开关使用。

**(3) 模式 3(PWM 被动控制模式)**

在这种模式下,通过模块的 COMP/TRIG 引脚触发低电平信号来启动一次距离测量动作。这个低电平脉冲宽度同时能控制舵机的转动角度。舵机的旋转角度分为 46 个角度控制值,每一个控制值代表 5.87°,值的范围从 0 到 46 计算,每 50 μs 脉冲宽度代表一个控制角度值。当触发脉冲发出后,就从模块的 MOTO 引脚输出控制脉冲控制舵机旋转,接下来模块的 PWM 引脚将测得的距离以脉冲宽度方式输出一个低电平,低电平的时间长度为所测得的距离,则每 50 μs 低电平为 1 cm 距离,单片机可以通过这个引脚读出测得的距离。当测量的距离无效时,引脚上将出现一个 50 000 μs 的低电平脉冲。

**(4) 模块内的 EEPROM**

URM37 模块带有一个 256 B 的 EEPROM,用于存放一些系统需要保存比较长时间的数据。其中 256 B 分为两个部分，则 0x00～0x02 为系统配置之用，0x03～0xFF 为用户使用区。可以发送命令来进行读/写，具体见表 K13-2。

### 4. 串行读/写命令的格式

串行读/写命令的格式如表 K13-2 所列。

模块串行波特率为 9 600，无奇偶校验，一位停止位。控制命令使用一个 4 B 的数据串进行协议，其格式为命令＋数据 0＋数据 1＋校验和。校验和是命令和数据的加数和，则校验和＝命令＋数据 0＋数据 1。加好以后高 8 位舍弃，留下低 8 位。

**表 K13-2 串行读/写命令格式描述**

| 命令格式 | 功 能 | 说 明 |
| --- | --- | --- |
| 读温度值<br>0x11＋NC＋NC＋校验和 | 启动 16 位温度的读取命令 | 命令发出后，模块内启动温度测量，并将测得的温度按 0x11＋温度的高 8 位＋温度的低 8 位＋校验和格式通过 TXD 线发回。命令中的 NC 为任意数据，温度的 8 位中的高 4 位为温度的正负标识符，全 1 为温度 0 下值，全 0 为温度 0 上值。读出的温度分辨率为 0.1°，每个数字代表 0.1℃。当测量的温度无效时，返回的数据全为 1，则为 0xFFFF 非温度值 |
| 读出距离测量值<br>0x22＋度数＋NC＋校验和 | 启动 16 位距离测量读取命令 | 命令中的度数是用来控制舵机转动超声波测量模块到一定的角度后测量距离之用。舵机可以旋转 270°，模块将 270°划分为 46 个角度区，每角度区为 5.87°，共 46 个区，取值范围为 0～46。如果数字超过 46，电机将不转动。模块上电初化时其舵机的旋转值为 135°，也就是中间的位置，指令为 0 时舵机逆时针转到 0°，当指令为 46 时，舵机顺时针旋转 270°。距离测量完成时发回数据的格式为 0x22＋距离的高 8 位＋距离的低 8 位＋校验和。测量距离无效时返回的距离为 0xFFFF |
| 从 EEPROM 读出数据<br>0x33＋地址＋NC＋校验和 | 启动内部 EEPROM 读操作 | 命令发送后读取指定地址内的数据，数据返回的格式为 0x33＋地址＋数据＋校验和 |
| 向 EEPROM 写入数据<br>0x44＋地址＋写数据＋校验和 | 启动内部 EEPROM 写 | 写数据范围为 0～0xFF 单元。其中地址 0x00～0x02 中的数据为模块使用的配置字，操作时需要谨慎！可以通过读取内部数据来判断数据是否写入。数据写入成功后返回 0x44＋地址＋写数据＋校验和。模块内的 0x00～0x02 地址内容分配是：0x00 为比较距离的高 8 位、x01 为比较距离的低 8 位、0x02 为模式设置寄存器，向其写入 0xAA 为配置模块，为自动测量距离模式；向其写入 0xBB，为不配置模块，为启用 PWM 被动控制模式 |

注意：上面的操作必须在 PWR_ON 引脚接入高电平时才能生效。

### 5. 舵机旋转角度参考表

舵机旋转角度参考表如表 K13-3 所列。

表 K13-3 舵机旋转角度参考表

| 序 号 | 1 | 2 | 3 | 4 | 5 | 6 | 7 | 8 | 9 | 10 | 11 | 12 | 13 | 14 |
|---|---|---|---|---|---|---|---|---|---|---|---|---|---|---|
| 值 | 01 | 02 | 03 | 04 | 05 | 06 | 07 | 08 | 09 | 0A | 0B | 0C | 0D | 0E |
| 度 数 | 6 | 12 | 18 | 24 | 29 | 35 | 41 | 47 | 53 | 59 | 65 | 70 | 76 | 82 |
| 序 号 | 15 | 16 | 17 | 18 | 19 | 20 | 21 | 22 | 23 | 24 | 25 | 26 | 27 | 28 |
| 值 | 0F | 10 | 11 | 12 | 13 | 14 | 15 | 16 | 17 | 18 | 19 | 1A | 1B | 1C |
| 度 数 | 88 | 94 | 100 | 106 | 112 | 117 | 123 | 129 | 135 | 141 | 147 | 153 | 159 | 164 |
| 序 号 | 29 | 30 | 31 | 32 | 33 | 34 | 35 | 36 | 37 | 38 | 39 | 40 | 41 | 42 |
| 值 | 1D | 1E | 1F | 20 | 21 | 22 | 23 | 24 | 25 | 26 | 27 | 28 | 29 | 2A |
| 度 数 | 170 | 176 | 182 | 188 | 194 | 200 | 206 | 211 | 217 | 223 | 229 | 235 | 241 | 247 |
| 序 号 | 43 | 44 | 45 | 46 | — | — | — | — | — | — | — | — | — | — |
| 值 | 2B | 2C | 2D | 2E | — | — | — | — | — | — | — | — | — | — |
| 度 数 | 252 | 258 | 264 | 270 | — | — | — | — | — | — | — | — | — | — |

## 工程所需程序模板

从图 K13-1 中可以看出各程序的分工状况。需要程序模板文件如下：

- 使用串行通信读取模块数据，启用模板文件〈uart_com_temp. h〉；
- 使用 JCM12864 做显示，启用模板文件〈jcm12864m_t. h〉；
- 使用 4 位按键选择频率段，启用模板文件〈 key_4bkey. h〉；
- 使按键发出声音，启用模板文件〈 beep_temp. h〉。

**说明：**如果制作的是实际工程，请加上看门狗模板文件〈P89v51_Wdt_Temp. h〉。

## 工程施工用图

本课题工程需要工程电路图与 PC 机进行通信，如图 K13-3 所示；与单片机进行通信，如图 K13-4 所示。

## 制作工程用电路板

按图 K13-3 和图 K13-4 制作实验用电路板。

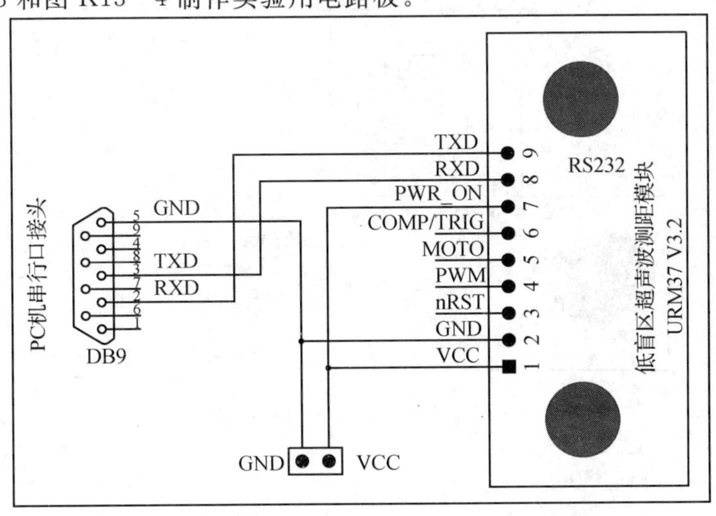


图 K13-3 模块与 PC 机进行通信图

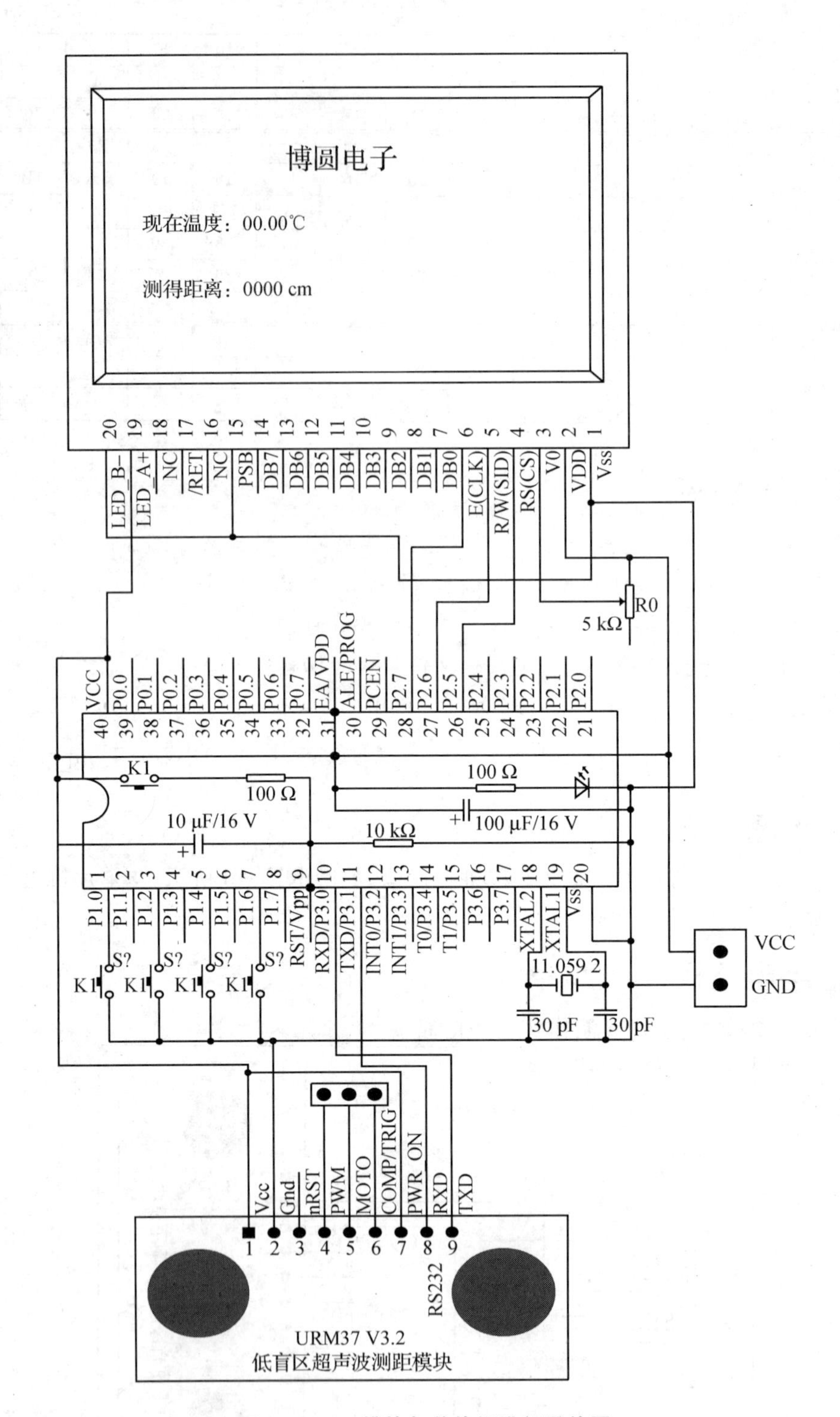


图 K13－4　模块与单片机进行通信图

# 本课题工程软件设计

## 创建任务用软件工程文件与组装工程程序

根据程序需要，从“网上资料\参考程序\程序模块\模板程序汇总库”下的 Temp 文件夹中复制需要的程序模板。

## 工程程序应用实例

### 1. 与 PC 机通信程序

#### (1) 程序界面

程序界面如图 K13-5 所示。

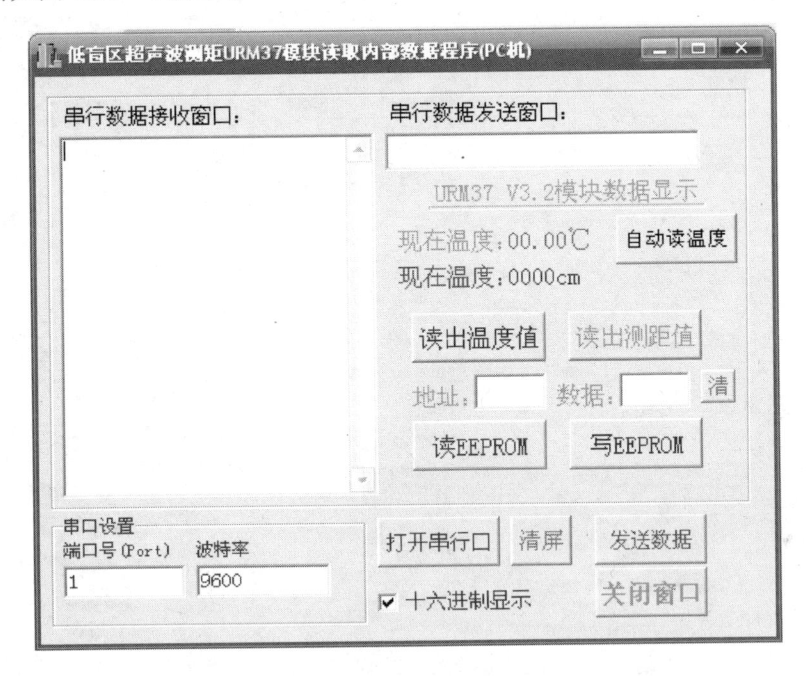


图 K13-5　与 URM37 模块进行通信程序界面

#### (2) 与模块进行通信的主要程序代码

```
/*****************************************************************************
#include <vcl.h>
#pragma hdrstop

#include "Unit1.h"
#include "Serial.h"
#include "stdio.h"
//---------------------------------------------------------------------------
#pragma package(smart_init)
```

```
#pragma resource "*.dfm"
TForm1 *Form1;
//---------------------------------------------------------------------------
__fastcall TForm1::TForm1(TComponent* Owner)
        : TForm(Owner)
{
  m_bCommRead = false;
  m_asStringcomm = "";
  m_chLegth = 0;
  m_nSnedJsq = 0;
}
//---------------------------------------------------------------------------
//以下为线程处理函数
void __fastcall TForm1::StartThread()
{ //启动线程
  MyThread = new  TMyThread;
}
//---------------------------------------------------------------------
void __fastcall TForm1::ColseThread()
{ //关闭线程
  if(MyThread)
    MyThread->Terminate();                          //关闭程序时结束线程
}
//---------------------------------------------------------------------
__fastcall TMyThread::TMyThread(void):TThread(true)
{ //线程构造函数
  FreeOnTerminate = true;
  Resume();                                         //挂起线程
}
//---------------------------------------------------
void __fastcall TMyThread::Execute()
{ //线程的执行函数
  while(Terminated == false)
  {  //扫描串行数据
    Form1->ReadComm();
  }
}
//------------------------------------------------------------------------
void __fastcall TForm1::ReadComm()
{  //读取串行数据
   unsigned char szStr[10];
   int nChTemp;
   float fSum;
   AnsiString string1 = "",string2 = "";
   if(cSerial.ReadDataWaiting())                    //读缓存区是否有数据
```

```
{
  m_bCommRead = true;
  cSerial.ReadData(m_chMessage,4);                    //如有数据存在,就一次读1B
  m_chMessage[4] = '\0';

  if(m_chMessage[0] == 0x11)                          //读到的是温度值
  {
    nChTemp = m_chMessage[1];                         //温度的高8位
    nChTemp = nChTemp<<8;                             //移到高8位
    nChTemp |= m_chMessage[2];                        //加入温度的低8位
    fSum = nChTemp * 0.1;
    sprintf(szStr,"%6.2f℃",fSum );
    strcpy(str2[0],szStr);
    Label6->Caption = str2[0];
  }
  else if(m_chMessage[0] == 0x22)                     //读到的是温度值
  {
    nChTemp = m_chMessage[1];                         //温度的高8位
    nChTemp = nChTemp<<8;                             //移到高8位
    nChTemp |= m_chMessage[2];                        //加入温度的低8位
    sprintf(szStr,"%6d cm",nChTemp);
    strcpy(str2[0],szStr);
    Label8->Caption = str2[0];
  }
  else if(m_chMessage[0] == 0x33)                     //读到的是温度值
  {
    Edit4->Text = m_chMessage[2];                     //读出的数据
  }

  if(CheckBox1->Checked)
  {  sprintf(szStr,"%x",m_chMessage[0]);              //十六进制
     strcpy(str2[0],szStr);
     m_asStringcomm += str2[0];
     sprintf(szStr,"%x",m_chMessage[1]);              //十六进制
     strcpy(str2[0],szStr);
     m_asStringcomm += str2[0];
     sprintf(szStr,"%x",m_chMessage[2]);              //十六进制
     strcpy(str2[0],szStr);
     m_asStringcomm += str2[0];
     sprintf(szStr,"%x",m_chMessage[3]);              //十六进制
     strcpy(str2[0],szStr);
     m_asStringcomm += str2[0];
  }
  else
  { sprintf(szStr,"%c",m_chMessage[0]);               //字符
```

```
            strcpy(str2[0],szStr);
            m_asStringcomm + = str2[0];
            sprintf(szStr," %c",m_chMessage[1]);                //字符
            strcpy(str2[0],szStr);
            m_asStringcomm + = str2[0];
            sprintf(szStr," %c",m_chMessage[2]);                //字符
            strcpy(str2[0],szStr);
            m_asStringcomm + = str2[0];
            sprintf(szStr," %c",m_chMessage[3]);                //字符
            strcpy(str2[0],szStr);
            m_asStringcomm + = str2[0];
            }

        Memo1->Lines->Text = m_asStringcomm;
        if(m_asStringcomm.Length()>= 414)
         m_asStringcomm = "";
        }
}
//---------------------------------------------------------------
void __fastcall TForm1::BitBtn1Click(TObject * Sender)
{
    int nPort,nBaud;
    if(Edit1->Text.Length() == 0||Edit2->Text.Length() == 0)return;
    nPort = Edit1->Text.ToInt();
    nBaud = Edit2->Text.ToInt();
    if(cSerial.Open(nPort,nBaud))
    {  StartThread();                                      //启动线程
     }
     else ShowMessage("Not! COM1 没能打开!");
}
//---------------------------------------------------------------------------
void __fastcall TForm1::FormCloseQuery(TObject * Sender, bool &CanClose)
{
    ColseThread();                                         //关闭线程
}
//---------------------------------------------------------------------------
void __fastcall TForm1::BitBtn3Click(TObject * Sender)
{
   Close();
}
//---------------------------------------------------------------------------
void __fastcall TForm1::BitBtn2Click(TObject * Sender)
{  //发送数据前的准工作
    AnsiString asStr;
    char chH;
```

```
    if(m_bCommRead == false)BitBtn1Click(Sender);
    m_chLegth = Memo2->Lines->Text.Length();
    strcpy(m_szuChar,Memo2->Lines->Text.c_str());

    m_nSnedJsq = 0;                      //数据发送计数器
    if(m_chLegth>0)                      //若有数据,就启动发送
    {   BitBtn2->Enabled = false;
        Timer1->Enabled = true;          //启动定时器 1 发送数据
    }
}
//---------------------------------------------------------------------------
void __fastcall TForm1::Timer1Timer(TObject * Sender)
{  //发送数据
    cSerial.SendData(&m_szuChar[m_nSnedJsq],1);
    m_nSnedJsq++;                        //发送计数器
    if(m_nSnedJsq>3)
    { m_nSnedJsq = 0;
      Timer1->Enabled = false;
      BitBtn2->Enabled = true;
     // ShowMessage("窗口数据发送完毕!");
    }
}
//---------------------------------------------------------------------------
void __fastcall TForm1::SpeedButton1Click(TObject * Sender)
{
      m_asStringcomm = "";
      Memo1->Lines->Text = "";
}
//---------------------------------------------------------------------------
void __fastcall TForm1::SpeedButton2Click(TObject * Sender)
{

    if(m_bCommRead == false)BitBtn1Click(Sender);
    //发送命令用于读出温度值
    m_szuChar[0] = 0x11;
    m_szuChar[1] = 0x10;
    m_szuChar[2] = 0x10;
    m_szuChar[3] = 0x11 + 0x10 + 0x10;

    m_nSnedJsq = 0;                      //数据发送计数器

    Timer1->Enabled = true;              //启动定时器 1 发送数据

}
//---------------------------------------------------------------------------
```

```
void __fastcall TForm1::SpeedButton3Click(TObject * Sender)
{
    //读出测量距离
    if(m_bCommRead == false)BitBtn1Click(Sender);
     //发送命令用于读出距离测量值
    m_szuChar[0] = 0x22;
    m_szuChar[1] = 0x10;
    m_szuChar[2] = 0x10;
    m_szuChar[3] = 0x22 + 0x10 + 0x10;

    m_nSnedJsq = 0;                             //数据发送计数器
    Timer1 ->Enabled = true;                    //启动定时器 1 发送数据

}
//---------------------------------------------------------------------------

void __fastcall TForm1::Timer2Timer(TObject * Sender)
{
    if(m_bCommRead == false)BitBtn1Click(Sender);
    //自动并定时读出温度值
    m_szuChar[0] = 0x11;
    m_szuChar[1] = 0x10;
    m_szuChar[2] = 0x10;
    m_szuChar[3] = 0x11 + 0x10 + 0x10;

    m_nSnedJsq = 0;                             //数据发送计数器
    Timer1 ->Enabled = true;                    //启动定时器 1 发送数据

}
//---------------------------------------------------------------------------
void __fastcall TForm1::SpeedButton6Click(TObject * Sender)
{
      if(Timer2 ->Enabled)
         Timer2 ->Enabled = false;
        else Timer2 ->Enabled = true;
}
//---------------------------------------------------------------------------
void __fastcall TForm1::SpeedButton4Click(TObject * Sender)
{
    if(m_bCommRead == false)BitBtn1Click(Sender);
    unsigned char chC,chC2;
    int nAddr;
    nAddr = atoi(Edit3 ->Text.c_str());
    chC = nAddr;
    nAddr = atoi(Edit4 ->Text.c_str());
```

```
    chC2 = nAddr;
    //发送命令读出 EEPROM 值
    m_szuChar[0] = 0x33;                              //读命令
    m_szuChar[1] = chC;                               //地址
    m_szuChar[2] = chC2;
    m_szuChar[3] = 0x33 + chC + chC2;

    m_nSnedJsq = 0;                                   //数据发送计数器
    {
        Timer1->Enabled = true;                       //启动定时器 1 发送数据
    }
}
//---------------------------------------------------------------------------
void __fastcall TForm1::SpeedButton5Click(TObject * Sender)
{
    if(m_bCommRead == false)BitBtn1Click(Sender);
    unsigned char chC,chC2;
    int nAddr;
    nAddr = atoi(Edit3->Text.c_str());
    chC = nAddr;
    nAddr = atoi(Edit4->Text.c_str());
    chC2 = nAddr;
    //发送命令向 EEPROM 写入数据
    m_szuChar[0] = 0x44;                              //读命令
    m_szuChar[1] = chC;                               //地址
    m_szuChar[2] = chC2;
    m_szuChar[3] = 0x44 + chC + chC2;

    m_nSnedJsq = 0;                                   //数据发送计数器
    {
        Timer1->Enabled = true;                       //启动定时器 1 发送数据
    }
}
//---------------------------------------------------------------------------
void __fastcall TForm1::SpeedButton7Click(TObject * Sender)
{
    Edit4->Text = "";
}
//***************************************************************************
```

详细的程序代码见“网上资料\参考程序\程序模板应用编程\课题 13 超声波测距\Cseria_Comm_PC_bcb60_2”。

## 2. 单片机程序

### (1) 串行通信新增程序

```
//-----------------------------------------------------------
//URM37 数据处理函数
//-----------------------------------------------------------
//函数名称:Send_NB_Comm()
//函数功能:串行数据发送子程序(发送多字节命令)
//入口参数:chCommand(传送命令),chAddr(地址或度数据),chData(NC 或写入的数据)
//出口参数:无
//说明:命令发送的格式为命令 + 数据 1 + 数据 2 + 校验和(校验和 = 命令 + 数据 1 + 数据 2,
//      的低 8 位)
//--------------------------------------------------------------------------------
void Send_NB_Comm(unsigned char chCommand,unsigned char chAddr,
                 unsigned char chData)
{
   unsigned char chSum;
   Send_Comm(chCommand);                          //第 1 个字节为命令
   Dey_Ysh2(2);
   Send_Comm(chAddr);                             //第 2 个字节为地址或度数或 NC(任意字符)
   Dey_Ysh2(2);
   Send_Comm(chData);                             //第 3 个字节为要写的数据或 NC(任意字符)
   Dey_Ysh2(2);
   chSum = chCommand + chAddr + chData;
   Send_Comm(chSum);                              //第 4 个字节为校验和
   Dey_Ysh2(2);

}
//--------------------------------------------------------------------------------
//函数名称:Rcv_NB_Data()
//函数功能:串行数据接收子程序(接收 N B 的数据串)
//入口参数:chCommand(传送命令),chAddr(地址或度数据),chData(NC 或写入的数据)
//出口参数:chData(返回读出的 4B 数据)
//说明:命令发送的格式为命令 + 数据 1 + 数据 2 + 校验和(校验和 = 命令 + 数据 1 + 数据 2,
//      的低 8 位)
//----------------------------------------------------------------------------
void Rcv_NB_Comm(unsigned char chComand,unsigned char chAddr,unsigned char chData)
{
  unsigned char chJsq = 0x00;
  //先发送命令
  Send_NB_Comm(chComand,chAddr,chData);
  do
  { // while(RI = = 0);                           //等待发回的数据
      if(RI)                                      //当 RI 为真时,表示上位机有数据发过来
      {
```

```
        RI = 0;                              //手工清除标志位
        chUData[chJsq] = SBUF;               //chData
        chJsq++;
      }

   }while(chJsq<4);

}
//-------------------------------------------------------------------------
//函数名称:Data_ Process()
//函数功能:处理读出的数据
//入口参数:无
//出口参数:无
//-------------------------------------------------------------------------
void Data_Process()
{
   int nDta;
   float fTemp;

   if(chUData[0] == 0x11)
   {
     nDta = chUData[1];                    //温度的高 8 位
     nDta = nDta<8;                        //移到高 8 位
     nDta |= chUData[2];                   //加入温度的低 8 位
     fTemp = nDta*0.1;                     //温度的分辨率为 0.1
     nDta = fTemp*100;                     //保留小数点后面两位
     Data_TempDisp(nDta);                  //用于显示
   }
   else if(chUData[0] == 0x22)
   {
     nDta = chUData[1];                    //距离的高 8 位
     nDta = nDta<8;                        //移到高 8 位
     nDta |= chUData[2];                   //加入距离的低 8 位
     Data_ApartDisp(nDta);

   }else ;
}
//-------------------------------------------------------------------------
//函数名称:Data_TempDisp(int nDData)
//函数功能:处理为 JCM12864 液晶显示数据(显示温度值)
//入口参数:nDData(传送温度值)
//出口参数:无
//-------------------------------------------------------------------------
void Data_TempDisp(int nDData)
{
```

```
    int nDData2;
    cDisp[5]  = nDData % 10;
    nDData2   = nDData/10;
    cDisp[4]  = nDData2 % 10;
    nDData2   = nDData2/10;
    cDisp[3]  = 0x2E;                                    //小数点
    cDisp[2]  = nDData2 % 10;
    nDData2   = nDData2/10;
    cDisp[1]  = nDData2 % 10;
    nDData2   = nDData2/10;
    cDisp[0]  = nDData2 % 10;

    cDisp[5]| = 0x30;                                    //变为 ASCII 码
    cDisp[4]| = 0x30;                                    //变为 ASCII 码
    cDisp[2]| = 0x30;                                    //变为 ASCII 码
    cDisp[1]| = 0x30;                                    //变为 ASCII 码
    cDisp[0]| = 0x30;                                    //变为 ASCII 码

    SEND_NB_DATA_12864M(0x95,cDisp,6);

}
//-----------------------------------------------------------------------
//函数名称:Data_ApartDisp(int nDData)
//函数功能:处理为 JCM12864 液晶显示数据(显示距离)
//入口参数:nDData(传送的是距离值)
//出口参数:无
//-----------------------------------------------------------------------
void Data_ApartDisp(int nDData)
{
    int nDData2;
    cDisp[3]  = nDData % 10;
    nDData2   = nDData/10;
    cDisp[2]  = nDData2 % 10;
    nDData2   = nDData2/10;
    cDisp[1]  = nDData2 % 10;
    nDData2   = nDData2/10;
    cDisp[0]  = nDData2 % 10;

    cDisp[5]  ='m';
    cDisp[4]  ='c';
    cDisp[3]| = 0x30;                                    //变为 ASCII 码
    cDisp[2]| = 0x30;                                    //变为 ASCII 码
    cDisp[1]| = 0x30;                                    //变为 ASCII 码
    cDisp[0]| = 0x30;                                    //变为 ASCII 码
    SEND_NB_DATA_12864M(0x8D,cDisp,6);
```

```
}
//-------------------------------------------------------------------------------
```

(2) 按键程序

```
//-------------------------------------------------------------------------------
//以下是 4 个按键函数
//--------------------------------------------------------
//第 1 键
void Key1()
{//请在下面加入执行代码

   Send_NB_Comm(0x11,0x10,0x10);
   P10 = 0;
   //bKeyCtrl = 1;
}
//--------------------------------------------------------
//第 2 键
void Key2()
{//请在下面加入执行代码

   Send_NB_Comm(0x22,0x17,0x10);
   P10 = 0;
   //bKeyCtrl = 1;
}
//--------------------------------------------------------
//第 3 键
void Key3()
{//请在下面加入执行代码
   //读出测距值
   P10 = ~P10;
   Rcv_NB_Comm(0x22,0x17,0x10);
   Data_Process();                         //数据处理
   SEND_NB_DATA_12864M(0x8D,cDisp,7);      //显示数据

}
//--------------------------------------------------------
//第 4 键
void Key4()
{//请在下面加入执行代码
   //读出温度值
   P10 = ~P10;
   Rcv_NB_Comm(0x11,0x10,0x10);
   Data_Process();                         //数据处理
   SEND_NB_DATA_12864M(0x95,cDisp,7);      //数据显示
```

```
}
//------------------------------------------------------------------
```

**(3) 主程序代码**

```
//******************************************************************
#include <reg51.h>
#include <jcm12864m_t.h>
#include <uart_com_temp.h>
#include <temp\key_4bkey.h>

sbit P00 = P0^0;
//sbit P10 = P1^0;
void Dey_Ysh(unsigned int nN);                          //延时程序
//---------------------------------------------------------
//主程序
//---------------------------------------------------------
void main()
{
    unsigned char chRcv = 0x00;
    P10 = 0;
    //启动串行通信 硬件使用的晶振是 11.059 2 MHz,设波特率为 9 600
    InitUartComm(11.0592,9600);
    //初始化定时器 0 为 500 ms,使用 11.059 2 MHz 晶振
    JCM12864M_INIT();                                   //初始化 jcm12864m 显示器
    SEND_NB_DATA_12864M(0x82,"博圆电子",8);
    SEND_NB_DATA_12864M(0x90,"现在温度:00.00",15);
    SEND_NB_DATA_12864M(0x88,"所测距离:0000cm",16);
    Key_Init();                                         //初始化键盘控制变量

    while(1)
    {//请在下面加入用户代码
     Read_Key();
     if(bKeyCtrl == 1)
     {
    Aing:
        if(RI)
        { RI = 0;
          P10 = ~P10;
          chUData[chRcv] = SBUF;
          chRcv++;
          if(chRcv>0x03)
          {chRcv = 0x00;
           bKeyCtrl = 0;
           SEND_NB_DATA_12864M(0x98,chUData,4);
           Data_Process();
```

```
            goto Bing;
            }
          goto Aing;
        }
      }
    Bing:
     P00 = ~P00;                              //程序运行指示灯
     Dey_Ysh(4);                              //延时
    }

}
//-----------------------------------
//功能:延时函数
//-----------------------------------
void Dey_Ysh(unsigned int nN)
{
    unsigned int a,b,c;
    for(a = 0;a<nN;a++)
      for(b = 0;b<50;b++)
        for(c = 0;c<50;c++);
}
//*************************************************************************
```

详细的程序代码见“网上资料\参考程序\程序模板应用编程\课题13超声波测距\Mcu_App”。

## 作业与思考

向模块中EEPROM的0x00、0x01地址区写入测量的最小距离，移动测量模块使接入COMP/TRIG引脚的上的指示灯点亮(请在引脚上连接一个LED)。

## 编后语

超声波测距在全国性的大学生电子大赛中经常用到，有关本课题模块上的其他功能请读者使用时加以测试。

# 第 6 章

# 工程应用实例

## 课题 14　中小学生专用闹钟

### 实验目的

了解和掌握器件在实际工程设计中的原理与方法，学习程序模板的组装与运用。

### 实验设备

① 30 W 烙铁 1 把，数字万用表 1 个；

② PC 机 1 台；

③ 开发软件 TKStudio 集成开发平台（周立功公司开发）和 Keil C51（Keil 公司开发）1 套；

④ 烧录软件 Flash Magic 下载线（NXP 公司开发）1 套，9 芯串行通信线 1 条。

### 实验器件

P89V51Rxx_CPU 模块 1 块，串行通信模块 1 块，SD2204 实时时钟模块 1 块，ISD17240 语音模块 1 块，小功放模块 1 块，8 Ω 喇叭 1 个，JCM12864M 液晶显示模块 1 块。

### 工程任务

中小学生专用的电子闹钟。

### 工程任务的理解

本课题为应用工程设计，也就是你的设计将应用于实际生活。所有学习都要归到实际应用上来，这样才能产生效益，否则一切都是徒劳。本工程的灵感来至于生活中妈妈长期工作在第一线，没有时间照看自己的子女，特别是常上夜班的妈妈。小朋友天生就有睡懒觉的习惯，而且是普通的闹铃响了以后被她们按停并继续睡觉。这一想法凭借我们所学，完全可以自制一个带音乐的手工闹钟。生活中妈妈的声音对小孩有特大的刺激作用，听到妈妈的声音，小朋友就一定要起床上学读书了。这一设想也来至于生活，要知道我们在设计产品时，产品的市场行为是产品的生命线，没有市场的产品是无法生存的。作为一个电气工程师切记这一点。

对于本课题的工程设计设想，我进行了实地调查，听取了用户的意见。重要的问题是要将妈妈的声音录下来，不停地叫小朋友起床，并随后放少先队歌曲，再后继续叫起床，反复进行，直到小朋友起床离开房间。

作为工程设计师，前往实地考察是必须要做的事情，我从来都强调，任何一个工程都应该符合实际。只有这样，产品才有市场，才能受用户欢迎。本课题的工程根据用户的建议和工程的实现方式，准备使用高精实时时钟芯片用以产生时钟信号，使用外挂存储器芯片存放定时时间，使用语音芯片录下妈妈的声音，使用小型功放将声音放大（如果使用小型功放不能达到理想的效果，可以根据实际情况需要选择大一点的功放）。为了防止小朋起床后再睡下，可以采用红外人体探测模块，使小朋友起床离开房间后自动关闭闹钟。

还有一个需要注意的是，为了防止小朋友关闭闹钟又重新睡觉，闹钟器件最好放在小朋友住的房外。

## 工程设计构想

### 1. 硬件设计方框图

硬件样式设计图如图 K14－1 所示。

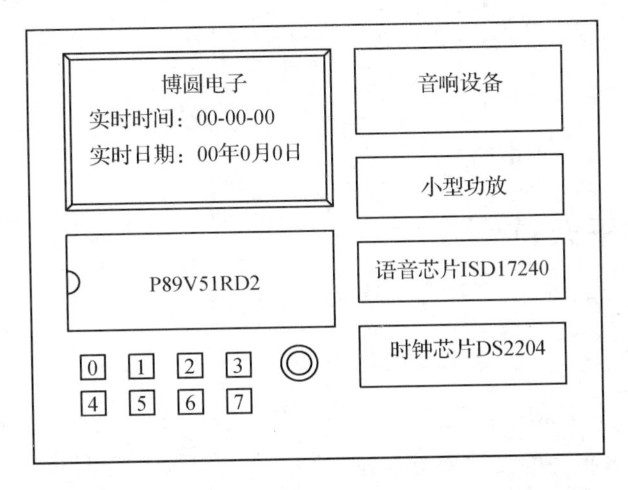


**图 K14－1 闹钟硬件制作样式图**

### 2. 软件设计方框图

工程程序构思与协调控制任务分工图请读者自己绘制。

## 所需外围器件资料

本工程使用芯片如表 K14－1 所列。

**表 K14－1 本工程使用主要芯片列表**

| 芯片名称 | 芯片作用 | 芯片名称 | 芯片作用 |
|---|---|---|---|
| P89V51RD2 | 中央控制器 | AT24C08 | 存储器 |
| SD2204 | 实时时钟 | TDA2822 | 功放模块 |
| ISD17240 | 语音芯片用于录音 | | |

有关表 K14－1 中的芯片资料问题已在课题 5 和课题 11 中作了详细的讲解，在此处不再赘述。

## 工程所需程序模板

从图 K14－1 中可以看出各程序的分工状况。需要程序模板文件如下：

- 闹钟中需要用到时钟，启用模板文件〈iic_i2c_sd2204.h〉；
- 闹钟中需要用到录音，启用模板文件〈zy1730.h〉；
- 闹钟中需要用到存储器，启用模板文件〈iic_i2c.h〉；
- 使用 8 位按键选择频率段，启用模板文件〈key_8bkey.h〉；
- 使按键发出声音，启用模板文件〈beep_temp.h〉。

**说明：**如果制作的是实际工程，请加上看门狗模板文件〈P89v51_Wdt_Temp.h〉。

## 工程施工用图

本课题工程需要工程电路图如图 K14－2 所示。

## 制作工程用电路板

按图 K14－2 制作实验用电路板。

# 本课题工程软件设计

## 工程程序应用示例

### 1. 窗口界面设计构思

界面设计主要是将相关的设置部分显示给用户看。本课题设计中的实时时钟是一定要给用户看的。

**(1) 本课题使用的窗口界面**

第 1 屏～第 7 屏分别如图 14－3～图 14－9 所示。

**(2) 按键协调与控制变量**

按键之间的互控关系与相互协调，在程序的编写过程中是比较难的。本课题的按键处理如下：

8 键的分工见图 K14－2。

图 K14－2 中将 8 键分成了两组：

P1.0～P1.3 为第 1 组，分别为 K1、K2、K3 和 K4；

P2.0～P2.3 为第 2 组，分别为 K5、K6、K7 和 K8。

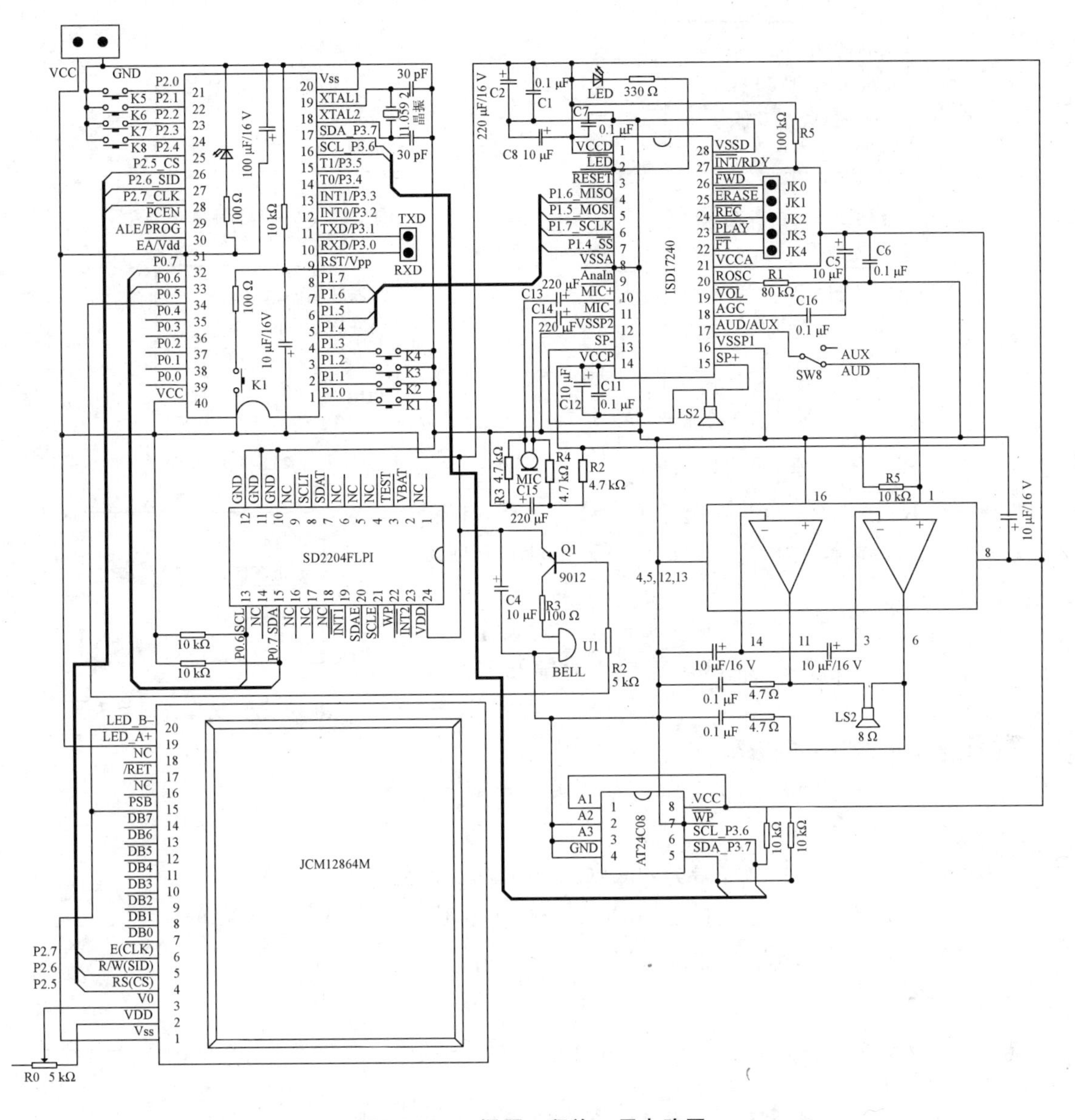


图 K14－2 课题工程施工用电路图

| 博圆电子 |
|---|
| 现在时间：00-00-00 |
| 现在日期：0000-00-00 |
| → 菜单 |

图 14－3 窗口界面第 1 屏

| → 设置时间 |
|---|
| → 设置定时 |
| → 语音操作 |
| → 回到主窗口 |

图 14－4 窗口界面第 2 屏

```
时间日期设置:   保存
0000 年 00 月 00 日
  00 时 00 分 00 秒
星期: 00        返回
```

图 14-5　窗口界面第 3 屏

```
定时设置:        保存
  00 时 00 分 00 秒
  00 时 00 分 00 秒
星期: 00        返回
```

图 14-6　窗口界面第 4 屏

```
语音操作:
→     放音
→     录音
→     停止      返回
```

图 14-7　窗口界面第 5 屏

```
录音状态标识:
  正在录音请稍候...

退出              返回
```

图 14-8　窗口界面第 6 屏

第 1 组 K1、K2、K3 和 K4,用于进行菜单处理,具体分工为 K1 为确认键、K2 为向上方向键、K3 为向下方向键、K4 为返回键。

第 2 组 K5、K6、K7 和 K8 用于调时和定时设定处理,具体分工为 K5 为保存键、K6 为左右移方向键、K7 为增 1 键、K8 为减 1 键。

```
放音状态标识:
  正在放音请稍候...

退出              返回
```

图 14-9　窗口界面第 7 屏

**(3) 按键控制程序的编写**

按键控制变量为 bKeyControl。为 0 关闭所有的控键,为 1 开启所有的按键。

确认键的开关语句控制变量为 chOkControl,其取值范围为 a~f。

取清键的开关语句控制变量为 chCancelControl,其取值范围为 j~p。

各控制符具体分工见接下来的程序。

代码编写如下:

```
//**************************************************************************
//文件名:key_4_4bkey.h
//功能:4 位按键处理程序。4 键设在 P1.0、P1.1、P1.2 和 P1.3 引脚上
//      4 位按键处理程序。4 键设在 P2.0、P2.1、P2.2 和 P2.3 引脚上
//-----------------------------------------
#include <temp\jcm12864m.h>

sbit P10 = P1^0;
sbit P11 = P1^1;
sbit P12 = P1^2;
sbit P13 = P1^3;
sbit P20 = P2^0;
sbit P21 = P2^1;
sbit P22 = P2^2;
sbit P23 = P2^3;
```

```
void Read_Key();                          //读取键值函数
void Key1();                              //按键执行函数第 1 键
void Key2();                              //按键执行函数第 2 键
void Key3();                              //按键执行函数第 3 键
void Key4();                              //按键执行函数第 4 键
void Key5();                              //按键执行函数第 5 键
void Key6();                              //按键执行函数第 6 键
void Key7();                              //按键执行函数第 7 键
void Key8();                              //按键执行函数第 8 键
bit bKeyControl = 0;                      //声明一个位变量用于按键控制
void Key_Init();                          //用于初始化按键控制值
unsigned char chOkControl;                //确认键
unsigned char chCancelControl;            //返回键
unsigned char chTimingSel;                //用于调时和定时选择控制,0x01 为调时,0x02 为定时

//应用函数
void Screen1_Dtime();                     //第 1 屏调入时间显示
void Screen1_Menu();                      //第 2 屏菜单界面
void Screen1_Srttime();                   //第 3 屏时间设置
void Screen1_Timing();                    //第 4 屏定时时间设置
void Screen1_RecPlay();                   //第 5 屏录/放音控制
void Screen1_Rec();                       //第 6 屏录音状态表示
void Screen1_Play();                      //第 7 屏放音状态表示

uint nSangJsu = 0;                        //按键方向计数(主菜单)
uint nR_PJsu = 0;                         //按键方向计数(录/放)
//-----------------------------------------------------------
//函数名称:Key_Init()
//函数功能:初始化按键控制值
//入口参数:无
//出口参数:无
//-----------------------------------------------------------
void Key_Init()
{
    bKeyControl = 0;
    chOkControl = 0;
    chCancelControl = 0;
    nSangJsu = 0;                         //按键方向计数
    bKeyControl2 = 0;                     //调时 4 键
    chTimingSel = 0x00;
    chOkControl = 'b';                    //按下确认键显示主菜单
    nR_PJsu = 0;                          //按键方向计数(录/放)

}
//-----------------------------------------------------------
```

```
//函数名称:Read_Key()
//函数功能:用于读取 P1 口上按键的值
//入口参数:无
//出口参数:无
//------------------------------------------------------------
void Read_Key()
{
   if(P10 == 0)Key1();
   if(P11 == 0)Key2();
   if(P12 == 0)Key3();
   if(P13 == 0)Key4();
   if(P20 == 0)Key5();
   if(P21 == 0)Key6();
   if(P22 == 0)Key7();
   if(P23 == 0)Key8();
}
//-----------------------------------------------
//以下是 4 个按键函数用于菜单功能
//-----------------------------------------------
//第 1 键   用于做确认键
void Key1()
{//请在下面加入执行代码

    Off_Time1();                                    //关闭定时器 1 停止读出实时时钟

    switch(chOkControl)
    {
        case 'a': Screen1_Dtime(); break;           //第 1 屏调入时间显示
        case 'b': Screen1_Menu();  break;           //第 2 屏菜单界面
        case 'c': Screen1_Srttime(); break;         //第 3 屏时间设置
        case 'd': Screen1_Timing(); break;          //第 4 屏定时时间设置
        case 'e': Screen1_RecPlay(); break;         //第 5 屏录/放音控制
        case 'f': Screen1_Rec(); break;             //第 6 屏录音状态表示
        case 'h': Screen1_Play(); break;            //第 7 屏放音状态表示
    }

}
//-------------------------------------------------------------------------------
//第 2 键 用于主菜单选择(方向键向下)
void Key2()
{//请在下面加入执行代码
  if(bKeyControl == 0)return;

  if(nSangJsu == 0)
  { nSangJsu = 1;                                   //指到下一行
```

```
    SEND_NB_DATA_12864M(0x80," ",1);            //清除符号
    SEND_NB_DATA_12864M(0x90,"→",1);            //指上第二行
    chOkControl='d';                            //确定时进入设定时间窗口
   }
  else if(nSangJsu==1)
  { nSangJsu=2;                                 //指到下一行
    SEND_NB_DATA_12864M(0x90," ",1);            //清除符号
    SEND_NB_DATA_12864M(0x88,"→",1);            //指上第二行
    chOkControl='e';                            //确定时进入录/放窗口
   }
   else if(nSangJsu==2)
   { nSangJsu=3;                                //指到下一行
     SEND_NB_DATA_12864M(0x88," ",1);           //清除符号
     SEND_NB_DATA_12864M(0x98,"→",1);           //指上第二行
     chOkControl='a';                           //确定时返回主窗口
     //On_Time1();                              //启动定时器读出时间和日期

    }
    else if(nSangJsu==3)
    { nSangJsu=0;                               //指到下一行
      SEND_NB_DATA_12864M(0x98," ",1);          //清除符号
      SEND_NB_DATA_12864M(0x80,"→",1);          //指上第二行
      chOkControl='c';                          //确定时进入日期和时间设定窗口
     }

}
//-----------------------------------------------------------------------
//第3键  用于录/放菜单选择(方向键向下)
void Key3()
{//请在下面加入执行代码
  //读出测距值
  if(bKeyControl==0)return;
  //录/放菜单选择
  if(nR_PJsu==0)
  { nR_PJsu=1;                                  //指到下一行
    SEND_NB_DATA_12864M(0x90," ",1);            //清除符号
    SEND_NB_DATA_12864M(0x88,"→",1);            //指上第二行
    chOkControl='h';                            //确定时进入放音状态窗口
   }
   else if(nR_PJsu==1)
   { nR_PJsu=2;                                 //指到下一行
     SEND_NB_DATA_12864M(0x88," ",1);           //清除符号
     SEND_NB_DATA_12864M(0x98,"→",1);           //指上第二行
     chOkControl='a';                           //确定时进入主菜单窗口
    }
```

```
    else if(nR_PJsu == 2)
    { nR_PJsu = 0;                                //指到下一行
      SEND_NB_DATA_12864M(0x98," ",1);            //清除符号
      SEND_NB_DATA_12864M(0x90,"→",1);            //指上第二行
      chOkControl = 'f';                          //确定时进入录音状态窗口
    }
}
//---------------------------------------------------------------------------
//第 4 键   返回键
void Key4()
{//请在下面加入执行代码
  //读出温度值
   if(bKeyControl == 0)return;

   switch(chCancelControl)
    {
       case'j': Screen1_Dtime(); break;          //返回到第 1 屏时间显示
       case'k':                                  //请在此处加入调时的时间保存函数
                 Screen1_Menu();  break;         //返回第 2 屏菜单界面
       case'l':                                  //请在此处加入定时的时间保存函数
                 Screen1_Menu();  break;         //返回第 3 屏时间设置
       case'm': Screen1_Dtime(); break;          //返回到第 1 屏时间显示
       case'n': Screen1_RecPlay(); break;        //返回到第 5 屏录/放音控制
    //  case'o': Screen1_RecPlay(); break;       //第 6 屏录音状态表示
     // case'p': Screen1_Play(); break;          //第 7 屏放音状态表示
    }

}
//---------------------------------------------------------------------------
//以下 4 键用于调时和定时设置
//---------------------------------------------------------------------------
//第 5 键  用于做确认键
void Key5()
{//请在下面加入执行代码
  if(bKeyControl == 0)return;

  if(chTimingSel == 0x01)                        //用于调时
  {
  }
  else if(chTimingSel == 0x02)                   //用于定时设置
  {
  }
}
//---------------------------------------------------------------------------
//第 6 键 方向键向下
```

```
void Key6()
{//请在下面加入执行代码
  if(bKeyControl == 0)return;

  if(chTimingSel == 0x01)                      //用于调时
  {
  }
  else if(chTimingSel == 0x02)                 //用于定时设置
  {
  }
}
//------------------------------------------------------------------
//第 7 键   增 1
void Key7()
{//请在下面加入执行代码
  //读出测距值
  if(bKeyControl == 0)return;

  if(chTimingSel == 0x01)                      //用于调时
  {
  }
  else if(chTimingSel == 0x02)                 //用于定时设置
  {
  }
}
//------------------------------------------------------------------
//第 8 键
void Key8()
{//请在下面加入执行代码
  //读出温度值
  if(bKeyControl == 0)return;

  if(chTimingSel == 0x01)                      //用于调时
  {
  }
  else if(chTimingSel == 0x02)                 //用于定时设置
  {
  }
}
//------------------------------------------------------------------
//函数名称:Screen1_Dtime()
//函数功能:第 1 屏用于显示时间、日期和星期
//入口参数:无
//出口参数:无
//说明:操作时启动定时器读实时间并向本窗口输送时间和日期
```

```
//---------------------------------------------------------------------
void Screen1_Dtime()
{
    CLS_12864M();                                      //先清屏
    SEND_NB_DATA_12864M(0x82,"博圆电子闹钟",12);
    //SEND_NB_DATA_12864M(0x90,"日期:",6);
    //SEND_NB_DATA_12864M(0x88,"时间:",6);
    SEND_NB_DATA_12864M(0x98,"星期        菜单",16);
    On_Time1();                                        //启动定时器读出时间和日期

}
//---------------------------------------------------------------------
//函数名称:Screen1_Menu()
//函数功能:第 2 屏菜单界面
//入口参数:无
//出口参数:无
//---------------------------------------------------------------------
void Screen1_Menu()
{
    CLS_12864M();                                      //先清屏
    SEND_NB_DATA_12864M(0x80,"→      设置时间",14);
    SEND_NB_DATA_12864M(0x90,"→      设置定时",14);
    SEND_NB_DATA_12864M(0x88,"→      语言操作",14);
    SEND_NB_DATA_12864M(0x98,"→      回到主窗口",14);
    chCancelControl = 'j';                             //按返回键,回第 1 屏显示时间和日期
    chOkControl = 'c';                                 //确定时进入设置时间窗口

}
//---------------------------------------------------------------------
//函数名称:Screen1_Srttime()
//函数功能:第 3 屏时间设置
//入口参数:无
//出口参数:无
//---------------------------------------------------------------------
void Screen1_Srttime()
{
    CLS_12864M();                                      //先清屏
    SEND_NB_DATA_12864M(0x80,"时间日期设置:",14);
    SEND_NB_DATA_12864M(0x90,"       年  月  日",16);
    SEND_NB_DATA_12864M(0x88,"       时  分  秒",16);
    SEND_NB_DATA_12864M(0x9D,"返回",16);
    chCancelControl = 'k';                             //按返回键,回第 2 屏主菜单显示窗口
    chTimingSel = 0x01;                                //这时进入调时

    //请在下面加入实时时钟显示
```

```
    SEND_NB_DATA_12864M(0x8A,chDispDT1,12);                //显示时间
    SEND_NB_DATA_12864M(0x91,chDispDT2,14);                //显示日期
    SEND_NB_DATA_12864M(0x98,chDispDT3,8);                 //显示星期

}
//------------------------------------------------------------------------
//函数名称:Screen1_Timing()
//函数功能:第 4 屏定时时间设置
//入口参数:无
//出口参数:无
//说明:每天都要闹一次(有兴趣的朋友可以将其设为按天定时)
//------------------------------------------------------------------------
void Screen1_Timing()
{
    CLS_12864M();                                          //先清屏
    SEND_NB_DATA_12864M(0x80,"定时设置:",10);
    SEND_NB_DATA_12864M(0x90,"00 时 00 分 00 秒",12);      //第 1 设定时间
    SEND_NB_DATA_12864M(0x88,"00 时 00 分 00 秒",12);      //第 2 设定时间
    SEND_NB_DATA_12864M(0x98,"            返回",16);
    chCancelControl = 'l';                                 //按返回键回第 2 屏主菜单显示窗口
    chTimingSel = 0x02;                                    //这时进入调时

}
//------------------------------------------------------------------------
//函数名称:Screen1_RecPlay()
//函数功能:第 5 屏录/放音控制
//入口参数:无
//出口参数:无
//------------------------------------------------------------------------
void Screen1_RecPlay();
{
    CLS_12864M();                                          //先清屏
    SEND_NB_DATA_12864M(0x80,"语音操作:",10);
    SEND_NB_DATA_12864M(0x90,"→     放音",10);
    SEND_NB_DATA_12864M(0x88,"→     录音",10);
    SEND_NB_DATA_12864M(0x98,"→     返回",10);
    chCancelControl = 'k';                                 //按返回键回第 2 屏主菜单显示窗口
    chOkControl = 'f';                                     //确定时进入录音状态窗口
}
//------------------------------------------------------------------------
//函数名称:Screen1_Rec()
//函数功能:第 6 屏录音状态表示
//入口参数:无
//出口参数:无
//------------------------------------------------------------------------
```

```
void Screen1_Rec()
{
    CLS_12864M();                                       //先清屏
    SEND_NB_DATA_12864M(0x80,"录音状态标识:",14);
    SEND_NB_DATA_12864M(0x90,"正在录音请稍候…",16);
    SEND_NB_DATA_12864M(0x98,"            返回",16);
    chCancelControl = 'n';                              //按返回键回第 5 屏录放菜单显示窗口

}
//-----------------------------------------------------------------------
//函数名称:Screen1_Play()
//函数功能:第 7 屏放音状态表示
//入口参数:无
//出口参数:无
//-----------------------------------------------------------------------
void Screen1_Play()
{
    CLS_12864M();                                       //先清屏
    SEND_NB_DATA_12864M(0x80,"放音状态标识:",14);
    SEND_NB_DATA_12864M(0x90,"正在放音请稍候…",16);
    SEND_NB_DATA_12864M(0x98,"            返回",16);
    chCancelControl = 'n';                              //按返回键回第 5 屏录放菜单显示窗口

}
//-----------------------------------------------------------------------
//***********************************************************************
```

以上就是功能键盘的控制过程(程序没有调试,有兴趣的读者可以调试一下并排除一些错误)。有关时间设置键的控制请参阅本课题工程下的 sd2204.c 文件。路径为"网上资料\参考程序\程序模板应用编程\课题 14 小学生闹钟\课题 14 小学生闹钟\小学生闹钟 1\sd2204.c"。

## 2. 实例程序

```
//***********************************************************************
//文件功能:用于小学生专用闹钟
//文件名:students.c
//-----------------------------------------------------------------------
#include "temp\IIC_I2C_sd2204.h"
#include "temp\time0_temp.h"
#include "temp\time1_temp.h"
#include "key_4_4bkey.h"

sbit P00 = P0^0;
sbit P10 = P1^0;
uchar chDateTime[8];                        //用于存入读出的数据日期和时间钟
uchar idata chDispDT[16];                   //用于显示
```

```
void GetSD2303_DATE_TIME();                         //读取时间
void Dey_Ysh(unsigned int nN);                      //延时程序
bit  KeyCtrl;                                       //用于控制按键为 KeyCtrl = 1,所有键禁止
                                                    //为 KeyCtrl = 0,按键使能
uchar chKeycon = 0x00;                              //按键计数器
unsigned char JwBcd(unsigned char chDaa);           //十六进制转换为 BCD 函数
void Disp_DATE_TIME();                              //用于日期和时间显示
uchar nSec = 0x04;
//------------------------------------------------------------------------
unsigned int nJsq = 0;                              //用于秒钟定时计数
//--------------------------------------------------
//主程序
//--------------------------------------------------
void main()
{
    P10 = 0;

    //初始化定时器 0 为 500 ms,使用 11.059 2 MHz 晶振
    InitTime1Length(11.0592,1000);
    //初始化定时器 0 为 500 ms,使用 11.059 2 MHz 晶振
    InitTime0Length(11.0592,300);
    //按键内部变量初始化
    Key_Init();
    //屏幕初始显示
    Screen1_Dtime();

    while(1)
    {//请在下面加入用户代码

     P00 = ~P00;                                    //程序运行指示灯
     Dey_Ysh(10);                                   //延时
    }
}
//----------------------------------------
//功能:定时器 0 的定时中断执行函数
//----------------------------------------
void T0_Time0()
{  //请在下面加入用户代码
   //用于扫描按键
   Read_Key();                                      //读取键值函数
}
//----------------------------------------
//功能:定时器 1 的定时中断执行函数
//----------------------------------------
void T1_Time1()
```

```
{   //请在下面加入用户代码
    P10 = ～P10;                                 //程序运行指示灯
    //读取时间并显示
    GetSD2303_DATE_TIME();
}
//------------------------------------------------------------------
//程序名称:GetSD2303_DATE_TIME()
//程序功能:读出 SD2303 实时时钟并显示到 JCM12864M 液晶显示屏上
//入出参数:无
//------------------------------------------------------------------
void GetSD2303_DATE_TIME()
{

    READ_SD2204_NB_DAT_I2C(0x65,                 //65H 器件地址与命令
                           chDateTime,           //反返回读出的日期和时间
                           7);                   //一共 7 字节

    Disp_DATE_TIME();                            //显示日期和时钟

}
//------------------------------------------------------------------
//程序名称:Disp_DATE_TIME()
//程序功能:读出 SD2303 实时时钟并显示到 JCM12864M 液晶显示屏上
//入出参数:无
//------------------------------------------------------------------
void Disp_DATE_TIME()
{
    uchar WG,WS,WB;
    //下面是显示处理
    //显示秒、分、时
    chDispDT1[11] = 0xEB;                        //汉字"秒"
    chDispDT1[10] = 0xC3;
    WB = chDateTime[6];                          //秒钟
    WG = WB&0x0F;
    WG = WG|0x30;                                //加入 30H 变为 ASCII 码,用于显示
    chDispDT1[9] = WG;                           //秒钟个位
    WS = WB&0xF0;
    WS = WS>>4;
    WS = WS|0x30;                                //加入 30H 变为 ASCII 码,用于显示
    chDispDT1[8] = WS;                           //秒钟十位

    chDispDT1[7] = 0xD6;                         //汉字"分"
    chDispDT1[6] = 0xB7;
    WB = chDateTime[5];                          //分钟
    WG = WB&0x0F;
```

```
WG = WG|0x30;                          //加入 30H 变为 ASCII 码,用于显示
chDispDT1[5] = WG;                     //分钟个位
WS = WB&0xF0;
WS = WS>>4;
WS = WS|0x30;                          //加入 30H 变为 ASCII 码,用于显示
chDispDT1[4] = WS;                     //分钟十位

chDispDT1[3] = 0xB1;                   //汉字“时”
chDispDT1[2] = 0xCA;
WB = chDateTime[4];                    //时钟
WG = WB&0x0F;
WG = WG|0x30;                          //加入 30H 变为 ASCII 码,用于显示
chDispDT1[1] = WG;                     //时钟个位
WS = WB&0xF0;
WS = WS>>4;
WS = WS|0x30;                          //加入 30H 变为 ASCII 码,用于显示
chDispDT1[0] = WS;                     //时钟十位

SEND_NB_DATA_12864M(0x8A,chDispDT1,12);      //显示时间

//显示日、月、年
chDispDT2[13] = 0xBB;                  //汉字“日”
chDispDT2[12] = 0xD4;
WB = chDateTime[2];                    //日
WG = WB&0x0F;
WG = WG|0x30;                          //加入 30H 变为 ASCII 码,用于显示
chDispDT2[11] = WG;                    //日钟个位
WS = WB&0xF0;
WS = WS>>4;
WS = WS|0x30;                          //加入 30H 变为 ASCII 码,用于显示
chDispDT2[10] = WS;                    //日钟十位

chDispDT2[9] = 0xC2;                   //汉字“月”
chDispDT2[8] = 0xD4;
WB = chDateTime[1];                    //月
WG = WB&0x0F;
WG = WG|0x30;                          //加入 30H 变为 ASCII 码,用于显示
chDispDT2[7] = WG;                     //月个位
WS = WB&0xF0;
WS = WS>>4;
WS = WS|0x30;                          //加入 30H 变为 ASCII 码,用于显示
chDispDT2[6] = WS;                     //月十位

chDispDT2[5] = 0xEA;                   //汉字“年”
chDispDT2[4] = 0xC4;
```

```
    WB = chDateTime[0];                              //年
    WG = WB&0x0F;
    WG = WG|0x30;                                    //加入 30H 变为 ASCII 码,用于显示
    chDispDT2[3] = WG;                               //年个位
    WS = WB&0xF0;
    WS = WS>>4;
    WS = WS|0x30;                                    //加入 30H 变为 ASCII 码,用于显示
    chDispDT2[2] = WS;                               //年十位
    chDispDT2[1] ='0';
    chDispDT2[0] ='2';
    SEND_NB_DATA_12864M(0x91,chDispDT2,14);          //显示日期

    //显示星期
    WB = chDateTime[3];                              //星期
    WG = WB&0x0F;
    WG = WG|0x30;                                    //加入 30H 变为 ASCII 码,用于显示
    chDispDT3[7] = WG;                               //星期个位
    WS = WB&0xF0;
    WS = WS>>4;
    WS = WS|0x30;                                    //加入 30H 变为 ASCII 码,用于显示
    chDispDT3[6] = WS;                               //星期十位
    chDispDT3[5] ='';
    chDispDT3[4] =':';
    chDispDT3[3] = 0xDA;
    chDispDT3[2] = 0xC6;
    chDispDT3[1] = 0xC7;
    chDispDT3[0] = 0xD0;

    SEND_NB_DATA_12864M(0x9B,chDispDT,8);            //显示星期

}
//----------------------------------
//功能:延时函数
//--------------------------------
void Dey_Ysh(unsigned int nN)
{
    unsigned int a,b,c;
    for(a = 0;a<nN;a++)
      for(b = 0;b<50;b++)
        for(c = 0;c<50;c++);

}
//----------------------------------------------------------------
//****************************************************************
```

## 作业与思考

完成本课题没有完成的部分，如定时设定和保存，定时播放函数的编写等请读者加以完善。

## 编后语

本课题是一个工程应用课题，各位读者学到今天这一步，无论从水平上还是对问题的处理能力上，都不是一般的读者，所以本课题并没有由作者来全部做完，而是留有一部分由读者自己来完成，这样做对于读者来说是一个最好的锻炼。长江后浪推前浪，相信你一定能完成剩下的部分。

# 课题 15　智能搬运小车

## 实验目的

了解和掌握智能搬运小车设计原理、设计过程和制作方法。

## 实验设备

① 30 W 烙铁 1 把，数字万用表 1 个；

② PC 机 1 台；

③ 开发软件 TKStudio 集成开发平台（周立功公司开发）和 Keil C51（Keil 公司开发）1 套；

④ 烧录软件 Flash Magic 下载线（NXP 公司开发）1 套，9 芯串行通信线 1 根。

## 实验器件

本课题所用器件如表 K15－1 所列。

**表 K15－1　本课题所用器件列表**

| 器　件 | 型　号 | 数　量 | 备　注 |
| --- | --- | --- | --- |
| 单片机 | P89V51RD2FN | 1 | 控制 |
| 步进电机 | 35BY48S03 | 2 | 带动小车 |
| 比较器 | LM393 | 5 | |
| 光电耦合器 | 4N25 | 8 | 光电耦合 |
| 电容式金属接近开关 | | 1 | |
| 运放 | LM393 | 1 | |
| 数码管 | 四位一体 | 1 | |
| 驱动芯片 | L297 | 2 | 驱动电路 |
| 显示驱动 | MAX7219 | 1 | |
| 驱动芯片 | L298 | 2 | |

续表 K15－1

| 器　件 | 型　号 | 数　量 | 备　注 |
|---|---|---|---|
| 施密特触发器 | 74F14 | 2 | |
| 超声波收发器 | | 1 对 | |

## 任务来源

本课题任务来自于 2007 年国防科大组织的第四届军地院校大学生电子设计制作邀请赛，题目类型为控制类。

## 工程任务

设计并制作一个能自动搬运货物的智能电动车，其工作示意图如图 K15－1 所示。

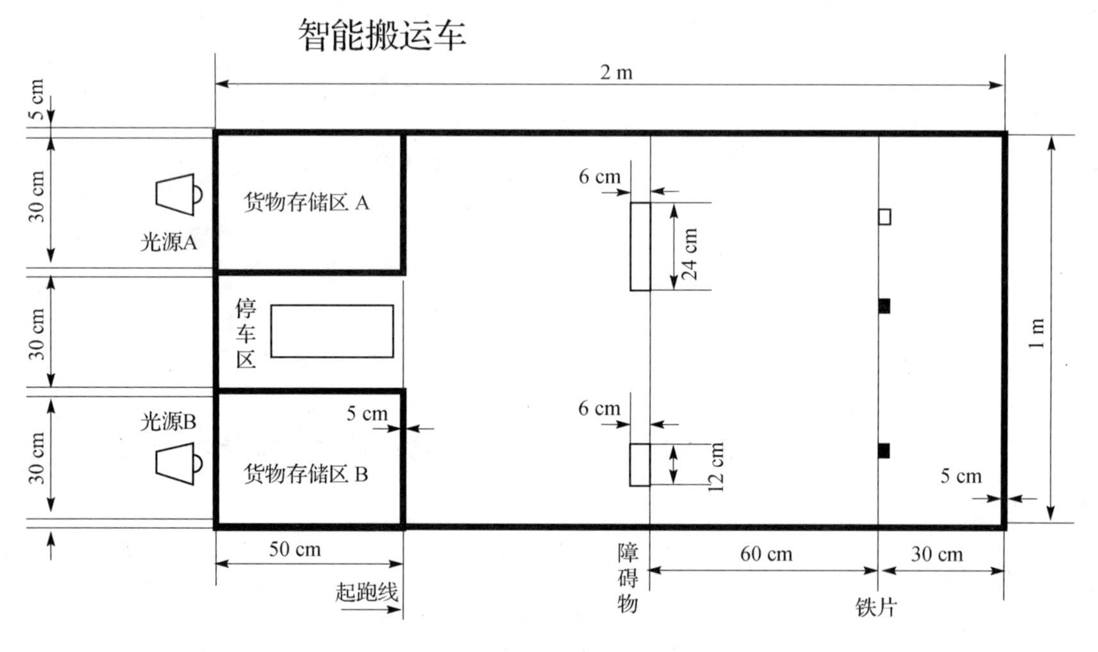


图 K15－1　智能电动车工作示意图

图 K15－1 中的左边区为停车区、货物存储区 A 和货物存储区 B(两区的后方有两个距右边线 30 cm 的射灯光源)；右边区放置有 3 片白色和黑色的薄铁片，铁片之间的距离大于 20 cm。

### 1. 基本要求

① 智能车从起跑线出发(车体不得超过起跑线)，在无障碍物的情况下，可寻找并搬取铁片，按照不同颜色分送到不同存储区，即在光源 A 的引导下将黑色铁片搬运到货物存储区 A 存放，或在光源 B 的引导下将白色铁片搬运到存储区 B 存放。

② 搬运铁片的过程中，一次只允许搬运 1 片，且必须搬运到存储区域内。

③ 要求智能车在 5 min 之内能取走全部铁片，并能返回车库，否则就地停车。

④ 要求智能车在检测到铁片时能发出声光信息，并实时显示铁片数目。

### 2. 发挥部分

① 距右边线 90 cm 处设有障碍线，线上任意位置放有两个障碍物，在有障碍物的情况下，完成基本要求①、②中的相关操作，且不得与障碍物碰撞。

② 要求智能车在 8 min 之内取走全部铁片，并准确返回车库，否则就地停车。

③ 停车后，能准确显示智能车全程行驶的时间，显示误差的绝对值应小于 5 s。

④ 其他。

### 3. 说　明

① 测试时共放置 3 片铁片，每片的厚度为 0.5～1.0 mm，面积为 2 cm×2 cm，黑、白铁片的比例任意给定、初始位置任意给定。

② 障碍物的大小分别为 24 cm×6 cm×12 cm 和 12 cm×6 cm×12 cm，建议用白纸包砖代替。

③ 示意图中所有粗黑线段宽度均为 5 cm，制作时可以涂墨或粘黑色胶带。图 K15－1 中的虚线和尺寸标注线不要绘制在白纸上。

④ 智能车允许用玩具车改装，但不能由人工遥控，其外围尺寸(含车体上附加装置)的限制为长度小于 40 cm，宽度小于 15 cm。

⑤ 光源 A、B 均采用 40 W 射灯，其底部距地面 10 cm 左右，摆放位置如图 K15－1 所示，测试前，射灯的照射方向允许微调。

## 工程任务的理解

本题是一个光、机、电一体的综合设计题，在设计中运用了检测技术、自动控制技术和电子技术。系统可分为传感器检测部分和智能控制部分。

### 1. 传感器检测部分

系统利用光电传感器、电涡流传感器、超声波传感器等不同类型的传感器将检测到的一系列外部信息转化为可被控制器件辨认的电信号。传感器检测部分包括 5 个单元电路，即，路面检测电路、障碍物探测电路、路程测量电路、光源探测电路和金属检测电路。

### 2. 智能控制部分

系统中控制器件根据传感器变换输出的电信号进行逻辑判断，控制小车的电机、数码管显示、蜂鸣器以及发光二极管，完成小车的自动寻机行驶、探测金属、躲避障碍物、寻找光源、显示路程等各项任务。控制部分包括 4 个主要单元电路：单片机控制电路、前后轮电机驱动电路和数码管显示电路。

## 工程设计构想

### 1. 硬件设计方框图

根据设计要求，系统可分为控制部分和信号检测部分。其中信号检测部分包括金属探测模块、障碍物探测模块、路面检测模块和光源探测模块；控制部分包括电机驱动模块、显示模块和控制器模块。模块示意图如图 K15－2 所示。

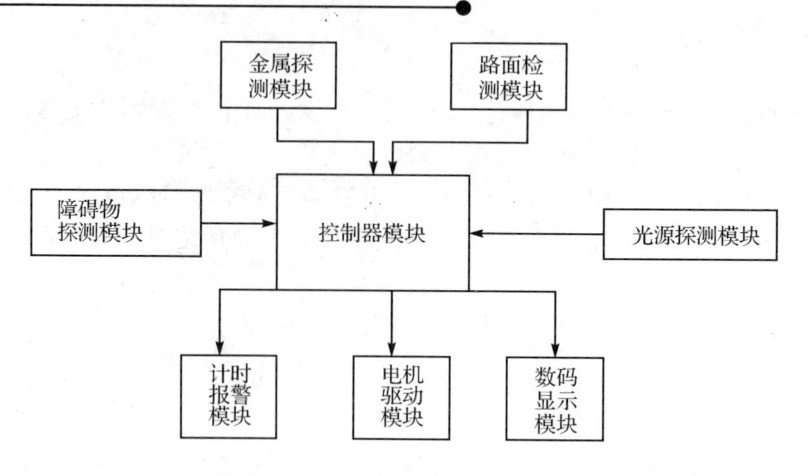


图 K15－2　小车的基本模块方框图

经过方案分析和论证，决定系统各模块的最终方案如下：

① 控制模块采用 P89V51RD2 单片机；

② 障碍物探测模块采用超声波测距传感器；

③ 路面轨迹检测模块采用反射式红外光电传感器；

④ 光源探测模块采用光电传感器；

⑤ 金属探测模块采用电容式接近开关；

⑥ 电机驱动模块采用 PWM 脉宽调制方式控制电机；

⑦ 显示模块使用数码管；

⑧ 计时模块采用单片机内置的定时/计数器。

系统硬件样式设计图如图 K15－3 所示。系统中的单片机用来实现对电机驱动、控制数码管显示、控制计时报警以及路程测量、障碍物探测、金属检测、光源探测和路面检测，并对测得的信号进行处理。

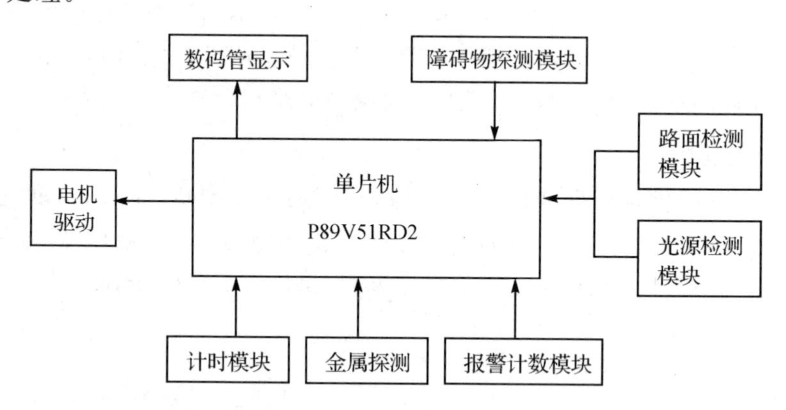


图 K15－3　硬件连接样式设计图

各部分工作顺序如下：

小车加电系统开始工作，计时模块运行。当小车驶出车库时，单片机根据红外传感器传回的路面信息控制小车在预定范围内行驶，同时根据金属传感器探测的结果，控制蜂鸣器和发光二极管发出声光信息。小车在行驶时利用超声波传感器判断障碍物的位置，根据障碍物的位置控制车轮偏转度绕过物体，同时通过声光信息计算出路程是否行驶到了黑线边沿，再作出相应的反映。当检测到金属时，单片机控制小车停止运行 1 s，同时发出声光显示判断出该金属片的颜色(黑色或白色)，然后利用继电器的电磁感应将正确的金属片吸起来，并同时在该点利用超声波传感器判断障碍物的位置，根据障碍物的位置控制车轮偏转度，绕过物体，随后再利用光源传感器引导小车进库。当小车遇到光源前面的黑线时，此时执行光源引导程序，小车直接把金属铁片送进存储库。

## 2. 软件设计方框图

工程程序构思与协调控制任务分工图，黑线寻轨程序流程图如图 K15－4 所示。

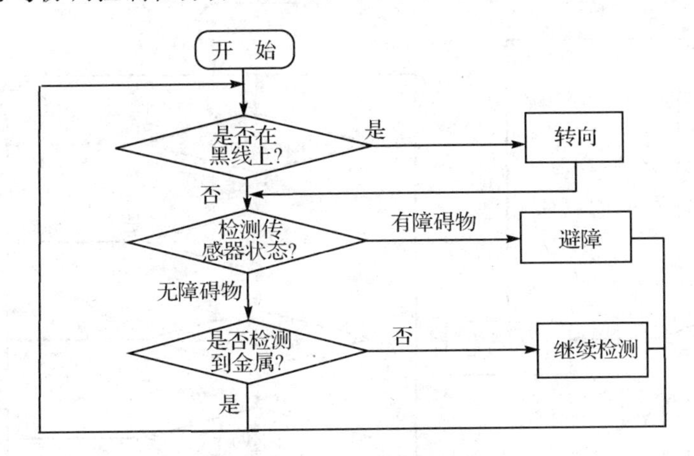


图 K15－4 黑线寻轨程序流程图

在没有检测到障碍物时调用光源检测子程序寻找光源。但检测到障碍物时，控制小车左转一段时间后，再右转一段时间，再次判断前方是否有障碍物，直到没有障碍物的信号，再调用寻光源子程序。

绕障碍物程序流程图如图 K15－5 所示。

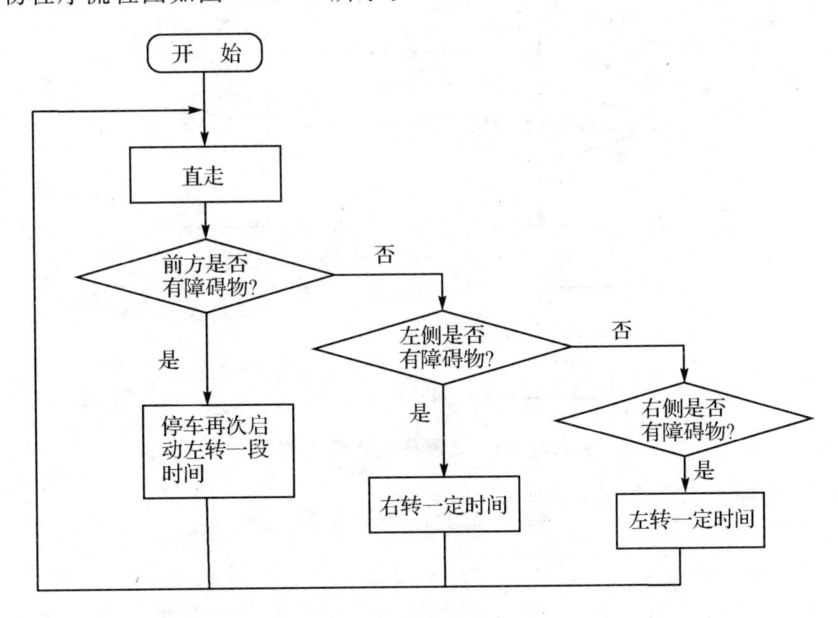


图 K15－5 绕障碍物程序流程图

40 kHz 的信号由 P89V51RD2 的 P2.0、P2.1、P2.2 引脚输出，同时使用 P89V51RD2 的内部 T1 定时器(设定工作模式为 2)计时，当接收到信号立即停止。如果在一定时间内没收到信号($t \leqslant 10$ ms)，则重发信号。

3 个超声波收发装置轮流收发，超声波收发程序流程图如图 K15－6 所示。

根据 3 个光敏电阻的组合状态，单片机控制电机进行相应的动作。

寻找光源程序流程图如图 K15－7 所示。

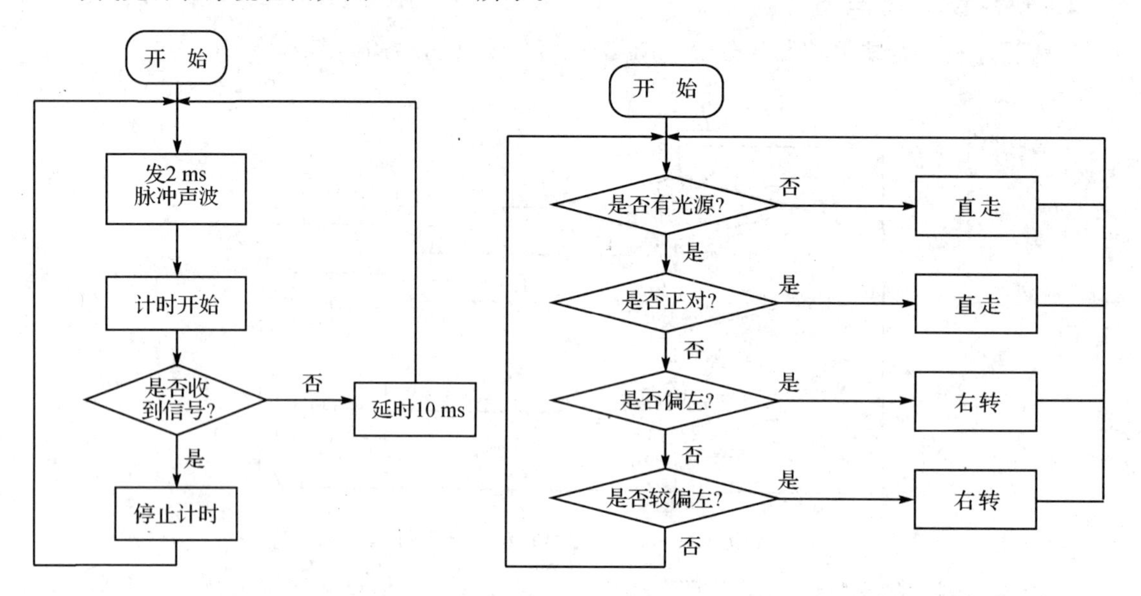


图 K15－6 超声波收发程序流程图　　图 K15－7 寻光程序流程图

金属探测程序流程图如图 K15－8 所示。

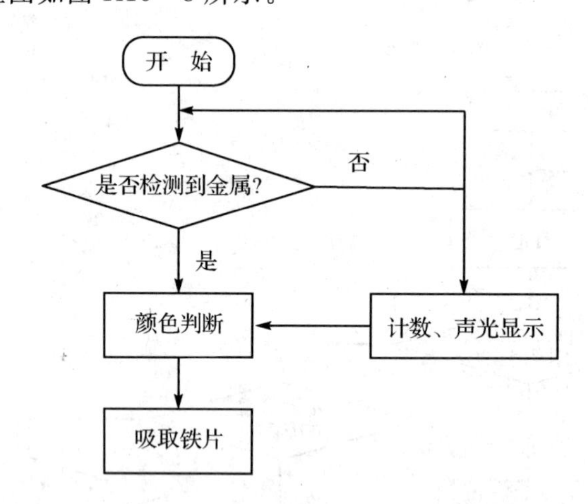


图 K15－8 金属探测程序流程图

系统主程序流程图如图 K15－9 所示。

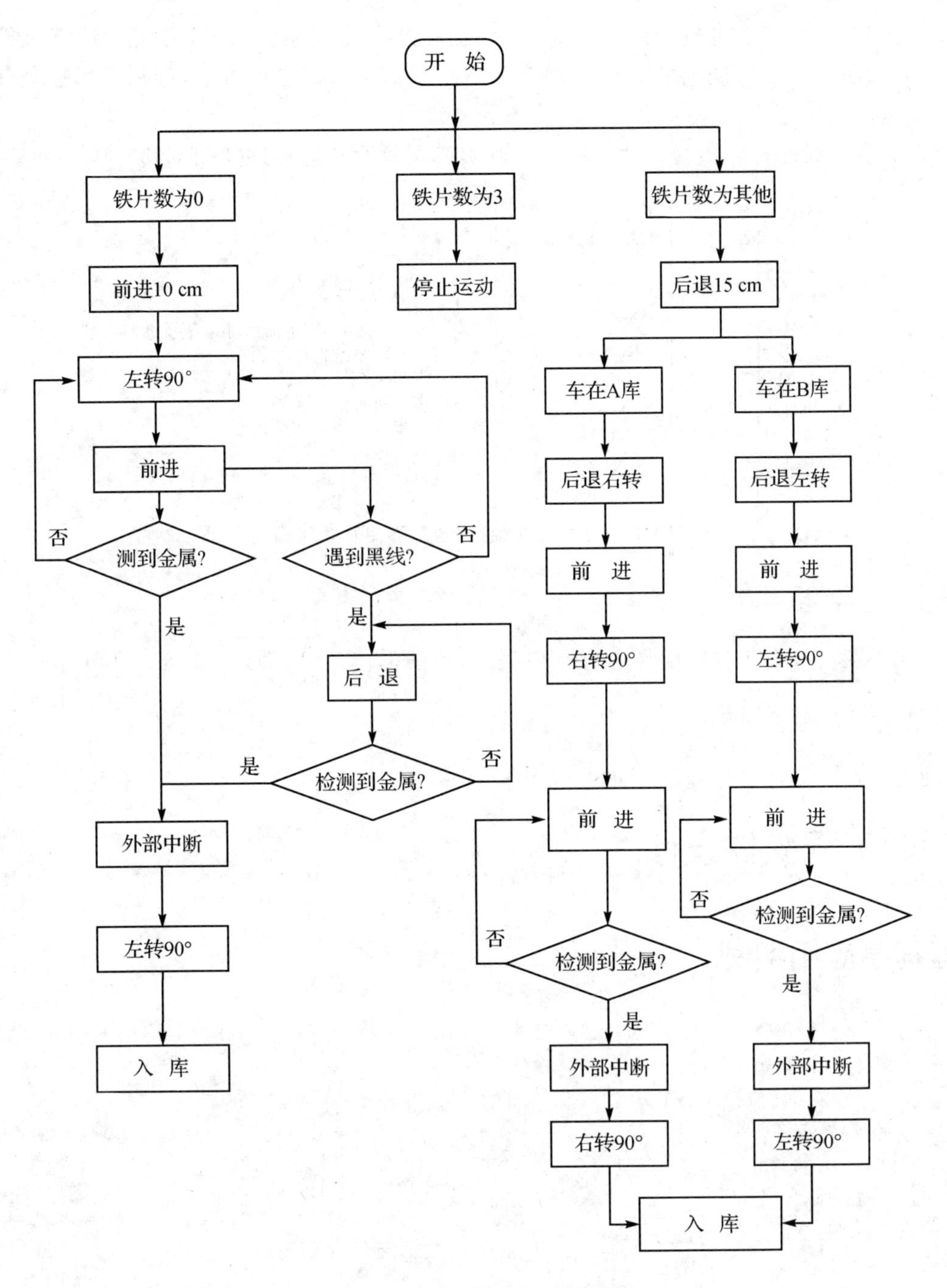


图 K15－9　系统主程序流程图

## 所需外围器件资料

L297/L298 是步进电机专用控制器芯片，它能产生四相控制信号，可用于计算机控制的两相双极和四相单极步进电机。本课题使用 2 对 L297/L298 芯片组合，分别用来控制前轮的前进、后退以及转弯。

L297 采用双列直插塑封共 20 只引脚，其引脚配置及功能描述如图 K15－10 所示。

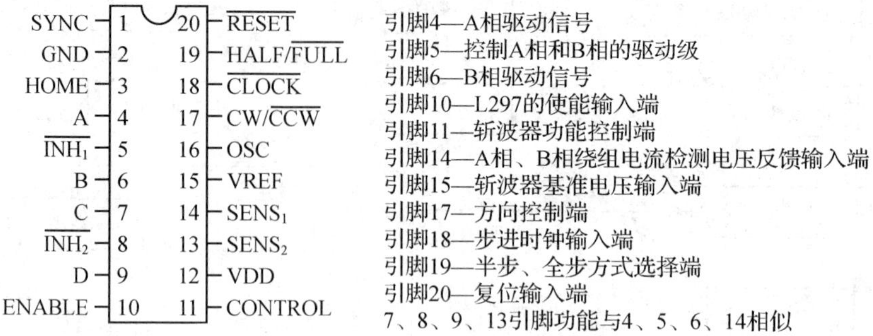

| | | | |
|---|---|---|---|
| 1 | SYNC | $\overline{\text{RESET}}$ | 20 |
| 2 | GND | HALF/$\overline{\text{FULL}}$ | 19 |
| 3 | HOME | $\overline{\text{CLOCK}}$ | 18 |
| 4 | A | CW/$\overline{\text{CCW}}$ | 17 |
| 5 | $\overline{\text{INH}_1}$ | OSC | 16 |
| 6 | B | VREF | 15 |
| 7 | C | $SENS_1$ | 14 |
| 8 | $\overline{\text{INH}_2}$ | $SENS_2$ | 13 |
| 9 | D | VDD | 12 |
| 10 | ENABLE | CONTROL | 11 |

引脚4—A相驱动信号
引脚5—控制A相和B相的驱动级
引脚6—B相驱动信号
引脚10—L297的使能输入端
引脚11—斩波器功能控制端
引脚14—A相、B相绕组电流检测电压反馈输入端
引脚15—斩波器基准电压输入端
引脚17—方向控制端
引脚18—步进时钟输入端
引脚19—半步、全步方式选择端
引脚20—复位输入端
7、8、9、13引脚功能与4、5、6、14相似

**图 K15－10　L297 芯片的引脚图及功能描述**

## 工程施工用图

本课题工程需要工程电路图，由图 K15－11～图 K15－16 组成。

## 制作工程用电路板

硬件电路的制作请按施工用图进行制作。

# 本课题工程软件设计

## 工程程序应用实例

```
/************************文件信息**********************************
**文 件 名:main.c
**功    能:智能搬运小车
******************************************************************/
#include<reg52.h>
#include"MAX7219.h"
#include"motor.h"
#define uint  unsigned int
#define uchar unsigned char

sbit fornt_right = P0^0;
sbit rornt_left  = P0^1;
```

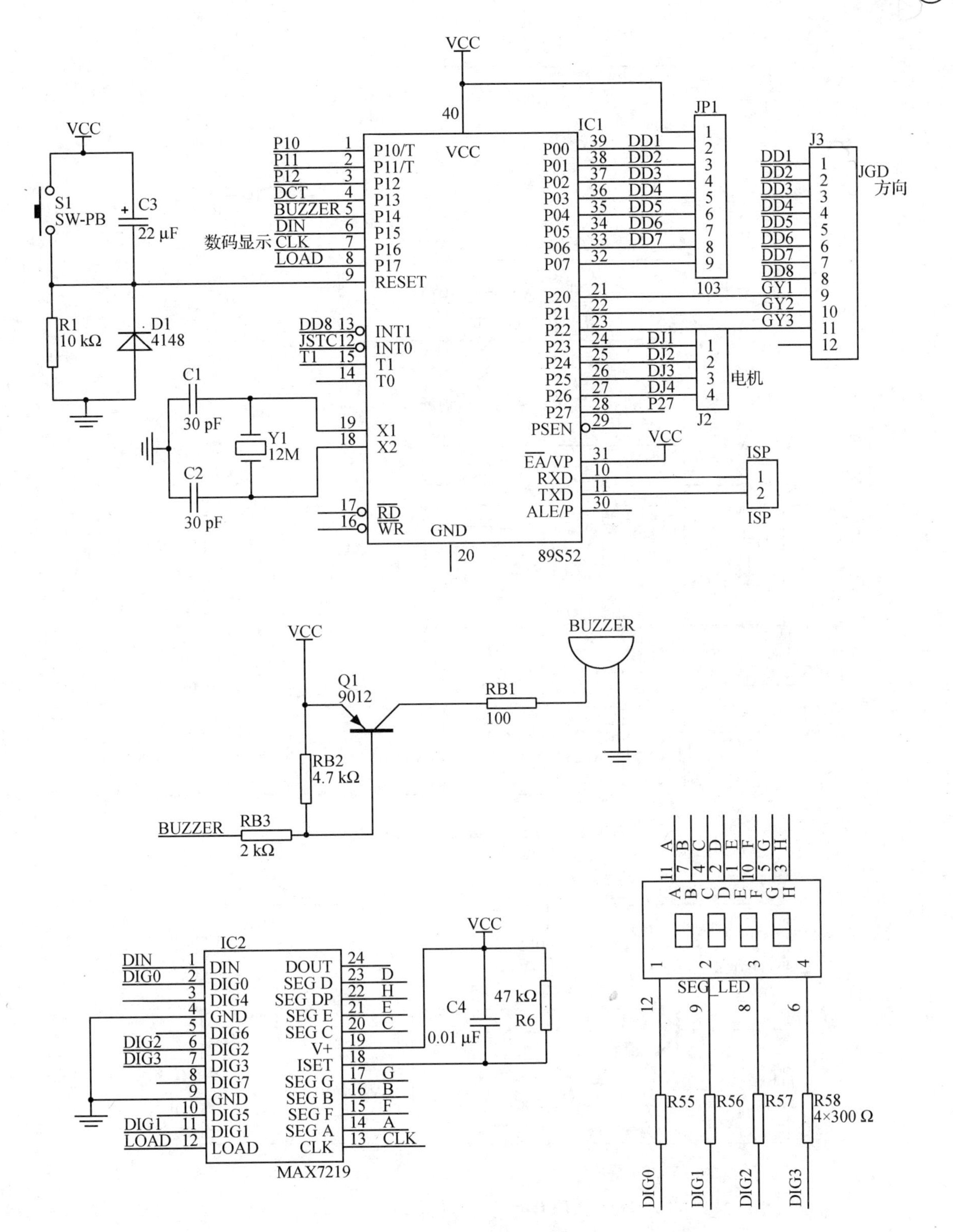


图 K15－11 单片机最小系统

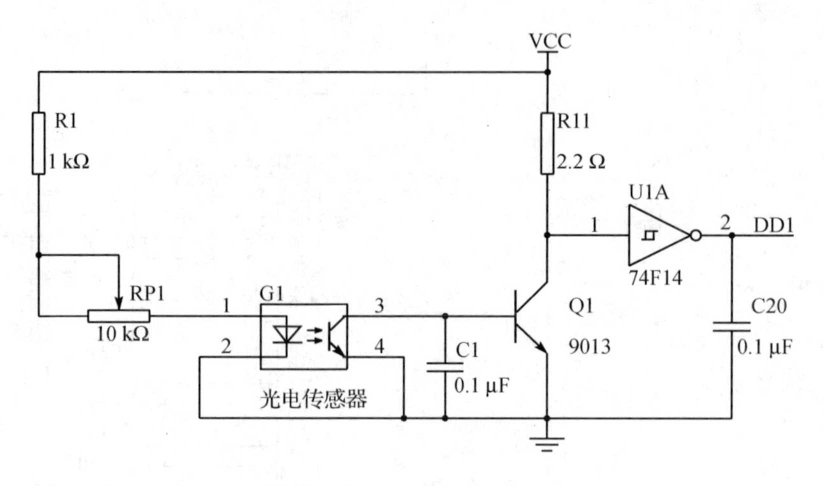


图 K15－12　路面检测电路

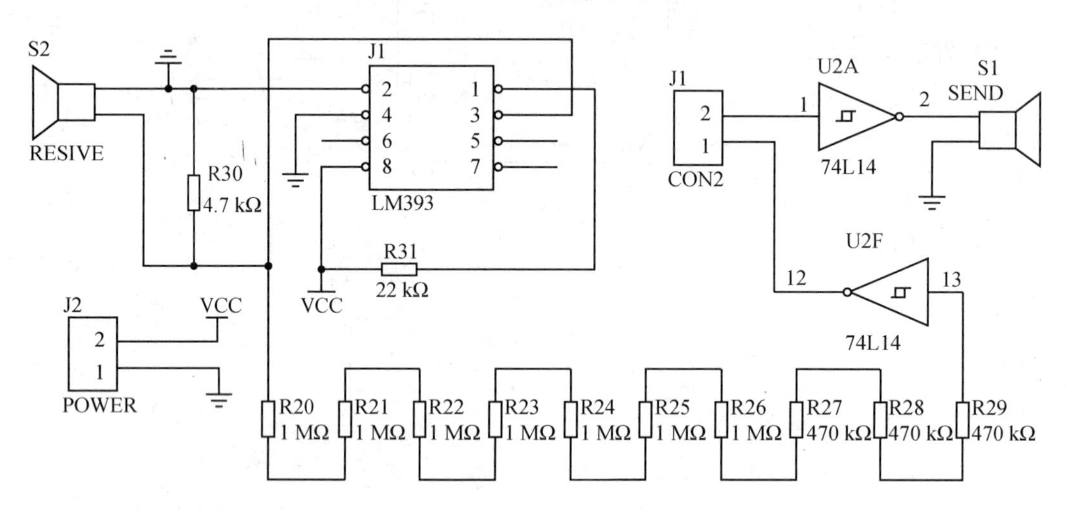


图 K15－13　超声波发射接收电路

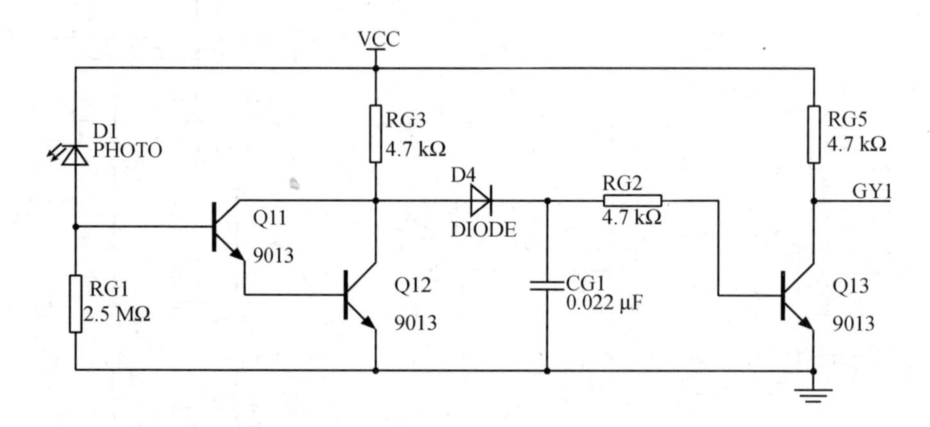


图 K15－14　探测电路

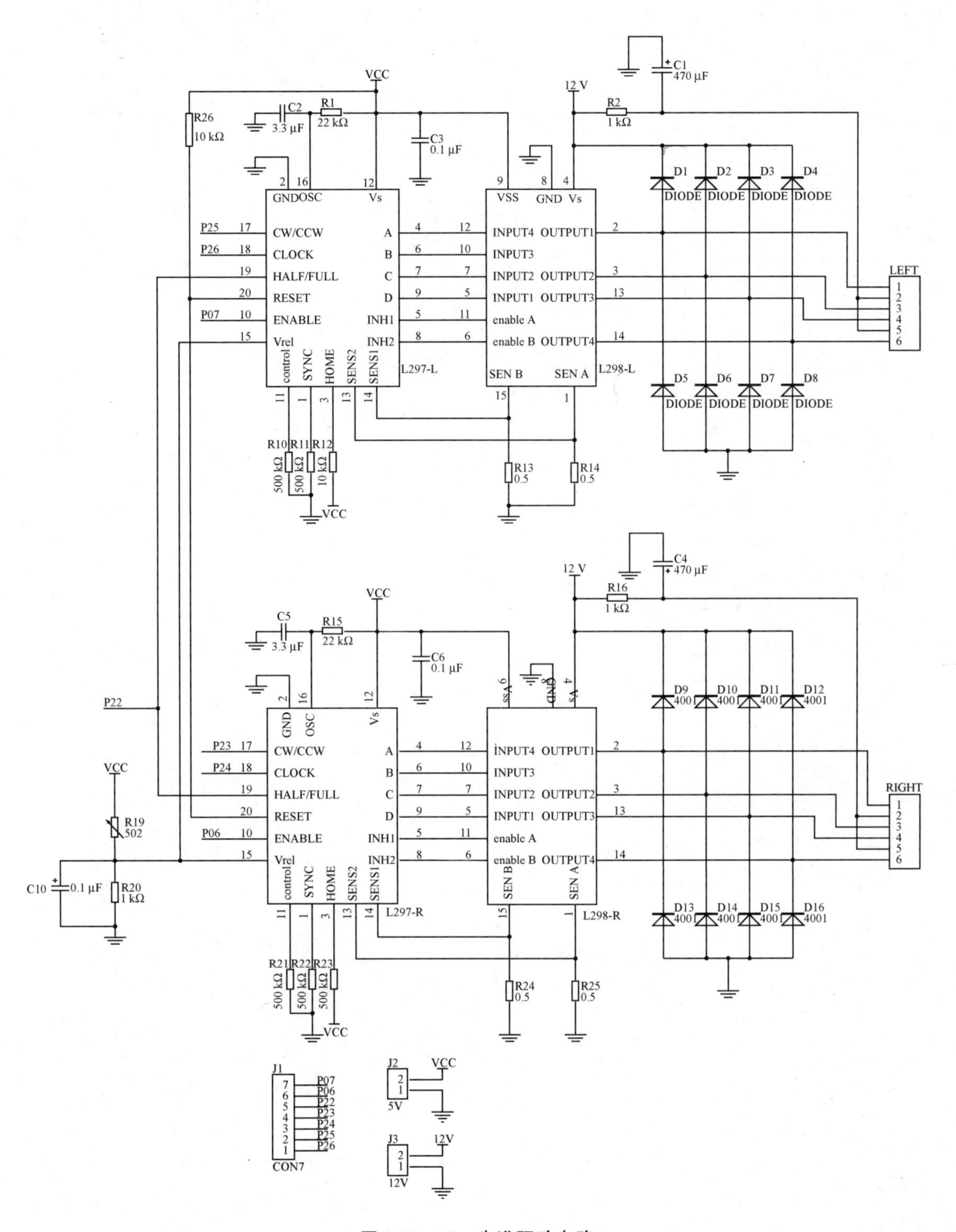


图 K15－15　步进驱动电路

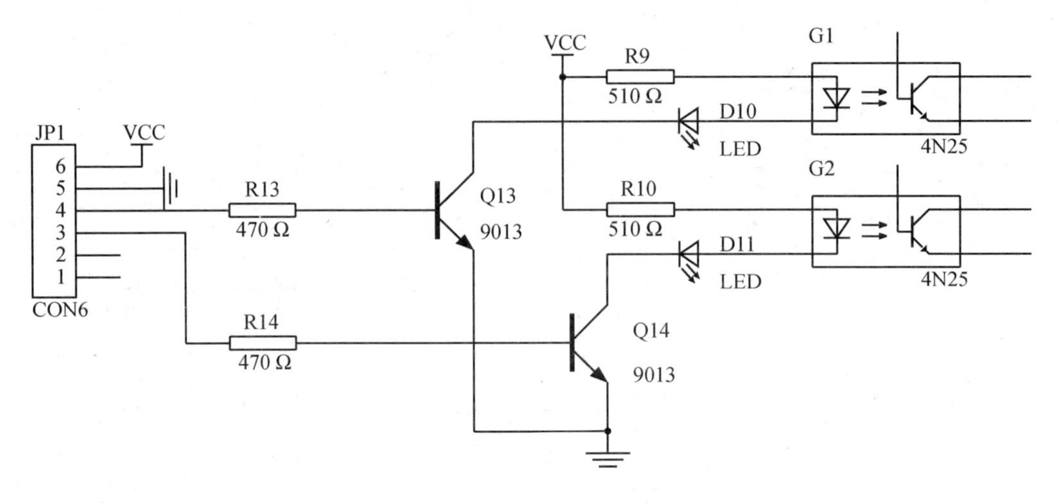


图 K15－16　光电耦合电路

```
sbit back_right = P0^2;
sbit back_left = P0^3;
sbit fe_color = P0^6;                          //铁片颜色检测口
sbit measure = P3^1;
sbit lead_light1 = P2^0;                       //光源引导
sbit lead_light2 = P2^1;
sbit lead_light3 = P2^2;
sbit led2 = P2^7;                              //指示灯 2
sbit relay = P1^3;                             //继电器
uchar time_counter = 0;
uint   counter = 0;
bit    depot;
void detect_Fe1();
void detect_Fe2();
void detect_stop();
void entrance();
//----------------------------------
//     *****定时计数子函数*****
//----------------------------------
void time0(void)interrupt 1 using 1
{
    TH0 = 0x4c;                                //重新计数初值
    TL0 = 0x00;
    if(++time_counter == 20)
    {
        time_counter = 0;
```

```
        if( ++ sec == 60)
        {
            sec = 0;
            if( ++ min == 5)
            {
                TR0 = 0;                //停止定时器
                ET0 = 0;                //禁止定时中断
                stop();                 //停止运动
            }
        }
    }
}
//-----------------------------------
//  *****金属检测中断子函数*****
//---------------------------------
void int0(void)interrupt 0 using 0
{
    EX0 = 0;                            //停止金属检测
    metal = 1;                          //metal = 1 表示已检测到金属
    stop();                             //停止运行
    dey(1000);
    led1 = 0;                           //指示灯 1 亮
    buzzer = 0;                         //开启蜂鸣器
    Fe_NO ++ ;                          //铁片数加一
    if(fe_color)depot = 1;              //depot = 1 表示进入仓库 B
    else depot = 0;                     //depot = 0 表示进入仓库 A
    relay = 0;                          //开启继电器,吸铁片
}
//-----------------------------------
//  *****黑线检测中断子函数*****
//-----------------------------------
void int1(void)interrupt 2 using 2
{
    EX1 = 0;                            //停止金属检测
    metal = 1;                          //metal = 1 表示已检测到金属
    stop();                             //停止运行
    dey(1000);
    led1 = 0;                           //指示灯 1 亮
    buzzer = 0;                         //开启蜂鸣器
    Fe_NO ++ ;                          //铁片数加一
    if(fe_color)depot = 1;              //depot = 1 表示进入仓库 B
    else depot = 0;                     //depot = 0 表示进入仓库 A
    relay = 0;                          //开启继电器,吸铁片
}
```

```
//------------------------------------
//      *****主函数体*****
//------------------------------------
void main()
{
    TMOD = 0x01;                        //定时器 0,工作方式 1
    TH0 = 0x4c;                         //装载计数初值,定时 50 ms
    TL0 = 0x00;
    EA  = 1;                            //开全局中断
    ET0 = 1;
    TR0 = 1;
    EX0 = 0;                            //外部中断 0 探测金属
    IT0 = 0;                            //低电平触发
    EX1 = 0;                            //外部中断 1 测距
    IT1 = 1;                            //边沿触发
    Init_7219();                        // MAX7219 初始化
    display();
    delay(100);
    while(1)
    {
        switch(Fe_NO)
        {
            case(0):detect_Fe1() ;break;
            case(3):detect_stop();break;
            default:detect_Fe2() ;break;
        }
    }
}
//------------------------------------
//   *****金属检测 1 子函数*****
//------------------------------------
void detect_Fe1()
{
    run_state = 1;
    goahead(2000);                      //向前进
    left_hand_bend(100);                //左转 90°
    EX0 = 1;                            //开始检测金属
    EX1 = 1;                            //开始黑线检测
    goahead(500);
    if(back_line == 1)
    {
       back_line = 0;
```

```
        fallback(1000);
    }
    left_hand_bend(100);                        //左转 90°
    entrance();                                 //入库子程序
}
//---------------------------------
//   *****金属检测 2 子函数*****
//---------------------------------
void detect_Fe2()
{
    fallback(80);                               //先向后退
    if(depot == 0)                              //若先前进入的是 A 库
    {
        veer(100);                              //向后顺时针转 90°
        right_hand_bend(100);                   //向前右转 90°
        goahead(1000);                          //向前进
        right_hand_bend(100);                   //向前右转 90°
        EX0 = 1;                                //开始检测金属
        goahead(1000);                          //向前进
        right_hand_bend(100);                   //向前右转 90°
        entrance();                             //入库子程序
    }
    else
    {
        backspin(100);                          //向后逆时针转 90°
        left_hand_bend(100);                    //左转 90°
        goahead(1000);                          //向前进
        left_hand_bend(100);                    //左转 90°
        EX0 = 1;                                //开始检测金属
        goahead(1000);                          //向前进
        left_hand_bend(100);                    //左转 90°
        entrance();                             //入库子程序
    }
}
//---------------------------------
//   *****停止检测子函数*****
//---------------------------------
void detect_stop()
{
    ET0 = 0;
    TR0 = 0;
    stop();                                     //停止运动
}
```

```
//----------------------------------
//     *****入库子函数*****
//----------------------------------
void entrance()
{
    metal = 0;
    if(depot == 0)                          //若进入的是 A 库
    {
        right_hand_bend(100);               //向前右转 90°
        goahead(1000);                      //向前进
        fallback(200);                      //向后退
        left_hand_bend(100);                //左转 90°
        goahead(1000);                      //向前进
        goahead(50);                        //再向前进
    }
    else                                    //若进入的是 B 库
    {
        left_hand_bend(100);                //左转 90°
        EX1 = 1;                            //开始黑线检测
        goahead(1000);                      //向前进
        fallback(200);                      //向后退
        right_hand_bend(100);               //向前右转 90°
        EX1 = 1;                            //开始黑线检测
        goahead(1000);                      //向前进
        goahead(50);                        //前进修正
    }
}
/**********************文件信息********************************
 **文 件 名:max7219.h
 **功    能:显示驱动程序
 **说    明:
***************************************************************************/
#include <reg52.h>                          //引用标准库的头文件
#include <intrins.h>
#define uchar unsigned char
#define uint  unsigned int
sbit MAX7219_DIN  = P1^5;                   //串行数据输入
sbit MAX7219_CLK  = P1^6;                   //串行时钟
sbit MAX7219_LOAD = P1^7;                   //显示数据锁存控制
uchar  sec = 0,min = 0,Fe_NO = 0;
//----------------------------------
//     *****延时 t 毫秒子程序*****
//----------------------------------
```

```
void delay(uint t)
{
    uint i;
    while(t--)
    {
        for (i=0;i<125;i++);                              //约延时 1 ms
    }
}
//-----------------------------------------
//*****向 MAX7219 写入字节(8 位)*****
//-----------------------------------------
void SendChar (uchar ch)
{
    uchar i,temp;
    _nop_();
    for (i=0;i<8;i++)
    {
        temp=ch&0x80;
        ch=ch<<1;
        if(temp)
        {
            MAX7219_DIN=1;
            MAX7219_CLK=0;
            MAX7219_CLK=1;
        }
        else
        {
            MAX7219_DIN=0;
            MAX7219_CLK=0;
            MAX7219_CLK=1;
        }
    }
}
//-----------------------------------------
// *****向 MAX7219 写入字(16 位)*****
//-----------------------------------------
void WriteWord (uchar addr,uchar num)
{
    MAX7219_LOAD=0;
    _nop_();
    SendChar(addr);
    _nop_();
    SendChar(num);
```

```
    _nop_();
    MAX7219_LOAD = 1;                                   //锁存进相应寄存器
}
//--------------------------------------
//      * * * * * MAX7219 初始化 * * * * *
//--------------------------------------
void Init_7219 (void)
{
    WriteWord (0x09,0x0f);                              //设置译码模式
    WriteWord (0x0b,0x03);                              //设置扫描界限
    WriteWord (0x0a,0x0f);                              //设置亮度
    WriteWord (0x0c,0x01);                              //设置为正常工作模式
}
//--------------------------------------
//      * * * * * 显示子函数 * * * * *
//--------------------------------------
void display()
{
    WriteWord (0x01,min/10);                            //显示分钟十位
    WriteWord (0x02,min % 10);                          //显示分钟个位
    WriteWord (0x03,0x00);                              //显示数字 0
    WriteWord (0x04,Fe_NO);                             //显示铁片数
}
//------------------------------------------------------------------------
//************************************************************************
```

## 作业与思考

本课题没有作业。

## 编后语

经过对系统的光电检测部分、驱动电路和金属传感器等测试，以上功能能完全得到实现。由于存在小车的车轮在制作和安装过程中不能完全达到对称，而且轮子的转速也存在问题，所以小车在运行中即使有软件作修正，其误差依然存在。如果采用工业生产，则可以达到理想的效果。

# 课题 16　电动车跷跷板

## 实验目的

了解和掌握电动车跷跷板的设计原理、设计过程和制作方法。

## 实验设备

① 30 W 烙铁 1 把，数字万用表 1 个；

② PC 机 1 台；

③ 开发软件 TKStudio 集成开发平台（周立功公司开发）和 Keil C51（Keil 公司开发）1 套；

④ 烧录软件 Flash Magic 下载线（NXP 公司开发）1 套，9 芯串行通信线 1 根。

## 实验器件

本课题所用器件如表 K16-1 所列。

**表 K16-1 本课题所用器件列表**

| 器 件 | 型 号 | 数 量 | 备 注 |
| --- | --- | --- | --- |
| 单片机 | P89V51RD2FN | 1 | 控 制 |
| 步进电机 | 35BY48S03 | 2 | 带动小车 |
| 比较器 | LM339 | 5 | — |
| 光电耦合器 | 4N25 | 8 | 光电耦合 |
| 液 晶 | RT12864M | 1 | 显 示 |
| 语音芯片 | ISD4004 | 1 | 语音播报 |
| 运算放大器 | LM358 | 1 | 语音放大 |
| 驱动芯片 | TA8435H | 2 | 驱动电路等 |

## 任务来源

本课题来自 2007 年“索尼杯”全国大学生电子设计竞赛，题目类型为控制类。

## 工程任务

设计并制作一个电动车跷跷板，在跷跷板起始端 A 一侧装有可移动的配重。配重的位置可以在从始端开始的 200～600 mm 范围内调整，调整步长不大于 50 mm；配重可拆卸。电动车从起始端 $A$ 出发，可以自动在跷跷板上行驶。电动车跷跷板起始状态和平衡状态示意图分别如图 K16-1 和图 K16-2 所示。

### 1. 基本要求

在不加配重的情况下，电动车完成以下运动：

① 电动车从起始端 $A$ 出发，在 30 s 内行驶到中心点 $C$ 附近；

② 60 s 之内，电动车在中心点 $C$ 附近使跷跷板处于平衡状态，保持平衡 5 s，并给出明显的平衡指示；

③ 电动车从②中的平衡点出发，30 s 内行驶到跷跷板末端 $B$ 处（车头距跷跷板末端 $B$ 不大于 50 mm）；

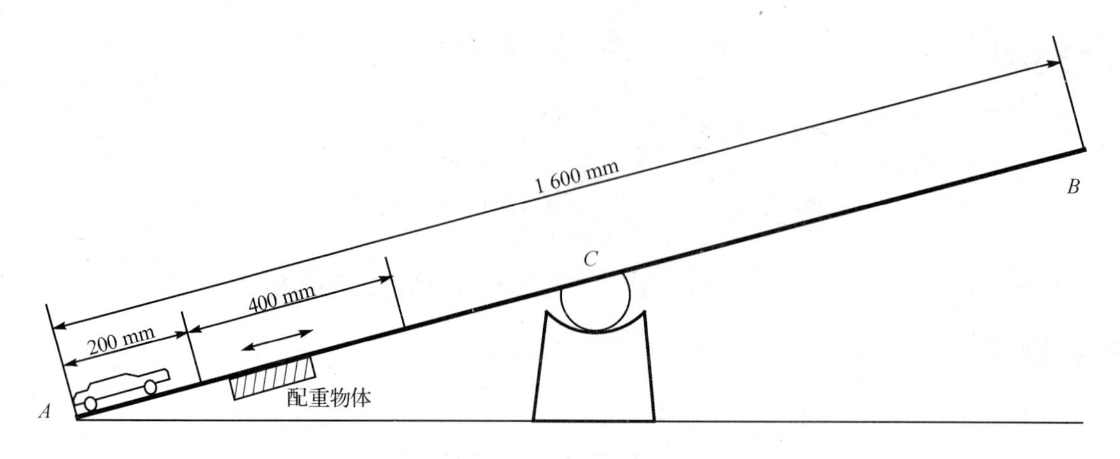


图 K16－1　起始状态示意图

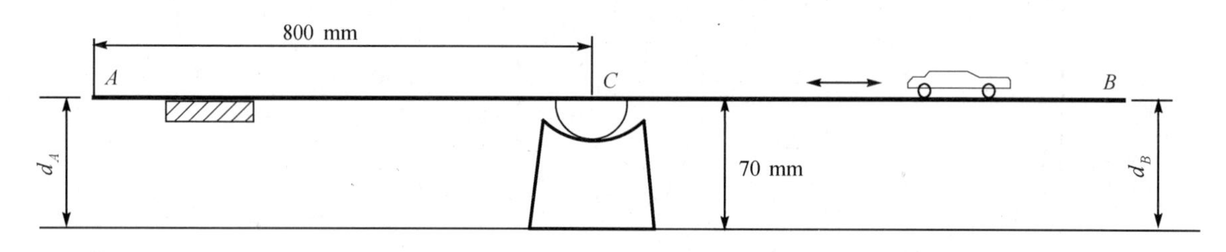


图 K16－2　平衡状态示意图

④ 电动车在 $B$ 点停止 5 s 后，1 min 内倒退回起始端 $A$，完成整个行程；

⑤ 在整个行驶过程中，电动车始终在跷跷板上，并分阶段实时显示电动车行驶所用的时间。

### 2. 发挥部分

配重固定在可调整范围内任一指定位置，电动车完成以下运动：

① 将电动车放置在地面距离跷跷板起始端 $A$ 点 300 mm 以外、90°扇形区域内某一指定位置(车头朝向跷跷板)，电动车能够自动驶上跷跷板，如图 K16－3 所示；

② 电动车在跷跷板上取得平衡，给出明显的平衡指示，保持平衡 5 s 以上；

③ 将另一块质量为电动车质量 10%～20%的块状配重放置在 $A$ 至 $C$ 间指定的位置，电动车能够重新取得平衡，给出明显的平衡指示，保持平衡 5 s 以上；

④ 电动车在 3 min 之内完成①～③全过程；

⑤ 其他。

### 3. 说　明

① 跷跷板长 1 600 mm、宽 300 mm，为便于携带，也可将跷跷板制成折叠形式；

② 跷跷板中心固定在直径不大于 50 mm 的半圆轴上，轴两端支撑在支架上，并保证与支架圆滑接触，能灵活转动；

③ 测试中，使用参赛队自制的跷跷板装置；

④ 允许在跷跷板和地面上采取引导措施，但不得影响跷跷板面和地面平整；

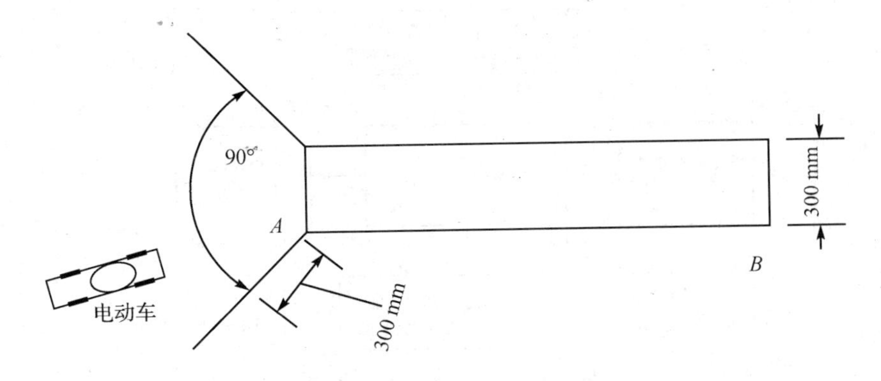


图 K16－3　自动驶上跷跷板示意图

⑤ 电动车(含加在车体上的其他装置)外形尺寸规定为长≤300 mm,宽≤200 mm;

⑥ 平衡的定义为 $A$、$B$ 两端与地面的距离差 $d=|d_A-d_B|$ 不大于 40 mm;

⑦ 整个行程约为 1 600 mm 减去车长;

⑧ 测试过程中不允许人为控制电动车运动。

## 工程设计构想

### 1. 硬件设计方框图

根据设计要求,系统可分为控制部分和信号检测部分。其中信号检测部分包括路面检测模块,角度测量模块;控制部分包括电机驱动模块,显示模块,控制器模块。小车的基本模块方框图如图 K16－4 所示。

经过方案分析和论证,选择的系统各模块为:

① 采用 P89V51RD2FN 单片机作为控制器;

② 采用 TA8435H 细分芯片驱动步进电机;

③ 采用 MSA－LD2.0 倾角传感器测量实时角度,为单片机完成控制提供判断依据;

④ 采用 ST198 反射式红外光电传感器来检测引导线;

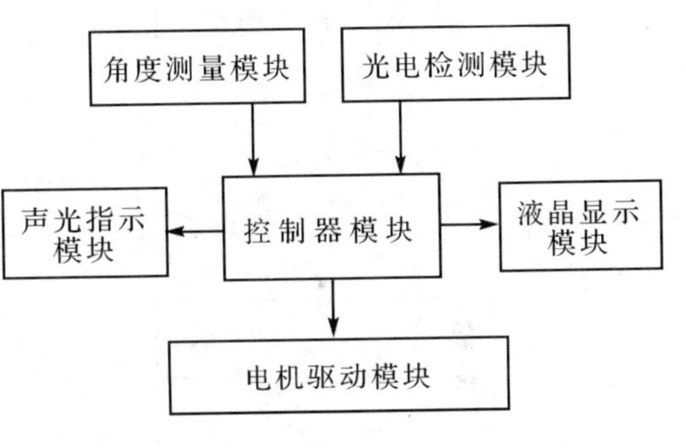


图 K16－4　小车的基本模块方框图

⑤ 采用 2300mA 镍氢充电电池供电;

⑥ 采用 RT128×64M 带字库液晶显示时间、角度等参数;

⑦ 采用 ISD4004 语音芯片进行声音录放;

⑧ 采用 P89V51RD2FN 内置的定时器/计数器计数。

系统结构方框图如图 K16－5 所示。

### 2. 软件设计方框图

控制程序编写流程图如图 K16－6 所示。

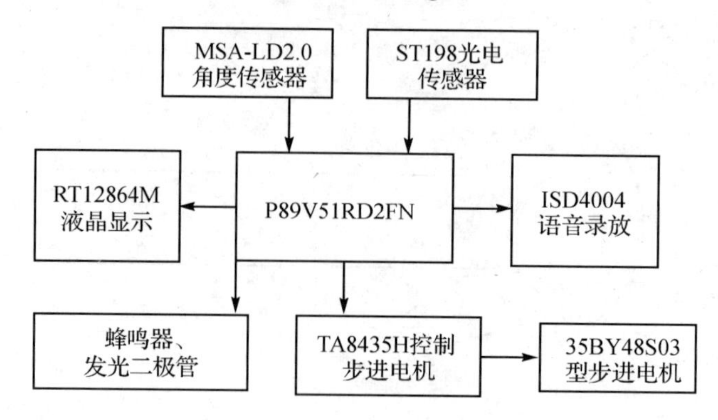


图 K16－5　系统结构方框图

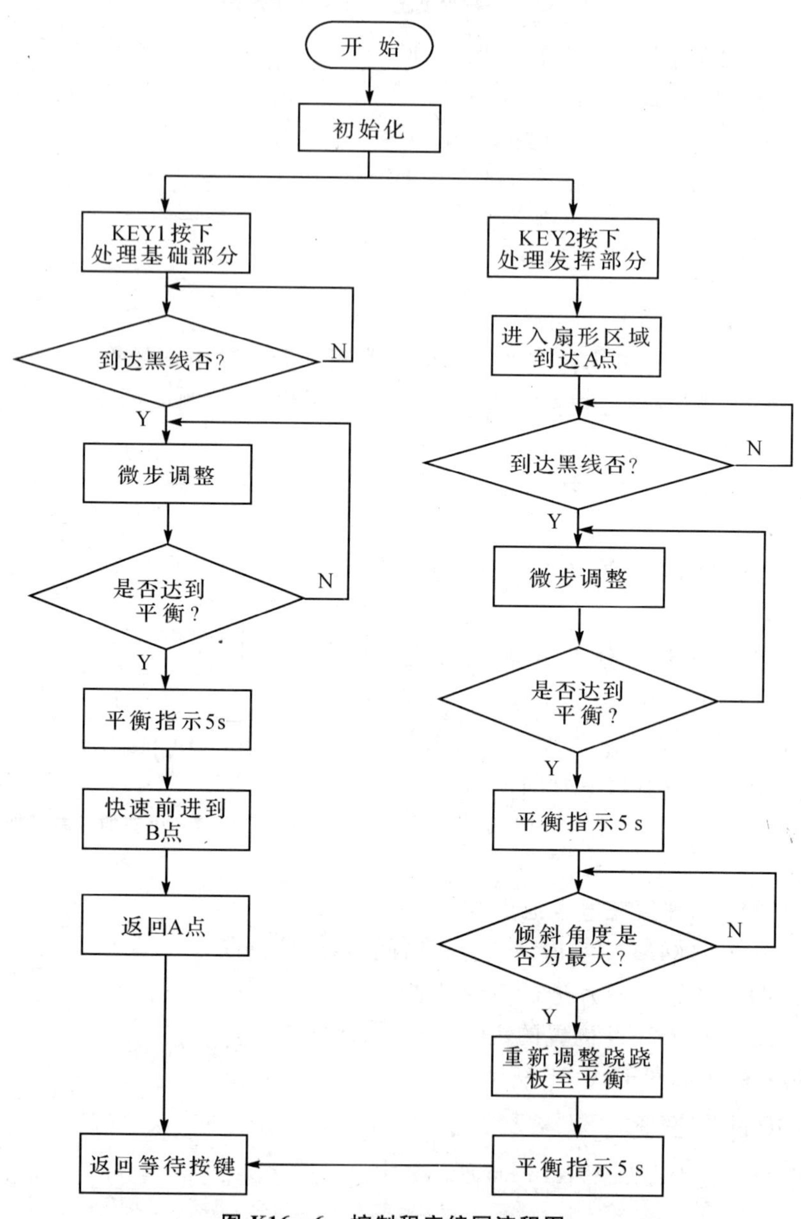


图 K16－6　控制程序编写流程图

## 所需外围器件资料

### 1. TA8435H 细分芯片

**(1) TA8435 概述**

TA8435 是东芝公司生产的单片用于进行二相步进电机正弦细分控制的驱动专用模块。

**(2) TA8435 特点**

① 工作电压范围宽(10～40 V)；

② 输出电流可达 1.5 A(平均)和 2.5 A(峰值)；

③ 具有整步、半步、1/4 细分、1/8 细分运行方式可供选择；

④ 采用脉宽调试式斩波驱动方式；

⑤ 具有正/反转控制功能；

⑥ 带有复位和使能引脚；

⑦ 可选择使用单时钟输入或双时钟输入。

从图 K16－7 中可以看出，TA8435 主要由 1 个解码器，2 个桥式驱动电路、2 个输出电流控制电路、2 个最大电流限制电路、1 个斩波器等功能模块组成。

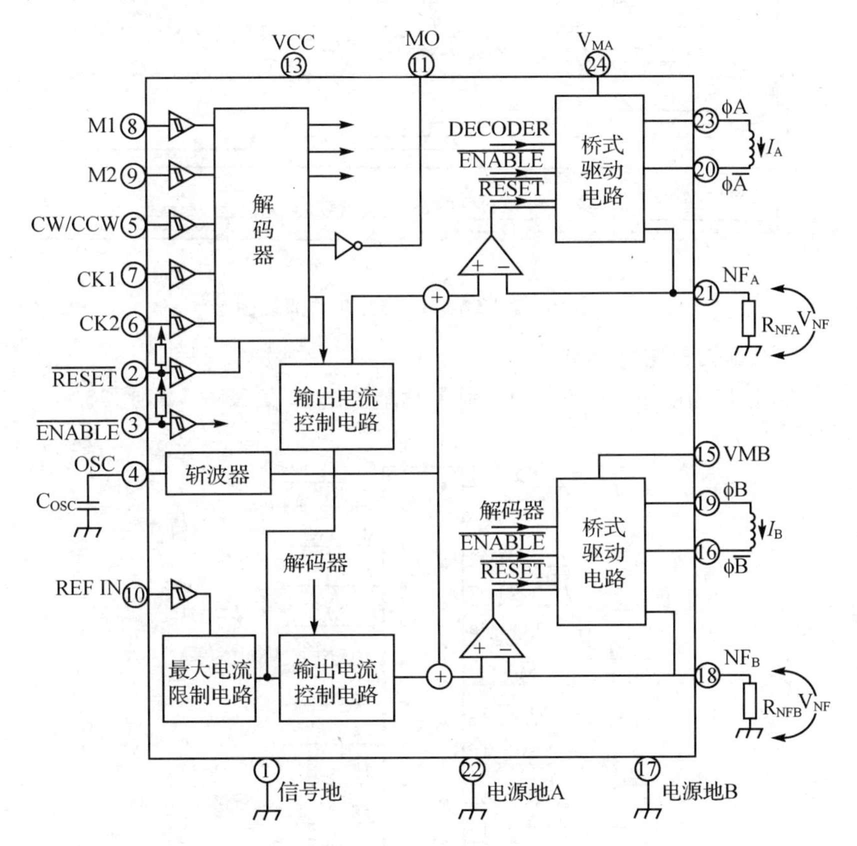


图 K16－7 TA8435 原理图

**(3) TA8435 细分工作原理**

在图 K16－8 中，第一个 CK 时钟周期时，解码器打开桥式驱动电路，电流从 VMA 流经电机的线圈后经 RNFA 与地构成回路，由于线圈电感的作用，电流逐渐增大，RNFB 上的电压也随之上升。当 RNFB 上的电压大于比较器正端的电压时，比较器使桥式驱动电路关闭，电机线圈上的电流开始衰减，RNFB 上的电压也相应减小；当电压值小于比较器正向电压时，桥式驱动电路又重新导通，如此循环，电流不断地上升和下降，形成锯齿波，其波形如图 K16－8 中 $I_A$ 波形的第 1 段。另外由于斩波器频率很高，一般为几十 kHz，其频率大小与所选用电容有关。在 OSC 作用下，电流锯齿波纹是非常小的，可以近似认为输出电流是直流。在第 2 个时钟周期开始时，输出电流控制电路输出电压 $U_A$ 达到第 2 阶段，比较器正向电压也相应为第 2 阶段的电压，因此，流经步进电机线圈的电流从第 1 阶段也升至第二阶段。电流波形如图 K16－8 $I_A$ 的第 2 部分。第 3 时钟周期，第 4 时钟周期 TA8435 的工作原理与第 1、2 是一样的，只是又升高比较器正向电压而已，输出电流波形如图 K16－8 $I_A$ 中第 3、4 部分。如此最终形成阶梯电流，加在线圈 B 上的电流如图 K16－8 中 $I_B$。在 CK 一个时钟周期内，流经线圈 A 和线圈 B 的电流共同作用下，步进电机运转一个细分步。

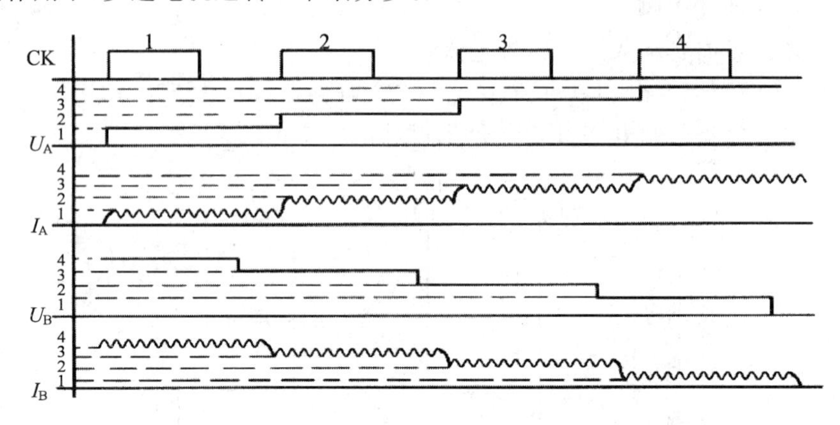


**图 K16－8　TA8435 细分工作原理图**

**(4) TA8435 引脚图与功能描述**

TA8435 引脚分布如图 K16－9 所示，引脚功能描述如表 K16－2 所列。

TA8435

| 引脚 | 名称 | 引脚 | 名称 |
| --- | --- | --- | --- |
| 1 | SG | 2 | $\overline{RESET}$ |
| 3 | $\overline{ENABLE}$ | 4 | OSC |
| 5 | CW/CCW | 6 | CK2 |
| 7 | CK1 | 8 | M1 |
| 9 | M2 | 10 | REF IN |
| 11 | $\overline{MO}$ | 12 | NC |
| 13 | VCC | 14 | NC |
| 15 | VMB | 16 | $\Phi\bar{B}$ |
| 17 | PG-B | 18 | NFb |
| 19 | ΦB | 20 | $\Phi\bar{A}$ |
| 21 | NFA | 22 | PG－A |
| 23 | ΦA | 24 | VMA |
| 25 | NC | | |

**图 K16－9　TA8435 引脚分布图**

表 K16-2　TA8435 引脚功能描述表

| 引脚号 | 引脚名称 | 功能描述 | 引脚号 | 引脚名称 | 功能描述 |
|---|---|---|---|---|---|
| 1 | SG | 信号地 | 13 | VCC | 供电引脚(5 V 电源正) |
| 2 | $\overline{RESET}$ | 复位(低电平有效) | 14 | NC | 空 |
| 3 | $\overline{ENABLE}$ | 低电平使能,高电平关闭(禁止) | 15 | VMB | 输出部分供电接口(10~24 V) |
| 4 | OSC | 外部振动器,用一个 3000 pF 电容 | 16 | $\Phi\overline{B}$ | 输出 $\Phi\overline{B}$ |
| 5 | CW/CCW | 正转/反转控制,0 为正转,1 为反转 | 17 | PG-B | 电源 GND(地) |
|  |  |  | 18 | NFB | B-ch 输出可供观察的检测信号 |
| 6 | CK2 | 时钟输入接口 | 19 | ΦB | 输出 ΦB |
| 7 | CK1 | 时钟输入接口 | 20 | $\Phi\overline{A}$ | 输出 $\Phi\overline{A}$ |
| 8 | M1 | 细分控制输入,见表 K16-3 | 21 | NFA | A-ch |
| 9 | M2 | 细分控制输入,见表 K16-3 | 22 | PG-A | 电源地(GND) |
| 10 | REF IN | 控制步进电机输入电流 | 23 | ΦA | 输出 ΦA |
| 11 | $\overline{MO}$ | 监视输出 | 24 | VMA | 输出部分供电接口(10~24 V) |
| 12 | NC | 空 | 25 | NC | 空 |

表 K16-3　细分控制状态表

| M1 | M2 | 描　述 |
|---|---|---|
| 0 | 0 | 电机按整步方式运转 |
| 0 | 1 | 电机按半步方式运转 |
| 1 | 0 | 电机按 1/4 步方式运转 |
| 1 | 1 | 电机按 1/8 步方式运转 |

## 2. MSA-LD2.0 倾角传感器测量

MSIN-LDXX 系列倾角传感器是上海麦游电子 OEM 生产的低成本双轴倾角传感器模块,具有 15°、30°、45°、60°和单轴 360°等规格。其工作原理是利用测量重力加速度的分量通过计算将其转化为绝对倾角。为支持不同的应用场合,本产品同时采用 RS232 串行数字信号和 TTL 电平串行信号(可选 485 信号)输出。

MSIN-LDXX 系列倾角传感器模块具有零点自动设定功能,精确度可调整,输出频率(滤波阶数)可调,工作模式可调,波特率可调等!所设参数断电后能自动保护。为适应不同的工作环境,MSIN-LDXX 系列还支持不同的工作电压,低电压范围为 3.0~5 V;也支持工业现场的 5~24 V(须定制)。同时本产品可作倾角开关和姿态记录仪!

MSIN-LDXX 系列产品的工作可分为两种模式,一是数据采集模式,二是命令模式。

数据采集模式是指倾角信息的输出(通过串口输出,其他接口需要定制)。在输出控制上,又分连续输出和指令输出;在输出数据格式上,又分 ASCII 码数据和十六位数据。

命令模式是指通过串口(其他接口需要定制)对倾角模块的设置和调整等,包括设置波特率,调整滤波,设置输出控制方式,设置输出数据格式,校准产品精度。

**(1) 数据采集模式**

MSIN - LDXX 系列模块分为单轴±15°～60°和双轴±180°(360°)。

**单轴倾角模块±15°～60°**

器件上电后,默认设置为进入数据采集模式(为了方便用户的使用,MSIN - LDXX 系列产品提供多种数据输出方式)。

① 波特率。模块的波特率提供有 9 600、19 200、4 800 这 3 种选择值,校验位、数据位和停止位不提供调整,必须设定为无校验位,数据位 8 位,停止位为 1 位。

② 输出控制。输出控制分为连续输出控制和指令输出控制。连续输出控制被设为默认输出控制方式,上电后即开始采集数据,输出数据的快慢和稳定性可以通过滤波指令调整;指令输出控制需要通过指令来控制输出,当输入“SENDDD”指令时,倾角模块输出一次倾角数据(注意:通过指令模式调整为指令输出控制后,它并不会保存,也就是断电后又回到连续输出控制方式)。

③ 输出格式。输出格式分为 ASCII 码和十六位输出。超出量程输出 99.9。

ASCII 码数据格式:

| ITEAM | SIGNED | DATA | STOP |
|---|---|---|---|
| X/Y(大写) | +/－ | ××.×(定长) | “\r\n”(回车) |

十六位数据格式:

bit15:1 表示 x 轴;0 表示 y 轴。

bit14:1 为负;0 为正。

bit13～bit0:角度值×10(十六进制数据)。

通信帧:倾角数据(16 位) + 0A。

**注意:**先到达的是倾角数据的低八位,然后是高八位,然后是 0x0A。

④ 命令模式和设置模式。在数据采集模式下,通过键入”$”进入设置模式,如果成功进入设置模式,可以看到返回的信息“C”。

在设置模式下,通过键入@进入命令模式。

特例(所谓特例,是指无需键入 $ 进入命令状态,无需回车符)用 &Z 将当前倾角状态设为零点! 重新复位后,数据依旧保存。

以下列举了所有设置模式:

| | |
|---|---|
| BAND[ * ] | 调整波特率,0 表示 9 600,1 表示 4 800,2 表示 57 600,3 表示 115 200。 |
| FILT[ * ] | 调整滤波等级,从 0 到 9。 |
| COMONN | 设定为连续输出控制(默认)。 |
| COMOFF | 设定为指令输出控制(重启后,恢复默认设置)。 |
| COMHON | 设定输出格式为十六位(重启后,恢复默认设置)。 |
| COMHOF | 设定输出格式为 ASCII 码(默认)。 |

SENDDD　　在指令输出控制模式下,输出倾角数据的指令。

以下列举了所有命令模式:

L　原始值输出。

S　存储设置信息,并退回到数据输出模式。

O　不存储设置信息,并退回到数据输出模式。

P　恢复出厂设置。

R　读取设置信息传感器参数。

电源电压　+5 V;

接口　RS232, TTL 电平;

分辨率　0.1°;

精度　+/- 0.2°;

重复性　+/- 0.2°;

波特率　4 800 bit/s,9 600 bit/s(默认),57 600 bit/s。

**双轴倾角模块±180°(360°)**

① 输出格式。输出格式分为 ASCII 码和十六位输出。超出量程输出 99.9。

ASCII 码数据格式:

　ITEAM　SIGNED　DATA　STOP

　A(大写)　+/-　×××.×(定长)　"\r\n"(回车)

十六位数据格式:

通信帧:A+倾角数据(16 位) + 0x0A。

**注意:**先到达的是倾角数据的高八位,然后是低八位,然后是 0x0A

② 命令模式。在数据采集模式下,通过键入"$"进入命令模式。如果成功,则进入命令模式,可以看到返回的信息"Begin to Control"。

特例(所谓特例,是指无需键入 $ 进入命令状态,无需回车符)用 &Z 将当前倾角状态设为零点!重新复位后,数据依旧保存。

以下列举了所有命令(以下命令都是以回车为命令结束符,[]括号内为有效数据位数,一个 * 号表示一位)。

BAND[ * ]　调整波特率,0 表示 9 600,1 表示 4 800,2 表示 57 600,3 表示 115 200。

FILT[ * ]　调整滤波等级,从 0 到 9。

COMONN　设定为连续输出控制。

COMOFF　设定为指令输出控制。

COMHON　设定输出格式为十六位。

COMHOF　设定输出格式为 ASCII 码。

SENDDD　在指令输出控制模式下,输出倾角数据的指令。

ADC　原始采集数据。

CLR　恢复设定为默认值。

默认值分别为波特率 9 600。

$x$ 轴相对零点 0

$y$ 轴相对零点 0

**MSIN－LD2xx 系列倾角模块引脚图**

MSIN－LD2xx 系列倾角模块引脚如图 K16－10 所示。

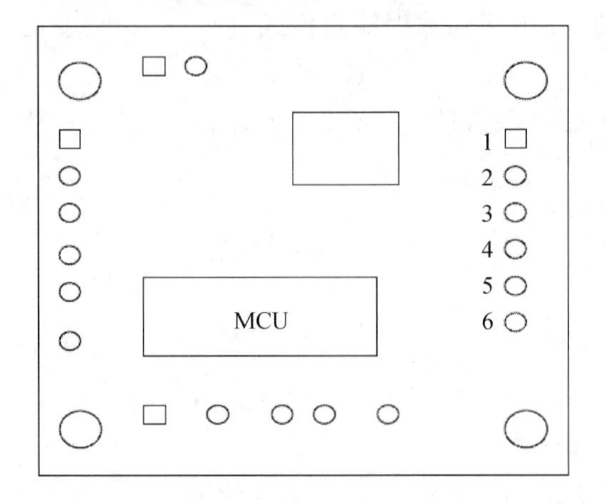


**图 K16－10　MSIN－LD2xx 倾角模块引脚配置图**

图 K16－10 中引脚说明：

1 脚为 VCC(+5 V)；

2 脚为 GND；

3 脚为 TXD(TTL 电平)；

4 脚为 RXD(TTL 电平)；

5 脚为 TXD(RS232 电平)；

6 脚为 RXD(RS232 电平)。

### 3. RT128×64M 带字库液晶

有关的 RT128×64M 详细资料介绍见《单片机外围接口电路与工程实践》一书的课题 9。因为本书是《单片机外围接口电路与工程实践》的续集，所以不再重述。

### 4. ISD4004 语音芯片

有关的 ISD4004 语音芯片的详细资料介绍见《单片机外围接口电路与工程实践》一书的课题 10。因为本书是《单片机外围接口电路与工程实践》的续集，所以不再重述。

## 工程施工用图

本课题工程需要的工程电路图由图 K16－11～图 K16－16 组成。

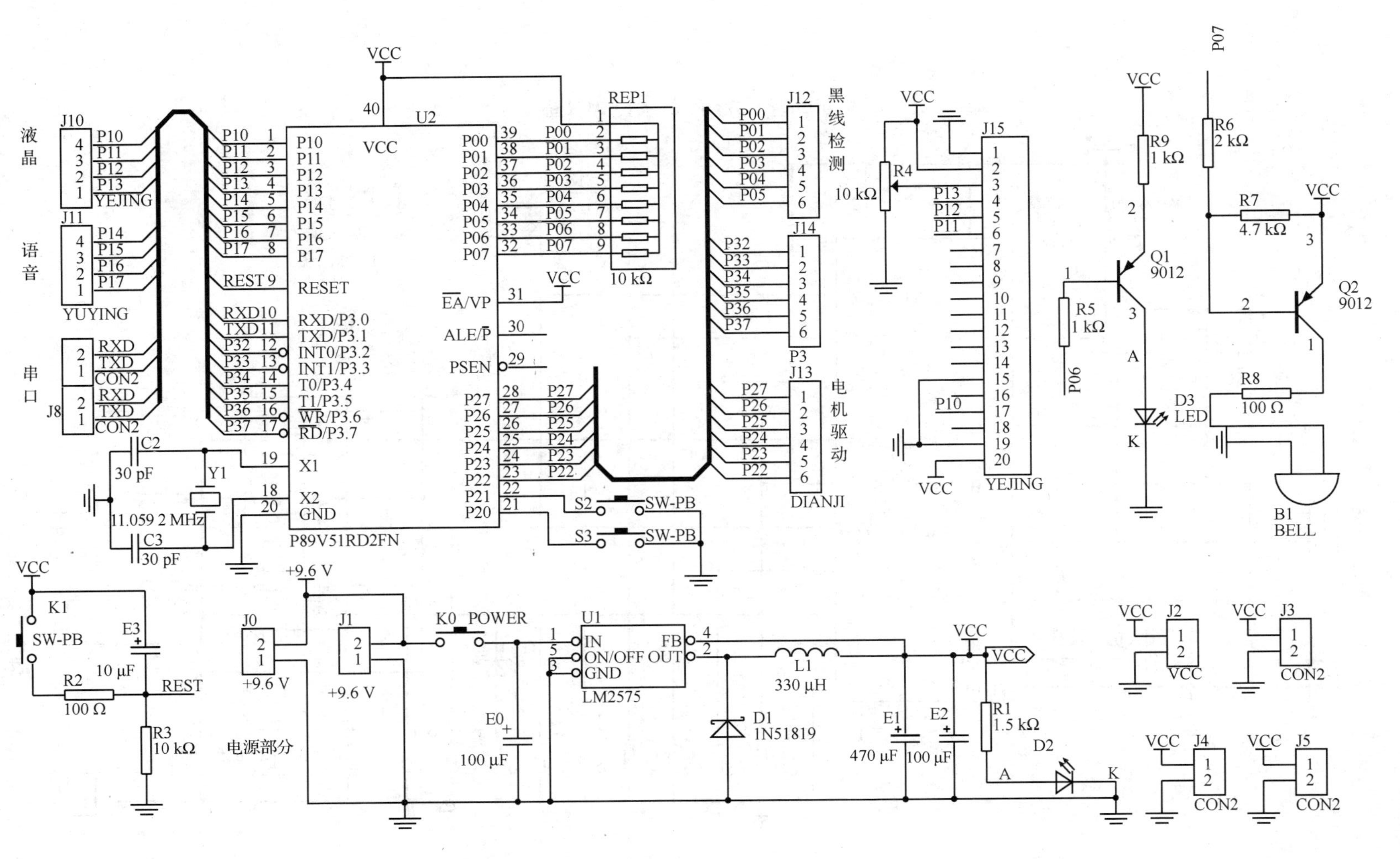


图K16 - 11 单片机最小系统电路

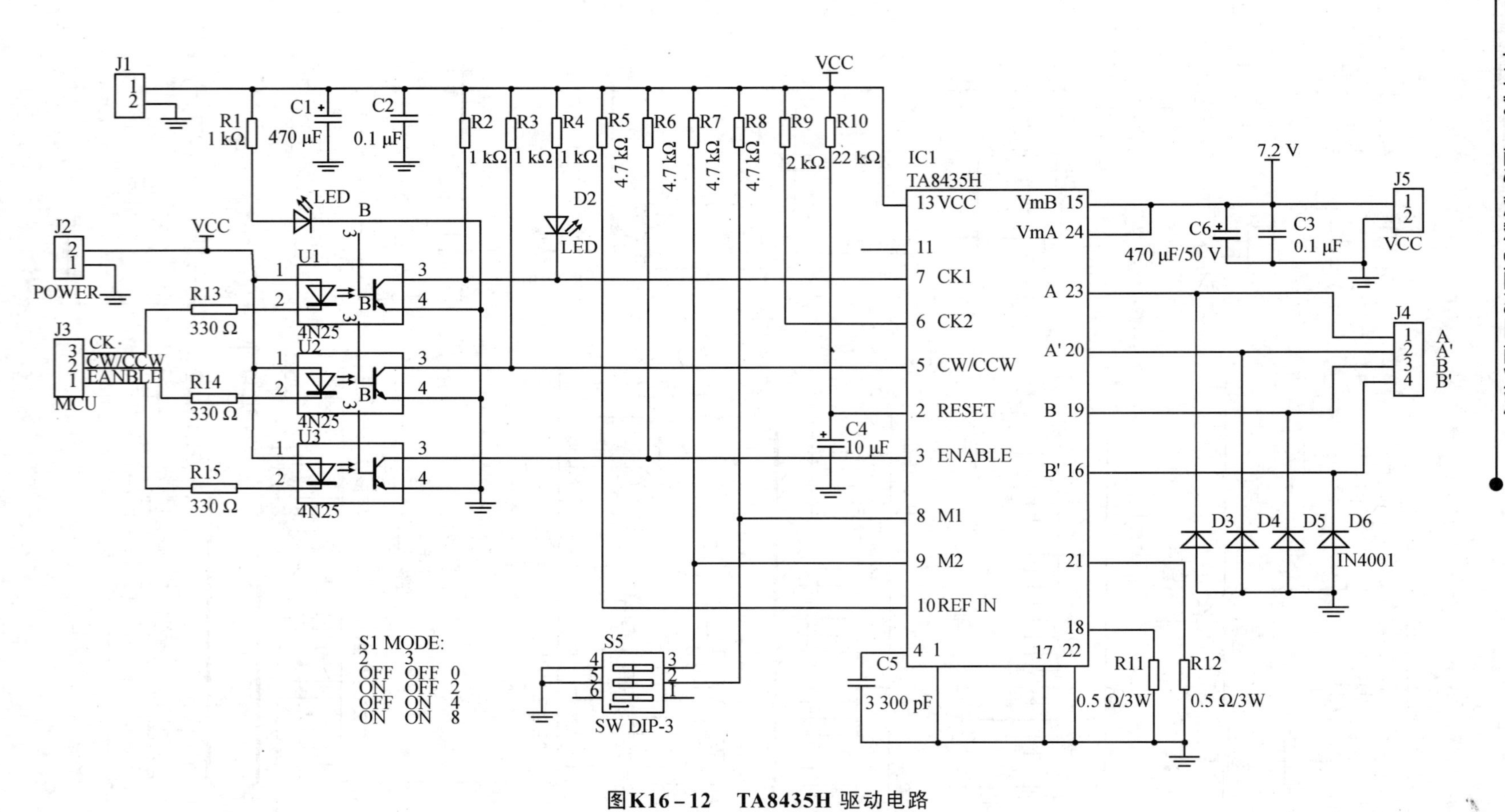


图K16-12 TA8435H 驱动电路

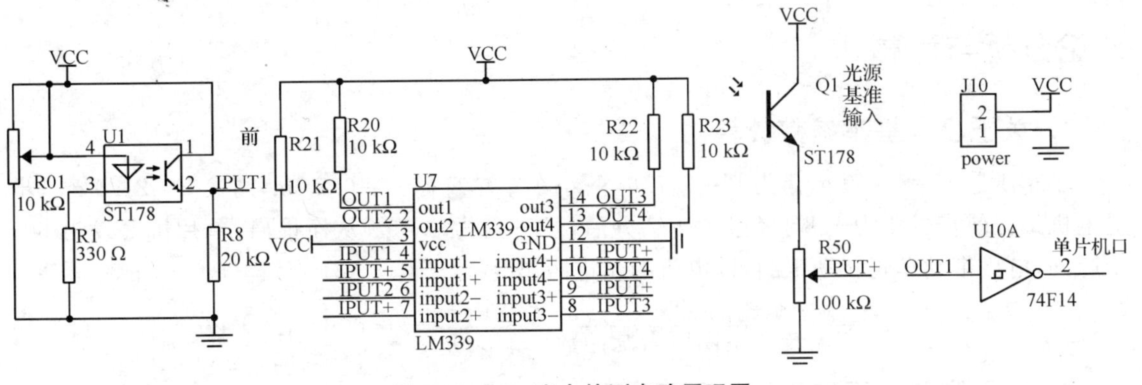


图 K16－13　光电检测电路原理图

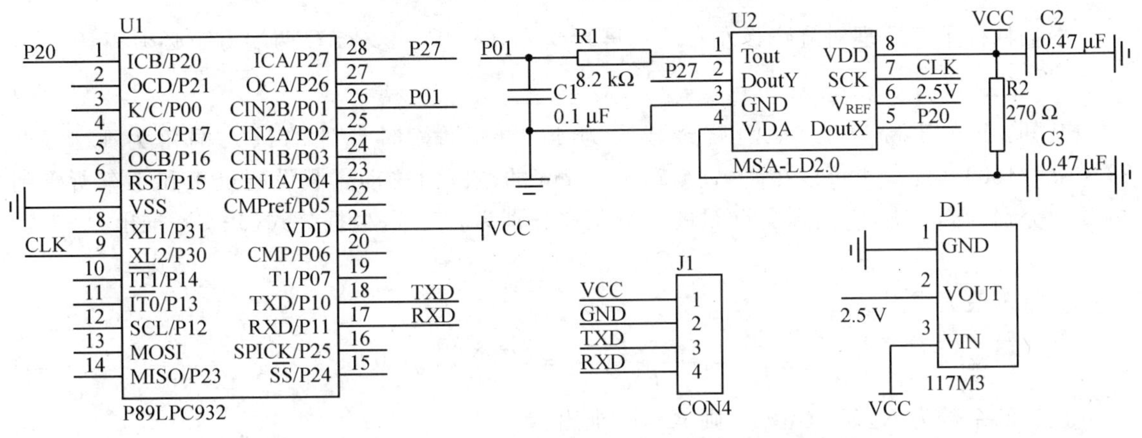


图 K16－14　角度传感器模块

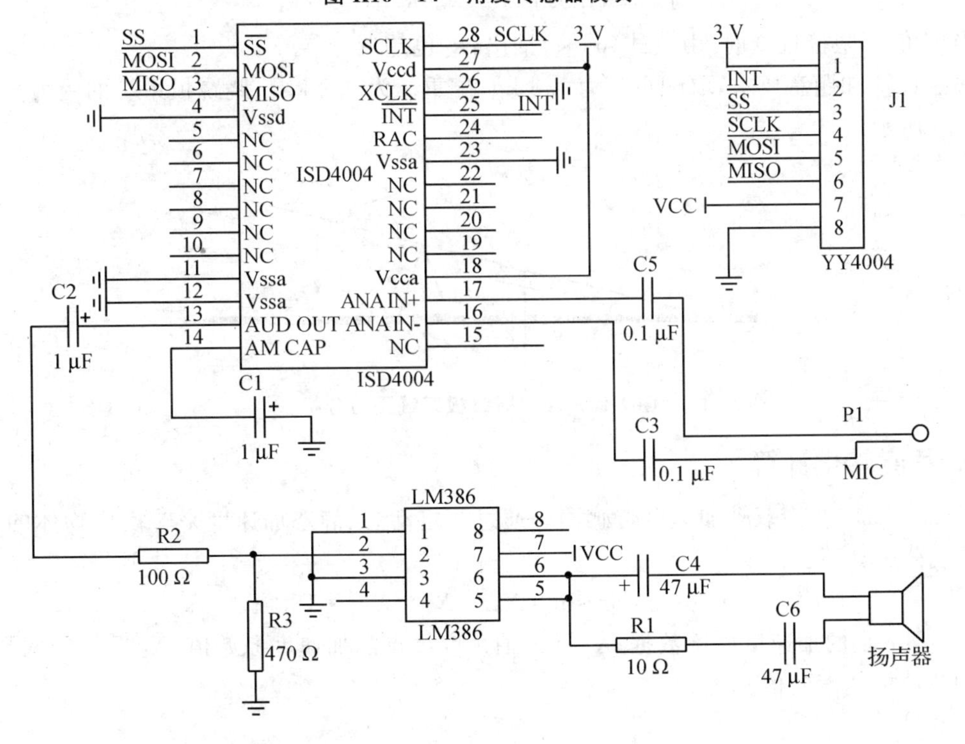


图 K16－15　语音播报模块原理图

# 理论分析与计算

## 1. 关于小车基本参数计算

小车质量 $m$=1 200 g，重力 $G$=117.6 N；小车车轮直径 $D$=6.7 cm，周长 $C$=21.0 cm；步进电机细分前步进角为1.8°，经过1/4细分后，步进角为0.45°，从而推出：单片机每发出800个脉冲，电机带动车轮转动1圈，即电机的步进距离为

$$\frac{\text{车轮的周长}\ C}{\text{车轮转过1圈所需脉冲数}} = \frac{21\ \text{cm}}{800} = 0.026\ \text{cm} \tag{6-1}$$

## 2. 关于跷跷板系统平衡的理论分析

根据杠杆平衡原理对跷跷板左右两端进行受力分析，得出支点 $C$ 两端力矩必须相等，即

$$\sum M_{AC} = \sum M_{BC} \tag{6-2}$$

已知：小车质量为1.2 kg，跷跷板长为1.6 m，平衡时允许的最大偏角为1.4°（即arcsin(4/160)），配重1可以在离 $A$ 点20～40 cm的范围内移动。假设配重1和小车所受到的重力分别为 $G_1$、$G_2$，它们到支点 $C$ 的垂直距离分别为 $L_1$、$L_2$；根据公式(6-2)，推出：

$$G_1 \times L_1 = G_2 \times L_2$$

配重1最大重力：

$$G_{1\max} = \frac{G_2 \times L_{2\max}}{L_{1\min}} = \frac{G_2 \times 80}{20} = 4G_2 \tag{6-3}$$

设比例系数为 $K$，$K=G_1/G_2$，则 $K \leqslant 4$，推出：

$$L_2 = G_1 \times L_1 / G_2 = K\,L_1 \leqslant 4L_1 \tag{6-4}$$

当 $K$ 值无限接近0时，由公式(6-4)推出：$L_2$ 也趋近于0。

根据计算和题意要求，取配重1为0.3 kg，配重2为0.2 kg。跷跷板系统的受力分析如图K16-16所示。

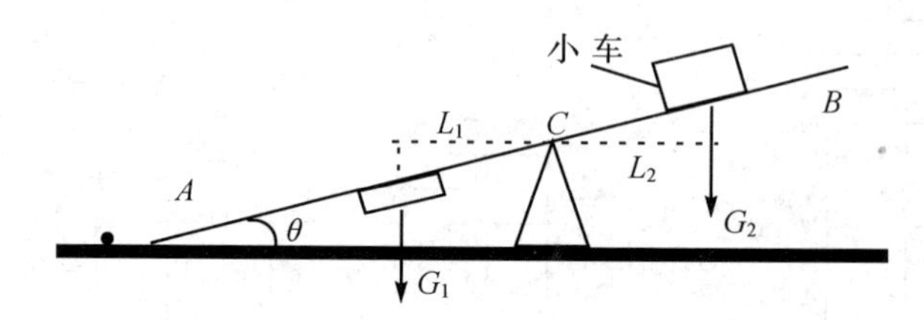


图 K16-16 跷跷板系统受力分析

## 3. 角度转化计算

MSA-LD2.0为双轴加速度传感器。通过测定动态、静态加速度来转换成物体的倾斜角度。转换公式如下：

$$\text{ang}\ x = \arcsin[(X_0 - X_1)/X_2] \cdot 180\ \pi^{-1} \tag{6-5}$$

式中：$X_0$ 为 $x$ 轴的加速度原始数据；$X_1$ 为 $x$ 轴角度零点的加速度原始值；$X_2$ 为 $x$ 轴的灵敏度，即 $x$ 轴单位加速度的值。

**4. 控制方法分析**

智能电动车的控制软件采用模块化的程序结构，它包括一个主体循环程序，增量式 PID 速度控制程序，中断服务程序，寻线控制算法程序和速度控制算法程序等。软件控制算法流程如图 K16－17 所示。首先对各种设备进行初始化，然后选择进入参数修改程序。参数设定完毕后打开中断，最后循环执行位置速度控制程序，实现变速。

本系统采用增量式数字 PID 控制算法，通过 PWM 脉冲对步进电机进行调速。增量式数字 PID 调节的数学表达式如下：

$$D(z)=\frac{U(z)}{E(z)}=\frac{a_0-a_1z+a_2z^{-2}}{1-z^{-1}}\times\frac{\sum \mathrm{SensorRight}}{\sum \mathrm{SensorNumber}} \tag{6-6}$$

$$a_0=K_p\left(1+\frac{T}{T_i}+\frac{T_d}{T}\right),\ a_1=K_p\left(1+2\frac{T_d}{T}\right),\ a_2=K_p\frac{T_d}{T}$$

其中，$K_p$为比例常数；$T_i$为积分时间常数；$T_d$为微分时间常数；$T$ 为采样周期。

对位置式算式加以变换，可以得到 PID 调节算法的另一种实用形式（增量算式）：

$$\Delta u_n=u_n-u_{n-1}=K_P\left[(e_n-e_{n-1})+\frac{1}{T_1}e_n+\frac{T_d}{T}(e_n-2e_{n-1}+e_{n-2})\right] \tag{6-7}$$

$A=K_p$，$B=K_p/T_i$，$C=K_p\cdot T_d/T$，从而确定倾斜角度与小车速度之间的关系。

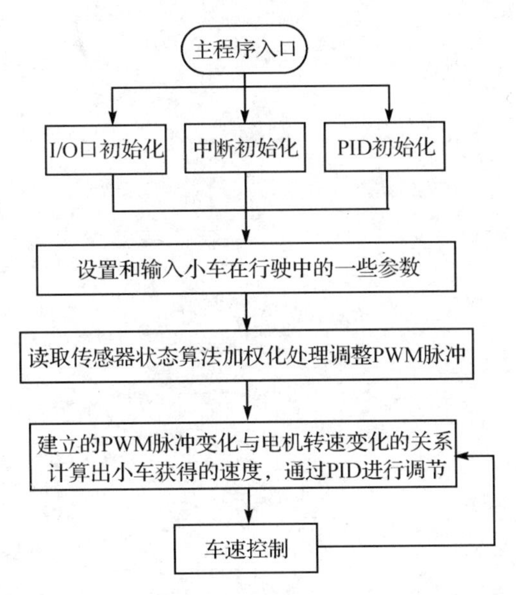


**图 K16－17 软件算法控制流程图**

## 制作工程用电路板

硬件电路的制作请按施工用图进行制作。

# 本课题工程软件设计

## 工程程序应用实例

```
/*********************文件信息**********************************
**文 件 名:main.c
**功    能:电动车跷跷板单片机控制主程序
**说    明:
**作    者:肖志刚(软件)、汤柯夫(硬件)、刘聪(论文)
****************************************************************/
#include <reg52.h>
#include <intrins.h>
#include "RT12864M.h"
#include "TA8435H.h"
#define uchar unsigned char
#define uint  unsigned int

sbit KEY1 = P2^0;
sbit KEY2 = P2^1;

uchar counter,count,cnt,time_wait,time,cnt_angle = 0;
uchar angle;
bit re_flag = 0,time_flag,balance,wait,change;
/*------------------------------
*****延时子程序*****
------------------------------*/
void delay(uint t)                                         //延时时间大约为 5 ms
{
  uint i,j;
  for(i = 0;i<t;i++)
  for(j = 0;j<125;j++);
}
/*------------------------------
  *****数据处理子程序*****
------------------------------*/
void data_process()
{
    angle = (data_com[10] - 48) * 100 + (data_com[11] - 48) * 10 + data_com[13] - 48;
    if(angle>50){jiggle(5,1000,1000);}
    else if(angle>35){jiggle(3,1100,1100);}
    else if(angle>20){jiggle(2,1400,1400);}
    else if(angle>6){jiggle(1,2000,2000);}
    else {if(++cnt_angle == 5)balance = 1;}
```

```
}
/*----------------------------
*****显示子程序*****
----------------------------*/

void deal_disp()
{
    if(re_flag)                                                  //显示角度值
    {re_flag = 0;disp_angle();count = 0;}
    if(time_flag == 1)                                           //显示时间
    {time_flag = 0; disp_timer();}
}
bit stop_atonce()                                                //立即停止
{
    bit s = 0;
    if(front == 1&&change == 0)
    {if(data_com[9] == 0x2d&&data_com[13]> = 5)
        {change = 1;s = 1;}
    }
    returns;
}
//========================================
//函数名:march(uint stepnum)
//功能:小车直走程序
//========================================
void march(uint stepnum,bit dir,uint th,uint tl)
{
    bit p,s;
    run_mode(dir);
    while(stepnum--)
    {
        run_pulse(th,tl);
        pose_adujust();
        deal_disp();
        s = stop_atonce();
        if(s)break;
        p = vertical_line();
        if(p)break;
    }
}
void skip_line(bit dir,uint num)
{
    uint stepno;
    run_mode(dir);
    for(stepno = 0;stepno<num;stepno++)run_pulse(200,200);      //跳出黑线
```

```
}
//=========================================
//函数名:deal_balance()
//功能:跷跷板平衡处理
//=========================================
void deal_balance()
{
    while(1)                                                              //平衡调整
    {
        deal_disp();
        data_process();
        delay(320);
        if(balance)break;
    }
    wait = 1;time = 4;                                                    //等待静止
    do{deal_disp();delay(150);}while(wait);                               //等待车体平衡
    balance = 1;
    disp_balance();                                                       //显示"板已平衡"
    do{light = ~light;speaker = 0;deal_disp();delay(150);}while(balance); //等待 5 s
    balance = 0;
    light = 1;speaker = 1;
}
//=========================================
//函数名:sector_deal()
//功能:进入扇形区处理
//=========================================
void sector_deal()
{
    bit p,v;
    run_mode(1);
    while(1)
    {
        run_pulse(200,200);
        deal_disp();
        if(! photoRO){p = 1;sector = 0;}
        if(! photoLO){p = 1;sector = 1;}
        if(p)break;
    }
    front = 1;
    while(1)
    {
        run_mode(1);
        run_pulse(200,200);
        deal_disp();
        if(sector){if(! photoRI)swerve(1);}
```

```
        else        {if(! photoLI)swerve(0);}
        v = vertical_line();
        if(v)break;
      }
    run_mode(1);
}
void basic_section()
{
    front = 1;change = 0;
    march(2500,1,150,150);                                          //65 cm
    ES = 1;
    march(2500,1,150,150);                                          //50 cm
    delay(100);

    deal_balance();
    ES = 0;
    //************************A-C阶段,包括运行时间及平衡时间,保持平衡时间
    initial_lcd();
    disp_seesaw();
    sec = 0;min = 0;
    change = 1;
    march(3000,1,200,200);                                          //50 cm
    balance = 1;
    do{deal_disp();}while(balance);                                 //等待 5 s
    //************************C-B阶段,包括运行时间,暂停时间
    front = 0;
    initial_lcd();
    disp_seesaw();
    sec = 0;min = 0;
    skip_line(0,400);                                               //跳出黑线
    march(9000 ,0,200,200);                                         //65 cm 到中间
}
void exert_section()
{
    uint setpnumber = 3600;

    front = 1;change = 0;
    sector_deal();
    while(setpnumber--){run_pulse(200,200); pose_adujust();deal_disp();} //90cm
    ES = 1;
    march(2500,1,150,150);//50cm
    delay(100);
    deal_balance();
    initial_lcd();
    disp_seesaw();
```

```
    balance = 0;cnt_angle = 0;
    do{deal_disp();}while(data_com[11]<0x35);       //加了另一配重
    deal_balance();
    ES = 0;
}
/*----------------------------
    * * * * * 主程序体 * * * * *
----------------------------*/
void main()
{

    initial_lcd();
    dey(100);
    disp_seesaw();

    TMOD = 0x21;                                    //定时器 1 工作方式 2,定时器 0 工作方式 1
    TH1  = 0xfd;                                    //波特率设置(9 600)
    TL1  = 0xfd;
    TR1  = 1;                                       //启动定时器 1
    SCON = 0x50;                                    //串口工作方式 1
    PCON = 0x00;                                    //SMOD = 0

    TH0  = 0x4c;                                    //定时 50 ms
    TL0  = 0x00;
    TR0  = 1;                                       //启动定时器 0

    ET0 = 1;                                        //允许定时器 0 中断
    ES = 0;                                         //允许串行口中断
    //PS = 0;                                       //设计串行口中断优先级
    EA  = 0;                                        //单片机中断允许
    //=============================================================
      while(1)
    {
        if(! KEY1){do{;}while(! KEY1);EA = 1; basic_section();}
        if(! KEY2){do{;}while(! KEY2);EA = 1; exert_section();}
    }
}

////////////////////////////////////////////
/*----------------------------
    * * * * * 定时中断子程序 * * * * *
----------------------------*/
void timer0() interrupt 1 using 1
{
    TH0  = 0x4c;                                    //定时 50 ms
```

```
    TL0 = 0x00;
    if( ++ counter == 20)
    {
        counter = 0;
        time_flag = 1;
        if(wait)
        {
            if( ++ time_wait == time){time_wait = 0;wait = 0;}  //平衡计数5秒钟
        }
        if(balance)
        {
            if( ++ cnt == 5){balance = 0;cnt = 0;}              //平衡计数5秒钟
        }
        if( ++ sec == 60)
        {
            sec = 0;
            ++ min;
            time_flag = 1;
        }
    }
}
/*----------------------------
  *****串口中断子程序*****
----------------------------*/
void int_comm() interrupt 4 using 3
{
    if(RI)
    {
        data_com[count] = SBUF;                                 //将收到的数据取回
        RI = 0;                                                 //清除接收标志,准备下一次接收
        if( ++ count == 16)
        {
            count = 0;
            re_flag = 1;
        }
    }
}
//----------------------------------------------------------------------
//*******************************************************************
```

## 测试结果

基本部分测试了小车运动区间:$A$—$C$ 段、$C$ 点、$C$—$B$ 段和 $A$—$B$—$A$ 段小车运动的时间、调节到平衡时出现的平衡误差;发挥部分测试了小车寻找并自动驶上跷跷板、寻找平衡点、运动全程和其他。达到的具体指标见表 K16-4。

表 K16－4　测试结果明细表

| | 小车运动区间 | 状态测试 |
|---|---|---|
| 基本部分测试 | $AC$ 段 | 小车由 $A$ 点运动到 $C$ 的时间为 11 s |
| | $C$ 点 | 小车经 45 s 达到平衡，$d_a=75$ mm；$d_b=91$ mm、$d_b-d_a=16$ mm |
| | $CB$ 段 | 小车由 $C$ 点运动到 $B$ 点时间为 18 s |
| | $BA$ 段 | 小车在 $B$ 点停止大于 5 s 后，退回到 $A$ 点所需时间 28 s |
| 发挥部分测试 | 寻找并自动驶上跷跷板 | 小车能在 $A$ 点 300 mm 以外的扇形区域内，找到并自动驶上跷跷板 |
| | 寻找平衡点 | 小车能自动寻找到平衡点，并保持平衡 5 s 以上 |
| | 加配重 2，寻找平衡点 | 小车能自动寻找到平衡点。并保持平衡 5 s 以上 |
| | 其他 | 小车能用语音及时提示各种运行状态 |

## 测试结果分析

**(1) 基本部分**

小车能从起始端 $A$ 出发，10 s 内达到中心点 $C$ 附近，并在 50 s 内寻找到平衡点，保持平衡状态 5 s 以上。小车能从平衡点出发，10 s 内行使到末端 $B$ 处(车头距跷跷板末端 $B$ 小于 50 mm)。整个行驶过程，小车运行平稳，始终保持在跷跷板上，并能分段显示每段时间。测试结果显示基本部分的所有要求能很好完成。多项结果均超出指标。

**(2) 发挥部分**

小车能在地面距 $A$ 点 300 mm 以外、90°扇形区域内某一指定位置，快速寻找并自动驶上跷跷板。能快速寻找到平衡点，给出平衡指示，并保持跷跷板平衡 5 s 以上。在 $AC$ 间指定位置加上第二块配重时，小车能迅速找到平衡点，给出平衡指示，并保持平衡 5 s 以上。小车能在 2 分半钟内完成全过程；小车在行驶过程中用语音及时提示运行的各种状态，测试结果显示也能很好完成。多项结果均超出指标。语音提示，使操作更人性化。

## 创新发挥

① 整个车体都是用最廉价的报废光印板制作；

② 采用步进电机带动小车，为小车的运动建立一个分段控制模型，当检测的角度为正时，小车快速行驶；一旦检测到角度由正变为负时，小车马上停止前进，然后驱动电路对步进角进行细分，小车迅速进入微动调整状态；

③ 采用细分驱动，实现步进角的细分，使跷跷板能更快、更好地达到新的平衡；

④ 用分辨率为 0.1°的角度传感器，不断进行实时测量，为单片机控制提供平衡判断；

⑤ 本系统中实现了简单的声光提示，还加入了液晶显示和 ISD4004 语音提示。

## 编后语

智能小车一直在各种赛事中出现，希望本课题能对读者有所帮助。

# 附录 A

# 课题实训任务汇编

## 单片机基础训练任务题汇编

注:训练时可以用汇编语言和C语言同时进行。

### 定时器练习

K3.1　启动定时器1,30 ms中断一次,驱动流水灯。

K3.2　使用定时器0作为时钟,秒钟用P0.1表示,分钟用P0.2表示,时钟用P0.3表示。

K3.3　使用T1(P3.5)引脚输入脉冲,用定时器1捕获脉冲并用P0.7上的指示灯闪烁表示。

### 外部中断练习

K4.1　启用外部中断INT0实现手动流水灯,即用连接线一头接到P3.2,一头碰击地线,流水灯即可走动。

K4.2　启动外部中断INT1用74LS21芯片扩展为4个按键,即K1、K2、K3和K4,对应的指示为P0.1、P0.2、P0.3和P0.4。要求每按一次任意键对应的指示灯亮一下。

### 4位数码练习

K5.1　实现0 000～9 999计数显示。

任务有:0～9的显示;00～99的显示(双数码管);0000～9999的显示(四数码管)。

K5.2　显示秒钟、分钟,格式为00～00(分-秒)。

K5.3　显示时钟、分钟、秒钟,要求用DP点做秒钟的显示[如果用的实验板是8位数码管,显示格式为00-00-00(时-分-秒)]。

### 4×4按键练习

K6.1　实现4×4按键功能,每按键显示按键标号,标号每键按0、1、2、3、…、F标识,要求显示时用数码管。

K6.2　用4×4键盘做一个得数为1位、2位、3位、4位的加、减、乘法运算器。要求用数码管显示。

### 声音控制练习

K7.1　运用单片机产生不同的脉冲驱动蜂鸣器发出不同声音。

K7.2　用单片机实现儿童电子琴功能。

## 数码管练习

K8.1　启用定时器 0 产生时钟，由秒钟到分钟到时钟到日到月到年进位，并用 8 位数码管做显示，格式为 00－00－00，要求大于 55 s 后显示日期。

K8.2　启用 4 按键对走时进行校准，4 按键分工如下：

K1：为启动键/保存键，① 第一次按下用于开启其他三键工作；
② 再次按下为保存调整好的日期和时钟。

K2：为方向功能按键，用于用手工移动光标，光标用 dp 表示。

K3：用于加 1 按键。

K4：用于减 1 按键。

要求：K2～K4 只有在 K1 按键按下之后才能进行工作。

K8.3　在任务 K8.1、K8.2 的基础上加入声音提示。

## LCD 练习

K9.1　在 TC1602LCD 显示屏第 1 行的第 3 列和第 2 行的第 2 列各显示一个字符，其要显示的字符是 C、D。

K9.2　在 TC1602LCD 显示屏上静态显示日期和时钟。要求日期显示在第 1 行的第 3 列起始位，时钟显示在第 2 行的第 4 列起始位，并用定时器 1 产生秒钟。

K9.3　在 TC1602LCD 显示屏上动态流动显示“WELCOME　TO STUDY　MCU !”，并正确地使用 LCD 其他的指令编程测试光标的调出。

K9.4　运用 LCD 将课题 8 中的训练任务重做一遍，要求在 LCD 中直接使用光标移动，调时时使用声音提示。

## 直流电机练习

K10　对直流电机分增速和减速调节，要求制作时加入 3 个按键，一键用于增速，一键用于减速，一键用于停止。

## 步进电机练习

K11.1　步进电动机的应用。训练任务 1，制作实验板。

K11.2　编写硬件测试程序，并判断步进电机的转动方向。

K11.3　编四相四拍的驱动程序，做到按键调节正反转和电机转速。

K11.4　编四相八拍的驱动程序，做到按键调节正反转和电机转速。

## 串行通信练习

K12.1　实现单片机与 PC 机进行实时通信，要求：

① 单片机不停地向 PC 机发出“HELLO”，PC 机通过串行助手接收。

②通过 PC 机的串行助手发送窗口发送字符到单片机，单片机接收，又将其发回

到到 PC 机。这时可以在 PC 机的串行助手的接收窗口中看到刚才发出的字符。

K12.2　实现单片机与单片机进行串行通信，要求，单片机甲发出 01H，单片机乙用 P0 口的 P0.0 上的指示灯亮一下来表示，熄灭后发回 01H，单片机甲接收到 01H 后，用 P0.7 来表示，并使指示灯亮熄 8 下作回应。随后发出 02H 到乙机，乙机收到数据后用 P0 口 P0.1 上的指示灯亮 2 下，熄灭后向甲机发出 02H，甲机收到后用 P0 口的 P0.6\表示亮熄 7 下作回应，以此类推，每计数器满 8 次做一个来回。

## 8×8 点阵练习

K13.1　制作 8×8 汉字点阵模块。

K13.2　编写汉字字模和显示第一个汉字。

K13.3　显示两个汉字，并使汉字实现滚动显示，或者滚动显示多字。

# 单片机应用训练任务题汇编

下面的训练课题摘自《单片机外围接口电路与工程实践》一书，具体问题可以查阅相对应的课题。注：训练时可以用汇编语言和 C 语言同时进行。

## 通用 I/O 口类练习

K1.1　运用 74LS164 实现流水灯的控制。

K1.2　运用两块 74LS164 芯片，一块用于制作 8 个按键模块，一块用于制作串转并驱动 8 个指示灯模块。要求按键按下时对应的指示灯点亮。

K1.3　运用 74HC595 实现流水灯与驱动两位数码管显示 00～99 计数结果。

K2.1　运用 74LS164、74HC138 实现时钟显示[时、分、秒显示格式为 00-00-00]。

按键分工如下：

① 选择键[要求：按下时，走时停下，并显示 00-00-00，高 7 位的数码管 dp 点点亮]。

② 方向键两个[左←、右→]，按动时，秒钟的个位、分钟的个位，时钟的个位 dp 点右左移动时亮。循环顺序，秒、分、时，左键逆时针循环，右键顺时针循环。

③ 增 1 键减 1 键各 1 个，作用即当方向键移到秒、分、时任意项时，调整 dp 点点亮的项。如，秒钟的个位 dp 点亮，调整的就是秒钟的时间。

要求：方向键、增 1 键、减 1 键只有当选择键按下处于调整状态时，才可以工作。本题使用 5 个键。

K2.2　运用 74LS164 模块 2 块，74LS154 模块 1 块，用双 8×8 点模块实现上下流动指示方向的功能。要求 K1 键按下时向上走动方向箭头并循环流动方向箭头向上，K2 键按下时向下走动方向箭头并循环流动方向箭头向下，K3 键按下时方向箭头停在原位。

K3.1　实现实时时钟的时钟和日期显示。其控制功能要求：K1 键为调整与运行时钟转换键，K2、K3 键为增 1、减 1 键，K4、K5 为左右方向键，K6、K7 为时钟与日期显示转换键。

K3.2　制作定时器，实现 8 位数码管显示定时。

K4　读取 DS18B20 温度值并显示在 4 位数码管上。

K5.1　显示单个汉字。

K5.2　3 个汉字轮换显示(3 000 ms 一换)。

K5.3　3 个汉字滚动显示。

K5.4　在点阵中显示温度值。

## SPI 通信类练习

K6　实现 P89V51 SPI 与 P89V51 SPI 单主从机互相通信。

K7　通过 PC 机串行助手向 FM25040A 存储器发送连续数据，并通过命令又可将数据读回并显示在串行助手窗口中。

K8　无(ZLG7289 芯片停产)。

K9.1　利用 JCM12864M 显示文本与图片。

K9.2　在 JCM12864M 绘图区绘制网格线。

K9.3　在 JCM12864M 绘图区内显示走动的秒钟。

K10　无(芯片停产)

## $I^2C$ 通信类

K11.1　通过 $I^2C$ 总线向 AT24Cxx 写/读数据。

K11.2　将 PC 机发往单片机中的数据，通过 $I^2C$ 总线存入 AT24Cxx EEPROM 存储器中，并通过命令可以将存入数据读回。

K11.3　用按键将需要保存的数据，写入 AT24Cxx 存储器。

K12　读出 LM75A 芯片中的温度值并显示在 JCM12864M 液晶显示屏上。

K13.1　写入与读取 PCF8563 实时时钟值，并通过串行口发回 PC 机。

K13.2　实现 8 位数码管显示时钟和运用 74LS164 驱动的 8 键实现调时功能。

K13.3　运用 AT24Cxx 存储模块实现简易定时打铃功能，运用 ISD1730 语音芯片实现铃声。

K13.4　实现 PCF8563 内部报警器、定时器、时钟输出功能的运用(具体功能实现，运用 PCF8563 内部报警器实现每日早上 7 时播放音乐作起床信号，请使用 ISD1730 语音芯片播放声音)。

K14.1　从 SD2303 读出时钟，并在 JCM12864 液晶上显示出日期和时钟。

K14.2　在 K14.1 基础上移动光标调整日期和时钟。

K14.3　制作一个小小的定时器闹钟，要求能设定两个定时时间。

K15.1　运用 ZLG7290 驱动数码管显示从 SD2303 高精实时时钟中读回的时钟和日期。

K15.2　ZLG7290 键盘练习，用数码管显示读取的按键值。

K15.3　制作一个简易计算器。

K15.4　简易英文字符练习系统的制作[用 JCM12864 液晶显示屏字符]。

K15.5 运用 ZLG7290 制作大型花样灯。

K16.1 用 PCA9554 扩展并口后驱动 8 位指示灯做花样灯。

K16.2 用 PCA9554 扩展并口后获取 8 键盘输入值，并在 JCM12864m 液晶上显示键值。

K16.3 用 PCA9554 扩展并口后接入 RT1602 液晶显示器的并行口并实施数据的读/写操作。

K17 通过 PC 机串行助手向 FM24C512 发送连续数据，并通过命令又可将数据读回并显示在串行助手窗口中。

K18 无(产品停产)。

## 其他通信类

K19.1 用万用表读出 CAT5113 通过按键调节的电阻、电压变化值。

K19.2 用 LED 亮熄来表示 CAT5113 通过按键调节的电阻、电压变化值，即按键按下不动，灯从亮慢慢熄，又从熄慢慢变亮。

K20.1 实现读取 TLC1594 模块 R2、R3 间的模拟电压值，并显示在 JCM16864M 液晶屏上。

K20.2 实现控制 TLC5615 模块 D1 指示灯的亮暗变化，其发送的控制值，显示在 JCM16864M 液晶屏上。

K20.3 实现用 CAT5113 数字电位器代替 TLC1594 模块中的 R2 自动调压，并用 TLC1594 读出其 R2、R3 间的模拟电压值，显示在 JCM16864M 液晶屏上。

K21.1 实现读取 PCF8591 模块 R5、R8 间的模拟电压值，并显示在 JCM16864M 液晶屏上。

K21.2 实现控制 PCF8591 模块 D1 指示灯的亮暗变化，其发送的控制值显示在 JCM16864M 液晶屏上。

K21.3 实现用 CAT5113 数字电位器代替 PCF8591 模块中的 R5 自动调压控制。

K22.1 A 机向 B 机发送 41H～60H 的数据，B 机接收发来的数据后，直接转发到 PC 机[请用串行助手接收]。

K22.2 甲机发送一幅图画，乙机接收这幅图并用 JCM12864M 显示出来。

K22.3 甲机连续发射一个字母 D，乙机接收一个连续发来的字母 D，并同时将字母 D 通过 UART 串行口发向 PC 机，然后转发字母 W，甲机又接收乙机发来的字母 W，并同时将字母 W 通过 UART 串行口发向 PC 机[家庭作业]。

K23.1 用 JCM12864 液晶显示无线按键值，每按一次显示一次，同时 P0 口上对应的指示灯亮一下。

K23.2 做一个简易的抢答器。要求在 JCM12864 显示屏上显示抢答队的中文队名，每队一键，主持人两键(一键清零，另一键开起抢答)。

K24.1 采用外部中断方式对红外遥控进行解码。

K24.2 采用查询方式对红外遥控进行解码。

K24.3 运用红外遥控器对发光二极管进行控制。

K24.4 采用两位数码管显示按键数据码。

K24.5　单片机模拟红外遥控选择电视节目频道。

K25.1　用超声波距离测量模块测量距离并显示到 JCM12864M 液晶显示屏上。

K25.2　用超声波距离测量模块做一个倒车雷达。

K25.3　用超声波距离测量模块做一个盲人探路仪。

汇总以上这些训练题是源于 2008 年底周立功先生在南华大学演说时提出的参加工作前的学生们学习时需要完成 5 万行的程序代码编写量。

# 附录 B

# 网上资料内容说明

## 参考程序

说明：外包散包密码 C51mCuLtf，内包散包密码 c51McuTongfa。

**(1) 程序模板**

- 程序模板
  - 8位数码管[空模板]
  - 8位数码管[实例3-8]
  - 8位数码管[实例3-9]
  - Beep_Temp[空模板]
  - Comm_Temp[空模板]
  - IapSD_Flash_Temp[PcToMcu]
  - IapSD_Flash_Temp[空模板]
  - IapSD_Flash_Temp[实例3-6]
  - Int0_Temp[空模板]
  - Int0_Temp[实例3-5]
  - Int1_Temp[空模板]
  - Key_4x4键盘[空模板]
  - Key_8位按键[空模板]
  - P89V51_PWM[空模板]
  - P89V51_PWM[实例3-7]
  - P89V51_PWM[实例3-7]2
  - TC1602_Temp[空模板]
  - Time0_Temp[空模板]
  - Time0_Temp[实例3-1]
  - Time0_Temp[实例3-2]
  - Time0_Template_
  - Time1_Temp[空模板]
  - Time1_Temp[实例3-3]
  - Time1_Temp[实例3-4]
  - Time2_Temp[空模板]
  - WDT_Temp[空模板]
  - 程序模板汇总库
  - 模板综合应用范例

（2）程序模板应用编程

- 程序模板应用编程
  - 课题1脉冲计数器
  - 课题1试验程序
  - 课题2简易计算器
  - 课题2简易计算器2
  - 课题3点阵练习
  - 课题3点阵练习_任务①花样灯
  - 课题3点阵练习_任务②三汉字
  - 课题3点阵练习_任务③户外单汉字
  - 课题4数据采集
  - 课题5温度与实时时钟
  - 课题6多机通信_任务①
  - 课题6多机通信_任务②
  - 课题6多机通信_任务③
  - 课题6多机通信_任务④

（3）外围接口电路应用

- 外围接口电路应用
  - 课题7 红外线数据传送
  - 课题8 nRF905无线收发一体应用
  - 课题9 MS5534气压传感器
  - 课题10 AD7705变送器的应用
  - 课题11 ISD1700系列语音芯片的应用
  - 课题12 利用电力线实施通信
  - 课题13 超声波测距
  - 课题14小学生闹钟
  - 课题15智能搬运小车
  - 课题16电动车跷跷板

# 器件资料库

| | | |
|---|---|---|
| NewMsg-RF905.pdf | 627 KB | Adobe Acrobat Docu... |
| P89V51RD2-01_cn_汉_数据手册.pdf | 2,164 KB | Adobe Acrobat Docu... |
| TFDS4500[红外收发模块].pdf | 534 KB | Adobe Acrobat Docu... |
| toim3232.pdf | 112 KB | Adobe Acrobat Docu... |
| ZK22_1 nRF905[中文].pdf | 1,026 KB | Adobe Acrobat Docu... |
| ZK22_2 nRF905[英文].pdf | 328 KB | Adobe Acrobat Docu... |

注：网上资料下载地址为 http://www.buaapress.com.cn 的“下载中心”。

网上资料散包密码为 C51mCuLtf。

参考程序使用的编译器为 TKStudio。

# 参考文献


[1] 刘同法. 单片机 C 语言编程基础与实践[M]. 北京:北京航空航天大学出版社,2009.

[2] 刘同法,等. 单片机外围接口电路与工程实践[M]. 北京:北京航空航天大学出版社,2009.

[3] 周立功,等. 增强型 80C51 单片机速成与实战[M]. 北京:北京航空航天大学出版社,2003.

[4] Greg Perry. C++程序设计教程[M]. 北京:清华大学出版社,1994.

# 温馨提示

为方便学员们顺利购到随书元件器件，博圆单片机培训部设有随书元件邮购处。联系方式如下：

E-mail：bymcupx@yahoo.cn；bymcupx@126.com

腾迅 QQ 号：605895503

联系电话：0734-6103024

网址：www.ltfmcucx.com

在本培训部邮购的元器件享受如下服务：

① 解答学员在学习中遇到的困难和问题。

② 提供器件开发包(汇编和 C 程序)。

汇款方法：

邮电局，邮政储蓄所账号：6055 4002 8200 0547 03

账户名：刘同法

汇款格式：请填写到元角分用于区分他人，即 36 元 2 角 5 分。汇款后请用邮箱告知汇款时间。